Umweltschutztechnik

Ulrich Förstner

Umweltschutztechnik

7. vollständig bearbeitete und aktualisierte Auflage

Springer

Prof. Dr. rer. nat. Ulrich Förstner
Institut für Umwelttechnik
und Energiewirtschaft
TU Hamburg-Harburg
Eißendorfer Str. 40
21073 Hamburg
u.foerstner@tu-harburg.de

ISBN 978-3-540-77882-0 e-ISBN 978-3-540-77883-7

DOI 10.1007/978-3-540-77883-7

Bibliografische Information der Deutschen Nationalbibliothek
Die Deutsche Nationalbibliothek verzeichnet diese Publikation in der Deutschen Nationalbibliografie; detaillierte bibliografische Daten sind im Internet über http://dnb.d-nb.de abrufbar.

Einbandgestaltung: WMX Design GmbH, Heidelberg

Gedruckt auf säurefreiem Papier

9 8 7 6 5 4 3 2 1

springer.de

Für

Dirk, Barbara, Jens, Konrad und Friedrich

Vorwort zur 7. Auflage

Das Projekt „Umweltschutztechnik“ wurde gemeinsam mit dem Springer-Verlag vor 20 Jahren gestartet und die ersten fünf Auflagen dieses Buchs erschienen in rascher Folge zwischen 1990 und 1995. Die 6. Auflage von 2003 stand am Beginn eines neuen Aufschwungs des ökologisch-technischen Umweltschutzes, begleitet von der erstaunlichen Entwicklung des Umweltinteresses in Europa, das bis heute unvermindert anhält. Gleichzeitig verstärkte sich die globale Debatte über Klima und Energie – das Leitthema der vorliegenden 7. Auflage.

Durch die enge Verknüpfung der übrigen Umweltaspekte mit der Energiefrage haben auch bei den traditionellen Schwerpunktthemen Luftreinhaltung, Wasser/Abwasser und Boden/Abfall/Recycling größere Veränderungen stattgefunden, die hier beschrieben werden. Die Serie von Gastbeiträgen (in der 6. Auflage „Biotestsysteme“; „Biofilme“, „Recycling im Automobilbau“ und „Nachhaltige Wasserversorgung“) wird in der 7. Auflage mit den Beiträgen von Prof. Joachim Werther und Dr. Henning Friege zum Thema „Stoff- und Energiewirtschaft“ fortgeführt.

Das Buch schlägt Brücken zwischen der Grundlagenforschung und der Praxis, aber auch zwischen unterschiedlichen Weltbildern. Beispielhaft zeigen dies die beiden Originalbeiträge, die mit zwei Veranstaltungen (beide am selben Tag in Berlin) zu den Themen „Klimawandel“ und „Nachhaltigkeit“ verbunden sind:

- Beim „European Sustainability Summit“ der Zeitschrift *The Economist* befasste sich der Themenschwerpunkt „Consumers and Businesses: Moving to a New Mindset – Seizing the Opportunities?“ mit den wichtigsten Treibern für erfolgreiche Geschäfte in Zeiten des Klimawandels: der Einstellung der Verbraucher, dem technologischen Fortschritt und der Entwicklung neuer Vermarktungsmodelle. Alexander Holst von Accenture hat internationale Umfragen zu diesen Themen bei Managern und Verbrauchern in Abschn. 2.4.3 „Marktperspektiven für Umweltschutztechnologien“ ausgewertet.
- Bei der Vorstellung der Neuauflage des Buchs „Ökologische Ökonomie – eine Einführung“ (VS Verlag 2008) des Berliner Umweltökonomen und Vorsitzenden der Gesellschaft für Nachhaltigkeit, Prof. Holger Rogall, dominierte in den Diskussionen der kritische Blick auf die „Leitplanken“ für ein sozio-kulturell, ökonomisch und ökologisch ausgewogenes Wirtschaften. Die 10 Kernaussagen Rogalls zur Neuen Ökonomie in den Grenzen der natürlichen Tragfähigkeit stehen in Abschn. 1.1.2 „Umsetzung des Leitbildes Nachhaltigkeit“.

Mein herzlicher Dank geht an die Autoren dieser Beiträge und an alle, die mich mit Detailinformationen unterstützt haben. Für die Anfertigung der Abbildungen bedanke ich mich bei Eveline Hassenklöver und meinem Sohn Friedrich Förstner, für die Zusammenstellung über Literaturdatenbanken bei Herrn Thomas Hapke. Dem Springer-Verlag, insbesondere Herrn Dipl.-Ing. Thomas Lehnert und Frau Sigrid Cuneus, danke ich für das anhaltende Interesse an diesem Projekt und für die aufwändige redaktionelle Bearbeitung der vorliegenden Auflage.

Hamburg, im Mai 2008 *Ulrich Förstner*

Vorwort zur 4. Auflage

Der Erfolg der „Umweltschutztechnik" machte in rascher Folge nach der korrigierten 3. Auflage eine wesentlich erweiterte 4. Auflage notwendig, in der vor allem der Grundlagenteil neu konzipiert wurde, um den Ansprüchen an ein fachübergreifendes *Lehrbuch des ökologisch-technischen Umweltschutzes* noch besser zu genügen.

In dieser Querschnittsdisziplin ist in besonderem Maße jener Standardtypus der technischen Fachbildung gefordert, der „als Zwei-Drittel-Experte und wirklicher Generalist ausgewählte Sachbereiche in mehreren Perspektiven begreifen und diese verknüpfen kann" (G. Ropohl „Technologische Bildung", Frankfurt/M. 1991). Für die Umweltschutztechnik sind solche Bereiche u. a. das Bauingenieurwesen, verschiedene Verfahrenstechnologien, die Energietechnik, die Meßtechnik und die Informatik. Die ökologischen Ansätze und Perspektiven von *Grunddisziplinen der Technik und angewandten Naturwissenschaft* werden im Einführungskapitel beschrieben – zusätzlich zu den bereits in den früheren Auflagen umrissenen ökologischen, politischen, rechtlichen und ökonomischen Aspekten des Umweltschutzes.

Dem Bereich *„Umwelttechnik im Unternehmen"* wurde ein eigenes (2.) Kapitel gewidmet. Der betriebliche Umweltschutz, der in kurzer Zeit so große Fortschritte gemacht hat, wurde von den etablierten technischen Fachdisziplinen an den Hochschulen bislang wenig unterstützt. Die Umweltökonomen ihrerseits stehen vor einer neuen Qualität der Konzeptentwicklung, denn „wirklich substantielle Beiträge erzwingen ein echtes Eindringen in technische und in naturwissenschaftliche Sachverhalte" (G.R. Wagner „Unternehmung und ökologische Umwelt", München 1990). Das vorliegende Buch will eine Brücke schlagen, indem es die gängigen Ingenieurmaßnahmen in den verschiedenen Umweltbereichen darstellt (= *Umwelttechnik*), den Nachdruck jedoch auf die medienübergreifenden Ansätze unter Berücksichtigung ökologischer Kriterien legt (= *Umweltschutztechnik*).

Die immer deutlicheren Hinweise auf die kommende globale Klimakatastrophe und die bereits jetzt dramatisch sich zuspitzende Müllproblematik haben in beiden Bereichen die Entwicklung neuer Technologien und integrierter Strategien verstärkt. Für das Kapitel *„Energie und Klima"* wurde u. a. das 10bändige Studienprogramm der Enquetekommission „Vorsorge zum Schutz der Erdatmosphäre" ausgewertet. Im Kapitel *„Abfall"* werden die praktischen Konsequenzen der neuen Verordnungen und Verwaltungsvorschriften (z. B. TA Abfall) dargestellt; die Rückverlagerung der Entsorgungsprobleme auf den Produzenten wird künftig der betrieblichen Umwelttechnik eine zentrale Stelle innerhalb der Abfallwirtschaft einräumen.

Hamburg-Harburg, den 15. September 1992 *Ulrich Förstner*

Inhaltsverzeichnis

1 Grundlagen der Umweltschutztechnik

Umweltschutztechnik verbindet die Herstellung und Verwendung von Nutzgegenständen mit dem Schutz natürlicher Ressourcen – das sind sowohl die materiellen Komponenten wie Wasser, Luft und Boden als auch ideelle Werte wie bspw. das Wohnumfeld. Ziel und Aufgabe in Forschung und Praxis sind die Vermeidung von unerwünschten Nebenwirkungen für die Umwelt bei Ingenieurlösungen.

Der ökologische Technikansatz ist dem *Vorsorgeprinzip* verpflichtet, der frühzeitigen Erfassung möglicher negativer Effekte. Er folgt dem *Leitbild der Nachhaltigkeit*, das den Einklang von wirtschaftlicher Entwicklung, sozialer Sicherheit und der langfristigen Erhaltung der natürlichen Lebensgrundlagen anstrebt.

Abschnitt 1.1 befasst sich mit der Umsetzung dieses Leitbildes, u. a. bei den globalen Klimaschutzzielen; die Abschn. 1.2 und 1.3 beschreiben die ökologischen und technologischen Grundlagen der Querschnittsdisziplin Umweltschutztechnik mit Beispielen aus den einzelnen Schwerpunktbereichen. Themen in Abschn. 1.1 sind u. a.: traditionelle und moderne Umweltprobleme – Technikbilder und Umwelthandeln – Nachhaltigkeit in Wirtschaft (Gastbeitrag Holger Rogall, S. 8–12), Politik, Recht und Verwaltung – Bilanzen, Modelle, Indikatoren – strategische Handlungsfelder im Umweltschutz – Klimaschutz: Sicherheitsrisiken, Langzeitprognosen, Forschung und Gesetzgebung.

1.1 Entwicklung der Ziele und Aufgaben

Umweltschutztechnik umfasst in einem erweiterten Rahmen die Bestandsaufnahme und Bewertung einer Problemsituation, die Planung und Durchführung technischer Maßnahmen zur Problemlösung, sowie deren Überwachung und Nachsorge. Der Begriff „Umwelttechnik“ wird häufig für die zentralen Ingenieuraufgaben bei der Begrenzung und Reparatur von Umweltschäden benutzt. Die Entwicklung der Umweltschutz- bzw. Umwelttechnik weist bereits mehrere „Etappen“ auf:

1. Als in den 60er Jahren die negativen Begleitumstände einer rasch steigenden Industrieproduktion offensichtlich wurden, kam zunächst die „Nachbesserungs-Philosphie“ mit ihren sog. „End-of-the-pipe-Technologien“ zum Zuge. Bei der nach Branchen, Anlagen und Umweltmedien aufgesplitteten Planung und Anwendung von Techniken wurden jedoch Probleme häufig nur verlagert.
2. Diese Erfahrungen führten zu der Forderung, dass die industriellen Verfahren selbst unter Umweltgesichtspunkten optimiert werden sollten.
3. Je weiter die Belastungen aus dem Produktionsprozess verringert wurden, desto deutlicher wurde, dass die Produkte selbst bei ihrer Weiterverarbeitung, bei ihrem Gebrauch und schließlich mit ihrem Endverbleib zu einer Belastung natürlicher Systeme beitragen können.
4. Ausgelöst durch die Klimadiskussion orientieren sich technische Entwicklungen verstärkt an übergreifenden Zielen und Aufgaben: „Think globally, act locally“.

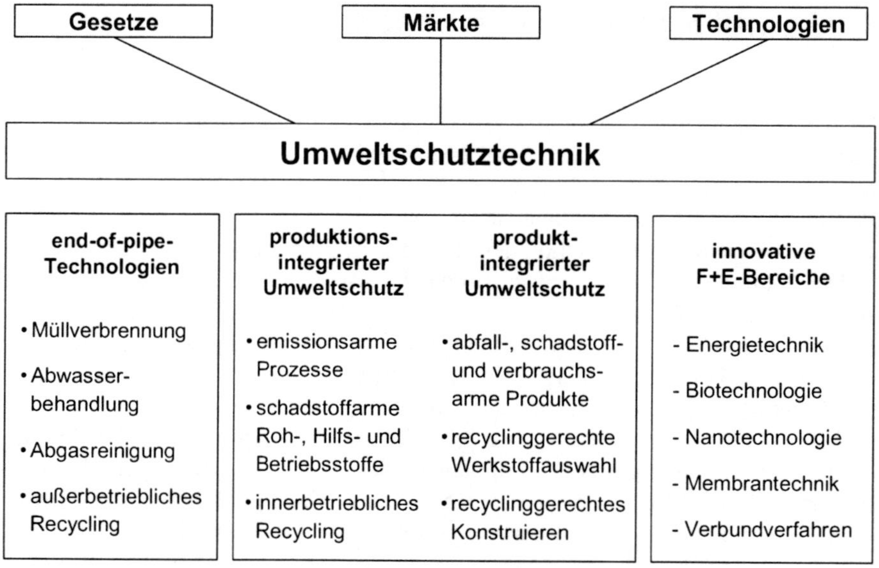

Abb. 1.1 Entwicklungsstadien der Umweltschutztechnik (nach Kaiser [1.1])

In Abb. 1.1 ist die Entwicklung von den nachbessernden zu den integrierten Umweltschutztechnologien im Überblick dargestellt:

- Für den Einsatz von Umwelttechnik sind neben dem technischen Entwicklungsstand die Marktsituation und die gesetzlichen Regelungen maßgebend (Kap. 2); letzteres gilt vor allem für die nachgeschaltete Reinigung von Abgas und Abwasser. *End-of-the-pipe*-Methoden können durchaus fortschrittlich sein, wie das Beispiel der Aktivkoksfiltertechnik zeigt, deren hoher Wirkungsgrad den Einsatz von Müllverbrennungsanlagen in Stadtgebieten akzeptabel gemacht hat.
- Der *produktionsintegrierte Umweltschutz* zielt auf die Vermeidung und Verminderung von Abfällen innerhalb eines Produktionsprozesses, die Verwertung von Abfällen und Energien in anderen Bereichen des eigenen Betriebes und eine recyclinggerechte Auswahl von Materialien und Verfahren zur Vermeidung von nichtverwertbaren Produktionsabfällen.
- Der *produktintegrierte Umweltschutz* erweitert die verfahrensinternen Maßnahmen auf den gesamten Lebensweg eines Produktes. Nachhaltigkeitsziele orientieren sich an der Einsparung von Energie und Materialien, an der Vermeidung von Schadstoffemissionen und an einem recyclingfreundlichen Produktdesign. Nach den klassischen Problemlösungen für gasförmig/flüssig/fest-Emissionen umfasst die zweite und dritte Generation von Umwelttechnologien die Nutzung von Produkten, inklusive deren Transport, Lagerung und Verteilung und am Ende die Ablagerung von Produkten und Nebenprodukten.

In allen drei Bereichen – nachbessernd, verfahrensintern und produktintegriert – werden die technischen Potenziale weiterentwickelt, auch unter Verwendung von *Innovationen* aus benachbarten Disziplinen (Abb. 1.1, rechte Säule).

Die zu lösenden Umweltprobleme befinden sich aus der Sicht der Forschung in ganz unterschiedlichen *Entwicklungsstadien*. Das erklärt auch die teilweise sehr beträchtliche Diskrepanz zwischen den öffentlichen Erwartungen oder gar Ansprüchen auf rasche Problemlösungen und den realistischen Möglichkeiten der Forschung und Praxis. Nach den Einteilungprinzipien eines frühen niederländischen Umweltprogramms [1.2] werden in Tabelle 1.1 vier Phasen unterschieden, die mit typischen Vorgehensweisen in der Forschung und Praxis verbunden sind:

Ein Beispiel für die *Erkenntnisphase* ist der Treibhauseffekt, bei dem über eine Reihe potenzieller Ursachen, deren interne Vernetzungen und über das Ausmaß der regionalen Auswirkungen bislang weitgehende Unklarheit herrscht. Bei den Schadstoffen im Wasser besteht u. a. Unsicherheit über die Rolle von hormonaktiven Substanzen, die aus human- und tiermedizischen Anwendungen eingetragen werden. In der *Erfassungsphase* befinden sich nach wie vor eine große Zahl von Pflanzenschutz- und Schädlingsbekämpfungmittel, die – ebenso wie Nitrat – vor allem Probleme für die Trinkwasserversorgung darstellen. Komplexe Systeme mit vielschichtigen Wechselwirkungen sind bei den neuartigen Waldschäden („Waldsterben") und bei der Versauerung von Böden zu erfassen. Ein typisches Beispiel für die *Handlungsphase* ist die biologische Sanierung von Altlasten, an dem sich aber auch zeigen lässt, dass die Forderung nach raschen Maßnahmen oft zu ökonomisch und technisch unbefriedigenden Ergebnissen führt, und man besser daran getan hätte, den Aufwand für wissenschaftliche Voruntersuchungen zu erhöhen. Überwiegend in der *Nachsorgephase* befinden die meisten Gewässer, die früher vor allem durch Bakterien und Viren für Menschen gefährlich waren. Gänzlich ohne Nachsorge soll die Deponierung von inertisiertem Restabfall in „Endlagerqualität" auskommen und so die Reaktordeponie mit ihren langfristig unabsehbaren Auswirkungen („chemische Zeitbomben") und Folgekosten ablösen.

Tabelle 1.1 Behandlung von Umweltproblemen durch Forschung und Praxis (nach [1.2])

Erkennen Entwicklungen deuten sich in Messungen an	*Erfassen* Einzelfragen und mögliche Lösungen werden erforscht	*Handeln* Detailplanungen werden durch Praktiker umgesetzt	*Nachsorgen* Problemlösungen werden langfristig überwacht
Treibhauseffekt	Waldsterben	Altlastensanierung	Gewässerschutz
Arzneimittelreste u. hormonaktive Stoffe	PSBM und Nitrat in Grundwässern	Phosphat in Binnen- u. Küstengewässern	Gefährdung durch Bakterien und Viren
Elektromagn. Feld: „Elektro-Smog"	Endlagerung von Nuklearabfällen	Zwischenlagerung von Nuklearabfällen	Anwendung von Röntgen-Strahlung
Verzögerte, nicht-lineare Wirkungen: Zeitbombeneffekte	Deponierung von Industriemüll, Klär- und Baggerschlamm	Müllentsorgung, konventionelle „Reaktordeponie"	Ablagerung von Inert-/Restabfall: „Endlagerqualität"
Grundlagenforschung	*angewandte Forschung*	*praxisbegleitende Forschung*	*Standardisierung und Normung*

1.1.1 Umweltprobleme und Umwelthandeln

In einer historischen Standortbestimmung hat Sieferle [1.3] die folgenden quantitativen und qualitativen Unterschiede zwischen den traditionellen und den modernen Umweltzerstörungen beschrieben:

- An die Stelle punktueller treten *universelle Probleme*. Vor- und frühindustrielle Umweltschäden blieben lokal oder regional, auf die Umgebung einer Stadt oder einer Fabrik beschränkt, während weite Bereiche des betreffenden Ökosystems nicht beeinträchtigt wurden. Bspw. erzeugte erst die völlige Mechanisierung und Chemisierung der Landwirtschaft flächendeckende Umweltschäden.
- An die Stelle einfacher treten *komplexe Wirkungen*. So sind etwa die modernen Waldschäden nicht mehr auf die Wirkung eines bestimmten Stoffes zurückzuführen, sondern auf vielfache „Synergismen", so dass weder ein „Verursacher" noch auch eine „Ursache" eindeutig identifiziert werden kann.
- An die Stelle sofort sinnlich wahrnehmbarer Probleme treten Auswirkungen, die nur mit Hilfe *wissenschaftlicher Analysenmethoden* festgestellt werden können. Heute bilden nicht wahrnehmbare Gase, Schwermetalle, giftige organische Verbindungen oder radioaktive Strahlen die Hauptprobleme.
- An die Stelle reversibler treten tendenziell *irreversible Schädigungen*. Die Anreicherung der Böden mit Schwermetallen ist ebenso wenig umkehrbar wie die Veränderung der chemischen Zusammensetzung der Atmosphäre mit ihren unabsehbaren Konsequenzen für das Klima.

Der Grundtenor der frühen geisteswissenschaftlichen Debattenbeiträge stimmte darin überein, dass die Wurzeln der modernen Umweltprobleme an der Schnittstelle zwischen Technik und Natur zu suchen wären [1.4]. Gegensätzlich entwickelten sich jedoch die Reaktionen auf eine solche „unzulängliche ökologische Einbettung der Technik": Der *naturalistische* Ansatz enthielt vor allem die Forderung nach einer weitergehenden „moralischen Pflicht gegenüber der Natur" [1.5]; der *kulturalistische* Ansatz betrachtete dagegen die „Maße für die Umwelt", z. B. Umweltstandards, als soziale Konventionen [1.6].

Da sich bisher kein eigenständiges *gesellschaftliches Subsystem „Ökologie"* ausdifferenzieren konnte (vermutlich weil die mit der Ökologie verbundenen Interferenzen zu bestehenden Funktionssystemen wie z. B. Politik, Wissenschaft, Religion usw. zu groß sind), müssen auch in Zukunft ökologische Fragen dezentral gelöst werden, d. h. im Rechtssystem als Rechtsfragen, etwa unter dem Aspekt des Raumrechts, im ökonomischen System über die Marktgesetze, usw. [1.7].

Nach den moralisierenden Schuldzuweisungen der frühen Umweltdiskussion – ökonomisches Fehlverhalten oder unzureichendes Verantwortungsgefühl – wurden in den 90er Jahren zunehmend praxisnähere Ökologieprobleme, z. B. im betrieblichen Umweltschutz, aufgegriffen. Auch bei der Wiederherstellung von geschädigten Umweltbereichen hat sich eine pragmatischere Haltung durchgesetzt („für eine wachsende Zahl von Umweltschützern ist die Technik ein Mittel zum Zweck des Umweltschutzes geworden") und es gibt keinen Widerspruch zu der Forderung, „dass sich die Technologiepolitik auf die Technologien des ‚Jahrhunderts der Umwelt' konzentrieren muss" ([1.8] siehe *Kasten*).

„Die Technologiepolitik muss sich auf die Technologien des ‚Jahrhunderts der Umwelt' konzentrieren" (E.U. v. Weizsäcker)

Wenn der Zwang zu einem neuen umwelt- und ressourcenschonenden Wohlstandsmodell zur beherrschenden Rahmenbedingung für die Technologieentwicklung wird, steht uns eine Transformation der Technologie bevor, die noch wesentlich tiefer geht als das, was wir in den ersten 30 Jahren „Umwelttechnik" erlebt haben. Ernst Ulrich v. Weizsäcker hat sieben Kriterien für diesen Technikwandel aufgestellt [1.8]:

1) *Sauberkeit*: Im wesentlichen werden nur noch emissionsfreie oder emissionsarme Technologien eingesetzt. Die Emissionsvermeidung wird durch Ausmustern von emissionsträchtigen Techniken, nur im Ausnahmefall durch Emissionsrückhaltung am Ende des Prozesses erreicht.
2) *Rohstoffeffizienz*: Der Verbrauch nicht erneuerbarer Rohstoffe wird auf ein Minimum reduziert. Das Verbrennen fossiler Kohlenwasserstoffe wird sehr stark zurückgedrängt und in den hochentwickelten Ländern schließlich völlig eingestellt. Metalle werden weitgehend rezykliert. Langlebigkeit von Produkten sowie bequeme Rohstoffrückführung nach Gebrauch werden selbstverständliche Prinzipien im Produktdesign.
3) *Energieproduktivität*: Maschinen, Raumheizung, Beleuchtung, Transport und Verteilersysteme werden auf höchste Energieeffizienz bzw. Energieproduktivität getrimmt; die verengte Verwendung des Begriffes Produktivität auf die Arbeitsproduktivität wird aufgehoben. Fortschritte bei der Energie- oder Rohstoffproduktivität werden allgemein als viel bedeutungsvoller für den Fortschritt angesehen als weitere Arbeitsproduktivitätsgewinne.
4) *Ökologische Flächennutzung*: Landwirtschaft, Siedlungen, Industrie und Verkehrswege werden nach dem Gesichtspunkt minimaler Versiegelung, Bodenerosion und Gewässerbelastung umgestaltet, und große Teile des Landes werden vorrangig dem Erhalt ökologisch wertvoller Funktionen gewidmet.
5) *Hohe Informationsintensität*: Produkte, Dienstleistungen, Produktions- und Konsumprozesse nehmen relativ an Informationsintensität zu. Wissenschaft und Technik, Datensysteme und Kundeninformation, sprachliche und kulturelle Übersetzungsleistungen belasten die Umwelt wenig und liefern doch Komfort und Freiheit.
6) *Fehlerfreundlichkeit*: Politik und Technologie müssen hohes Augenmerk auf Fehlerbegrenzung legen. Da völlige Fehlervermeidung utopisch ist, muss das Konstruktions- und Nutzungsprinzip der Technik die „Fehlerfreundlichkeit" sein – eine entscheidende Voraussetzung der Evolutionsfähigkeit.
7) *Eignung für Eigenarbeit*: Da die Bedürfnisbefriedigung durch Konsum von kurzlebigen, weither transportierten, ressourcenverschlingenden Waren abnehmen muss, wird das Bedürfnis nach befriedigenden und nutzbringenden Tätigkeiten jenseits der formalisierten Erwerbswelt, d. h. nach befriedigender Eigenarbeit zunehmen.

Die Gründe für die Probleme bei der ökologischer Durchdringung der naturwissenschaftlich-technischen Disziplinen liegen auch in den traditionellen „Welt- und Technikbildern“ [1.9] und insbesondere in dem Begriff „Umweltschutztechnik“ treffen zwei grundsätzlich verschiedene Orientierungen und Ausprägungen in allen Lebensbereichen (Naturbild, Bild der Wissenschaftsgesellschaft, Sozialbild, Menschenbild) hart aufeinander[1]. Dabei erweist sich die Vorstellung, Technik- und Umweltfragen auf rein natur- und ingenieurwissenschaftlicher Grundlage beantworten zu können, zunehmend als technokratische Illusion. Streitigkeiten etwa um Grenzwerte sind „vernünftig“ nur entscheidbar bei Kenntnis der soziokulturellen Dimension des Problems und einer bewussten Auseinandersetzung mit den Weltbildern, d. h. mit grundsätzlichen Sinn- und Orientierungsfragen[2].

Aus dieser Bipolarität der persönlichen Welt- und Technikbilder, die sich auch im Akzeptanzverhalten und in der Umweltpolitik manifestiert, entstanden unterschiedliche Strategien des *Umwelthandelns* [1.10]:

- Die *Suffizienz-Strategie* – sei es als „voluntary simplicity“ der Vernunftliebenden und Empfindsamen („Living poor with style“), sei es als autoritäre Zwangsbewirtschaftung in einer Ökodiktatur – ist unrealistisch wegen des weltweiten Vormarsches des Nützlichkeitsdenkens und Glückseligkeitsstrebens, unerwünscht wegen der gewaltsamen Zerstörung freiheitlich-rechtstaatlicher und ziviler Lebensbedingungen, und unwirksam, weil sie implizieren würde, die Weltbevölkerung auf vorindustrielle Ausmaße zurückzuholen.
- Die *Effizienz-Strategie* zielt darauf ab, betriebliche Wirtschaftlichkeitsprinzipien noch konsequenter auch auf ökologische Zusammenhänge anzuwenden. Stoffe sollen möglichst lange immer wieder genutzt werden, ehe sie als Abfall wieder im Naturkreislauf für menschliche Zwecke verloren gehen. Neubekehrte Industrielle neigen dazu, „Nachhaltigkeit“ mit „Effizienz“ weitgehend gleichzusetzen. Bei ökologisch unangepassten bzw. unverträglichen Stoffströmen gelten aber letztlich die gleichen Restriktionen wie für die Suffizienz-Strategie.
- Die *Konsistenz-Strategie* will verhindern, dass sich anthropogene und geogene Stoffströme einander stören oder symbiotisch-synergetisch verstärken. Konsistente Stoffströme sind also solche, die entweder weitgehend störsicher im abgeschlossenen technischen Eigenkreislauf geführt werden, oder aber mit den Stoffwechselprozessen der umgebenden Natur so weit übereinstimmen, dass sie sich, auch in großen Volumina, relativ problemlos darin einfügen. Die Strategie der Konsistenz deckt sich mit den Zielen und Prinzipien des *vorsorgenden integrierten Umweltschutzes.* Je mehr erneuerbare Ressourcen zugleich in naturintegrierten umweltverträglichen Kreisläufen bewirtschaftet werden, um so mehr kann das nackte Effizienz-Handeln wieder in den Hintergrund treten, zumindest aus ökologischer Sicht [1.10].

---

[1] In der Definition von Huber [1.9] sind dies „eutope“ und „dystope“ Technikbilder. „Eutop“ aus eudämonistisch-utilaristischer (Glückseligkeits-/Nützlichkeitsphilosophie) Utopie; „dystop“ aus negativer Utopie von der Art „1984“ oder „Schöne Neue Welt“.

[2] Die Auflagen 1–5 (1990–95) dieses Buchs enthalten Literaturhinweise zur Umweltethik, Umweltpolitik und zum Umweltrecht sowie zu den Debatten über Technik und Umwelt.

1.1.2 Umsetzung des Leitbildes „Nachhaltigkeit“

Die Leitbilder und Konzepte im ökologisch-technischen Umweltschutz gründen sich auf politischen und wirtschaftlichen Vorstellungen und Prinzipien, die sich ihrerseits in den vergangenen Jahren weiterentwickelt haben. War es zunächst der Grundsatz „der Verschmutzer zahlt“, mit dem die Verantwortlichen für offensichtliche Fehlentwicklungen vorrangig vom *Staat* zur Rechenschaft gezogen werden sollten, so setzte man seit Ende der achtziger Jahren nach der knappen und einprägsamen Formulierung Ernst Ulrich v. Weizsäckers [1.8] „Die Preise müssen die ökologische Wahrheit sagen“ auf die *wirtschaftliche Eigendynamik* („Der Markt als grüner Zuchtmeister“). Die Lösung komplexer Umweltprobleme erfordert jedoch auch die Berücksichtigung *sozialer Aspekte*. Über die Vorsorge- und Kooperationsprinzipien entwickelte sich aus dem Brundtland-Report (1987 [1.11]) „Our Common Future“ das Leitbild einer „langfristig naturverträglichen Entwicklung“.

„Sustainable Development“ in der Agenda 21 der UN Umweltkonferenz von Rio de Janeiro von 1992 ist definiert als „dauerhafte Entwicklung, die den Bedürfnissen der heutigen Generation entspricht, ohne die Möglichkeiten künftiger Generationen zu gefährden, ihre eigenen Bedürfnisse zu befriedigen und ihren Lebensstil zu wählen“ [1.12]. Nachhaltigkeitsstrategien wurden auf allen Ebenen weiterentwickelt, z. B. in der Definition der Lokalen Agenda 21 Berlin von 2006 [1.13]: „eine nachhaltige Entwicklung strebt für alle heute lebenden Menschen und künftigen Generationen hohe ökologische, ökonomische und sozial-kulturelle Standards *in den Grenzen der natürlichen Tragfähigkeit* an; sie will somit das intra- und intergenerative Gerechtigkeitsprinzip umsetzen“. Hiernach ist es bei besonders wichtigen natürlichen Lebensgrundlagen, wie einem stabilen Klima oder der Existenz der lebensschützenden Ozonschicht, unsinnig das Erhaltungsinteresse auf Grundlage einer Abwägung aus Kostengründen hinanzustellen (wobei natürlich weiterhin geprüft werden muss, mit welchen Maßnahmen Klimaschutz und Ozonschicht am kostengünstigsten zu erreichen ist [1.14]). Als solche „ökologischen Leitplanken“ hat die Enquêtekommission des Deutschen Bundestages „Schutz des Menschen und der Umwelt“ vier grundlegende Regeln formuliert [1.15, 1.16]:

1. Die Abbaurate erneuerbarer Ressourcen soll deren *Regenerationsraten* nicht überschreiten. Dies entspricht der Forderung nach Aufrechterhaltung der ökologischen Leistungsfähigkeit, d. h. (mindestens) nach der Erhaltung des von den Funktionen her definierten ökologischen Realkapitals.
2. Nicht erneuerbare Ressourcen sollen nur in dem Umfang genutzt werden, in dem ein physisch und funktionell *gleichwertiger Ersatz* in Form erneuerbarer Ressourcen oder höherer Produktivität der erneuerbaren sowie der nicht erneuerbaren Ressourcen geschaffen wird.
3. Stoffeinträge in die Umwelt sollen sich an der *Belastbarkeit der Umweltmedien* orientieren, wobei alle Funktionen zu berücksichtigen sind, nicht zuletzt auch die „stille“ und empfindlichere Regelungsfunktion.
4. Das Zeitmaß anthropogener Einträge bzw. Eingriffe in die Umwelt muss in einem ausgewogenen Verhältnis zum Zeitmaß für das *Reaktionsvermögen* der umweltrelevanten natürlichen Prozesse stehen.

Beitrag der Ökonomie zur Nachhaltigen Entwicklung[3]

Die moderne Volkswirtschaftslehre entstand im 18. und 19. Jh., die bedeutendste Schule wird *klassische Ökonomie* genannt, wesentliche Vertreter waren *Adam Smith*, *David Ricardo*, *Jean Baptist Say* und *John Stuart Mill*. Diese Ökonomen kannten die wichtige Rolle des Bodens, Umweltprobleme spielten keine Rolle. An sie anknüpfend entwickelte sich die *neoklassische Theorie* Ende des 19. Jh., sie stellt heute das herrschende ökonomische Lehrgebäude dar. Ihr Ausgangspunkt ist das Modell der vollständigen Märkte, auf denen alle Produktionsfaktoren und Güter mittels Tauschprozessen optimal verteilt werden sollen [1.17]. Natürliche Ressourcen und ihre Übernutzung werden hier nicht thematisiert.

Diese Sichtweise änderte sich in den 1970er Jahren als mit den Publikationen des Club of Rome, den sichtbar werdenden Übernutzungen und Unfällen sowie den beiden Erdöl-Preiskrisen deutlich wurde, dass die Märkte offensichtlich nicht in der Lage sind eine optimale Allokation (Einsatz/Verwendung) der natürlichen Ressourcen sicher zu stellen, für diese Güter herrscht *Marktversagen*. Aus dieser Erkenntnis entwickelte sich die *neoklassische Umwelt- und Ressourcenökonomie*.[4] Diese Unterschule der neoklassischen Ökonomie zeigte, dass auf die Wirtschaftsakteure (Konsumenten und Unternehmen) sozial-ökonomische Faktoren einwirken, die dafür sorgen, dass die Mehrzahl der Akteure nicht in der Lage ist sich durchgehend umweltbewusst und nachhaltig zu verhalten. Diese Verhaltensweise wird auch durch stärkere Information und Aufklärung nicht verändert, da sie sich vor die Alternative gestellt hat, die betriebswirtschaftlich (nicht volkswirtschaftlich) preiswertere Öl-Heizung oder die Solaranlage anzuschaffen und sich dabei für die umweltschädliche Heizungsanlage entscheiden. Theoretisch wurde das durch die Theorie der Externen Effekte,[5] der öffentlichen Güterproblematik[6] und anderen sozial-ökonomischen Faktoren wie das Gefangenendilemma[7] erklärt. Damit legte

---

[3] Der Beitrag beruht auf dem Lehrbuch von Rogall H (2008): Ökologische Ökonomie – eine Einführung, 2. vollständig überarbeitete und erweiterte Auflage, Wiesbaden. Hier findet sich auch die weiterführende Literatur. Dem Leser unbekannte Begriffe können in dem Online-Glossar nachgelesen werden: http://www.holger-rogall.de/glossar.htm

[4] Wesentliche deutschsprachige Autoren sind: Endres A (2007): Umweltökonomie, 3. Auflage, Stuttgart; Cansier D (1996): Umweltökonomie, 2. Auflage, Stuttgart).

[5] Bei der Theorie der externen Effekte wird gezeigt, wie die Verursacher von Umweltschäden die entstehenden volkswirtschaftlichen Kosten auf andere überwälzen (externalisieren) können und hierdurch die umweltschädlichen Produkte zu preiswert angeboten werden. Eine Übernutzung ist dadurch die zwingende ökonomische Folge (Ernst Ulrich von Weizsäcker nennt das „die Produkte sagen nicht die ökologische Wahrheit" [1.8]).

[6] Die Öffentliche-Güter-Problematik zeigt, dass die Akteure die natürlichen Ressourcen als öffentliche Güter ansehen, die keine Knappheitsgrenze haben, weil sie keinen oder zu geringen Preis haben (siehe das Verhalten vieler Menschen bei Freibier).

[7] Für die einzelnen Wirtschaftsakteure ist es schwer, etwas für die Gemeinschaft zu tun, was ihren eigenen Nutzen beeinträchtigt. Ja selbst wenn der Akteur weiß, dass sein Verhalten gesellschaftliche Gefahren verstärkt, ist er kaum bereit auf seine Nutzenmaximierung zu verzichten, wenn er nicht sicher sein kann, dass alle anderen Menschen auch verzichten. Individuell ist dieses Verhalten nachzuvollziehen, da ein individueller Verzicht

die neoklassische Umweltökonomie zentrale Grundlagen für alle späteren nachhaltigkeitsorientierten Wirtschaftsschulen – ihre eigenen Beiträge zu einer Nachhaltigen Entwicklung blieben jedoch begrenzt.

Die *Ökologische Ökonomie* (andere Autoren sprechen von Ökonomik) hat sich in den 1980er Jahren (zunächst in den USA als *Ecological Economics*), aus der Kritik an der neoklassischen Umweltökonomie, zu einer eigenen Schule bzw. Teildisziplin innerhalb der Ökonomie entwickelt. Sie kann als ökonomische Theorie der Nachhaltigen Entwicklung unter Berücksichtigung der transdisziplinären Grundlagen bezeichnet werden, wobei z. Z. die Frage im Mittelpunkt steht, wie die Grenzen der natürlichen Tragfähigkeit eingehalten werden können.[8]

Über die Grundlagen einer *Neuen Umweltökonomie* wird seit Ende der 1990er Jahre im Zuge der Diskussion um den Beitrag der Ökonomie für eine Nachhaltige Entwicklung an der Fachhochschule für Wirtschaft Berlin (FHW) diskutiert. Sie versteht sich als Unterschule der Ökologischen Ökonomie, wobei sie die gemeinsamen Erkenntnisse in zehn Kernaussagen zusammenfasst (Rogall 2008, Kap. 3):

(1) *Starke Nachhaltigkeit*: Die derzeitige Entwicklung der Menschheit wird als nicht zukunftsfähig betrachtet, Ökologische Ökonomen sehen daher die Notwendigkeit eines Neuen Leitbilds und bekennen sich zu einer Position der starken Nachhaltigkeit. Damit wird die Wirtschaft als ein Subsystem der Natur und die natürlichen Ressourcen größtenteils als nicht substituierbar angesehen. Das sog. Drei-Säulen-Modell, das von einer Gleichwertigkeit der Zieldimensionen ausgeht (ohne absolute Naturgrenzen), wird somit abgelehnt und stattdessen absolute Grenzen der Natur anerkannt. Im Mittelpunkt steht die dauerhafte Erhaltung und nicht der optimale Verbrauch der natürlichen Ressourcen.

(2) *Pluralistischer Ansatz bei Abgrenzung zur neoklassischen Umweltökonomie:* Die Ökologischen Ökonomen fühlen sich einem Methodenpluralismus verpflichtet. Sie erkennen einerseits bestimmte Erkenntnisse der neoklassischen Umweltökonomie an (z. B. die sozial-ökonomischen Erklärungsansätze der Übernutzung der natürlichen Ressourcen und die daraus abgeleitete Diskussion um die Notwendigkeit politisch-rechtlicher Instrumente). Sie grenzen sich aber andererseits von einer Reihe Aussagen der neoklassischen Ökonomie ab (z. B. Verabsolutierung der Konsumentensouveränität,[9] Diskontierung künfti-

---

tatsächlich an den Problemen nichts ändert. Nur wenn (fast) alle Menschen ihr Verhalten verändern, ließen sich die Probleme lösen. Ein gutes Beispiel ist die mangelnde Bereitschaft der meisten Menschen in den Industriestaaten auf Flugreisen zu verzichten, obgleich die weit überdurchschnittlichen Belastungen durch den Flugverkehr bekannt sind.

[8] Wesentliche Autoren sind: Bartmann H (1996): Umweltökonomie – ökologische Ökonomie, Stuttgart; Beckenbach F et al. (1999–2005): Jahrbücher Ökologische Ökonomik, Marburg; Costanza R et al. (2001): Einführung in die Ökologische Ökonomik, Stuttgart.

[9] Die Verwendung des Begriffs der K. beinhaltet das neoklassische Paradigma, dass niemand das Recht habe – auch die demokratisch legitimierten Entscheidungsträger nicht – Entscheidungen der Konsumenten zu ändern. Dieser Aussage liegt die Vorstellung zugrunde, dass Menschen immer zu ihrem eigenen Besten handeln (und nach der Neoklassik damit in der Summe auch für die Gesellschaft als Ganzes). In dieser theoreti-

ger Umweltkosten,[10] Substituierbarkeit aller natürlichen Ressourcen, Position der schwachen Nachhaltigkeit, Monetarisierung aller Umweltschäden). Sie sehen daher den Beitrag der neoklassischen Ökonomie für eine Nachhaltige Entwicklung als sehr begrenzt an.

(3) Ersetzung des traditionellen Wachstumsparadigmas durch ein Nachhaltigkeitsparadigma: Ein exponentielles Wachstum mit der Inanspruchnahme natürlicher Ressourcen über Jahrtausende kann es nicht geben. Damit wird langfristig die Ersetzung durch ein Nachhaltigkeitsparadigma zur notwendigen Voraussetzung einer dauerhaften Entwicklung. Über die mittelfristige Ausgestaltung existieren allerdings unterschiedliche Meinungen (Steady-State-Ansatz mit konstantem BIP versus selektives Wachstum, das den Ressourcenverbrauch trotz wirtschaftlicher Entwicklung senkt).

(4) Prinzip der ständigen Diskussion und Weiterentwicklung: Die Ökologische Ökonomie ist keine statische Theorie, sondern sieht die Notwendigkeit weiterer Diskussionsprozesse und die Ausweitung des Erkenntnisinteresses entsprechend der globalen Entwicklung. Hierzu unterbreitet u. a. die Neue Umweltökonomie (als Unterschule) Vorschläge, z. B. die Forderung die ökologische Ökonomie zu einer *Nachhaltigen Ökonomie* weiterzuentwickeln, ein neues Menschenbild (homo cooperativus) u. v. a. m.

(5) Eine Nachhaltige Entwicklung beruht auf *ethischen Prinzipien*: Die Ökologische Ökonomie erfolgt auf der Grundlage von ethischen Überzeugungen: Im Mittelpunkt stehen die Grundwerte der intra- und intergenerativen Gerechtigkeit und Verantwortung. Hinzu kommt die Anerkennung weiterer wichtiger Prinzipien: u. a. des Vorsorgeprinzips und der Prinzipien einer partizipativen Demokratie und Rechtsstaatlichkeit, aus der die Notwendigkeit eines gesellschaftlichen Diskursprozesses abgeleitet wird.

(6) Transdisziplinärer Ansatz: Die Ökologische Ökonomie will über die rein ökonomische Betrachtungsweise (wie sie der neoklassischen Umweltökonomie eigen ist) hinausgehen und die ökonomischen Prozesse im Rahmen eines sozial-ökologischen Zusammenhanges unter Berücksichtigung der Wechselbeziehung zwischen Menschen und der übrigen Natur analysieren. Hierbei spielt die Nutzung der Erkenntnisse sowie eine enge Kooperation mit den

---

schen Vorstellung ist kein Platz für gesellschaftliche Ziele jenseits der Interessen der einzelnen Gesellschaftsmitglieder. Einige neoklassische Ökonomen gehen sogar soweit, dass sie die Konsumentensouveränität absolut setzen und eine Veränderung der politisch-rechtlichen Rahmenbedingungen durch die demokratisch legitimierten Entscheidungsträger als illegitim ablehnen.

[10] Unter D. wird eine Methode der neoklassischen Ökonomie verstanden, mit der ein in der Zukunft auftretender Schaden in der Gegenwart bewertet bzw. errechnet werden soll. Empirisch lässt sich nachweisen, dass Menschen künftige Kosten/Schäden abzinsen (abwerten). So bewerten Menschen Schäden der Zukunft kleiner, als sie tatsächlich sind. Diese Verhaltensweise erklärt (ökonomisch), warum Menschen gegen gravierende Umweltgefahren (z. B. Klimaveränderungen) nur unzureichende Maßnahmen ergreifen.

Politik- und Rechtswissenschaften sowie mit den Natur- und Ingenieurwissenschaften eine besonders wichtige Rolle.

(7) Notwendigkeit der Operationalisierung des Nachhaltigkeitsbegriffs, Managementregeln und neuen Messsysteme: Eine Sinnentleerung des Nachhaltigkeitsbegriffs soll durch die Formulierung von Prinzipien, Managementregeln und neuen Messsystemen für den Nachhaltigkeitsgrad und die Lebensqualität verhindert werden. Anders als die traditionelle Ökonomie, die Lebensqualität und Wohlstand (gemessen am BIP pro Kopf) gleichsetzt, benötigt eine Nachhaltige Entwicklung Ziel- und Indikatorensysteme.

(8) Notwendigkeit der Änderung der Rahmenbedingungen mittels politisch-rechtlicher Instrumente: Mit Hilfe politisch-rechtlicher Instrumente sollen die Rahmenbedingungen so verändert werden, dass ein nachhaltiges Verhalten für Konsumenten und Produzenten vorteilhafter wird, als sich so zu verhalten wie bisher. Hierzu werden der *Standard-Preis-Ansatz*[11] und der Ansatz der *meritorischen Güter*[12] verwendet.

(9) Sozial-ökologische Markt- oder Gemischtwirtschaft: Ökologische Ökonomen lehnen eine reine Marktwirtschaft ebenso ab wie zentrale Verwaltungswirtschaften, weil sie davon überzeugt sind, dass nur marktwirtschaftliche Systeme mit einem sozial-ökologischen Ordnungsrahmen zukunftsfähig sind. Danach muss die Politik aktiv eingreifen, um eine Nachhaltige Entwicklung sicherzustellen und die Folgen von Marktversagen zu vermindern.

(10) Anerkennung besonderer globaler Voraussetzungen für eine Nachhaltige Entwicklung: Als zentrale Bedingungen werden u. a. anerkannt: Einführung eines Ordnungsrahmens, Senkung des Pro-Kopf-Ressourcenverbrauchs der Industrieländer, um 80–90 % bis 2050 und Verminderung der Bevölkerungszunahme der Entwicklungsländer. Hierbei wird akzeptiert, dass die Industrieländer aufgrund der historischen Entwicklung und der größeren Leistungsfähigkeit eine besondere Verantwortung für die Verwirklichung der intragenerativen Gerechtigkeit, globalen Nachhaltigkeit und fairen Handelsbeziehungen tragen.

[11] Die demokratisch legitimierten Entscheidungsträger legen hiernach einen bestimmten Umweltstandard fest (z. B. die Höhe des Verbrauchs an natürlichen Ressourcen), der dann über die Erhebung von Umweltabgaben erreicht werden soll. Die Höhe der Abgaben wird durch ein mehrjähriges Trial-and-Error-Verfahren variiert, bis schließlich die Abgabenhöhe gefunden ist, mit der der Umweltstandard eingehalten wird.

[12] M. sind *kollektive Güter*, die der Staat über Steuereinnahmen finanziert und entweder kostenlos anbietet oder preislich subventioniert, weil sie gesamtwirtschaftlich oder gesellschaftlich bedeutsam sind (positive externe Effekte erzeugen), Konsumenten und Produzenten aber nicht ausreichende Geldmittel für sie aufwenden (Marktversagen). Bekannte Beispiele sind Infrastruktureinrichtungen (z. B. Bildungseinrichtungen), soziale Sicherungssysteme, Arbeits- und Verkehrssicherheit *und* natürliche Ressourcen. In diesen Fällen muss der Gesetzgeber zu allgemeinverbindlichen Regelungen kommen (Abgaben und gesetzliche Pflichten z. B. Gurtanschnallpflicht im PKW).

Die *Neue Umweltökonomie* vertritt die Kernaussagen der Ökologischen Ökonomie, für einige Punkte empfiehlt sie aber eine Weiterentwicklung der Theorie, u. a.: (1) selektives Wachstum statt Steady-State, (2) grundlegende Reform der traditionellen Ökonomie und ihrer Grundlagen, (3) Entwicklung eines realitätsnäheren Menschenbildes („homo cooperativus" genannt), (4) Schaffung neuer Rahmenbedingungen („ökologische Leitplanken"), statt Hoffnung auf Bewusstseinswandel (Rogall 2008, Kap. 4). Als besonders wichtig wird die Diskussion um die Vereinbarkeit von wirtschaftlichem Wachstum und Nachhaltiger Entwicklung angesehen. Anders als die Vertreter einer Steady-State-Economy mit konstantem BIP strebt die Neue Umweltökonomie ein selektives Wachstum an, bei dem nur das wachsen soll, was keine Gefahr für die natürliche Tragfähigkeit darstellt. Hierzu fordert sie die Einhaltung der *Formel für eine Nachhaltige wirtschaftliche Entwicklung.*[13] Sie spricht statt von sozialen von *sozial-kulturellen* Zielen, da hierdurch die partizipativen und demokratisch-rechtsstaatlichen Ziele besser zu integrieren sind.

In einem erweiterten Zielsystem (Abb. 1.2) geht die *Neue Umweltökonomie* über die ökologische Dimension der Nachhaltigkeit hinaus und fordert – innerhalb der naturlichen Tragfähigkeit – hohe Standards für alle Dimensionen

Abb. 1.2 Zielsystem einer Nachhaltigen Entwicklung (nach Rogall und Treschau [1.18])

[13] Nachhaltige wirtschaftliche Entwicklung (Nachhaltigkeitsformel): Die Neue Umweltökonomie akzeptiert wirtschaftliches Wachstum (△ BIP) im Rahmen der Formel für eine wirtschaftlich Nachhaltige Entwicklung (△ Ressourcenproduktivität > △ BIP). Die Einhaltung dieser Formel soll sichergestellt werden, indem politisch-rechtliche Instrumente ökologische Leitplanken schaffen. Somit tritt an die Stelle des ökonomischen Ziels der größtmöglichen Steigerung des BIP die Steigerung der Lebensqualität (als Summe vieler Qualitätsziele und des selektiven Wachstums oder Entwicklung).

Stand der Umsetzung in Politik, Recht und Verwaltung – Beispiel Schweiz
Neue Entwürfe zur Ausgestaltung von politischen Rahmenbedingungen zur Nachhaltigkeit, die in der Schweiz entwickelt werden [1.19], zeigen, dass die klassischen Umweltvorschriften nicht ausreichen, die Akteure zum schonenden Umgang mit den Ressourcen anzuhalten. Gründe sind vor allem die dauerhaften, mehr oder weniger exklusiven Eigentums- und Nutzungsrechte, aber auch z. T. konkurrierende Infrastrukturpolitiken (Verkehr, Zivilluftfahrt, Energie und Kommunikation), sowie die Agrar- und Regionalpolitik. Zudem erscheinen manche gängigen Konzepte von nachhaltiger Entwicklung in einem problematischen Licht, wenn sich diese nicht an Resourcenbeständen, sondern an politisch mehr oder weniger erwünschten Zuständen in ausgewählten Segmenten von Umwelt, Gesellschaft oder Wirtschaft orientieren. Da diese Politik indirekt sogar Übernutzungen fördern kann, „verlangt das Nachhaltigkeitsgebot den Einbezug der Inputseite industrieller, reproduktiver oder urbaner Metabolismen, und nicht nur die Steuerung des Outputs" [1.20]. Der neue Ansatz befasst sich mit Fragen der politischen Konstruktion von Ressourcen, der Definition der zulässigen Erntemengen (*Globalquoten*) sowie der Umsetzung von Globalquoten in *individuelle Nutzungsrechte*.

In der Praxis sind für eine nicht nachhaltige Ressourcennutzung die mangelhafte Koordination durch die politisch-administrativen Instanzen und unscharf definierte Nutzungsrechte verantwortlich. Diese beiden Steuerungsdimensionen – Koordination und Inhalt – ermöglichen eine Bewertung der *institutionellen Regime*, das bedeutet die Gesamtheit der Regulierungen der betroffenen Ressource. In Abb. 1.3 beschreibt die Regime*kohärenz* die Fähigkeit, die Nutzungsrechte und -ansprüche so abzustimmen, dass Rivalitäten friedlich gelöst werden; das *Ausmaß* des Regimes gibt an, welche Nutzungen der bereitgestellten Güter und Dienstleistungen reguliert werden und welche nicht. Die meisten heutigen Regime natürlicher Ressourcen (der Schweiz) liegen im Feld der komplexen Regime; d. h. die Kohärenzdefizite garantieren noch keine nachhaltige Entwicklung dieser Ressource.

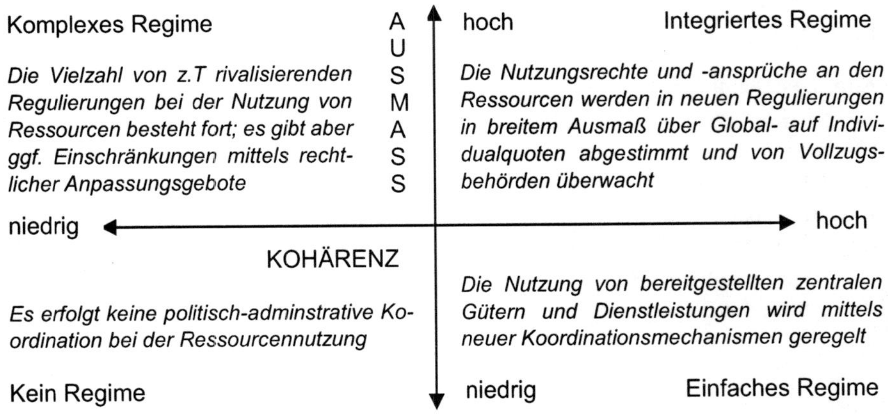

Abb. 1.3 Typisierung institutioneller Regime natürlicher Ressourcen (nach [1.19, 1.21])

Bilanzen

Das Leitbild „Nachhaltigkeit" mit seinen Umweltqualitätszielen und Umwelthandlungszielen (in Form messbarer und überprüfbarer Ziele) erfordert die Erstellung von *Sachbilanzen*, eine *Wirkungsabschätzung* und davon abgeleitete *Handlungsstrategien*. Einen zentralen Aspekt bildet die Stoffbilanz, die den Eintrag von Material, Energie und Wasser in den Wirtschafts- und Gesellschaftsbereich mit dem Output in Form von Abfall, Emissionen und Abwasser misst, vergleicht und bewertet[14] (Abb. 1.4).

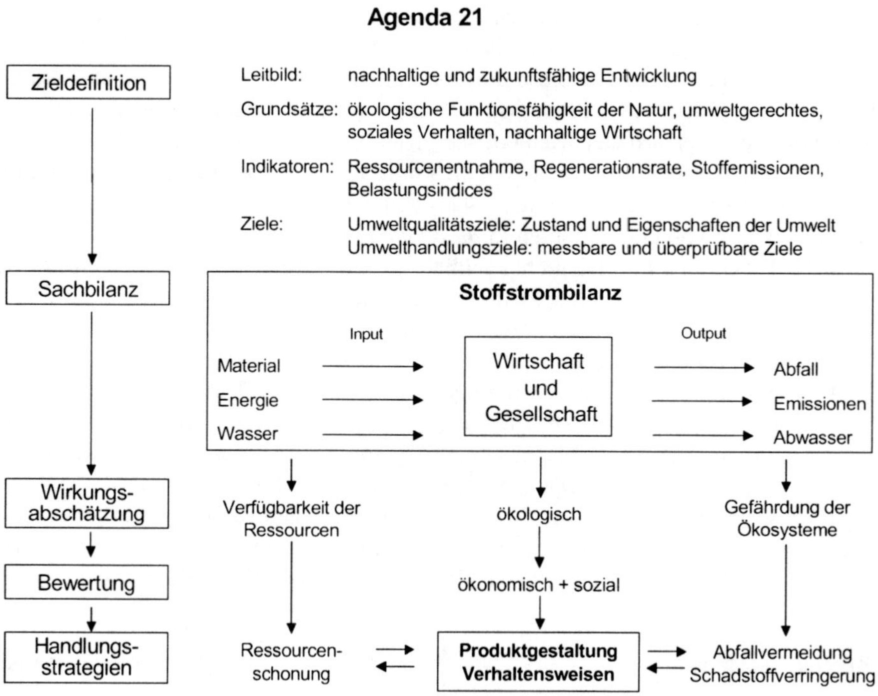

Abb. 1.4 Definitionen und Aufgaben im Leitbild „Nachhaltige Entwicklung" [1.22]

Modelle

Bei der Erstellung von Ökobilanzen müssen die Ergebnisse von Sachbilanzen und Wirkungsabschätzungen kombiniert und evtl. zu einer einzigen Maßzahl aggregiert werden. In einer Übersicht „Kreislaufwirtschaft und nachhaltige Entwicklung" vergleicht Moser [1.23] die unterschiedlichen *Modelle*, die derzeit bei einer Bewertung der „Nachhaltigkeit" eingesetzt werden:

---

[14] Dieser Betrachtungsansatz „Input", „Wirtschaft/Gesellschaft", „Output" wird uns später bei den gesetzlichen Regelungen wieder begegnen; wir werden dann dan Bereich „Wirtschaft/Gesellschaft" durch „Technischer Prozess" ersetzen und die Input-/Output-Größen entsprechend definieren (Abb. 2.1, 2.2, 2.7).

- *Expertenurteil:* verbal-argumentative Beurteilung verschiedener Alternativen;
- *Nutzwertanalyse:* Verrechnung von qualitativen und halbquantitativen Größen mit quantitativen Werten auf der Grundlage einer formaler Vorgangsweise;
- *Ökonomische Modelle:* Ziel ist die Ermittlung der „wahren" Kosten durch Umlage von Schäden an Mensch und Umwelt auf den Prozess, die Dienstleistung oder das Produkt;
- *Grad der Nachhaltigkeit:* Vergleich von Anlagen-Alternativen unter Berücksichtigung der Knappheit von Ressourcen und die Erhaltung der ökologischen Funktionsfähigkeit; Kriterien sind Rohstoffe, Boden, Wasser, Luft, Bodennutzung und Deponieraum;
- *Grenzwertmodell der kritischen Volumina:* über die Immissionsgrenzwerte für Wasser, Boden und Luft werden kritische Volumen berechnet, die ein Maß dafür sind, wie viel ‚sauberes' Volumen für einen Prozess, ein Produkt oder eine Dienstleistung benötigt wird;
- *Stoffflussmodell:* beruht auf dem Ansatz der „ökologischen Knappheit"; diese kann in der Aufnahmekapazität der Kompartimente Wasser, Luft und Boden, in der Erschöpfbarkeit eines Rohstoffs oder in der Verfügbarkeit von Deponievolumen liegen;
- *MIPS* (Material Intensity Per Unit Service): Vergleich der Umweltbelastungsintensität von Infrastrukuren, Gütern und Dienstleistungen über ihren gesamten Lebenszyklus, errechnet aus Material- und Energieflüssen für Produktion, Gebrauch, Entsorgung, Transport etc.;
- *Toxikologische Bewertung:* aus Ökotoxizitätsfaktoren für >400 Substanzen;
- *Vermischungsmodell:* basiert auf dem Entropieansatz.

Das Expertenurteil und die Nutzwertanalyse sind an die Beurteilung einer Person oder eines Teams gebunden und gewährleisten daher im Unterschied zu den Modellen auf der Basis einer mathematischen Berechnung nur bedingt eine Reproduzierbarkeit. Qualitative Größen wie z. B. Landschaftsästhetik oder gesellschaftliche Werte sind jedoch nur auf diesem Wege zu ermitteln. Der MIPS und das Vermischungsmodell führen die Bewertung über die Massenbilanzen als *messbare Größen* durch. Der aus vielen Größen zusammengesetzte Ökotoxizitätsfaktor bei der toxikologischen Bewertung ist dagegen wesentlich schwieriger zu handhaben, was sich letztlich in allen damit verbundenen Modellen niederschlägt.

Die Nutzwertanalyse zeigt im Vergleich zum Expertenurteil eine relativ hohe Aussagekraft; geringere Aussagekraft weisen der MIPS und das Vermischungsmodell wegen des fehlenden toxikologischen Moduls auf. Der regionale Bezug der Modelle ist insbesondere beim Grad an Nachhaltigkeit und dem Stoffflussmodell gegeben. Den *Faktor Zeit*, d. h. Nachbildungsrate und Abbaugeschwindigkeit von Stoffen, können Expertenurteil und Nutzwertanalyse ebenso integrieren wie den Stand der Technik oder z. B. den Unterschied zwischen dem Einsatz von regenerativen und fossilen Energien. Zusammenfassend kann man feststellen, dass das Kernproblem aller Bewertungsmodelle in der *Gewichtung* der einzelnen Parameter bzw. Kriterien liegt, die dabei zur Berechnung verwendet werden [1.23].

Indikatoren

Umweltindikatoren sind Kenngrößen zur Erfassung, Beschreibung und Bewertung von komplexen Umweltsachverhalten. Indikatoren sollen rechtzeitig Fehlentwicklungen an (Signal- und Warnfunktion) anzeigen, die Auswahl erforderlicher Maßnahmen zur Zielerreichung (Planungsfunktion) unterstützen und durch die Darstellung von Trendverläufen eine Überprüfung der dauerhaft umweltgerechten Entwicklung ermöglichen (Kontrollfunktion). Ein beispielhaftes Umweltindikatorensystem einer *länderbezogenen Agenda 21* wurde vom Bayerischen Landesamt für Umweltschutz entwickelt [1.24]. Grundlage ist der *DPSIR*-Ansatz der Europäischen Umweltagentur mit seinen fünf Kategorien (Abb. 1.5); in Tabelle 1.2 werden jeweils zwei Beispiele von Nachhaltigkeits-Indikatoren aus den vier Bereichen Natur und Landschaft , Ökosysteme, Klima und Mensch, Ressourcen aufgeführt.

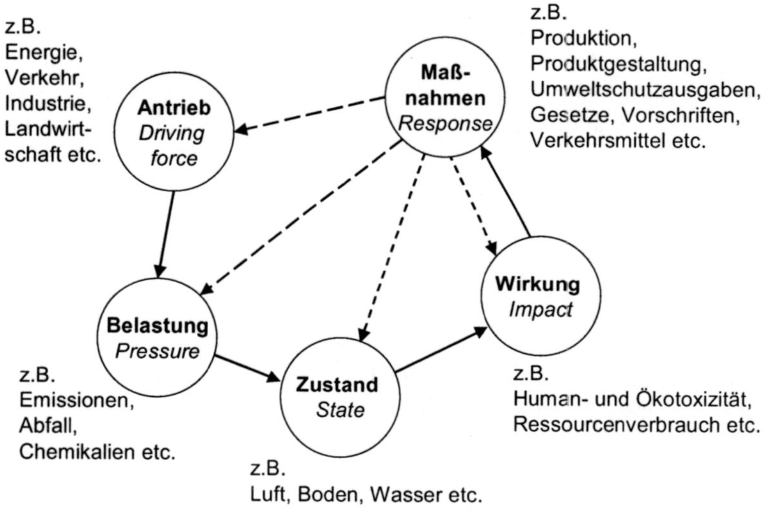

Abb. 1.5 DPSIR-Ansatz der Europäischen Umweltagentur (EEA)

Tabelle 1.2 Zuordnung zum *DPSIR*-Ansatz. *Betriebliche Indikatoren s. Abschn. 2.2.1

Umweltindikatorsystem	Indikator (Definition)	*DPSIR*
Artengefährdung	Rote Liste Arten, u. a. [Index]	*S*
Ökologisch wertvolle Lebensräume	Moore, Magerrasen, u. a. [ha]	*I*
Düngemitteleinsatz	Mineralische N-Dünger [kg/(ha·a)]	*P*
Eintrag persistenter Stoffe	As, Cd, Cr, Pb, Zn, u. a. [Index]	*S*
Luftqualitätsindex	NO_2, SO_2, CO, O_3, PM_{10} [Index]	*S*
Lärmbelastung im Wohnbereich	>55/>65 dB(A) [% Bevölkerung]	*S*
Energieverbrauch	Primärenergieverbrauch [PJ/a]	*D*
Umweltmanagement*	EMAS-validierte Betriebe [%]	*R*

Der Indikatorenbericht 2006 des Statistischen Bundesamts „Nachhaltige Entwicklung in Deutschland“ [1.25] bezieht sich auf die Initiative der Bundesregierung „Perspektiven für Deutschland“ aus dem Jahr 2002. Von den 21 Nachhaltigkeitsindikatoren zeigen die unmittelbar umweltbezogenen Beispiele nach einer Bilanz der Umweltverbände [1.26] unter anderen folgende Entwicklungen:

- Energie-/Rohstoffproduktivität (Indikator 1a/1b). Der *reale* Energieverbrauch ist im Vergleich zu 1990 nur um 3 Prozent zurückgegangen. Um wirklich voran zu kommen, müsste die Nachhaltigkeitsstrategie hier klare Ziele setzen.
- Treibhausgasemissionen (2). Die Vorgaben sind zwar fast realisiert, doch sind diese als Klimaschutzziel ungenügend. Maßnahmen wie die Selbstverpflichtungen bei der Automobil- und Kraftwerksindustrie werden noch immer blockiert.
- Anteile erneuerbarer Energien am Energieverbrauch (3). Das Vorzeigeprojekt zur nachhaltigen Entwicklung, aber der prioritäre Ausbau des ineffizienten Biosprits ginge nur auf Kosten einer erneuten Intensivierung der Landwirtschaft.
- Anstieg der Siedlungs- und Verkehrsfläche (4). Die Realisierbarkeit der als unzureichend angesehenen Vorgaben ist derzeit nicht erkennbar. Von zentraler Bedeutung wäre eine ökologische Reform des Gemeindefinanzsystems.
- Artenvielfalt und Landschaftsqualität (5). Das Ziel wird bisher klar verfehlt; die politischen Rahmenbedingungen (z. B. Schutzgebietsnetz, naturnahe Bewirtschaftung, modernes Bundesnaturschutzgesetz) sind schleunigst zu verbessern.
- Stickstoffüberschuss/ökologischer Landbau (12a/12b). Der Düngemitteleinsatz lässt sich derzeit rechtlich nicht auf ein umweltverträgliches Maß zurückführen. Beim Ökolandbauziel liegt die Entwicklung gravierend zurück.
- Schadstoffbelastung der Luft (13). Die Reduktion der klassischen Luftschadstoffe profitiert noch vom Zusammenbruch der ehemaligen DDR-Industrie- und Verkehrsektoren. Probleme vor allem bei NO_x und Feinstaub aus dem Verkehr.

Insgesamt liefert der Indikatorenbericht des Statistischen Bundesamtes deutliche Hinweise, dass bei gleich bleibendem Tempo und ohne weitere Anstrengungen die Nachhaltigkeitsziele, vor allem bei der Ressourcenschonung, Flächeninanspruchnahme, Artenvielfalt und Schadstoffbelastung der Luft nicht zu erreichen sind.

Ergänzend zum nationalen Nachhaltigkeits-Indikatorensatz hat das Umweltbundesamt ein Umwelt-Kernindikatorensystem (KIS) entwickelt, das mit einer Vielzahl weiterer Indikatoren umfassend Ursache und Wirkungen von Umweltbelastungen abbilden kann [1.27]. *KIS* spiegelt die Leitthemen des 6. Umweltaktionsprogramm der Europäischen Gemeinschaft wider, mit denen alle Schutzgüter erfasst und die derzeitige Umweltpolitik maßgeblich bestimmt werden: (1) Klimaänderungen, (2) biologische Vielfalt, Naturhaushalt und Landschaft, (3) Umwelt, Gesundheit und Lebensqualität, (4) Ressourcennutzung und Abfallwirtschaft.

Das deutsche Umwelt-Kernindikatorensystem umfasst 16 Themen von „Treibhauseffekt“ bis „Bodenressourcen“ und enthält mehr als 50 Indikatoren; letztere wurden nach den umweltpolitischen Prioritäten in Deutschland sowie nach einer möglichst großen Vergleichbarkeit mit den wichtigsten internationalen Indikatoren ausgesucht. Die einzelnen Indikatoren können dabei unter ihrer jeweiligen *DPSIR*-Zuordnung aufgerufen werden [1.27].

1.1.3 Strategische Handlungsfelder – Perspektiven 2020

Schwerpunkte ökologischer Herausforderungen [1.28]
Es besteht ein internationaler Konsens über einen Kern von globalen ökologischen Herausforderungen, der die Zielbereiche (1) Klimaschutz, (2) Erhalt biologischer Vielfalt, (3) Wasserversorgung incl. Abwasserentsorgung, Gewässerschutz sowie (4) den Gesundheitsschutz umfasst. Die Auswahl beruht auf Kriterien[15] wie dem langfristigen Charakter, den Gesundheitsrisiken, den ökologischen und ökonomischen Schäden und den sozialen und kulturellen Auswirkungen. In regionaler Hinsicht verlagern sich die Schwerpunkte allmählich hin zu Schwellen- und Entwicklungsländern. Hohe Wachstumsraten wie in China, aber auch in Indien, verschärfen die Herausforderungen in diesen Ländern und weltweit. Unterschiede für Ländergruppen zeigen sich bei der Untersetzung auf spezifischere Problemstellungen:

1. Klimaschutz
- Emissionsreduzierungen von Klimagasen
- Steigerung der Energieproduktivität
- Steigerung des Anteils erneuerbarer Energien
- Verringerte Transportintensität
- Steigerung des Schienenverkehrsanteils

2. Biologische Vielfalt
- Reduzierung von Flächenverbrauch
- Verringerung von Landschaftszerschneidungen und Suburbanisierung,
- Schutz von Böden vor Erosion, Verdichtung, Versiegelung, Versalzung, ...
- Schutz von Wäldern
- Bekämpfung der Wüstenbildung
- Schutz von Feuchtgebieten, Küstenzonen, Meeresschutz
- Nachhaltige Bewirtschaftung von Fischbeständen

3. Wasserversorgung
- Gewässerschutz
- Grundwasserschutz
- Reduzierung von Nährstoffeinträgen
- Abwasserbehandlung
- Zugang zu sanitären Einrichtungen

4. Gesundheitsschutz
- Reduzierung der Verwendung von Pestiziden
- Reduzierung von Luftbelastungen durch den Verkehr
- Chemikalienpolitik
- Lärmschutz

---

[15] Im allgemeinen werden diese Kriterien nicht in formellen Verfahren systematisch festgelegt. Deswegen sind *innerhalb* des Kerns ökologischer Herausforderungen Prioritäten nicht auszumachen.

Beitrag der strategischen Handlungsfelder zu Problemlösungen [1.28]
Problemlösungen für die in den kommenden Jahren weltweit zu erwartenden ökologischen Herausforderungen lassen sich sechs strategischen Handlungsfeldern zuordnen: (i) Erneuerbare Energien, (ii) Energie- und Rohstoffeffizienz sowie Kreislaufwirtschaft, (iii) Nachhaltige Wasserwirtschaft, (iv) Nachhaltige Mobilität, (v) Weiße Biotechnologie (Abschn. 1.3.5) und (vi) Abfall- und Entsorgungstechnologien. Die Verknüpfung dieser Handlungsfelder mit den Schwerpunktbereichen der ökologischen Herausforderungen („Zielbereiche") ermöglicht eine übersichtliche Darstellung der mittelfristigen Perspektiven, besonders im Hinblick auf die Akzeptanz und die Marktchancen von technologischen Lösungen (Tabelle 1.3).

Bei den *direkten Beiträgen* der strategischen Handlungsfelder zu Problemlösungen in den Zielbereichen kommen dem Einsatz von Erneuerbaren Energien und der Erhöhung der Energie- und Rohstoffeffizienz für den Klimaschutz sowie einer Nachhaltigen Wasserwirtschaft für die globale Wasserversorgung erste Priorität zu (Tabelle 1.3, jeweils obere Zeilen mit geschätzten Einflussstärken in Klammern).

Tabelle 1.3 Direkter (in Klammern) und indirekter Beitrag strategischer Handlungsfelder zur Problemlösung in den Zielbereichen („ökologische Herausforderungen", nach [1.28])

	Klimaschutz	Biologische Vielfalt	Wasser-versorgung	Gesundheits-schutz
Erneuerbare Energien	*(+++)* +++	*(–)* ++	*(–)* ++	*(++)* +++
Energie- und Rohstoffeffizienz	*(+++)* +++	*(–)* ++	*(++)* +++	*(++)* +++
Nachhaltige Wasserwirtschaft	*(–)* –	*(+)* ++	*(+++)* +++	*(++)* +++
Nachhaltige Mobilität	*(++)* ++	*(–)* +	*(–)* +	*(++)* +++
Weiße Biotechnologie	*(++)* ++	*(–)* +	*(–)* +	*(–)* +
Abfall-, Entsorgungstechnologien	*(–)* +	*(+)* ++	*(+)* ++	*(++)* ++

Während in vielen weniger entwickelten Ländern die Umweltbelastungen durch die Industrie noch eine wichtige Rolle spielen, steht in den reicheren Ländern die Entkopplung der von den drei Sektoren Energie, Verkehr und Landwirtschaft ausgehenden Umweltbelastungen vom Wirtschaftswachstum im Vordergrund. Maßnahmen in den strategischen Handlungsfeldern tragen in mehr oder weniger starkem Maße zur Reduzierung der Belastungen bei, die in diesen Wirtschaftssektoren entstehen. Außerdem bestehen zwischen den zentralen Zielbereichen enge Interdepenzen („spillovers"). Als *Gesamteinschätzung* ergibt sich ein hoher Beitrag der betrachteten strategischen Handlungsfelder zur Problemlösung in praktisch allen Zielbereichen (Tabelle 1.3, jeweils untere Zeile für geschätzte Einflussstärken).

Prioritäten der Forschungsförderung im Umweltschutz – Beispiel Schweiz
Neben der Erarbeitung von wissenschaftlich fundierten Grundlagen für umweltpolitische Entscheidungen soll die Umweltforschung in der Schweiz das Verständnis für ökologische Prozesse, für die Zusammenhänge von Umwelt, Gesellschaft und Wirtschaft und für das Wechselspiel von individuellem und kollektiven Handeln fördern [1.29]. Für den Politikbereich Umwelt erarbeitet das Bundesamt für Umwelt (BAFU) in einem breiten Beteiligungsprozess jeweils für vier Jahre ein gesamtschweizerisches Forschungskonzept Umwelt (FKU), das als Grundlage für Behörden bei Kreditbeschlüssen und Gesetzesänderungen, als Strategie- und Informationsinstrument sowie als Referenz für Entscheidungen im Bereich der Umweltforschung dient. 2004 betrug der Anteil der öffentlichen Hand rund 384 Millionen Schweizer Franken, derjenige der Privatwirtschaft rund 135 Millionen Schweizer Franken.

In der Tabelle 1.4 sind die Schwerpunkte der Umweltforschung in der Schweiz für den Zeitraum 2008 bis 2011 aufgeführt, mit der Wissen in vier Handlungsfeldern erarbeitet werden soll: (1) Umgang mit Zielkonflikten, (2) Förderung von umweltverträglichen Handeln (z. B. Anreizsysteme), (3) Umsetzung von Vorsorge-, Vermeidungs- und Anpassungsstrategien und (4) Umwelttechnologie.

Tabelle 1.4 Schwerpunkte und Prioritäten für die Umweltforschung in der Schweiz im Zeitraum 2008 bis 2011 [1.29]

	Systemwissen	Zielwissen
Schwerpunkt I *Handlungsmöglichkeiten von Mensch, Wirtschaft und Gesellschaft für die Erhaltung und Gestaltung einer intakten Umwelt*	• Wertvorstellungen • Determinanten der Umweltpolitik	• Umweltverträgliche Wirtschaft
Schwerpunkt II *Schutz der Umwelt und der menschlichen Gesundheit vor Schadstoffen sowie biotischen und physikalischen Belastungen*	• Nanomaterialien • Feinstaub • Neobiota • nichtionisierende Strahlung • hormonaktive Stoffe	• Schwellenwerte • Zielkonflikte
Schwerpunkt III *Schutz und schonende Nutzung der natürlichen Ressourcen*	• Biodiversität • Landnutzung/Landschaft als Lebensraum	• Schwellenwerte • Zielkonflikte
Schwerpunkt IV *Wandel im Klimasystem und dessen Auswirkungen auf Natur und Gesellschaft*	• Impactforschung • räumliche/zeitliche Variabilität	• Schwellenwerte • Zielkonflikte • Verminderungs-/ Anpassungsstrat.
Schwerpunkt V *Umgang der Gesellschaft mit Naturgefahren und technischen Risiken / integrales Risikomanag.*	• Gewässersysteme und bauliche Eingriffe • Gentechnik	• Zielkonflikte • Risikobewertung (u. a. neue Technologien)

Perspektiven der globalen Umweltschutzwirtschaft

Die Analysen zur Innovationsdynamik und zum Marktpotenzial zeigen ein insgesamt günstiges Bild für die Technologien der in Tabelle 1.3 aufgeführten strategischen Handlungsfelder; folgende Aspekte sind hervorzuheben [1.28]:

- In Zukunft werden die Technologien zur Verbesserung der *Energie- und Rohstoffeffizienz* erheblich an Bedeutung gewinnen. Das Markpotenzial ist als sehr hoch, das technologische Entwicklungspotenzial als dynamisch einzustufen; unterstützt wird dies durch eine durchschnittlich ansteigende Patentaktivität.
- In den letzten Jahren war ein „Take-off" bei den *erneuerbaren Energien* zu verzeichnen. Das technische Entwicklungspotenzial wird insgesamt als sehr hoch eingeschätzt. Unterstützt wird dies durch Abschätzungen zu den kurz- bis mittelfristigen Kostendegressionen und eine stark ansteigende Patentaktivität.
- Der gesellschaftliche Stellenwert der *Mobilitätsbedürfnisse* und der parallel zunehmende Handlungsdruck zum Schutz der Umwelt zeigen ein außerordentlich hohes Marktpotenzial für umweltfreundliche Mobilitätstechnologien. Das technologische Entwicklungspotenzial wird insgesamt als hoch eingeschätzt.
- Die wirtschaftliche Bedeutung und das Marktpotenzial im *Wasserbereich* sind enorm. Hier trifft ein sich zunehmend in kaufkräftiger Nachfrage niederschlagenden Bedarf in den sich schnell entwickelnden Aufholländern auf den Reinvestitionsbedarf in den Industrieländern. Ein ganz außerordenlicher Anstieg ist bei den integrierten (semi-)dezentralen Wassertechnologien zu verzeichnen.

Aggregiert man die *Wachstumsprojektionen der Unternehmen*, steht zu erwarten, dass Umwelttechnologien das Potenzial haben, klassische Industriezweige wie etwa den Fahrzeugbau in einer längeren Perspektive beim Branchenumsatz zu überholen (Abb. 1.6); nach diesen Schätzungen werden die Umwelttechnologien auch einen immer höheren Anteil an der volkswirtschaftlichen Wertschöpfung in Deutschland erhalten (von ca. 4 % in 2005 ein Anstieg auf ca. 16 % in 2030).

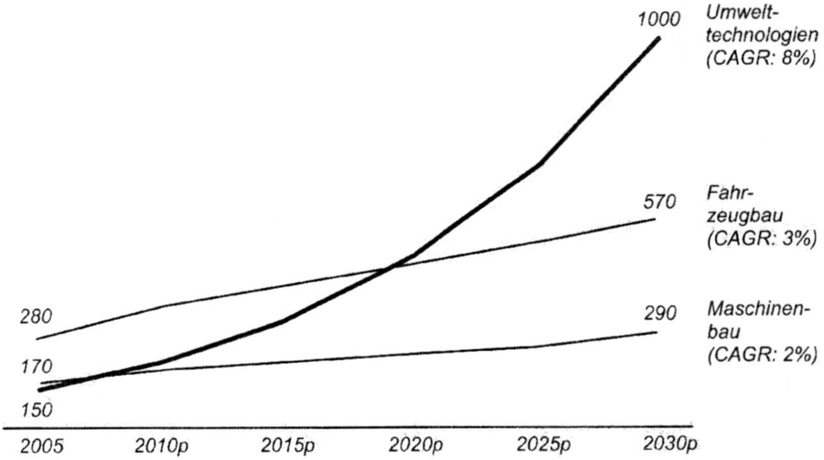

Abb. 1.6 Umsatzprognose Umwelttechnologien in Deutschland (Mrd. €; CAGR – Compound Annual Growth Rate; nach Roland Berger Strategy Consultants 2006 in [1.30])

1.1.4 Umsetzung von globalen Klimaschutzzielen

Der Klimawandel als Folge eines verstärkten Eintrags von „Treibhausgasen" in die obere Erdatmosphäre wird in seinem Ausmaß vermutlich alle bisherigen Umweltkrisen übertreffen. Trotz der noch beträchtlichen Unsicherheiten bei der Interpretation der bislang vorliegenden Daten und Modelle muss nach der überwiegenden Meinung von Experten mit einer weiteren Erwärmung der unteren Erdatmosphäre, hauptsächlich ausgelöst durch anthropogene Einflüsse, gerechnet werden.

Die internationale Reaktion auf diese Befunde entwickelt sich über die großen Konferenzen der Vereinten Nationen: Auf der ersten *Weltklimakonferenz* 1979 setzte sich die Erkenntnis durch, dass es sich beim Klimawandel um ein ernst zu nehmendes Problem handelt. Das Rahmenübereinkommen der Vereinten Nationen über Klimaänderungen (die „Klimakonvention") von 1992 wurde in Rio de Janeiro von 154 Staaten und der Europäischen Gemeinschaft unterzeichnet. Auf der COP-3 (Konferenz der Vertragsparteien) im Dezember 1997 wurde das *Protokoll von Kyoto* verabschiedet. Es verpflichtet die Industrieländer rechtsverbindlich dazu, ihre gemeinsamen Treibhausgasemissionen innerhalb des Zeitraums 2008 bis 2012 gegenüber dem Ausgangsjahr 1990 um mindestens 5 Prozent zu reduzieren. Die EU als Ganzes hat dabei 8 Prozent Reduktion übernommen; unter bestimmten Bedingungen hat sich im März 2007 die EU sogar bereit erklärt, bis 2020 die Treibhausgas-Emissionen um 20–30 Prozent gegenüber 1990 zu reduzieren [1.31]. (In dem *Kasten* auf S. 25 wird eine Einschätzung über den Beitrag von einzelnen konventionellen und regenerativen Energiequellen im Jahr 2050 gegeben.)

Weitere Verpflichtungen zur Minderung der Treibhausgasemissionen sind notwendig. Dabei sind Kosten für die Erschließung von Emissionsminderungspotenzialen von Staat zu Staat höchst unterschiedlich. Diesem Problem tragen die *Flexiblen Mechanismen* des Kyoto-Protokolls Rechnung. Im Rahmen des am 01.01.05 auf EU-Ebene begonnenen Emissionshandels können durch die Umsetzung der *Linking Directive* auch Zertifikate durch emissionsmindernde Projekte im Rahmen des Clean Development Mechanism (*CDM*) und von Joint Implementation (*JI*) durch außerhalb der EU-Grenzen durchgeführte Projekte generiert werden. Durch den internationalen Emissionshandel soll erreicht werden, dass die Emissionen dort gemindert werden, wo dies am kostengünstigsten möglich ist [1.32].

Das zugrunde liegende Prinzip bei *JI* und *CDM* ist gleich: Ein Investor führt in einem Gastland ein Projekt durch, das die Emissionen mindert und erhält dafür Emissionsgutschriften. Die gemeinsame Umsetzung sieht Projekte zwischen Industriestaaten vor, während der Mechanismus für umweltgerechte Entwicklung gemeinsame Projekte von Industriestaaten und Entwicklungsländern betrifft. Voraussetzung für eine Generierung von Emissionsgutschriften ist, dass die Emissionsreduktionen zusätzlich zu Maßnahmen stattfinden, die auch ohne das Projekt erfolgt wären. Dieses wird anhand eines Referenzszenarios und gegebenenfalls weiterer Kriterien überprüft; ersteres gibt an, welche Emissionen ohne die Durchführung des Projekts entstanden wären. Über die Flexiblen Mechanismen hinaus ist es möglich, die Verpflichtung mit Maßnahmen im Bereich Landnutzung, Landnutzungsänderung und Forstwirtschaft (als Kohlenstoffsenken) zu erfüllen [1.32].

„Sicherheitsrisiko Klimawandel" Gutachten des WBGU, 06.06.2007 [1.33]

Zum G8-Gipfels in Heiligendamm stellt der Wissenschaftliche Beirat der Bundesregierung Globale Umweltveränderungen (WBGU) sein neues Gutachten vor. Die Regierungsberater kommen zu dem Schluss, dass der Klimawandel ohne entschiedenes Gegensteuern die Anpassungsfähigkeit vieler Gesellschaften überfordern wird. Dadurch kann es in einigen Weltregionen zu innerstaatlichen Zerfalls- und Destabilisierungsprozessen mit diffusen Konfliktstrukturen, zwischenstaatlichen Konflikten und einer Überforderung des internationalen Systems kommen. Die WBGU empfiehlt die Umsetzung folgender Maßnahmen:

- *Internationale Klimapolitik ehrgeizig weiterentwickeln.* Deutschland und die EU sollten mit den Schwellenländern strategische „Dekarbonisierungspartnerschaften" eingehen.
- *KSZE ähnliche Prozesse anstoßen:* nach dem Vorbild der Konferenz für Sicherheit und Zusammenarbeit in Europa müssen für eine multilateriale Ordnung u. a. die aufstrebenden Führungsmächte China und Indien gewonnen werden.
- *Vereinigte Nationen reformieren:* wegen der globalen Klimarisiken sollte eine Mandatsanpassung des Sicherheitsrats erfolgen; das Umweltprogramm UNEP sollte gestärkt und zu einer UN-Sonderorganisation aufgewertet werden.
- *Fragile und schwache Staaten stabilisieren:* u. a. sollte die Entwicklungspolitik und die EU-Sicherheitsstrategie in Richtung auf Krisenprävention erweitert werden, um militärisches Eingreifen so weit wie möglich zu vermeiden.
- *Globales Informations- und Frühwarnsystem ausbauen:* Daten zur regionalen Klimaprognose sollen vor allem für Entwicklungsländer bereitgestellt werden.

Abschlussbericht des Weltklimarates IPCC, Valencia, 16. 11. 2007 [1.34, 1.35]

Die Zusammenfassung des vierten Sachstandsberichts der drei Arbeitsgruppen des Weltklimarates (Wissenschaftliche Grundlagen; Auswirkungen, Anpassung, Verwundbarkeiten; Verminderung des Klimawandels) nennt u. a. folgende Ergebnisse:

- Nur bei einer Beschränkung der Temperaturerhöhung auf weniger als 2,4°C gegenüber dem Niveau von 1850 wird es möglich sein, die schwerwiegendsten Auswirkungen des vom Menschen verursachten Klimawandels zu vermeiden.
- Für eine Stabilisierung auf diesem Niveau muss bis spätestens 2020 der Höhepunkt der weltweiten Treibhausemissionen überschritten und bis 2050 müssen diese 50–65 Prozent gegenüber den Emissionen des Jahres 2000 reduziert sein.
- Die hierfür erforderlichen Technologien sind entweder bereits kommerziell verfügbar oder können bei einer Veränderung der politischen Rahmenbedingungen relativ kurzfristig verfügbar gemacht werden.
- Der Kosten sind deutlich niedriger als dies noch im Bericht des IPCC im Jahr 2001 angenommen wurde. Analysen haben gezeigt, dass die Kosten für eine sehr anspruchsvolle Reduktion der Treibhausgasemissionen in den nächsten Jahren des globale Wachstum um 3 Prozent reduzieren würden, wenn man die positiven Effekte der vermiedenen Klimafolgekosten nicht mit in Betracht zieht.
- Ein erheblicher Teil der Wachstumsverluste kann allein durch die positiven Nebenwirkungen einer solchen Politik ausgeglichen werden.

Perspektiven bis 2050 – Trend- und Klimaschutzszenarien

Bei der Prognose langfristiger Entwicklungen auf dem Energiesektor und speziell für die Nutzung von Erneuerbaren Energieträgern (EE) lassen sich die eher konservativen Trendszenarien, d. h. die plausible Fortschreibung der wesentlichen energieverbrauchsbestimmten Einflussgrößen, und die stärker „visionär" geprägten Nachhaltigkeitsszenarien, unterscheiden (Abb. 1.7 [1.36, 1.37]):

- Im *Trendszenario* [1.38] wird der Energieverbrauch bis 2010 insgesamt noch zunehmen und trotz einer weiteren Effizienzsteigerung wird die Bruttostromerzeugung bis 2020 um ca. 10 % im Vergleich zu 1998 steigen. Gleichzeitig wächst der Anteil fossiler Energieträger von 85 % auf 91 %, da im Szenario ein Ausstieg aus der Kernenergie mit Kraftwerkslaufzeiten von 35 Jahren angenommen ist. Es werden im Trend weder die CO_2-Minderungsziele noch die Ziele zum Ausbau Erneuerbarer Energieträger erreicht; der Stellenwert von EE im Strommarkt steigt jedoch relativ stark, besonders bei der Windenergie.
- Die *Klimaschutzszenarien*, die den vereinbarten Kernenergieausstieg einbeziehen, gehen davon aus, dass die längerfristigen Ziele nur über verstärkte Maßnahmen zur rationellen Energienutzung und den Ausbau EE erreicht werden können. Bei einer Steigerung der Primärenergieintensität auf 30 % des gegenwärtigen Energieverbrauchs entwickeln sich im HGF-Szenario [1.39] die EE rasch weiter und 65 % an der *Stromerzeugung* werden bis 2050 für möglich gehalten. Im *Wärmemarkt* sind bis 2050 die Potenziale der Biomasse vollständig ausgeschöpft.

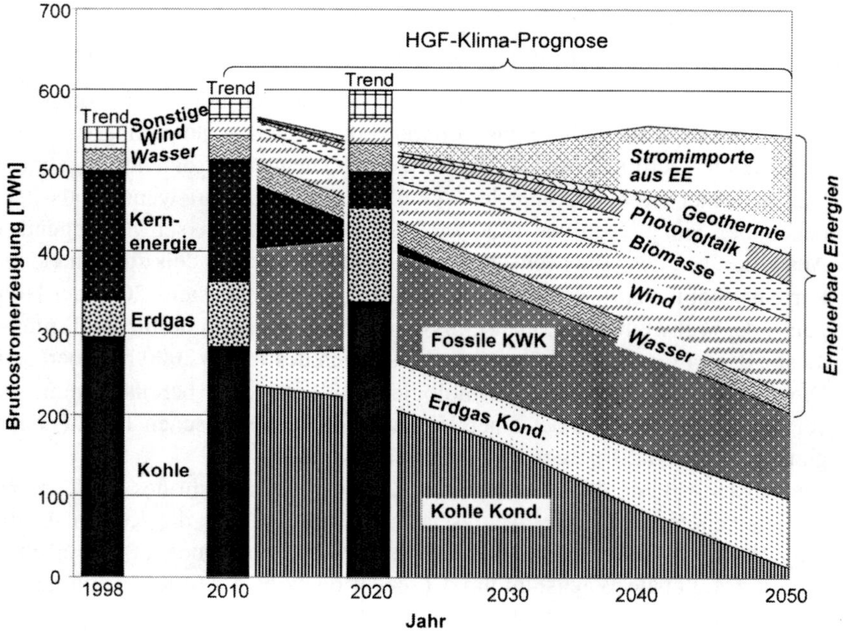

Abb. 1.7 Trendentwicklung der Stromerzeugung in Deutschland nach Prognos AG [1.46] und Klimaschutzszenario nach HGF [1.39]. Nach Daten von Staiß [1.36]

Konventionelle und regenerative Energiequellen (aus: Steger et al. [1.40])

Die dargestellten Daten basieren auf einem Bericht des World Energy Assessment (2000; 2004 update [1.41]) und zielen weniger auf das theoretische Potenzial einzelner Energieressourcen, sondern basieren auf einer Einschätzung darüber, ob in 50 Jahren ein substantieller Anteil des dann zu erwartenden totalen Bedarfs von 600 bis 1000 EJ/Jahr (davon 20–25 % Elektrizität) durch eine bestimmte Ressource abgedeckt werden könnte und was die entsprechenden Implikationen wären.

1. *Fossile Energien:* Betrachtet man die vorhandenen Ressourcen, so wäre es durchaus möglich, dass im Jahre 2050 die fossilen Energien immer noch den größten Beitrag zum globalen Energiesystem liefern. Dies würde allerdings die Erschließung unkonventioneller Öl- und Gasvorkommen und/oder die Rückkehr zur Kohle bedingen.
2. *Kernenergie* (Spaltung, im Prinzip auch Fusion); nicht erneuerbar, aber bei voll ausgebauter Technologie (Wiederaufbereitung, Brüter, schließlich Fusionsreaktor) faktisch unbeschränkt, jedoch nur in einer politisch vollständig kontrollierten Welt anwendbar. Der Kraftwerkpark wäre um das 15- bis 20-fache zu vergrößern, um die Kernenergie zum Hauptträger des zukünftigen Energiesystems zu machen; die Chancen für diese Entwicklung werden als gering eingeschätzt.
3. *Wasserkraft:* erneuerbar, globale Kapazität wäre ökonomisch auf rund 30 EJ/a ausbaubar (heute 9,3 EJ/a), technisch gar auf 50 EJ/a. Die ökologischen Konsequenzen wären allerdings negativ. Ungeeignet in Zukunft die steigende Nachfrage nach Energie signifikant auffangen zu können.
4. *Biomasse*; erneuerbar, Kapazitätsreserven vorhanden (280 bis 450 EJ/a Primärenergie). Sollte Biomasse eine signifikante Rolle (>50 %) bei der Deckung des zukünftigen Energiebedarfs spielen, ergäbe sich ein enormer Landbedarf und eine Konkurrenz mit anderen Landnutzungsarten. Der Mensch nutzt bereits heute 40 % der gesamten terrestrischen Primärproduktion für seine Bedürfnisse.
5. *Windkraft*; erneuerbar, hat im Prinzip ein sehr großes Potenzial. Würden 4 % der für Windkraftwerke geeigneten Standorte genutzt, könnten 230 EJ/a Elektrizität produziert werden.
6. *Photovoltaik*; erneuerbar, praktisch unbeschränktes Potenzial in allen Regionen (Schätzungen zwischen 1.500 und 50.000 EJ/a primär), aber bei den heutigen Energiepreisen noch nicht wirtschaftlich.
7. *Thermische und passive Sonnenenergienutzung*; erneuerbar, praktisch unbeschränktes Potenzial für Energiebedarf auf niedriger Temperaturstufe.
8. *Geothermie*; bedingt erneuerbar, Potenzial immens. Nutzung aus heutiger technischer und ökonomischer Sicht auf Gebiete beschränkt, in denen der geothermische Wärmefluss natürlicherweise an der Erdoberfläche groß ist (Vulkane, Geysire).
9. *Meeresenergie,* z. B. Gezeiten- und Wellenenergie, erneuerbar. Nischenanwendungen, keine signifikante Rolle absehbar.

Aktuelle und künftige Schlüsseltechnologien zur Emissionsminderung

Der Beitrag der Arbeitsgruppe „Verminderungs des Klimawandels“ zum Vierten Sachstandsbericht des zwischenstaatlichen Ausschusses für Klimaänderung (IPCC) von 2007 [1.34] enthält u. a. eine Zusammenstellung von (a) aktuell auf dem Markt befindlichen und (b) bis 2030 auf dem Markt erwarteten Schlüsseltechnologien und -praktiken zur Emissionsminderung[16], nachstehend untergliedert in Sektoren:

Energieversorgung

a) Erhöhte Versorgung- und Verteilungseffizienz; Brennstoffwechsel von Kohle zu Gas; Kernenergie; erneuerbare Energie; Kraft-Wärme-Kopplung; frühe Anwendung von CO_2-Abrennung und -speicherung (CCS – *carbon capture and storage*; z. B. Speicherung von aus Erdgas entfernten CO_2)
b) CO_2-Abtrennung und -speicherung (CCS) für gas-, biomasse- oder kohlebetriebene Stromkraftwerke; weiterentwickelte Kernenergie; weiterentwickelte erneuerbare Energien, incl. Gezeiten- und Wellenkraftwerke, solarthermische Energie (CSP – *concentrating solar power*)

Verkehr

a) Treibstoffeffizientere Fahrzeuge; Hybridfahrzeuge; saubere Dieselfahrzeuge; Biotreibstoffe; modale Verlagerung von Straßenverkehr auf die Schiene und öffentliche Verkehrssysteme; schnelle öffentliche Verkehrssysteme, nicht-motorisierter Verkehr (Fahrradfahren); Landnutzungs- und Verkehrsplanung)
b) Biotreibstoffe zweiter Generation; effizientere Flugzeuge; weiterentwickelte Elektro- und Hybridfahrzeuge mit stärkeren und zuverlässigeren Batterien

Gebäude

a) Effiziente Beleuchtung und Ausnutzung des Tageslichts; effizientere Elektrogeräte und Heiz- und Kühlvorrichtungen; bessere Wärmedämmung; passive und aktive Solararchitektur für Heizung und Kühlung; alternative Kühlflüssigkeiten
b) Integrale Energiekonzepte für Geschäftsgebäude incl. Technologien wie z. B. Zähler, die Steuerung ermöglichen; in Gebäude integrierte Photovoltaik

Industrie

a) Effizientere elektrische Endverbraucherausrüstung; Wärme- und Stromrückgewinnung; Materialwiederverwertung und -ersatz; Emissionsminderung von Nicht-CO_2-Gasen sowie breites Spektrum an prozessspezifischen Technologien
b) Weiterentwickelte Energieeffizienz; CCS bei Zement-, Ammoniak- und Eisenherstellung; inerte Elektroden für die Aluminiumherstellung

Landwirtschaft

a) Verbessertes Management von Acker- und Weideflächen zur Erhöhung der Kohlenstoffspeicherung im Boden; verbesserte Reisanbautechniken sowie Vieh- und Düngemittelmanagement zur Verringerung von Methan-Emissionen; verbesserte Stickstoffdüngung zur Verringerung von N_2O-Emissionen
b) Verbesserung der Ernteerträge

---

[16] Nicht-technologische Praktiken in Abschn. 7 der IPCC-AR4-Zusammenfassung [1.42]

Klimaschutz in staatlichen Forschungsprogrammen – Beispiel Deutschland
Die Umweltpolitik und die entsprechende *Forschungsförderung in Deutschland* steht seit der Jahrtausendwende unter dem Leitbild Nachhaltigkeit. Bis 2020 soll in Deutschland die Energie- und Ressourcenproduktivität verdoppelt werden; international soll vor allem zur Lösung der globalen Wasserkrise beigetragen werden. Darüber hinaus wird der Export von innovativen Umweltschutztechnologien sowie der weltweite Verkauf von Ressourcen schonenden Maschinen und Produktionsverfahren als in jedem Sinne nachhaltige Wirtschaftsfaktoren angesehen [1.42].

In dem Rahmenprogramm „Forschung für die Nachhaltigkeit", das am 30. Juni 2004 vom Bundeskabinett verabschiedet wurde, werden bis 2009 über das BMBF insgesamt 800 Millionen € für die Entwicklung von Innovationen in Wissenschaft und Wirtschaft bereitgestellt, die auf *vier Handlungsfelder* fokussiert sind [1.42]:

1. Konzepte für Nachhaltigkeit in *Industrie und Wirtschaft* (Schwerpunkte: Bauen und Wohnen, Lebensmittelverarbeitung, Mobilität und Verkehr)
2. Nachhaltige Nutzungkonzepte für *Regionen* (urbane Räume, landliche Räume, sensible Räume)
3. Konzepte für eine nachhaltige Nutzung von *natürlichen Ressourcen* (biologische Ressourcen, Wasser incl. neue Konzepte zum Hochwassermanagement)
4. *Gesellschaftliches Handeln* in Richtung Nachhaltigkeit (Globalisierung, sozial-ökologische Forschung, sozio-demographischer Wandel)

Die Entwicklung der Schwerpunkte der Umweltpolitik und -forschung in Deutschland seit 2001 lässt sich anhand der *Übersichtsveröffentlichungen* des Bundesministeriums für Bildung und Forschung (BMBF) verfolgen (www.fona.de):

- Forschung zum globalen Wandel – Wissen für die Zukunft der Erde (2001)
- Bauen und Wohnen im 21. Jahrhundert – Konzepte für die Zukunft (2002)
- Herausforderung Klimawandel – Bestandsaufnahme und Perspektiven der Klimaforschung (2003)
- Nachhaltiges Wirtschaften – Innovationen aus der Umweltforschung (2004)
- Forschung für den Klimaschutz und Schutz vor Klimawirkungen (2004)
- Vom Wissen zum Handeln? – die Forschung zum Globalen Wandels und ihre Umsetzung (2004)
- GLOWA – Globaler Wandel des Wasserkreislaufes (2005)
- Forschung für die Nachhaltigkeit – Rahmenprogramm des BMBF für eine zukunftsfähig innovative Gesellschaft (2005)
- Nachhaltige Ver- und Entsorgung – Impulse aus der sozial-ökologischen Forschung (2006)
- KlimaZwei – Forschung für den Klimaschutz und Schutz vor Klimawirkungen (2007)
- Die Hightech-Strategie zum Klimaschutz – 2. Klima-Forschungsgipfel (2007)

Für die integrierte Energie- und Klimapolitik stehen im Bundeshaushalt 2008 für Klimaschutzmaßnahmen insgesamt 3,3 Mrd. € zur Verfügung; darin enthalten sind bis zu 400 Mio. € aus der Veräußerung von Emissionszertifikaten sowie rund 700 Mio. € aus der bilateralen und multilateralen Entwicklungszusammenarbeit [1.43].

Lernkurven im Bereich der Erneuerbaren Energien

Für die Abschätzung der mittelfristig erreichbaren Kosten bei innovativen Technologien wie den meisten regenerativen Energietechniken (REG) hat sich das Instrument der „Lern- bzw. Erfahrungskurven“ bewährt [1.44, 1.45]. Dabei werden die Herstellungskosten eines in größeren Stückzahlen, standardisierbaren Produkts mit der kumulierten Produktionmenge verknüpft; dies trifft für einheitliche Komponenten von REG-Technologien zu, wie Module, Kollektoren, Speicher, aber auch für komplette Konverter (z. B. Wind; Brennstoffzelle). Typische Einflüsse auf eine Lernkurve zeigt die Entwicklung der Photovoltaik-Module in Abb. 1.8 [1.46]. Beispiele für Lernkurven gibt die Studie „Erneuerbare aus und in Österreich“ [1.47].

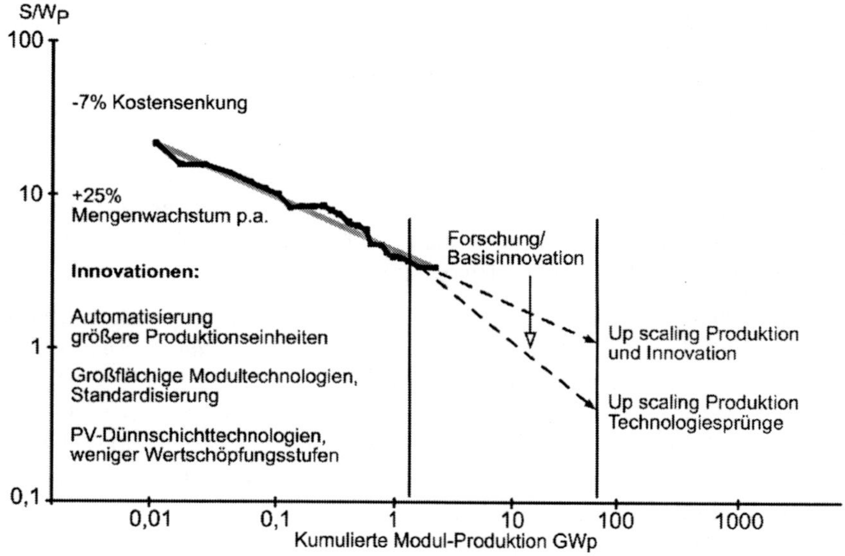

Abb. 1.8 Lernkurve am Beispiel Photovoltaik-Modulpreise 1973 bis heute (*Schott* [1.46] nach Daten von Fraunhofer Institut für Solare Energiesysteme)

„Lernen am Markt“ [1.46] beschreibt mit der Photovoltaik exemplarisch die strategische Rolle von anwendungsnaher Forschung bei der Entwicklung einer nachhaltigen Energieversorgung bis zum Jahr 2050:

- Nur mit Wachstum lässt sich ein industrieller Lerneffekt erzielen
- Das Wachstum darf aber nicht zu hoch sein, weil dann diese Lerneffekte nicht mehr ausreichend in die Neuinvestitionen für die Produktionstechnik einfließen.

Das Erneuerbare-Energien-Gesetz (EEG [1.48, 1.49]) hat sich als Motor bewährt:

- es schafft Finanzierungs-Sicherheit durch gesicherte Erträge für den Betreiber
- die Vorgabe der stetigen Degression der Einspeisevergütung drückt die Kosten
- damit wird ein hoher Druck erzeugt, Innovationen zeitnahe umzusetzen

Das Erneuerbare Energie-Gesetz bietet frühe Investititionsanreize; die „industrielle Dividende“ kommt früher, wenn die Anbieter für den Export gerüstet sind.

Kontroversen über die Instrumente zur Förderung erneuerbarer Energien

Während das Ziel einer verstärkten Förderung erneuerbarer Energien unumstritten ist, ergeben sich bei der praktischen Umsetzung durchaus Kontroversen, wie die folgenden Beispiele mit Beteiligung hochrangiger Fachgutachtergremien zeigen:

„Nach der Implementierung eines funktionierenden Marktes für CO_2-Emissions-Lizenzen in Europa wird der Gesamteffekt des Erneuerbare-Energien-Gesetzes auf die Reduktion von CO_2-Emissionen gleich Null sein; es wird dann zu einem ökologisch nutzlosen, aber volkswirtschaftlich teuren Instrument und müsste konsequenterweise abgeschafft werden“ (Schlussfolgerung der Stellungnahme des Wissenschaftlichen Beirats beim Bundesministerium für Wirtschaft und Arbeit „Zur Förderung erneuerbarer Energien“ [1.50], vor der Beratung im Deutschen Bundestag zur Neuregelung des Rechts der Erneuerbaren Energien im Strombereich (2004).

Als Begründung werdem die grundsätzlichen Unterschiede der beiden Instrumente für die Erreichung von globalen und nationalen Klimaschutzzielen genannt: (1) Sinn des *Lizenzmarktes* ist es, ein Preissignal für CO_2-Emissionen zu erhalten und dafür zu sorgen, dass die Einsparung dieser Emissionen auf volkswirtschaftlich möglichst kostengünstige Weise geschieht. (2) Bei den *Einspeisevergütungen nach dem Erneuerbare-Energie-Gesetz* wird angenommen, dass der Betreiber der Wind-Strom-Anlage oder Solar-Strom-Anlage sein Angebot bis zu dem Punkt ausdehnt, bei dem seine Grenzkosten mit der Einspeisevergütung übereinstimmen. Nach Ansicht des Beirats [1.50] sollten die Prioritäten beim Einsatz von Mitteln zur CO_2-Minderung einerseits bei der forcierten Modernisierung des Kraftwerksparks in Deutschland und andererseits bei EU-weiten Maßnahmen des „Clean-Development-Mechanism“, z. B. an chinesischen Kohle-Kraftwerken, liegen.

„Die Förderung von Biomasse kann grundsätzlich einen jeweils unterschiedlichen Beitrag zur Erreichung agrar-, energie- und umweltpolitischer Ziele leisten. Dabei ist aber auch auf die Kosten und die Konflikte zwischen diesen Zielen zu achten. Gerade wenn mehrere Ziele gleichzeitig verfolgt werden können, sollte im Zweifel dem Klimaschutz auf der Grundlage eines naturverträglichen Anbaus Vorrang eingeräumt werden. Während eine priorisierte Förderung des Einsatzes von Biomasse im Transportsektor (Biokraftstoffe) die Potenziale der Biomasse hinsichtlich des Klimaschutzziels nicht optimal nutzt, zeigt der stationäre Einsatz vor allem bei der Wärmenutzung sowie bei kombinierter Wärme- und Stromnutzung gute Treibhausgas-Einsparpotenziale“ (Sondergutachten des Sachverständigenrats für Umweltfragen „Klimaschutz durch Biomasse“, Juli 2007 [1.51]).

Eine nachhaltige Biomasseförderungsstrategie muss nach Auffassung des Sachverständigenrats zwei grundlegende Anforderungen erfüllen [1.51]:

1. Optimierung der Biomassenutzung bei der Vermeidung von Treibhausgas-Emissionen; einerseits ist sie am wirksamsten bei der Wärmeproduktion, andererseits ist sie z.Zt. die einzige regenerative Energiequelle für Kraftstoffe.
2. Entwicklung eines nationalen und internationalen Ordnungsrahmens für den umweltgerechten Anbau von Energiepflanzen. Dieser Ordnungsrahmen muss die generellen Instrumente für eine umweltgerechte Landwirtschaft einbeziehen.

Ausgewählte sektorale Instrumente – IPCC Sachstandsbericht [1.34]
Der Beitrag der Arbeitsgruppe „Verminderung des Klimawandels" zum Vierten Sachstandsbericht des zwischenstaatlichen Ausschusses für Klimaänderung (IPCC) von 2007, der bereits im Hinblick auf die künftig erwarteten Schlüsseltechnologien zitiert wurde, gibt eine Zusammenstellung von Politiken, Maßnahmen und Instrumenten, die sich im jeweiligen Sektor in mindestens einigen nationalen Fällen als umweltwirksam erwiesen haben (in Klammern: wesentliche Einschränkungen oder Möglichkeiten):

Energieversorgung
Verringerung von Subventionen für fossile Brennstoffe, Steuern oder Kohlendioxidabgaben auf fossile Brennstoffe (Widerstand durch Interessensgruppen aufgrund bestehender Rechte könnte die Umsetzung erschweren); Einspeisevergütungen für Erneuerbare-Energien-Technologien, Quoten für Erneuerbare Energien, Subventionen für Produzenten (könnten angemessen sein, um Märkte für Niedrigemissionstechnologien zu schaffen).

Verkehr
Verpflichtende Standards für Treibhausverbrauch, Biotreibstoffbeimischung und CO_2-Standards für den Straßenverkehr (unvollständige Erfassung der Fahrzeugflotte kann die Effektivität begrenzen); Steuern auf Fahrzeugkauf, Zulassung, Nutzung und Treibstoffe, Straßen- und Parkgebühren (Effektivität kann mit höheren Einkommen sinken); Mobilitätsbedürfnisse durch Flächennutzungsregelungen und Infrastrukturplanung beeinflussen, Investitionen in attraktive öffentliche Verkehrssysteme und nicht-motorische Verkehrsformen (besonders geeignet für Länder, die gerade ihre Verkehrssysteme aufbauen).

Gebäude
Gerätestandards und Kennzeichnung, Gebäudestandards und Zertifizierung, Programme zur Nachfragesteuerung, Vorbildfunktion der öffentlichen Hand, Anreize für Energiedienstleistungsunternehmen (regelmäßige Überarbeitung der Standards nötig, attraktiv für neue Gebäude, Durchsetzung kann schwierig sein, Regulierung notwendig, so dass Versorgungsunternehmen profitieren können, Regierungseinkäufe können die Nachfrage nach energieeffizienten Produkten steigern, Erfolgskriterium: Zugang zu Drittmitteln).

Industrie
Bereitstellung von Informationen für einen Leistungsvergleich, Leistungsstandards, Subventionen, Steuervergünstigungen (können angebracht sein, um die Etab-lierung der Technologien anzuregen; Beständigkeit der nationalen Politik ist wichtig im Hinblick auf internationale Wettbewerbsfähigkeit); handelbare Zertifikate (vorhersehbare Zuteilungsmechanismen und stabile Preissignale sind wichtig für Investitionen); freiwillige Vereinbarungen (Erfolgskriterien sind unter anderem: klare Ziele, ein Referenzszenario, Einbeziehung Dritter in Entwurf und Begutachtung und formelle Überwachungsmaßnahmen, enge Zusammenarbeit zwischen Regierung und Industrie).

EU-Klimapaket vom 23.01.08 mit Entwürfen für neue Rechtsakte [1.52, 1.53]

1. Reduzierung der Treibhausgase in den einzelnen Mitgliedsstatten [1.54]

EU-weit sollen die Treibhausgas-Emissionen bis 2020 um 20 % gegenüber 2005 abnehmen (Industrie und Energieunternehmen – 21 %; Haushalte, Verkehr und Dienstleistungen – 10 %). Der Verteilungsschlüssel ist an der Wirtschaftskraft orientiert: Deutschland soll für die nicht in den Emissionshandel einbezogenen Sektoren – Verkehr, Haushalte, Landwirtschaft, Abfall – um 14 % senken.

2. Förderung der erneuerbaren Energien [1.55]

EU-weit soll der Anteil von Wind-, Wasser- und anderen regenerativen Energien am Endeneergieverbrauch bis zum Jahr 2020 auf insgesamt 20 % ansteigen. Für die nationalen Quoten wird jeweils der bisherige Anstieg zwischen 2001 und 2005 berücksichtigt. Hinzu kommen 5,5 % und ein Faktor aus Pro-Kopf-Bruttoinlandsprodukt und Einwohnerzahl. Für Deutschland heißt dies eine Steigerung von rund 6 % auf 18 % bis zum Jahr 2020.

Für alle Mitgliedsstatten gilt pauschal die im März 2007 beschlossene Biokraftstoff-Quote von 10 %. Für die Stoffe werden Nachhaltigkeitskriterien eingeführt, um den umweltschonenden Anbau zu sichern; außerdem sollen die Biokraftstoffe ein Mindestniveau an Netto-CO_2-Einsparung einhalten.

Der Handel von Zertifikaten für erneuerbare Energien (so genannte Öko-Zertifikate) auf Unternehmensebene steht unter Genehmigungsvorbehalt der Mitgliedsstaaten. Dies gilt insbesondere dann, wenn Transfers ins Ausland die Einhaltung der nationalen Ausbauziele gefährden. Deutschland hat sich für diese Lösung stark gemacht, da ein solcher Handel die Ausbauziele des Erneuerbare-Energien-Gesetzes konterkariert.

3. Weiterentwicklung des Emissionshandels [1.56]

Die EU-Kommission will eine einheitliche Gesamtmenge (Cap) für den Emissionshandel in alle Mitgliedsstaaten festlegen. Auch die Zuteilungsregeln für die Anlagentypen werden harmonisiert:

- Ab 2013 sollen alle Zertifikate für stromerzeugende Anlagen in Auktionen verkauft werden.
- Für die stromverwertende Industrie soll der Anteil der zu ersteigernden Zertifikate bei 20 Prozent eingeführt und stufenweise bis 2020 erhöht werden.
- Für energieintensive Unternehmen wie zum Beispiel Stahl-, Aluminium-, Glas- und Chemieunternehmen will die EU-Kommission Ausnahmen schaffen.
- Der Flugverkehr wird einbezogen.

Kosten und Umsetzung

Die EU-Kommission geht von direkten Kosten in Höhe von 0,5 % des Bruttoinlandproduktes im Jahre 2020 aus, die das Paket entstehen. Aufgrund von CO_2-Zertifikaten, die durch Klimaschutzprojekte nach dem Kyoto-Protokoll im Ausland erworben werden, könnte der Wert niedriger ausfallen. Das Paket soll spätestens bis 2010 verabschiedet werden.

1.2 Ökologische Grundlagen

Es spricht vieles dafür, dass die Umweltkrisen durch eine falsche oder nicht angemessene *Denkweise* hervorgerufen werden. Nach den klassischen Experimenten von Dörner und Mitarbeitern [1.57], bei denen Versuchspersonen in die Rolle von landwirtschaftlich-technischen Beratern einer fiktiven afrikanischen Region „Tanaland" versetzt wurden, scheint erwiesen, dass der Denkapparat vieler Menschen außerstande ist, Problemstellungen innerhalb vernetzter Systeme von Ökonomie und Ökologie zu bewältigen. Die starke Gewichtung des jeweils zuletzt wahrgenommenen Inhalts, das bevorzugte Vergessen neutraler Inhalte gegenüber emotional positiv und negativ gefärbten Eindrücken machen das menschliche Gedächtnis zu einer sehr schlechten Basis für den Umgang mit sog. „nicht stationären zeitlichen Abläufen". Das frühe Beispiel des Assuanstaudamms hatte bereits gezeigt, wie schwierig es ist, bei einem technischen Großprojekt die negativen Folgen für die Umwelt abzuschätzen.

Die neue Sicht der Wirklichkeit beruht auf der Erkenntnis, dass alle Phänomene – physikalische, biologische, psychische, gesellschaftliche und kulturelle – grundsätzlich miteinander verbunden und voneinander abhängig sind. An die Stelle isolierter Kausalketten zu denken, tritt das *Denkmodell dynamisch vernetzter Systeme* [1.58], die sich selbst regulieren.

„Ökologie" ist die Lehre vom Haushalt der Natur, erweitert „das Studium von Struktur und Funktion der Natur", und in der umfassendsten Definition „die Wissenschaft von den Wechselbeziehungen zwischen den Organismen untereinander, zu ihrer Umwelt und deren Geoökofaktoren (Klima, Wasser, Boden, Relief)" [1.59]. Die „neue Ökologie" versucht der „Ganzheitlichkeit" in Wissenschaft und Technik größere Aufmerksamkeit zu schenken (*Kasten* S. 25). Der Begriff „Ökologie" beschreibt heute kein definiertes Fachgebiet mehr, sondern umfasst ein Konglomerat von Problemfeldern zum Gegenstand Umwelt [1.60].

1.2.1 Struktur von Ökosystemen

Die Ökologie ist wiederum nur ein Teil eines übergreifenden Natursystems, in dem stoffliche, energetische und informationelle Prozesse stattfinden (Tabelle 1.5). Mit der Einführung des Begriffs „Ökosysteme" wurde es populär, derartige Systeme durch *Energieflüsse* zu beschreiben. Für die Synergetik, die den energetischen Austausch innerhalb verschiedener Strukturniveaus untersucht, ist die ökologische Grundlagenforschung mit ihren Modellen besonderes wichtig; diese tragen viel zum Verständnis des Ordnungsauf- oder -abbaus in technischen Systemen bei.

Unter dem Begriff „Struktur" ist die Gesamtheit der Art und Menge der Elemente eines Systems sowie der zwischen den Elementen eines Systems bestehenden Kopplungen zu verstehen. Auf Grund der großen Vielfalt der biotischen und abiotischen Elemente und der großen Zahl der möglichen Zustände zwischen diesen Elementen sind Ökosysteme sehr komplex. Deshalb ist ihr Verhalten schwer voraussagbar; dazu tragen *Eigenschaften der Ökosysteme* bei (Lange in [1.61]):

Tabelle 1.5 Übersicht über die verschiedenen Formen des Austauschs zwischen Systemen (nach Herlitzius und Töpfer in [1.61])

	Stoffliche Prozesse	energetische Prozesse	Informationelle Prozesse (Träger)
präbiotischer Bereich	Passiver Transport (mechanische Stoffbewegung, Diffusion, Ionen- und Elektronentransport u. a.)	passiver Energieausgleich (potentielle + kinetische Energie)	Entstehung höherer Ordnung (Plasmazustände, dissipative Strukturen)
Lebensprozesse	aktiver Transport (Bewegung der Organismen, Stoffwechsel, Kreislauf, Wassertransport)	Photosynthese, Muskel, ATP als spezifischer Energieträger, Fettzelle, Chlorophyll	informationelle Prozesse in Lebewesen sowie zwischen Lebewesen und Umwelt
technische und gesellschaftliche Prozesse	Güter- und Personentransport, betrieblicher Materialfluss	Elektroenergieversorgung und -nutzung, Raumwärme, Stadtgas, Vergaser- und Dieselkraftstoffe	Kommunikation, Nachrichtenwesen, kollektive Erfahrung und kollektives Wissen, Steuerung und Regelung von Prozessen

- die stoffliche, energetische und informationelle Offenheit,
- die räumliche Heterogenität und zeitliche Variabilität des Systemzustands,
- die Kooperativität der physikalischen, chemischen und biologischen Prozesse,
- das vor allem in Entwicklungsprozessen ausgeprägte nichtlineare Verhalten und die zeitliche Trägheit,
- die Abhängigkeit der Veränderung des Systemzustands von den zeitlich vorangegangenen Zuständen.

Die *thermodynamischen Gesetzmäßigkeiten*, vor allem die Gleichgewichte, können dazu nur den Rahmen des Möglichen abstecken.

1.2.2 Stabilität von Ökosystemen und technischen Systemen

Natürlich funktionierende Systeme in der Landschaft oder in den Gewässern und technisch-ökonomische Systeme in der modernen Industriegesellschaft haben eine Reihe von Grundmerkmalen gemeinsam – z. T. freilich nur formale Analogien. In der Tabelle 1.6 (nach Weigmann [1.62]) sind Beipiele für ein ökologisches System (Wald) und für ein ökonomisches System (Stahlwerk) gegenübergestellt.

Die *funktionelle Geschlossenheit* von natürlichen Ökosystemen bewirkt ein hohes Maß von internen Rück- und Nebenwirkungen, die eine komplex regulierte, dynamische Stabilisierung zur Folge haben. Der Zwang zur effizienten Nutzung vorhandener Stoffe und Energiemengen führt letztlich zu Stoffkreisläufen, zu „natürlichem Recycling", und bedeutet für die Umgebung des Systems ein Minimum an möglichen Belastungen durch Stoff- und Energieaustrag. Im Gegensatz zu dieser natürlichen Funktionsweise sollen vom Menschen genutzte Ökosysteme, wie Forst und Acker, nicht ein funktionelles Gleichgewicht erreichen, sondern möglichst hohe Mengen an Ernte hervorbringen. Man muss deshalb *Zusatzenergie und stoffliche Zusätze* in Form von Düngemitteln aufwenden, um über technische Regelung das System an der natürlichen Entwicklung hin zu einem stabilen System zu hindern.

Tabelle 1.6 Merkmalsanalogien partiell offener Systeme. Aus: Weigmann [1.62]

	Ökosystem Wald	Industriesystem (Stahlwerk)
Systemteile		
... unbelebt	Boden, Wasser, Luft	Gebäude, Maschinen, Verkehrswege
... belebt	Organismen	Arbeitskräfte
Ressourcen	Sonnenenergie, Wasser,	Brennstoffenergie, Rohstoffe,
... von außen	O_2, CO_2	Luft, Wasser
... von innen	Depotstoffe des Bodens (Mineralstoffe, Streu, Humus), Organismen	Lagerdepots
Funktionen		
verteilt auf Subsysteme	Baum-, Kraut-, Bodenschicht mit verschiedenen Organismen	Direktion, Verwaltung, Produktion, Verkauf, Einkauf
Steuerungsmechanismen	Wechselwirkung von Organismen	Planung, Organisation
... intern	Nahrungsbeziehungen, Konkurrenz u. a.	Prozess-Steuerung, Management u. a.
... extern	Sonne, Klima, Wirkung aus Nachbarsystemen	Wirtschafts-, Finanzpolitik, Rohstoffpolitik, Nachfrage
Ziele	System-Selbsterhaltung	Systemerhaltung
	durch Optimieren der Wechselbeziehungen u. Ressourcennutzung	durch Steigerung von Produktion, Umsatz, Kapitalertrag
	Stabilität	*Expansion*

Dieser Vergleich von ökologischen und technischen Systemen zeigt, dass auch aus wirtschaftlichen Gründen die folgenden *ökologischen Systemprinzipien* stärker beachtet werden müssen [1.40]: (1) Begrenztes Wachstum von Systemteilen und Prozessen; (2) bessere Energieausnutzung, Minimierung von Energiezu- und -abfuhr; (3) Förderung von Stoffrecycling, Minimierung von Stoffausfuhr als Abfall technischer Prozesse; (4) Verstärkung von regelnden Wechselwirkungen zwecks Harmonisierung der Systemprozesse; (5) Einführen von rückkoppelnden, stabilisierenden Mechanismen zwischen ökonomischen Systemen im Verbund (sektoral, regional, international).

Gekoppelte Kreislaufprozesse: Die Erde als Wärmemaschine [1.63, 1.64]

Die Erde bezieht aus dem kontinuierlich anfallenden Sonnenlicht die Energie, um Winde, Meeresströmungen, Kreisläufe des Wassers, der Gesteine, der Elemente und des Lebens anzutreiben. Abbildung 1.9 [1.64] zeigt oben links ein Transmissionssystem, das die Kreisläufe der für das Leben notwendigen Elemente symbolisiert; diese Kreisläufe werden durch die Biomasse synchronisiert.

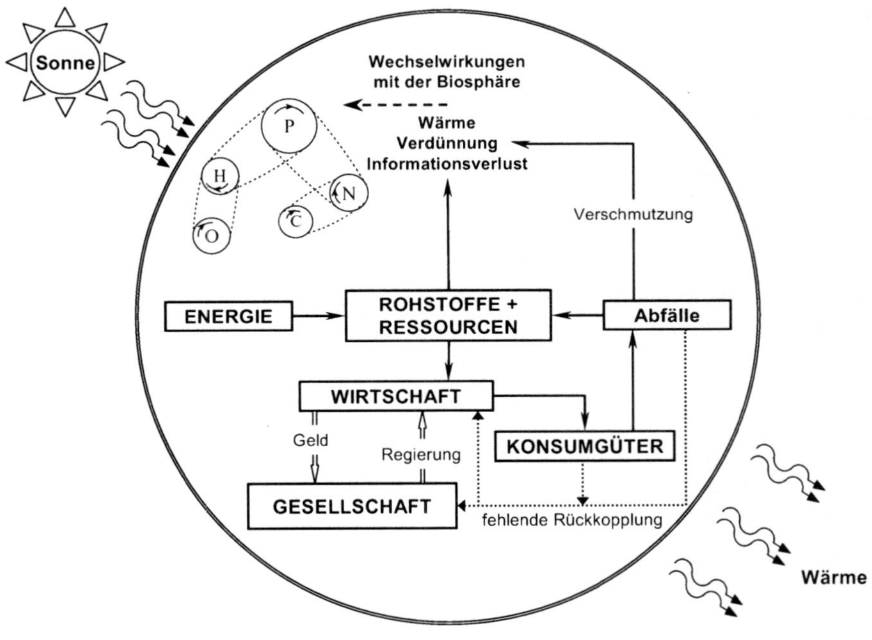

Abb. 1.9 Die Überlagerung der Ökosphäre durch die Zivilisationsmaschine [1.64])

Die Ökosphäre wird von der vom Menschen betriebenen „Zivilisationsmaschine" überlagert. Mit Hilfe von Energie aus dem Innern des Systems besteht die zivilisatorische und technische Tätigkeit des Menschen darin, Rohstoffe aus der natürlichen Umwelt aufzunehmen, umzuformen oder umzuwandeln. Der größte Teil der Güter wird im Laufe der Bearbeitung als Abfall der Natur wieder zurückgegeben. Meist werden dabei die natürlichen Kreisläufe verändert. Beschleunigen wir beispielsweise den Phosphorkreislauf durch progressive Ausbeute von phosphorhaltigen Mineralien und durch deren Eintrag in die Seen, wird der ganze Umsatz im Ökosystem erhöht, d. h. alle Räder in Abb. 1.9 drehen sich schneller. Dies kann ggf. schließlich zum Zusammenbruch des Systems führen, z. B. zum „Umkippen" eines Sees aufgrund einer Überlastung des Sauerstoffhaushalts, nachdem zuvor ein exzessives Algenwachstum durch die erhöhten Phosphoreinträge stimuliert wurde.

1.3 Technologische Grundlagen

Technologie ist – in der Definition von J. Beckmann (1777) – „die Wissenschaft, welche die Verarbeitung der Naturalien, oder die Kenntnis der Handwerke, sowie der Fabriken und Manufakturen, lehret“ [1.65]. Der Maschinenkonstrukteur Alois Riedler unterschied zwischen der Entwicklung einer Maschine, die *gangbar* ist, einer zweiten Stufe der Entwicklung einer Maschine, die *brauchbar* ist, und einer dritten Stufe, auf der die Maschine so weit entwickelt werden muss, um *marktfähig* zu sein [1.66]. *Technisierung*, d. h. die fortschreitenden Veränderungen in der Produktion und Verwendung von Technik sowie deren Folgen, bedeutet auch eine qualitative Steigerung hinsichtlich der *Wirksamkeit* (Leistung, Kapazität) und *Perfektion* (Einfachheit, Genauigkeit, Zuverlässigkeit) [1.67].

Die Einbeziehung der Umwelt („ökotechnologische Wende“) erfordert eine neue Systemqualität des Wissens, die sich auf die Wahrnehmung der Ganzheit stützt, sich auf die Wechselwirkungen zwischen den Komponenten konzentriert, Gruppen von Variablen gleichzeitig verändert und Zeitdauer und Irreversibilitäten berücksichtigt [1.68]. Durch die Nachahmung natürlicher Regelmechanismen (*Kasten* „Acht Grundregeln für überlebensfähige Systeme“) können die technisch-ökonomischen Systeme umweltverträglicher gestaltet werden [1.698]. Ökologisch orientierte Technisierung bedeutet eine hochentwickelte Fähigkeit zur *Antizipation* (darauf gründet sich auch das Vorsorgeprinzip!).

Zwei *Konzepte*, die zuerst in einem programmatischen Überblick der U.S. National Academy of Engineering [1.70] beschrieben wurden, können den gemeinsamen „analytischen Rahmen“ der Umwelttechnologie bilden:

- Das Konzept der „Entmaterialisierung“ (*dematerialization*) zielt auf die Verringerung des Materialgewichts und der „eingelagerten“ Energie über die Zeit. Einsparungen am Beginn eines Produktlebenszyklus sind besonders günstig [1.71].
- Das Konzept des „industriellen Stoffwechsels“ (*industrial metabolism*) lenkt das Interesse der Ingenieure auf die „dissipativen“ Materialverluste an die Umwelt. Besondere Bedeutung kommt dabei den biologisch aktiven Stoffen zu, die im allgemeinen die Phase der Nutzung relativ rasch durchlaufen [1.72].

Ein wichtiger Aspekt bei der Entmaterialisierung ist die *Substituierbarkeit* von technisch wichtigen Stoffen. Der „Erschöpfungstheorie“ aus der frühen Phase der Umwelt-Diskussion lassen sich verschiedene Argumente entgegenstellen [1.73]: (1) Was als Rohstoff gebraucht werden kann, ist nicht vorgegeben, sondern bestimmt sich nach dem jeweiligen Wissensstand. (2) Im Zeitalter der technisch-chemischen Umwandlungen und der damit einhergehenden zunehmenden Artifizialität erhalten viele neue Produkte wiederum Rohstoffcharakter, weil das, was für die eine Verwendungsart Abfall ist, im System einer anderen Verwendungsart als Rohstoff dienen kann. (3) Durch die beständige Dekomposition und Rekombination von zahlreichen Stoffen sind in der industriell-technischen Entwicklung Tausende von Werkstoffen entstanden, die eine Vielfalt von Verwendungsmöglichkeiten und damit eine hohe Substituierbarkeit aufweisen.

Acht Grundregeln für überlebensfähige Systeme (Vester [1.69])

Der ökologische Technikansatz lässt sich durch die Einbeziehung „biokybernetischer“ Grundregeln charakterisieren. Dazu gehört u. a. das Einschaukeln in ein stabiles Gleichgewicht (= negative Rückkopplung, Nr. 1), die Wiederwendung alles Produzierten (= Recycling, Nr. 5 und 6), der sparsame und effektive Umgang mit Energie, insbesondere von Sonnenenergie, das Prinzip des „Jiu-Jitsu“ (eine asiatische Form der Selbstverteidigung), wo nicht Kraft mit Gegenkraft bekämpft, sondern wo des Gegners Kraft lediglich umgelenkt („kybernetes“ [griech.]: Steuermann) und so für die eigenen Zwecke genutzt wird (Nr. 4) sowie das Zusammenleben verschiedener Lebensformen zum gegenseitigen Profit (= Symbiose, Nr. 7).

Grundregel	Bedeutung für die Systemdynamik
1. Negative Rückkopplung muss über positive Rückkopplung dominieren	Positive Rückkopplung bringt die Dinge durch Selbstverstärkung zum Laufen. Stabilität gegen Störungen und Grenzwertüberschreitungen.
2. Die Systemfunktion muss unabhängig vom Wachstum sein.	Durchfluss an Energie und Materie ist langfristig konstant. Weniger Irreversibilitäten und unkontrolliertem Überschreiten von Grenzwerten.
3. Das System muss funktionsorientiert und nicht produktorientiert arbeiten.	Entsprechende Austauschbarkeit erhöht Flexibilität und Anpassung. Das System überlebt so auch bei veränderten Angeboten.
4. Nutzung vorhandener Kräfte nach dem Jiu-Jitsu-Prinzip statt Boxermethode	Fremdenergie wird länger ausgenutzt (Energiekaskaden), eigene Energie vorw. als Steuerenergie eingesetzt. Profitiert von vorliegenden Konstellationen, fördert die Selbstregulation.
5. Mehrfachnutzung von Produkten, Funktionen und Organisationsstrukturen	Reduziert den Durchsatz. Erhöht gleichzeitig den Vernetzungsgrad, verringert den Energie-, Material- und Informationsaufwand.
6. Recycling. Nutzung von Kreisprozessen zur Abfall- und Abwärmeverwertung	Ausgangs- und Endprodukte verschmelzen. Materialflüsse laufen kreisförmig. Irreversibilitäten und Abhängigkeiten sind gemildert.
7. Symbiose. Gegenseitige Nutzung von Verschiedenartigkeit durch Kopplung und Austausch	Begünstigt kleinräumige Abläufe und kurze Transportwege. Verringert den Durchsatz und externe Dependenz, erhöht interne Dependenz. Verringert den Energieverbrauch.
8. Biologisches Design von Produkten, Verfahren und Organisationsformen durch Feedback-Planung mit der Umwelt.	Berücksichtigt endogene und exogene Rhythmen. Nutzt die Resonanz und funktionelle Passformen. Harmonisiert die gesamte Systemdynamik. Ermöglicht die Integration neuer Elemente nach den 8 Grundregeln.

1.3.1 Risikoforschung

Der Begriff „Risiko" wird in vielen verschiedenen Bedeutungen gebraucht: In der Alltagssprache ist mit ihm das Wagnis eines Einsatzes für zukünftigen Gewinn verbunden. Im technisch-naturwissenschaftlichen Bereich sind mit diesem Begriff „mögliche zukünftige Folgen eines gegenwärtigen und andauernden Gewinns aus dem Einsatz technischer Mittel oder bestimmter Naturereignisse" gemeint [1.74]. Für die moderne Industriegesellschaft spielt dieses „Vorwegdenken" zukünftiger Lebensbedingungen und die bewusste Auswahl derjenigen Optionen, bei denen die geringsten negativen Folgen zu erwarten sind, eine immer größere Rolle.

Tabelle 1.7 gibt einen Überblick über die verschiedenen Aspekte, unter denen Risiko betrachtet wird (untere Zeile); darüber folgen die Methoden der wissenschaftlichen Erfassung und ein bis zwei Anwendungsbeispiele. Die beiden oberen Kriterien beschreiben die Funktionen der jeweiligen Ansätze, zunächst im Hinblick auf die methodologische Leistungsfähigkeit, dann für das gesellschaftlich wünschenswerte Ziel, das mit Hilfe dieses Ansatzes anzustreben ist. Die angeführten Ansätze sind aufeinander bezogen und schließen sich nicht gegenseitig aus; jede höhere Ebene der Risikoerfassung setzt Einsicht in die jeweils vorangegangenen Ansätze voraus. Eine Schwerpunktverlagerung von technisch-ökonomischen zu gesellschaftspolitischen Ansätzen ist dennoch unverkennbar:

- *Risikoerfassung*: Die Quantifizierung von Risiken durch Multiplikation eines Schadenspotentials mit der Eintretenswahrscheinlichkeit eignet sich zum Vergleich der Gefährlichkeit verschiedener Lösungen sowie insbesondere zum Aufdecken von Schwachstellen in technischen Systemen. Bei der Bestimmung von Wahrscheinlichkeiten von negativen Auswirkungen reicht im allgemeinen der als Mittelwert einer relativen Häufigkeit definierte Erwartungswert, multipliziert mit der Schadensfolge, aus. Es muss dazu genügend statistisches Material vorliegen und die Randbedingungen müssen relativ konstant bleiben.

Tabelle 1.7 Risikoansätze und ihre Kriterien (nach Häfele et al. [1.74])

Konzepte und Kriterien	Risiko-erfassung	Risiko-analyse	Risiko-wahrnehmung	Risiko-politik
gesellschaftliche Funktion	Risiko-absicherung	Risiko-reduktion	individuelle Akzeptanz	politische Legitimation
instrumentelle Funktion	Früh-warnung	Identifikation von Gefahren	Wahrneh-mungsprofil	rationelle demokrat. Verfahren
Anwendungen	Versicherung/ Statistik	technische Sicherheit, Gesundheit	Information, System-Modifikation	Verfahren, Kontrolle
Methodik	probabilisti-sche Theorie	Fehlerbaum-Analyse	Psychometrik, Einstellung	Policy-Forschung + Design
Zentraler Aspekt	Erwartungs-wert	synthetischer Erwartungswert	Subjektiver Er-wartungsnutzen	Gesellschaftli-cher Nettonutzen

- *Risikoanalyse*: Im Gegensatz zum statistisch ermittelten Erwartungswert werden hier Ausfallwahrscheinlichkeiten synthetisiert, die sich auf drei Risikoquellen beziehen: (i) Seltene Systemausfälle, so dass nicht genügend Datenmaterial vorliegt (z. B. Dammbruch); (ii) neuartige Entwicklungen (z. B. Gentechnologien) mit unzureichenden Erfahrungswerten; (iii) die Beziehungen zwischen Dosis und Wirkung sind statistisch noch nicht nachzuweisen (z. B. Pestizidrückstände). Im letztgenannten Fall können Anhaltspunkte aus den Erfahrungen bei hohen Dosiskonzentrationen gewonnen werden. In allen Fällen spielen Expertenurteile eine wichtige Rolle.
- *Risikowahrnehmung*: In dieser Stufe werden objektive Bewertungsmaßstäbe teilweise ersetzt bzw. ergänzt durch das Konzept des subjektiven Erwartungsnutzens. Psychometrische Methoden werden zur Erstellung von Wahrnehmungsprofilen eingesetzt, die dazu dienen, technische Systeme auch unter dem Aspekt der individuellen Akzeptanz zu bewerten beziehungsweise zu modifizieren. Noch keine zufriedenstellenden Antworten gibt es auf die Frage, wie subjektive Urteile einzelner Individuen zusammengefasst werden können.
- *Risikopolitik* schließlich versucht, den quantitativ nicht messbaren gesellschaftlichen Gesamtnutzen im Sinne des Allgemeinwohls zu beurteilen. Es gibt zwar keine normativen Risikomodelle für eine umfassende Bewertung, doch wurden inzwischen verschiedene Planungsverfahren und Mitwirkungsmodelle entwickelt, die auf einen Kompromiss zwischen technisch-ökonomischer Rationalität, Verteilungsgerechtigkeit und individueller Akzeptanz ausgerichtet sind.

Kriterien bei der Bewertung von Umweltrisiken [1.75]
Neben den Kriterien „Eintrittswahrscheinlichkeit" (*W*) und „Schadensausmaß" *(A)* sowie der Ungewissheit hinsichtlich *W* und *A* gibt es bei der Analyse von Umweltrisiken verschärfende Bewertungsdiminionen, z. B. die Kriterien der *Irreversibilität* (Schäden sind nicht wieder behebbar), der *Persistenz* (Schadstoffe akkumulieren über lange Zeit), der *Ubiquität* (Schadstoffe breiten sich weltweit aus) und der *Mobilisierung* (Risiken führen zu starken Konflikten und ängstigen die Bevölkerung). Verzögerungseffekte können zu einer Unterschätzung von Risiken führen.

Risiken im Normalbereich zeichnen sich durch folgende Eigenschaften aus: (1) geringe Ungewissheiten in Bezug auf die Wahrscheinlichkeitsverteilung von Schäden, (2) insgesamt eher geringes Schadenspotenzial, (3) insgesamt geringe bis mittlere Eintrittswahrscheinlichkeit, (4) geringe Persistenz und Ubiquität, (5) weitgehende Reversibilität des potentiellen Schadens, (6) geringe Schwankungsbreiten von Schadenspotenzial und Eintrittwahrscheinlichkeiten und (7) geringes soziales Konflikt- und Mobilisierungspotenzial (vor allem keine deutlichen Bewertungsdiskrepanzen zwischen den Gruppen der Risikoträger und Nutzengewinner).

In diesem Fall ist eine multiplikative Verknüpfung von Schadensausmaß und Eintrittswahrscheinlichkeit unter Einbeziehung der jeweiligen Varianzen sinnvoll und angemessen, wie das in der technischen Risikoanalyse und der Versicherungswirtschaft seit Jahren praktiziert wird. Sind die beiden Faktoren Schadensausmaß und Wahrscheinlichkeit relativ klein, dann fällt auch das Produkt der beiden in den Normalbereich, für den die bestehenden rechtlichen Vorschriften meist ausreichen.

Strategien zur Bewältigung globaler Umweltrisiken [1.75]
„Abwarten und eventuell auftretenden Schäden bekämpfen" ist in einer global vernetzten Welt keine ethisch verantwortbare Handlungsmaxime. Je weitreichender die möglichen Folgen sind und je weniger Kompensationsmöglichkeiten bestehen, desto wichtiger ist eine an Vorsorgemaßnahmen orientierte Risikopolitik. Da die Folgen von globalen Umweltrisiken experimentell nicht nachzuweisen sind, ist die Wissenschaft weitgehend auf Analogieschlüsse oder auf Computersimulationen angewiesen. Für den Umgang mit derartigen Risiken wurden typenspezifische Verfahrensweisen und Managementregeln entwickelt (Tabelle 1.8, Abb. 1.10):

1. Der Risikotyp *Damokles* bezieht sich auf Risikoquellen mit einem sehr hohen Schadenspotential und einer sehr geringen Eintrittswahrscheinlichkeit. Dabei werden im gesellschaftlichen Kommunikationsprozess technologische Risiken im Vergleich zu Naturkatastrophen eher verstärkt wahrgenommen.
2. In die Kategorie *Zyklop* fallen eine Reihe von Naturereignissen, aber auch das Auftreten von AIDS; die Eintrittswahrscheinlichenkeiten sind weitgehend ungewiss, während der maximale Schaden bestimmbar ist.
3. Beim *Pythia*-Typ besteht hohe Ungewissheit sowohl bezüglich der Schadenseffekte als auch deren Eintrittswahrscheinlichkeit. In diese Klasse fallen sowohl Unfälle als auch Akkumulationseffekte durch kontinuierliche Emissionen.
4. Der Risikotyp *Pandora* bezieht sich auf Risiken mit persistenten, ubiquitären und irreversiblen Wirkungen. Häufig sind, wie z. B. bei persistenten organischen Schadstoffen, die Auswirkungen dieser Risiken noch weitgehend unbekannt.
5. Beim Typ *Kassandra* besteht sowohl ein hohes Schadenspotential als auch eine hohe Eintrittswahrscheinlichkeit; beide kommen aber erst später zum Tragen. In Abschn. 1.1.3 wurden Beispiele für die Risiken des Klimawandels gegeben.
6. Risiken vom Typ *Medusa* liegen nach bestem Wissen der Experten an der Grenze zum Normalbereich (Abb. 1.10), sind aber aufgrund bestimmter Eigenschaften der Risikoquelle besonders angstauslösend.

Ziel aller Maßnahmen zur typenspezifischen Risikoreduktion ist die Überführung von Risiken aus dem Grenz- in den Normalbereich. Wie aus Abb. 1.10 ersichtlich, führt eine Wissensverbesserung in der Regel zu einer Bewegung von einem Risikotyp zum anderen (etwa von Pandora zu Pythia, von Pythia zu Zyklop und von dort zu Damoklaes oder Medusa). Möglicherweise wird durch besseres Wissen der Verdacht auf irreversible Folgen oder hohe Persistenz erhärtet; in diesem Fall ist eine Substitution des Stoffs oder sogar ein Verbot dringend angeraten.

Aus der Erfahrung mit öffentlichen Risikodebatten und ihren politischen Folgewirkungen besteht bei Risikoregulatoren die Neigung zu einem Verbot, auch wenn die Schadenshöhe und die Eintrittswahrscheinlichkeit ein Normalrisiko signalisieren. In diesem Fall sind vertrauensbildende Maßnahmen und weitere Verbesserungen des Wissensstandes notwendig, um die Bevölkerung von der Normalität des Risikos zu überzeugen und gleichzeitig die Anlagebetreiber auf die gesetzlich vorgeschriebene Handhabung des Risikos zu verpflichten. Darüber hinaus ist immer kritisch zu prüfen, ob die eingeleiteten Maßnahmen auch wirklich die gewünschte Begrenzung des Risikos herbeigeführt haben.

Tabelle 1.8 WBGU-Risikotypen im Überblick (nach [1.75], *W* Eintrittswahrscheinlichkeit, *A* Schadensausmaß; ASS Abschätzungssicherheit)

Risikotyp	Charakterisierung	Beispiele
Damokles	*W* gering (gegen 0), ASS von *W* hoch *A* hoch (gegen ∞), ASS von *A* hoch	Kernenergie, Großchemische Anlagen, Staudämme
Zyklop	*W* ungewiss, ASS von *W* ungewiss *A* hoch, ASS von *A* eher hoch	Überschwemmungen, Erdbeben, Vulkaneruptionen, AIDS-Infektion
Pythia	*W* ungewiss, ASS von *W* ungewiss *A* ungewiss (hoch), ASS v. *A* ungew.	aufschaukelnder Treibhauseffekt, Freisetzung transgener Pflanzen
Pandora	*W* ungewiss, ASS von *W* ungewiss *A* ungewiss (nur Vermutungen), ASS von *A* ungewiss, Persistenz hoch	persistente organische Schadstoffe (POP), endokrin wirksame Stoffe
Kassandra	*W* eher hoch, ASS von *W* eher gering *A* eher hoch, ASS von *A* eher hoch Verzögerungswirkung hoch	anthropogener schleichender Klimawandel, Destabilisierung terrestrischer Ökosysteme
Medusa	*W* eher gering, ASS v. *W* eher gering *A* gering (Exposition hoch), ASS v. *A* hoch, Mobilisierungspotential hoch	elektromagnetische Felder

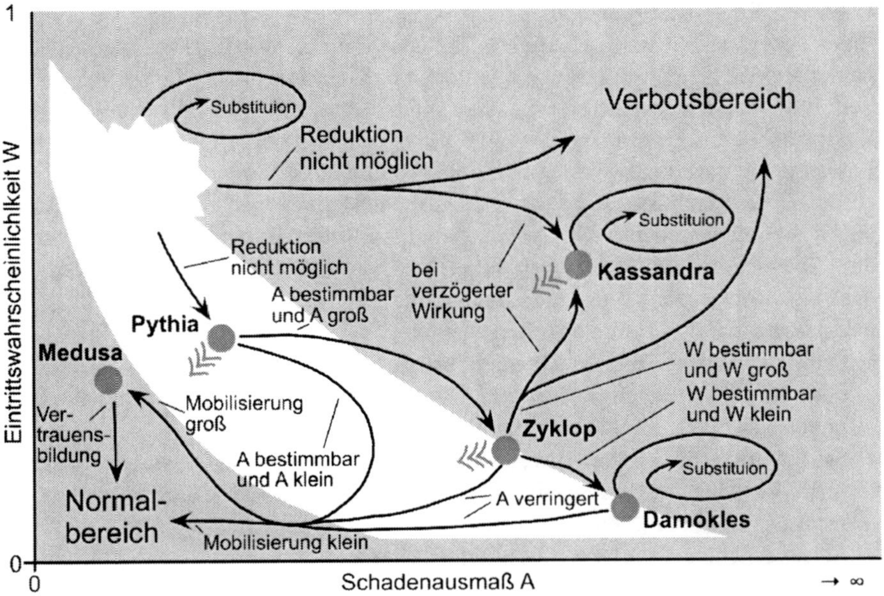

Abb. 1.10 Dynamik von Risiken im Normal-, Grenz- und Verbotsbereich (nach WGBU [1.75]. <<< Risikominderung durch Vorsorgemaßnahmen: Verschiebung in Richtung Normalbereich; Substitution schafft unter Umständen neue Risiken

1.3.2 Umweltinformatik

Technische Maßnahmen im Umweltschutz können nur auf der Grundlage vielfältigen und detaillierten Wissens über die Ökosysteme und ihre Belastungen geplant und durchgeführt werden. Die Praxis des Umweltschutzes bedingt daher die Beschaffung und Verarbeitung umfangreicher Informationsmengen. Methoden der *Informationsbeschaffung* sind Beobachtung, Messungen, aber auch Simulation und Modellrechnung. Verarbeitung umfasst Zusammenführen, Speichern, Verknüpfen, Überwachen und Darstellen von Informationen [1.76].

Die *Anwendungsgebiete* der Umweltinformatik lassen sich wie folgt untergliedern (mit Beispielen aus Jaeschke u. a. [1.77] und Günther [1.78]):

- *Fernerkundung und Bildverarbeitung* (Raumplanung und Umweltüberwachung; Biotop- und Artenschutz, Waldschadensinventuren, Landnutzungsbestimmung);
- *Modellbildung und Simulation* (Luftschadstoff-Prognosemodelle, Modellierung der Wasserqualität und der Regionalklimatologie, Grundwassermodelle, Simulation von Flusssystemen);
- *Umweltinformationssysteme* (Umweltschäden an Monumenten und Kulturdenkmälern, maritimer Umweltschutz, Verwaltung von Daten in einem Projektzentrum Ökosystemforschung, Gefahrgut-Informationssysteme)
- *Wissensbasierte Systeme* (Beratungssysteme für die Umweltplanung; Expertensysteme für die Sanierung von Altlasten, für „Modellbildung und Simulation", z. B. Schadensprognosen bei Pflanzen, KI[Künstliche Intelligenz]-Techniken für die Bewertung von Ökosystemen, u. v. a.).
- *Messtechnik und Prozessdatenverarbeitung*

Einen Überblick über die aktuellen Themen gibt der Tagungsband des 3. ICSC (International Computing Science Conventions) Symposiums ITEE 2007 [1.79]. Seit 1986 erscheinen jährliche Tagungsbände „Informatik für den Umweltschutz/ EnviroInfo"; der jüngste Band wurde in der Reihe „International Symposium on Environmental Software Systems (ISESS)" publiziert [1.80].

Der Fachausschuss „Informatik für Umweltschutz, Nachhaltige Entwicklung und Risikomanagement" der Gesellschaft für Informatik hat 2004 ein Memorandum „Nachhaltige Informationsgesellschaft" verfasst [1.81]. Bezüglich der *Auswirkungen* der Information and Communication Technology (ICT) auf die Umwelt lassen sich drei Bereiche unterscheiden [1.82]:

- Primäre Effekte: Die Hardware verursacht auf ihrem *Lebensweg* von der Produktion über die Distribution and Nutzung bis zur Entsorgung Umweltbelastungen (auch als „direkte Effekte" bezeichnet).
- Sekundäre Effekte: Die Anwendung von ICT hat Folgen für *andere Prozesse* (z. B. Verkehr), deren Auswirkungen auf die Umwelt sich dadurch positiv oder negativ verändern („indirekte Effekte").
- Tertiäre Effekte: Verhaltsweisen und Strukturen passen sich an die durch ICT veränderten Bedingungen an (Veränderungen der Konsummuster, neue Formen der Arbeitsorganisation, ökonomischer Strukturwandel; ebenfalls als „indirekte Effekte" oder als „Folgeeffekte" bezeichnet).

Auswirkungen des Pervasive Computing (PvC) auf die Umwelt [1.83]
„Pervasive Computing“ ist eine zukünftige Anwendungsform von Informations- und Kommunikationstechnologien, die durch Miniaturisierung und Einbettung von Mikroelektronik in andere Objekte sowie ihre Vernetzung und Allgegenwart im Alltag gekennzeichnet ist. Anders als die meisten heutigen ICT-Produkte werden Komponenten des Pervasive Computing mit Sensoren ausgestattet sein, über die sie ihre Umgebung erfassen, ohne das der Benutzer dies aktiv veranlasst.

Tabelle 1.9 gibt Beispiele für primäre PvC-Umwelteffekte. Im Bereich Materialbedarf/Abfall/Schadstoffe wird sich dadurch die Ökobilanz dieses Lebenswegs nicht grundlegend verändern. Der Energiebedarf der Vernetzung, die für PvC benötigt wird, kann einige Prozent des gesamten Strombedarfs erreichen, wenn keine Anreize zur Nutzung technischer Energiesparpotenziale gegeben werden.

Tabelle 1.9 Screening der primären Umwelteffekte des Pervasive Computing (PvC); vermutete Hotspots sind *kursiv* gedruckt [1.83]

Anwendung	Materialbedarf, Abfälle, Schadstoffe	Energiebedarf
Wohnen	zunehmende Einbettung von Mikroelektronik in Elektrohaushaltgeräte und wachsender Bestand von Elektronikgeräten im Haushalt. Entsorgungsprobleme sind beherrschbar.	*wachsender Strombedarf durch zunehmende Vernetzung im Haushalt mit dauerbetriebener Infrastruktur, nach Verbreitung nur noch geringe Gestaltungsmöglichkeiten*
Verkehr	Eintrag von Mikroelektronik und Displays in die Shredder-Leichtfraktion beim Autorecycling, grundsätzlich lösbares Problem	zusätzlicher Strombedarf im Auto, im Vergleich zu Antriebsenergie und Strombedarf von Heizung und Klimaanlage zu vernachlässigen
Arbeit	*zunehmende ICT-bedingte Materialströme durch den breiten Einsatz von ICT in völlig neuen Bereichen, z. B. Einbettung in Büromöbel*	*wg. Ubiquität von drathlosen Vernetzungen steigende Ansprüche an Infrastruktur; Dauerbetrieb, unterbrechungsfreie Stromversorgung*
Medizin	geringe Relevanz im Vergleich zu Gesundheitswesen	geringe Relevanz im Vergleich zu Gesundheitswesen
Wearables	*Entsorgungsprobleme durch Mikroelektronik u. Batterien in Textilien, Schmuckstücken, Kleinstgeräten u. ä.*	geringe Relevanz im Vergleich zum Strombedarf der stationäre Infrastruktur (Wohnen und Arbeit)
Medien	*Wachsende Massenströme durch breiten Einsatz von ICT in völlig neuen Bereichen, z. B. elektronische Bücher und Zeitungen (z. T. durch Rückgang bei Papier kompensiert)*	*wegen Ubiquität von drahtlos vernetzten Komponenten steigende Ansprüche an Verfügbarkeit der Infrastruktur; Dauerbetrieb, unterbrechungsfreie Stromversorgung*
Smart Labels	*Eintrag von Mikroelektronik in alle Abfallfraktionen; im Falle toxischer Inhaltsstoffe sind bestehende Entsorgungskonzepte gefährdet*	zunehmender Energieverbrauch durch Lesegeräte im Dauerbetrieb. Relevanz im Vergleich zu anderen Infrastrukturen des PvC gering

1.3.3 Prozessleittechnik

Die Prozessleittechnik (PLT) *automatisiert* verfahrenstechnische Abläufe, *koordiniert* die Energie- und Stoffströme und *überwacht* die Ver- und Entsorgung. Ein Prozessleitsystem umfasst alle für die Aufgabe des Leitens (d. h. die Gesamtheit der Maßnahmen, die einen zielgerichteten Prozessablauf ermöglichen) erforderlichen Geräte und Programme zur Ausübung der Funktionen Messen, Steuern, Regeln, Rechnen, Überwachen, Positionieren, Anzeigen, Bedienen, Dokumentieren und Protokollieren. Bezogen auf den physikalisch-technischen Prozess erfüllt das Prozessleitsystem die Funktion der Überwachung und Steuerung; aus der Sicht des Benutzer ist dessen Funktion die Datenanalyse und -darstellung sowie die Fernbedienung. Die Funktionen können in drei Hauptgruppen unterteilt werden (Abb. 1.11 aus [1.84]):

- Erfassung und Behandlung der Daten aus dem technischen Prozess, Prozessüberwachung (*Monitoring*). Die Erfassung der Daten schließt oft auch deren Speicherung ein (z. B. Betriebsdatenerfassung). Bei langsamen und sehr komplexen Prozessen, z. B. bei biologischen Prozessen, müssen Entscheidungen über die Prozesssteuerung teilweise von einem Operateur getroffen werden. *Experten- bzw. wissensbasierte Systeme* (Abschn. 1.3.2) unterstützen den Operateur, indem sie – teilweise online – die Informationen der Sensoren verknüpfen.
- *Steuerung* einiger Größen des technischen Prozesses. Die Steuerung ist die gegensätzliche Funktion zur Überwachung, wobei die Steuersignale über die Stellglieder (Aktoren) den technischen Prozess beeinflussen.
- *Verknüpfung* der Eingangs- und Ausgangsgrößen des technischen Prozesse, automatische Steuerung und Regelung. Die Rückkoppelungssteuerung kann in Rechnersystemen entweder durch die traditionelle „direkte digitale Regelung“ (DDC) oder über die „verteilte direkte digitale Regelung“ (DDDC) vorgenommen werden. Bei letzterer stellen die Rechner auf den höheren Ebenen die Referenzwerte ein, während die Rechner der unteren Ebenen innerhalb der vorgegebenen Rahmenbedingungen einen Ausschnitt des Prozesses regeln.

Bei industriellen Verfahren bekommt die Steuerung von Material-, Energie- und Informationsflüssen gegenüber physikalischen Prozessen eine zusätzliche Bedeutung, weil sie hilft, den *Wirkungsgrad* eines Prozesses zu erhöhen und die *Probleme*, die sich aus der Abfallproduktion und den Schadstoffemissionen ergeben, zu reduzieren oder zu vermeiden. Daneben finden die Prozessleitsysteme auch zunehmend ihre Anwendung in komplizierten umwelttechnischen Anlagen, wie beispielsweise in der Abwasserreinigung.

Moderne Planungs-, Steuerungs- und Regelungskonzepte teilen die Automatisierungsaufgaben in *hierarchische Ebenen* auf. Auf der obersten Ebene geschieht die Aufgabenbeschreibung und die Ermittlung der Führungsgrößen auf einem sehr abstrakten Niveau. Die Leitung des Prozesses wird auf den niedereren Ebenen schrittweise präzisiert, und auf der untersten Ebene werden Sollwerte in die Stellglieder des Prozesses eingegeben. Anders als bei der gewöhnlichen Datenverarbeitung steuert nicht der Rechner den Bearbeitungsfluss, sondern er muss dem Takt folgen, in dem die Ereignisse in der Außenwelt ablaufen. Es ist deshalb sehr wichtig, dass die Struktur des technischen Prozesses sich in einer geeigneten Rechnerstruktur widerspiegelt; „der Rechner muss ein Mittel bleiben und darf nicht zum Selbstzweck werden“ [1.84].

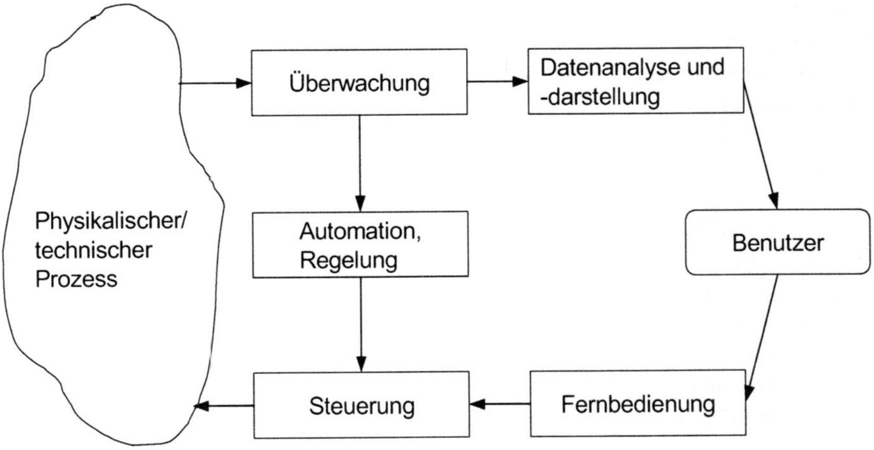

Abb. 1.11 Die Hauptfunktionen eines Prozessleitsystems [1.84]

Ebenenspezifische Rechnerfunktionen sind in Tabelle 1.10 dargestellt. Typisch für die Ebenen ist, dass sie in unterschiedlichen *Zeithorizonten* ihre Planungs- und Steueraufgaben durchführen. Der Begriff „Echtzeit“ enthält daneben noch andere Funktionen der Prozessrechner, wie z. B. Daten mit den Bedienpersonen austauschen, Informationen darstellen und auf gewisse Signale reagieren. In Richtung der niedrigeren Ebenen nehmen die Echtzeitanforderungen zu, während in Richtung der höheren Ebenen die Software immer intelligenter und komplexer wird. Auf der obersten Ebene übernimmt ein großer Rechner, auch Strategierechner genannt, die Informationsverarbeitung für die Firmenleitung [1.85].

Tabelle 1.10 Typische Anforderungen an die Prozessdaten (nach [1.84] und [1.85])

Verwaltungsebene	Ebenen-Funktion	Datenmenge	Antwortzeit	Frequenz
Betriebsebene (management)	Abwicklung strategischer Aufgaben	Mbyte	Tage	Tage
Leitebene (production control)	Koordination der Zellenrechner	Kbyte	Sekunden	Stunden, Minuten
Zellenebene (cell control)	Informationsaustausch oben/unten	Byte	Sekunden, 100 ms	Sekunden
Prozessebene (process control)	Überwachung der Einzelprozesse	Bit	Ms	Ms
Feldebene	Sensoren und Aktoren	Bit	Ms	Ms

1.3.4 Verfahrenstechnik

Über die Hälfte der deutschen Industrieproduktion wird unter maßgeblicher Verwendung verfahrenstechnischer Prozesse gefertigt. Schwerpunkte sind Nahrungsmittelherstellung, Hüttenwesen, Bergbau, Zementindustrie, Petrochemie, Papierindustrie, Anlagen- und Apparatebau und Pharmazie. Hinsichtlich ihrer Anwendungsgebiete ist die Verfahrenstechnik ein interdisziplinäres Fachgebiet und reicht von der Chemischen Technik bis zur Biotechnik und Medizintechnik.

Die Verfahrenstechnik ist ebenso wie Fertigungstechnik und Energietechnik ein Teil der Produktionstechnik. Ziel der Fertigungstechnik ist die Formänderung, Ziel der Energietechnik ist die Energieumwandlung und Ziel der Verfahrenstechnik ist die Stoffänderung. Die *Stoffumwandlung* kann erfolgen durch [1.86]:

1. Änderung der Zusammensetzung, z. B. von Suspensionen durch Filtrieren oder von Lösungen durch Destillieren.
2. Änderung der Eigenschaften, z. B. der Feuchtigkeit eines Produktes durch Trocknen oder der Korngröße durch Zerkleinern.
3. Änderung der Stoffart, z. B. von Verbindungen durch chemische Reaktionen oder von Elementen durch Kernumwandlung.

Die angewandte Verfahrenstechnik befasst sich mit *physikalischen Grundverfahren* (Unit-Operations wie z. B. Oberflächenvergrößern, Agglomerieren, Trennen, Energieübertragung), mit *chemischen Grundverfahren* (Unit-Processes; z. B. Polymerisation), und mit der technischen *Reaktionsführung* (Prozessleittechnik, Abschn. 1.3.3). Es ist üblich, die physikalische Verfahrenstechnik in eine mechanische und eine thermische Verfahrenstechnik zu unterteilen. Bei der mechanischen Verfahrenstechnik sind die Gesetze der Mechanik und bei der thermischen Verfahrenstechnik die Gesetze der Thermodynamik maßgebend für die Stoffumwandlung. Es gibt ca. 60 physikalische, chemische und biologische Grundverfahren, die in der Produktion teilweise gleichzeitig oder nacheinander durchlaufen werden.

Tabelle 1.11 Trennverfahren und ihre Anwendung im technischen Umweltschutz [1.86]

Phasentrennung	mechanisch	thermisch	Umwelttechnik
fest/fest	Sieben, Sichten, Nassklassieren	Sublimieren	• Abtrennung von Sulfid aus Rohkohle
flüssig/fest	Zentrifugieren, Filtrieren	Abdampfen Trocknen	• Schlammbehandlung (z. B. Baggerschlick)
gasförmig/fest	Zyklonieren		• Entstaubungstechnik
flüssig/flüssig	Zentrifugieren Ultrafiltration Umkehrosmose	Destillieren Kristallisieren Extrahieren Ausfrieren	• Membranverfahren in der Abwassertechnik: Emulsionstrennung (z. B. an Ölphasen)
gasförmig/flüssig *gasförmig/gasförmig*	Diffundieren (Gaszentrifuge)	Absorbieren, Adsorbieren Kondensieren	• Wassertechnologie Abluftbehandlung (z. B. mit Aktivkohle)

Recycling und Nachhaltigkeit im Automobilbau – Integrierte Strategien

Dr. Dieter Tartler, BMW Group Recycling (homepage: www.bmwgroup.com)

Die stete Fortentwicklung von Aufbereitungstechnologien und -verfahren ermöglicht eine immer weitergehende Auftrennung und Verwertung von Kunststoffgemischen und Verbundwerkstoffen. Sortenreine thermoplastische Kunststoffe und metallische Werkstoffe werden seit je her als nahezu vollständig rezyklierbar angesehen. Es liegt somit auf der Hand, den Begriff der „Rezyklierbarkeit" immer weiter auszudehnen und beispielweise für den Automobilbereich immer höhere Recyclingquoten festzuschreiben. Fahrzeuge werden jedoch so gebaut, dass sie primär die Mobilitäts- und Sicherheitsanforderungen vor dem Hintergrund von Kundenerwartungen erfüllen und nicht um ausschließlich der Forderung nach maximaler Recyclingfähigkeit zu entsprechen. Diese „Recyclingfähigkeit", die durch die Art der eingesetzten Materialien sowie deren Verbindung untereinander geprägt ist, ist eine von vielen Randbedingungen, die ein Fahrzeugentwickler bereits ab der frühen Phase des Produktentstehungsprozesses berücksichtigen muss.

Bei der Frage nach dem Stellenwert von „Recycling" in der Bewertung der gesamten Umweltauswirkung eines Automobils entstehen Konflikte: Materialkreisläufe im Bereich der thermoplastischen Kunststoffe sind größtenteils ohne Qualitätsverlust möglich. Allerdings müssen Altmaterialien in ausreichender Menge und Sortenreinheit, bei ausreichenden Verarbeitungskapazitäten der Verwerter in zuverlässiger Qualität „just in time" oder „just in sequence" verfügbar sein – eine schwierige Aufgabe, vor allem aus logistischer aber auch ökologischer Sicht, wenn die Produktion sich auf eine Anzahl an überschaubaren Standorten beschränkt, die Altmaterialien aber mit den Altfahrzeugen weltweit anfallen. Die Wiederverwendung von Komponenten stellt hohe rechtliche Anforderungen (Produkthaftung) und erfordert auch die Akzeptanz des Endkunden. Der Wunsch nach Gewichtsreduzierung eröffnet ein weiteres Problemfeld: leichte Hochleistungswerkstoffe bestehen in der Regel aus – nicht oder schlecht rezyklierbaren – Verbundmaterialien. Auf einen Nenner gebracht stellt sich die idealtypische Frage: Recycling oder Gewichtsersparnis?

Wie lässt sich dieses Dilemma lösen? Wie kann die Fahrzeugentwicklung all diesen Fragen gleichzeitig gerecht werden? Auf Basis von Fahrzeugdemontagen im Recycling- und Demontagezentrum sind innerhalb der BMW Group eine Reihe von Tools entstanden, die gleichermaßen die Umweltverträglichkeit und Recyclingfähigkeit der Fahrzeuge sicherstellen: so wird das „Demontage Analyse Informations System" (*DAISY*) als Wissensbasis bei der Entwicklung neuer Fahrzeuge benutzt. Kennwerte wie die *Ressourceneffizienz* oder die *Kreislaufeignung* (Quantifizierung der technisch-wirtschaftlichen Wiederverwertbarkeit von Bauteilen) geben gemeinsam mit der *lebenszyklusbasierten Produktökobilanz* dem Konstrukteur wichtige Entscheidungsgrundlagen und sichern eine größtmögliche Umweltverträglichkeit der Automobile. Diese Tools sind fest in den Produktentstehungsprozess integriert. Dabei sind technische, ökologische, wirtschaftliche und soziale Aspekte im Sinne der in den Unternehmenszielen der BMW Group festgeschriebenen Nachhaltigkeitsverpflichtung von gleicher Bedeutung.

Chemische Verfahren in der Abwasserreinigung

Die chemischen Grundverfahren – *Unit Processes* – bilden mit den technischen Reaktionsführungen die Voraussetzung für die Produktion von Industrie-, Spezial- und Feinchemikalien. Die vielfältigen Probleme mit Chemikalien in allen Umweltbereichen können nur durch eine konsequente Weiterentwicklung und Nutzung des chemischen Wissens, auch der Industrie, gelöst werden. Der verfahrenstechnische Ansatz steht meist im Mittelpunkt der umweltbezogenen Problemlösungen bei der Wasser- und Abgasreinigung sowie bei der Behandlung von kontaminierten Böden, Schlämmen und festen Abfallstoffen. Als Beispiele sind in Tabelle 1.12 chemisch-physikalische Verfahren bei der Abwasserreinigung wiedergegeben.

Bei der chemischen Abwasserbehandlung werden die schädlichen Inhaltsstoffe des Wassers durch Zusatz von Chemikalien reduziert, oxidiert, neutralisiert oder zur Entfernung durch Sedimentation oder Filtration in schwer lösliche Verbindungen überführt. Dazu zählt die Mitfällung fein verteilter Abwasserinhaltsstoffe beim Ausfällen von zugesetzten Eisen- und Aluminiumsalzen [1.87].

Die Technologien für die *Abwasserreinigung* und für die *Trinkwasseraufbereitung* weisen immer mehr Gemeinsamkeiten auf (Hahn [1.88]). Grundprozesse wie die Säuren- und Basen-Reaktionen, Oxidations- und Redoxreaktionen und Grenzflächenreaktionen, die ursprünglich in einem Bereich vorrangig angewendet wurden, können mit gutem Erfolg auch auf den anderen Bereich übertragen werden. Beispiele sind die Anwendung von Fällungs- und Flockungschemikalien, die zuerst in Wasserwerken eingesetzt wurden, bei der Behandlung kommunaler Abwässer; auf der anderen Seite können die Techniken der biologischen Denitrifizierung, die ursprünglich für die Abwasserreinigung entwickelt wurden, auch für die Behandlung von nitratreichem Rohwasser in der Trinkwasserversorgung angewandt werden.

Tabelle 1.12 Verfahren der physikalisch-chemischen Abwasserreinigung [1.89]

Methode	Anwendungsbeispiele
Fällung	Schwermetalle in Form von Hydroxiden und Oxidhydraten, CN^- als Berlinerblau; F^- als CaF_2, Fe, Al, Ca als Phosphate
Oxidation *Reduktion* *Neutralisierung*	Farbstoffe, H_2S, CN^- werden mit Chlor oder $KMnO_4$ oxidiert CrO_4^{2-}wird durch $NaHSO_3$ zur Cr^{3+} reduziert und als $Cr(OH)_3$ ausgefällt. Säurehaltige Abwässer werden neutralisiert
Adsorption *Austauscher-adsorption*	z. B. Entfernung von aromatischen Kohlenwasserstoffen mit Aktiv-Kohle. Abscheidung von gelösten Buntmetallionen an Austauschern.
Flotation	Erztrüben, Abscheidung von Ölen und Fetten, Pflanzenleimen usw. Abwässer aus Papier- und Zellstofffabriken
Zentrifugieren	Fette und Öle oder Kohlenwasserstoffe in Abwässern
Extraktion	Benzol, Leichtöle, Phenole
Elektrolyse	Aufbereitung von kupfer-, nickel-, chrom- oder silberhaltigen Abwässern aus Beizereien, Galvanisieranstalten, Fotogroßlabors

Reaktoren in der Verfahrenstechnik

Chemische Grundverfahren sind – anders als die physikalischen Grundverfahren – nicht bestimmten Apparaten zugeordnet, sondern können in sehr unterschiedlichen Apparatetypen („Reaktoren“) ablaufen. Die Form und Ausführung dieser Apparate wird von der Art der erforderlichen Energie, von der Temperatur und dem Druck, bei dem die Reaktion abläuft, von der Arbeitsweise (kontinuierlich, absatzweise) und vom Aggregatzustand der Reaktionspartner beeinflusst (Abb. 1.10).

Klassische Bioreaktoren aus umwelttechnischer Sicht sind die *fließenden Gewässer* mit ihrem mikrobiellen Stoffumsatz oder der *Komposthaufen* im Garten, in dem organische Abfälle humifiziert werden. Im ersten Fall handelt es sich verfahrenstechnisch um einen *Submersreaktor*, in dem die Mikroorganismen mitschwimmen (abgesehen von jenen, die an den Begrenzungen oder im Sediment aufwachsen), im zweiten Fall um einen *Festbettreaktor*. In dem technischen Reaktor hebt man die natürlichen Begrenzungen auf, indem man Nährstoffe und Sauerstoff einträgt oder besser durchmischt ([1.90] Abb. 1.12).

Ein anderes Beispiel sind die *Wirbelschichtreaktoren*, die u. a. in der Verbrennungstechnologie eingesetzt werden. Die Wirbelschicht bietet vor allem die Vorteile (1) einer gleichmäßigen Temperaturverteilung infolge der intensiven Feststoffdurchmischung, (2) großer Austauschflächen zwischen Feststoff und Gas, und (3) hoher Wärmeübergangszahlen zu den eintauchenden Heiz- und Kühlflächen.

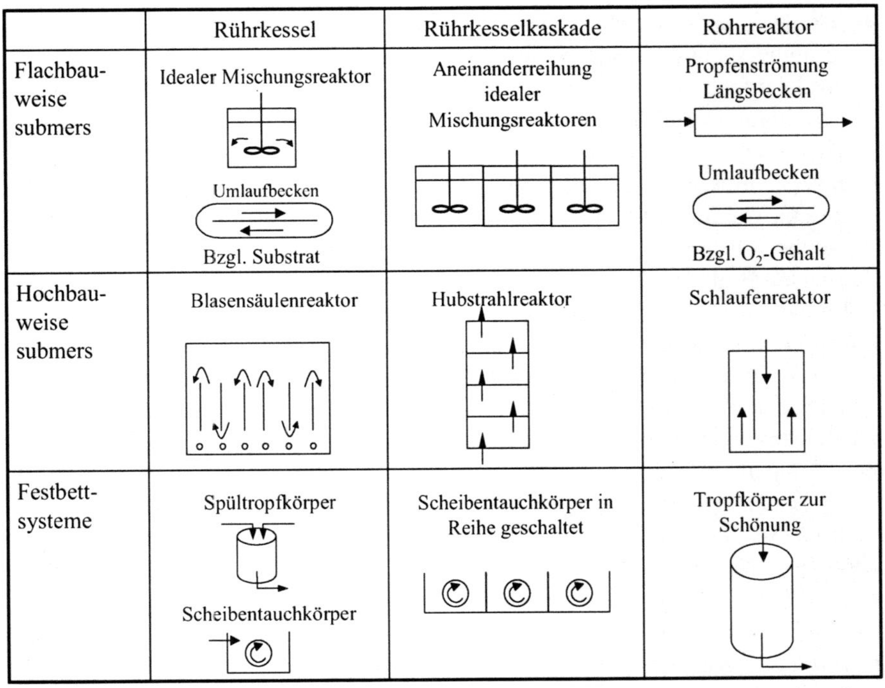

Abb. 1.12 Schema verschiedener Bioreaktorsysteme in der Abwassertechnik [1.90]

1.3.5 Biotechnologie

Ziel der Biotechnologie ist allgemein, Erkenntnisse aus der Biologie und der Biochemie in technische oder technisch nutzbare Verfahren und Produkte umzusetzen. Durch den Einsatz von biologischen Prozessen und Organismen erhofft man Vorteile wie Kostenersparnisse, Umweltverträglichkeit, Sicherheit und Produktreinheit [1.91].

Da Biotechnologie ein sehr weit gefasster Begriff ist, wird versucht nach Anwendungsgebieten zu unterscheiden. Neben der *Grünen* Biotechnologie (landwirtschaftliche Anwendung), welche sich auf Pflanzen einschließlich ihrer gentechnischen Veränderung bezieht, gibt es die *Rote* Biotechnologie (medizinisch-pharmazeutisch), welche sich mit der Herstellung von Medikamenten und Diagnostika befasst, die *Blaue* Biotechnologie, welche sich mit der Nutzung von Organismen aus dem Meer befasst, die *Weiße* Biotechnologie, welche sich mit biotechnologisch-basierten Produkten und Industrieprozessen – beispielsweise in der Chemie-, Textil- oder Lebensmittelindustrie – befasst, und die *Graue* Biotechnologie, welche sich mit biotechnologischen Prozessen im Bereich der Abfall- und Wasserwirtschaft auseinander setzt [1.92]:

- *Abwasserreinigung und Kompostieren* sind konventionelle Formen der Biotechnologie und basieren auf der mikrobiellen Umsetzung von organischen Stoffen. Neue Einsatzgebiete dieser Prozesse sind *Biofilter und Biowäscher.*
- *Altlastensanierung.* Der Einsatz von Organismen zur Beseitigung von Verunreinigungen und Schadstoffen wird als „Bioremediation“ bezeichnet. Beispiele: ausgelaufenes Öl abbauen, Abraumhalden mit radioaktiven Abfällen reinigen, Beseitigung von Lösemitteln, Kunststoffen und Schadstoffen wie DDT, Dioxin oder TNT.
- *Biosensoren.* Mikroorganismen und DNA-Sonden können als „Detektive“ eingesetzt werden um Kontaminationen aufzuspüren oder Prozesse kontinuierlich zu überwachen.

Die *Weiße* Biotechnologie, auch industrielle Biotechnologie genannt, nutzt die ca. 2 Milliarden Mikroorganismenspezies, um industrielle Prozesse kostengünstiger (weniger Prozessstufen, weniger Materialeinsatz) und ökologischer (weniger sowie umweltverträglichere Reststoffe und Emissionen) zu gestalten [1.91]. So können Produkte wie Antibiotika, Impfstoffe, Proteine oder Vitamine, für die mit klassischen Verfahren schwierige und potenziell gefährliche Bedingungen mit hohen Temperaturen und Drücken angewendet werden müssten, bei Verwendung von Organismen oder Enzymen als *Biokatalysatoren* unter Normalbedingungen realisiert werden. Aber auch Rohstoffe, die aus erneuerbaren Quellen bzw. aus der Biomasse stammen, sind Produkte der Weißen Biotechnologie [1.92]:

- *Bioethanol*: aus u. a. Zuckerrüben, Mais, Getreide oder organischen Abfällen wird Zucker gewonnen; dieser wird zu Ethylalkohol fermentiert
- *Biodiesel*: wird aus pflanzlichen Fetten und Ölen über eine katalytische Reaktien produziert
- *Biogas (Methangas)* und *Wasserstoff* werden durch mikrobiologische Fermentationsprozesse aus organischem Material gewonnen

Umsetzungen durch Mikroorganismen

Organismen benötigen Bausteine für das Körpermaterial sowie Energie, die beide von außen bezogen werden müssen. Je nach Quelle der Bausteine und der Energie werden sie in eine von drei Gruppen eingeteilt (Tabelle 1.13):

- *Chemoorganotrophe Organismen* nehmen als Nährstoffe organische Substanzen auf, die ihnen als Bausteine für körpereigenes Material sowie als Energiequelle dienen; alle Tiere, sowie die Pilze, Hefen und der Großteil der Bakterien leben chemoorganotroph; ihr Metabolismus wird auch als tierische Ernährungsweise bezeichnet oder vereinfacht als Heterotrophie.
- *Chemolithotrophe Organismen* nehmen als Bausteine ebenfalls Wasser und Kohlendioxid auf, ihre Energiequellen jedoch sind reduzierte chemische Verbindungen; hochspezialisierte Bakterien oxidieren Ammoniak zu Nitrit oder von Nitrit zu Nitrat, oder von Schwefelwasserstoff zu Schwefel bzw. auch zu Schwefelsäure.
- *Photoorganotrophe Organismen* decken ihren Energiebedarf aus Licht und den Bedarf an Bausteinen im wesentlichen aus organischen Stoffen; zu dieser Lebensweise sind nur wenige Spezialisten unter den Bakterien befähigt.
- *Photolithotrophe Organismen* verwenden als Bausteine anorganische Substanzen und als Energiequelle Licht; dazu gehören alle grünen Pflanzen und eine kleine Gruppe von Bakterien. Diese Ernährungsweise heißt Autotrophie.

Tabelle 1.13 Ernährungsweisen von Organismen. Aus: Hartmann [1.93]

Ernährungsweise	Energie-Quelle	C-Quelle	H-Quelle	Organismen (Beispiele)
Chemoorgano-Trophie	organische Substanz	organische Substanz	organische Substanz	Tiere, Pilze, Bakterien
Chemolitho-Trophie	anorganische Substanz	CO_2	H_2O	Einige Bakterien
Photoorgano-Trophie	Licht	CO_2	organische Substanz	Einige Bakterien
Photolitho-Trophie	Licht	CO_2	H_2O (H_2S)	Grüne Pflanzen, Bakterien, Blaualgen

Für die Abwasserreinigung ist zunächst die Chemoorganotrophie von Bedeutung, weil durch sie die organischen Stoffe im Abwasser eliminiert werden können. Die Photolithotrophie ist wichtig, weil durch sie aus den Abbauprodukten (Nährstoffen) in den Gewässern organische Substanz aufgebaut wird.

Für die Entfernung organischer Substanzen bei der Abwasser- und Wasseraufbereitung sind in erster Linie aerobe Stoffwechselprozesse wichtig. Sauerstoff ermöglicht eine sehr effiziente Energiegewinnung und eine vollständige Substratoxidation. Der Abbau von hochpolymeren Strukturen (Cellulose, Stärke, Eiweiß) verläuft etappenweise, vermittelt durch unterschiedliche Mikroorganismen und Enzymsysteme [1.94]; dabei spielen die *Biofilme* eine vielseitige Rolle (*Kasten).*

Anaerob-Bioverfahren in der Wassertechnologie

Die *Verringerung biologisch abbaubarer Stoffe* im Abwasser kann grundsätzlich auf zwei Wegen erfolgen: Einmal durch die Synthese von Biomasse und die Abtrennung des überschüssigen Schlamms, zum anderen durch die „Veratmung“ von organischem Material unter Erzeugung von Energie. Beim ersten Vorgang ist die Prozessführung aerob, beim zweiten Verfahren werden unter anaeroben Bedingungen energiereiche Prozessgase („Biogas“) gebildet. In Tabelle 1.14 sind beide Wege gegenübergestellt. Trotz der schwierigeren Prozessführung hat der anaerobe Abbau wegen seiner geringeren Überschuss-Schlammproduktion und der Möglichkeit der Methanerzeugung Vorteile.

Von erheblichem Interesse für die Trinkwasseraufbereitung ist die in anaeroben Grundwasserleitern häufig auftretende Nitratatmung: Viele im Wasser und Boden lebende Bakterien können bei Sauerstoffmangel Nitrat als „Sauerstoffquelle“ verwenden. Beim Übergang von der aeroben zur anaeroben Zone treten daher keine anderen Spezies auf, sondern die dazu befähigten Mikroorganismen schalten nach dem vollständigen Verbrauch von Sauerstoff auf die Veratmung von Nitrat um. Der für die Wassertechnologie wichtigste Weg ist die „Denitrifikation“ bis zu gasförmigem Stickstoff.

Tabelle 1.14 Mikrobieller Abbau auf aerobem und anaeroben Wege [1.95]

	aerober Abbau	anaerober Abbau
Abbau von Glucose		
Gleichungen*	$C_6H_{12}O_6 + 6\ O_2 \rightarrow 6\ CO_2 + 6\ H_2O$, $\Delta_RH = -2700$ kJ	$C_6H_{12}O_6 \rightarrow 3\ CO_2 + 3\ CH_4$ $\Delta_RH = -140$ kJ
Spezifische Energieausbeute	15 kJ/g Glucose	0,8 kJ/g Glucose
Biomasseproduktion bei 50 % Energieeinsatz und einem Energieäquivalent von 20 kJ/g Biomasse	$\frac{15\ \text{kJ/g} \cdot 0{,}5}{20\ \text{kJ/g}}$ = 0,38 g Biomasse/g Glucose	$\frac{0{,}8\ \text{kJ/g} \cdot 0{,}5}{20\ \text{kJ/g}}$ = 0,02 g Biomasse/g Glucose
Abbauprozesse (allgemein)		
• Reaktionsprodukte	– CO_2, H_2O, NH_3 bzw. NO_2– und NO_3–, SO_4^{2-}, PO_4^{3-}	– CO_2, CH_4, H_2S, NH_3, S_2–, HS^-
• Vorteile	– Geruchslosigkeit – Mineralisierung aller gut abbaubaren Verbindungen	– geringe Schlammproduktion – wertvolles Endprodukt (Methan)
• Nachteile	– hoher Energieverbrauch für Sauerstoffeintrag und Turbulenzerzeugung – starke Schlammproduktion	– Geruchsbelästigung (H_2S, NH_3) – geringere Prozess-Stabilität – Korrosion durch H_2SO_4 (mikrobielle H_2S-Oxydation)

*Die Bildungsenthalpie Δ_RH ist die Reaktionsenergiemenge pro Formelumsatz bei konstantem Druck. Bei exothermen Reaktionen ist sie definitionsgemäß negativ ($-\Delta_RH$), bei endothermen positiv ($+\Delta_RH$)

Biofilme – das Gesellschaftsleben der Mikroben

Prof. Dr. Hans-Curt Flemming, Biofilm Centre, Universität Duisburg-Essen

Fast alle Mikroorganismen auf der Erde leben in Aggregaten, beispielsweise als Filme auf Oberflächen, in Sedimenten und Böden oder in suspendierter Form als Flocken. Diese Aggregate werden, wenn auch etwas unscharf, als „Biofilme" bezeichnet. Ihre Erscheinungsformen sind höchst verschieden, aber ihnen allen ist gemeinsam, dass die beteiligten Organismen in eine Matrix von extrazellulären polymeren Substanzen (EPS) eingebettet sind und darin hoch komplexe synergistische Gemeinschaften (Mikrokonsortien) bilden können. Diese Matrix ist ein Hydrogel, das von Polysacchariden, Proteinen, Nucleinsäuren und Lipiden unterschiedlichster Zusammensetzung gebildet wird. Sie sorbiert Nährstoffe aus der Umgebung, verhindert das Ausschwemmen von Exoenzymen und stellt ein perfektes „Recycling-System" für Zellbestandteile und Substrate dar. Außerdem bietet sie Schutz gegen Gifte. Das Leben im Biofilm kann als die natürliche Daseinsform der Mikroorganismen angesehen werden, und nur sehr wenige sind nicht zur Bildung von Biofilmen fähig.

Biofilme repräsentieren die älteste Form des Lebens (ca. 3,5 Mrd. Jahre), sind ubiquitär und kommen auch an extremen Standorten vor, etwa in kochenden Quellen, in Gletschern, in hochreinen Wassersystemen, in Kernkraftwerken, unter hohem Druck am Meeresboden oder auf Elektroden. Sie bestehen häufig aus Bakterien und/oder Algen, können aber auch verschiedene höhere trophische Ebenen enthalten und Nahrungsgrundlage für Protozoen und Metazoen darstellen. Biofilme sind Systeme, die von einer großen räumlichen Heterogenität und einer zeitlichen Dynamik geprägt sind. In ihnen kommt es zu einem regen Austausch von Signalen und Genen. Deshalb tragen Biofilme Kennzeichen multizellulärer Organismen [1.96]. Sie können als sozusagen als ein alternativer Weg der Evolution zu den so genannten „höheren Organismen" angesehen werden. Ihre Rolle wurde erst in den letzten 15 Jahren erkannt. Seitdem stellen sie ein exponenziell wachsendes Forschungsgebiet dar [1.97, 1.98].

In Biofilmen hat sich die Photosynthese entwickelt. Heterotrophe Biofilme sind die Träger der Selbstreinigungskräfte der Natur, indem sie organische Stoffe mineralisieren. Sie tragen in globalem Rahmen zur Verwitterung von Mineralen und damit zur Mobilisierung von Metallen bei, sind aber in gleichem Umfang auch an der Diagenese von Gesteinen beteiligt. In technischen Systemen verursachen sie große Schäden durch Biofouling und mikrobiell beeinflusste Korrosion. Die Probleme reichen von der Besiedlung von Schiffsböden über Biofouling beim Wärmetausch, bei der Wasseraufbereitung, der Papierfabrikation bis zur Produktion von hochreinem Wasser oder Lebensmitteln. In der Öl-Industrie hat sich die mikrobiell beeinflusste Korrosion, verursacht durch sulfatreduzierende Bakterien, als besonders kostspielig erwiesen [1.99].

Andererseits werden Biofilme technisch in riesigem Umfang bei der Reinigung von Abwasser, der Aufbereitung von Trinkwasser sowie beim biologischen Abbau von Abfällen genutzt.

1.3.6 Nanotechnologie

Nanotechnologie ist ein Sammelbegriff für Techniken für und mit nanoskaligen Systemen (in mindestens einer Dimension einen Größenbereich zwischen 1 und 100 nm aufweisend), die zielgerichtet und individuell (und nicht nur statistisch in Form einer großen Menge) analysiert und manipuliert werden können und die wenigstens der Intention nach technisch nutzbar gemacht werden können oder sollen [1.100]. Die Reduktion von Materialstrukturen in den Nanometerbereich hinein führt häufig zu neuen Eigenschaften von Werkstoffen (Härte, Bruchfestigkeit und -zähigkeit, Ausbildung zusätzlicher elektronischer Zustände, chemische Selektivität) und durch den kontrollierten Aufbau von Materialstrukturen aus atomaren und molekularen Bausteinen lassen sich funktionale Eigenschaften gezielt einstellen. In der Informationstechnologie beruhen die Hoffnungen vor allem auf der Nutzung quantenmechanischer Effekte und in der Biologie/Medizin basieren neue Konzepte u. a. darauf, mit nanotechnologischen Verfahren die Vorgänge in einer Zelle besser analysieren und beeinflussen zu können.

Die Fragen, was man in einem so frühen Stadium der Technikentwicklung über Chancen und Risiken wissen sollte, erfordern einen dreiteiligen Ansatz [1.101]:

1. *Prospektive Innovations- und Technikanalyse:* Bewertung von Nanotechnologien und ihrer erwartbaren Wirkungen mit Hilfe einer „Charakterisierung der Technologie" (ähnlich den Stoffeigenschaften in der Toxikologie).
2. *Öko-Profile*: Abschätzung erwartbarer Umweltentlastungs- und -belastungseffekte (insbesondere Öko- und Ressourceneffizienzpotenziale) im Vergleich zu schon existierenden Lösungen, in Anlehnung an Ökobilanzen (Abschn. 1.1.2).
3. *Erweitertes vorsorgeorientiertes Risikomanagement.* Technologieentwicklung und -gestaltung mit Hilfe von „Leitbildern" sowie Integration der Gesundheits-, Sicherheits- und Umweltaspekte in ein die ganze Wertschöpfungskette übergreifendes Qualitätsmanagement.

Für eine Gefährdungsanalyse nanoskalierter Strukturen sind insbesondere folgende Aspekte von Bedeutung [1.101]:

- Mobilität in Umweltmedien und innerhalb des Organismus
- Lungengängigkeit
- Reaktionsfreudigkeit und -spezifität
- Phasenübergänge und Löslichkeiten (insbesondere Wasser- und Fettlöslichkeit)
- Carrier- bzw. Huckepackeffekte
- Agglomeration, Dispersion
- Bioakkumulierbarkeit
- Persistenz
- Naturfremdheit

Sobald mehr über die Einsatzbedingungen und Anwendungskontexte bekannt ist, kommen weitere Aspekte hinzu, bspw. „Einsatzmengen und -dynamik", „umweltoffene oder geschlossene Anwendung" und „Lebenszyklusaspekte wie Rohstoffverbrauch, Recyclierbarkeit etc.". Viele der benötigten Informationen sind schon vorhanden, weil sie zentrale Elemente der Innovationspotenziale betreffen.

„Engineered Nanoparticles" – Beispiele aus den Umweltgeowissenschaften

Prof. Dr. Thilo Hofmann & Dr. Frank von der Kammer, Universität Wien [1.102]

Die Untersuchung von natürlichen Kolloiden und ihrem Verhalten im Grund- und Sickerwasser wurde vor allem durch Beobachtungen beim Transport von Schadstoffen und hier hauptsächlich von Radionukliden, stimuliert [1.103]. Man beobachtete, dass diese Schadstoffe häufig deutlich schneller transportiert wurden, wenn mobile Kolloide anwesend waren. Ein weiterer Befund war, dass Eisenoxide in einem bestimmten Größenbereich (~7 nm) Oxidationsreaktionen im Grundwasser beschleunigen können [1.104]. Es ist zu erwarten, dass die Eigenschaften von natürlichen Kolloiden – Art der Kolloide, Partikelgröße, Oberflächenladung und deren Verhalten gegenüber pH-Wert, Redoxpotential und oberflächenaktiven Substanzen – für spezifische Aufgaben, bspw. bei der Sanierung von Grundwasserkontaminationen maßgeschneidert eingesetzt werden können. Ein Beispiel für die Verwendung von *ENP*s (engineered nanoparticles [1.105]) ist nanopartikuläres elementares Eisen, das in einen kontaminierten Grundwasserleiter injiziert wird und bei Kontakt mit dem Schadstoff diesen zerstört (Abbau) oder so verändert, dass er weniger schädlich ist (z. B. Reduktion von Dichromat [1.106]; Abb. 1.13).

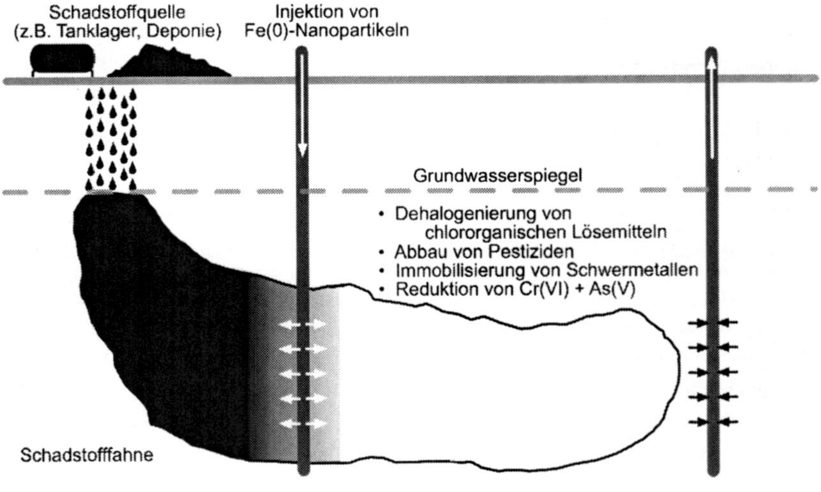

Abb. 1.13 Prinzip einer In-Situ-Sanierung mit Hilfe der Injektion einer Fe(0)-Nanopartikel Suspension in kontaminierte Grundwasserleiter (nach v.d. Kammer & Hofmann u. [1.106])

Entscheidend ist, dass sich die Untersuchung der Wirkung von ENPs hauptsächlich an solchen Erscheinungsformen orientiert, die in der realen Umwelt auch tatsächlich auftreten. Es muss auch bei toxikologischen Tests darauf geachtet werden, dass der Test und die verwendeten Medien die ENPs nicht so verändern, dass die relevante Form im Test gar nicht vorliegt.

1.3.7 Ingenieurökologie

Die Aufklärung der Mechanismen zur Selbstoptimierung, Pufferung und Stabilisierung in biologischen Systemen förderte neue Möglichkeiten zutage, diese Prozesse und ökologischen Prinzipien zur Verbesserung der Wasserbeschaffenheit zu nutzen. Man fasst diese Methoden, die vor allem in der früheren DDR und in anderen Staaten von Mittel- und Osteuropa vorrangig gefördert wurden, unter dem Begriff „Ingenieurökologie" [1.61] zusammen.

Insbesondere die biologischen Vorgänge der *Selbstreinigung*, d. h. des biologischen Abbaus organischer Substrate durch Bakterien und Pilze, die biologische Sauerstoffproduktion durch die Photosynthese autotropher Algen und Makrophyten, die Elimination von Nähr- und Schadstoffen durch Inkorporation, Biomasseproduktion und -abschöpfung, Bioflockulation organischer Stoffe, die Biofiltration von Bakterien, Algen und Detritus durch tierische Filtrierer können einzeln oder in Kombination für die Wassergütebewirtschaftung, z. B. bei der *Seensanierung*, eingesetzt werden (Tabelle 1.15).

Auch bei stärker technischen Verfahren wie der Belüftung oder den „Chemotherapien" sind die ökologischen Ansatzpunkte für den Erfolg ausschlaggebend und auch diese Verfahren werden als „Ökotechnologien" im weiteren Sinne aufgeführt. Ein schwerpunktmäßiger Anwendungsbereich dieser Techniken ist die *Sanierung der Braunkohlerestseen* mit ihren vielfältigen Versauerungseffekten in den neuen Bundesländern [1.107].

Tabelle 1.15 Strategien und Technologien zur naturnahen Sanierung von stehenden Gewässern [1.91]

„Diät" *Begrenzung schädlicher Stoffzufuhr*	„Therapie" *Steuerung des Stoffhaushaltes im Gewässer*	„kurative Behandlung" *Methoden zur Bekämpfung der Gewässerschäden*
– weitergehende Abwasserreinigung – Abwasserableitung aus dem Einzugsgebiet – Landnutzung mit vermindertem Nährstoffabtrag – Behandlung des Zulaufs · Vorsperren · P-Fällung · Algenabweiser – rationelle Wasserverwendung – geregelter Umgang mit Wasserschadstoffen	– Biomanipulation · tierischer Nahrungsketten · Steuerung der pflanzlichen Konkurrenz – biol. Nährstoffelimination · Inkorporation · N-Abgasung – Phosphatfällung – Sedimentkonditionierung – Verdünnung – selektive Ableitung – Vergrößerung der Seetiefe – Änderung des Durchflussverhaltens – Lichtabschirmung	– Entschlammung und Entrümpelung – Belüftung (Oberflächenbelüftung, Tiefenwasserbelüfung, Destratifikation, chemische O_2-Versorgung) – Organismenbekämpfung · physikalische Methoden · chemische Methoden · biologische Methoden – Neutralisation

1.3.8 Technische Geochemie

Geochemie als vorrangig grundlagenorientierter Wissenschaftszweig befasst sich mit den Gesetzmäßigkeiten, welche die Verteilung der chemischen Elemente kontrollieren. Praktische Anwendung haben geochemische Fachkenntnisse traditionell bei der Exploration von Lagerstätten; im Mittelpunkt der umweltgeochemischen Arbeiten stehen die kontaminierten Feststoffe – Sedimente, Böden, Altlasten, Klärschlämme, Deponien und Abfälle, aber auch Luftpartikel.

Die langfristige Konditionierung von Abfallstoffen, sowohl hinsichtlich der Ablagerung als auch der möglichen Verwertung, stellt eine Hauptaufgabe der jungen Fachdisziplin *Ingenieurgeochemie* dar. Aus der Analyse der geochemischen Systemfaktoren – potentielle Steuerprozesse und kapazitative Eigenschaften – lassen sich die optimalen Behandlungsmethoden ableiten. Die ingenieurgeochemischen Techniken können an den Schadstoffen, der Feststoffmatrix oder an den Steuerfaktoren ansetzen (Tabelle 1.16).

Die Auswahl geeigneter Ablagerungsbedingungen, z. B. für Baggergut in einem permanent anoxischen Milieu, kann eine kostengünstige Alternative zu Konditionierungsverfahren darstellen. Die Pufferwirkung der Feststoffmatrix lässt sich durch Zuschlagsstoffe technisch beeinflussen. Während daraus eine indirekte Änderung des Milieus und eine Fixierung relevanter Substanzen innerhalb der Matrix resultiert, zielt die weitestgehende Herstellung einer „Immissionsneutralität" der Abfälle direkt auf die potentiellen Schadstoffe, indem diese durch Extraktion oder thermische Fraktionierung aus der Matrix abgetrennt werden. In diesen Fällen liegt eine Verwertung der Produkte nahe, eine Zielsetzung, die durch die neue Abfallgesetzgebung weiter in den Vordergrund gerückt wurde, weil damit das Prinzip der Ressourcenschonung unterstützt wird.

Tabelle 1.16 Ingenieurgeochemische Konzepte in der Umweltschutztechnik [1.108]

Kopplung geochemischer Steuerfaktoren	Langzeitstabilisierung
Geochemische Steuerprozesse	1) Milieubedingungen und Pufferkapazität langfristig vorgeben
– Säurebildung durch Oxidation von Sulfiden (vor allem von Eisensulfid)	2) reaktive Komponenten entfernen
– Mikrobieller Abbau organischer Substanzen, u. a. Sauerstoffverbrauch	3) Ausfällung bzw. Kristalleinbau gegenüber Sorption bevorzugen
– Neutralisationsprozesse, vor allem durch Karbonate, verbunden mit Ausfällungen	4) Durchlässigkeit verringern
	5) Behandlung mit dem Ziel der Verwertung von Inertmaterial
Kapazitative Eigenschaften	
– Kationenaustauschkapazität	⇒ *Subaquatische Unterbringung*
– Säure-/Basen-Pufferkapazität	⇒ *Konditionierung mit Additiven*
– Redoxpufferkapazität	⇒ *Extraktion, Schmelztrennung*
– Speicherkapazität	⇒ *Reaktive Barrierensysteme*
– Bodenstruktur und -textur	
– mikrobiologische Aktivität	⇒ *Natürlicher Abbau u. Rückhalt*

1.3.9 Ingenieurgeologie und Geotechnik

Die Ingenieurgeologie und Geotechnik sind Teilgebiete der angewandten Geologie und des Bauingenieurwesens. Im Rahmen traditioneller umweltbezogener Ingenieuraufgaben beraten diese Disziplinen vor allem bei Fragen aus dem Wasserbau (Abschn. 1.3.9), aus der Wasserversorgung und aus der Abfallwirtschaft. Schwerpunktaufgaben liegen im Bereich der *Deponietechnik*, u. a. bei der Untergrundabdichtung und bei der Verfestigung/Stabilisierung von Abfällen. Zu einem zentralen Aufgabengebiet für die Geotechnik und ihrer Nachbargebiete Baugeologie, Hydrogeologie und Geophysik hat sich in den vergangenen zwanzig Jahren die *Altlastensanierung* entwickelt, wobei für die technischen Problemlösungen der Geotechnik besser der Begriff „Altlastensicherung“ angewandt wird, da es sich in den meisten Fällen weniger um eine Vernichtung von Schadstoffen als vielmehr um Maßnahmen handelt, mit denen ihre Ausbreitung in der Umwelt eingeschränkt werden soll (Kap. 8).

Geologische und hydrogeologische Untersuchungen geben Aussagen über die Emissionswege von Schadstoffen im Untergrund der Verdachtsfläche und über den Aufbau des Deponieumfeldes. Von besonderem Interesse sind Informationen über die *hydrogeologischen Parameter* (Durchlässigkeit, Grundwasserfließrichtung und Grundwasserfließgeschwindigkeit). Die angewandte *Geophysik*, die ihre Wurzeln in der Exploration auf Kohlenwasserstoffe (Öl, Gas, Kohle) hat und seit einigen Jahrzehnten verstärkt kleinräumige Untersuchungen für Baugrund- und Grundwasserfragen sowie für die Prospektion von Erz und anderen mineralischen Rohstoffen durchführt, kann inzwischen ein breites Spektrum an Verfahren für die Erkundung von Altlastenverdachtsflächen anbieten (s. Kap. 8 „Geologische und geophysikalische Standortuntersuchung“).

Neben den Abdichtungsmaßnahmen, deren Durchführung in Kap. 8 dargestellt wird, sind die *Verfestigung und Stabilisierung* bauphysikalische und bauchemische Methoden, die sowohl im Altlastenbereich als auch für die Konditionierung von Abfällen eingesetzt werden (Tabelle 1.17).

Tabelle 1.17 Behandlung von kontaminierten Böden durch Verfestigung [1.109]

Methode	Beispiele
Verfestigen	Injektion/Verpressen erreichbarer Hohlräume mit Zement, Bentonit-Suspensionen, Wasserglas, Polymerlösungen
Stabilisieren	Fällung im Erdbereich mittels Reagenzieninjektion Hydroxid- und Sulfidfällung: Mehrzahl der Fallbeispiele!
Umschließen/Einkapseln	Umhüllen v. feindispersen Flüssigabfällen (z. B. PCB-haltigen Ölen, Säureteer) in Kalk oder Gips (Mikroeinkapselung)
Verglasen	In-situ-Verglasung metallkontaminierten Bodens, z. B. im Rahmen der NATO/CCMS-Demonstrationstechnologien
Verziegeln	Filterstäube, Galvanikschlämme, Hafen- und Flusssedimente in Backstein eingebunden

1.3.10 Schutzmaßnahmen im Wasserbau

Wasserbauliche Techniken haben von alters her entscheidend zum Kulturprozess beigetragen. In der Folge einer weiträumigen Erschließung von Gewässern für die Schifffahrt und ihrer Nutzung für die Nahrungsproduktion sowie auch bei der Neulandgewinnung wurde der „passive Wasserbau" mit Umweltschutzmaßnahmen im weitesten Sinne immer wichtiger (Tabelle 1.18). Dazu gehörten z. B. die Erstellung von Leitwerken bei der Flussregulierung, die Kultivierung versalzter Böden und insbesondere die Ableitung von genutzten und verschmutzten Wassers aus den menschlichen Siedlungen und später auch aus Industriebetrieben.

War früher das Hauptaugenmerk der „Siedlungswasserwirtschaft" vor allem auf bauliche und in zweiter Linie auf verfahrenstechnische Fragen der Abwasserbeseitigung gerichtet, so gilt es heute, den gesamten *Kreislauf* zu überblicken – angefangen bei der Entnahme von Wasser aus dem natürlichen System über die Aufbereitung, Nutzung, Verschmutzung und Rückführung des Wassers in das Gewässer. Das erfordert die Einbeziehung interdisziplinärer Arbeitsmethoden, nicht nur bei Detailfragen (Kap. 6 Abwasser), sondern insbesondere bei komplexen Aufgaben, wie die Sanierung eines gesamten *Flussgebiets* (z. B. systemanalytische Hilfsmittel, Optimierungsverfahren usw.).

Die integrierte Planung und Bewirtschaftung der Wasserressourcen ist das zentrale Element der europäischen Wasserrahmenrichtlinie. Das Integrierte Wasser-Ressourcenmanagement (IWRM) umfasst die Themenbereiche Angepasste Technologie, Management, Finanzierung und Steuerung, sowie Netzwerke und Kommunikation [1.110].

Tabelle 1.18 Aufgabenbereiche des Wasserbaus (verändert nach [1.111])

aktiver Wasserbau		passiver Wasserbau	
Binnen- und Seeschifffahrtsanlagen	Kanalbau, Hochwassersperrtore, Schiffsschleusen, Kaimauern, Wellenbrecher, Strömungsabweiser u. a.	*Flussregulierung, Flusskanalisierung, Wildbachverbauung, Hochwasser- und Küstenschutz*	Uferschutz, Molen, Leitwerke, Sohlenschutz, Staustufen, Geschiebesperren, Hochwasserrückhaltebecken u. a.
Bewässerung, Neulandgewinnung, Fischteichbau	Bewässerungsgräben, Verteilbauwerke, Beregnungsanlagen, Trockenlegen von Sümpfen, Polderbau	*Entwässerung, Vorflutbeschaffung, Erosionsschutz, Kulturlanderhaltung*	Entwässerungsgräben, Dränagen, Terrassierung, Kultivieren versalzter Böden u. a.
Trink-, Brauch- und Nutzwasserversorgung, Grundwasseranreicherung, Meerwasserentsalzung	Brunnen, Filter- und Pumpanlagen, Hochbehälter, Wasserleitungen, Entnahme- und Rückgabebauwerke	*Abwasserbeseitigung und -behandlung, Bauten für Natur- und Umweltschutz*	Abwassersammelleitungen, Düker, Pumpstationen, Kläranlagen (Sandfang, Belebungsbecken, Faulturm)

1.3.11 Energiesparende Bautechnik

Mehr als 30 Prozent des gesamten Endenergieverbrauchs der Bundesrepublik Deutschland und etwa 80 Prozent des Energieverbrauchs privater Haushalte werden für die Heizung aufgewendet. Der *Raumwärmebereich* steht deshalb bei den Maßnahmen für eine rationelle und umweltschonende Energieversorgung an vorderster Stelle. Durch den Ausbau eines Nahwärmesystems, verbunden mit einer guten Wärmedämmung, lassen sich Einsparungen von CO_2-Emissionen um mehr als 50 % erzielen. Die strategische Bedeutung dieses Sektors ergibt sich auch aus der Langlebigkeit des Gebäudebestands – die Qualität der heute errichteten Gebäude wird deren Energieverbrauch für einen Zeitraum von bis zu 100 Jahren maßgeblich prägen [1.112]. Treibende Kraft sind die Novellierungen der Wärmeschutzverordnung:

1. Die erste Wärmeschutzverordnung von 1984 verringerte den mittleren Heizenergiebedarf gegenüber dem Bestand (220–250 kWh/(m^2 a) um etwa 30 %.
2. Die zweite Wärmeschutzverordnung von 1995 erzielte nochmals eine Effizienzerhöhung von etwa 30 % auf 100 kWh/(m^2 a).
3. Die am 01.02.2002 in Kraft getretene Energieeinsparverordnung wird nochmals eine Verminderung des spezifischen Heizenergiebedarfs für Neubauten von etwa 30 % auf weniger als 70 kWh/m^2 a) bewirken.

Darüber hinaus sind noch weitere Verbesserungen der energetischen Qualität zum Passiv-, Nullheizenergie- und zum energieautarken Haus möglich. Der Kosten- und der energetische Aufwand wird dann für Strom günstiger sein als für andere Energieträger [1.113]. Die Bau- und Werkstofftechnik spielen bei der Energieeinsparung an Gebäuden eine entscheidende Rolle [1.114]:

- Die in den Mindestanforderungen für *Fenster* genannte Isolierverglasung wird schon heute am Markt durch die Wärmeschutzverglasung weitgehend ersetzt.
- Im *Wandbereich* sind sowohl mit monolitischen als auch mit mehrschichtigen Bauteilen noch deutliche Verbesserungen im Wärmeschutz möglich.
- Auch im *Dach- und Kellerdeckenbereich* sind erhebliche Verbesserungen des Wärmeschutzes konstruktiv möglich.
- Mit dem Fortschritt bei den Wärmedämmungen erhalten die *Lüftungswärmeverluste* zunehmendes Gewicht. Mit einer gezielten Luftführung in Kombination mit Wärmegewinnungsaggregaten können diese Verluste erheblich gemindert, mit Abluftwärmepumpen nahezu vollständig begrenzt werden.

Im Mittelpunkt der Maßnahmen steht das Baugewerbe, das mit mehr als 2 Mio. Beschäftigten einer der wichtigsten Wirtschaftszweige in Deutschland ist. Das reale Bauvolumen, das die Summe aller Leistungen zur Herstellung und Erhaltung von Bauwerken beinhaltet, betrug 2005 224 Mrd. €. Die Baunachfrage im Hoch- wie im Tiefbau ist ansteigend, womit z. B. verbessserten Baustoffe und Materialien, Fassaden mit neuen funktionellen Eigenschaften, Brandschutzbeschichtungen, Dämmstoffen, Beschichtungen auf Betondachsteinen und Ziegeln eine besondere Bedeutung zukommt (Forschung im BMBF-WING-Programm siehe *Kasten*).

Nanotechnologie im Bauwesen – NanoTecture im WING-Programm [1.115]

Das Bundesministerium für Bildung und Forschung (BMBF) fördert als Beitrag zur Hightech-Strategie der Bundesregierung und auf der Grundlage des Fachprogramms „Werkstoffinnovationen für Industrie und Gesellschaft – WING“ und der „Nano-Initiative – Aktionsplan 2010“ FuE-Projekte zum Thema „Nanotechnologie im Bauwesen – NanoTecture“, die zu einer deutlichen Einsparung von Energie im Bauwesen beitragen können.

Die Fördermaßnahme ist auf die Bereiche Gebäudeoberfläche/Gebäudegestaltung sowie Gebäudekonstruktion/Bau fokussiert. Im Vordergrund stehen dabei zum einen Themen wie die Reduzierung des Energiebedarfs, die Verbesserung des Wohnkomforts sowie die Haltbarkeit und Lebensdauer von Gebäudeelementen. Zum anderen sollen Verbesserungen der Werkstoffe des Bausektors hinsichtlich ihrer Belastbarkeit, Langlebigkeit und Energieeffizienz adressiert werden:

1. *Erhöhung der Haltbarkeit von Gebäudeelementen (Fassade, Fenster, Türen, Dächer).* Beispiele: kratzfeste Versiegelungen und Oberflächen; UV-Schutz; Schmutz abweisende Oberflächen; Verbesserung der Klebung bei Bauelementen.
2. *Reduzierung des Energiebedarfs durch nanotechnische Effekte.* Beispiele: neuartige Wärme dämmende Materialien und Lacke; energie speichernde Materialien; optimierte Wärmeschutzverglasungen.
3. *Verbesserung von Raumklima, Wohnkomfort und Sicherheit.* Beispiele: selbst reinigende, photokatalytische, antibakterielle und geruchsreduzierende Oberflächen und Materialien; Materialien zur Regelung von Temperatur und Feuchte in Innenräumen; Oberflächen und Materialien zur Lärmreduzierung; neuartige Brandschutzmaterialien.
4. *Verbesserung der Energieeffizienz und Langlebigkeit zementgebundener Werkstoffe.* Beispiele: ultrahochfester und langlebiger Beton, Optimierung von Beton- und Mörtelrezepturen; Verrringerung des Energiebedarfs und der Emissionen bei der Zementherstellung; Steuerung der Eigenschaften zementgebundener Baustoffe, Betone mit verbesserten mechanischen Eigenschaften.
5. *Verbesserung der Beständigkeit von Straßenbelägen.* Beispiele: offenporiger Asphalt mit hoher Lebensdauer; Riss hemmende Tragschichten; Bindemittel für die Schichtverbunde; Frostschutz mit langer Lebensdauer.

Bei Projekten, die sich auf Verbesserungen von Gebäudeelementen, Energiebedarf und Raumklima (Themenfelder 1–3) beziehen, wird in der Regel erwartet, dass unter Einbeziehung der gesamten Wertschöpfungskette Demonstrationen als Zielvorstellungen anvisiert werden.

Für Projekte, bei denen für eine erfolgreiche Markterschließung Referenzobjekte erforderlich sind (z. B. Straßen, Brücken, Tunnel), um z. B. Langzeitmessungen unter realen Bedingungen durchzuführen, sollen im Labormaßstab die Eigenschaftsverbesserungen nachgewiesen und damit die Grundlagen für die Anfertigung eines Referenzobjektes gelegt werden.

1.3.12 Umweltschutztechnik als Querschnittsdisziplin

Umweltschutztechnik ist eine fächerübergreifende Disziplin der Ingenieur- und angewandten Naturwissenschaften, die sich auf dem Vorsorgeprinzip begründet. Eine Gliederung des ökologisch-technischen Umweltschutzes gibt Tabelle 1.19.

- *Umweltverfahrenstechnik*, deren Teildisziplinen sich mit der Reinigung von Wasser, Boden und Luft befassen. Aufgaben sind u. a. die Behandlung von Sonderabfällen und Altlasten, da hier einschlägige Erfahrungen aus traditionellen verfahrenstechnischen Anwendungen vorliegen. Von der chemischen Industrie wurde der Begriff des verfahrensinternen oder produktionsintegrierten Umweltschutzes geprägt – Optimierung im Prozess oder im Produktionsverbund.
- *Umwelttechnik im Bauwesen*, mit dem traditionellen Gebiet des Siedlungswasserbaus, hat neue Schwerpunktaufgaben im Bereich der Abfallwirtschaft erhalten; diese umfassen ein weites Spektrum vom Sammeln des Abfalls bis zur Deponietechnik. Aus dem Städtebau und der Architektur heraus entwickelte sich neben dem ökologischen Bauen die Stadtökologie, die sich mit Raum-/Umweltplanung in Verdichtungsräumen befasst.
- *Technischer Umweltschutz im Betrieb*, auch kurz „Fabrikökologie" genannt, der sich im Unterschied zu den naturwissenschaftlich orientierten Schwerpunktbereichen der Verfahrenstechnik bzw. Bauwesen auf die Disziplinen „Managementlehre", „Betriebswirtschaft" und „Umweltökonomie" gründet. Diese Teilgebiete des betrieblichen Umweltschutzes, die im Rahmen einer Integrierten Umwelttechnik eine immer größere Rolle spielen, werden in Kap. 2 dargestellt.

Tabelle 1.19 Fachgebiete des ökologisch-technischen Umweltschutzes

	Umweltverfahrenstechnik (UVT)	Bauingenieurwesen und Umwelttechnik	Technischer Umweltschutz im Betrieb
Traditionelle Ingenieurdisziplinen	Verfahrenstechnik, Chemietechnik, Biotechnologie, Energietechnk	Wasserwesen, Erd- und Grundbau, Bauphysik/-chemie, Städtebau/Verkehr	Materialwirtschaft, Konstruktions- und Fertigungstechnik, Logistik
Mess-, Steuer- und Prüftechnik	System- und Prozessleittechnik; Mess-, Steuer-, Regelungstechnik; Chemische Analytik; Stoff- und Energieflussanalyse; Prüfverfahren		
Informatik	Modellbildung, Simulation, Umweltinformations-/Expertensysteme		
Natur- bzw. betriebswiss. Grundlagen	Wasser-, Boden- u. atmosphärische Chemie, Hydrobiologie, Ökotoxikologie, Biochemie, Geoökologie, Hydrogeologie, Bodenkunde		Managementlehre, Betriebswirtschaft, Umweltökonomie

Hinweis: Gefördert durch das Bundesministerium für Bildung und Forschung gibt das Buch „Studium und Forschung zur Nachhaltigkeit" eine Beschreibung von 300 Studienangeboten und 190 Forschungseinrichtungen in Deutschland [1.116].

2 Umwelttechnik im Unternehmen

Aufgabe des betrieblichen Umweltmanagements ist im weitesten Sinne die Harmonisation von ökonomischen und ökologischen Unternehmenszielen. Die staatlich-rechtlichen und die gesellschaftlich-ethischen Normen bzw. Leitlinien geben dazu die Rahmenordnung, den Makrobezug. Im Kern besitzt das Umweltmanagement zwei Funktionen: die traditionelle *Führungsdimension* (mit den neuartigen Bewertungs- und Informationssystemen) und eine *strategische Dimension* für die Umsetzung der typischen ökologischen Reduktionsphase, mit der die Durchflusswirtschaft zur Kreislaufwirtschaft wird. Beide Funktionen erfordern in erheblich neuem Umfang die Analyse und Verarbeitung technischer und naturwissenschaftlicher Daten zu betriebswirtschaftlich relevanten Informationen [2.1–2.3].

In Abschn. 2.1 und 2.2 wird dargestellt, wie der ingenieurtechnische Umweltschutz in die rechtspolitischen und betriebswirtschaftlichen Rahmenbedingungen eingebettet ist. Abschnitt 2.3 beschreibt die Aufgaben der technischen Disziplinen im betrieblichen Umweltschutz. Themen in Abschn. 2.2 über „Nachhaltiges Wirtschaften" sind unter anderen: Corporate Social Responsibility – Nachhaltigkeitsberichte – Ökoeffizienzanalyse – Checklisten – Produktlinienanalyse – Ökobilanz – Betriebliche Umweltinformationssysteme – Prozessintegration im Umweltmanagement. In Abschn. 2.4 werden der Stand und die Perspektiven des Marktes für Umweltschutzgüter behandelt; Themen sind unter anderen: Innovationen und Wachstum – Nachfrageentwicklung – Einfluss von Regulierungen – Unternehmen im Zeichen des Klimawandels: Auswertung internationaler Umfragen.

2.1 Rechtspolitische Aspekte des Umweltschutzes

2.1.1 Entwicklung des Umweltrechts in Deutschland (nach [2.4])

Im ersten Umweltprogramm der Bundesrepublik Deutschland von 1971 wurde Umweltpolitik definiert als die Gesamtheit der Maßnahmen, die notwendig sind, um (1) dem Menschen eine Umwelt zu sichern, wie er sie für seine Gesundheit und für ein menschenwürdiges Dasein braucht, (2) Boden, Luft und Wasser, Pflanzenwelt und Tierwelt vor nachteiligen Wirkungen menschlicher Eingriffe zu schützen und (3) Schäden oder Nachteile aus menschlichen Eingriffen zu beseitigen (*umweltpolitische Zieltrias*). Nach den Erweiterungen dieser Definition in den Umweltberichten von 1990 und 1994 wurde schließlich mit dem Umweltbericht 1998 die Umweltpolitik der Bundesrepublik Deutschland unter das Leitbild der *Nachhaltigen Entwicklung* gestellt, das die wirtschaftliche Entwicklung und die soziale Sicherheit mit der langfristigen Erhaltung der natürlichen Lebensgrundlagen in Einklang bringt (Abschn. 1.1.2). Bereits 1994 war mit dem Umweltpflegeprinzip der Umweltschutz als staatliche Aufgabe im Grundgesetz (Art. 20 a GG) festgeschrieben worden. Für die praktische Umsetzung wurden aus den allgemein formulierten umweltpolitischen Zielen funktionale Definitionen abgeleitet:

Bei Schadstoff- und Lärm-Immissionen werden Gefahren, erhebliche Nachteile oder erhebliche Belästigungen unterschieden (*Schädlichkeitstrias*). Gesetzliche Maßnahmen – Gesetze, Verordnungen, Verwaltungsvorschriften – zur Verringerung von Immissionen verfolgen unterschiedliche Zielsetzungen (*Maßnahmentrias*): Durch Gebote, Verbote und Abgaben als eingreifende Maßnahmen, durch öffentliche Einrichtungen, Förderung, Beratung und Ersatzleistungen als leistende Maßnahmen und durch Programme und Pläne als planende Maßnahmen, wobei die Maßnahmen in der Regel bei Anlagen, Stoffen oder Grundflächen (*Objekttrias*) ansetzen.

Eine *erste legislative Phase* des Umweltrechts, die auf der Grundlage des Sofortprogramms der Bundesregierung von 1970 und des Umweltprogramms von 1971 eingeleitet wurde, führte zu einer Vielzahl neuer und zur Novellierung oder Gesamtreform bestehender Gesetze für einzelne Umweltbereiche; zuletzt 1998 für das Medium Boden das „Gesetz zum Schutz vor schädlichen Bodenveränderungen und zur Sanierung von Altlasten“ (Bundes-Bodenschutzgesetz – BBodSchG). Auf die erste legislative Phase folgte ab 1980 eine *administrative Phase*, in der die gesetzlichen Ziele durch Erlass von Rechtsverordnungen und Verwaltungsvorschriften, durch das Aufstellen von Umweltplänen und durch Einzelfallentscheidungen konkretisiert wurden (Tabelle 2.1 mit Beispielen für definierte Umweltbereiche). In den „medienbezogenen“ Kapiteln über Luftreinhaltung (Kap. 5), Wasser (Kap. 6 und 7) und Boden (Kap. 8 und 9) werden die einschlägigen Regelungen detailliert dargestellt.

Tabelle 2.1 Gesetzliche Regelungen und beratende Fachverbände für die verschiedenen Umweltmedien

	Wasser/Abwasser	Luft/Lärm	Boden/Abfall
Gesetze	Wasserhaushalts-G Abwasserabgaben-G	Bundesimmissions-schutz-G	Kreislaufwirtschafts- und Abfall-G Bodenschutz-G
Verordnungen	Abwasserherkunfts-V Trinkwasser-V	Genehmigungsbedürftige Anlagen (4. BlmSchV)	Abfall- und Klärschlamm-V (AbfKlärV) Abfallbestimmungs-V
Verwaltungs-vorschriften	Rahmen-Abwasser-VwV (mit Anhängen)	Technische Anleitung Luft (1. VwV zu 4. V)	Technische Anleitung Abfall (2. VwV AbfG)
Fachgremien*	DVGW, FW, DWA	VDI	DWA, DGAW

* Erklärung der Abkürzungen: Deutsche Vereinigung des Gas- und Wasserfachs; Wasserchemische Gesellschaft, Fachgruppe Wasserchemie in der Gesellschaft Deutscher Chemiker; Deutsche Vereinigung für Wasserwirtschaft, Abwasser und Abfall e.V. (DWA) Verein Deutscher Ingenieure; Deutsche Gesellschaft für Abfallwirtschaft und Wasserwirtschaft

In einer *zweiten legislativen Phase* kommen übergreifende, den Grundsatz der Vorsorge besonders berücksichtigende Gesichtspunkte stärker zum Ausdruck. Dabei gibt es neben der Tendenz der *Verdichtung und Verfeinerung* hinaus vier weitere Entwicklungslinien [2.4]: (1) Die Tendenz einer *ökologischen Fortentwicklung* des Umweltrechts, die sich mit (2) der Tendenz zur *Vereinheitlichung* des Umweltrechts verbindet. Beide werden ergänzt durch (3) die Tendenz der *Aktivierung indirekter Strategien* zur mittelbaren Lenkung umweltpfleglichen Verhaltens und (4) die Tendenz der Förderung oder *Übernahme supra- und internationaler Entwicklungen*. Das sog. *Artikelgesetz* vom 27. Juli 2001, das 24 umweltbezogene Gesetze und Verordnungen des Bundes änderte, dient in Umsetzung von EG-Richtlinien insbesondere der Weiterentwicklung der „Umweltverträglichkeitsprüfung" (*Gesetz über die Umweltverträglichkeitsprüfung [UVPG]* vom 5. Sept. 2001) und einer medienübergreifenden, internen Integration aller Umweltbelange bei der Zulassung von Industrieanlagen und Deponien (Richtlinie über die integrierte Vermeidung und Verminderung der Umweltverschmutzung (IVU) vom 24. September 1996). Letztere gab wesentliche Impulse für alle umwelttechnisch relevanten Bereiche – Luftreinhaltung, Abwasserbehandlung, Trinkwasserversorgung, Altlastenbehandlung und Abfallbehandlung und -beseitigung.

In dem geplanten *Umweltgesetzbuch*, das nach langer Vorbereitungszeit als Referentenentwurf des Bundesumweltministeriums vorliegt [2.5], soll das bestehende Umweltrecht zusammengeführt, vereinfacht und modernisiert werden [2.6]. Kernelement soll die integrierte Vorhabensgenehmigung sein, d. h. die Prüfung aller Umweltgesichtspunkte in einem Zulassungsverfahren [2.7].

2.1.2 Maßnahmen zur Umsetzung von umweltpolitischen Zielen

Die Umsetzung von Umweltqualitätszielen kann mit Hilfe zweier grundsätzlich verschiedener Strategien erfolgen: (1) dem Gemeinlastprinzip (GLP) und (2) dem Verursacherprinzip (VUP). Der Nachteil des Gemeinlastprinzips liegt vor allem darin, dass die Gefahr weiterer Umweltbelastungen entsteht, von denen der Verschmutzer erwarten kann, dass der Staat sie ebenfalls beseitigen wird. Dieses Prinzip sollte dort angewendet werden, wo in der Tat die Allgemeinheit verantwortlich ist, d. h. wo einzelne Verursacher nicht (mehr) ausfindig gemacht werden können oder eine Teil-„Schuld" staatlicher Organe, sei es durch Fehlen oder Nichtanwendung entsprechender Erkenntnisse, vorliegt. Dies ist insbesondere bei „Altlasten" der Fall, bei denen langjährige Umweltversäumnisse aufgearbeitet werden müssen. Das Verursacherprinzip bietet die Möglichkeit, die sonst extern anfallenden Zusatzbelastungen für die Umweltschäden teilweise auf die Kosten des Produkts oder der Dienstleistung anzurechnen. Die Preisveränderungen signalisieren, wo ein besonders umweltbelastendes Produkt hergestellt wird [2.8]. Bei der Umsetzung des Verursacherprinzips kann zwischen der Verschmutzungsabgabe und Umweltauflage gewählt werden.

Die Varianten des Auflageninstrumentariums können analog zum Ablauf der Produktionsprozesse den Kategorien „Inputauflagen", „Prozessnormen" und „Outputauflagen" zugeordnet werden (Abb. 2.1 [2.9]). Bei Verwendung von Inputauflagen wird den Firmen die Verwendung bestimmter Roh-, Hilfs- oder Betriebsstoffe vorgeschrieben bzw. verboten. Prozessnormen nach dem „Stand der Technik" (*Kasten*) sehen vor, dass die fortschrittlichsten, bereits mit Erfolg im Betrieb erprobten Technologien zur Anwendung kommen müssen. Orientieren sich die Prozessnormen an den „allgemein anerkannten Regeln der Technik", dann sind solche Technologien einzusetzen, die von der Mehrzahl der Betreiber ähnlicher Anlagen bereits genutzt werden[1]. Outputauflagen können bei den hergestellten Gütern (Produktions- und Produktnormen) oder bei den Emissionen ansetzen.

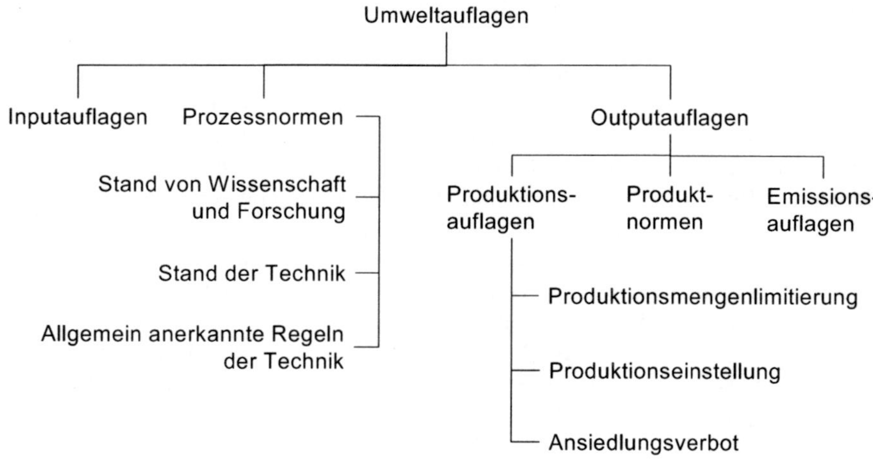

Abb. 2.1 Systematik der Umweltauflagen [2.9]

Im Gegensatz zum Auflageninstrumentarium werden den Emittenten bei Verwendung von Umweltabgaben keine verbindlichen Normen bezüglich der maximal zulässigen Emissionen oder der anzuwendenden Technologie auferlegt [2.9]. Stattdessen werden durch den finanziellen Anreizmechanismus einer Steuer bei den Emittenten freiwillige und individuelle Anpassungsreaktionen hervorgerufen, die in ihrer Gesamtheit die erwünschte Emissionsminderung bewirken. Im Prinzip dient eine Umweltabgabe nicht der Beschaffung öffentlicher Mittel („Fiskalfunktion"), sondern als Lenkungsmechanismus zur Verteuerung umweltschädlichen Verhaltens. Deshalb wird das Abgabeaufkommen im Laufe der Zeit sinken, sofern die Abgabe umweltpolitisch erfolgreich ist.

Die verschiedenen Varianten des Abgabeinstrumentariums können danach klassifiziert werden, auf welche Bemessungsgrundlagen sich die Abgabe bezieht (Abb. 2.2). Probleme gibt es bei der Inputabgabe, aber auch bei der Produktabgabe ist nicht sichergestellt, dass die Nachfrage aufgrund des gestiegenen Preises tatsächlich sinkt [2.8]. Demgegenüber dienen bei Verwendung einer Emissionsabgabe diese selbst als Bemessungsgrundlage da es sich bei den emissionsmindernden Maßnahmen sowohl um Inputsubstitutionen als auch um Modifikationen der Technologie handelt, ist es jedem Unternehmen freigestellt, den kostengünstigsten Weg zu beschreiten.

[1] In seltenen Fällen wird Technik nach dem „Stand von Wissenschaft und Forschung", d. h. die noch in Entwicklung befindlichen, fortschrittlichsten Verfahren, verlangt.

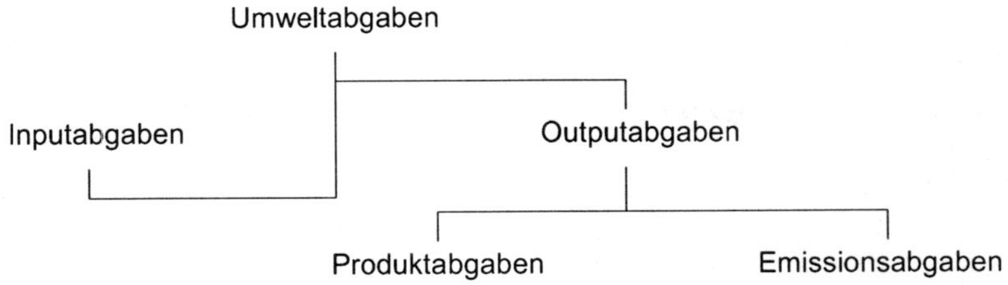

Abb. 2.2 Systematik der Umweltabgaben [2.9]

Grundsätzlich sind Auflagen und Abgaben als „eingreifende Maßnahmen“ gleich gut geeignet, wenn beweiskräftige technisch-naturwissenschaftliche Informationen über die Ursache-Wirkungs-Beziehungen vorliegen. Die Auflagenlösung ist vorzuziehen, wenn hochschädliche Umweltverschmutzungen sofortige Maßnahmen verlangen. Die Kostenbelastung durch eine Abgabe hat den umweltpolitischen Vorteil, dass der Betroffene so lange zu Emissionsverminderungen angehalten wird, wie er gegenüber den sonst fälligen Abgabezahlungen noch Ersparnisse erzielt. Während das Auflageninstrumentarium von allen Emittenten einen einheitlichen Standard fordert, und damit keinen Spielraum für kostenorientierte und flexible marktliche Anpassungsentscheidungen lässt, bleibt es bei der Verwendung einer Emissionsabgabe den einzelnen Emittenten überlassen, auf welche Weise und wie weit sie ihre Abgabenlast senken. Am wichtigsten dürfte jedoch sein, dass der Anreiz zum Auffinden und Realisieren neuer Technologien zur Emissionsminderung bei der Abgabenlösung, die außerdem in vollem Umfang dem Verursacherprinzip entspricht, wesentlich größer ist als bei der Auflagenpolitik [2.10]. Auf der anderen Seite ist festzustellen, dass den Emittenten bei einer Auflagenlösung durch eine Restemission keine Kosten entstehen und „die nach Erfüllung der jeweils gültigen Norm noch verbleibenden Belastungen bzw. Schäden immer als Gemeinlast anfallen“ [2.10].

Das Kreislaufwirtschafts- und Abfallgesetz (KrW-AbfG), das am 07.10.1996 in Kraft getreten ist, bringt zusätzlich zu den Prozessnormen („Stand der Technik“) und den Emissionsauflagen eine Verantwortung der Hersteller für ihre *Produkte*: „Zur Erfüllung der Produktverantwortung sind Erzeugnisse möglichst so zu gestalten, dass bei deren Herstellung und Gebrauch des Entstehen von Abfällen vermindert wird und die umweltverträgliche Verwertung und Beseitigung der nach deren Gebrauch entstandenen Abfälle sichergestellt ist“ (§ 22 KrW-AbfG; einige Kriterien wie bspw. „technisch langlebig“ sind im umseitigen *Kasten* aufgeführt).

Die Produktverantwortung ist jeweils durch Rechtsverordnung zu konkretisieren; Beispiele sind die Verpackungsverordnung vom 21.08.98 und die Batterieverordnung vom 02.07.01. Nach KrW-AbfG ist es möglich, dass bestimmte Erzeugnisse überhaupt nicht in Verkehr gebracht werden dürfen, wenn bei ihrer Entsorgung die Freisetzung schädlicher Stoffe nicht oder nur mit unverhältnismäßig hohem Aufwand verhindert werden könnten oder die umweltverträgliche Entsorgung nicht auf andere Weise sichergestellt werden kann (§ 23 Abs. 2). Die *Pfandregelung* nach § 24 ist mit einer Produktabgabe vergleichbar.

Kriterien zur Bestimmung des Standes der Technik (Anhang zu § 3 BImSchG)

Bei der Bestimmung des Standes der Technik sind unter Berücksichtigung der Verhältnismäßigkeit zwischen Aufwand und Nutzen möglicher Maßnahmen sowie des Grundsatzes der Vorsorge und der Vorbeugung, jeweils bezogen auf Anlagen einer bestimmten Art, insbesondere folgende Kriterien zu berücksichtigen:

1. Einsatz abfallarmer Technologie,
2. Einsatz weniger gefährlicher Stoffe,
3. Förderung der Rückgewinnung und Wiederverwertung der bei den einzelnen Verfahren erzeugten und verwendeten Stoffe und ggf. der Abfälle,
4. vergleichbare Verfahren, Vorrichtungen und Betriebsmethoden, die mit Erfolg im Betrieb erprobt wurden,
5. Fortschritte in der Technologie und in den wissenschaftlichen Erkenntnissen,
6. Art, Auswirkungen und Menge der jeweiligen Emissionen,
7. Zeitpunkte der Inbetriebnahme der neuen oder der bestehenden Anlagen,
8. für die Einführung einer besseren verfügbaren Technik erforderliche Zeit,
9. Verbrauch an Rohstoffen und Art der bei den einzelnen Verfahren verwendeten Rohstoffe (einschließlich Wasser) sowie Energieeffizienz
10. Notwendigkeit, die Gesamtwirkung der Emissionen und die Gefahren für Mensch und Umwelt so weit wie möglich zu vermeiden oder zu verringern,
11. Notwendigkeit, Unfällen vorzubeugen und deren Folgen für Mensch und Umwelt zu verringern,
12. Informationen, die von der Kommission der Europäischen Gemeinschaft gem. Art. 16 Abs. 2 der Richtlinie 96/61/EG des Rates vom 24. September 1996 über die integrierte Vermeidung und Verminderung der Umweltverschmutzung (ABl. EG Nr. L 257 S. 26) oder von internationalen Organisationen veröffentlicht werden.

Produktverantwortung (§§ 22 bis 26 Kreislaufwirtschafts- und Abfallgesetz)

Wer Erzeugnisse entwickelt, herstellt, be- und verarbeitet oder vertreibt, trägt zur Erfüllung der Ziele der Kreislaufwirtschaft die Produktverantwortung; diese Verantwortung umfasst insbesondere:

1. die Entwicklung, Herstellung und das Inverkehrbringen von Erzeugnissen, die mehrfach verwendbar, technisch langlebig und nach Gebrauch zur ordnungsgemäßen und schadlosen Verwertung und umweltverträglichen Beseitigung geeignet sind;
2. den vorrangigen Einsatz von verwertbaren Abfällen oder sekundären Rohstoffen bei der Herstellung von Erzeugnissen;
3. die Kennzeichnung von schadstoffhaltigen Erzeugnissen, um die umweltverträgliche Verwertung oder Beseitigung der Abfälle sicherzustellen;
4. den Hinweis auf Rückgabe-, Wiederverwendungs- und Verwertungsmöglichkeiten oder -pflichten und Pfandregelungen durch Kennzeichnung , und
5. die Rücknahme der Erzeugnisse und der nach Gebrauch der Erzeugnisse verbleibenden Abfälle sowie deren nachfolgende Verwertung oder Beseitigung.

2.2 Ökologische Ausrichtung der Betriebswirtschaft

Stark vereinfachend können die Aktivitäten der Akteure (Individuen und Organisationen) in einem Wirtschaftssystem in „Transformationen" und „Interaktionen" unterschieden werden [2.11]. Bei den *Transformationen* entstehen aus Input- die Outputobjekte; Transformationsprozesse umfassen die Herstellung von Gütern, Entsorgungsvorgänge und logistische Prozesse wie Transport, Lagerung und Umschlag von Gütern oder Abfällen. Für *Interaktionen* sind die Beziehungen zwischen mindestens zwei Akteuren kennzeichnend („Leistungstransaktionen").

Wirtschaftliche Aktivitäten beruhen auf Stoffwechsel und Energieumwandlungen und sind somit für den Umweltschutz *per se* relevant. Daneben gibt es Transaktionen und -formationen auch auf der *Informationsebene.* Informationen bilden ihrerseits die Grundlage für die *Wertebene*, auf der u. a. alle Bedürfnisse, Motive, Interessen, Rechte oder Pflichten eines Akteurs kommuniziert werden. Mit den drei Aktivitätsebenen und den beiden Aktivitätskategorien werden in Abb. 2.3 (nach Dyckhoff [2.12]) die ursprünglich stark voneinander abweichenden Ansätze der heutigen Forschungsdisziplin *Betriebliches Umweltmanagement* abgegrenzt:

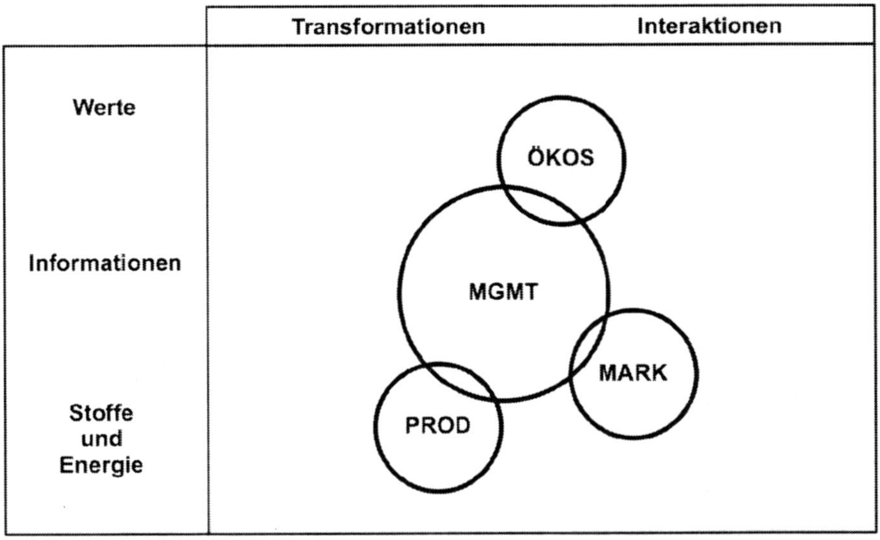

Abb. 2.3 Verschiedene Ansätze betrieblichen Umweltmanagements (nach [2.12])

Der produktionswirtschaftliche Ansatz (PROD) konzentriert sich auf die materielle Ebene und neben den Produktions- auch auf Reduktionsprozesse, d. h. auf Abfälle. Der marketingorientierte Ansatz (MARK) thematisiert zunehmend auch Transaktionen auf der Entsorgungsseite des Konsumenten. Der Schwerpunkt des managementorientierten Ansatzes (MGMT) liegt in der Informationsebene. Mit der Einbeziehung normativer Elemente und Ausdehnung auf die Wertebene wird bei dem sozial-ökologischzen Ansatz (ÖKOS) Umweltschutz gleichrangig mit der Gewinnerzielung als unternehmerische Fundamentalzielsetzung betrachtet [2.11].

Einflüsse des Umweltschutzes auf die Unternehmen

Die Unternehmen werden von drei Trends im Umweltschutz beeinflusst: Erstens durch die staatliche Gesetzgebung, die vor allem wegen des hohen bürokratischen Aufwands viel Zeit kostet; zweitens durch eine Globalisierung der Umweltprobleme und damit Steigerung der Eigendynamik eines ökologieverträglichen Strukturwandels; drittens durch den Übergang eines allgemeinen Umweltbewusstseins hin zu Verhaltensänderungen der Bürger, verbunden mit neuen Chancen bzw. Marktrisiken einzelner Produkte. Damit verbreitert sich der Bereich, in dem Unternehmen mit Umweltschutz konfrontiert sind (Abb. 2.4).

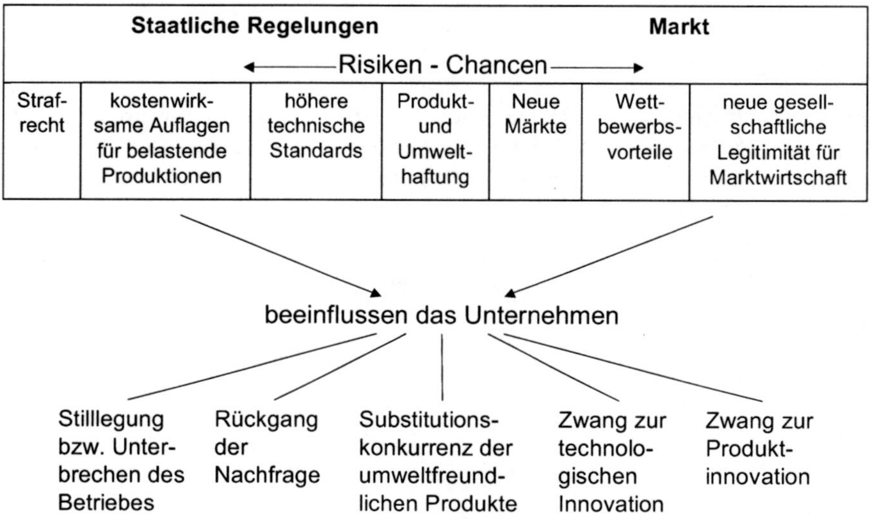

Abb. 2.4 Umwelteinfluss auf die Unternehmen (nach Steger [2.13])

Umweltfragen besitzen nach wie vor einen großen Einfluss auf die Strategien der Unternehmensführung. Ausgangspunkt der Planungsüberlegungen bilden neben der Ermittlung der markt- und umweltbezogenen Chancen und Risiken („externe Faktoren") die unternehmensinternen Stärken und Schwächen („interne Faktoren"), die sich aus der spezifischen Unternehmenssituation ergeben [2.14]:

- Höhe der zur Verfügung stehenden finanziellen Mittel für umweltgerichtete Investitionen (z. B. Installation von Umweltschutzanlagen oder Entwicklung umweltfreundlicher Produkte),
- Aufgeschlossenheit und flexible Reaktion des Managements auf ökologische Herausforderungen (z. B. frühzeitige Berücksichtigung von Umweltaspekten in der Unternehmens- und Marketingpolitik),
- Charakteristik und Nähe des Leistungsprogramms der Unternehmung zu Umweltschutzmärkten (z. B. Nutzen von Synergien, Zugang zu Ökomärkten),
- technisches Know-how: technisches der Unternehmung (z. B. Verfügbarkeit von Verfahren zur Herstellung umweltfreundlicher Produkte).

Neue Studien und Broschüren zum Thema „Nachhaltiges Wirtschaften"

In jüngerer Zeit sind mehrere Veröffentlichungen der deutschen Bundesregierung zum Themenkomplex „Umwelt und Wirtschaft" erschienen. In Abschn. 2.4.3 werden Studien zur technologischen Leistungsfähigkeit der deutschen Umweltschutzwirtschaft im Mittelpunkt stehen, die fünf nachfolgend genannten Beiträge befassen sich mit verschiedenen Aspekten der Nachhaltigkeit im Unternehmen und gesamtwirtschaftlichen Perspektiven.

- „Nachhaltigkeitsmanagement in Unternehmen – von der Idee zur Praxis: Managementansätze zur Umsetzung von Corporate Social Responsibility und Corporate Sustainability" [2.15] beschreibt sowohl bereits erfolgreich eingesetzte als auch weniger bekannte Ansätze, sowie Weiterentwicklungen bewährter Konzepte, Systeme oder Instrumente (z. B. [Umwelt-]Kostenrechnung), von denen viele laufend an neue Entwicklungen und Erfordernisse angepasst werden.
- In der Broschüre „Corporate Social Responsibility – eine Orientierung aus Umweltsicht" [2.16] des Bundesministeriums für Umwelt, Naturschutz und Reaktorsicherheit (BMU) wird empfohlen, das CSR-Konzept – EU-Grünbuch: „auf freiwilliger Basis soziale Belange und Umweltbelange in die Unternehmenstätigkeit und in ihre Wechselbeziehungen mit den Stakeholdern zu integrieren" – an die Erfordernisse von Kleinen und Mittleren Unternehmen anzupassen.
- „Nachhaltigkeitsberichterstattung: Empfehlungen für eine gute Unternehmenspraxis" [2.17] ist eine weitere BMU-Broschüre, in der eine Verpflichtung von gesellschaftlich verantwortlichen Unternehmensführungen gegenüber externen Anspruchsgruppen beschrieben wird. Als Kerninhalte spielen die Managementsysteme zum Umweltschutz (z. B. EMAS, ISO 14001), zur Arbeitssicherheit und Gesundheit (OSHAS) und zur Beschaffung (SA 8000) eine wichtige Rolle.
- Für eine Studie „Zukunftsfaktor Nachhaltiges Wirtschaften" [2.18] wurden von der GTZ (Gesellschaft für Technische Zusammenarbeit), Agentur für marktorientierte Konzepte, 20 international agierende Unternehmen aus Deutschland mit inhaltlichem Bezug zu Entwicklungs- und Schwellenländern zu den fünf Dimensionen nachhaltigen Wirtschaftens befragt: (i) Motivation und Verständnis, (ii) Identifizierung der strategischen Herausforderungen, (iii) Strategieentwicklung, (iv) Operative Umsetzung und (v) Steuerung und Kontrolle.
- Im Forschungsbericht „Wirtschaftsfaktor Umweltschutz: Leistungsfähigkeit der deutschen Umwelt- und Klimaschutzwirtschaft im internationalen Vergleich" [2.19] finden sich u. a. Hinweise auf das Profil der Umweltschutzwirtschaft, das (Deutschland) im internationalen Wettbewerb abverlangt wird. Es werden einige Einflussgrößen auf die Innovationskraft der Umwelt- und Klimaschutzwirtschaft behandelt: staatliche FuE-Ausgaben sowie FuE-Förderung für Umweltschutz, leistungsfähige Wissenschaft, Umweltschutzinvestitionsneigung.

In der Weiterführung dieses Forschungsprojekts mit dem Untertitel „Vertiefende Analyse zu Umweltschutz und Innovation" [2.20] finden sich zum Thema „Nachhaltiges Wirtschaften" zwei Beiträge „Aspekte einer innovationsorientierten Umweltpolitik" (S. 14–39) und „Einschätzungen für den Umweltmarkt" (S. 40–52).

Nachhaltigkeitsberichte – Ranking deutscher Unternehmen

Die Nachhaltigkeitsberichterstattung ist das zentrale Element einer konsequenten Unternehmensstrategie zur Umsetzung der gesellschaftlichen Verantwortung (Corporate Social Responsibility, CSR; siehe Kasten auf Seite 71). Gegenüber der Öffentlichkeit, Kunden, Geschäftspartnern und Behörden sichern diese Berichte die Akzeptanz des wirtschaftlichen Handelns („license to operate"); für Finanzmärkte sind Nachhaltigkeitsberichte zum Beleg eines umfassenden Risikomanagements geworden, das auch nichtfinanzielle Risiken miteinbezieht und geeignet ist, den Unternehmenswert zu sichern [2.21].

In Deutschland führt das Institut für ökologische Wirtschaftsforschung (IÖW) und der Unternehmensverband future seit 1994 ein Ranking von Umweltberichten durch. Dem Ranking 2007 liegt ein Set von 48 sozialen, ökonomischen und kommunikativen Kriterien zugrunde, der auf 58 (von 150 größten deutschen) Unternehmen angewendet wurde, die einen eigenständigen Umwelt-, Nachhaltigkeits-, CSR- oder vergleichbaren Bericht veröffentlichen. Die meisten Berichte kommen von den Chemie- und Pharmaunternehmen sowie den Banken, den größten Anteil der „Non-Reporter" gibt es bei Versicherern, Elektrofirmen und im Handel [2.22].

Der beste Bericht des Rankings 2007 kommt von der OTTO GmbH & Co. KG; auf den Plätzen zwei und drei folgen die RWE AG und die BASF AG. Die drei Berichte überzeugen dadurch, dass sie strukturiert und anschaulich auf die relevanten Herausforderungen eingehen, ambitionierte überprüfbare Ziele setzen und über den Stand der Zielerreichung selbstkritisch berichten. Im *Kasten* rechts wird beispielhaft aus dem BASF-Bericht zitiert, der eine umfassende Abbildung der systematischen Ingrations von Nachhaltigkeitsaspekten in die Produktentwicklung auf Basis der Ökoeffizienzanalyse enthält. Einige der Unternehmen, die nicht unter den Gesamt-TOP-10 landeten zeigen Stärken in einzelnen Bereichen, z. B. Deutsche Bank AG und LBBW im ökologischen Bereich, Vodafone D2 GmbH und Deutsche Bank AG im Sozialen (Tabelle 2.2 nach [2.21]:

Tabelle 2.2 Ranking Nachhaltigkeitsberichte 2007: TOP 10 der Anforderungskategorien

Rang	ökologische Kriterien	soziale Anforderungen	integrierte Kriterien
1	WestLB	OTTO GmbH & Co. KG	RWE AG
2	Axel Springer AG	BASF AG	OTTO GmbH & Co. KG
3	BMW Group	HochTief AG (2)	Deutsche Lufthansa AG
4	Deutsche Bahn AG (3)	RWE AG	Wacker Chemie AG
5	OTTO GmbH & Co. KG	Vodafone D2 GmbH	KarstadtQuelle AG
6	Karstadt/Quelle AG	Bayer AG	BASF AG
7	LBBW (6)	Wackeer Chemie AG	adidas AG (6)
8	RWE AG	Robert Bosch GmbH	Merck KGaA
9	Bayer AG (8)	WestLB AG	Volkswagen AG
10	HypoVereinsbank	HypoVereinsbank (9) Deutsche Bank AG (9)	WestLB AG

Beispiel: Unternehmensbericht „Zukunft gestalten" – Ökoeffizienz-Analyse

Mit dem Unternehmensbericht von 2006 erreichte die BASF AG im Ranking 2007 eine führende Position. Besonders hervorgehoben wird die anschauliche Darstellung der Integration von Nachhaltigkeit in das Unternehmenshandeln [2.21]. Ein besonderer Aktivposten ist dabei *Ökoeffizienzanalyse,* eine strategische Methode zur *Quantifizierung* von Nachhaltigkeitskriterien, die bereits in 90 % der BASF-Produktbereiche eingesetzt wird [2.22]; sie ermöglicht sowohl die *Messung ökonomischer und ökologischer Kennzahlen* in einem Vergleichstest für Produkte und Verfahren als auch die *Identifikation der nachhaltigsten Alternativen* bezüglich eines definierten Kundennutzens.

Abbildung 2.5 vergleicht 5 Alternativsysteme von *Mineralwasserverpackungen* im Haushaltsmarkt zum Vertrieb von 1000 l Mineralwasser im Umkreis von 200 km:

1 PET-Mehrwegflasche im Kasten mit 12 * 1.0 L Inhalt,
2 PET-Einwegflasche im Kasten, bepfandet, mit 6 * 1,5 L Inhalt,
3 Glas-Mehrwegflasche im Kasten mit 12 * 0,7 L Inhalt,
4 PET-Einwegflasche in Folie 6 * 1,5 L Inhalt, und
5 PET-Einwegflasche in Folie mit 6 * 1,0 L Inhalt.

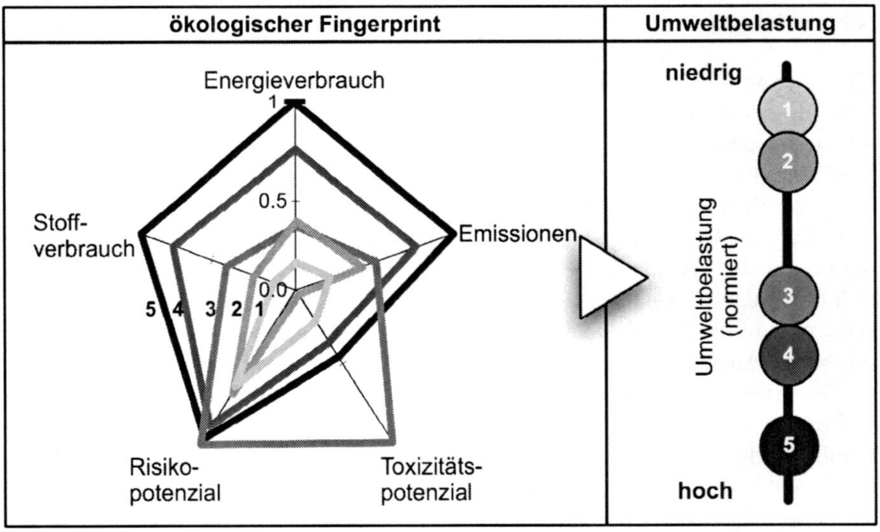

Abb. 2.5 Ökoeffizienzanalyse für Mineralwasserverpackungen (nach Saling [2.23])

Die Ergebnisse der Ökologiebewertung – Beispiel in Abb. 2.5, beginnend mit dem ökologischen Fingerprint für fünf Kriterien und anschließender Normierung hinsichtich der Höhe der Umweltbelastung – können in weiteren Schritten mit einer *Kostenbewertung* (Herstell-, Verpackungs-. Abfüll-, Lager-, Transport-, Rücknahme- und Recyclingkosten) kombiniert und anschaulich im Ökoeffizienz-Portfolio dargestellt werden. Im o. g. Beispiel waren die Alternativen (1) PET-Mehrwegflasche und (2) Große PET-Einwegflasche im Kasten, bepfandet, am günstigsten.

2.2.1 Einsatz ökologieorientierter Managementsysteme

In Anwendung bekannter Prozeduren aus dem Finanz-, aber auch dem Produktionsbereich haben die ökonomische Theorie und Praxis das „Umwelt-Audit" entwickelt, ein Instrument zur Bewertung und Überprüfung von Firmen oder Unternehmensbereichen hinsichtlich ihrer Leistungsfähigkeit vor allem in umwelttechnischer Hinsicht und zur Identifizierung von ökologischen Risiken, die das Unternehmen verursacht. Im Mittelpunkt steht der Produktionsbereich mit seinen Stoff- und Energiekreisläufen sowie dessen Integration in das gesamte Unternehmen. Die ökologisch-technische Bewertung gilt vorrangig der Einsparung von Wasser, Energie und Materialien und der Vermeidung von Schadstoffen [2.24].

Im Bereich des ökologieorientierten Managements wurden sehr unterschiedliche Instrumente entwickelt und eingesetzt [2.25]: (1) Frühaufklärungsindikatoren, (2) Ökologische Buchhaltung, (3) Umweltverträglichkeitsprüfung, (4) Wirtschaftlichkeitsprüfung (beschränkt sich auf monetäre Größen bei Umweltschutzinvestitionen), (5) Technologiefolgenbewertung (generell), (6) Kosten-Nutzen-Analyse, (7) Nutzwert-Analyse/Scoring-Verfahren (Abschätzungen zu Handlungsalternativen ohne Monetarisierung), (8) Material-/Energiebilanzen oder -flussrechnungen, (9) Planspiele (zum Beispiel Simulation von Genehmigungsverfahren), (10) Systemsimulation (komplexe Ökosysteme).

Checklisten – Produktlinienanalyse – Ökobilanz

Mit universell einsetzbaren Strukturierungshilfen wie *Umweltbelastungsprofilen* werden insbesondere die schwer quantifizierbaren Entscheidungskriterien zusammengestellt und verglichen [2.24, 2.26]: Willensbildung im Führungsteam, Unternehmenziele und -strategien, Mitarbeitermotivation und -ausbildung, usw.

In der *Produktlinienanalyse* soll der Blick von der reduzierten Optik der Ökonomie auf die Wechselbeziehungen mit sozialen und ökologischen Faktoren gerichtet werden. Ausgehend von der Frage nach den zugrundeliegenden Bedürfnissen werden Produkte über ihren gesamten Lebenszyklus (Vertikalbetrachtung) und mit ihren Auswirkungen auf Natur, Gesellschaft und Wirtschaft (Horizontalbetrachtung) untersucht und schließlich einem Variantenvergleich unterzogen [2.27].

Mit der *Ökobilanz* wird ein umfassender Ansatz verfolgt, der möglichst alle Umweltwirkungen, die im Zusammenhang mit den betrieblichen Tätigkeiten stehen – und zwar nicht nur die direkt im Betrieb anfallenden, sondern auch bezüglich Produktgebrauch und Entsorgung – systematisch erfasst, bewertet und darstellt (Abschn. 1.1.2). In der Sachbilanz werden neben der Definition des Betrachtungsraums vor allem die Hauptstoffströme erfasst, d. h. Bezüge von Rohstoffen, Halbwaren, Fertigwaren und Abgaben von Emissionen an Boden, Wasser und Luft. Bei der Wirkungsabschätzung kommen die Umweltindikatoren zum Einsatz oder die zehn Kategorien, die vom Umweltbundesamt dafür empfohlen wurden: Rohstoffverbrauch, Flächenverbrauch; Treibhauseffekt, Bildung von Photooxidantien, Ozonabbau, Humantoxizität, Ökotoxizität, Lärmbelästigung, Versauerung und Eutrophierung.

Betriebliche Umweltinformationssysteme (BUIS)
Speziell für die betriebliche Umweltinformation wurden Systeme entwickelt, die sowohl der Dokumentation, der Planung und Überwachung als auch der Steuerung von Prozessabläufen dienen. Computerunterstützte betriebliche Umweltinformationssysteme lassen sich mit überbetrieblichen Umweltdatenbanken bspw. Literatur-, Technologie-, Abfall-, Stoff- oder Datenbanken zur Umweltforschungsdokumentation kombinieren. Expertensysteme verwalten und werten Spezialwissen aus und verfügen innerhalb eines eng begrenzten Fachwissens über eine Schlussfolgerungskomponente, die dem Problemlösungsverhalten des Experten nachgebildet ist. Im betrieblichen Bereich können diese Systeme vielseitig eingesetzt werden, z. B. für Umweltverträglichkeitsprüfungen und Gefahrstofftransporte [2.28].

Umweltmanagementsysteme
Umweltmanagementsysteme dienen dazu, den betrieblichen Umweltschutz nach definierten Vorgaben zu organisieren. Einen Rechtsrahmen für den Aufbau von Umweltmanagementsystemen im EU-Bereich gibt die EG-Verordnung 761/2001 vom 19.03.01 „Über die freiwillige Beteiligung von Organisationen an einem Gemeinschaftssystem für das Umweltmanagement und die Umweltbetriebsprüfung (EMAS)". EMAS steht für ein „Environmental Management and Audit Scheme"; es können sich Unternehmen aus Industrie, Handwerk und dem Dienstleistungsbereich sowie Behörden und andere öffentliche Einrichtungen beteiligen. Bereits 1996 hat die Weltnormuungsorganisation ISO (International Standard Organisation die Normenreihe ISO 14000 verabschiedet, bei der die Teilnahme ebenfalls freiwillig ist. Beiden Normensystemen sind drei grundlagende Zielsetzungen gemein [2.29]: (1) ein wirksames System für die Umsetzung selbstdefinierter Umweltziele, das (2) als Minimalziel die Einhaltung aller einschlägigen Umweltvorschriften sicherstellt und darüber hinaus auch (3) die Verpflichtung zu einer kontinuierlichen Verbesserung des Umweltschutzes beinhaltet.

UMS sind vielseitige und gestaltbare „Breitbandinstrumente"; ihr Einsatz ist je nach Zweck und Ausrichtung der Instrumente auch mit ganz unterschiedlichen Nutzenpotentialen für die Unternehmen verbunden. Tabelle 2.3 listet typische interne und externe Nutzenpotentiale (s. auch Abschn. 2.2.1) auf, die zur Begründung und Motivation eines UMS-Aufbaus angeführt werden können.

Tabelle 2.3 Nutzungspotentiale von Umweltmanagementsystemen [2.29]

Interne Nutzungspotentiale	Externe Nutzungspotentiale
Systematisierung bestehender Umweltmaßnahmen	Verbessertes Image in der Öffentlichkeit
Erhöhung der Mitarbeitermotivation	Stärkung der Wettbewerbsfähigkeit
Risikovorsorge und Haftungsmeidung	Erleichterungen bei Banken und Versicherungen
Erkennen von Kostensenkungspotentialen	Verbesserung der Beziehungen zu Behörden

Betrachtet man nicht den ökonomischen Nutzen, sondern die ökologische Wirksamkeit von UMS, so können hier unterschiedliche Dimensionen der ökologischen Effizienz unterschieden werden, z. B. [2.29]: (1) Materialintensität, (2) Energieintensität, (3) Toxizität von Freisetzungen (Risiken für Mensch und Umwelt), (4) Einsatz erneuerbarer Ressourcen, (5) Recycling (Wiederverwertung), (6) Verlängerung der Produktlebensdauer und (7) Produktverantwortung.

Die *ökonomischen Wirkungen* von UMS lassen sich wie folgt abschätzen [2.30]: Die Aufbaukosten betragen für Unternehmen mit weniger als 20 Mitarbeitern 1750 €/Mitarbeiter und bei mehr als 500 Mitarbeitern auf 250 €/Mitarbeiter. Das Kosten-Nutzen-Verhältnis wird durchweg positiv beurteilt; die durchschnittliche Amortisationszeit liegt bei weniger als 1,5 Jahren. Der interne Nutzen wird als größer angesehen als der externe Nutzen; hier stehen neben Kostensenkungen insbesondere die Verbesserung von Rechtssicherheit, Transparenz und Mitarbeitermotivation als wesentliche Nutzenfaktoren im Vordergrund.

Für die *ökologischen Wirkungen* von UMS werden folgende Bewertungen genannt [2.29]: Im Vordergrund stehen Verbesserungen der Ressourceneffizienz, vor allem in den klassischen Maßnahmenbereichen Energie-, Wasser- und Rohstoffeinsatz. In den meisten Unternehmen dominieren betriebsökologische Aspekte gegenüber den produktorientierten Betrachtungen. Im Hinblick auf die Entwicklung der absoluten Umweltbelastungen ist zu vermuten, dass trotz signifikanter Steigerung der Öko-Effizienz in Teilbereichen die Umweltentlastungen durch Wachstumseffekte insgesamt überkompensiert werden.

Aufgrund der vorliegenden Untersuchungen konnten keine Unterschiede bezüglich der ökologischen Wirksamkeit von *EMAS und ISO 14001* in der Unternehmenspraxis festgestellt werden. Die ökologischen Auswirkungen hängen offensichtlich stärker von der Umsetzung bzw. Interpretation des UMS als von der Auswahl des zugrundliegenden UMS-Standards ab [2.29].

2.2.2 Integrierter betrieblicher Umweltschutz

Der betriebliche Umweltschutz hat als Bestandteil der „Fraktalen Fabrik" [2.31] mit ihrer neuen Organisations- bzw. Unternehmens-Kultur zu Beginn der neunziger Jahre eine rasante Entwicklung genommen. Im Mittelpunkt des betrieblichen Umweltschutzes steht die Frage, in welcher Weise kombinierte betriebswirtschaftliche und technische Maßnahmen dazu beitragen können, mögliche Umweltbelastungen vor deren Entstehung auszuschalten. Die Sichtweise des „integrierten Umweltschutzes (IU)" beruht auf einer zumindest naturwissenschaftlich fundierten Totalbetrachtung mit vollständiger Erkenntnis umweltbelastender Prozesse und ihrer Konsequenzen [2.32].

Prozessintegration im Umweltschutzmanagement

Bei den neueren Entwicklungen im integrierten betrieblichen Umweltschutz werden nicht – wie in früheren Ansätzen – die Normen für Managementsysteme in den Mittelpunkt gestellt, sondern die im Betrieb ablaufenden Prozesse. Dabei liegt das Schwergewicht auf der qualitäts- und umweltschutzorientierten Ausgestaltung dieser Prozesse; erst im Anschluss daran wird die Erfüllung der Normanforderungen geprüft. Es werden vier *Phasen* der Integration unterschieden [2.33]:

1. Analyse der Prozesse im Hinblick auf qualitäts-, umweltschutz- bzw. arbeitssicherheitsrelevante Aktivitäten.
2. Ergänzung bzw. Modifikation der Prozessbeschreibung um die jeweiligen qualitäts-, umweltschutz- bzw. arbeitssicherheitsrelevanten Aktivitäten.
3. Überprüfung der Forderungen der zugrundeliegenden Normen, Leitfäden und Verordnungen hinsichtlich ihrer Erfüllung und Identifikation der jeweiligen Prozesse, in die sie integriert sind.
4. Erstellung von separaten Prüfmatrizen für Qualität, Umweltschutz und Arbeitssicherheit, in denen verdeutlicht wird, auf welchen Prozess das entsprechende Normelement einwirkt bzw. durch welchen Prozess die jeweiligen Anforderungen erfüllt werden.

Durch die Integration von Qualitäts- und Umweltschutzaspekten in die *Führungs- und Leistungsprozesse* eines Unternehmens wird eine koordinierte, die unterschiedlichen Ziele berücksichtigende Ausgestaltung der *Produkte* ermöglicht. Voraussetzung ist insgesamt der Aufbau adäquater Potentiale. Dabei kann differenziert werden in Kontakt- und Kooperationspotentiale, Mitarbeiter- und finanzielle Potentiale, aber auch Technik- und Wissenspotentiale (Abb. 2.6).

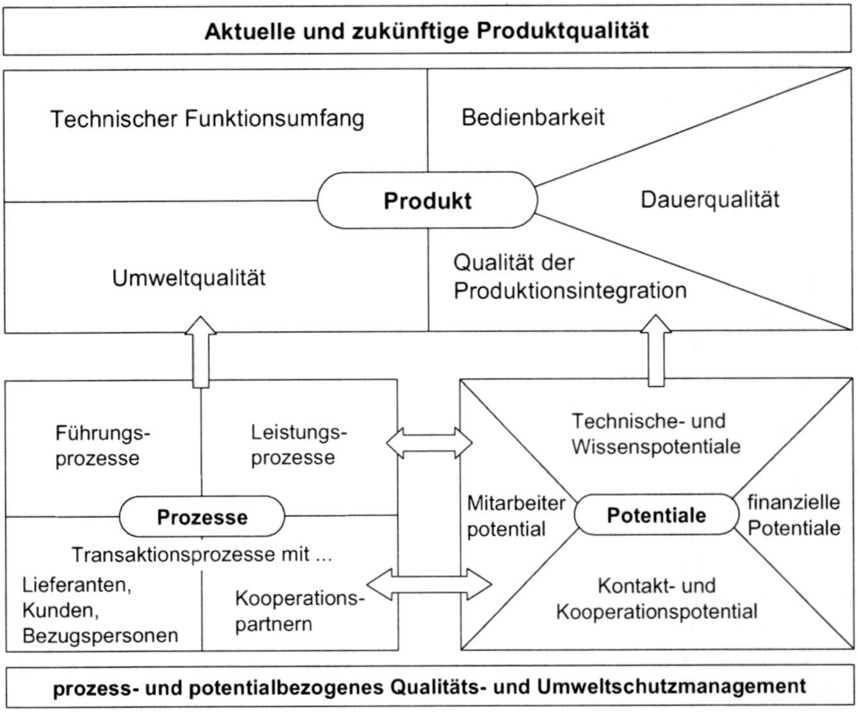

Abb. 2.6 Produkte, Prozesse und Potenziale als Integrationsfelder [2.33]

In vielen Unternehmen nimmt der Aufbau von qualitäts- und umweltschutzmanagementbezogenen Wissenspotentialen einen hohen Stellenwert ein. Gleichzeitig liegen hier noch Defizite: So sind z. B. die mit einer Beurteilung von Umweltwirkungen, die für eine integrierte Produkt- und Prozessgestaltung unumgänglich ist, verbundenen Probleme bisher kaum lösbar. Empirische Auswertungen von Umwelterklärungen, die für eine Teilnahme am System der EG-Öko-Audit-Verordnung erstellt werden, zeigen dies deutlich auf: zahlreiche Umwelterklärungen weisen explizit auf die bislang ungeklärten Probleme einer validen und konsensfähigen Beurteilung von Umweltwirkungen hin. Nach wie vor liegen zum einen keine ausreichenden wissenschafltlichen Erkenntnisse über die Auswirkungen von Input- und Outputströmen sowie von deren Interdependenzen vor. Umso problematischer ist eine Verknüpfung dieser (unsicheren) Beurteilungen mit qualitätsbezogenen Einschätzungen von Produkten und Prozessen [2.33].

Perspektiven des betrieblichen Umweltschutzes

In den vergangenen 25 Jahren sind die Entwicklungslinien vom additiven zum integrierten, vom produktionsintegrierten zum produktintegierten, vom nur auf Betriebsstätten (Standort) bezogen Umweltmanagement zum auch auf Produktlinien (Wertketten) bezogenen Umweltmanagement verlaufen; mit den modernen Dienstleistungskonzepten wie Öko-Leasing, -Renting, Pooling, Sharing, Contracting u. ä. m., traten neben die ökologische Produktgestaltung Konzepte der *ökologieorientierten Leistungsverwertung* [2.34]. Für die Entwicklung des künftigen Umweltmanagements können die kleineren und mittleren Unternehmen (KMU) eine entscheidende Rolle spielen. Burschel [2.3] hat dazu aus der Sicht des Förderbereichs „Umweltmanagement in mittelständischen Unternehmen" der Deutschen Bundesstiftung Umwelt folgende Thesen aufgestellt:

- Das Interesse an Fragen des betrieblichen Umweltschutzes wird auch in Zukunft von sozialen Fragestellungen (z. B. „Sockelarbeitslosigkeit") überlagert werden.
- Umweltmanagement wird in den Betrieben als Bestandteil eines integrierten Qualitäts-, Arbeitssicherheits- und Umweltmanagements aufgehen.
- Die Steuerung der Umweltkosten wird zur zentralen Problemstellung betriebswirtschaftlicher Analysen und Projekte, ohne, dass diesen die gleiche Aufmerksamkeit in Öffentlichkeit und Wissenschaft wie in den Gründungsjahren zuteil werden würde.
- Das gesellschaftlich akzeptierte Leitbild der nachhaltigen Entwicklung ist an dieser Stelle aber ein Garant für die auch in Zukunft zu führenden Diskussionen um eine „nachhaltige Unternehmung".

Insgesamt wird volkswirtschaftsweit und branchenunabhängig eine zunehmende „Vernaturwissenschaftlichung der Unternehmensführung" zu beobachten sein: „Die Fähigkeit technologisch induzierter Datenkorrelationen diverser Stoffstromnetze und Produktionsverfahren in betriebspraktischen, d. h. handhabbaren (Rentabilitäts-) Kennzahlen ‚ausdrücken' zu können wird – neben betrieblich relevanten Umweltrechtskenntnissen – zur Schlüsselqualifikation von Betriebswirten im Umweltschutz" [2.3].

2.3 Technik im betrieblichen Umweltschutz

Technische Maßnahmen im Umweltschutz haben sich zunächst vor allem auf Betriebsanlagen konzentriert, die aufgrund der Menge und Giftigkeit von Schadstoffemissionen oder wegen eines hohen Energieverbrauchs eine besonders starke Belastung von Wasser, Boden und Luft darstellten. Dazu gehören Anlagen für die Aufbereitung von Rohstoffen, für die Energiegewinnung, für die Produktion von Verbrauchsgütern und schließlich auch Entsorgungseinrichtungen, wie z. B. Müllverbrennungsanlagen. Das Grundschema des Betriebsablaufs mit den Input- und Outputparametern ist in Abb. 2.7 [2.35] wiedergegeben.

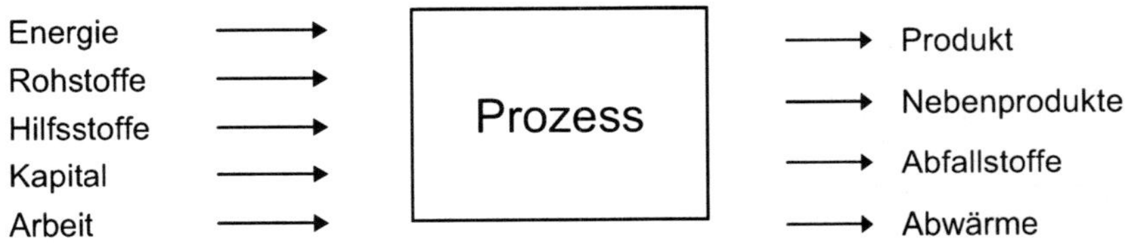

Abb. 2.7 Einflussgrößen eines Prozesses [2.35]

Bei der Analyse von industriellen Prozessen sind Informationen über eine Vielzahl von innerbetrieblichen Einflussgrößen notwendig. An erster Stelle stehen die Stoffe mit ihren physikalischen und chemischen Eigenschaften, ihren Qualitätsmerkmalen und ihrer Gefährlichkeit. Informationen zum Stoff- und Energietransport, bspw. für energietechnische Anlagen, umfassen Austauschvorgänge (Gefälle von Druck, Temperatur und Konzentration), Bilanzen (stationär, instationär) und Ausbeuten (gesamt und einzelne Komponenten, Energie, Umsetzung, Ursachen von Verlusten). Zusammen mit Beschreibungen der Apparate und des Betriebs der geplanten Anlage können diese Informationen als Arbeitsgrundlage für ein umweltrechtliches Genehmigungsverfahren dienen. Bereits eine einfache Verfahrensbeurteilung erfordert die Erstellung von Fließschemata, Apparatelisten, Funktionsbeschreibungen, Angaben über die Dimensionierung von Transportsystemen, Sicherheits- und Störfallanalysen sowie die Aufstellung von Stoff- und Energiebilanzen für das Gesamtverfahren, für Bereiche und einzelne Komponenten [2.35].

2.3.1 Materialwirtschaft und Logistik

Die Materialwirtschaft ist das Versorgungssystem des Unternehmens. Sie sichert die Liefer- und Produktionsbereitschaft zu wirtschaftlichen Bedingungen vom Beschaffungsmarkt über alle Wertsteigerungsstufen des Unternehmens bis hin zum Absatzmarkt. Die Materialwirtschaft hat innerhalb der betrieblichen Managementfunktionen immer mehr an Bedeutung gewonnen Die Gründe liegen in den erheblichen Rationalisierungsreserven bei den Materialkosten und Vorräten, einer verstärkten internationalen Arbeitsteilung und in einer computerunterstützten Logistik, die hohe Lieferbereitschaft und Produktionsflexibilität ermöglicht [2.36].

Die Verschärfung der umweltrechtlichen Vorschriften und freiwillige ökologische Zielsetzungen erfordern eine gezielte Beschaffungsmarktforschung und Lieferantenkooperation, die dem Einkäufer die Kenntnisse von Inhaltsstoffen, die Auswahl umweltgerechter Teile und Rohstoffe sowie Maschinen/Anlagen abverlangt [2.37]. Die Entwicklung geht deshalb in Richtung auf eine „Integrierte Materialwirtschaft", mit der das magische Dreieck des traditionellen Materialmanagements um ökologische Ziele erweitert wird (Abb. 2.8).

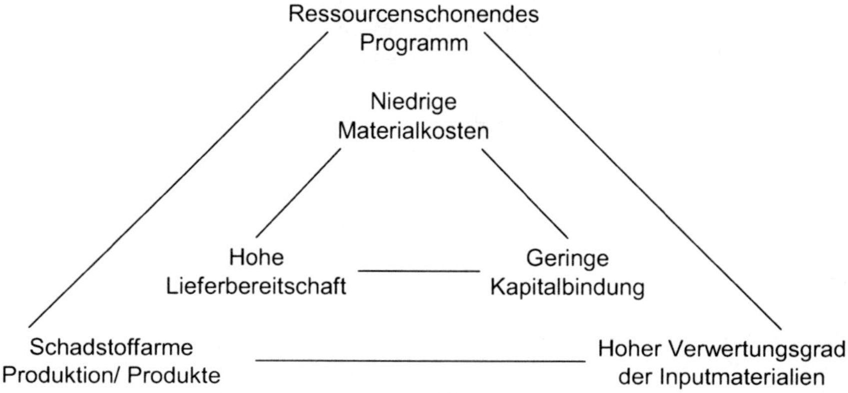

Abb. 2.8 Ökologisch erweitertes Zieldreieck einer integrierten Materialwirtschaft [2.36]

Ein hohes Maß an Übereinstimmung lässt sich derzeit vor allem zwischen dem klassischen Ziel „niedrige Materialkosten" und den Umweltzielen „hoher Verwertungsgrad der Inputstoffe", „Einsatz integrierter Technologien" sowie „ressourcenschonendes Programm" erkennen. Konflikte werden eher gegenüber dem Umweltziel „schadstoffarme Produkte/Substitution umweltschädlicher Stoffe" gesehen. Im Rahmen einer ökologisch orientierten Materialwirtschaft sind vor allem folgende Aspekte zu beachten: (1) Stofflich-energetische Bilanzierung, (2) Errechnen von materialwirtschaftlichen Umweltkennziffern, (3) Festlegung von Produktanforderungen, und (4) Erfragen von Lieferanteninformationen.

Vermeidung von Produktionsabfällen [2.38]

Bei der Produktion werden Einsatzstoffe in „Produkte" und „Rückstände" umgewandelt. Da die Stoffströme auf der Inputseite zu unterschiedlichen Ansätzen bei der Entwicklung von Vermeidungs- und Verwertungsverfahren führen, muss bei den „Einsatzstoffen" zwischen „Rohstoffen" und „Hilfsstoffen" unterschieden werden. Die „Rohstoffe" enthalten einmal die für die Produktherstellung erforderlichen Komponenten (*Wertstoffe*) daneben sind noch andere Bestandteile (Nebenbestandteile) enthalten, die zwangläufig als Rückstand den Prozess verlassen müssen. Die „Hilfsstoffe", die lediglich die Durchführung des Produktionsprozesses ermöglichen sollen, gehen definitionsgemäß nicht in das Produkt ein und werden deshalb quantitativ als Rückstand aus dem Prozess ausgetragen. Der Einsatz von Hilfsstoffen trägt stark zum Sonderabfallaufkommen bei Beispiele sind halogenierte und nichthalogenierte Lösemittel, Säuren, Emulsionen, Abdecksalze, etc.

2.3.2 Umweltgerechtes Konstruieren

Seit Mitte der siebziger Jahre werden die Stoff- und Abfallströme zunehmend auf Möglichkeiten der Verminderung, Vermeidung, Verwertung und Rückführung untersucht. Außerdem wurden Instrumente geschaffen, eine ökonomische Bewirtschaftung und ökologisch verantwortungsbewusste Steuerung zu schaffen bzw. zu verbessern. Maßnahmen zu ergreifen, die zur Vermeidung von Menge und Schädlichkeit von Abfällen führen (die nicht von kommunalen Entsorgungsbetrieben geleistet werden können!) greifen zurück bis in die Produktion [2.39]. Dabei werden folgende Probleme und Zielkonflikte sichtbar [2.40]:

- Umweltbelastungen, die nicht von der Herstellung von Produkten oder von ihrem Gebrauch bzw. Verbrauch, sondern von ihrer Entsorgung ausgehen, sind für den Konstrukteur dieser Produkte schwer erkennbar. Seine Kompetenz ist in diesem Punkt in besonderer Weise ergänzungsbedürftig.
- Dies gilt umso mehr, je größer der zeitliche und örtliche Abstand zwischen Gestaltung der Produkte im Konstruktionsbüro und seiner voraussichtlichen Entsorgung ist. Bei komplexen Produkten ist diese Zeitspanne durchweg größer als beispielsweise bei „Verpackungen und Behältnissen".
- Dramatisch verschärft sich das Problem durch die zunehmende Komplexität der Produkte: Wie soll der Konstrukteur und Produzent wissen, was die Vielfalt der Materialien und vor allem die neuartigen Werkstoffe und Werkstoffverbindungen für die Entsorgung bedeuten.
- Das Ziel, größere Markt- und Kundennähe durch immer neue Produktinnovationen in immer kürzeren Zeitabständen zu erreichen, kann den Zielen der Umwelt- und Entsorgungsfreundlichkeit, der Ressourcenschonung und der langlebigen Nutzung diametral entgegenstehen. Außerdem kann eine solche Strategie dazu führen, dass funktionierende Wiederverwendungs- und Recyclingverfahren plötzlich nicht mehr angewandt werden können.
- Das Ziel „Material- und Energieeinsparung" kann nicht losgelöst von den Schadwirkungen neuer Werkstoffe, Werkstoffeinschlüsse, von Ersatzstoffen oder ggfs. auch aufwendigeren Herstellungsverfahren gesehen werden.
- Das Ziel „Ersatz wertvoller Rohstoffe" durch weniger wertvolle Materialien kann nicht unabhängig von den Nutzungsformen, Schadstoffwirkungen, Wiederverwendungseigenschaften und Entsorgungsproblemen der Ersatzstoffe behandelt werden.
- Das Ziel „Langlebigkeit von Produkten", das grundsätzlich erstrebenswert ist, kann nicht absolut gelten, wenn die Produkte letztlich weder wiederverwendbar gemacht werden können noch recyclingfähig sind noch schadstoffarm entsorgt werden können.

Vom recyclinggerechten Konstruieren zum entsorgungsfreundlichen Produkt
Die Konstruktion verursacht zwar nur 7 bis 8 Prozent aller Kosten eines Produkts, legt aber etwa 70 Prozent der Kosten fest, besonders im Einkauf [2.37]. Die Forderung einer umweltgerechten Wirtschaft nach Langzeitgütern, Reparaturfreundlichkeit, regenerativem Stoffeinsatz, „Clean & Recycling"-Attributen stellt des-

halb an Entwicklung und Konstruktion besonders hohe Ansprüche [2.41]. Neben Funktionstüchtigkeit, ansprechendem Design und Materialqualität des Produktes wird vom Entwickler und Konstrukteur verlangt [2.37], dass er

- über die Forschung von neuen Materialqualitäten und deren Umweltverträglichkeit informiert ist,
- über Beschaffungsmarktdateien ökologische Information: ökologische aktuell in Werkstoff-Stücklistendateien abrufen kann,
- über Computer-Aided-Engineering-Systeme (CAE) Kenntnisse über bereits bestehende ähnliche Sachnummern und Analogteile erhält,
- ein Produkt aus niederentropischen Bestandteilen aufbaut, die verhältnismäßig einfach zu recyceln sind.

Recycling wird dabei zu einer wichtigen Entscheidungsrestriktion auf allen Ebenen unternehmerischen Handelns – bei der Produktentwicklung, der Entwicklung und Auswahl von Fertigungsverfahren und bei der Materialbeschaffung [2.24]. Bei der Analyse und Bewertung des Recyclingsystems und der Ableitung neuer Ziele/Aufgaben besitzt der Konstrukteur eine zentrale Funktion.

2.3.3 Produktion- und Fertigungstechnik

Die Produktionstechnik- und Fertigungstechnik umfasst alle Anlagen zur Umwandlung, Be- und Verarbeitung von Rohstoffen und Halbfabrikaten. Von dort gehen hauptsächlich die Emissionen aus. Es ist deshalb besonders wichtig, umweltbelastende Rohstoffe, Behandlungsstufen und Teile des Produktionsprogramms durch weniger problematische zu ersetzen; so kann man z. B. [2.24]

- an Stelle des besonders gesundheitsgefährdenden Lösungsmittels Trichlorethylen das weniger belastende und energiesparende Trichlorethan einsetzen,
- Cadmium- bzw. Chrombeschichtungen durch Zinkschichten ersetzen,
- bei der Galvanisierung cyanidfreie oder saure Elektrolyte verwenden,
- konventionelle Lacke durch lösemittelarme Lacke (Wasserlacke) ablösen,
- emissionsarme Energieträger verwenden, z. B. schwefelarme Brennstoffe oder leichtes Heizöl bzw. Gas an Stelle von schwerem Heizöl.

Techniken, welche die *Inputstoffe* zu einem größeren Teil ausnutzen, sind …

- Wirbelschichtfeuerung bei der Energiegewinnung oder Gegendrucköfen bei der Roheisenerzeugung,
- moderne Lackiersysteme, die den Wirkungsgrad von ca. 50 % auf mehr als 95 % erhöhen, z. B. die Tauchlackierung, Walz- oder Gießverfahren[2],
- die Verminderung des Badvolumens und/oder eine geringe Chemikalienkonzentration, um den Einsatz von Chemikalien zu reduzieren.

---

[2] Das klassische Beispiel für die Vermeidung von schädlichen Emissionen ist die Beschichtung von Werkstücken, hier das Lackieren. Es wurden in den 90er Jahren jährlich etwa 350.000 Tonnen Lösemittel verbraucht – aliphatische und aromatische Kohlenwasserstoffe, Glykole, Ketone. In einer vom BMBF geförderten Studie wurden die Möglichkeiten aufgezeigt, die Lösemittelemissionen um über 90 % zu verringern [2.42].

Recyclinggerechtes Konstruieren (nach Beitz [2.43])

Prioritäten

- Unmittelbar wiederverwertbaree, verträgliche Werkstoffkombinationen sind besser als aufwendige Aufbereitung
- Materialeinsparungen durch hohe Materialausnutzung sind besser als aufwendiges Recycling
- Präzisionsumformung und -urformung bei der Teile-Herstellung ist besser als aufwendige Nachbearbeitung
- Wiederverwendung von Bauteilen/Produkten durch Aufarbeitung/Instandhaltung ist besser als aufwendiges Altstoffrecycling

Unterstützung der Aufarbeitung

- Demontage durch entsprechende Verbindungstechnik und Zugänglichkeit einfach und weitgehend zerstörungsfrei ermöglichen
- Reinigung für alle wiederverwendbaren Teile sicherstellen
- Teile-Nachbereitung durch Materialzugaben sowie Spann-, Mess- und Justierhilfen ermöglichen
- Beschichtungen an Verschleißteilen durch Grundwerkstoffe erleichtern
- Verschleiß minimieren und möglichst auf spezielle dafür vorgegebene, leicht nachstellbare bzw. austauschbare Elemente beschränken; Verschleißzustand eindeutig erkennbar machen
- Korrosion durch Gestaltungs- und Schutzmaßnahmen minimieren
- lösbare Verbindungen für die ges. Produkt-Nutzdauer funktionsfähig auslegen
- Werkstoffauswahl für hochbeanspruchte Bauteile so vornehmen, dass Langzeitverhalten genau bekannt ist und/oder die Langzeitveränderungen durch Regeneration behoben werden können
- Wiedermontage einfach durchführbar machen, möglichst mit Werkzeugen der Erstmontage oder Einzel- und Kleinserienfertigung

Stoffbezogene Fragen

- Da sich verwertungsfreundliche Einstoffprodukte nur selten verwirklichen lassen, nur solche Werkstoffkombinationen als untrennbare Einheit anstreben, die bei der Verwertung untereinander verträglich sind. Hierzu sind dem Konstrukteur Angaben über die Verwertungsverträglichkeit von Werkstoffen bereit zu stellen: Definition von Altstoffgruppen und Verträglichkeits-Matrizen
- lässt sich diese Werkstoffverträglichkeit nicht erreichen, Teile und Gruppen des Produkts durch zusätzliche. Fügestellen auflösen, um bei der Aufbereitung die Trennung der unverträglichen Werkstoffe wirtschaftlich zu ermöglichen
- aufbereitungsfördernde Fügestellen mit einfachen Werkzeugen leicht demontierbar, gut zugänglich und möglichst an den äußeren Produktzonen anordnen
- wertvolle Werkstoffe besonders gut zerlegungsrecht anordnen u. kennzeichnen
- gefährliche Stoffe vor Aufbereitung abtrennbar bzw. entleerbar anordnen
- Teile, Gruppen und Gesamtprodukte hinsichtlich Recyclingeigenschaften kennzeichnen

Die Standzeiten von Behandlungsbädern können mit Hilfe von Filtration, Flotation, Ionenaustausch, Elektrodialyse oder Adsorption verlängert werden. Energie- bzw. rohstoffsparende Varianten bei thermischen Prozessen sind:

- die Umstellung auf Prozesse bei niedriger Temperatur, z. B. auf Kaltreiniger, auf Kaltverweil-Bleiche und -Färbeverfahren,
- die Vermeidung eines Abkühlens der Werkstücke, z. B. die Umstellung auf einen kontinuierlichen Prozessablauf,
- die Aufbereitung von Brennstoffen zur Optimierung der Verbrennungsprozesse z. B. schweres Heizöl mechanisch in feinste Partikel homogenisieren,
- die Verwendung von Additiven, z. B. solche mit katalytischer Wirkung oder Verblasung von reinem Sauerstoff an Stelle von Luft,
- eine seltenere Unterbrechung oder Umstellung der Produktion, wenn dies eine Reinigung bzw. ein Aufheizen der Anlage erforderlich macht.

Moderne *Mess- und Regeltechnik* kann z. B. genutzt werden für:

- die automatische Kontrolle und Dosierung von Behandlungs- und Prozesschemikalien, verbunden mit einer Stabilisierung der Produktqualität,
- eine z. B. an der Leitfähigkeit des Wassers orientierte automatische Frischwasserdosierung bei Spül- und Waschprozessen,
- die automatische Steuerung über die Abluftfeuchte bei Trocknungsprozessen.

2.3.4 Verfahrensinterner Umweltschutz

Beim „produktionsintegrierten Umweltschutz", der Kombination von Reinigung der Stoffe und umweltfreundlicheren Verfahrenstechniken, reicht der Umfang der Prozessverbesserungen von der Optimierung einzelner Prozesskomponenten bis zur vollständigen Änderung ganzer Prozesse oder von Produktionsverbunden. Es gibt schon eine nennenswerte Zahl von Anwendungen, die ausgeführt oder im Bau sind (insofern ist der produktionsintegrierte Umweltschutz keine neue Erfindung, neu ist die erweiterte technische Anwendbarkeit). Beispiele aus der klassischen Studie „Produktionsintegrierter Umweltschutz in der chemischen Industrie – Verpflichtung und Praxisbeispiele" [2.44] werden in dem *Kasten* wiedergegeben.

Die Investitionsausgaben für den produktionsintegrierten Umweltschutz lassen sich bislang kaum angeben, da in den Statistiken nur zwischen produktivem Anlagekapital und Anlagekapital für die Entsorgung unterschieden wird. Die Frage wurde deshalb von Faber et al. [2.45] empirisch auf der Basis von 33 Fallstudien zum produktionsintegrierten Umweltschutz in der chemischen Industrie untersucht (Kasten). Dabei zeigt sich, dass innovative Umweltschutztechnik immer noch ein Selbstgänger sein kann, d. h. letztlich auch ohne staatliche Anreize funktioniert. Bei der Auswertung der Literatur zeichnet sich aber deutlich ab, dass in der Mehrzahl der Fälle der Anstoß durch Veränderung der Rahmenbedingungen, d. h. veränderte Umweltgesetze, notwendig ist, damit auch künftig Verbesserungen in der Umweltqualität erreicht werden können. Diese Regelungen müssen aber immer langfristig angelegt sein [2.45].

Produktionsintegrierter Umweltschutz in der chemischen Industrie

Nach den selbst auferlegten „Umweltleitlinien“ der chemischen Industrie in der Bundesrepublik Deutschland und in der Schweiz von 1990 waren chemische Prozesse für einen möglichst geringen Anfall von Reststoffen auszulegen; für den Einsatz dieser Prozesse mussten Einrichtungen vorhanden sein, in denen die Reststoffe verwertet oder schadlos entsorgt werden konnten [2.44]. Beispiele sind:

Vermeidung von …	durch …	Firma
… leichtflüchtigem Lösungsmittel bei der Polypropylen-Herstellung	Hochwirksamen Katalysator	Aventis (Hoechst)
… Überschuss an ortho-Clortoluol bei der Toluol-„Kernchlorierung“	Neues Katalysator-system	Bayer
… Abfallsäure bei der Produktion des Antiklopfmittels MTB-Ether	Ionenaustausch statt Säurekatalyse	Evonik (Hüls)
… Eisenoxidschlamm bei der Produktion von aromatischen Aminen	Katalytische statt Eisenreduktion	Aventis (Hoechst)
… zinkhaltigen Abwässern bei der Produktion von Lichtschutzmitteln	Alkoholreduktion statt Zinkreduktion	Novartis (Ciba-Geigy)
… Säureharzen und Abwasser bei der Produktion v. Reinnaphtahalin	Produktreinigung der Kristallisation	Rütgers Chemicals
… Destillationsrückständen bei der Herstellung von Vitaminen	Modifizierung des Syntheseweges	Lonza
… organisch belastetem Natrium-sulfat bei Tierfutter-Additiven	Modifizierung des Syntheseweges	Evonik (Degussa)

Empirische Untersuchung von 33 Fallstudien zum produktintegrierten Umweltschutz der Chemieindustrie (aus: Faber et al. [2.45])

Die 33 Fallstudien umfassen einen Zeitraum von nahezu 20 Jahren und zeigen, wie sich die Chemieindustrie in der Vergangenheit an veränderte umweltpolitische Rahmenbedingungen angepasst hat. Eine verfahrenstechnische Optimierung wurde nur in vier Fällen realisiert. In 15 Fällen wurden unerwünschte Nebenprodukte verwertet; dabei überwog die Verwertung über den Markt oder im Produktionsverbund. Verwertung durch Recycling wurde relativ selten praktiziert. In 18 Fällen wurde die aufwendigste Methode zur Verringerung der Umweltbelastung, die Vermeidung durch Änderung der Herstellungsverfahren eingesetzt (teuer, weil Teile der Produktionsanlagen ausgetauscht werden müssen). Das überraschende Ergebnis ist, dass bei den 18 Beispielen der (aufwendigen) Vermeidungsstrategie in 10 Fällen, d. h. 40 % gleichzeitig die Wirtschaftlichkeit des Produktionsverfahrens verbessert wurde.

Die Optimierung von industriellen Produktionsverfahren schließt eine möglichst geringe Abgabe von Schadstoffen an die Umwelt ein. Verfahrensinterne Umweltschutzmaßnahmen sind zunächst Reinigungsvorrichtungen, in denen Schmutzstoffe vom Wasser- und Luftstrom getrennt und anschließend neutralisiert, konserviert und umweltverträglich beseitigt werden. Bei fortschrittlicheren Verfahren werden die Abfälle nicht deponiert, sondern zu nützlichen Erzeugnissen (Rohstoffe, Halbfabrikate oder Fertigprodukte) für andere Betriebe verarbeitet. Diese Reinigung kann an den Rohstoffen, an Zwischenprodukten oder am Ende des Produktionszyklus durchgeführt werden (Abb. 2.7 nach [2.46]).

Ein zweites Maßnahmenbündel setzt bei den Verfahrenstechniken an (Abb. 2.9 unten): Dazu gehören der Austausch bzw. Neueinführung von Prozesseinheiten, Apparaten und ganzen Verfahren, die Einstellung optimaler Prozessbedingungen und insbesondere die Schaffung von Kreislaufprozessen. Die Kreislaufführung von Kühl- und Produktionswässern ist bereits relativ weit entwickelt (Abschn. 7.1). Änderungen von Verfahrenstechniken bzw. deren Optimierung sind häufig auch im Hinblick auf einen verbesserten Lärmschutz erforderlich.

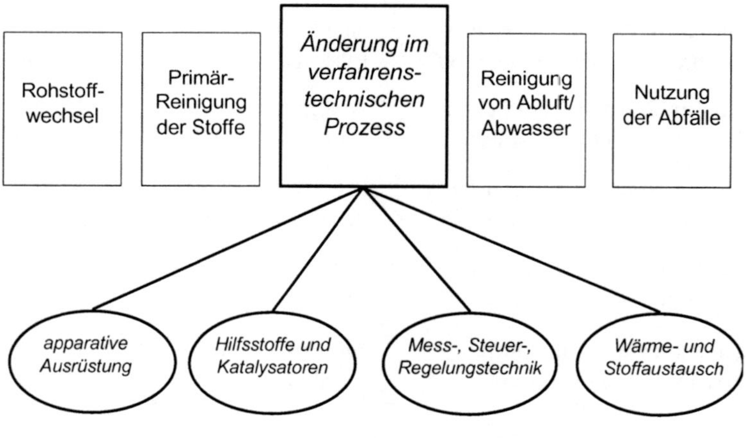

Abb. 2.9 Methoden der Verminderung des Schadstoffaustritts (nach Jugel et al. [2.46])

Innovative Entwicklungen im „Produktionsintegrierten Umweltschutz" wurden traditionell vom Bundesministerium für Forschung und Bildung gefördert [2.42]. Das „PIUS-Internet-Projekt" der Deutschen Bundesstiftung Umwelt (DBU) unterstützte vor allem die Beratung von kleinen und mittleren Unternehmen (KMU; Druckereien, Lackiererei, Galvanik, Oberflächenreinigung u. a.). Ergänzend dazu informierte das Webangebot des Umweltbundesamtes mit dem Internetportal „Cleaner Production Germany" umfassend über die Leistungsfähigkeit deutscher Umwelttechnologie und Umweltdienstleistungen. Die aktuelle BMBF-Fördermaßnahme „KMU-innovativ: Ressourcen- und Energieeffizienz" [2.47] verfolgt das Ziel, die KMU-Position bei dem beschleunigten Technologietransfer aus dem vorwettbewerblichen Bereich in die praktische Anwendung zu stärken. Eine weitere BMBF-Fördermaßnahme zur Ressourceneffizienz befasst sich im Rahmen der Hightech-Strategie mit „Rohstoffintensiven Produktionsprozessen" [2.48].

2.4 Umweltschutzwirtschaft

2.4.1 Integrierte Produktpolitik

Die Europäische Kommission hat am 07. Februar 2001 ein „Grünbuch“ zur Integrierten Produktpolitik (IPP) verabschiedet, in dem eine Strategie zur Konsolidierung und Neuausrichtung der produktbezogenen Umweltpolitik dargestellt wird [2.49]. Das Konzept der integrierten Produktpolitik mit seiner schwerpunktmäßigen Ausrichtung auf Produktlebenszyklen bildet bei der Suche nach ökologisch effizienten Lösungen für die Verbesserung der Umweltbedingungen und die wirtschaftliche Entwicklung ein wichtiges innovatives Element des 6. Umweltaktionsprogramms. Der integrative Ansatz gilt neben einer Erfassung aller Lebensphasen eines Produkte der Einbeziehung der Akteure aus allen Bereichen, der Berücksichtigung aller Umweltmedien und soll alle tauglichen Instrumente erfassen.

In einer Übersicht über beispielhafte Maßnahmen und Aktivitäten, die im Rahmen einer IPP produktgruppenübergreifend umzusetzen wären, hat *Rubik* [2.50] sieben grundlegende Bausteine definiert: Aufgabenteilung, Information/Kommunikation, Ökologische Produktinnovation. Verminderung/Vermeidung von Problemstoffen, Schaffung von Märkten, Nachhaltiger Konsum, und Abfallwirtschaft.

Green Chemistry – Nachhaltigkeit in der Chemie

Die Substitution von Stoffen mit besonders problematischen Eigenschaften und die Entwicklung von Stoffen mit einem „ökologischen Design“ ist nicht nur im Lichte der unmittelbaren Verwendung zu sehen, sondern unter IPP-Aspekten vielmehr als langfristigen Vorteil für die nachfolgenden Recycling- und Entsorgungsstrategien. Auch nach zehn Jahren intensiver Publikationstätigkeit für *Green Chemistry* [2.51], deren 12 Prinzipien von *Anatas & Warner* [2.52] in der Tabelle 2.4 wiedergegeben sind, gibt es in diesem Produktbereich immer noch einen großen Entwicklungsbedarf. Ein besonderer Blick richtet sich dabei auf die Risiken, die von vielen der rund 30.000 bisher nicht regulierten Altstoffen ausgeht ([2.53]; siehe Abschn. 3.1.1).

Tabelle 2.4 Die Prinzipien von Green Chemistry (nach Anatas/Warner [2.52] aus [2.51]). [a] für Reaktionen: (i) Nutzung von Katalysatoren anstelle von stöchiometrischen Reagenzien, (ii) Vermeidung unnötiger Zwischenstufen in chemischen Prozessen, (iii) Maximierung der Atomeffizienz: Synthesen und Reaktionen so gestalten und nutzen, dass sie die maximale Ausbeute ermöglichen, und (iv) Erhöhung der Energieeffizienz: wenn möglich Durchführung von Reaktionen bei Raumtemperatur.

Ausgangsstoff(e)	Reaktion[a] und Aufarbeitung	Produkte
wenn möglich, nachwachsende Rohstoffe einsetzen	Bedarf an Lösemitteln und Energien minimieren	Nebenprodukte vermeiden oder minimieren
Hilfssubstanzen vermeiden	Gefahrenpotential gering	Toxizität gering
Toxizität gering	analytisch kontrollierbar	Umweltbelastung gering
Umweltbelastung gering	Selektrivität hoch	Entsorgung unkritisch

Umweltgerechte Produktgestaltung

„Integrierte Produktpolitik setzt bei Produkten und Dienstleistungen und deren ökologischen Eigenschaften während des gesamten Lebensweges an; sie zielt auf die Verbesserung ihrer ökologischen Eigenschaften ab und fordert hierzu Innovationen von Produkten und Dienstleistung" [2.54]. Abb. 2.10 fasst die Entwicklungen und Randbedingungen des Produktbezogenen Umweltschutzes zusammen:

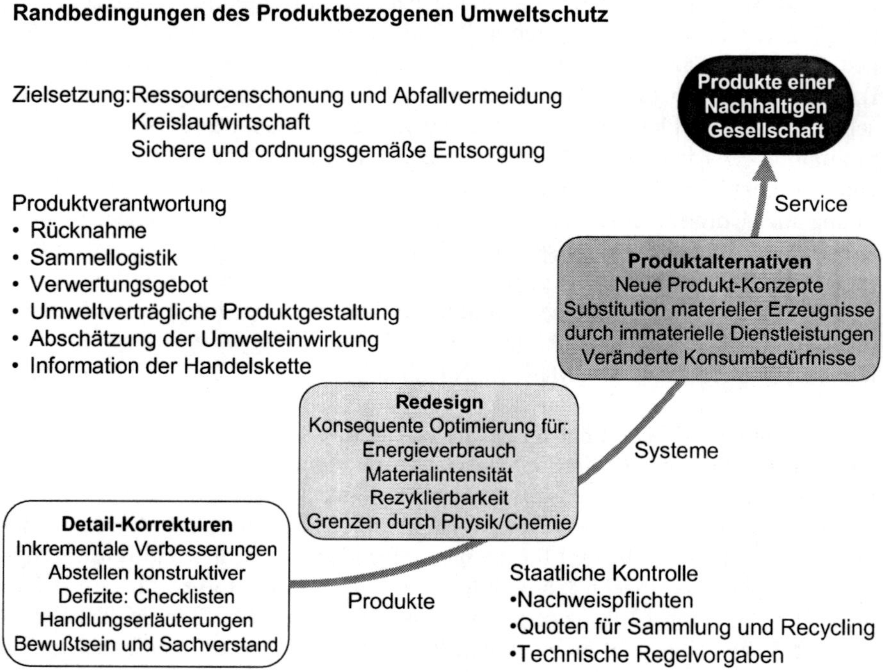

Abb. 2.10 Entwicklungen bei der Herstellung nachhaltiger Produkte und die aktuellen Randbedingungen für den Produktbezogenen Umweltschutz (nach einer Graphik und Zusammenstellung von *Ertel* [2.55] auf der Grundlage eines MISTRA-Schemas).

Die Produktverantwortung zwingt die Unternehmen über die Schadstoffthematik hinaus zu umfassenden Anstrengungen, die umweltverträgliche Produktgestaltung zum Standard werden zu lassen [2.55]: Definiert und implementiert wurden Konstruktionsregeln, Stoffvermeidungs- bzw. Verbotslisten, interne und vor allem auch branchenweite Normenwerke sowie Experten-Software (bspw. UMBERTO, für die Bilanzierung den gesamten Produktlebenszyklus [2.56].

In einem Pilotprojekt „Nachhaltiges Wirtschaften im 21. Jahrhundert" (u. a. AUDI, BMW, MAN, Siemens, IHK München, ADAC Südbayern [2.57]) wurden am Beispiel des Automobils IPP-typische Strukturen und Handlungsweisen ermittelt. Aus Tabelle 2.5 wird deutlich, dass Innovations- und Optimierungspotenziale nicht allein beim Produkt liegen, sondern auch in der Produktion, bei den dabei eingesetzten Technologien (deren Entwicklung oft unabhängig verläuft) sowie in der Art und Weise, wie das Produkt eingesetzt wird.

Tabelle 2.5 IPP-typische Aktivitäten des Produktsystems „Automobil“ in den IPP-Handlungsfeldern „Kooperation“ und „Integration“ (*kursiv*: Beispiele in einer Broschüre des Bayerischen Staatsministeriums für Landesentwicklung und Umweltfragen [2.57])

	Kooperation	Integration
Produkt	Optimierung der Vorproduktion: Gerb- und Färbeverfahren (*Lederbezüge*, S. 28) Entwicklung eines Einwerkstoffkonzepts mit externen Partnern (*Nutzung als Sekundärrohstoff*, S. 74) Simultaneous Engineering (*Produktdesign*, S. 42)	Unternehmensnorm zur umweltverträglichen Produktgestaltung (*Elektronikkomponenten*, S. 32) Ökoanalysen über den gesamten Lebensweg (*Lampen*, S. 39) Forschungs- und Entwicklungszentrum als Plattform (*Produktdesign*, S. 42)
Produktion	Systempartnerschaften mit anderen Unternehmen zur Produktionsoptimierung (*Motorenelemente*, S. 40) Integration unterschiedlicher Umweltaspekte z. B. durch Kraft-Wärme-Kälte-Kopplungsanlage (*Fertigung*, S. 48)	parallele Projektgruppen bei Hersteller und Zulieferer (*Kettentriebsysteme*, S. 36) Integriertes Managementsystem (*Lackverdicker*, S. 27)
Funktion/Nutzung	Tauschsystem für gebrauchte Kupplungen (*Kupplung*, S. 35) Forschungskooperationen zur verbesserten Produktfunktion (*Kettentriebsysteme*, S. 37) Teilnahme an Car-Sharing-Modellen (*Mobilität*, S. 59)	für den Nutzer Herstellung, Wartung, Vertrieb und Reparatur aus einer Hand durch selektives Vertriebssystem (*Handel und Verkauf*, S. 54) Kombination von ÖPNV und motorisiertem Individualverkehr durch Park + Ride-Konzepte (*Mobilität*, S. 60)
Peripherie/Infrastruktur	Initiative „Verkehrsprobleme gemeinsam lösen“ (*Mobilität*, S. 59) Freiwillige Selbstverpflichtungen der Automobilbranche (*eigenverantwortliche Maßnahmen*, S. 17) gemeinsames Entsorgungssystem Partslife (*Reparatur und Werkstätten*, S. 67) Branchenkooperation „Together for Recycling“ (*Recyclingkonzepte*, S. 72)	Forschungsvorhaben MOBINET zum Verkehr in Ballungsräumen (*Mobilität*, S. 59) Erstellung von Verkehrsentwicklungsplänen, die Belange von Bevölkerung, Stadt und Region berücksichtigen (*Städteplanung*, S.57) Recycling- und Demontagezentrum, Erfahrungsaustausch entlang der Produktionskette (*Recycling*, S. 73)
Technologie	Pilotprojekt mit Zulieferern nachwachsender Rohstoffen (*Vliesstoffe*, S. 31) Initiative des Staates zum Einsatz der Brennstoffzellentechnologie im ÖPNV (*Verkehrspolitik*, S. 58)	Entwicklung von wasserbasierenden Lacken (*Lackierung*, S. 50)

2.4.2 Industrielle Symbiose – Ökopark

Das Konzept von Ökoparks – „Öko“ sowohl für Ökologie als auch für Ökonomie – ist ein Teil des integrierten Ansatzes der „Industriellen Ökologie“ (*industrial ecology* [2.58]) zur Umsetzung des Nachhaltigkeitsprinzips in der Produktion. Auch bei den *Eco-Industrial Parks* [2.59] steht die Minimierung des Energie- und Rohstoffverbrauchs, die 1978 von *R.U. Ayres* [2.60] als zentrale Aufgabe für den industriell-wirtschaftlichen Umweltschutz definiert wurde, im Vordergrund.

Das klassische Beispiel für dieses Konzept ist der in 25 Jahren entwickelte Industriekomplex von Kalundborg/Dänemark (Abb. 2.11). Als Voraussetzungen für die erfolgreiche Verknüpfung verschiedener Produktions- und Servicebetriebe können im Rückblick folgende „Symbiose-Merkmale“ gelten [2.61]:

1. Die grundsätzliche Ausrichtung der Industrien passte zusammen.
2. Die geographischen Entfernungen waren nicht zu groß.
3. Die „mentale Distanz“ zwischen den Teilnehmern war gering (sie kannten sich bereits gegenseitig).
4. Der Anreiz war eine langfristige wirtschaftliche Perspektive auf der Grundlage solider Handelsverträge.
5. Die Zusammenschlüsse wurden zwar freiwillig getroffen, erfolgten aber in enger Kooperation mit den Aufsichtsbehörden.

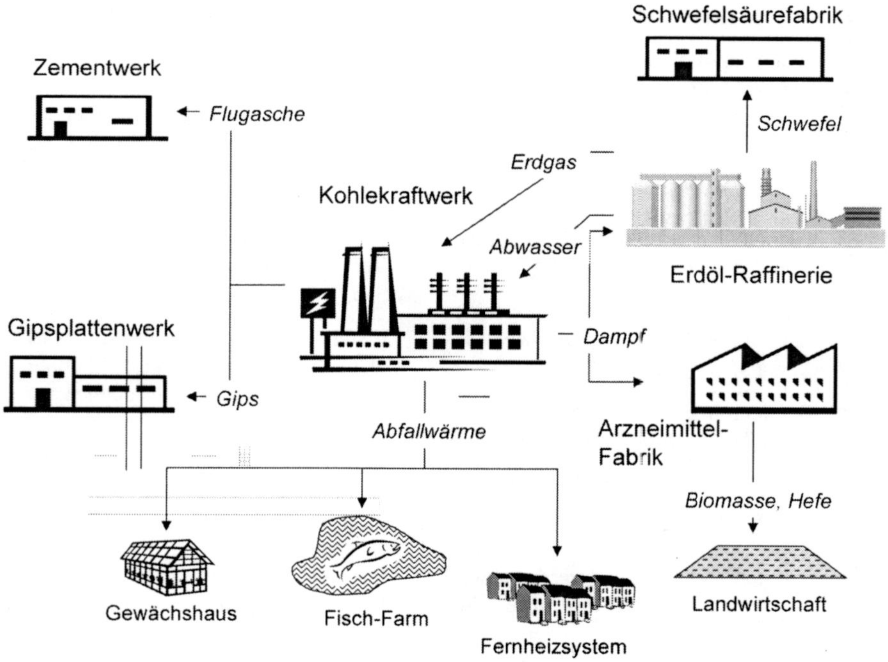

Abb. 2.11 Anordnung von Betrieben in einem Ökopark – Beispiel Kalundborg [2.61]

In dem Kalundborg-Komplex sind u. a. das Asnaes-Kohlekraftwerk mit einer Kapazität vom 1.500 MW_{el}, Statoil als eine der größten Raffinerien für 3–4 Mio. t/a Erdöl, Gyproc mit seiner Gipsplattenproduktion sowie Novo Nordisk, einer der weltweit größten Hersteller von Insulin und Industrie-Enzymen, angesiedelt. Tabelle 2.6 gibt Beispiele für die Einsparungen, die aufgrund der Verknüpfungen dieser Betriebe und der nachgeschalteten Nutzungen (Abb. 2.11) erzielt wurden:

Tabelle 2.6 Jährliche Einsparung von Umweltbelastungen im Kalundborg-Park [2.61]

verring. Rohstoffverbrauch		verringerte Emissionen		Verwertung von Abfällen	
Erdöl	19.000 t	CO_2	130.000 t	Flugasche	135 t
Kohle	30.000 t	SO_2	3.700 t	Schwefel	2.800 t
Wasser	600.000 m^3			Gips	80.000 t
				N-Schlamm	800.000 t

Aus umwelttechnischer Sicht lassen sich die Vorteile von Öko-Industrieparks auf folgende Punkte verallgemeinern [2.62]:

- *Cascading* (Kaskadenbildung), die Weiterführung von Material- oder Energieströmen durch Nutzung in Prozessen, die eine immer geringe Stoffqualität bzw. einen immer niedrigeren Energieinhalt benötigen. Beispielsweise können die Betriebe eine Infrastruktur aufbauen, bei denen solche Kaskaden beim Einsatz von Wasser, Lösemitteln und Heizenergie benutzt werden.
- *Cogeneration* (Mitproduktion), bspw. die Verwendung einer zentralen Energiequelle, bei der die Kaskadenbildung vor allem auf die Nutzung von Dampf in einem benachbarten Betrieb ausgerichtet ist.
- *ISO 14001 oder EMAS*: Verknüpfung der Umweltmanagementsysteme, die in den einzelnen Betrieben eingesetzt werden (Abschn. 2.2.3) zu einem Netzwerk, mit dem die Leistungen für den Umweltschutz fortlaufend verbessert werden.

Besondere Vorteile können sich ergeben, wenn die Neuanlage des Ökoparks auf einer bisherigen Brachfläche erfolgt (Abschn. 8.5.4); bei militärischen Altlasten kann dies u. U. wegen der typischen Schadstoffbelastungen die einzig akzeptable Form der Nutzung darstellen [2.63].

Ein weiterführender Aspekt ist die Entwicklung von Stoffstromsimulations-Modellen, mit dem die Verknüpfung einzelner Anlagenteile bis hin zum Entwurf eines „virtuellen Ökoparks“ durchgeführt werden kann. Beispielhaft dafür wurde bei Bayer ein Modell des Standortes Uerdingen erstellt, in dem für den Zeitraum eines Jahres die auftretenden Massenströme, die benötigten Energien sowie der Logistikaufwand bzgl. LKW, Bahn und Schiff bilanziert ist. Durch Rechnung von Szenarien und Vergleich mit dem Basisfall ist es möglich, Änderungen in den Massen- und Energieströmen am Standort im Fall von Kapazitätsänderungen einzelner Anlagen zu quantifizieren. Handlungsbedarfe im Kraftwerk oder bei den Entsorgungseinrichtungen werden erkannt und quantifiziert. Dadurch wird die Bewertung von Investititionsentscheidungen unterstützt [2.64].

2.4.3 Marktperspektiven für Umweltschutztechnologien

Zum aktuellen Stand und den Perspektiven der deutschen Umweltschutzwirtschaft wurden von der Bundesregierung mehrere Veröffentlichungen initiiert [2.65–2.67], die sich für drei Schwerpunktthemen wie folgt zusammenfassen lassen:

1. *Innovationen und Wachstum.* Der Markt für Umweltschutzgüter und -dienstleistungen stellt überdurchschnittlich hohe Anforderungen an die Innovationsfähigkeit in den Unternehmen der Produktions- und Verfahrenstechnik, in öffentlichen (FuE-)Einrichtungen sowie an das Qualifikationsniveau der Beschäftigten. Alle bekannten Projektionen weisen auf eine expansive Entwicklung hin – vor allem im internationalen Raum und mit besonderem Gewicht auf den Klimaschutz.
2. *Auswirkungen von Regulierungen.* Umweltschutzbezogene Innovationen sind häufig auf staatliche Regulierungen wie Normen, Abgaben – aber auch auf Subventionen – zurückzuführen.Umweltregulierungen lösen sehr vielschichtige Innovationswirkungen aus: Ganz oben stehen Chemie/Mineralöl (Produkt- und Prozessinnovationen), vor technischen Dienstleistungen und Maschinenbau (neue Produkte), Wohnungswesen (Energieeinsparung), Fahrzeugbau (Recycling, Abgasreinigung, Ressourcenschonung). Insgesamt zielen zwei Drittel der Innovation auf neue Produkte, und jeweils rund ein Fünftel auf neue Prozesse bzw. Produktinnovationen bei gleichzeitiger Verfahrenserneuerung.
3. *Nachfrageentwicklung.* Die Umweltschutzindustrie ist nicht mehr in dem Maße treibende Kraft der industriellen Dynamik wie noch Anfang der 90er Jahre. Die einzige dynamische Komponente auf dem Inlandsmarkt war der energiebezogene Klimaschutz – und zwar ausschließlich bei regenerativen Energieträgern. Deutschland ist der Welt größter Exporteur von potenziellen Umweltschutzgütern und hat im Jahre 2004 die USA wieder an der Spitze abgelöst. Das Verhältnis von Ausfuhren zu Einfuhren bei diesen Gütern beträgt 1,9:1, bei den übrigen verarbeitenden Industriewaren hingegen 1,4:1. MSR (Mess-, Steuer- und Regelungstechnik), Wasser- und Abfalltechnik erbringen die höchsten Beiträge zum Außenhandelssaldo, bei Abfall- und MSR-Technik erst wieder seit 2001. Bei Wasser gibt es dagegen einen kontinuierlichen Abwärtstrend.

Auf europäischer Ebene steht z. Zt. die Frage gleicher Technikstandards im Fokus. Das Umweltbundesamt koordiniert national den „Sevilla-Prozess“ zur Umsetzung der EG-Richtlinie „Über die integrierte Vermeidung und Verminderung der Umweltverschmutzung“ (IVU, engl. *integrated pollution prevention control, IPPC* [2.68]) und gibt einen Wegweiser „Beste Verfügbare Techniken“ (BVT; *best available technologies, BAT*) zu den branchenspezifischen Merkblättern heraus [2.69]. Die überarbeitete IVU-Richtlinie und die Zusammenführung mit anderen Rechtsvorschriften sollen den Einsatz der BVT/BAT EU-weit sicherstellen [2.70, 2.71].

Nach dem politischen Willen der Europäischen Union sollen die Erneuerbaren Energien (EE) künftig die Speerspitze beim globalen Klimaschutz bilden und sukzessive auch eine tragende Rolle bei der Überwindung der Ressourcenknappheit, vor allem als Folge wachsender Nachfrage der industriellen Schwellenländer, spielen [2.72]. Die Nutzung der EE bedeutet auch eine spürbare Verminderung der Abhängigkeit von Energieimporten [2.73–2.77].

EU-Unternehmen sind relativ gut auf den Klimawandel vorbereitet [2.78]
Die Mehrheit der weltweit größten Verursacher von klimaschädlichen Emissionen verlangt vom Gesetzgeber klare und verlässliche Rahmenbedingungen in punkto Klimaschutz – für mehr Energieeffizienz, die Verringerung von Abgasen und die Förderung neuer umweltschonender Technologien. Das hat eine aktuelle Studie der Unternehmungsberatung Accenture ergeben [2.78]. Für diese Studie „Accenture Executive Survey on Climate Change 2008" waren mit 133 Führungskräften von Großkonzernen der Energie-, Rohstoff- und Chemiebranche mit Hauptsitz in Nord- und Südamerika, Europa, Asien sowie Afrika im Zeitraum Dezember 2007 bis März 2008 telefonische Interviews durchgeführt worden.

Laut Studie ist den weltweit größten CO_2-Verursachern mittlerweile bewusst, dass der Klimawandel enorme Auswirkungen auf ihr künftiges Geschäft haben wird. So beurteilt die große Mehrheit (87 %) der Manager den Klimawandel für ihr jeweiliges Unternehmen als eine wesentliche Herausforderung in den nächsten fünf Jahren. Jeder Zweite ist der Überzeugung, der Klimawandel sei ein Schlüsselfaktor für den weiteren Unternehmenserfolg.[3]

Der Politik werden laut dieser Umfrage die größten Erfolgschancen zugetraut, den CO_2-Ausstoß langfristig einzudämmen. Darin war sich die große Mehrheit (84 %) der Befragten einig. An zweiter Stelle folgen mit knapp drei Viertel (71 %) die Energieversorger und an dritter Stelle (64 %) die energieintensive Industrie. Diese drei Gruppen haben nach Ansicht der Befragten in Zukunft den größten Einfluss auf das weltweite Klima.

„Die Unternehmen sollten aber nicht solange darauf warten, bis strikte gesetzliche Vorschriften sie dazu zwingen, ihren CO_2-Ausstoß zu verringern", sagt Eric Chapman, Geschäftsführer des Bereichs Ressourcen bei Accenture in Deutschland, Österreich und der Schweiz. „Schon heute ist klar, was die drei wichtigsten Treiber für erfolgreiche Geschäfte in Zeiten des Klimawandels sind: Die Einstellung der Verbraucher, technologischer Fortschritt und neue Geschäftsmodelle."

Die Ergebnisse der Studie zeigen aber auch große regionale Unterschiede: So sind die Unternehmen in der EU beim Klimaschutz wesentlich besser aufgestellt als in anderen Teilen der Welt: Fast drei Viertel der befragten Manager sehen die Herausforderungen des Klimawandels als einen grundlegenden Faktor für den Erfolg ihres Geschäfts, während in anderen Teilen der Welt das nur rund ein Drittel (37 %) so sieht. Auch in der Rohstoffindustrie sind Unternehmen aus der EU Vorreiter im weltweiten Vergleich. Sie haben das Management ihres CO_2-Ausstoßes als zentrales Element in ihre Unternehmensstrategie eingebettet. Mehr als die Hälfte (53 %) der Befragten aus der EU haben die Verringerung von Treibhausgasen als einen Schlüsselfaktor für die operative Erfolgskontrolle eingeführt. Außerhalb der EU tun das weniger als 40 %.

---

[3] Bei einer alle Branchen umfassenden weltweiten Accenture-Umfrage unter mehr als 500 Wirtschaftsführern [2.79] lag der Klimawandel erst an achter Stelle der strategischen Geschäftsprioritäten hinter Umsatzwachstum (47 %), Kostenreduktion (46 %), Entwicklung neuer Produkte und Dienstleistungen (45 %), Wettbewerb um Talente (39 %), Wachstum in aufstrebenden Märkten (29 %), Innovation (28 %) und Technologien (16 %).

Präferenzen für umweltbewusste Energieversorger (Alexander Holst [2.80])

Eine Studie von Accenture [2.79], zu der mehr als 7500 Konsumenten aus 17 Ländern in Nord- und Südamerika, Europa und Asien befragt wurden, ergab, dass 89 % aller Befragten zu Energieversorgern wechseln würden, die Produkte und Dienstleistungen im Angebot haben, welche weniger Kohlenstoffemissionen erzeugen. Während sich die Befragten aus aller Welt über den Klimawandel und seine Auswirkungen besorgt zeigten, schien die Besorgnis in Schwellenländern am größten zu sein. 97 % der befragten Verbraucher aus Brasilien, China und Indien gaben an, über den Klimawandel besorgt zu sein (85 % bei allen Befragten); 98 % der Befragten aus diesen drei Schwellenländern waren der Ansicht, dass sich der Klimawandel direkt auf ihr Leben auswirken würde (nur 73 % der europäischen Befragten). Während insgesamt über 85 % der Verbraucher glauben, dass sich der Klimawandel am meisten auf das Wetter und das Ökosystem auswirken wird, äußerten 74 % die Ansicht, dass er außerdem deutliche Gesundheitsfolgen haben wird.

Die Befragten aus Schwellenländern waren außerdem am besten über das Ausmaß der Anstrengungen informiert, die ihre Länder leisten müssten, um ihre Zielsetzungen zur Verringerung der Treibhausgasemissionen zu erfüllen.

Neun von zehn aller Befragten sagten, sie hätten ein negatives Bild von einem Energieversorger, der keine konkreten Schritte unternimmt, um den Klimawandel anzusprechen. Außerdem sagten über die Hälfte (54 %), dass sie bereit seien, ihre Strom- oder Gasversorger zu wechseln, wenn ihr gegenwärtiger Versorger nichts gegen den Klimawandel unternehmen würde. Außerdem erklärten sich beinahe zwei Drittel (64 %) der Befragten bereit, einen höheren Preis – im Durchschnitt einen Aufschlag von 11 % – für Produkte und Dienstleistungen zu zahlen, die geringere Treibhausgasemissionen verursachen. „Accentures Studie deutet darauf hin, dass die Geschäftsauswirkungen zwar anfangs am deutlichsten bei Energieversorgern zu erkennen sind, es aber wahrscheinlich ist, dass dieser Effekt auch auf andere Rohstoffunternehmen übergreifen wird, entweder in direkter Form oder indem er bei Geschäften mit Endverbraucherkontakt über die Lieferkette weitergegeben wird" (Sander van't Noordende, Group Chief Executive von Accentures Ressourcenabteilung).

Die Studie von 2007 schlussfolgert, dass die tief greifende Besorgnis über die Auswirkungen des Klimawandels auf ihr tägliches Leben Einzelpersonen veranlasst, die Initiative zu ergreifen. Die meisten Befragten gaben an, „häufig" Papier oder Kunststoff zu recyceln (71 % der Befragten), Elektrogeräte auszuschalten, wenn diese nicht verwendet würden (62 %), die Heizung oder Klimaanlage zuhause auf eine geringere Stufe zu stellen (61 %) und Strom sparende Glühbirnen zu verwenden (59 %). Mehr als ein Drittel (41 %) gaben an, regelmäßig Produkte zu kaufen, die wieder verwendete Materialien enthielten. Diese Umfrageergebnisse zeigen, dass das veränderte Konsumentenverhalten für die Unternehmen sowohl eine Chance als auch Risiko darstellt. Geschäftsmodelle, die dem Konsumenten Möglichkeiten zur persönlichen Einflussnahme auf die Klima schädigende Wirkung der Kaufentscheidung bieten, werden sich langfristig durchsetzen.

3 Schadstoffe

Mit dem Fortschritt der Technik ist eine breite Verwendung von Chemikalien verbunden. Darunter finden sich auch „umweltgefährliche Stoffe oder Zubereitungen, die selbst oder deren Umwandlungsprodukte geeignet sind, die Beschaffenheit des Naturhaushaltes, von Wasser, Boden oder Luft, Klima, Tieren, oder Mikroorganismen derart zu verändern, dass dadurch sofort oder später Gefahren für die Umwelt herbeigeführt werden können". Die Vermeidung bzw. Verringerung dieser Einträge in die Biosphäre ist eine Schwerpunktaufgabe der Umweltschutztechnik.

Nach der Einführung in Abschn. 3.1 Gefahrstoffrecht, Schadwirkungen folgen die Abschn. 3.2 Schwermetalle, 3.3 Organische Schadstoffe und 3.4 Strahlung mit Beispielen von Schadstoffproblemen und Lösungsansätzen in den einzelnen Technologiesparten. Themen in Abschn. 3.1 sind unter anderen: Übersicht über wichtige Schadstoffquellen – Wirkungen der Schadstoffe auf die menschliche Gesundheit – Bedeutung von Umweltstandards – Ausbreitung von Schad- und Belastungsstoffen in Luft, Wasser und Boden.

3.1 Gefahrstoffrecht, Schadwirkungen

Bei der Untersuchung und Bewertung von Umweltchemikalien haben sich verschiedene Betrachtungsweisen herausgebildet [3.1]:

1. Der *substanzbezogene Ansatz* mit den Parametern Produktion, Anwendungsmuster, Ausbreitung in der Umwelt, Persistenz und Abbau sowie Umwandlung konzentriert sich auf die physikalisch-chemischen Daten von Stoffen.
2. Die *wirkungsorientierten Aspekte* stehen im Mittelpunkt der „Ökologischen Chemie", die sich mit der Abklärung und Quantifizierung weiträumiger anthropogener Wirkungen auf empfindliche Bereiche der Biosphäre befasst.
3. Bei der *spartenbezogenen technologischen Betrachtung* kann der Nutzen von Chemikaliengruppen im Anwendungsbereich, z. B. von optischen Aufhellern in Waschmitteln, unmittelbar einem eventuellen Risiko gegenübergestellt werden.
4. Mit dem *medienorientierten Ansatz* werden die potenziell belasteten Umweltbereiche Luft, Wasser und Boden sowie kritische Transportwege für Schad- und Belastungsstoffe innerhalb dieser Umweltmedien untersucht.

In dem vorliegenden Buch folgt die Gliederung vor allem aus didaktischen Gründen dem medienorientierten Ansatz (4.) – Luftreinhaltung in Kap. 5, Abwasser/Trinkwasser in Kap. 6 und 7, Boden/Abfall in Kap. 8 und 9. Es ist gleichzeitig die Klassifikation verschiedener *Emissionsarten* – nach der Herkunft von Schad- und Belastungsstoffen aus Autos, Fabriken, Siedlungen, Deponien, usw. Darüber hinaus ist es auch eine Aufteilung nach *verantwortlichen Disziplinen* – Abwasserwirtschaft, Wasserversorgung, Abfallwirtschaft, Altlasten-Sicherung (Bauwesen); Industrieabwasserreinigung, Müllverbrennung, Luftreinhaltung sowie biologische, chemische und thermische Altlasten-Behandlung (Verfahrenstechnik).

Tabelle 3.1 Bedeutende Schadstoffquellen und die Umweltmedien, in denen die entsprechenden Schadstoffe transportiert oder gespeichert werden (nach Alloway/Ayres [3.2])

1. *landwirtschaftliche Quellen*	
Luft:	Pestizidaerosole, Stäube, NH_3, H_2S, Gerüche, Bodenpartikel
Wasser:	Sickerwasserlösungen aus Silos/Gruben, NO_3^-, HPO_4^{2-}, Pestizide Bodenpartikel, Kohlenwasserstoffe (ausgelaufene Treibstoffe)
Boden:	Düngemittel – As, Cd, U, V und Zn in Phosphatdüngern Dung – z. B. As und Cu in Schweine- und Geflügeldung Pestizide – As, Cu, Mn, Pb, Zn, DDT, Lindan ausgelaufener Treibstoff – Kohlenwasserstoffe Begraben toter Nutztiere – pathogene Mikroorganismen
2. *Energieerzeugung*	
Luft:	CO_x, NO_x, SO_x, UO_x und PAK aus Kohle, radioaktive Isotope
Wasser:	Wärme, Biozide aus Kühlwasser; Bor und Arsen aus Asche
Boden:	Asche, Si-Niederschlag, SO_2, NO_x, Schwermetalle, Kohlestaub
3. *Gasversorgung, alte Gaswerke*	
Luft:	flüchtige organische Verbindungen, H_2S, NH_3
Wasser:	PAK, Phenole, Cu, Cd, As, CN, Sulfate
Boden:	Teere (Phenole, Benzol, Xylol, Naphthalin und PAK), CN, verbrauchte Fe-Oxide, Cd, As, Pb, Cu, Sulfate, Sulfide
4. *Erzbergbau und Metallgewinnung*	
Luft:	SO_x, Pb, Cd, As, Hg, Ni, Tl u. a. als Partikel und Aerosole
Wasser:	SO_4^{2-}, CN, Schaumbildner, Metallionen, Erzabfälle (PbS, ZnS)
Boden:	Erzabfallhalden – Winderosion, Verwitterung, Transport durch Flüsse verfrachtete Erzabfälle – Baggergut Erztransporte – aus Waggons und Lastkraftwagen etc. Verhüttung – Staub, Aerosole aus dem Schmelzofen
5. *metallverarbeitende Industrie*	
Luft:	Partikel/Aerosole: As, Cd, Cr, Cu, Mn, Ni, Pb, Sb, Tl und Zn, flüchtige organische Verbindungen, Säuretröpfchen
Wasser:	Metallionen, Säureabfälle und Lösungsmittel
Boden:	Metalle in Abfällen, Lösungsmitteln, Säureresten, Niederschlag von Aerosolen etc., vor allem aus pyrometallurgschen Prozessen
6. *chemische Industrie und Elektroindustrie*	
Luft:	flüchtige organische (Halogenkohlenwasserstoffe, Benzol) und anorganische (z. B. Quecksilber-) Verbindungen
Wasser:	Abfallbeseitigung und Abwassereinleitungen mit einem weiten Spektrum von Chemikalien Lösungsmittel aus der Mikroelektronik
Boden:	Partikelniederschlag aus Schornsteinen Lagerstätten, Verlade- und Verpackungsgebiete Schrott und beschädigte Elektrobestandteile – PAK, Metalle etc.

Tabelle 3.1 (Fortsetzung) Bedeutende Schadstoffquellen und die Umweltmedien

7. *allgemeine städtische/industrielle Quellen*	
Luft:	flüchtige organische Verbindungen, Partikel, Aerosole (z. B. Pb, V, Cu, Zn, Cd, PAK, PCB, Dioxine, Rauch) Verbrennung fossiler Brennstoffe – SO_x, NO_x, As, Pb, V, PAK Verbrennung von Gartenabfällen – PAK, PCDD/F, Pb, Cd etc. Zementherstellung – Partikel, Ca, SO_4^{2-}, Si etc.
Wasser:	eine Vielzahl von Abwässern, PAK aus Ruß, Pb, Zn etc., Ölabfälle – Kohlenwasserstoffe, PAK, Detergentien
Boden:	Pb, Zn, V, Cu, Cd, PCB, PAK, Dioxine, Asbest
8. *Müllbeseitigung*	
Luft:	Verbrennung – Rauch, Aerosole und Partikel (Cd, Hg, Pb, CO_2, NO_x, PCDD/F, PAK) Deponien – CH_4, flüchtige organische Verbindungen Schrottplätze – Verbrennung von Kunststoffen (PAK, PCDD/F)
Wasser:	Deponiesickerlösungen – NH_4^+, Cd, PCB, Mikroorganismen Abwässer aus der Aufbereitung – HPO_4^-, NO_3, NH_4^+
Boden:	Klärschlamm – NH_4^+, PAK, PCB, Metalle (Cd, Hg, Pb, Zn etc.) Schrotthalden – Cd, Cr, Cu, Ni, Pb, Zn, Mn, V, W, PAK, PCB Verbrennung von Gartenabfällen – Cu, Pb, PAK, B, As Niederschlag aus Verbrennungsanlagen – Cd, Hg, PCDD/F windverfrachtete Stäube von industriellen Abfällen
9. *Verkehr*	
Luft:	Abgabe, Aerosole und Partikel (z. B. CO_2, NO_x, SO_2, Rauch, PAK, PAN, O_3, PbBrCl, V, Mo)
Wasser:	ausgelaufene Treibstoffe, Transportladungen (z. B. CKW) Kohlenwasserstoffe, Pestizide, synthetische organische Enteisungsmittel für Straßen und Flughäfen (z. B. Ethylenglykol)
Boden:	Partikel (PbBrCl, PAK), Säureablagerungen aus Enteisern, Ablagerung der Verbrennungsprodukte von Treibstoffen, Rauch, PAK, SO_2, NO_x, Gummireifen (Zn und Cd)
10. *zufällige Quellen*	
Wasser:	Lecks in unterirdischen Speichertanks, z. B. Lösungsmittel
Boden:	konserviertes Holz (z. B. PCP, Kreosol), Altbatterien (Hg, Cd, Ni, Zn), Jagd (Pb), galvanisierte Dächer und Zäune (Zn, Cd)
alle Medien betreffend:	Krieg (z. B. Treibstoffe, Sprengstoffe, Munition, Industrieunfälle, z. B. Bhopal, Seveso, Tschernobyl
11. *weiträumiger Transport in der Atmosphäre* (Ablagerung der transportierten Schadstoffe)	
Wasser Boden	As, Pb, Cd, Hg, UO_x, Zn, SO_4^{2-}, NO_x, Pestizide, PAK und vom Wind verwehte Bodenpartikel mit daran adsorbierten Pestiziden

PAK = polyzyklische aromatische Kohlenwasserstoffe, PCB = polychlorierte Biphenyle, PCDD = polychlorierte Dibenzodioxine, PCDF = polychlorierte Dibenzofurane

3.1.1 Gefahrstoffrecht[1]

Im weitesten Sinne versteht man unter Gefahrstoffrecht die Gesamtheit aller Regelungen, die dem Schutz von Mensch und Umwelt vor gefährlichen Stoffen dienen sollen. Man unterscheidet das allgemeine Gefahrstoffrecht mit dem Chemikaliengesetz und seinen Verordnungen und das spezielle Gefahrstoffrecht, das eine Vielzahl von Gesetzen wie das DDT-Gesetz umfasst (Abb. 3.1).

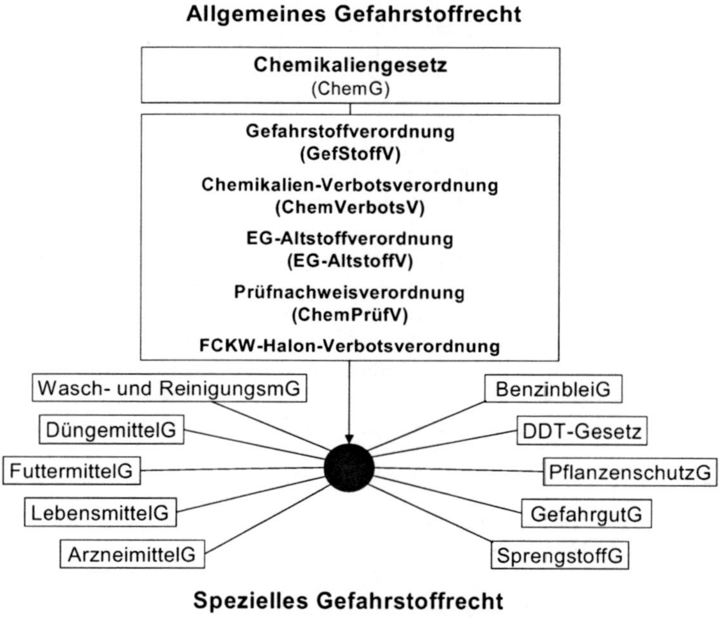

Abb. 3.1 Allgemeine und spezielle Regelungen des Gefahrstoffrechts (nach Bliefert [3.6])

Das Chemikaliengesetz enthält vor allem Ermächtigungen zum Erlass von Rechtsverordnungen; z. B. die Gefahrstoffverordnung und die Chemikalien-Verbotsverordnung. Seit Inkrafttreten des Chemikaliengesetzes in Deutschland 1982 und der EU-Altstoffverordnung 1993 besteht die Pflicht, systematisch Daten über existierende Chemikalien zu erzeugen, zu sammeln und zu bewerten [3.7]. Informationsdefizite bestehen bei Stoffen, die in der EU-Altstoffverordnung (vor dem 18.09.1981 in einem Mitgliedstaat der Europäischen Gemeinschaft in den Verkehr gebracht; European Inventory of Existing Chemical Substances, EINECS) nicht erfasst sind sowie bei Weiterbearbeitern und Endanwendern chemischer Stoffe, die in die Umsetzung der EU-Altstoffverordnung noch nicht eingebunden waren.

[1] Das Chemikaliengesetz mit seinen untergesetzlichen Regelungen [3.3] wird derzeit an die Verordnung Nr. 1907/2006 des Europäischen Parlaments und des Rates vom 18.12.2006 zur Registrierung, Bewertung, Zulassung und Beschränkung chemischer Stoffe (REACH [3.4]) angepasst (Entwurf des REACH-Anpassungsgesetzes Stand 04.10.2007 [3.5]).

Durch die neue Chemikalienverordnung der Europäischen Union, *Registration, Evaluation and Authorization of Chemicals* (REACH) soll ein funktionsfähiges und transparentes Verfahren in Gang gesetzt werden, welches Herstellern, Weiterverarbeitern und Endanwendern von Chemikalien die Verantwortung für die Sicherheit ihrer Produkte zuweist. Unter REACH soll die Wissens- und Bewertungsbasis für Chemikalien erweitert und den EU-Herstellern, Importeuren und Weiterverarbeitern auf dem Weg zur Produktsichereheit zumindest mittel- und langfristig ein Wettbewerbsvorteil gegenüber Mitanbietern außerhalb der EU verschafft werden [3.7]. EG-REACH VO ist am 1. Juni 2007 in Kraft getreten [3.2], verzeichnet über 270 Seiten Rechtstext (131 Erwägungsgründe, 141 Artikel und 17 Anhänge), löst ca. 40 bisherige Richtlinien und Verordnungen ab und besitzt Übergangsfristen bis Juni 2018 [3.8].

Wer Chemikalien in Mengen > 1 t/a produziert oder importiert, muss diese Stoffe bei der neuen Europäischen Chemikalienagentur (EChA) registrieren lassen. Die Altstoffe der EINECS-Liste können in einem Vorregistrierverfahren angemeldet werden und kommen dann als sog. *phase-in-Stoffe* in den Genuss einer erweiterten Fristsetzung für den Abschluss des Registrierverfahrens (01.06.2013 für *phase-in*-Stoffe 100–1000 t/a [*high production volume*, HPV-Stoffe oder Großstoffe], 01.06.2018 für die Registrierung von phase-in-Stoffen von 1–100 t/a [3.8]). In disem Verfahren werden Namen und Sitz des Unternehmens, Name des Stoffs und qualitative Hinweise erhoben, ob bereits Informationen zum Wirkmechanismus vorliegen oder bereits Versuche an Wirbeltieren zur Erfassung der Stoffwirkung durchgeführt wurden. Diese Angaben werden von EChA zum Aufbau einer Datenbank genutzt, die dem Informationsaustausch zwischen den Unternehmen dienen soll (*substance information exchange forum*, SIEF).

Für die Registierung müssen *Stoffinformationen* als technische Dossiers übermittelt werden, die je nach Produktions- bzw. Importmenge in ihrem Datenumfang gestaffelt sind. Für Stoffe ab 10 t/a müssen die Hersteller oder Importeure einen Sicherheitsbericht (*chemical safety report*, CSR) erstellen, der auch Auskunft zu wirksamen Risikominderungsmaßnahmen gibt. In der Sicherheitsbewertung (*chemical safety assessment*, CSA) werden alle Daten und Erkenntnisse zur Stoffwirkung dargelegt und verbleibende Unsicherheiten in der Interpretation beschrieben [3.7]. Bei Mengen über 100 t/a sind Expositionsszenarien und ein Risikomanagement erforderlich; es findet eine Überprüfung der Registrierungsdaten statt (*compliance check*).

Einem *Zulassungsverfahren* werden Stoffe unterzogen, die als krebserzeugend, erbgutschädigend sowie fortpflanzungs- und entwicklungsschädigend (wie bereits vor dem REACH-Mechanismus), bzw. als vPvB (*very persistent, very bioaccumulating*), PBT-Stoffe (*persistent and bioaccumulating and toxic*; siehe Abschn. 3.1.3) eingestuft sind, oder bei welchen der Verdacht auf andere bedeutsame Wirkungen, bspw. endokrine (hormonähnliche) Wirkung oder allergisierende Wirkung besteht. Bei diesen Stoffen wird im Rahmen des Verfahrens geklärt, ob sie ohne oder mit Auflagen produziert und verwendet werden können oder gfs. verboten werden müssen [3.7]. Produkte, die mehr als 0,1 % eines solchen Stoffes enthalten, müssen entsprechend gekennzeichnet und mit Hinweisen zur sicheren Verwendung versehen werden [3.9].

3.1.2 Schadwirkungen

Die Prozesse, die zu einer toxischen Wirkung bei Organismen führen, sind in Abb. 3.2 dargestellt. Aufgenommene Chemikalien können ohne Wirkung in ihrer originalen Form oder als deren Metaboliten ausgeschieden werden. Sie können als direkter Rezeptor oder als aktiver Metabolit Schädigungen von Stoffwechsel-, Transport- und Regulationsprozessen oder Schaden am genetischen Material verursachen. Es gibt aber auch die Mechanismen der *Entgiftung*, bei der eine aufgenommene Chemikalie oder ein aktiver Metabolit in inaktive Metaboliten umgewandelt wird und der Gegenregulation, Adaptation, Reparatur und Regeneration, die zur Aufhebung der Schädigungen bei den Stoffwechsel-, Transport- und Regulationsprozessen führen.

Bei der Giftigkeit eines Stoffes unterscheidet man zwischen *akuter Toxizität* (die Giftwirkung, die nach einmaliger Verabreichung auftritt), *subakuter bzw. subchronischer Toxizität* (die Wirkung, die nach Verabreichung über einen begrenzten Zeitraum von 1 bis 3 Monaten auftritt) und *chronischer Toxizität* (Giftwirkung tritt auf nach einer Verabreichungsdauer von über 6 Monaten).

Die *akute Toxizität* einer Verbindung kann durch die LD_{50} charakterisiert werden, d. h. die Dosis, die die Hälfte einer Tierpopulation tötet. Im Vergleich zur Feststellung akuter Giftwirkungen ist die Ermittlung chronischer Giftwirkungen ungleich schwieriger und aufwendiger.

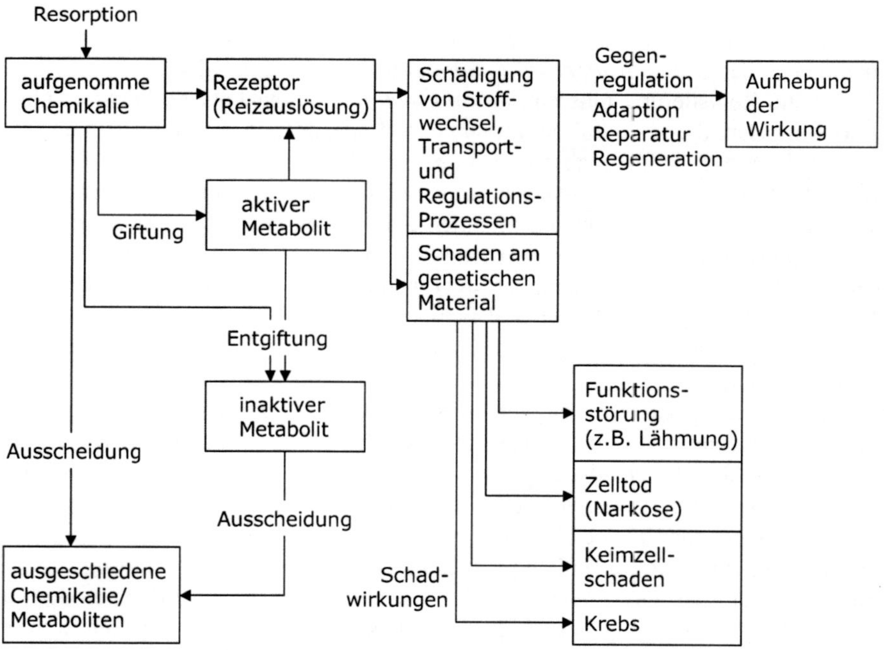

Abb. 3.2 Für die Toxizität einer Chemikalie bedeutsame Prozesse [3.10]

Erkenntnisse über die Ursache/Wirkung-Beziehungen bei hohen Schadstoffkonzentrationen, z. B. am Arbeitsplatz, lassen sich nur in Ausnahmefällen auf die Human-Ökologie – sie untersucht die Beziehungen zwischen menschlichen Erkrankungen und „normalen" Umweltbelastungen – übertragen. Bei Substanzen, die unter das *Lebensmittelgesetz* (LMBG) fallen, gilt praktische Erfahrung oder ein praktisch/theoretisch berechneter Wert für diejenige Menge, die bei täglicher Einnahme als sicher deklariert wird oder nicht *(ADI = accepted daily intake).*

Der ADI-Wert (in mg pro kg und Tag) bzw. PTWI-Wert (in mg pro kg und Woche) ergibt sich aus der „Dosis ohne Wirkung" (*NOEL: No Observed Effect Level*) dividiert durch den „Sicherheitsfaktor". Dieser Wert wird wie folgt abgeleitet: Nachdem im Tierexperiment die „Dosis ohne Wirkung" ermittelt worden ist, wird nach Art und Umfang der vorhandenen toxikologischen Daten und nach Ausmaß des Risikos ein Sicherheitsfaktor festgelegt, um die bestehenden Unsicherheiten (Nichterfassung von entscheidenden Wirkungen, Unterschiede in der Empfindlichkeit, nicht erfasste Kombinationswirkungen) auszugleichen:

- Sicherheitsfaktor < *100*: sofern ausreichende Erfahrungen beim Menschen vorliegen.
- Sicherheitsfaktor = *100*: Normalfaktor, sofern adäquate Langzeituntersuchungen beim Tier vorliegen.
- Sicherheitsfaktor > *100*: sofern nur unzureichende toxikologische Untersuchungen vorliegen oder für kanzerogene Stoffe, für die Faktoren bis 5000 vorgeschlagen wurden.

Bei den Bodengrenzwerten ist zu beachten, dass auch andere Faktoren die Giftigkeit im engeren Sinne modifizieren können; so sind bspw. bei den Auswirkungen von Cadmiumkontaminationen auf die menschliche Nahrung auch die Umweltbedingungen wie Eisen-, Vitamin-D- und Calciummangel zu berücksichtigen (Tabelle 3.2). Im Falle der Dioxinwerte, die hier als 2,3,7,8-Tetrachlordibenzodioxin-Toxizitätsäquivalente angegeben sind (Anhang 17. BImSchV), liegen die gemessenen Aufnahmeraten teilweise deutlich über den PTWI-Werten.

In Tabelle 3.3 sind die Vorkommen, Ursachen und Wirkungsmechanismen wichtiger Schadstoffe dargestellt.

Tabelle 3.2 PTWI-Werte für Schadstoffe im Boden [3.11]

Schadstoff	Nahrung*	PTWI**	Wirkungen (Besonderheiten)
Blei	0,91 mg	3,5 mg	Resorption bei Kindern erhöht
Cadmium	0,284 mg	0,525 mg	Eisen-, Vitamin-D-, Ca-Mangel
Quecksilber	0,063 mg	0,35 mg	für Methyl-Quecksilber: 0,23 mg
Arsen	0,2–0,3 mg	1 mg	letale Dosis: ~200 mg; cancerogen
PCB	0,04 mg	0,5 mg	Speicherung in Fett, Milch, Leber
TCDD-Eq.	140–1400 pg	500 pg	Hand-zu-Mund-Kontakt bei Kindern

*) Aufnahme: Durchschnitt pro Woche **) Provisional Tolerable Weekly Intake

Tabelle 3.3 Vorkommen, Ursachen und Wirkungsmechanismen typischer anorganischer und organischer Schadstoffe. Leichtflüchtige Chlorkohlenwasserstoffe (umfassen hauptsächlich chlorierte Methane, Ethane und Ethene), b) Pentachlorphenol, c) polychlorierte Biphenyle, d) polychlorierte Dibenzodioxine und Dibenzofurane

Schadstoff	Vorkommen	Ursache	Wirkungsmechanismus
Asbest	Luft	Baustoffe, Bremsen	Asbestose, Mesothelium (Lungenkarzinom)
Arsen	Wasser, Boden	Erzverhüttung, Mobilisierung d. Redoxänderungen	Brechdurchfall, Atemlähmung, Störung der Leber- und Nierenfunktion, Hauttumore
Blei	Luft	Benzin-Additiv	Blutbild, Nervensystem
Cadmium	Wasser, Nahrung	PVC-Stabilisatoren u. a.	Nierenschädigung, Knochendeformation
Quecksilber	Wasser, Nahrung	Chloralkalielektrolyse	zentrales Nervensystem
Vanadium	Luft	Heizöl	Lungenkrebs?
Radioaktivität	Luft, Nahrung	Bergbau, AKW, Unfälle	Krebs, erbgutschädigend, fruchtschädigend
Benzol	Luft	Benzin	Blutschädigung, Krebs
Benzpyren	Luft	Benzin, Ruß	Lungenkrebs
DDT, E 605	Nahrung	Insektenbekämpfung	Übelkeit; Leberkrebs? Nervensystem (E 605)
LCKW [a)]	Wasser, Luft	Metallentfettung u. a.	Blut, Nervensystem, Niere, Leber, Haut
PCP [b)]	Innenraumluft	Holz- und Textilschutz	Übelkeit; Anfälligkeit für Infektionskrankheiten
Phthalate	Wasser, Nahrung	Weichmacher (PVC)	eingeschränkte Fortpflanzungsfähigkeit?
PCB [c)]	Nahrung	Weichmacher (offen)	Blutbild, Leberschäden, Nervensystem
PCDD/F [d)]	Luft, Nahrung	Müllverbrennung u. a.	Chlorakne (1), Enzymgift (2), Krebs? (3); (4)

(1) – (4) Wirkungsmechanismen von PCDDs und PCDFs (s. auch Abschn. 3.3.1, S. 106): (1) Haut-Ekzeme, Organschäden: Blut, Niere, zentrales Nervensystem (auch organische Lösemittel); (2) Enzymhemmung. Beeinträchtigungen der Stoffwechselvorgänge (Oxydasenproduktion zur Entgiftung); (3) Entstehung in mehreren Stufen, u. a.: initiale Veränderungen, Anreiz zur Zellteilung, Weitergabe von DNA-Schädigung; (4) Allergische Effekte und Immundefekte: vermehrt Erkältungsphänomene (auch Pentachlorphenol)

3.1.3 Umweltgefährliche Stoffeigenschaften

Nach wie vor besitzt im Umweltschutz eine kleine Gruppe von besonders gefährlichen Chemikalien weltweit die größte Aufmerksamkeit: Das „dreckige Dutzend“ umfasst eine Reihe von Pflanzenschutzmitteln und Industriechemikalien sowie in Produktions- und Verbrennungsprozessen entstehende unerwünschte Nebenprodukte wie die hochgiftigen Dioxine und Furane [3.12]. Diese Gruppe von „POPs“ (*persistent organic pollutants*) zeichnen sich durch Stoffeigenschaften wie Langlebigkeit, Bioakkumulation, Öko- und Humantoxizität sowie das Potenzial zum Ferntransport in Wasser, Boden und Luft aus [3.13]:

- *Resorption* bezeichnet die Fähigkeit von Organismen einen Stoff aufzunehmen (zu „resorbieren“). Aufgrund guter Fettlöslichkeit sind z. B. die meisten organischen Chlorverbindungen (u. a. Polychlorierte Biphenyle [PCB], DDT, TCDD) gut resorbierbar. Diese Verbindungen können sowohl von Pflanzen (in Ölen und Wachsen), Tieren, als auch von Menschen (im Fettgewebe) „resorbiert“ und akkumuliert werden.
- *Persistenz* bezeichnet die Eigenschaft von Stoffen, in der Umwelt über lange Zeiträume verbleiben zu können, ohne durch physikalische, chemische oder biologische Prozesse abgebaut zu werden. Stoffe von hoher Persistenz sind z. B. viele organische Chlorverbindungen (PCB, DDT, TCDD, HCH), die in der natürlichen Umwelt nur sehr schwer zu ungiftigen anorganischen Stoffen (z. B. Kohlendioxid, Wasser) umgewandelt werden. Aufgrund ihrer großen Stabilität können persistente Stoffe (und deren Abbauprodukte) über die Nahrungskette in die Organismen gelangen und diese schädigen.
- *Bioakkumulation* ist die Anreicherung einer Chemikalie in einem Organismus durch Aufnahme aus dem umgebenden Medium und über die Nahrung.
- *Mobilität* ist die Geschwindigkeit der Verteilung eines Stoffes in der Umwelt und wird durch den Übergang eines Stoffes von einem Umweltmedium ins andere (bspw. durch Abregnen aus der Luft ins Wasser) bzw. durch die Verteilung in den einzelnen Umweltmedien bestimmt.

Die POPs-Konvention („Stockholmer Übereinkommen“ [3.13]), die im Mai 2004 in Kraft getreten ist und bereits 133 Vertragsstaaten umfasst, hat ein weltweites Verbot dieser Chemikalien zum Ziel. Während in den Industrieländern sowohl die Produktion als auch der Gebrauch dieser Stoffe weitestgehend reguliert – meist verboten – ist, werden sie in Entwicklungsländern und verschiedenen osteuropäischen Staaten weiter eingesetzt, bspw. als Pestizide, in Holzschutzmitteln oder in Transformatoren. In Osteuropa und auf dem afrikanischen Kontinent bereiten Lagerbestände von Pflanzenschutzmitteln von mehreren 100.000 Tonnen, die häufig in alten Fässern vor sich hinrotten, Anlass zu großer Sorge [3.12].

Die POPs haben durch den sogenannten „Grashoppers Effect“ die Eigenschaft, durch wiederholtes Verdunsten und Kondensieren mit den Luftströmungen in die Richtung der Erdpole zu wandern. Auch durch den Ferntransport in Wasser und durch wandernde Tierarten haben sie weitreichende Konsequenzen vor allem für die kalten Regionen und speziell die Säuger am oberen Ende der Nahrungskette wie z. B. Robben und Wale, ebenso wie die Eskimobevölkerung in der Nordpolarzone, die sich von diesen Tieren ernährt [3.12].

3.1.4 Umweltstandards

Umweltstandards sind Normen staatlicher oder nichtstaatlicher Organe und Institutionen. Dazu gehören „Diskussionswerte“ und „Orientierungswerte“, die von Fachwissenschaftlern für Gremien, Kommissionen, Verbände oder Behörden vorgeschlagen werden; „Richtwerte“ werden von Gremien, Kommissionen und Verbänden durch Veröffentlichung bekannt gemacht; „Grenzwerte“ werden von Behörden durch einen gesetzgeberischen Akt verbindlich festgelegt.

Umweltstandards und die davon abgeleiteten rechtlichen Regelungen können wie folgt klassifiziert werden:

- *emissionsbezogene Standards*, das sind Normen zur Begrenzung der Emission von Schadstoffen in Umweltmedien (Wasser, Luft, Boden) sowie zur schadlosen Beseitigung von Abfällen;
- *immissionsbezogene Umweltstandards* zum Schutz empfindlicher Pflanzen, Tiere und Sachgüter sowie zur Begrenzung der Schadstoffkonzentrationen in Umweltmedien, die unmittelbar oder mittelbar die vom Menschen aufgenommene Schadstoffmenge bestimmen (Luft, Trinkwasser, Böden, Lebens- und Futtermittel);
- *produktbezogene Umweltstandards*, die die Freisetzung von Schadstoffen bei der Verwendung bestimmter Produkte und Erzeugnisse vermindern und den Umgang mit gefährlichen Stoffen regeln sollen;
- *biologische Normen* und Standards, die die Schadstoffbelastung des Menschen durch Angabe maximal tolerierbarer Schadstoffkonzentrationen im menschlichen Organismus auf ein medizinisch unbedenkliches Maß begrenzen sollen.

Bedeutung von Grenzwerten

Kritiker des derzeit praktizierten Grenzwertkonzepts weisen auf verschiedene Unzulänglichkeiten und sogar Fehler hin, bspw. die mangelhafte Validität experimenteller Ansätze, die Auswahl der Tierarten bzw. der in vitro-Modelle, die Qualität des Messsystems und seiner Betreiber, die Übertragbarkeit auf „den Menschen“, die breite Skala individueller Empfindlichkeitsunterschiede und die fragwürdige wissenschaftliche Seriosität von Sicherheitsfaktoren [3.14]. Auf der anderen Seite leisten Grenzwerte einen erheblichen Beitrag zur Verbesserung der Umwelthygiene, wenn sie sich nicht nur an Schädigungsschwellen, sondern auch an der Duldung oder Ablehnung nutzloser Belastungen und der Akzeptanz nützlicher Belastungen bereits unterhalb von Schädlichkeitsschwellen orientieren; sie erhalten dadurch die Qualität von Vorsorgewerten [3.15] (*Kasten*).

Grenzwerte sind nur für definierte Ziele einsetzbar: Bei Abwassereinleitungen beziehen sich die Grenzwertbetrachtungen vorrangig auf das Ziel, Oberflächengewässer als Rohstoff für die Trinkwassergewinnung zu nutzen. Die EG-Richtlinien für zulässige Konzentrationen von Schwermetallen sahen bspw. weitgehend identische Grenzwerte für Flusswasser und für Trinkwasser vor. Gewässerökologische Untersuchungen zeigen jedoch, dass die Metallkonzentrationen für empfindliche Organismen z. T. um mehr als zwei Größenordnungen unter diesen Trinkwasser-orientierten Werten liegen müssten.

Grenzwerte im Spannungsfeld von Politik, Ökonomie & Wissenschaft [3.15]

Grenzwerte entstehen in einem Spannungsfeld, in dem die Verträglichkeit von Stoffen durch die Toxikologie, der Nutzen einer Technologie bzw. Stoffanwendung durch die Ökonomie und die Vermeidbarkeit von Umweltbelastungen durch die Politik vertreten werden. Da die Transparenz von Kriterien eine entscheidende Voraussetzung für eine soziale Akzeptanz von Grenzwerten darstellt, ist es unumgänglich, sich über das Schutzziel (Mensch oder Ökosphäre) Klarheit zu verschaffen und rechtzeitig eine konsensgestützte Schutzziel-Hierarchie zu erstellen.

Welches Risiko für welchen Nutzen akzeptiert wird, hängt von der Größe der potentiellen Nutzergruppe bzw. des durch die Nutzung unvermeidbar belasteteten Umweltkompartiments ab. Die subjektive Akzeptanz, d.h. die Höhe des freiwillig akzeptierten Risikos, durch einen Stoff oder eine Gruppe von Stoffen in der Umwelt geschädigt zu werden, scheint für ein frei willig eingegangenes Risiko etwa 1000mal größer zu sein als die soziale Akzeptanz für ein gleich hohes, aber als unfreiwillig empfundenes Risiko. Aufgabe von Wissenschaft und Technik ist es, durch entsprechende Weiterentwicklungen zu einer Senkung der „Nutzungsschwelle" beizutragen. In der Praxis gibt es durch die Begriffe „allgemein anerkannte Regeln der Technik (aaRdT)", „Stand der Technik" und „Stand des Wissens" mehrere Nutzungsschwellen. Möglichst weit unterhalb der Schädigungsschwelle und möglichst nahe an der Nutzungsschwelle sollte die „Duldungsschwelle" liegen, die Belastung der Umwelt auf der Basis konsensfähiger Vorstellungen zur subjektiven oder sozialen Akzeptanz nutzloser oder als solche empfundener Belastungen. Die Akzeptanz wird wesentlich mitbestimmt von dem Konsens über die Vertretbarkeit der technischen Minimierung dieser Belastung: „Wissenschaft und Technik erhalten aus diesem Minimierungsgebot wesentliche Impulse für den Fortschritt zur Senkung der Nutzungsschwellen" [3.12].

Um unabwägbare Risiken von vornherein zu minimieren, ohne den meist teuren und unverantwortlichen Umweg über das Freilandexperiment zu gehen, schlagen *Dieter* u. *Grohmann* [3.15] folgenden Stufenplan vor:

1. Den Nutzen (Funktionalität) einer Maßnahme oder einer Stoffanwendung beschreiben und diese eventuell verwerfen, falls kein Nutzen gegeben ist.
2. Die in Verbindung mit dem zunächst erwarteten Nutzen zu erwartenden Belastungen (a) am Nutzungsort, (b) in anderen Kompartimenten feststellen.
3. Die Nützlichkeit und Nutzlosigkeit von Belastungen je nach Kompartiment feststellen (Beispiel: Chlor hat im Trinkwasser gegebenenfalls einen Nutzen, nicht aber im Magen des Verbrauchers).
4. Die Vermeidbarkeit nutzloser Belastungen sicherstellen: (a) durch technische Maßnahmen (Vorsorge: mit Maßnahmespielraum; Nachsorge: ohne Maßnahmespielraum), (b) im Zweifelsfall: Verzicht auf die Maßnahme oder Stoffanwendung.
5. Die Unschädlichkeit nützlicher Belastungen sicherstellen: (a) humantoxikologisch, (b) ökotoxikologisch, (c) im Zweifelsfall: Verzicht auf die Maßnahme oder Stoffanwendung.

3.1.5 Zeitskalen der Schadstoffausbreitung

Umweltchemikalien werden zwischen den verschiedenen „Medien“ durch Vorgänge wie Ausregnen, Auflösen, Verdunsten, Adsorption und Desorption transportiert [3.6]. Aus den Erfahrungen der natürlichen Stoffbewegungen in der tieferen Erdkruste und den globalen Stoffströmen von Makroelementen wie Kohlenstoff, Stickstoff und Schwefel an der Erdoberfläche wurde das Bild des „Stoffkreislaufs“ auch auf Umweltchemikalien übertragen. Dieses Bild kann jedoch in der umwelttechnischen Praxis irreführend sein, denn hier sind die Hauptprobleme die temporären Schadstoffanlagerungen und -anreicherungen an Feststoffen – Abfall, Klärschlamm, Staub, Boden, Sedimente –, aus denen diese Schad- und Belastungsstoffe bei veränderten Bedingungen *massiv freigesetzt* werden.

Die Ausbreitung von Schadstoffen in der Umwelt erfolgt in einem weiten zeitlichen Spektrum. Maßgebend sind einmal die Transportmechanismen und zum anderen die Wechselwirkungen der Schadstoffe mit den Trägermedien (Parameter der Stoffdynamik im Abschn. 3.1.6). Beispiele für charakteristische Grundwasserverschmutzungen sind in Tabelle 3.4 in einer zeitlichen Abfolge angeordnet:

- Am kurzfristigen Ende der Zeitskala stehen die Auswirkungen von grundwassergängigen organischen Substanzen bei Unfällen und Leckagen, von Nitrat und Pestiziden aus der Landwirtschaft (Abschn. 7.2.2), und von Chlorid aus dem Winterstreudienst (Abschn. 7.2.1).
- Großräumige, deutliche und meist rasch einsetzende pH-Absenkungen resultieren aus der Oxidation von Sulfiden, vor allem von Eisensulfid, aus Minenabfällen und Baggerschlickablagerungen (Abschn. 3.2.1).
- Änderungen der Redoxbedingungen als Folge von organischen Umsetzungen bei der Uferfiltration und – meist weniger deutlich – künstlichen Infiltration lassen sich u. a. durch die Freisetzung von Mangan nachweisen (Abschn. 7.3.1).
- In deponiebeeinflussten Grundwässern zeigen Bor, Sulfat, Ammonium und Arsen besonders hohe „Kontaminationsfaktoren“ Abschn. 8.2.2).
- Starker atmosphärischer Säureeintrag in Waldböden pufferarmer Räume kann bereits mittelfristig eine intensive Freisetzung von Aluminium und Schwermetallen bewirken (Abschn. 5.1.5).
- Nutzungsänderungen von landwirtschaftlichen Böden hin zur Forstwirtschaft werden vermutlich die Mobilität von Schwermetallen langfristig erhöhen.
- Sehr langfristig und deshalb weitgehend spekulativ sind die Annahmen über eine verstärkte Freisetzung von Schwermetallen durch die Oxidation von Sulfiden in Reaktordeponien nach Beendigung von sauerstoffzehrenden Prozessen bzw. durch die Auflösung der Karbonatpuffer in Schlackendeponien.

Bei den kurz- bis mittelfristigen Wirkungen (Tage bis wenige Monate) können die Ausbreitungsbedingungen unmittelbar durch Messungen verfolgt werden. Die sehr langfristigen Veränderungen lassen sich im allgemeinen nur durch Laborexperimente, z. B. über Zeitraffereffekte, verifizieren. In dem dazwischen liegenden Bereich von Jahren bis Jahrzehnten ist es zweckmäßig, Frühwarnindikatoren einzusetzen: (1) Mobile Substanzen im Deponieuntergrund, (2) Calcium, Magnesium und Sulfat für die Intensivversauerung von Waldböden [3.16].

Tabelle 3.4 Zeitskalen von Grundwasserverschmutzungen

Dauer	Ursache – Prozess	Wirkung – Schadstoff
Tage	Leckagen, Unfälle, Straßenstreusalz	Öl, Benzol, HOV, Cl^-
Wochen	Landwirtschaft, saure Sickerlösungen von Minenabfällen und. Baggergut-Spülfeldern (Sulfidoxidation)	Nitrat, Pestizide, Sulfat, Aluminium, Schwermetalle
Monate	Redoxveränderungen in Uferfiltratstrecken	Mangan, Eisen
Jahre	Deponiesickerwässer (anaerobe saure Phase)	Bor, Sulfat, NH_4^+, As, AOX, GC-Fingerprint
Jahrzehnte	Intensivversauerung von Waldböden (pH<4,2)	Calcium, Aluminium, Schwermetalle
Jahrhunderte	Nutzungsänderung von Land- zur Forstwirtschaft (pH-Senkung, DOC)	Schwermetalle
	Sickerwässer aus postmethanogenen Reaktordeponien (Reoxidation)	Schwermetalle?
Jahrtausende	Sickerwässer aus Schlackendeponien (Carbonatlösung)	Schwermetalle?

AOX = an Aktivkohle adsorbierbare organisch gebundene Halogene
DOC = gelöster (dissolved) organischer Kohlenstoff
GC-Fingerprint = Gas-Chromatographie-Spektrum ausgewählter deponietypischer Stoffe
HOV = halogenorganische Verbindungen

3.1.6 Parameter der Stoffdynamik in der Umwelt

Wichtige Informationen zur Beurteilung des Schicksals und der Aufenthaltszeit von Verunreinigungssubstanzen finden sich in Abb. 3.3 (nach [3.17]): Neben den *Transportwegen* und *Massenflüssen*, die sich aus der Produktionsstatistik, den Massenbilanzen, dem Transport und den Mischungsverhältnissen ableiten lassen, gilt das Interesse vor allem der *Verteilung* in den verschiedenen Umweltkompartimenten und den *molekularen Transformationen* in diesen Systemen. Dabei ist der Übergang des Schadstoffes in die verschiedenen Reservoire Wasser, Atmosphäre, Biota, Sedimente und Boden, die Verteilung in diesen und die verbleibende Konzentration abhängig von den physikalischen, chemischen und biologischen Eigenschaften der einzelnen Verbindungen und auch von den Eigenschaften der Umwelt. Beruhend auf den *Verteilungsgleichgewichten* kann die Art und Richtung der Transformation vorausgesagt werden. Bezieht man zusätzlich die *Kinetik* (Reaktionsablauf unter Berücksichtigung der Geschwindigkeit) dieser Transformation von einem Reservoir ins andere ein, können die Aufenthaltszeiten und somit die resultierenden Konzentrationen in einer ersten Näherung vorausgesagt werden.

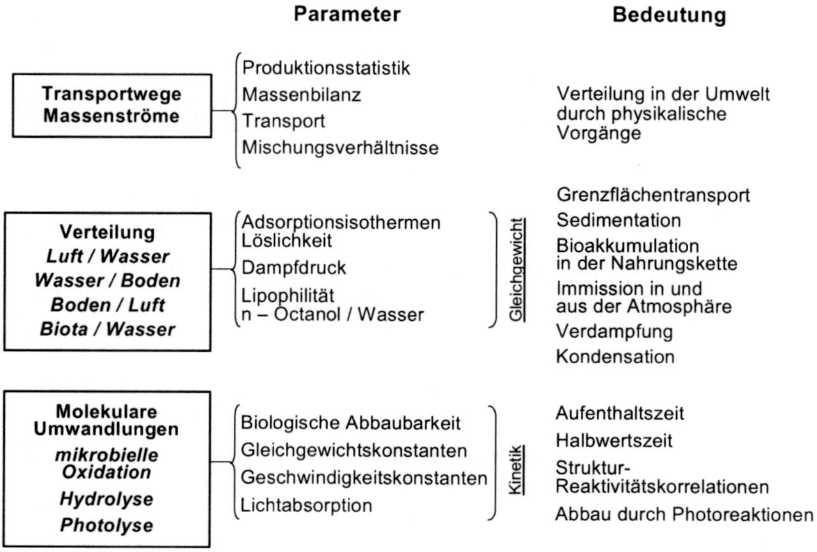

Abb. 3.3 Parameter für die Beurteilung des Schicksals und der Aufenthaltszeit von Schadstoffen in der Umwelt (nach [3.17])

Ein Maß für die Bindungsfestigkeit bzw. Beweglichkeit von organischen Chemikalien ist der Verteilungskoeffizient zwischen Lösung und Feststoff. In Tabelle 3.5 sind Beispiele für die Gruppe der Pestizide wiedergegeben, die vor allem für das Verhalten von synthetischen organischen Stoffen in Böden von Interesse sind. Das K-Spektrum von hohen Werten, z. B. bei Organochlorpestiziden, zu niedrigen Verteilungskoeffizienten, z. B. die wegen der Grundwassergefährdung umstrittenen Stickstoffpestizide, entspricht nicht nur einem Anstieg der Wasserlöslichkeit, sondern stellt auch generell den Übergang von unpolaren über halbpolaren zu polaren Bindungscharakteristiken dar. Unpolare Verbindungen werden umso stärker sorbiert, je fettlöslicher (hydrophober) sie sind; als Maß für die Fettlöslichkeit wird üblicherweise der Octanol/Wasser-Verteilungskoeffizient (K_{OW}) gewählt.

Tabelle 3.5 Boden/Wasser-Verteilungskoeffizienten für Pestizide [3.18]

Pestizid-Typ	K-Wert	Pestizid-Typ	K-Wert
Organohalogenide		*Carbamate*	
Aromatisch	$10^5 \ldots 10^3$	Methyl-Carbamate	$5x10^2 \ldots 2$
Aliphatisch		Thiocarbamate	$5x10^2 \ldots 50$
Organophosphate		*Nitroaniline*	$1x10^3 \ldots 50$
Aliphat. Derivate	$5x10^2 \ldots 10^1$	*Triazine*	$8 \ldots 1$
Phenyl-Derivate	$10^3 \ldots 10^2$		
Heterocyclen	$5x10^2 \ldots 50$		

3.2 Schwermetalle

3.2.1 Umwelttechnische Relevanz

Schwermetalle stammen neben den natürlichen Quellen aus (1) industriellen Aufbereitungsverfahren von Erzen und Metallen, (2) dem Verbrauch von Metallen und metallhaltigen Stoffen, (3) der Auslaugung von Abfallstoffen und (4) aus tierischen und menschlichen Ausscheidungen.

Metallprobleme

Bei den *atmosphärischen Metallemissionen* waren vor allem die Cadmium-Emissionen problematisch, die zuerst vor allem aus der Erzverhüttung, Erzverarbeitung und später auch aus der Abfallverbrennung stammten. Der Anstieg der Nickelemissionen war besonders ausgeprägt seit den 50er Jahren, bedingt durch die wesentlich intensivierte Nutzung von Öl. Die Filterstäube ölgefeuerter Kessel enthalten ca. 1 % Ni. Typische Anreicherungsprodukte in feinkörnigen Flugaschen sind (ursprünglich in sulfidischen Mineralphasen der Kohle und z. T. in Erzen gebundene) Elemente wie Kupfer, Zink, Cadmium und Blei und mit noch stärkerer Tendenz zu flüchtigen Phasen Arsen, Selen und Antimon. Eine bevorzugte Emission mit der Gasphase zeigen Quecksilber, Fluor, Chlor und Brom [3.19].

Eine Untersuchung zur Herkunft der Schwermetalle in den *kommunalen Kläranlagen* von New York [3.20] ergab einen Eintrag über das Regenwasser (Abrieb von Autoreifen, Korrosion verzinkter Bauteile) von ca. 10 % für Cd, Cr, Cu und Ni, und 30 % für Zink. Die Korrosion von Wasserleitungen trug signifikant zu den Konzentrationen an Kupfer, weniger ausgeprägt an Zink, bei. Die Studie zeigte einen wesentlichen Industrie-Eintrag vor allem aus der Galvanik, am höchsten für Nickel, gefolgt von Chrom und Cadmium. Hier liegen nach wie vor die Hauptprobleme des industriellen Metalleintrags, sowohl aus direkten wie indirekten Industrieabwassereinleitungen. Diese Einträge in die öffentliche Kanalisation können die Funktionsfähigkeit der kommunalen Kläranlagen beeinträchtigen. Neben den Schwermetallen sind hier auch pH-Wert-Veränderungen zu beachten.

Metallfreisetzung

Für eine verstärkte Löslichkeit, Mobilität und Bioverfügbarkeit feststoffgebundener Metalle sind Faktoren und Prozesse wichtig [3.21]:

- *pH*-Senkung, z. B. aus Bergbauabwässern, regional aus sauren Niederschlägen,
- Erhöhung der *Salzkonzentration* durch Konkurrenzeffekte bei der Oberflächenadsorption und die Bildung löslicher Chlorokomplexe einiger Spurenmetalle,
- erhöhte Gehalte an natürlichen und synthetischen *Chelatbildnern*, die lösliche Komplexe mit Metallen bilden, die sonst an Oberflächen adsorbiert würden,
- wechselnde *Redoxbedingungen*.

Extreme Freisetzungseffekte von Spurenmetallen, die teilweise noch größere Flussabschnitte zu verfolgen sind, resultieren aus weiträumigen und anhaltenden Oxidationsprozessen von Sulfidmineralen in *Bergbauhalden*. In den Sickerwässern von frischen Bergehalden von Sulfiderzen können sich nach wenigen Jahren pH-Werte bis unter 1 mit extrem hohen Schwermetallgehalten einstellen [3.22].

3.2.2 Herkunft und Wirkung

Der globale Eintrag von Schwermetallen und ihre langfristige potentielle Anreicherung in der Biosphäre lässt sich aus dem *Technologie-Index* [3.23] ablesen, der die jährliche Erzgewinnung in Relation zu den normalen Gehalten im Gestein setzt (Werte in 5 x 10^7):

Mn =	Fe <	Ni	< Cr	< Zn	< Cu	< Hg	= Pb	< Au	< Cd
1	1	2	4	10	20	30	30	60	140

Mit diesen Index-Werten soll ausgedrückt werden, dass unter den technisch „aktiven" Elementen jene am bedrohlichsten für die belebte Umwelt sind, die aufgrund ihrer intensiven Nutzung besonders starke umweltgeochemische Anomalien ausbilden können.

Bei der Herkunft der *globalen Metallemissionen* können nach Nriagu u. Pacyna [3.24] folgende typische Entwicklungen unterscheiden werden:

- der *Bergbau* produziert ein Mehrfaches der bei der natürlichen Verwitterung mobilisierten Metalle;
- die Einträge aus der *Industrie* in die Böden und Gewässer betragen für Chrom, Blei, Kupfer und Zink jeweils 15–20 % der Bergbauproduktion; bei Cadmium und Quecksilber übersteigen die heutigen Einträge aus der Industrie die aktuell gewonnenen Metallmengen, da der Bergbau auf Cadmium und Quecksilber inzwischen stark zurückgegangen ist;
- die *Verhüttung* von Erzen ist mit höheren Luft- als Gewässereinträgen verbunden, während bei der Industrieproduktion die Einträge in die Gewässer meist deutlich über den Emissionen in die Atmosphäre liegen (Ausnahme: Blei);
- die *Böden* sind bei allen Metallen schon heute das mit Abstand wichtigste Aufnahmemedium und dies wird sich wahrscheinlich mittelfristig noch verstärken.

Die Freisetzung von potentiell toxischen Elementen in die Umwelt kann Ökosysteme global, regional oder lokal belasten. Diese Effekte können in verschiedenen Medien beobachtet werden, z. B. in Böden, im Wasser und in Organismen. Besonders gut geeignet für eine Langzeitbeobachtung sind datierte Kerne im Eis oder aus den jüngeren Ablagerungen in Seen (Tabelle 3.6 [3.25]).

- Dramatische *globale* Veränderungen werden bei *Blei* zu beobachten und diese Effekte waren in erster Linie auf die Bleizusätze zum Benzin verursacht. Die drastische Einschränkung der Blei-Additive seit Ende der siebziger Jahre konnte eindeutig in einem entsprechenden Rückgang der Bleikonzentrationen im Blut der Bevölkerung verfolgt werden [3.26].
- Typisch *regionale* Veränderungen zeigen sich bei *Aluminium* unter dem Einfluss saurer Niederschläge. In den Gewässern wirken die erhöhten Aluminiumkonzentration toxisch auf kiemenatmende Tiere; organisch komplexiertes Aluminium wird relativ leicht mit der Nahrung aufgenommen und kann wichtige Stoffwechselprozesse stören [3.27].
- Anders als Blei und Aluminium wird *Chrom* meist lokal beeinflusst (z. B. aus Galvanikbetrieben oder Lederindustrie); dieses Element zeigt typische Spezies-

unterschiede, indem die sechswertige Form um ein Vielfaches giftiger ist als die dreiwertige Form. Die „Speziation" spielt eine wichtige Rolle bei der Abschätzung der Mobilität und biologischen Verfügbarkeit eines chemischen Elements. Die Spezies gelöster Komponenten wird durch Makromoleküle und durch feste Teilchen mitgeprägt. Sie werden dadurch für einige ihrer Auswirkungen maskiert oder immobilisiert (z. B. hinsichtlich der Toxizität), für andere jedoch aktiviert (indirekte Photolyse, biologischer Abbau, Stofftransport).

- Metalle können durch die Bildung organischer Verbindungen mobilisiert werden und – wie das Beispiel des *Quecksilber*s zeigt – auch giftiger sein als anorganische Formen. Die Halbwertszeit organischer Quecksilberverbindungen im menschlichen Körper beträgt ca. 70 bis 80 Tage, im Zentralnervensystem über 100 Tage. Quecksilber wird z. B. durch Bakterien in Methylquecksilber umgewandelt; durch diese organische Bindung wird Quecksilber lipophil (= fettlöslich; Abschn. 3.1.3) und kann nun vom Plankton (= im Wasser schwebende Algen, Kleinkrebse usw.) aufgenommen werden [3.28].
- Die Mobilität von *Cadmium* wird durch die Versauerung verstärkt und kann so insbesondere in kalkarmen Böden immer leichter von Pflanzen aufgenommen werden kann (Klärschlamm, Baggerschlamm, Böden). Bei Cadmium liegt die mittlere Verweilzeit im menschlichen Körper bei 18 Jahren, so dass vermutlich das wahre Ausmaß der Belastung bislang noch gar nicht zu erkennen ist.

Tabelle 3.6 Anthropogene Veränderungen von Schwermetallkreisläufen [3.25])

	Skala der Veränderung			Diagnostisches Milieu	Freisetzungs-mechanismus
	global	regional	lokal		
Pb	+	+	+	Eis, Sediment	Verflüchtigung
Al	–	+	–	Wasser, Boden	Auflösung
Cr	–	–	+	Wasser, Boden	Auflösung
Hg	(–)	+	+	Fisch, Sediment	Alkylierung
Cd	(–)	+	+	Boden, Wasser, Sediment	Auflösung, Verflüchtigung

Der wichtigste Mechanismus, der die Toxizität von Schwermetallen generell bestimmt, ist die Inaktivierung von Enzymen. Dabei sind die zweiwertigen Übergangsmetalle besonders wirksam. Sie reagieren leicht mit den Amino- und Sulfhydryl-Gruppen der Proteine; einige (Cadmium, Quecksilber) konkurrieren mit Zink und ersetzen dieses in zinkhaltigen Metallo-Enzymen. Metalle können auch die Durchlässigkeit von Zellmembranen verändern und damit den Stofftransport beeinflussen. Metalle können Erbgut verändern und krebserregend wirken [3.29]. Bei den Itai-Itai-Erkrankungen in Japan bewirkte vermutlich Cadmium eine „Ausschwemmung" von Calcium aus den Knochen. Ein zweites Zentrum der toxischen Wirkung sind die Nieren, wo sich Cadmium anreichert und die Sekretionstätigkeit kontinuierlich verschlechtert.

3.3 Organische Schadstoffe

Unter dem Begriff organische Verbindungen sind alle chemischen Verbindungen zusammengefasst, bei denen Kohlenstoffatome das Grundgerüst bilden. Aufgrund der Molekülstruktur wird dabei unterschieden zwischen aliphatischen Kohlenwasserstoffen (kettenförmige) und aromatischen Kohlenwasserstoffen (vom Benzolring abgeleitete Verbindungen). Wenn ein oder mehrere Wasserstoffatome durch Halogen-Atome, z. B. Chlor, Brom, Jod, Fluor, ersetzt werden, entstehen Halogenkohlenwasserstoffe (S. 103). Entsprechend ihrer unterschiedlichen physikalischen und chemischen Eigenschaften finden die chlorierten Kohlenwasserstoffe in weiten Bereichen eine Anwendung. Beispielsweise werden bestimmte chlorierte Kohlenwasserstoffe mit guten fettlösenden Eigenschaften, z. B. Perchlorethylen und Trichlorethylen, zur Metallentfettung, für die chemische Reinigung, als Extraktionsmittel und als Verdünner in der Farben- und Lackindustrie verwendet. Ferner sind chlorierte Kohlenwasserstoffe der Ausgangsprodukt für die Herstellung von Kunststoffen, z. B. PVC. Entsprechend ihrer unterschiedlichen Giftigkeit werden bestimmte chlorierte Kohlenwasserstoffe als Schädlingsbekämpfungsmittel gegen Insekten (Insektizid), gegen Pilze (Fungizid), gegen Bakterien (Bakterizid) und gegen bestimmte Pflanzen (Herbizid) eingesetzt. Chlorierte Kohlenwasserstoffe mit einem breiten Wirkungsspektrum, z. B. mit fungizider, bakterizider und insektizider Wirkung werden als Holzschutzmittel eingesetzt. Auch in zahlreichen im Haushalt üblichen verwendeten Mitteln (z. B. Fleckwasser, Pinselreiniger u. ä.) können chlorierte Kohlenwasserstoffe enthalten sein [3.30].

3.3.1 Umwelttechnische Relevanz

a) Innenraumluft und Erdatmosphäre

Die Kontamination von Innenräumen, nicht nur am Arbeitsplatz, wird immer mehr als einer der wichtigsten Faktoren für die menschliche Belastung durch Luftschadstoffe erkannt. Die Ursache dieser Schadstoffbelastungen (gasförmig und partikulär) ist sehr vielfältig: Es sind Anwendungen von Haushaltsgas, Verbrennung von Kohle, Koks und Holz; sie gehen aus von bestimmten Zimmerpflanzen, entstehen beim Kochen, Reinigen, Malen es sind Stoffe in Haushalts- und Geschäftsgegenständen wie Reinigungsmittel, Klebstoff, Korrekturflüssigkeiten und Nagellacke. Zwei Verbindungen sind besonders umstritten [3.31]:

Formaldehyd dient als Ausgangsstoff für viele Kunstharze, Bindemittel für die Herstellung von Holzspanplatten, Holzfaserplatten und Sperrholz, sowie von Textilhilfsmitteln und Desinfektionsmitteln. Anfang der 80er Jahre wurde Formaldehyd aufgrund von Tierversuchen als krebserregend eingestuft. *Pentachlorphenol* (PCP) fand Verwendung nicht nur im Holzschutz sondern auch zu Konservierungszwecken. Früher enthielt PCP signifikante Mengen an Dioxinen und Furanen aus dem Produktionsprozess. Die Beschränkungen des Inverkehrbringens sowohl von Formaldehyd als auch von Pentachlorphenol war in der Chemikalienverbotsverordnung (ChemVerbotsV) vom 19. Juli 1996 geregelt.

1. Aliphatische Verbindungen

z.B. Alkane: Methan Ethan Propan Butan

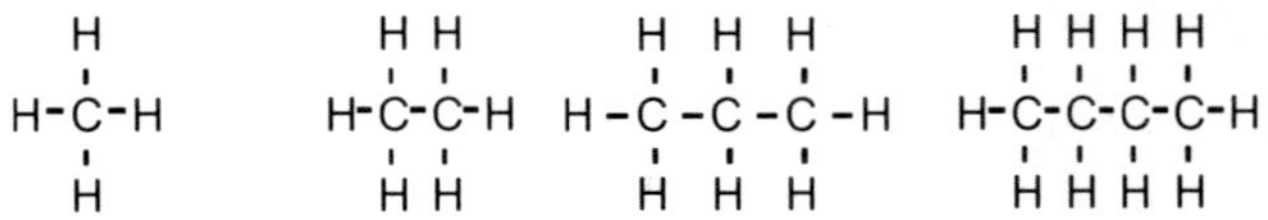

Bei einer Substitution von „H“ durch „Chlor“ wird die Nummer des C-Atoms, mit dem „H“ verbunden war, angegeben. Bei den aliphatischen Verbindungen erfolgt die Nummerierung von links nach rechts.

1,3-Dichlorpropan

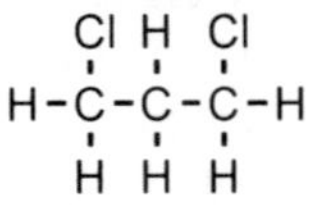

2. Aromatische Verbindungen

a) Benzol und vom Benzol abgeleitete Verbindungen

Die Nummerierung der C-Atome im Benzolring erfolgt im Uhrzeigersinn. Bei zwei Substituenten wird je nach ihrer Stellung zueinander zwischen ortho- (o-), meta (m-) und der para- (p-) Stellung unterschieden, z.B.:

1,2-Dichlorbenzol = o-DCB

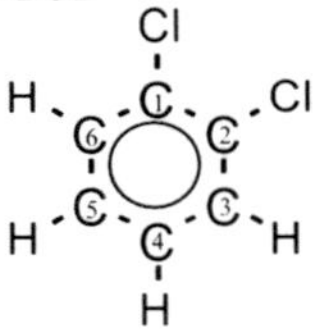

1,4-Dichlorbenzol = p-DCB

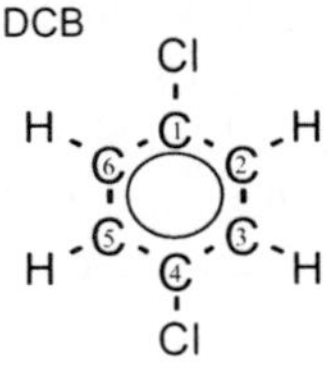

b) Biphenyle

Es handelt sich um Verbindungen, die zwei miteinander verbundene Phenylgruppen aufweisen. Bei Biphenylen erfolgt die Nummerierung der C-Atome in der ersten Phenylgruppe entgegen dem Uhrzeigersinn, in der zweiten Phenylgruppe im Uhrzeigersinn; zusätzlich werden die C-Atome in der zweiten Phenylgruppe mit einem „‘“ versehen, z.B. 3,5‘-Dichlorbiphenyl:

3,5‘-Dichlorbiphenyl

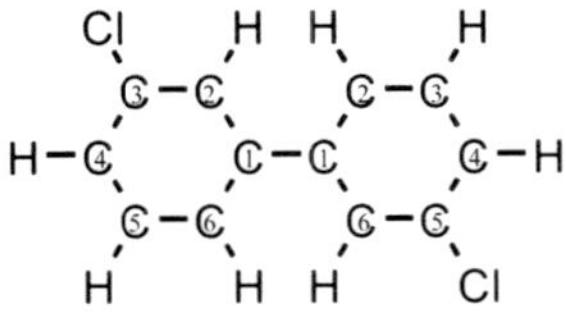

2,5,3‘,6‘-Tetrachlorbiphenyl

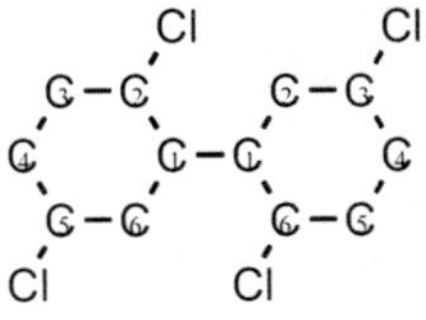

c) Dibenzo-p-dioxine

PCDD

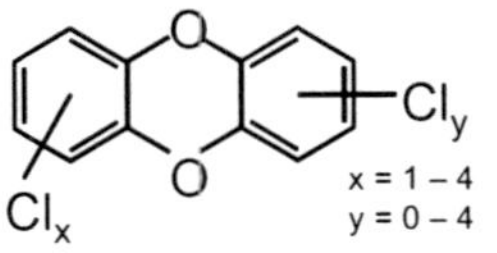

Zwei Phenylringe sind über zwei orthoständige Sauerstoff-Atome verknüpft. Für die Chlor-Substitution stehen insgesamt acht C-Atome zur Verfügung.

Abb. 3.4 Struktur und Bennennung von Chlorkohlenwasserstoffverbindungen [3.30]

Fluorchlorkohlenwasserstoffe (FCKW) zeichnen sich ebenso wie die entsprechenden Bromverbindungen durch hohe Stabilität aus und sind nicht brennbar. Wegen ihrer günstigen Eigenschaften werden sie u. a. in Feuerlöschmitteln, als Kältemittel für Kühl- und Gefriergeräte, Wärmepumpen und Klimaanlagen, als chemische Reinigungs- und Lösemittel und als Verschäumungsmittel in der Kunststoffproduktion eingesetzt. In dem Protokoll von Montreal vom 16.09.1987 verpflichteten sich die Industriestaaten, den Verbrauch von FCKW nachhaltig zu reduzieren und Stoffe mit hohem *Ozonabbaupotential* vorrangig zu ersetzen.

Als vorübergehender Ersatzstoff, *„Überbrückungsstoff"* [3.32], für die bisher vorzugsweise verwendeten Verbindungen FCKW-11 (CCl_3F) und FCKW-12 (CCl_2F_2) kommt vor allem FCKW-22 ($CHClF_2$) in Frage, das nur ca. ein Zwanzigstel des ozonschädigenden Potentials dieser Verbindungen aufweist. Die Wasserstoffatome dieser und anderer Ersatzstoffe wie z. B. F-123 ($CHCl_2CF_3$) und F-141b (CH_3CCl_2F) werden in den unteren Atmosphäreschichten leichter oxidiert.

b) Altlasten und Grundwasserverschmutzung

Nach der Aufdeckung spektakulärer Schadensfälle von „Altlasten" – Love Canal/USA (1978), Stoltzenberg/Hamburg (1979), Lekkerkerk/Niederlande (1981), Georgswerder/Hamburg (1983) – wurden in den meisten Industrienationen detaillierte Erhebungen über das Ausmaß von Bodenkontaminationen durchgeführt. Zunächst wurden etwa 10 % der Altstandorte und Altablagerungen als sanierungsbedürftig angesehen; inzwischen geht man davon aus, dass der Anteil der kostenwirksamen Sanierungsfälle zwischen 15 und 30 % aller erfassten Altlasten liegen wird. Nach dem Stand von Dezember 2000 wurden bisher in Deutschland 100.000 Altablagerungen und 260.000 Altstandorte erfasst [3.33].

Die Belastung des Untergrunds durch organische Schadstoffe entsteht häufig durch Unfälle von Tanklastzügen, auslaufende Ölbehälter, unzureichend gesicherte Öl- und Chemikalienleitungen, sowie Unachtsamkeit beim Betanken von Fahrzeugen. Eine häufige Form der Untergrundverunreinigung von Industriegelände fand im Bereich von Kokereien statt, wo nicht verwertbare Rückstände aus der Produktion (Teerrückstände, Säuren, Laugen, Schlämme) meist unmittelbar auf dem Betriebsgelände in Gruben oder angelegten Erdbecken ohne besondere Dichtungsmaßnahmen verbracht wurden; gleichzeitig finden sich in diesen Böden häufig erhöhte Konzentrationen von Kokereiprodukten wie Benzol, Toluol, Xylol, Naphtalin, Phenol, Ölfraktionen- und Teerfraktionen; sowie Ammoniak. Andere typische Standorte einer organischen und teilweise auch anorganischen Bodenverunreinigung sind die Produktionsstätten für Pflanzenschutzmittel und vor allem die Betriebe, in denen Lösungsmittel verwendet werden oder wurden.

Bei den *Grundwasserschadensfällen* zeigt sich in einer Erhebung der Landesanstalt für Umweltschutz Baden-Württemberg [3.34] folgende Reihenfolge nach Schadstoffgruppen (in Klammer mutmaßliche Quellen): Chlorierte Kohlenwasserstoffe (metallverarbeitende Betriebe, Elektronik, chemische Reinigungen) 65 %; Mineralölkohlenwasserstoffe (Tankstellen, Tanklager, Raffinerien) 20 %; Benzol, Toluol, polyzyklische aromatische Kohlenwasserstoffe (Gaswerke, Kokereien) 8 %. Solche Grundwasserkontaminationen mit organischen Schadstoffen sind eines der Haupteinsatzgebiete von moderner Umwelttechnologie (Kap. 7 und 8).

3.3.2 Herkunft und Wirkung

Die Gesamtzahl der organischen Verbindungen dürfte bei über 100.000 liegen, wovon ca. 60.000 allgemein verwendet werden; pro Jahr kommen ungefähr 1.000 neue Verbindungen hinzu. Schätzungsweise 1.000 dieser Verbindungen werden in Mengen hergestellt, die zu weiterreichenden Verschmutzungen führen könnten, wenn sie freigesetzt würden. In diesem Zusammenhang ist zu erwähnen, dass nicht nur die produktions- und anwendungsbedingten Emissionen chemisch definierter Stoffe zu Kontaminationen der Umwelt führen. Als nicht minder bedenklich sind die als flüssige, gasförmige und feste Abfälle im Produktionsprozess bzw. bei der Anwendung entstehenden Produkte anzusehen. Die nicht beabsichtigte Bildung von definierten Chemikalien außerhalb der chemischen Industrie kann ebenfalls zu Umweltbelastungen führen. Beispielsweise wird die jährliche globale Emission an Kohlenwasserstoffen durch die *Verbrennung fossiler Energieträger und von Treibstoffen* (Kraftfahrzeugverkehr) auf etwa 100 Mill. t geschätzt. Davon stammen ca. 25 Mill. t aus der Müllverbrennung, ca. 50 Mill. aus Raffinerien und dem Verkehr und ca. 15 Mill. t aus der Verbrennung fossiler Energieträger. Für Benzol, Toluol und Xylol sowie andere Stoffe ergeben sich jährlich zusätzlich ca. 10 Mill. t zu den produktions- und anwendungsbedingten Emissionen [3.35].

Bei den Umweltproblemen *produktionsbedingten Emissionen* stehen die Rückstände der Produktlinie „Chlorchemie" an erster Stelle; sie reichen von der Herstellung des Vorproduktes Chlor/NaOH, über diverse Zwischenprodukte bis zu deren Weiterverarbeitung zu chlorhaltigen oder chlorfreien Endprodukten [3.36].

- *Solereinigung.* Bei dem Amalgam- (höchste Qualität) und Diaphragma-Verfahren entstehen Verunreinigungen von Calcium-, Magnesium-, Eisen- und Sulfatverbindungen. Je t Chlor entstehen 200 kg wasserhaltige Fällschlämme.
- *Chlorerzeugung.* Besonders problematisch sind quecksilberhaltige Schlämme. Vor der Weiterverarbeitung müssen die Elektrolyseprodukte Chlor, Quecksilber oder chlororganischen Verbindungen gereinigt werden.

Weitere problematische Abfallprodukte sind die CKW-Rückstände bei der Erzeugung von Propylenoxid und die PVC-Schlämme aus der Polymerisation. Eine wesentliche Entlastung brächte ein Teilausstieg aus der Chlorchemie bei der Produktion chlorfreier Chemieprodukte über die Chlorroute – ein Drittel des Chlorverbrauchs dient lediglich als Synthesevermittler und wird anschließend vollständig aus dem Produktionsprozess ausgeschleust. Für alle diese Produktionsverfahren stehen großtechnisch erprobte chlorfreie Alternativen zur Verfügung [3.36].

Ein Beispiel für *anwendungsbedingten Emissionen* sind die Probleme mit Polychlorierten Biphenylen (PCB), die bis Anfang der siebziger Jahre vielseitig genutzt wurden – als Weichmacher, Flammschutzmittel, druckempfindliche Kleb- und Kittstoffe; später wurden nur noch geschlossene Anwendungen zugelassen. Durch Überlegungen über die Entsorgung von Transformatoren tauchte bei der Bearbeitung der PCB-Bilanz 1974–1976 der Verdacht auf, dass PCB mit dem Altöl vermischt werden und auf diesem Wege eine PCB-Kontamination der Umwelt entstehen könnte [3.37]. Es wurden Möglichkeiten untersucht, vorhandene PCB-haltige Produkte von PCB zu befreien („Retrofilling") bzw. bei der Konstruktion von neuen Produkten die Anwendung von PCB zu vermeiden.

Humantoxikologische Wirkungen

Die Giftwirkung organischer Fremdstoffe resultiert direkt bzw. nach vorangegangener Speicherung aus der aufgenommen Substanz oder aus deren Stoffwechselprodukten („Metaboliten" 3.1.2). Bekannt sind Abbaumechanismen über hochreaktive Zwischenstufen (Epoxyde), die wesentlich giftiger sind als die Ausgangsstoffe. Folgende Schadwirkungen können bei Menschen auftreten [3.38]:

- *Organschäden, z. B. Blut, Niere, Haut, Zentrales Nervensystem.* Eine besonders niedrige Reaktionsschwelle besitzen die mit Chlordibenzodioxinen verunreinigten Polychlorierten Biphenyle; hier löst der Hautkontakt Ekzeme (Chlorakne) aus. Empfindlich reagiert das Zentrale Nervensystem auf organische Lösemittel (Perchlorethylen, Hexan, Alkohole, Ester, Toluol usw.); schon kurzfristige Belastungen können zu Kopfschmerzen, Gedächtnisstörungen, Abgeschlagenheit und Konzentrationsschwäche führen.
- *Stoffwechselvorgänge, z. B. Enzymbeeinträchtigungen.* Die schwerflüchtigen Organohalogenverbindungen – Pestizide wie z. B. Lindan sowie die PCB und Chlordibenzodioxine – veranlassen den Organismus zur beschleunigten Synthese der Enzyme, die sie entgiften sollen („Enzyminduktion"). Dabei wird nicht nur der natürliche Stoffwechsel beschleunigt, sondern es werden auch Schadstoffe rascher metabolisiert; so können z. B. aus polycyclischen Aromaten vermehrt hochtoxische Reaktionsprodukte entstehen.
- *Allergische Effekte und Immundefekte.* Allergische Wirkungen sind in ihrem Wirkungsmechanismus kaum bekannt; es ist lediglich nachgewiesen, dass z. B. Formaldehyd-Allergien in Form von Ekzemen auf der Haut auslösen kann. Noch weniger geklärt sind die Wirkungen auf das Immunsystems. So beklagen z. B. Menschen in Häusern, deren Holzvertäfelungen mit dioxinhaltigem Pentachlorphenol behandelt wurden, u. a. vermehrt auftretende Erkältungsphänomene und Infektionskrankheiten.
- *Mutagene, teratogene und kanzerogene Wirkungen.* Einige organische Chemikalien, z. B. Vinylchlorid, können auf direktem Weg Krebs auslösen. Die meisten dieser Xenobiotika sind jedoch Prä- oder Procarcinogene, die erst durch Stoffwechselvorgänge in das eigentliche Carcinogen umgewandelt werden.

Richt- und Grenzwerte für Dioxin im Boden

Der kritische Belastungspfad für hochtoxische Dioxine/Furane verläuft vom Boden über Lebensmittel. Legt man für eine grobe Abschätzung einen Transferfaktor von 0,01 bis 0,1 zugrunde, so wäre bei einer Belastung durch 5 ng-TCDD-Äquivalenten (TE) pro kg Boden mit Gehalten von 50–500 pg TE pro kg in den dort erzeugten Lebensmitteln zu rechnen. Bei einem Verzehr von 2 kg Lebensmitteln pro Tag wäre damit bei vollständiger Selbstversorgung eine tägliche Aufnahme von etwa 100–1000 pg TCDD-Äquivalenten pro Person bzw. 1,3–13 pg/kg Körpergewicht zu erwarten [3.39]. Diese Werte übersteigen die vorläufige duldbare tägliche Aufnahmemenge von 1 pg/kg Körpergewicht. Insofern ist der vom Bundesgesundheitsamt empfohlene Wert von 5 ng TE pro kg für Boden bei uneingeschränkter gärtnerischer und landwirtschaftlicher Nutzung keinesfalls zu hoch angesetzt (Abschn. 3.1.2).

„Neue" Schadstoffe: Gewässerrelevanz endokriner Stoffe und Arzneimittel

Mit dem Schwerpunktprogramm der Deutschen Forschungsgemeinschaft *„Schadstoffe im* Wasser*"* (1970–1977 [3.40]) begann die systematische Erforschung der Gewässerverschmutzung in Deutschland; die Ergebnisse dieser Arbeiten bildeten die wichtigste Grundlage der späteren Überwachungsprogramme in den Ländern. Aus organisatorischen und analysentechnischen Gründen wurde damals eine Aufteilung in drei Arbeitsgruppen vorgenommen: Metalle, Phenole und Algenbürtige Schadstoffe. Seitdem sind weitere Stoffe hinzugekommen, vor allem bei den organischen Spurenstoffen. Drei alte Fragen bleiben auch in den jüngsten Beispielen:

1. Ist die analytische Erfassung und Identifizierung der verschiedenen potenziellen Schadstoffe gesichert?
2. Bei welchen Konzentrationen ist mit einer Schädigung durch die einzelnen Stoffe zur rechnen und wie kann ihre Schädlichkeit getestet werden?
3. Wie lässt sich ihr Auftreten vermeiden bzw. wie können sie auf ein unbedenkliches Maß vermindert werden?

Hormonelle Wirkungen von Umweltchemikalien und Störungen des hormonellen Systems („endokrine Disruption") sind in den letzten 10–15 Jahren in die wissenschaftliche und öffentliche Diskussion gerückt. In der laufenden Umsetzung der Europäischen Wasserrahmenrichtlinie (s. Abschn. 6.1) werden im Hinblick auf die Minderung gefährlicher Chemikalien in Oberflächengewässern zunehmend auch endokrine Wirkungen berücksichtigt. In einem Projekt der ECT Oekotoxikologie und der Bundesanstalt für Gewässerkunde wurden neue Erkenntnisse über diese Chemikalien und Arzneimittel zusammengetragen und auf ihre Gewässerrelevanz hin überprüft; außerdem wurden Strategien zur Reduzierung des Eintrags dieser Substanzen in die Gewässer erarbeitet.

In der Studie [3.41] wurden für 71 Stoffe einer Gesamtliste von 652 Verdachtsstoffen *in vivo*-Wirkungen auf aquatische Organismen festgestellt; bei 31 dieser 71 Stoffe ist der endokrine Endpunkt der empfindlichste, bei 21 war ein anderer ökotoxikologischer Endpunkt empfindlicher. Für 38 Stoffe lagen Messdaten aus deutschen Oberflächengewässern vor; als gewässerrelevant werden die 24 Stoffe eingestuft, die in Gewässern nachgewiesen wurden und deren Konzentrationen im Jahresmittel über den Umweltqualitätnormvorschlägen liegen.

Besonders nachhaltig sind Maßnahmen, die zu einer Minimierung der endokrin wirksamen Stoffe an der Quelle der Anwendung bzw. der Emission führen [3.42]:

- Umweltlabel für Produkte, die endokrin wirksame Stoffe enthalten, um ein Umweltbewußtsein beim Umgang und Gebrauch zu entwickeln;
- striktes Eintragsverbot bzw. stärkere Regulierung bei der Zulassung;
- Ersatz von schlecht eliminierbaren durch leichter abbaubare Substanzen;
- Separation von Urin, Grauwasser und Faeces;
- separate Behandlung stark verschmutzter Abwässer, z. B. aus Krankenhäusern, (Alters-)Heimen, Industrie.

Andere Maßnahmen setzen bei der Abwasserreinigung an, z.B. Erhöhung des Schlammalters im Belebungsbecken, Einrichtung zusätzlicher Filtrationsschritte, weitergehende Behandlung durch Ozonung, alternativ Behandlung mit Pulveraktivkohle (Belebtschlamm muss dann durch Verbrennung entsorgt werden).

3.4 Strahlung

Beim Menschen lösen energiereiche Strahlen verschiedene Schädigungen aus. Dazu gehört die Bildung von Krebs und Blutkrebs. Welche physiologischen Auswirkungen der Strahlen diese Krankheitsbilder verursachen, ist noch nicht genau bekannt. Vermutlich werden sie durch strahleninduzierte *Mutationen* eingeleitet.

In den vergangenen Jahren hat, nicht zuletzt unter dem Eindruck der *Tschernobyl-Nuklearkatastrophe*, das Bewusstsein über die Gefahren durch ionisierende Strahlen stark zugenommen. Dabei wird häufig übersehen, dass der *Strahlenschutz* einen hohen technischen Stand erreicht hat, der maßgebend für die Entwicklung der *Sicherheitstechnik* in anderen Bereichen war.

Strahlenschutzmesstechnik
Radiometrische Verfahren haben bei richtiger Anwendung eine größere Empfindlichkeit und Zuverlässigkeit als *Messverfahren* für andere physikalische oder chemische Größen. Die Nachweisgrenzen sind äußerst niedrig, die Aussagen meist sehr spezifisch und mit keiner anderen Methode erreichbar [3.43] (Tabelle 3.7).

Messeinheiten im Strahlenschutz
Die *Zerfallshäufigkeit* oder Radioaktivität eines Stoffes wird in Becquerel (Bq), der Zahl der radioaktiven Zerfälle pro Sekunde, gemessen. Die abgeleitete SI-Einheit für die *spezifische Aktivität* ist das Becquerel durch Kilogramm (Bq kg^{-1}) bzw. Becquerel durch Kubikmeter (Bq m^{-3}). Die Energiedosis (D) ist die auf ein Material mit einer homogenen Masse 1 kg übertragene Strahlungs-Energie von 1 J (Gray). Die Einheit für die *Äquivalentdosis* ist 1 *Sievert* (Sv) = 1 Gray x Qualitätsfaktor (Q; nach Reichwerte und Durchdringungsfähigkeit der Strahlung) in J kg^{-1}. Ein Beispiel zur Verdeutlichung der Größenordnungen: Die terrestrische Umgebungsstrahlung, der natürliche Strahlenuntergrund oder Strahlenpegel (Nullwert), hat eine Äquivalentdosisleistung von 0,40 mSv/a = 0,05 μSv/h = 50 nSv/h.

Tabelle 3.7 Das Aufgabenspektrum der Radiometrie nach Einsatzgebieten [3.43]

- Exploration; geologische und archäometrische Altersbestimmung
- Nuklearmedizinische Diagnostik (z. B. Szintigraphie)
- Nuklearmedizinische Therapie (z. B. Krebsbehandlung)
- Materialprüfung mit Durchleuchtung
- Industrielle Steuer- und Regelungstechnik, Rauchmelder
- Indikatormethoden, Tracer
- Radiochemische und biochemische Markierungs- und Spurenanalysen
- Aktivierungsanalyse
- Entkeimung von Geräten und Lebensmitteln
- Kontaminationsüberwachung
- Radioaktivität der Umwelt (nuklidspezifische Aktivitätsmessungen)

3.4.1 Natürliche Strahlenbelastung [3.44]

Die natürliche Strahlenexposition des Menschen resultiert aus der *kosmischen Strahlung*, z. T. solaren, z. T. galaktischen Ursprungs, bei der verschiedene Partikel hoher Energie bei der Kollision mit der Atmosphäre Neutronen, Protonen und Alpha-Partikel mit hoher Ionisationsrate sowie Gammastrahlen freisetzen. In mittlerer Siedlungshöhe ergibt sich eine kosmische Strahlung von ca. 0,5 μSv, in Höhen des Düsenflugverkehrs das 10- bis 100fache.

Die *terrestrische Strahlung* stammt z. T. von einigen extrem langlebigen, seit Entstehung der Erde vorhandenen – primordialen – Radionukliden in Gesteinen und Böden (K-40, Rb-87), die nach dem Zerfall in inaktive Isotope übergehen, vor allem aber von weiteren ebenfalls langlebigen Nukliden der Uran-Radium-Reihe (U-238), der Thorium-Reihe (Th-232) und der Actinium-Reihe (U-235), jede mit zahlreichen radioaktiven Tochternukliden sehr verschiedener Halbwertszeit. Bei der internen Strahlenexposition sind die Quelle für den größten Teil Radon und die Radontöchter.

In Deutschland wird für die meisten Einwohner die effektive natürliche Äquivalentdosis aus allen natürlichen Strahlungsquellen zwischen 1,5 und 4 mSv/Jahr liegen. Dazu trägt die externe Strahlenexposition zu einem Viertel und die interne Strahlenexposition zu drei Viertel bei; die Dosis durch externe Bestrahlung stammt zu rund 50 % von der kosmischen Strahlung und zu je 25 % von Kalium-40 und den Nukliden der Uran- und Thorium-Reihe [3.44].

Umwelttechnische Relevanz

Aus den *Gesteinen* gelangen Radionuklide in unterschiedlicher Menge auch in Baustoffe. In Häusern aus Schlackensteinen (z. B. im Saarland) kann das zu Strahlenbelastungen führen, die ca. 10fach über dem Durchschnitt liegen (ca. 0,7 mSv/a). Zwar wirken Decken und Wände des Gebäudes einerseits als Abschirmung gegenüber der äußeren Strahlung, andererseits kann die natürliche Radioaktivität vieler Baustoffe zu einer zusätzlichen Strahlenexposition führen (Tabelle 3.8). In Holz- und Fertighäusern heben sich die beiden Anteile gegenseitig auf, häufig überwiegt sogar der Abschirmeffekt. In Massivhäusern führt der Aktivitätsgehalt der Baustoffe zu einer deutlich höheren Strahlenexposition.

Tabelle 3.8 Einfluss verschiedener Baumaterialien auf die Strahlenexposition in Wohngebäuden [3.44] *) durch Abschirmung der Umgebungsstrahlung

Baustoff	zusätzliche Strahlenexposition (mSv/Jahr)		
Holz	–0,2*	bis	0
Kalksandstein, Sandstein	0	bis	0,1
Ziegel, Beton	0,1	bis	0,2
Naturstein, technisch erzeugter Gips	0,2	bis	0,4
Schlackenstein, Granit	0,4	bis	2,0

3.4.2 Künstliche Strahlenbelastung [3.44]

Spalt- und Aktivierungsprodukte aus Kernwaffenexplosionen und aus der Nutzung der Kernkraft sowie Strahlen aus der Röntgendiagnostik, Strahlentherapie und Nuklearmedizin stellen die wichtigsten künstlichen Belastungsquellen dar. Das Bundesgesundheitsamt gibt für Deutschland den Mittelwert der genetisch signifikanten Strahlendosis durch *Röntgendiagnostik* mit 0,5 mSv an, doch wird gleichzeitig auf die regional stark unterschiedliche Anwendungshäufigkeit hingewiesen. Es ist daher gerechtfertigt, den gesamten Beitrag zur Strahlenexposition durch Röntgendiagnostik, Strahlentherapie und Nuklearmedizin mit einer jährlichen effektiven Äquivalentdosis von 1 mSv je Einwohner anzusetzen.

Die gesamte aus *kerntechnischen Anlagen* resultierende Exposition wird mit ca. 10 μSv/a angegeben [3.46]. Obwohl die Strahlenbelastung aus Kernkraftwerken im Normalbetrieb unproblematisch ist, müssen wie bei den medizinischen Anwendungen bestimmte Anreicherungsvorgänge in Organen oder Organbezirken in Rechnung gestellt werden. Besonders zu beachten ist die Aufnahme von Jod-131, zum einen direkt über die Atemluft, zum anderen aber auch über die Nahrung, hier speziell mit der Milch, in der sich Jod über die Kette Luft-Weide-Kuh-Milch besonders anreichert. Die so dem Körper zugeführte Jodmenge wird dann zum Teil in der Schilddrüse abgelagert, die deshalb als „kritisches Organ" in bezug auf Jod bezeichnet wird. Die Jod-Ingestionsdosis ist bei Kleinkindern etwa 700-mal größer als die Inhalationsdosis von Erwachsenen. Deshalb können nur entsprechend geringere J-131-Ableitungen zugelassen werden. Auch hinsichtlich der Strahlenexposition nach dem Reaktorunfall von *Tschernobyl* gehörte radioaktives Jod neben Caesium-134 und Caesium-137 zu den vorrangig untersuchten Nukliden.

Gesamtstrahlungsexposition

Die mittlere effektive Äquivalentdosis aus allen natürlichen und künstlichen (ohne berufliche Quellen) Strahlenquellen beträgt für einen Einwohner in Deutschland 3,2 mSv/Jahr [3.44]: Diese Dosis stammt zu etwa gleichen Anteilen aus der natürlichen Strahlung, der zivilisationsbedingten zusätzlichen Strahlung durch die natürliche Radioaktivität in Häusern und der Strahlung durch die *Röntgendiagnostik*. Mit diesem Wert können die somatischen *Strahlenrisiken* der Bevölkerung abgeschätzt werden, d. h. das durch ionisierende Strahlung bedingte Auftreten von *Leukämie* und *Krebs*. Die für die Beurteilung genetischer Folgen wichtige genetisch signifikante Dosis ist deutlich kleiner. Alle anderen Beiträge zur Strahlenexposition sind für den durchschnittlichen Erwachsenen zu vernachlässigen. Die zusätzliche Dosis durch einen Flug in den Urlaub beträgt etwa 20 μSv/Jahr; die Exposition bei Daueraufenthalt am Zaun eines Kernkraftwerks etwa 10 μSv/Jahr; die tritiumhaltigen Leuchtziffern einer Uhr tragen 0,3 μSv/Jahr zur Strahlenexposition bei. Zu beachten sind bestimmte Belastungspfade dennoch, insbesondere im Hinblick auf die Anreicherung von radioaktivem Jod in der *Schilddrüse* von Kleinkindern [3.44].

Zur beruflichen Strahlenexposition in Deutschland sowie über die physikalisch-messtechnischen Strahlenschutzkontrollen s. v. Philipsborn [3.47].

Freisetzung von Radon; überwachungsbedürftige Rückstände

Die Freisetzung von Radon erfolgt durch Aufbrechen chemischer Bindungen und Erzeugung von Strahlenschäden im Kristallgitter. Die sekundäre Freisetzungsrate von Radon aus den Zwischenräumen zwischen den Mineralkörnern und der Bodenkrume ist in trockenen Gesteinen und Böden höher als in feuchten wegen der höheren Diffusion und Konvektion in Bodenluft als in Porenwasser. In Bodenkapillaren in mehreren Metern Tiefe kann somit die Radonkonzentration Werte von 30 bis 100 kBq/m^3 erreichen, also um mehrere Größenordnungen höher liegen als die Werte von 10 Bq/m^3 in normaler Außenatmosphäre. In nichtventilierten Stollen in uranhaltigem Gestein werden Radonkonzentrationen um 10.000 bis 300.000 Bq/m^3 gemessen. Radonprobleme gibt es auch mit Schlammhalden der Uranerzaufbereitung [3.45].

Mit der Verordnung für die Umsetzung von EURATOM-Richtlinien zum Strahlenschutz vom 20.07.2001 [3.48] sind Arbeitsfelder benannt worden, bei denen „erheblich erhöhte Expositionen durch natürliche terrestrische Strahlungsquellen„ auftreten können (Anlage XI zu §§ 93, 95, 96). Teil A betrifft die Arbeitsfelder mit erhöhten *Radon-222*-Expositionen, d. h. untertägige Bergwerke, Schächte und Höhle, incl. Besucherbergwerken, Radon-Heilbäder und -Heilstollen sowie Anlagen zur Wassergewinnung; Teil B umfasst Arbeitsfelder mit erhöhten Expositionen durch *Uran und Thorium* und deren Zerfallsprodukte ohne Radon, z. B. Handhabung von Produkten aus thorierten Legierungen und Verwendung und Verarbeitung von Schlacke aus der Verhüttung von Kupferschiefererzen. Bei der Verwertung und Beseitigung *überwachungsbedürftiger Rückstände* (Anlage XII zu §§ 97–102 in [3.48] werden aufgeführt:

- Schlämme und Ablagerungen aus der Gewinnung von Erdöl und Erdgas;
- Nicht aufbereitete Phosphatgipse, Schlämme aus deren Aufbereitung sowie Stäube und Schlacken aus der Verarbeitung von Rohphosphat;
- Nebengestein, Schlämme, Sande, Schlacken und Stäube aus (a) der Gewinnung und Aufbereitung von Bauxit, Columbit, Pyrochlor, Mikrolyth, Euxinit, Kupferschiefer-, Zinn-, Seltene-Erden- und Uranerzen; (b) der Weiterverarbeitung von Konzentraten und Rückständen, die bei der Gewinnung und Aufbereitung dieser Erze und Mineralien anfallen; sowie den o. g. Erzen entsprechende Mineralien, die bei der Gewinnung und Aufbereitung anderer Rohstoffe anfallen;
- Stäube und Schlämme aus der Rauchgasreinigung bei der Primärverhüttung in der Roheisen- und Nichteisenmetallurgie.

Die *Überwachungsgrenzen* von 1 Bq/g für die größten spezifischen Aktivitäten der Nuklidketten $U\text{-}238_{sec}$ und $Th\text{-}232_{sec}$ werden auf 0,5 Bq/g gesenkt, wenn (i) im Kalenderjahr mehr als 5.000 Tonnen Rückstände im Einzugsbereich eines nutzbaren Grundwasservorkommens deponiert werden oder (ii) wenn Baustoffen bei der Verwertung im Hausbau mehr als 20 % oder bei der Verwertung im Straßen-, Wege-, Landschafts- oder Wasserbau auch im Bereich von Sport- und Spielplätzen mehr als 50 % der o. g. Rückstände zugesetzt werden.

Strahlenexposition im Bergbau; strahlungsaktive Rückstände
Nach wie vor gehören Arbeiter in Uranminen, insbesondere untertage, zu der Gruppe der beruflich strahlenexponierten Personen, die im Mittel die höchste Strahlendosis aus externer und durch Radon und seine Folgeprodukte bedingter interner Exposition erhalten. Nach Messungen in *Uranminen* in Frankreich, Kanada und USA liegt die durchschnittliche, jährliche effektive Äquivalentdosis durch *Radoninhalation* zwischen 6 und 34 mSv. Unzureichend erfasst wird die Strahlenexposition für Hunderttausende von Bergarbeitern im Erz- und Kohlebergbau. Im *Kohlebergbau* ist mit einer mittleren effektiven Äquivalentdosis durch die Inhalation von Radon und seinen Folgeprodukten zwischen 1 und 2 mSv/Jahr zu rechnen, im *Erzbergbau* für die untertage Beschäftigten von 3 bis 20 mSv/Jahr [3.46].

Die Überwachung von *strahlungsaktiven Rückständen* ([3.48], *Kasten*) ist ein wichtiger Teilschritt bei der umfassenden Bewertung von Abfällen und Produkten, die künftig im Zuge der Umsetzung des Verwertungsgebots in wesentlich größeren Anteilen in Kontakt mit dem Boden und mit dem Grundwasser gelangen, als dies bei einer Deponierung der Fall wäre.

3.4.3 Elektrosmog

„Elektrosmog" ist ein umgangssprachlicher Ausdruck für die elektromagnetische Umweltbelastung bzw. die technische Hintergrundstrahlung, die beim Betrieb von Hochspannungsleitungen, Radaranlagen, Rundfunksendern, Bildschirmen, Mikrowellenherden, Mobilfunkgeräten usw. auftritt. Kompetente Übersichten zu diesem Thema geben u. a. *Leitgeb* [3.49], *Nimtz/Mäcker* [3.50] und *Weiß* [3.51].

Es gibt Hinweise auf biologische Effekte bereits von schwachen 50-Hz-Feldern [3.52]. Etwa 4 % der Bevölkerung reagieren besonders empfindlich auf elektromagnetische Strahlung, doch lassen sich die Fragen nach spezifischen Auswirkungen auf die menschliche Gesundheit noch nicht klar beantworten [3.53].

Die Untersuchungen zur *Magnetfeldexposition* der Bevölkerung im Niederfrequenzbereich können wie folgt zusammengefasst werden [3.54]:

- Hochspannungsleitungen erzeugen die höchsten Magnetfeldstärken, denen Menschen im Alltag über einen *längeren Zeitpunkt* ausgesetzt sind. Dabei wird jedoch keiner der in rechtlichen Normen genannten Grenzwerte überschritten.
- Die höchsten Magnetfeldstärken, denen Menschen *kurzzeitig* ausgesetzt sind, werden durch Arbeitsmaschinen und Haushaltsgeräte erzeugt. Sie sind aber nur bei einem Betrieb über längere Zeit in unmittelbarer Körpernähe zu beachten.

Die *26. BImSchV* (Verordnung über elektromagnetische Felder [3.55]) gilt für die Errichtung und den Betrieb von Hochfrequenzanlagen und ortsfesten Niederfrequenzanlagen, berücksichtigt jedoch nicht die Wirkungen auf elektrisch oder elektronisch betriebene Implantate (z. B. Herzschrittmacher). In den Anhängen 1 und 2 sind die Effektivwerte der Feldstärke (für Hochfrequenzanlagen) bzw. der elektrischen Feldstärke und magnetischen Flussdichte (für Niederfrequenzanlagen) verzeichnet. Soweit anwendbar sind die Mess- und Berechnungsverfahren des Normentwurfs DIN VDE 0848 Teil 1, Ausgabe Mai 1995, einzusetzen.

4 Klima und Energie

Bei der Lösung von globalen Umweltproblemen besitzt der Klimaschutz mit seinen beiden strategischen Handlungsfeldern „Erneuerbare Energien“ und „Energie-Effizienz“ höchste Priorität. In Abschn. 4.1 werden die Ursachen und Wirkungen der Treibhausgase sowie die Voraussetzungen für den Übergang zu einem nachhaltigeren Energiesystem beschrieben („2000 Watt-Szenario“, Effizienz- und Substitutionsstrategien, integrierte Energie- und Klimaprogramme, Perspektiven für die Praxis). Abschnitt 4.2 befasst sich mit den Technologien zur rationellen Energieerzeugung (Dekarbonisierung, Kraft-Wärme-Kopplung, Einsatz von Brennstoffzellen, Erhöhung des Wirkungsgrades von Kraftwerken, Abscheidung und Lagerung von CO_2). Abschnitt 4.3 beschreibt die Einsparpotenziale in Industrie und Gewerbe, im Verkehr und in Haushalten. In Abschn. 4.4 werden die Möglichkeiten und Begrenzungen bei der Nutzung der verschiedenen erneuerbaren Energien – Geothermie, solarthermische Wärmebereitstellung, Photovoltaik, Windenergie – aufgezeigt. Die Zuordnung und der Einsatz der Ressource „Biomasse“ bei der dezentralen Wärmeversorgung, für die Stromerzeugung und als alternative Energiequelle im Verkehrsbereich wird auf dem aktuellen Stand der Wissenschaft und Praxis dargestellt.

4.1 Grundlagen des Klimaschutzes

Die wissenschaftliche Konsensfindung zum globalen Klimawandel ist über hundert Jahre alt (Kasten umseitig). Eine aktuelle Weltkarte „Global Warming: Early Warning Signs“ des World Resources Institute [4.1] verzeichnet 89 Beispiele von …

- … *direkten Nachweisen* („fingerprint“) ausgedehnter und langfristiger Trends zu wärmeren globalen Temperaturen. Zu dieser Kategorie zählen Meeresspiegelerhöhungen mit Überflutungen in Küstengebieten, das verstärkte Abschmelzen von Berggletschern und die signifikante Erwärmung der Arktis und Antarktis;
- … *Vorboten* („harbinger“) für Ereignisse, die man mit zunehmender Erwärmung immer häufiger erwarten muss. Diese Kategorie umfasst z. B. veränderte Aktivitätsmuster von Krankheitserregern, die Verschiebung der Lebensräume von landwirtschaftlichen Nutzpflanzen, das Ausbleichen von Korallenriffen, etc.

Im vierten Sachstandsbericht des Intergovernmental Panel on Climate Change von 2007 [4.2] werden viele Besorgnisgründe – besonders die im dritten IPCC-Bericht [4.3] genannten Risiken für einzigartige und bedrohte Ökosysteme, von extremen Wetterereignissen und von großskaligen, irreversiblen Klimafolgen – jetzt mit größerer Sicherheit eingeschätzt, wobei größere Risiken schon bei geringeren Temperaturanstiegen auftreten. Mit großer Sicherheit wird die anhaltende Erwärmung über viele Jahrhunderte zu einem Anstieg des Meerespiegels allein infolge thermischer Expansion führen, der weit über den beobachteten Anstieg im 20. Jahrhundert hinausgeht und vor allem ökonomisch schwache Regionen treffen wird.

Geschichte einer weltweiten wissenschaftlichen Konsensbildung (nach [4.4])

1896 Svante Arrhenius, ein schwedischer Chemiker, stellt die These auf, dass CO_2-Emissionen aus der Kohleverbrennung den Treibhauseffekt auf der Erde verstärken und zu einem globalen Klimawandel führen könnten.

1924 Auf der Grundlage des Kohleverbrauchs von 1920 spekuliert Alfred Lotka, ein U.S.-amerikanischer Physiker, dass die Industrietätigkeit die CO_2-Konzentration in der Atmosphäre innerhalb von 500 Jahren verdoppeln könnte.

1949 Guy S. Callendar, ein britischer Wissenschaftler, vermutet eine Verbindung zwischen dem 10%igen Anstieg des atmosphärischen CO_2 von 1850 bis 1940 und der Erwärmung des nördlichen Europa und von Nordamerika, die seit den 1880er Jahren beobachtet wurde.

1954 G. Evelyn Hutchinson, Biologe von Yale, weist als Erster darauf hin, dass die Entwaldung zu einer Erhöhung des atmosphärischen CO_2 führen könnte.

1958 C.D. Keeling, Wissenschaftler des Scripps Instituts, startet die ersten verlässlichen und kontinuierlichen Messungen der CO_2-Konzentrationen am Mauna Loa Observatorium auf Hawaii.

1967 Eine erste verlässliche Computersimulation berechnet, dass die mittlere globale Temperatur um mehr als 2,2°C ansteigen würde, wenn sich die atmosphärischen CO_2-Gehalte gegenüber vor-industriellen Zeiten verdoppeln.

1979 Der Bericht des Ausschusses für Klimawandel der U.S. National Academy of Sciences (NAS) stellt fest, dass „eine Politik des ‚wait-and-see' bedeuten könnte, dass es zu spät ist, den globalen Klimawandel zu vermeiden".

1983 Ein NAS-Bericht bestätigt, dass die Verdopplung der CO_2-Gehalte letztlich die Erde um 2 bis 5°C aufheizen wird. Im selben Jahr stellt eine Studie der U.S.-amerikanischen Umweltbehörde zum Thema *„Können wir den Treibhauseffekt aufhalten?"* fest, dass als Ergebnis der Erwärmung die landwirtschaftlichen Bedingungen deutlich verändert und die Umwelt- und Wirtschaftssysteme potenziell gestört werden.

1987 Ein Eiskern aus der Antarktis, der von französischen und russischen Wissenschaftlern analysiert wurde, zeigt eine sehr enge Korrelation zwischen CO_2 und Temperaturen bis weit zurück um mehr als 100,000 Jahre.

1988 Der Intergovernmental Panel on Climate Change (IPCC), bestehend aus weltweit führenden Klimaforschern, wird vom United Nations Environmental Program (UNEP) und der World Meteorological Organization eingesetzt um die wissenschaftlichen und ökonomischen Grundlagen der Klimawandelpolitik in Vorbereitung auf den 1992 Erdgipfel von Rio zu bewerten (siehe Abschn. 1.1.4 „Umsetzung von globalen Klimaschutzzielen", S. 20f).

2001 Der dritte Sachstandsbericht des IPCC (TAR) stellt fest, dass sich die globale Durchschnittstemperatur im Lauf des 20. Jahrhundert um etwa 0,6°C erhöht hat. Die 1990er Jahre waren das wärmste Jahrzehnt seit Beginn der systematischen Temperaturmessungen auf der Südhalbkugel 1861.

2007 Nach dem vierten Sachstandsbericht des IPCC (AR4) liegt der Trend der vergangenen 50 Jahre mit 0,13°C pro Jahrzehnt nahezu doppelt so hoch wie für die letzten 100 Jahre. Der Anstieg des Meeresspiegels im 20. Jahrhundert beträgt insgesamt 17 cm – seit 1993 sogar 3,1 mm pro Jahr.

4.1.1 Wirkung und Herkunft der Treibhausgase

Die wichtigsten klimawirksamen Spurengase sind in Tabelle 4.1 zusammengestellt. Der größte Anteil am zusätzlichen Treibhauseffekt, jeweils bezogen auf die Konzentration, wird mit etwa 60 % dem Kohlendioxid zugeschrieben, gefolgt von Methan (15 %), den Fluorkohlenwasserstoffen (11 %) und Distickstoffoxid (4 %).

Tabelle 4.1 Treibhausgase (THG), deren atmosphärische Konzentration durch menschliche Aktivitäten erhöht wird (Schönwiese [4.5] nach Houghton et al. [4.6])

	CO_2	CH_4	N_2O	FCKW
Konzentration, vorindustriell	280 ppm	0,70 ppm	0,28 ppm	0
Schätzung 1998	365 ppm	1,72 ppm	0,31 ppm	0,3 ppb
relatives Treibhauspotenzial	1	24,5	320	8500 (F12)
Beitrag natürlicher Treibhauseffekte	26 %	2 %	4 %	–
Beitrag anthropogener THG-Effekte	61 %	15 %	4 %	11 %

Die Tabelle 4.2 gibt die prozentuale Zuordnung der Herkunft der Emissionen. Der anthropogene Anteil von *Kohlendioxid* geht zu 75 % auf die Nutzung der fossilen Energie zurück, d. h. auf die Verbrennung von Kohle, Erdöl und Erdgas (einschl. Verkehr); 20 % stammen von Rodungen des tropischen Regenwaldes, vor allem in Südamerika, sowie des borealen Nadelwaldes, z. B. in den GUS und in Kanada.

Tabelle 4.2 Prozentuale Aufschlüsselung der in Tabelle 4.1 genannten anthropogenen Treibhausgas-Emissionen (Schönwiese [4.5] nach Houghton et al. [4.6]).

	Anthropogene Gesamtemission	Quellen (Aufschlüsselung)
CO_2	29±6 Gt (8Gt C)	75 % fossile Energie 20 % Waldrodungen 5 % Holzverbrennung
CH_4	360±200 Mt (270 Mt C)	27 % fossile Energie 23 % Viehhaltung 17 % Reisanbau 11 % Biomasseverbrauch 8 % Müllhalden 8 % Abwasser 6 % Tier-Exkremente
N_2O	10±8 Mt (3 Mt N)	23–48 % Bodenbearbeitung 15–18 % chemische Industrie 17–23 % fossile Energie 15–19 % Biomasseverbrauch
FCKW (CFK)	≈ 1 Mt	Sprühdosen, Kältetechnik, Dämm-Material, Reinigung

4.1.2 Übergang zu einem nachhaltigeren Energiesystem

Das globale Energiesystem, bei dem 95 % des kommerziellen Energieverbrauchs aus den nicht erneuerbaren fossilen Ressourcen Kohle, Erdöl und Erdgas stammt, ist nach den Kriterien „Zeit sicherer Praxis" und „Systemträgheit" bereits aus wirtschaftlicher Sicht reformbedürftig [4.7]. Die zusätzlich erforderliche Senkung der CO_2-Emissionen verschärft diese Nachhaltigkeitsprobleme und die Notwendigkeit einer Neuorientierung der Energiepolitik mit enormen technischen Innovationen.

Tabelle 4.3 vergleicht ist die aktuelle globale CO_2-Situation mit den künftig zulässigen CO_2-Emissionen nach dem S450-Szenario des Intergovernmental Panel on Climate Change (IPCC) [4.8], wonach die atmosphärische CO_2-Konzentration auf maximal 450 ppm anwachsen und sich dort stabilisieren soll (diese CO_2-Konzentration orientiert sich an der natürlichen Schwankungsbreite der mittleren globalen Temperatur während der letzten 100.000 Jahre). Nach diesem Szenario wären die CO_2-Emissionen pro Person im Jahr 2050 gegenüber heute zu halbieren – bei einem verdoppelten globalen Energiebedarf. Es wäre aber mit den Zielen des Klimaschutzes durchaus kompatibel, im Jahr 2050 noch 700 bis 1100 und im Jahr 2100 noch 250 bis 450 Watt pro Person aus fossilen Energieressourcen zu nutzen.

Tabelle 4.3 Die globale CO_2-Situation im IPCC S450-Szenario [4.8, 4.9]. [a] Mit folgenden CO_2-Emissionsfaktoren berechnet (in kg CO_2/GJ): Kohle 94,6, Rohöl 73.3, Erdgas 56,1

Aktuelle CO_2-Emission	
Total	23 Gigatonnen (Gt) CO_2 pro Jahr
Weltweiter Durchschnitt	4 t CO_2 pro Jahr und Person
USA	20 t CO_2 pro Jahr und Person
OECD-Länder	11 t CO_2 pro Jahr und Person
Indien	0.9 t CO_2 pro Jahr und Person

Zulässige CO_2-Emission für das S450-Szenario						
	Bevölkerung	Emissionen ges. ($Gt\ CO_2$/Jahr)	Emission/Person ($t\ CO_2$/Jahr)	Potenzial für die Energienutzung[a] (Watt/Person)		
				Kohle	Öl	Gas
2050	10 Mrd.	20 (15 bis 40)	2,0 (1,5 bis 4,0)	700	900	1100
2100	12 Mrd.	10 (7 bis 18)	0,8 (0,6 bis 1,5)	250	350	450

In dem Projekt „Die 2000 Watt-Gesellschaft" an der ETH Zürich [4.10] wurde gezeigt, dass ein Land wie die Schweiz ohne Einbuße an Lebensstandard mit 2000 Watt pro Person auskommen kann, in einem globalen Energiesystem, das im Jahr 2050 zu 20 bis 30 % durch fossile Energiequellen und mit dem Rest durch solare Energie gedeckt wird. Die Differenz zu den 4500 Watt, die heute im Durchschnitt von einem EU-Bürger verbraucht werden, ließe sich allein beim Bedarf für Raumheizung und für die Mobilität einsparen. Der *Kasten* zeigt die Strategiepfade *Effizienz* und *Konsistenz/Substitution* mit den ökologischen, ökonomischen und sozialkulturellen Bewertungskriterien für nachhaltige Entwicklungen im Energiesektor.

Strategiepfade einer nachhaltigen Entwicklung im Energiebereich [4.11, 4.12]

Kriterien zur Bewertung von Strategiepfaden und Energietechniken [4.11]:

i. *Ökologische Kriterien*: (1) Treibhausgase pro kWh, (2) Schadstoffemissionen und Abfälle pro kWh, (3) Flächenverbrauch pro kWh, (4) Verbrauch nicht-erneuerbarer Ressourcen pro kWh.

ii. *Ökonomische Kriterien*: (1) Arbeitsplätze pro kWh, (2) Preis/Kosten pro kWh, (3) jederzeitige und uneingeschränkte Verfügbarkeit, (4) Wirkungsgrad

iii. *Sozial-kulturelle Kriterien*: (1) Akzeptanz (Zustimmungsgrad) in der Bevölkerung, (2) dauerhaft sichere Versorgung, (3) Sicherheitsfreundlichkeit (Kosten des schlimmst möglichen Unfalls), (4) Beitrag zur globalen Konfliktvermeidung

Effizienzstrategie (siehe Abschn. 1.1.1):
Vorhandene Produkte werden ressourceneffizienter (inkl. schadstoffärmer) gestaltet. Leitziel ist, die Ressourceneffizienz um den Faktor 10 zu steigern [4.13, 4.14].

1. Erzeugung von Strom, Raumwärme und Warmwasser (z. B. Gas-und-Dampf-Kraftwerke in Kraft-Wärme-Kopplung und Blockheizkraftwerke)
2. Wärmeschutz im Gebäudebereich (Wärmeschutzsanierung aller Gebäude nach Niedrigenergiehausstandard und Nullenergiehausstandard für Neubauten),
3. Gerätesektor (A++-Effizienzstandards),
4. Verkehr (1-Liter-Auto)

Vorteile: (i) deutlicher Beitrag zum Klimaschutz (Senkung der Treibhausgase bis 2050 um bis zu 50 %, der Schadstoffemissionen um über 50 %, nicht-erneuerbare Ressourcen um 50 % [4.15]), (ii) nach ökonomischen Kriterien sehr vorteilhaft; in vielen Bereichen werden Treibhausgase am kostengünstigsten realisiert; die jederzeitige und uneingeschränkte Verfügbarkeit ist gewährleistet, der Wirkungsgrad wird deutlich erhöht, (iii) Akzeptanz in der Bevölkerung und in vielen Wirtschaftssektoren ist hoch; die Effizienzstrategien sind relativ sicherheitsfreundlich.

Konsistenz- bzw. Substitutionsstrategie (siehe Abschn. 1.1.1):
Hierbei werden neue zukunftsfähige Produkte entwickelt, die in der Lage sind die ökologischen Managementregeln einzuhalten (z. B. erneuerbare Energieträger statt Öl-Heizung) [4.14].

1. Stromerzeugung (Wind- und Wasserkraft, Biomasse- und Geothermie-Kraftwerke, PV-Anlagen und Thermische Sonnenkraftwerke),
2. Wärmeversorgung (thermische Solaranlagen, Biomasseheizungen, Geothermie,
3. Verkehr (Umweltverbund, auf lange Sicht solarer Wasserstoff in Brennstoffzellen)

Vorteile: (i) wirkungsvoller Beitrag zur Senkung der natürlichen Ressourcen nach fast allen ökologischen Kriterien der Bewertung (Treibhausgase, Schadstoffemissionen, Verbrauch nicht erneuerbarer Ressourcen), (ii) unter Berücksichtigung der externen Kosten sind die meisten erneuerbaren Energien sogar kostengünstiger als konventionelle Energien, ihr Potential ist viel höher als das noch vor 10 Jahren für möglich gehalten wurde; (iii) die Akzeptanz ist relativ hoch, dies ermöglicht auch, Bündnispartner bei Teilen der Wirtschaft und Unterstützer bei den Konsumenten zu finden. Die Sicherheitsfreundlichkeit ist hoch, große Gefährdungen sind ausgeschlossen; der Beitrag für die globale Konfliktvermeidung ist hoch.

Integriertes Energie- und Klimaprogramm der Bundesregierung – Beispiele
Im August 2007 hat das Bundeskabinett ein Paket mit 29 Einzelmaßnahmen beschlossen, um das Reduktionsziel von –40 % (bezogen auf 1990) der Treibhausgasemissionen bis zum Jahr 2020 in Deutschland zu erreichen [4.16]. Zur Überprüfung der Kosteneffizienz wird alle zwei Jahre ein Monitoring durchgeführt.

Eine erste wirtschaftliche Bewertung des geplanten Programms ([4.17] Abschn. 1.1.4) zeigte, dass die überwiegende Anzahl der analysierten Maßnahmen negative Nettokosten aufweisen werden, d. h. unter Berücksichtigung der eingesparten Energie ergeben sich Einsparungen beim Endnutzer; dies gilt vor allem für die Energieeffizienzmaßnahmen. Für einige Maßnahmen fallen hohe Bruttoinvestitionen in der Anfangsphase an, während Einsparungen über einen längeren Zeitraum erfolgen; die Barriere der Anfangsinvestitionen kann durch die staatlichen Förderprogramme gezielt überwunden werden. Insgesamt wird festgestellt, dass Deutschland bezogen auf das Jahr 2020 mit jährlichen Investitionen von 31 Mrd in den Klimaschutz, Energie-Einsparungen von 36 Mrd. Euro auslöst.

Nachfolgend werden fünf Beispiele aus dem Integrierten Energie und Klimaprogramm ausgewählt (Tabelle 4.4; EE-Vergütungen siehe *Anhang A 3* und *A 4*).

Tabelle 4.4 Kosten und Nutzen ausgewählter Maßnahmen im Integrierten Energie- und Klimaprogramm (IEKP) im Jahr 2020 (nach [4.17]. Energie- und CO_2-Einsparungen repräsentieren die im Zieljahr 2020 gegenüber dem Referenzfall wirkenden Einsparungen

Titel der Maßnahme	Bruttokosten der Minderungsoption in Milliarden Euro	Jährlich eingesparte (fossile) Energie in Milliarden Euro[1]	Minderungskosten (Euro/t CO_2)
1. Kraft-Wärme-Kopplung[2]	0,003	–0,3	12,9
2. Energieeinsparung-VO	8,43	10,3	–47
3. Erneuerbare Strom	5,55	4,2	27
4. Erneuerbare Wärme	4,42	3,5	77
5. CO_2 PKW	6,44	8,7	–128

[1] Als eingesparte Energiekosten der erneuerbaren Energien wurde beim Strom der Großhandelspreis von 59 €/MWh sowie bei Wärme ein Preis von 60 €/MWh gerechnet.
[2] Die Bruttokosten bei der Kraft-Wärme-Kopplung sind deshalb sehr niedrig, weil u. a. Steinkohlekraftwerke, die hohe Investitionen aufweisen, als Referenz gesetzt wurden. Die niedrigeren Brennstoffkosten der Steinkohle im Vergleich zum Erdgas, das in KWK-Anlagen eingesetzt wird, schlagen sich in den negativen Energiekosteneinsparungen nieder

1. Kraft-Wärme-Kopplung (KWKG-Novelle [4.18] mit folgenden Eckpunkten):

- Ziel: Verdopplung des Anteils von Strom aus KWK bis 2020 um etwa 25 %
- Weiterführung des KWKG von 2002 [4.19]; zusätzlich Netzausbau Deckelung KWK-Umlage auf ca. 750 Mio. €/a (Netzausbau ca. 150 Mio. €/a)
- Förderung Neubau und Modernisierung von KWK-Anlagen bei Inbetriebnahme 2007–2013. Förderung Ausbau Nahwärme- und Fernwärme-Netze (bis zu 20 % Investitionszuschuss) – Komplementärmaßnahme
- Ausbau der KWK über 2013 hinaus wird durch Emissionshandel verstetigt

2. *Energieeinsparverordnung – EnEV* ([4.20], CO_2-Gebäudereport 2007 [4.21])

- Ziel: Energetische Sanierung der Wohngebäude
- Unter Berücksichtigung des zögerlichen Sanierungsverhalts werden derzeit pro Jahr gut 80 Mio. m^2 Gebäudefläche saniert
- Bis 2020 soll durch sukzessive Auflösung des Modernisierungsstaus die jährlich sanierte Gebäudefläche von derzeit rund 80 Mio. m^2 auf rund 135 Mio. m^2 gesteigert werden, wobei gleichzeitig der Vollzug verbessert wird
- Entsprechend den Szenarioannahmen pendelt sich die Neubaurate langfristig auf einen mittleren Wert von rund 20 Mio. m^2 pro Jahr ein.

3. *Ausbau der Erneuerbaren Energien im Strombereich* (EEG-Novelle [4.22] auf der Basis des EEG-Erfahrungsberichts [4.23])

- Ziel: Erhöhung des Anteils der erneuerbaren Energien an der Stromproduktion auf 25–30 % bis 2020, sowie weiterer kontinuierliche Ausbau nach 2020
- Verbesserung der Integration der Erneuerbaren Energien in das Elektrizitätsnetz unter Aufrechterhaltung der Versorgungssicherheit
- Raumordnungsplan in der Ausschließlichen Wirtschaftszone Deutschlands als Rechtsverordnung. Entwicklung eines Unterstützungskonzepts zum Repowering, gebündeltes Zulassungsverfahren „Netzanbindung Offshore-Windparks“

4. *Erneuerbaren-Energien Wärmegesetz* (EEWärmeG, Entwurf [4.24])

- Ziel: Erhöhung des Anteils der erneuerbaren Energien am Wärmeverbrauch von derzeit 6 % auf 14 % im Jahr 2020.
- Es wird eine Pflicht zur anteiligen Nutzung von Erneuerbaren Energien eingeführt. Dabei können neben solarer Strahlungsenergie und Wärmepumpen auch andere Erneuerbare Energien, sowie KWK (z. B. Fernwärme oder Brennstoffzellen zum Einsatz kommen. Beim Einsatz solarer Strahlungsenergie ist eine Nutzungspflicht von 15 % im Neubau, im Bestand bei grundlegender Sanierung 10 % vorgesehen.
- Das Marktanreizprogramm EE wird auf bis zu 350 Mio. € verstärkt.

5. *CO_2-Strategie PKW* (für 2009 geplante Umstellung der Kfz-Steuer [4.25])

- Ziel: Absenkung der durchschnittlichen CO_2-Emissionen von Neuwagen auf 130 g CO_2/km bis 2012 durch technische Maßnahmen am Fahrzeug (Motor, Aggregate). Durch weitere Maßnahmen (bspw. Biokraftstoffe, Leichtlaufreifen und -öle) sollen weitere 10 g CO_2/km reduziert werden, so dass die EU-Vorgaben [4.26] erreicht werden.
- Einsparpotentiale und Zusatzkosten abgeleitet nach TNO (2006, ACEA-Angaben [4.27]) für je drei Typen von Benzin- und Diesel-PKW (klein, mittel, groß).
- Referenzemissionen nach TNO [4.27]. Benzin- und Dieselpreise nach EWI/Prognos Ölvariante [4.28]. Betrachtung Nr. der Einsparungen zur Erreichung von 130 g CO_2/km am Fahrzeug.

Umsetzung der IEKP-Ziele – Virtuelle Kraftwerke und globale Ökonomie
Die Gesetzesinitiative der Bundesregierung und die zugrunde liegenden Bewertungen von Maßnahmen des Integrierten Energie- und Klimaprogramms erfordern die zusätzliche Behandlung von zwei Aspekten, die bei der praktischen Umsetzung bis zum Jahr 2020 eine zunehmend zentrale Rolle spielen werden: (1) Die Integration von erneuerbaren und anderen dezentralen Energiequellen in bestehende Versorgungssysteme und (2) die Einbeziehung von globalen Entwicklungen, solange die internationalen Regelungen noch nicht in Kraft sind. Beide Fragen werden u. a. von internationalen und nationalen wissenschaftlichen Gesellschaften diskutiert [4.29–4.34], teilweise kontrovers zur aktuellen Politikberatung in Deutschland.

- *Integration in bestehende Energiesysteme.* Zur Realisierung des forcierten Einsatzes von regenerativen Energien sind u. a. große Mengen verteilter Kleinerzeugungen mit unterschiedlichen Charakteristiken im MW- und kW-Bereich in Form von zig-tausend Windenergie- bzw. Millionen verteilter Kraft-Wärme-Kopplung- oder Photovoltaik-Anlagen in das Energiesystem zu integrieren. Entscheidend ist die Kommunikation zwischen Erzeugung, Speicher, Verbraucher und Leitstelle sowie ein Dezentrales Energiemanagementsystem (DEMS) mit Prognose (beginnend mit dem Wetter), Einsatzplanung, Prozessankopplung und Online-Optimierung [4.35]. Die Auswertung bereits abgeschlossener und noch laufender Projekte zu solchen „virtuellen Kraftwerken" [4.36] zeigt, dass weitere Entwicklungen notwendig sind bis dieses Konzept die Marktreife erlangt hat

Weitere Aufgaben sind: (i) die Integration existierender oder geplanter fluktuierender Erzeugungsquellen mit großen Leistungen (Windenergie Onshore/Offshore) in die Übertragungsnetzes (Hoch- und Höchstspannung), (ii) die Bildung eines europäischen Strombinnenmarktes mit entsprechend wachsendem Handelsvolumen über Ländergrenzen und bestehende Übertragungsbereiche hinweg [4.37].

- *Klimaschutz in einer globalen Ökonomie.* Die Vermeidungskosten für CO_2 sind am geringsten, wenn man sich der internationalen Instrumente des Kyoto-Vertrags, z. B. des Clean Development Mechanism (Abschn. 1.1.4, S. 22) bedient. Während die einen vom „modernen Ablasshandel" sprechen, ist es für andere in einer globalen Ökonomie der einzige Ansatz, „um einerseits wettbewerbsfähig möglichst weitreichende CO_2-Reduktionen in der Summe verwirklichen, zweitens im internationalen Vergleich, etwa in Nordamerika, wirtschaftlich wettbewerbsfähig zu bleiben und drittens möglichst viel für die internationale Entwicklung zu tun" [4.38]. Im Mittelpunkt des globalen Ansatzes [4.29] stehen die verbesserten Wirkungsgrade bei Kohlekraftwerken und die Möglichkeiten, CO_2-Abscheidungstechnologien nachträglich einzubauen. Eine Option auf die Nutzung der Kernenergie wird vom Inter-Academy Council [4.29], ebenso wie von den o. g. Wissenschaftlichen Akademien [4.30–4.33] und von der Deutschen Physikalischen Gesellschaft [4.34] in Betracht gezogen.

Ein Beispiel für die Versuche, die Kontoversen bei den Strategien für die künftige Energieversorgung zu überbrücken, sind die gemeinsam von Vertretern aus Wissenschaft, Forschung und Wirtschaft erarbeiteten 10 „Bullensee-Thesen" (*Kasten*) und die daraus abgeleiteten Handlungsempfehlungen [4.39].

Thesen und Handlungsempfehlungen zur künftigen Energieversorgung [4.39]

Vertreter aus Forschung und Wissenschaft erarbeiteten gemeinsam mit dem Energiedienstleistungsunternehmen EWE AG (Oldenburg) eine Strategie, die aufzeigt, wie die Herausforderungen der zukünftigen Energieversorgung gemeistert werden können. Die Quintessenz dieser Strategie sind 10 Thesen, aus denen Handlungsempfehlungen abgeleitet wurden – die „Bullensee"-Thesen (leicht gekürzt):

1. … Schutz der nicht-regenerativen Energieressourcen vorantreiben.
2. … internationalen Konsens über notwendige klimapolitische Ziele erreichen.
3. Steigende Komfortansprüche, wie zum Beispiel mehr Wohnfläche pro Person, mehr elektrische Geräte im Haushalt, höhere Nachfrage nach Konsumgütern sowie wachsende Mobilität sorgen in allen Bereichen für steigenden Energiebedarf und kompensieren „normale" Bemühungen zur Energieeinsparung.
4. Um diese Entwicklungen aufzufangen, werden Verbesserungen der Energieeffizienz bei der Umwandlung von Primärenergieträgern, der Energieeffizienz und -einsparung bei der Anwendung und Nutzung sowie die Ausweitung des Beitrags erneuerbarer Energien (EE) die wichtigsten Maßnahmen sein müssen.
5. Eine Erhöhung der Energieeffizienz und eine deutliche Steigerung der Energieeinsparung lassen sich oft kostengünstiger erreichen als eine Ausweitung der Energiebereitstellung. Wegen der großen Effizienzpotenziale spielt vor allem der Energiebedarf im Gebäudebestand eine wichtige Rolle. Bedeutende Potenziale liegen in der Modernisierung des Kraftwerkparks und der Senkung des spezifischen Kraftstoffverbrauchs bei Kraftfahrzeugen (+ Kraftstoffe/Antriebe). Um diese Potenziale zu aktivieren und beschleunigt zu nutzen muss die Einbeziehung aller Sektoren in den CO_2-Zertifikatehandel vorgenommen werden.
6. Die konventionellen Energieträger werden bis zum Jahr 2030 nach wie vor das Rückgrat der Elektrizitätsversorgung bilden. Sie müssen deshalb effizient und umweltverträglich eingesetzt werden (inklusive Sequestrierung von CO_2).
7. Um die großen Potenziale der EE in Europa sinnvoll zu nutzen und eine optimale Integration in das bestehende Energieversorgungssystem zu erreichen, muss es eine umfangreiche internationale Kooperation geben; die Handels- und Netzstrukturen (bidirektionale Elektrizitätsnetze) müssen entwickelt werden. Elektrische Energie und langfristig H_2 (nach 2030) werden wichtigste Energieträger.
8. Neben der zentralen Stromerzeugung und der Nutzung von EE wird auch die dezentrale Stromerzeugung aus Kleinst-KWK-Anlagen wichtig (*Kasten* S. 139).
9. Innerhalb der künftigen Rahmenbedingungen muss die gewohnte Versorgungszuverlässigkeit aufrechterhalten und der Regelenergiebedarf aus Großkraftwerken minimiert werden. Hierfür müssen, unter Einsatz moderner Informations- und Kommunikationstechnologien, die Netzstrukturen angepasst werden.
10. Im Bereich der Mobilität werden regenerative Energieträger zunächst als Biokraftstoffe und langfristig auch durch die Endenergieträgerformen Strom und Wasser eine zunehmende Rolle spielen. Vor allem in Ballungszentren werden konventionelle Antriebe auf der Basis von Erdgas oder Biokraftstoffen und innovative Lösungen, wie zum Beispiel neue Elektro- sowie Brennstoffzellenantriebe an Bedeutung gewinnen müssen.

4.2 Rationelle Energieerzeugung

„Eine systematische Steigerung der Effizienz bei der Erzeugung und dem Verbrauch von Energie ist der Schlüssel für eine nachhaltige Entwicklung" [4.40]. Bei der Stromerzeugung stehen an erster Stelle Kraftwerke mit höheren Wirkungsgraden, speziell *KW-Anlagen* auf der Basis des Kraft-Wärme-Kopplungsgesetzes (Abschn. 4.2.2). Eine zentrale Zukunftstechnologie ist die *Brennstoffzelle*, mit der aus Wasserstoff, Erdgas oder Methanol mit hohen Wirkungsgraden und geringem Schadstoffausstoß Strom und Wärme erzeugt wird (Abschn. 4.2.3).

4.2.1 Umwandlung von Energieformen

Energieträger werden nach dem Grad der Umwandlung unterteilt in Primär- und Sekundärenergieträger sowie Endenergieträger [4.41], (Abb. 4.1):

- Unter Primärenergieträgern werden Stoffe verstanden, die noch keiner technischen Umwandlung unterworfen wurden (z. B. Kohle, Erdöl, Biomasse, usw.);
- Sekundärenergieträger haben eine oder mehrere Umwandlungen in technischen Anlagen erfahren (z. B. Benzin, Heizöl, Rapsöl, elektrische Energie).
- Endenergieträger bzw. Endenergie bezieht der Endverbraucher, z. B. als Heizöl im Öltank, Fernwärme an der Hausübergabestation, usw.
- Mit Nutzenergie wird letztlich die Energie bezeichnet, die nach der letzten Umwandlung in den Geräten des Verbrauchers für die Befriedigung der jeweiligen Bedürfnisse (Raumtemperatur, Information, Beförderung) zur Verfügung steht. Sie wird gewonnen aus Endenergie, vermindert um die Verluste bei dieser letzten Umwandlung, z. B. infolge der Wärmeabgabe für die Erzeugung von Licht.

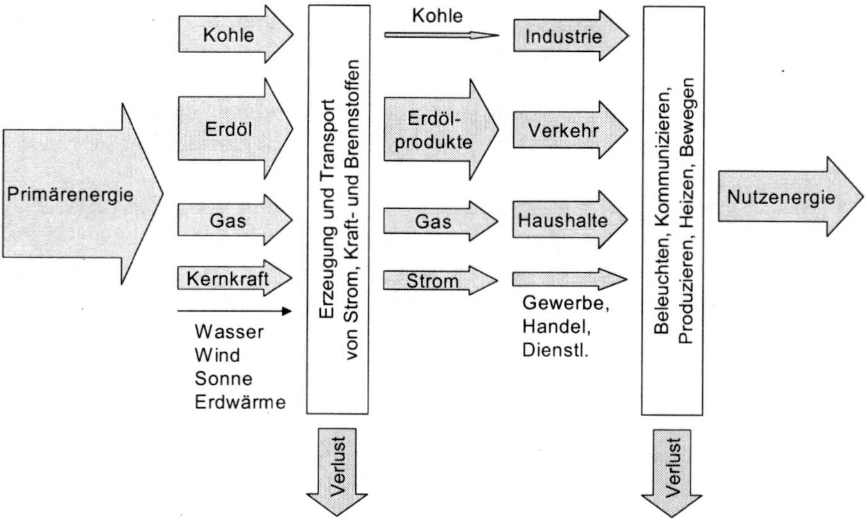

Abb. 4.1 Umwandlung von Energieformen (aus: Daten zur Umwelt 2000 [4.42])

Der *Primärenergieverbrauch* in Deutschland lag 2003 bei 14.400 PJ (Energieeinheiten im *Anhang A 1* [4.43]); er verteilte sich auf folgende Energieträger: Stein- und Braunkohle 25,1 %, Mineralöl 36,4 %, Naturgase 22,6 %, Kernenergie 12,5 %, Regenerative und Sonstige 3,4 % [4.44. 4.45]. Der *Endenergieverbrauch* in Höhe von 9.200 PJ im Jahr 2003 schlüsselt sich wie folgt auf die einzelnen Energieträger auf: Kohle/feste Brennstoffe 7,2 %, Heizöl 13,6 %, Kraftstoffe 28,4 %, Gase 27,6 %, elektrische Energie 19,5 % und Fernwärme 3,6 %.

Nach *Sektoren* betrachtet waren die Industrie mit 25,2 %, die Haushalte mit 30,1 %, der Verkehr mit 28,1 % und Gewerbe/Handel/Dienstleistung (GHD) mit 16,6 % beteiligt. Der *Nutzungsgrad* von Endenergie beträgt in der Industrie 64 %, in den Haushalten 71,5 %, in GHD 61,3 % und im Verkehr 20 %, insgesamt 53 % [4.44, 4.45]. (Aufteilung des Endenergieverbrauchs 2004 siehe *Anhang A 2*.)

4.2.2 Entkarbonisierung

Vor den langfristigen Maßnahmen, die zusammen mit der Umsetzung von Einsparpotenzialen (Abschn. 4.3) und dem verstärkten Einsatz von Erneuerbaren Energien (Abschn. 4.4) die CO_2-Einträge in die Atmosphäre bis zum Jahr 2050 halbieren sollen, ist die Entkarbonisierung [4.46] – der Übergang zu wasserstoffreicheren Rohstoffen – ein wichtiger Beitrag zum Klimaschutz. Abbildung 4.2 zeigt die spezifischen CO_2-Emissionen bei der Verbrennung von Braunkohle, Steinkohle, Erdöl und Erdgas, die sich wie 121:100:88:58 verhalten und weltweit zwischen 1870 und 1995 bereits von 0,8 t C auf 0,4 t C/kW Primärenergiebedarf gesunken sind [4.47].

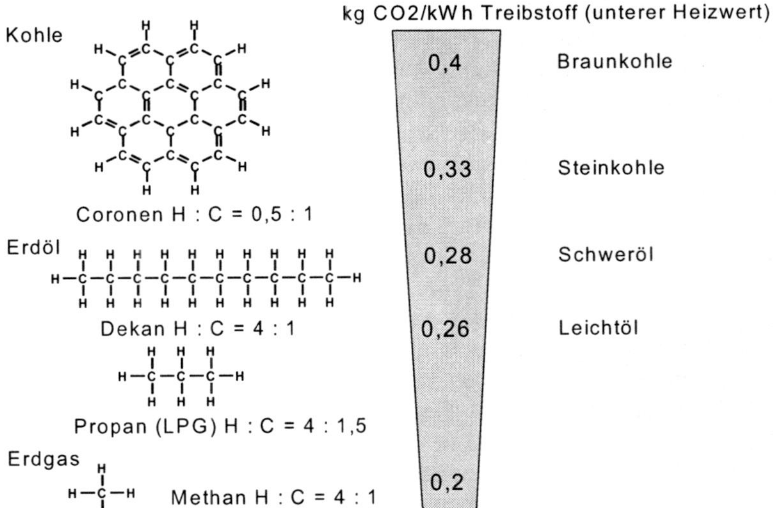

Abb. 4.2 Wasserstoff/Kohlenstoffverhältnis verschiedener Kraft- und Brennstoffe [4.46]

4.2.3 Kraft-Wärme-Kopplung

Vorbemerkung. Der Dauerbedarf an Strom wird mit Grundlastkraftwerken erzeugt, bei hohen Kapitalkosten und relativ niedrigen Brennstoff- und Betriebskosten, bspw. Braunkohle- und Kernkraftwerke. Mittellastkraftwerke auf Steinkohlebasis werden überwiegend am Tag und in den Wintermonaten eingesetzt. Spitzenlastkraftwerke haben relativ niedrige Investitionskosten, benötigen aber zur Deckung kurzzeitiger Stromspitzen teuren Brennstoff, im allgemeinen Öl und Gas.

Nahezu die gesamte Stromabgabe, die über das Netz der öffentlichen Stromversorgung verteilt wird, stammt aus *Kondensationskraftwerken*. In deren Turbinen expandiert der produzierte Dampf hohen Drucks und hoher Temperatur bis zu dem im Kondensator erzeugten Vakuum, mit dem ein möglichst großes Wärmegefälle erzielt wird. Diese Kraftwerke wandeln im Durchschnitt 38–45 % der eingesetzten Energie in Strom um (Brutto-Wirkungsgrad); wenn man noch den Strombedarf abzieht, der für den Betrieb der Kraftwerksanlagen notwendig ist (Pumpen, Kohlemühlen), sowie die Netzverluste, so kommen von der eingesetzten Primärenergie nur 34–40 % beim Verbraucher an. Der Nutzungsgrad der Stromanwendung für Wärmezwecke ist schlechter als der aller übrigen Heizungstechnologien.

Bei der *Kraft-Wärme-Kopplung (KWK)* wird durch die gleichzeitige Abgabe von Strom und Wärme ein sehr viel höherer Nutzungsgrad erreicht – bis zu 90 Prozent – wobei diese Steigerung bei den mit Wasserdampf betriebenen Heizkraftwerken aus physikalischen Gründen mit einer Verringerung der Stromproduktion einhergeht. In einer konventionellen KWK-Anlage wird Dampf vor dem Niederdruckteil der Turbine abgezweigt und strömt in einen Heizkondensator, wo er sich unter Wärmeabgabe an den Fernwärmekreislauf bei ~100°C verflüssigt. Je nach Priorität für eine der beiden Energieformen werden konventionelle KWK-Anlagen strom- oder wärmegeführt, wobei die höchste Effizienz bei wärmegeführter Auslegung erzielt werden kann. Die gewonnene Wärme wird als warmes Wasser oder Wasserdampf über isolierte Rohrleitungen zur Gebäudeheizung oder für industrielle Zwecke (Prozesswärme) verwendet.

In der *EU-Energie- und -Klimapolitik* soll die KWK-Technologie eine zentrale Rolle spielen. Nach der EU-Richtline von 2002 über die Gesamtenergieeffizienz von Gebäuden [4.48] haben die Mitgliedstaaten zu gewährleisten, dass bei neuen Gebäuden mit einer Gesamtnutzfläche von mehr als 1.000 m² die technische, ökologische und wirtschaftliche Einsetzbarkeit alternativer Systeme wie KWK vor Baubeginn berücksichtigt wird. In der EU-Richtlinie über die Förderung einer am Nutzwärmebedarf orientierten Kraft-Wärme-Kopplung im Energiebinnenmarkt [4.49] gelten Energieeinsparungen von mehr als 10 % bei kombinierter Produktion von Wärme und Strom als „hocheffizient“; zur Maximierung der Energieeinsparungen und um zu vermeiden, dass Energieeinsparungen zunichte gemacht werden, muss den Betriebsbedingungen von KWK-Blöcken die größte Aufmerksamkeit zukommen; da die Förderung von KWK in dieser Richtlinie (Umsetzung in Deutschland [4.18]) vor allem auf den Kriterien „Nutzwärmebedarf“ und „Einsparung von Primärenergie“ beruht, sind entsprechende technische Leitlinien und Berechnungsmethoden beim Einsatz der verschiedenen KWK-Typen in Europa zu erstellen.

Kraft-Wärme-Kopplung im Wandel der politischen Zielsetzungen [4.50]
Mit der Liberalisierung der Stromwirtschaft im Rahmen des EG-Binnenmarktkonzepts war die Kuppelproduktion von Strom und Wärme zu Marktpreisen nicht mehr absetzbar; die KWK-Anlagen drohten „Stranded Investments" zu werden. Die kurzfristige Notfallmaßnahme des KWK-Gesetzes 2000 wurde am 19. März 2002 durch das Gesetz für die Erhaltung, die Modernisierung und den Ausbau der Kraft-Wärme-Kopplung ([4.19], *KWK-AusbauG*) abgelöst. Damit sollten, jeweils bezogen auf das Basisjahr 1998, eine Minderung der jährlichen CO_2-Emissionen in Deutschland bis zum Jahr 2005 um 10 Mio. t und bis zum Jahr 2010 um bis zu 23 Mio. t, mindestens aber 20 Mio. t erzielt werden.

Unter dem neuen Gesetz stieg die Zahl der geförderten Anlagen von 2.920 auf 11.416, darunter 402 alte Bestandsanlagen (bis 31.12.1999 in Betrieb genommen), 3.827 neue Bestandsanlagen (zwischen 01.01.2000 und 01.04.2002 bzw. ältere Anlagen, deren effizienzbestimmende Teile in dieser Zeit erneuert wurden), 7.049 kleine Anlagen und 70 Brennstoffzellenanlagen, mit einer Gesamtkapazität von 38 Ge_l bei einer Stromerzeugung von 215 TWh/a und 66 GW_{th}. Damit werden 87 % der in Deutschland installierten KWK-Kapazität (2006) gefördert. Die Geltung ist bis 31.12.2010, jedoch unbefristet für kleine KWK-Anlagen bis 50 MW, die vor dem 31.12.2005 und für Brennstoffzellen, die vor dem 31.12.2010 in Betrieb gingen.

Das Fördervolumen, das die KWK-G 2000 und KWK-AusbauG durch Zuschläge auf die Stromabgabe ins öffentliche Netz bewirkten, sprang von 485 Mio. € in 2002 auf durchschnittlich 805 Mio. €/a für den Zeitraum 2003–2006; es sollte ab 2007 bis 2010 planmäßig auf 244 Mio. € zurückgehen [4.51]. Zwei Effekte sind zu beachten (u. a. bezüglich einer Subventionierung durch Netzkunden [4.50]):

- *Steuern.* Mit der Anpassung des Stromsteuergesetzes und dem Energiesteuergesetz vom 15. Juli 2006 [4.52], das die EG-Energiesteuerrichtlinie [4.53] umsetzt, werden u. a. von der Stromsteuer befreit: Anlagen unter 2 MW, ortsfeste Anlagen mit Monats- und Jahresnutzungsgrad von mindestens 70 % sowie der Einsatz von Biokraft- und Bioheizstoffen.
- *Handel mit Treibhausgasemissionszertifikaten.* Der revidierte Nationale Allokationsplan 2008–2012 sieht eine Zuteilungsmenge von 456,1 Mio. t CO_2/a vor; KWK-Anlagen (nun auch Bestandsanlagen) bekommen eine Zuteilung sowohl für die Strom- als auch für die Wärmerzeugung („doppelte Benchmark")[4.54].

Eine Studie vom Juli 2005 zur *Wirksamkeit des Kraft-Wärme-Kopplungsgesetzes* [4.51] prognostiziert bis zum Zieljahr 2010 eine CO_2-Minderung zwischen 11,4 und 13,7 Mio. t/a aus der Kraft-Wärme-Kopplung; es wird erwartet, dass der vorgesehene Finanzrahmen um rund 1,16 Mrd. € überschritten wird. Die Wirtschaftlichkeit der KWK-Anlagen hängt stark von den Vollnutzungsstunden der Wärmeversorgungsaufgabe und von den Energieträgerpreisen ab; ein Bezug zu den Energieträgerpreisen fehlt jedoch bislang im KWKG, so dass sich in Abhängigkeit der sich zukünftig einstellenden Preisentwicklung leicht eine Überförderung bzw. eine zu geringe Förderung ergibt. Abgeschriebene KWK-Anlagen sind bereits heute bei sinnvoller Auslegung und Betriebsweise auch ohne KWKG wirtschaftlich.

Größenklassen und Einsatzfälle von KWK-Anlagen

Kraft-Wärme-Kopplung-Anlagen sind inzwischen in verschiedenen Größenklassen und für unterschiedliche Einsatzfälle verfügbar [4.55, 4.56]:

- Motor-Blockheizkraftwerke (BHKW) ab 3 Kilowatt elektrischer und 10 kW thermischer Leistung in Größe einer Waschmaschine bis zu Anlagen auf Basis von Schiffsmotoren, deren Leistung weit in den zweistelligen Megawattbereich hinein geht; die Minikraftwerke (< 150 kW_{el}) können mit verschiedenen Technologien betrieben werden – Ottomotor, Stirling-Motor, Gasturbine und Brennstoffzelle [4.57]; die Gasturbinen-KWK-Anlagen, die mit Düsentriebwerken bei Flugzeugen zu vergleichen sind, ermöglichen hohe Temperaturen bis 500°C;
- Dampfturbinenanlagen mit bis zu mehreren hundert Megawatt elektrischer Leistung: dazu gehört auch die Wärmeauskopplung aus Großkraftwerken;
- GuD (kombinierte Gas- und Dampfturbinen)-Anlagen, bei denen die in einer Gasturbine freigesetzte Energie zusätzlich für die Strom- und Wärmeerzeugung genutzt wird.

KWK ist überall dort sinnvoll, wo in geringer Entfernung ein größerer und vor allem möglichst kontinuierlicher (also nicht nur jahreszeitlicher) Bedarf an Wärme besteht; wird zeitweilig keine Wärme erzeugt, sind ihr Brennstoffverbrauch und ihre Emissionen meist höher als bei optimierten Kondensationskraftwerken [4.58]. Insbesondere die Blockheizkraftwerke erweitern den Einsatzbereich der gekoppelten Energieerzeugung in Richtung kleinstädtischer und ländlicher Regionen, da zunächst in Form von Inselnetzen nur kleine Vorleistungen erbracht werden müssen und im Falle von Neubaugebieten relativ kleine Verlegungskosten auftreten. Ein besonderer Vorteil besteht darin, dass Motoren aus Fahrzeug- oder Schiffsmotorgroßserien eingesetzt werden können. Fortschritte bei der Entgiftung der Abgase mit Hilfe von Katalysatoren können so für diese Kleinstkraftwerke genutzt werden [4.55].

KWK-Anlagen sind in Deutschland mit 6 % an der Wärmeversorgung beteiligt. Vorbilder sind Dänemark, Finnland und die Niederlande mit KWK-Anteilen an der Stromerzeugung von 35 bis über 50 Prozent. Die Dänen begannen schon Anfang der achtziger Jahre, KWK-Anlagen zu fördern. Auch in den Niederlanden gelang es, den KWK-Anteil von 1987 bis 2000 von 14 auf 38 Prozent zu steigern. In Finnland begann der intensive Fernwärmeausbau schon in den sechziger Jahren, und zwar auch in Gebieten, die nach deutschen Maßstäben mit ihrer geringen Besiedlung als nicht „Fernwärme geeignet“ gelten würden. Maßgeblich war hier die unternehmerische Entscheidung des größten Stromversorgers [4.56].

Derzeit werden für die Erzeugung von KWK-Strom zu 47 % Erdgas und andere Gase, zu 39 % Stein- und Braunkohle und zu 4 % Mineralöle eingesetzt. Die restlichen Anteile von 10 % teilen sich Biobrennstoffe und Siedlungsabfälle. Vor allem die kleineren Motoren-Anlagen arbeiten überwiegend mit Erdgas oder leichtem Heizöl. Die Motorentechnik ist so ausgereift, dass die Energieerzeugung auch mit ganz anderen Brennstoffen läuft: Dazu gehören Sondergase wie Klär-, Deponie- und neuerdings auch das in der Landwirtschaft aus Pflanzen- und Tiergülle vergorene Biogas sowie Grubengas aus dem Steinkohlebergbau. Ebenso ist Pflanzenöl oder Biodiesel möglich [4.56].

Verwendung von Biomasse in Kraft-Wärme-Kopplungs-Anlagen [4.59]
Abbildung 4.3 gibt eine Übersicht zur Biomassenutzung für die Kraft-Wärme-Kopplung. Eine direkte Verwertung fester Biomasse zur KWK ist nur bei externen thermischen Verfahren möglich. Für die anderen Technologien muss die Biomasse in flüssige oder gasförmige Brennstoffe umgewandelt werden (siehe auch S. 174):

- Ölgewinnung durch Abpressen von Ölsaaten für die direkte Nutzung oder nach Umesterung zu Methylester ("Biodiesel")
- Pyrolyse (thermochemische Verflüssigung) vorwiegend von Holz zu Pyrolyseöl (Holzteer, Methanol) und Pyrolysegas unter Sauerstoffausschluss
- Aerobe alkoholische Fermentation von zucker-, stärke- und cellulosehaltigen Pflanzen, Endprodukt: Ethanol
- Biogasgewinnung durch anaerobe Fermentation führt zu Gasen mit 50 bis 70 % Methananteil (ca. 20 MJ/ m³). Dabei werden 50 % des Energieinhalts der Biomasse genutzt.
- Synthesegas wird bspw. aus Kohle unter hohem Druck bei Sauerstoff- oder Dampfzufuhr erzeugt und besteht vorwiegend aus Kohlenmonoxid und Wasserstoff (ca. 15 MJ/m³) mit hohem Ausnutzungsgrad Zur Verwendung in internen Verbrennungsmotoren ist eine aufwändige Gasreinigung erforderlich. Es ist ein Rohstoff für die Methanolsynthese.
- niederkaloriges Gas (sog. Schwachgas), mit hohen Stickstoffanteilen (> 50 %) und dem zufolge geringen Heizwerten um 5 MJ/m³ entsteht bei der Vergasung von Biomasse mit Luft in unterschiedlichen Verfahren (vgl. Synthesegas) und als industrielles Abfallprodukt.

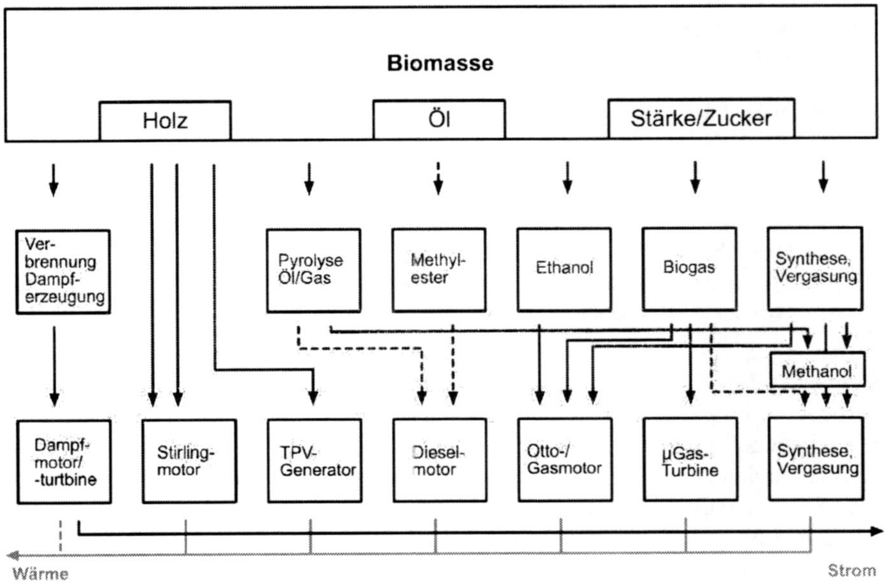

Abb. 4.3 Biomassenutzung für die Kraft-Wärme-Kopplung (aus: Bard et al. [4.59])

Perspektiven der Fernwärme-KWK und der Objekt-KWK [4.60]
Mit dem Gesetz zur Förderung der Kraft-Wärme-Kopplung [4.18], das die EU-Richtlinie vom 11. Februar 2004 [4.49] umsetzt, werden u. a. der Neu- und Ausbau von Wärmenetzen und die Markteinführung der Brennstoffzelle unterstützt (§ 1). Die beiden durch diese Förderung betroffenen Systeme – Fernwärme-KWK- und Objekt-KWK-Systeme (letztere u. a. als Kleinstanlagen mit vor allem Brennstoffzellen) – besitzen typische Vorteile, die in Tabelle 4.5 zusammengefasst sind:

Tabelle 4.5 Gegenüberstellung der Vorteile der auf Fernwärme und auf Einzelobjekte bezogenen Kraft-Wärme-Kopplung (Schulz [4.60])

Fernwärme-KWK-Systeme	Objekt-KWK-Systeme
Vorteile gegenüber der dezentralen KWK:	*Vorteile gegenüber der zentralen KWK:*
• höhere Flexibilität der Stromerzeugung • Stromerzeugung nach Fahrplan möglich • höherer Transaktionsaufwand (z. B. Teilnahme am Stromhandel) tolerierbar • höhere Flexibilität bei der Brennstoffwahl • günstigere Brennstoffbezugsbedingungen • bei GuD-Konzepten hoher Wirkungsgrad • hohe Stromkennzahl möglich, d. h. relativ hohe Stromerzeugung im Vergleich zum bestehenden Wärmebedarf • bei GuD-Konzepten hohe Primärenergieeinsparung und CO_2-Minderung möglich • günstige Immissionssituation (Schadgaseintritt in Wohngebiete ist minimal) • die Wärmebedarfsdurchmischung steigt mit der Zahl der angeschlossenen Verbraucher, wodurch eine Vergleichmäßigung des Absatzes und eine Verringerung der vorzuhaltenden Wärmeleistung eintritt (dadurch steigt der mit Kraftwärmekopplung abdeckbare Wärmebedarfsanteil) • prädestiniert für eine flächendeckende Versorgung ganzer Stadtteile	• geringeres Konfliktpotenzial hinsichtlich der Konkurrenzsituation zur dezentralen gebäudebezogenen Erdgasversorgung • geringere und besser vorhersehbare Anlaufverluste (Auslastung der Anlagen erst im Laufe der Zeit) • stärkere Entlastung der Stromnetze aufgrund der Einspeisung in einer der unteren Spannungsebenen • intensivere Vermeidung von Stromnetzverlusten • besonders bei reinen objektbezogenen Konzepten: Minimierung von Wärmeverlusten in den Wärmeverteilungsnetzen • günstigere Voraussetzungen zur Ausnutzung von gebotenen Gelegenheiten zur Errichtung einer KWK-Anlage • Investitionsumfang für viele Akteure geeignet • Geringer Planungsvorlauf zur Errichtung einer Anlage erforderlich

Bei beiden KWK-Systemen sind neben Hemmnissen auch positive Entwicklungen zu beobachten [4.60]: u. a. wurde die Fernwärmetechnik in den vergangenen Jahren erheblich kosteneffizienter und es hat sich gezeigt, dass durch die intensivere Kundenbindung im Vergleich zu Erdgasanschlüssen die heute errichteten Fernwärmesysteme eine so lange Lebensdauer besitzen, um noch als Rückgrat künftiger Versorgungsoptionen zur Verfügung zu stehen. Auf der anderen Seite können KWK-Technologien schon heute infrastrukturelle Voraussetzungen schaffen, bspw. Nahwärmenetze, die später auch dem Einsatz von Brennstoffzellen zugute kommen, wenn sie die technischen und Kostenziele erreicht haben [4.61].

„Bullensee-These" 8 zur Dezentralen Mikro-Kraft-Wärme-Kopplung [4.62]

These 8 der Bullensee-Thesen zur künftigen Energieversorgung ([4.39] Kasten S. 131) lautet: *„Neben der zentralen Stromerzeugung und Nutzung erneuerbarer Energien wird auch die dezentrale Stromerzeugung aus Kleinst-KWK-Anlagen an Bedeutung gewinnen. Dabei wird Erdgas als Brückenkopf für eine nach 2030 teilweise entstehende wasserstoffbasierte Energieversorgung dienen."* Daraus wurden zehn Unter-Thesen zur Dezentralen Mikro-Kraft-Wärme-Kopplung abgeleitet:

1) Mikro-KWK-Anlagen mit einer elektrischen Leistung von < 5 kW können zukünftig vor allem in Ein- und Zweifamilienhäusern sowie in kleinen Mehrfamilienhäusern installiert werden; bei geeigneten Rahmenbedingungen ist bis 2030 in Deutschland ein Marktvolumen von mehreren Millionen Anlagen möglich.
2) Brennstoffzellen bieten als Technologie für Mikro-KWK-Anlagen die größten ökologischen Vorteile. Bis zu ihrer Marktreife ist der Einsatz von motorisch betriebenen Blockheizkraftwerken (BHKW) sinnvoll.
3) Für kleine Wohngebäude ist Mikro-KWK bislang noch nicht wirtschaftlich. Die zügig notwendige Forschung betrifft auch die Peripherie wie Steuerung und Regelung der Anlagen sowie Wärmespeicher.
4) Das kapitalintensive Engagement in Forschung und Entwicklung erfordert verlässliche Rahmenbedingungen. Insbesondere für den Einsatz von KWK-Anlagen in dem interessanten Marktsegment „Mehrfamilienhäuser" ist die Rechtsgrundlage teilweise problematisch und muss durch gesetzliche Regelungen im Interesse einer höheren Energieeffizienz geändert werden.
5) Für die Markteinführung von Mikro-KWK-Anlagen für kleine Wohngebäude ist eine eigene finanzielle Förderung notwendig. Die Markteinführungsphase erfordert einen Investitionszuschuss sowie zusätzlich eine degressive KWK-Zusatzvergütung für den ins öffentliche Netz eingespeisten Mikro-KWK-Strom (in einer ähnlichen Großenordnung wie für Strom aus kleinen Biomasse-Anlagen, um effiziente Techniken mit hoher Stromkennzahl zu fördern).
6) Der unkoordinierte Betrieb einer großen Anzahl von Mikro-KWK-Anlagen ist energiewirtschaftlich suboptimal. Zu entwickeln sind Systeme und Produkte, bei denen sich die Einspeisung am übergeordneten Strombedarf orientiert.
7) Erdgas als besonders emissionsarmer, aber begrenzte Energieträger sollte möglichst effizient eingesetzt werden. KWK-Anlagen sind hier besonders geeignet.
8) Mikro-KWK-Anlagen schaffen zukunftsfähige Arbeitsplätze und Wertschöpfung vor Ort. Die Einbindung des Handwerks in eine KWK-Strategie ist für das Gelingen entscheidend, d. h. eine rechtzeitige Ausbildung von Handwerkern.
9) Contracting-Angebote sind besonders geeignet, breite Kundengruppen für neue Technologien zu gewinnen und einen energiewirtschaftlich optimierten Betrieb entsprechender Anlagen sicherzustellen.
10) Langfristig ist im KWK-Bereich der Einsatz von Brennstoffen aus erneuerbaren Energiequellen sinnvoll, da damit eine weitere deutliche Reduktion des CO_2-Ausstoßes erreicht werden kann. Bis Wasserstoff hierfür zur Verfügung steht, sollten die Anlagen möglichst mit auf Erdgasqualität aufbereiteten biogenen Gasen betrieben werden.

4.2.4 Einsatz von Brennstoffzellen

Die Brennstoffzelle ist ein Aggregat, in dem aus chemischer Energie (in Form von Wasserstoff, Erdgas, Methanol oder Benzin) Strom und Wärme erzeugt wird. Die vielseitig nutzbaren Energiewandler haben vier Vorzüge [4.63, 4.64]: (1) sie emittieren wenig Schadstoffe, (2) arbeiten nahezu lautlos, (3) verwerten auch im wichtigen Teillastbereich die Energierohstoffe sehr effizient und (4) eignen sich für alle Leistungsbereiche von Watt (Notebook) über Kilowatt (Hausenergie oder Automobil) bis Megawatt (Kraftwerk).

Von den drei Hauptanwendungsfeldern der Brennstoffzelle (im Automobil, für die stationäre Energieversorgung, portable Geräte) weisen die *Portablen die größte Marktnähe* auf. Dieses Anwendungsfeld ist sehr heterogen mit einer Vielzahl von Unternehmen (in Deutschland vorrangig KMUs) aus verschiedenen Branchen. Es wird erwartet, dass sich die dort verwendeten *Mikrobrennstoffzellensysteme* schon in wenigen Jahren auf breiter Front auf dem Markt durchsetzen – in Handys, Notstromaggregaten, Werkzeugen, Kameras, Navigationsgeräten und auch in militärischen Anwendungen [4.65]. Der Einsatz dieser Systeme bietet den Vorzug der höheren Effizienz im Vergleich zu vergleichbaren Lösungen wie zum Beispiel Lithiumionen- bzw. Lithiumpolymerakkumulatoren. Ein Schwerpunkt der Betrachtung liegt in den Membranbrennstoffzellen PEMFC (Proton Exchange Membrane Fuel Cell) und DMFC (Direct Methanol Fuel Cell). Eine konstruktive Herausforderung ist die Abführung der entstehenden Wärme, die anders als bei stationären Systemen im portablen Bereich nicht genutzt werden kann [4.65].

Die großen Automobilfirmen (u. a. BMW, Volkswagen, Toyota, Daimler, Ford, Honda, General Motors/Opel) forschen seit zum Teil 20 Jahren an Fahrzeugen, deren Treibstoff Wasserstoff ist, und die zur Energieumwandlung Brennstoffzellen und einen Elektromotor zum Antrieb nutzen. Die deutschen Unternehmen sind besonders unter den Druck geraten, nach der Hybridtechnik nicht auch noch die Vermarktung der Brennstoffzellen-Technik zu versäumen [4.66]. Im Oktober 2006 erklärte VW den endgültigen Durchbruch bei der Herstellung von kostengünstigen, leistungsfähigen Brennstoffzellen im Hochtemperaturbereich [4.67]. Daimler will zwischen den Jahren 2012 und 2015 die Marktreife von Brennstoffzellen-Fahrzeugen erreichen; bereits ab 2010 wird mit der B-Klasse F-Cell PKW eine Kleinserie starten [4.68]. Es gibt bereits ambitionierte Markteinführungsziele und eine starke Koordination im Bereich Wasserstoff- und Brennstoffzellentechnologien in Japan (Fördervolumen ca. 400 Mio. € in 2004; 5 Millionen Fahrzeuge in 2020) und eine hohe Entwicklungsintensität in China, Südkorea und Taiwan (z. B. 1000 PKW und 500 Busse in Südkorea bis 2012; [4.69]). In der Europäischen Union entwickelt sich ein großes Engagement für die Wasserstoff- und Brennstoffzellentechnologien im 7. Rahmenprogramm (Hydrogen and Fuel Cell Technology Platform – HFP); das Budget beträgt ~400 Mio. € pro Jahr. Die Erwartungen für 2020 sind beim Straßenverkehr 0,4 bis 1,8 Millionen verkaufte Wasserstoff/Brennstoffzellen-Geräte pro Jahr innerhalb der EU bei Kosten von < 100 €/kW [4.70]. In Deutschland fördert das Verkehrsministerium einen Nationalen Entwicklungsplan für Wasserstoff- und Brennzellentechnologie mit 500 Mio. € p. a. [4.71]).

Für den *stationären Anwendungsbereich* kommen prinzipiell alle verschiedenen Typen von Brennstoffzellen in Frage. Aktuelle Entwicklungen fokussieren sich aber auf die drei Typen PEMFC, MCFC (Molten Carbonate Fuel Cell) und SOFC (Solid Oxid Fuel Cell); die beiden letzteren Typen haben den Vorteil, dass bedingt durch die hohen Temperaturen (650°C bzw. 800–1000°C) Erdgas direkt als Brenngas eingesetzt werden kann. Die Kosten liegen derzeit um das 2,5- bis 20-fache über konventionellen Energiesystemen (Tabelle 4.6 nach [4.61]).

Die Klima- und Energiebilanzen von stationären Anwendungen hängen wesentlich vom Gesamtnutzungsgrad ab, der neben der erzeugten Elektrizität die ausgekoppelte Wärme berücksichtigt. Bislang ist nicht abzusehen, dass Brennstoffzellen die hohen Gesamtnutzungsgrade beispielesweise motorischer Blockheizkraftwerke erreichen können. Das liegt u. a. daran, dass Brennstoffzellen durch ein komplexes thermisches Management gekennzeichnet sind [4.61].

Tabelle 4.6 Vergleich von dezentralen KWK-Technologien für 2010 (nach [4.61])

Dezentrale KWK (200–300 kW_{el})	Elektrischer Jahresnutzungsgrad		ges. Jahresnutzungsgrad (elektrisch + thermisch)		System-Kosten 2004 (2010)
	mittlere Abschätzung	obere Abschätzung	mittlere Abschätzung	obere Abschätzung	
SOFC	47	49	80	85	20.000 €/kW
MCFC	50	52	80	85	7–8.000 (2.500)
Motor-BHKW	35	35	85	90	~1.000 €/kW

Zwar schränkt der deutlich sinkende Raumwärmebedarf generell das Potenzial für den Einsatz von Kraft-Wärme-Kopplungen (KWK) ein – und damit auch für Brennstoffzellen [4.72]. Auf der anderen Seite ist ein möglichst stetiger Wärmebedarf vorteilhaft für KWK-Anwendungen und dabei könnte die Brennstoffzelle mit ihrem modularen Aufbau bei kleinen Leistungseinheiten günstige Voraussetzungen bieten [4.63]. Für die *Versorgung eines Ein- bzw. Mehrfamilienhauses* liegen die Kosten für eine Brennstoffzelle im Vergleich zum Brennwertkessel mit 2.000 bis 3.000 €/kW_{el} noch über den von den Herstellern genannten Zielkosten. Dies gilt bislang auch für kleine motorische Blockheizkraftwerke (BHKW) mit ihren hohen spezifischen Kosten. Eine Entwicklung zu noch kleineren motorischen BHKW-Einheiten, wie sie zum Beispiel durch den Stirlingmotor realisiert werden können, würde die Konkurrenzfähigkeit der Brennstoffzelle in diesem Anwendungsgebiet erheblich erschweren. Um eine Brennstoffzelle im Leistungsbereich ~300 kW wirtschaftlich betreiben zu können, müssen Herstellungskosten von unter 1.000 € pro kW erreicht werden. Wirtschaftlich kann eine kleine Brennstoffzelle zur Versorgung einer *Passiv-Reihenhauszeile* über ein kleines Nahwärmenetz eingesetzt werden; da der Strombedarf dieser Gebäude im Vergleich zum Wärmebedarf hoch ist, kann der erzeugte Strom weitgehend selbst genutzt werden. In solchen Fällen kann die Brennstoffzelle selbst bei Investitionskosten von ca. 5.000 €/kW noch wirtschaftlich betrieben werden [4.73].

4.2.5 Erhöhung der Wirkungsgrade von Kraftwerken

Wirkungsgrade von Kraftwerken

Im Energiebereich sind die Kriterien der *Wirtschaftlichkeit* häufig ein Maß für umweltfreundliches Verhalten. Die Tabelle 4.7 gibt einen Überblick über die Ergiebigkeiten verschiedener Energiequellen und charakterisiert dabei die Begriffe *Wirkungsgrad*, das Verhältnis von erzeugter „geordneter" zur eingesetzten Energie, und *Erntefaktor* als Verhältnis der gesamten im Verlaufe der Lebensdauer der Anlage erzeugten Energie zu der für Bau, Betrieb, Unterhalt und Entsorgung aufzuwendenden Energie [4.74].

Tabelle 4.7 Material und Energiebilanzen für einige Kraftwerkstypen (nach Strauß [4.74], Wirkungsgrade nach [4.75]. Erntefaktor ε = gesamte erzeugte Energie/gesamte aufgewendete Energie; Wirkungsgrad η = Endenergie/Primärenergie

	Volllaststunden $[a^{-1}]$	Materialbedarf (kg/MWh]	Energierückflusszeit [a]	Erntefaktor ε [–]	Wirkungsgrad η [%]
Kohlekraftwerk	6.000	1,3	0,15	120	46
Gasturbinenkraftwerk	6.000	1,1	0.20	180	39–58
Kernkraftwerk	6.000	2,6	0,5	100	35
Windenergieanlage	2.000	~15	2	20	40
Solarzellenkraftwerk	1.000	~30	4	5	30

In der Tabelle sind die Kosten nicht berücksichtigt, die für Exploration, Erschließung, Förderung, Aufbereitung und Verteilung der Brennstoffe anfallen. Eine allgemeine Aussage dazu ist wegen der großen Unterschiede, vor allem bei Förderung und Transport, nicht möglich. So ist bspw. bei Steinkohlen, die im Tagebau aus oberflächennahen mächtigen Flözen gewonnen werden, für die Förderung ein Energieaufwand von ca. 100 kJ/kg erforderlich. Bei Kohlen aus tiefen Lagerstätten und dünnen Flözen müssen demgegenüber bis 4 MJ/kg aufgewendet werden. Der Lieferungswirkungsgrad variiert demnach zwischen 83 und 99,7 % [4.74]. Bei der Ölförderung liegt der Energieaufwand für das Nordseeöl bei ca. 500 kJ/kg und im Nahen Osten bei weniger als 10 kJ/kg; bei letzterem sind die Aufwendungen für den Transport und die Aufbereitung bei ca. 2 MJ/kg [4.74].

In der Entwicklung der Kohlekraftwerke lag die wirksamste Maßnahme zur Erhöhung der Wirkungsgrade in der Erhöhung der Dampfparameter. Vor 100 Jahren betrugen diese 13 bar und 275°C mit einem Wirkungsgrad von 5 %, bei Neubauten bis 1950 erbrachten 150–180 bar und 510–540°C einen Wirkungsgrad von 30 %. Mitte der 80er Jahre war man bei Bestwerten von ca. 43 % angekommen (260 bar, rd. 540°C [4.76]); bei den neuesten Kohlekraftwerken werden bei reiner Stromerzeugung nahezu 46 % erreicht. Im Kasten auf Seite 143 werden Beispiele für Neubauten von großen Steinkohle- und Braunkohlekraftwerken (Datteln: 1,2 Mrd. €, Niederaußem: 2,5 Mrd. € Gesamtkosten) und die Verbesserungen gegeben.

Neue Steinkohle- und Braunkohlekraftwerke: Datteln 4 und Niederaußem K

Steinkohlekraftwerk Datteln 4
E.ON errichtet am Standort Datteln am Dortmund-Ems-Kanal bis 2011 ein neues Kraftwerk. Mit einer Gesamtleistung von 1.100 MW wäre es das leistungsfähigste Steinkohlenkraftwerk Europas mit nur einem Kraftwerksblock. Bei einem Wirkungsgrad von 45,5 % entspricht *Datteln 4*, das die Blöcke 1 bis 3 in Datteln und andere Anlagen im Ruhrgebiet ersetzt, dem Stand der Technik in Deutschland – der *600°C-Technologie* [4.77]. In einer Studie für ein steinkohlegefeuertes „Referenzkraftwerk NRW“ [4.78] wurden für diese Technologie mögliche Auslegungsvarianten und deren Wirtschaftlichkeit untersucht; hierbei erreichte die wirtschaftlichste Variante mit Frischdampfparametern von 600°C und 285 bar einen Nettowirkungsgrad von 45,5 %. Das Kraftwerk Datteln 4 wird etwa 50 % des Raumwärmebedarfs für die Stadt Datteln liefern.

E.ON ist an dem *Projekt Druckkohlenstaubfeuerung* beteiligt (siehe Seite 145) und untersucht Effekte wie die *Reinigung von heißen Rauchgasen* von schmelzflüssigen Schlackepartikeln und heißen Alkalien. Die Hersteller der Gasturbinen erwarten bezüglich des Staub- und Alkaligehaltes im Prozess Qualitäten, die den Anforderungen der Atem- und Umgebungsluft nur wenig nachstehen. Die Abscheidung der Kohleaschen als schmelzflüssiger Aschefluss und der Alkalien Natrium und Kalium jeweils bei 1400°C macht die Entwicklung beständiger Werkstoffe und von Gasmesstechniken zum Schutz der Gasturbine notwendig.

Braunkohlekraftwerk Niederaußem K [4.79]
RWE unterhält in Bergheim-Niederaußem (Rhein-Erft-Kreis) ein mit Braunkohle betriebenes Grundlastkraftwerk mit neun Blöcken, die zwischen 1963 und 2003 gebaut wurden. Die Wirkungsgradsteigerung im neuen Kraftwerk *Niederaußem K* (1000 MW; 45,2 % Nettowirkungsgrad) gegenüber dem älteren RWE Braunkohlekraftwerk Neurath (1976; 3 x 300 MW und 2 x 600 MW; 35,5 % Nettowirkungsgrad für *Neurath Block E*) ergibt sich aus folgenden Optimierungsschritten [4.80]:

- Dampfturbine + 2,3 %
- Dampfzustände + 1,6 %
- Eigenbedarf reduziert + 1,5 %
- Prozessoptimierung + 1,6
- Kondensationsdruck + 1.4 %
- Abgaswärme + 2,3 %

Während das „BoA“-Kraftwerk (Braunkohlenkraftwerk mit optimierter Anlagentechnik) Niederaußem K den derzeitigen Entwicklungsstand bei Braunkohlenkraftwerken markiert (mit einem Wirkungsgrad, der nach Abzug des Eigenverbrauchs für die Hilfsanlagen, Beleuchtung etc., dem Nettowirkungsgrad der neuen Generation von Steinkohlekraftwerken entspricht), werden weitere Verbesserungen vor allem von Trocknungsverfahren erwartet, die in den nachfolgenden Anlagen eingesetzt werden. Ein Verfahren zur Aufbereitung und Trocknung von Braunkohle ist die WTA-Technik (Wirbelschicht-Trocknung mit interner Abwärmenutzung); die WTA-Technik soll nicht nur zu einer spürbaren Erhöhung des Wirkungsgrades führen, sondern damit auch die Emissionen von CO_2, SO_2 und NO_x senken [4.81].

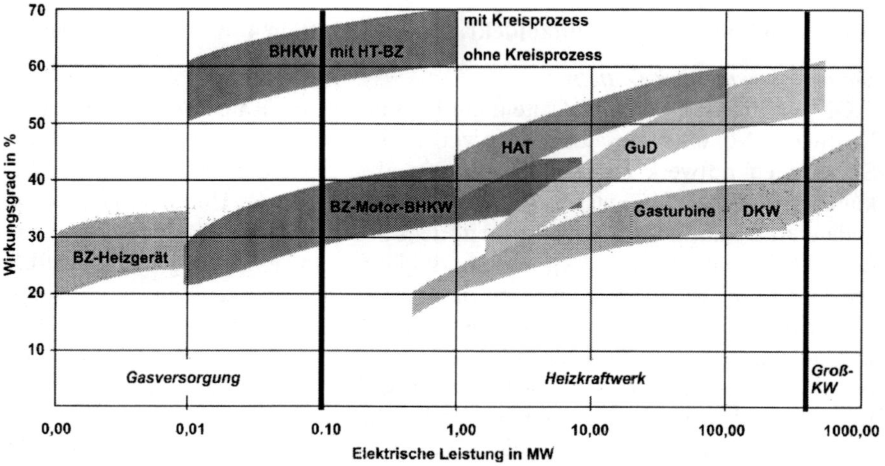

Abb. 4.4 Wirkungsgrade verschiedener Kraftwerksprozesse ([4.82], nach FhG-ISI [4.83])

Verbesserte Wirkungsgrade bei Gas- und Dampfturbinenanlagen

Abbildung 4.4 zeigt, dass die Wirkungsgrade der verschiedenen Kraftwerksprozesse in allen Leistungsbereichen generell mit der Größe/Leistung der Anlage zunehmen. Der Leistungsbereich bis 1 MW mit Brennstoffzellen und Blockheizkraftwerken mit Motor- oder Hochtemperatur-Brennstoffzellen-Versorgung wurde im Abschn. 4.2.3 behandelt, der Bereich über 500 MW mit den Wirkungsgradoptimierungen von vorrangig stromerzeugenden Anlagen wurde an den Kraftwerken Datteln und Niederaußem exemplarisch dargestellt. Im Folgenden liegt der Schwerpunkt auf den Kraftwerken im Leistungsbereich zwischen 1 MW und 500 MW, mit besonderem Nachdruck bei den kombinierten Anlagen mit Gas- und Dampfturbinen.

Reine Gasturbinenantriebe mit den drei Komponenten „Kompressor", „Brennkammer" und „Antriebsturbine" werden vor allem für Flugzeuge verwendet. Bei der Stromerzeugung treibt eine Gasturbine einen Generator an; die heißen Abgase der Gasturbine erzeugen in einem Verdampfer heißen Wasserdampf unter hohem Druck, der eine Dampfturbine antreibt. *Gasturbinen* gestatten es, Wärme auf sehr hohem Temperaturniveau zur Erzeugung von elektrischer Energie zu nutzen, während *Dampfturbinen* ein Arbeiten bis in die Nähe der Umgebungstemperatur erlauben [4.84]. In einem *Kombiprozess* erfolgt die Wärmezufuhr im Gasturbinenprozess, während die Wärmeabfuhr im Wesentlichen am kalten Ende eines nachgeschalteten Dampfturbinenprozesses geschieht. Die *Abgaswärme* wird zur Beheizung des Dampferzeugers im Dampfturbinenprozess eingesetzt; das Leistungsverhältnis zwischen Gas- und Dampfturbine ist ohne Zusatzfeuerung im Bereich von 3:1 bis 2:1 wählbar. Bei den sog. aufgeladenen Dampferzeugern erfolgt die Verbrennung in der *Brennkammer* unter Druck; gleichzeitig wird in dieser Brennkammer Dampf erzeugt, wobei die Wärmeübertragungsverhältnisse gegenüber einem Dampferzeuger unter Normaldruck wesentlich verbessert werden [4.85].

Insgesamt ermöglichen die Gas- und Dampfturbinen-Prozesse eine erheblich bessere Energienutzung [4.84]. Bei Einsatz von *Erdgas* können diese Prozesse bis zu Nettowirkungsgraden von über 50 % vorstoßen, wenn die Gasturbineneintrittstemperatur auf etwa 1200°C angehoben wird. Grundsätzlich lässt sich auch Kohle als Brennstoff für einsetzen, bspw. nach Verbrennung von Kohle in einer Wirbelschichtanlage unter Druck [4.86]. Die derzeit von E.ON, STEAG und FZ Jülich entwickelte Technologie der Druckkohlenstaubfeuerung kann in 10 bis 15 Jahren in kommerziellen Kraftwerken eingesetzt werden [4.87]; der größte Forschungsbedarf besteht auf den Gebieten der Entwicklung keramischer Werkstoffe und der Flüssigascheabscheidung bei Temperaturen oberhalb von 1300°C (Kasten S. 143).

Aus Gas- und Dampfturbinenprozessen auf Erdgasbasis können Schadstoffe wie NO_x und SO_2 durch geeignete feuerungstechnische Maßnahmen (Abschn. 5.3.4) ohne nachgeschaltete Sekundäranlagen auf ein Minimum reduziert werden; bei Feuerung mit Erdöl sind deutlich aufwendigere Maßnahmen zur Minimierung von NO_x und SO_2 erforderlich (Abschn. 5.3.3 und 5.3.4).

Abbildung 4.5 zeigt die Vorteile von Kombikraftwerken mit Druckwirbelschichtfeuerung, erdgas- und kohlenstaubbefeuerten Kombikraftwerken sowie Gaskraftanlagen und Dampfkraftanlagen – erdgasbefeuert oder mit integrierter Kohlevergasung – gegenüber konventionellen Dampfkraftwerken hinsichtlich der Einsatzstoffe, Emissionen und Nebenprodukte [4.88].

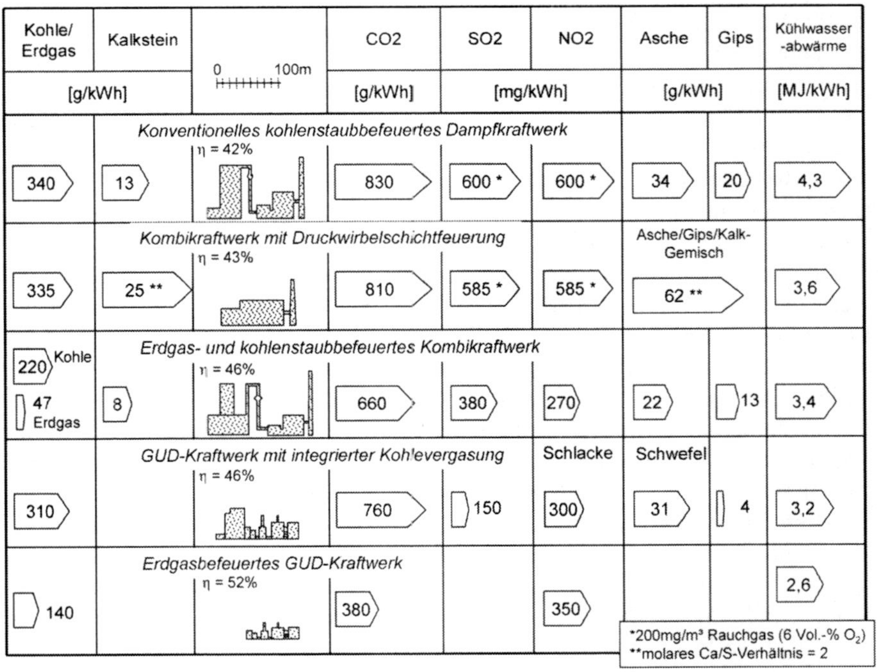

Abb. 4.5 Einsatzstoffe, *Emissionen* und Nebenprodukte bei Kombikraftwerken der 600 MW-Klasse im Vergleich (nach Hassmann u. Müller [4.88]). * 200 mg/m^3 *Rauchgas* (6 Vol.-% O_2); ** molares Ca/S-Verhältnis = 2

Humid Air Turbine (HAT) Prozess als Alternative zum GuD-Prozess [4.89] Nahezu alle Gas- und Dampfturbinen-Kraftwerke, die in Deutschland in den vergangenen 15–20 Jahren gebaut worden sind, wurden als Kraft-Wärme-Kopplungsanlagen, d. h. als Heizkraftwerke, konzipiert. GUD-HKW sind thermodynamisch auf hohem Niveau und in technologischer Hinsicht Stand der Technik. Dabei ist zu bemerken, dass die erzielte Mehrleistung der Dampfturbine ca. 30 % der Leistung der vorgeschalteten Gasturbine beträgt, der Kostenmehraufwand gegenüber einem einfachen Gasturbinen-HKW jedoch erheblich ist. Insbesondere im kleinen Leistungsbereich von 5 bis 50 MW_{el} sind deshalb Konzeptionen interessant, bei denen der im Abhitzekessel erzeugte Dampf in die Gasturbine zurückgeführt wird.

In der Studie der Arbeitsgemeinschaft für Wärme und Heizkraftwirtschaft (AGFW) „Pluralistische Wärmeversorgung" [4.89] wurden u. a. verschiedene innovative Gasturbinenprozesse mit integrierten Dampfprozessen (GID) untersucht, das sind Prozesse, bei denen intern neben dem Arbeitsmittel Luft/Verbrennungsgas auch Wasser bzw. Wasserdampf eingesetzt wird. Neben der Steigerung von Leistung und Wirkungsgrad, die von der jeweils angewendeten Technologie abhängig sind, liegt der Hauptvorteil in der Senkung der Investitionskosten gegenüber dem GUD-Prozess, da durch die Integration des Wasserdampfprozesses in den Gasturbinenprozess die bei GUD-Prozess erforderliche Dampfturbine entfallen kann.

Im Beispiel des HAT-Prozesses („humid air turbine", „Feuchtluft- oder Verdunstungs-Gasturbinenprozess") wird Wasser für die Zwischen- und Nachkühlung sowie für die Sättigung der verdichteten Luft verwendet. Dabei wird (i) die Verdichterleistung durch Zwischenkühlung abgesenkt, (ii) die Wärmezufuhr (deutlich) gesteigert; davon werden > 60 % durch regenerative Abwärmenutzung bereitgestellt, (iii) die Turbinenleistung durch Änderung der Zusammensetzung und des Massestroms erhöht. Eine erste HAT-Testanlage gibt es an der Universität Lund [4.90]; die verwendete Turbine besitzt eine elektrische Ausgangsleistung von 600 kW (nach den Autoren der AGFW-Studie [4.89] müsste die Anlage größer sein um die theoretischen Daten ausreichend zu stützen).

Die Wirtschaftlichkeit einer HAT-Anlage wird einerseits durch zusätzliche Aufwendungen wie Kosten für die Technik der Wasserzufuhr, für das Zusatzwasser bzw. bei Wasserrückgewinnung für die notwendige Technik und Aufbereitung sowie für erforderliche Anpassungen der Anlagen bestimmt. Dazu kommen, bezogen auf eine Anlage ohne Wassernutzung, höhere absolute Brennstoffkosten, die durch die im Verhältnis größere Steigerung der elektrischen Leistung relativiert werden. Andererseits werden zusätzliche Erlöse für den mehr erzeugten Strom erzielt. Im Hinblick auf die zukünftige Bewertung von Emissionen sind die Senkung der CO_2-Emissionen durch die Wirkungsgradsteigerung und die Senkung der NO_x-Emissionen durch den Wassereinsatz hervorzuheben.

GID-Prozesse wie der hier vorgestellte HAT-Pozess erreichen ihre hohe Effektivität durch eine weitgehend interne Nutzung der Abgaswärme. Daraus ergeben sich für diese Prozesse insbesondere für den Fall, dass die Verdampfungswärme des im Abgas enthaltenen Wasserdampfes durch hohe Rücklauftemperaturen nicht genutzt werden kann, sehr hohe Stromkennzahlen. Daher muss ein entsprechend hoher Stromabsatz zu wirtschaftlichen Konditionen gewährleistet werden.

Kombiprozesse mit integrierter Kohlevergasung und CO_2-Abscheidung [4.91]
Der Wirkungsgrad von Wärmekraftwerken lässt sich besonders durch druckaufgeladene Wirbelschicht und kombinierte Gasturbinen- und Dampfturbinenanlagen mit integrierter *Kohlevergasung*, noch beträchtlich verbessern.

Bei dem Kombiprozess mit integrierter Kohlevergasung wird ein für den Gasturbinenprozess geeignetes Brenngas durch Kohlevergasung hergestellt. In diesem Prozess kann zudem der *Schwefel* in elementarer (und gut verwertbarer) Form abgeschieden werden (Abb. 4.6). Dies ist ein Vorteil gegenüber herkömmlichen Steinkohle-Kraftwerken, da dort der Schwefel als SO_2 über eine Rauchgasreinigungsanlage entzogen werden muss (Abschn. 5.3.3). Die zu erwartenden Weiterentwicklungen der Hochtemperatur-Gasturbinentechnik und des Hochtemperaturdampfprozesses können auch für das Kombikraftwerk mit integrierter Kohlevergasung zur Wirkungsgradsteigerung genutzt werden, wodurch eine Erhöhung des Gesamtwirkungsgrads auf fast 50 % möglich wird.

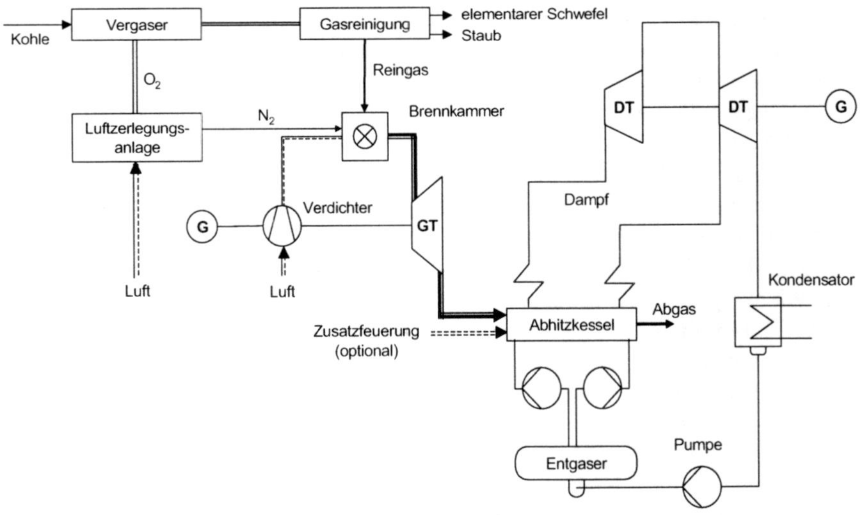

Abb. 4.6 Schema eines Kombiprozesses mit integrierter Kohlevergasung [4.91]

In Kohlekraftwerken mit integrierter Kohlevergasung kann auch eine CO_2-Abscheidung vorgenommen werden. Bei der Kohlevergasung entsteht ein Gemisch aus Kohlenmonoxid, Kohlendioxid und Wasserstoff. Kohlenmonoxid kann mit der sog. *Wassergas-Shift-Reaktion* zu CO_2 konvertiert werden, das anschließend nach dem Gegenstromprinzip in einem Adsorberturm entfernt wird; dafür gibt es bereits erprobte physikalische Absorptionsmittel.

Bei Annahme eines Netto-Wirkungsgrades von etwa 50 % für das Kombikraftwerk mit integrierter Kohlevergasung ergeben sich bei Hinzufügen einer CO_2-Abtrennung und gasförmiger Ausschleusung des CO_2 ein *Gesamtwirkungsgrad* von noch 40,4 % und bei Ausschleusen in flüssiger bzw. fester Form Wirkungsgrade von 37,3 % bzw. 35 %, d. h. mit solchen Anlagen können Gesamtwirkungsgrade in Höhe der heutigen Steinkohlekraftwerke erreicht werden.

4.2.6 CO_2-Sequestrierung – Carbon Capture Storage Technologien

Wenn die CO_2-Reduktion durch höhere Wirkungsgrade nicht mehr ausreichend ist, sind Techniken notwendig, um das CO_2 aus den Rauchgasen zu entfernen. Im Wesentlichen gibt es drei Möglichkeiten einer *CO_2-Sequestrierung* [4.74]:

1. Nachrüstung bestehender Kraftwerke mit Abscheideanlagen nach der Verbrennung (*post combustion*)
2. Sauerstoffbetriebene Kraftwerke: Verbrennung von Kohle oder Erdgas in einer O_2/CO_2-Atmosphäre (*O_2/CO_2 recycle combustion*)
3. Brennstoffumwandlung: Vergasung von Kohle oder Dampfreforming von Erdgas mit anschließender CO_2-Abtrennung vor der Verbrennung des Synthesegases (*pre-combustion*)

Die drei Möglichkeiten der Abtrennung finden sich auch in den übergreifenden Untersuchungen, bspw. in der RECCS-Studie im Auftrag des Bundesministeriums für Umwelt, Naturschutz und Reaktorsicherheit [4.92]:

- Die Abscheidung mittels *Gaswäsche* beruht auf dem gut bekannten Prinzip der chemischen Absorption des CO_2 in einem Lösemittel und anschließender Desorption (Abschn. 5.3.2; siehe Kasten „Post-Combustion Capture").
- Bei diesem Prozess, der als *Oxyfuel combustion* bezeichnet wird, erfolgt die Verbrennung des kohlenstoffhaltigen Brennstoffs in einer stickstofffreien Atmosphäre; da mit Reinsauerstoff zu hohe Temperaturen entstehen würden, wird ein Teil der Verbrennungsgase zurückgeführt und ersetzt den Stickstoff. Vattenfall erstellte dazu eine Pilotanlage mit 30 MW_{th} (siehe Kasten S. 149).
- Auch der *IGCC-Process* (Gas- und Dampfturbinenprozesse mit integrierter Kohlenvergasung), der auf Seite 147 beschrieben wurde, setzt nur den aus der Luft vorab abgetrennten Sauerstoff ein. RWE Power AG plant bis 2014 eine halbkommerzielle IGCC-Anlage mit 360 MW_{el} (mit CO_2-Speicherung).

Prinzipiell kann die *Speicherung von CO_2* in geologischen Strukturen mittels vieler bereits in der Öl- und Gasindustrie angewandter Verfahren und technologischer Prozessschritte erfolgen. Der wichtigste Anteil am Speicherpotenzial in Deutschland bezieht sich auf tiefe salinare Aquifere mit 12–28 Gt und leer geförderte Gasfelder mit 2,3–2,5 Gt Kapazität, während die Nutzbarkeit von tiefen Kohleflözen mit 3,7–16,7 Gt Kapazität hinsichtlich ihrer Permeabilität umstritten ist [4.92].

Die *Zusatzkosten* der CO_2-Abtrennung und Speicherung für um 2020 errichtete Kraftwerke werden derzeit auf 30 bis 60 €/t CO_2 geschätzt. Mit den verschiedenen Forschungs- und Pilotvorhaben wird angestrebt, die Zusatzkosten für die gesamte Prozesskette (inkl. Transport und Speicherung) auf unter 20 €/t CO_2 zu senken.

Im Hinblick auf die *künftigen Stromgestehungskosten* erwarten die Autoren der RECCS-Studie [4.92], dass schon im Jahr 2020, dem Jahr der voraussichtlich frühesten kommerziellen Verfügbarkeit der CCS-Technologie, eine Reihe von erneuerbaren Energietechnologien zu vergleichbaren oder günstigeren Konditionen Strom anbieten können als dies über fossile Kraftwerke der Fall ist. Längerfristig dürften die erneuerbaren Energien wegen der Unabhängigkeit von Brennstoffpreisschwankungen auf jeden Fall deutliche Vorteile besitzen.

Initiative COORETEC (CO$_2$-Reduktions-Technologien) für Kohlekraftwerke

Im Rahmen der High-Tech-Strategie der Bundesregierung stehen für den „Leuchtturm“ zusätzliche Mittel zur Verfügung, um die mit dem Projekt „COORETEC“ begonnenen F&E-Arbeiten zielgerichtet auszuweiten. Dazu werden die Konzepte der Arbeitsgruppen „Kombikraftwerk“, „Dampfkraftwerk“, „IGCC mit integrierter CO_2-Abscheidung“, „Oxyfuel“ und „CO_2-Speicherung“ (die in den vorangegangenen Abschnitten behandelt wurden) in den Leuchtturm integriert [4.93, 4.78].

- *700°C-Technologie.* Die Frischdampftemperatur über 600°C anzuheben, ist mit den bisherigen Werkstoffen im Hochtemperaturbereich von Dampfkraftwerken nicht möglich. Spezialwerkstoffe mit hohem Nickelanteil (Nickel-Basis-Legierungen) jedoch erlauben eine Anhebung der Frischdampfparameter unter Beibehaltung akzeptabler Festigkeitswerte. Diese Legierungen lassen eine Steigerung des Drucks auf 350 bar zu. Dafür müssen die im Bereich hoher Materialtemperaturen liegenden Sammler, Rohrleitungen und Überhitzerheizflächen aus Ni-Basis-Werkstoffen gefertigt werden. Im Rahmen des Projekts COMTES700 wurde am Kraftwerk Scholven eine Anlage zur Untersuchung solcher Komponenten aufgebaut; 2014 soll das weltweit erste 700°C-Kraftwerk mit einem prognostizierten Wirkungsgrad von über 50 % in Betrieb gehen [4.94].
- *Post-Combustion Capture.* PCC-Technologien zur CO_2-Minderung bieten den Vorteil einer technologischen Reife und die Möglichkeit einer Nachrüstung bestehender Kraftwerke. In der Praxis erfordert die Regeneration des mit CO_2 beladenen Lösungsmittels (meist wässrige Aminlösung) die Auskopplung von ca. 60 % des Niederdruckdampfes aus dem Kraftwerkprozess. Gemeinsam mit dem erhöhten Eigenbedarf in den Teilprozessen für die CO_2-Abtrennung und -Verflüssigung reduziert sich dadurch der Nettowirkungsgrad des Gesamtkraftwerks um ca. 12 %-Punkte. Langfristig soll die Wirkungsgradeinbuße durch die Entwicklung neuer Lösungsmittel und innovativer Prozessschaltung auf unter 10 % reduziert werden. Ein PCC-Verfahren (neues Lösungsmittel aus dem know-how der ehemaligen Hoechst AG) wird von Siemens und E.ON entwickelt [4.95].
- *Oxyfuel.* Das den Dampferzeuger verlassende Rauchgas hat nach der Trocknung einen CO_2-Gehalt von 89 Vol.-%. Der restliche Anteil besteht im Wesentlichen aus überschüssigem Sauerstoff, Argon, Stickstoff, SO_2 und NO_x. Diese Verunreinigungen bilden das Hauptproblem des Oxyfuel-Prozesses, da ein Teil bei der Verflüssigung (d. h. Kondensation des CO_2-Anteils des Rauchgases) mit in die flüssige Phase übergeht und zu Problemen bei Transport und Lagerung führen kann. Am Kraftwerk „Schwarze Pumpe“ werden diese Prozesse in einer 0,5 MW-Pilotanlage untersucht [4.96]. Durch den Eigenbedarf der Luftzerlegungsanlage und CO_2-Verflüssigung reduziert sich der Nettowirkungsgrad des Kraftwerkes um ca. 10 %-Punkte. Das Ziel ist es, diese Wirkungsgradminderung auf ca. 8 %-Punkte zu reduzieren.

Zu den visionären COORETEC-Technologien nach 2020 zählen u. a. die Kopplung von Vergasungstechnologien und Brennstoffzellen (Hybridkraftwerke), Membranverfahren zur Luftzerlegung und Wasserstoff- oder CO_2-Abspaltung, Kraftwerke mit „Chemical Looping“ und katalytische Verbrennung [4.93].

4.3 Einsparpotenziale

Die Minderung von CO_2-Emissionen in Deutschland nach 1990 war neben der generellen Entkopplung von Wirtschaftswachstum und Energieverbrauch zunächst vor allem dem Zusammenbruch der DDR-Industrien geschuldet [4.34]. Bezogen auf die energieverbrauchenden Sektoren entwickelten sich die CO_2-Emissionen sehr unterschiedlich (Tabelle 4.8, Ist-Werte des Umweltbundesamtes):

Tabelle 4.8 Energiebedingte CO_2-Emissionen in Deutschland im Jahr 2005 [4.97] und Szenario des Umweltbundesamtes für die CO_2-Minderung in den Sektoren bis 2020 [4.98]

	Ist-Werte Umweltbundesamt			UBA-Szenario 2020		
Mio. t CO_2-Äq.	2005	% (2005)	*1990–2005*	2020	*1990–2020*	absolut
Energiewirtschaft	362	45,5	*–12,8 %*	247	*–41 %*	–115
Industrie	103	12,9	*–33,5 %*	73	*–53 %*	–30
GHD	53	5,7	*–29,5 %*	43	*–43 %*	–10
Verkehr	164	20,6	*1,1 %*	134	*–17 %*	–30
Haushalte	113	14,2	*–12,5 %*	74	*–53 %*	–39
energiebed. CO_2	795			571	*–40 %*	–224

Das Szenario 2020 des Umweltbundesamtes (rechte Seite in Tabelle 4.8) ist unter der Maßgabe der Bundesregierung anlässlich der EU-Ratespräsidentschaft zu verstehen, eine 30%-Minderung der EU durch eine eigene Minderungsverpflichtung von 40 % bis 2020 gegenüber 1990 zu unterstützen [4.98]. Besonders gefordert sind neben der Energiewirtschaft (Abschn. 4.2.2 bis 4.2.6) die Sektoren Industrie, Verkehr und Haushalte, die in den Abschn. 4.3.1 bis 4.3.3 behandelt werden.

4.3.1 Industrie und Gewerbe, Handel, Dienstleistungen

Energiesparmaßnahmen mit entsprechenden Reduktionspotenzialen für CO_2-Emissionen im industriellen Bereich sind mit vielen technischen Details verbunden [4.99]. Im Mittelpunkt stehen die Nutzung bzw. Nutzbarmachung von Abwärme mit Techniken, die allein oder miteinander kombiniert einsetzbar sind [4.100]:

- Rückführung des abwärmehaltigen Stoffstroms, ggf. nach Reinigung, in denselben Prozess,
- Nutzung des abwärmehaltigen Stoffstroms in einem anderen Prozess (z. B. Abluft als Verbrennungsluft für eine Feuerung),
- Wärmerückgewinnung durch Wärmeaustauscher, ggf. durch Einschaltung eines Zwischenmediums (Wärmeträger),
- Wärmerückgewinnung mit Temperaturanhebung durch Wärmetransformatoren,
- Einspeicherung von Abwärme höherer Temperatur in transportable Wärmespeicher zur Nutzung durch einen entfernt liegenden Verbraucher.

Eine Studie des Fraunhofer-Instituts für System- und Innovationsforschung [4.101] untersuchte, welche Energieeinsparpotenziale im Bereich der Querschnittstechniken in den Sektoren Industrie und Gewerbe, Handel, Dienstleistungen (GHD) existieren und wie diese erschlossen werden können, um zur Erfüllung des nationalen Klimaschutzziels, der Minderung der sechs Treibhausgase des Kyoto-Protokolls bis 2008/2012 um 21 %, beizutragen.

Folgende Anwendungen wurden untersucht: (1) Konventionelle Wärmeerzeuger zur Raumheizung und Heißwassererzeugung, (2) BHKW und Brennstoffzellen, (3) Wärmedämmung, (4) Dampf- und Heißwassererzeuger (für Prozesswärme) bis 50 MWth, (5) Industrieöfen, (6) Trockner, (7) Wärmeübertrager, (8) Elektrische Antriebe, (9) Pumpen, (10) Druckluftanlagen, (11) Lüftungs- und Klimatisierungsanlagen, (12) Kälteerzeugung, (13) Elektrische Beleuchtung.

Insgesamt wurden damit ca. 70 % des gesamten Endenergiebedarfs in den beiden Sektoren abgedeckt. In der Summe ergibt sich ein wirtschaftliches Potenzial von 629 PJ (von gesamt 3865 PJ in 1999). Abzüglich von Überschneidungen ergibt sich ein kumuliertes wirtschaftliches Potenzial in der Größenordnung von 20 %, bzw. 14 % des gesamten Endenergiebedarfs der beiden Sektoren Absolut gesehen liegen die größten Potenziale im Bereich der Gebäudetechnik und betreffen damit vor allem den GHD-Sektor. Mit Hilfe einer verbesserten Wärmedämmung ließen sich 128 PJ, mit optimalen raumlufttechnischen (RLT-)Anlagen 46 PJ und mit optimierter Beleuchtung 32 PJ einsparen. Im Industriesektor lassen sich beträchtliche Einsparungen im Bereich der Industrieöfen (84 PJ), und der elektrisch angetriebenen Systeme (Pumpen 19 PJ, Druckluftanlagen 23 PJ, Kälteanlagen 26 PJ) finden. Das technische Potenzial liegt bei den meisten Techniken um einen Faktor zwei höher. Die recht große Differenz zwischen wirtschaftlichem und technischem Potenzial gibt Anlass zu verstärkten Forschungsanstrengungen [4.101].

4.3.2 Verkehr

Die Nachfrage nach Energiedienstleistungen im Verkehr drückt sich in der Zahl der Ortveränderungen aus, die in „Wegen pro Jahr“ gemessen wird. Es wird prognostiziert, dass das Verkehrsaufkommen im Personalnahverkehr, das im wesentlichen durch die Bevölkerungsentwicklung bestimmt wird, bis zum Jahr 2010 zunimmt und danach bis 2020 leicht abnimmt. Die stärkste Zunahme wird bei den Geschäftswegen erwartet, die Zahl der Ausbildungswege nimmt wegen der demographischen Entwicklung ab. Bei dem Verkehrsmittel wird auch künftig eine leichte Verlagerung zum motorisierten Individualverkehr angenommen [4.102].

Der Energiebedarf im Straßenverkehr wird praktisch vollständig von Otto- und Dieselkraftstoff gedeckt, der ohnehin kleine Anteil des Schienenverkehrs zu 72,5 % durch Strom. Für Überlegungen zur Reduktion der CO_2-Emissionen im Verkehr muss daher der Straßenverkehr im Vordergrund stehen. Der Energieverbrauch im Straßenverkehr hängt von der Automobiltechnik – vor allem vom Antriebssystem und vom Fahrzeuggewicht – und von der Nutzung der Fahrzeuge bzw. der Verkehrsnachfrage und von der Organisation des Verkehrssystems ab [4.103].

Motorentechnik und Kraftstoff [4.103]
In Kraftfahrzeugen werden überwiegend Hubkolbenmotoren mit innerer Verbrennung als *Ottomotor* mit den Varianten Viertakt- und Zweitaktmotor und als Dieselmotor eingesetzt. Der *Stirling-Motor* ist ein Kolbenmotor mit äußerer kontinuierlicher Verbrennung, der über einen leisen Lauf, akzeptablen Verbrauch und über niedrige Schadstoffemissionen verfügt, der allerdings nur eine geringe Leistung je Gewichtseinheit und lange Bereitschafts- und Ansprechzeiten aufweist und wegen dieser Trägheiten als selbständiges Antriebsaggregat wenig geeignet ist. Der *Elektromotor* hat einen vibrationsfreien Lauf und erzeugt im Betrieb keine Verbrennungsgase; seine Anwendung wird durch das Fehlen kleiner, leichter und dauerhaltbarer Batterien behindert. Um diese Nachteile zu kompensieren, ist der Einsatz von *Hybridantrieben*, der Kombination von Elektro- und Verbrennungsmotorantrieb, denkbar. Hybridantriebe lassen sich auch durch den Einsatz von Brennstoffzellen realisieren, wenn der Verbrennungsmotor durch einen Methanol-Reformer, verbunden mit einer Brennstoffzelle, ersetzt wird (Abschn. 4.2.4).

Tabelle 4.9 Allgemeine motorische und andere fahrzeugseitige Maßnahmen und geschätzte Verbrauchsminderungspotenziale (nach Fiedler et al. [4.103]). [a] derzeit (1994), [b] künftig, [c] Teillast, [d] Lehrlauf, [e] real, [f] theoretisch

Maßnahmen	Verbreitung in deutschen Serien-Pkw (geschätzt) [%] 1990	2005	2020	Minderungs-potenzial [%]
a) Mögliche Entwicklungen bei Ottomotoren				
variables Saugsystem	< 1	20	40	2–3
Variable Ventilsteuerung	< 1	20	50	5–6[a] (10)[b]
Ladungsverdünnung – Magerkonzept	< 3	15	20	< 12[c]
AGR		3	10	< 7
Variable Verdichtung			3	4–8
Direkteinspritzung			3	10–20[c]
Direkte Gemischeinblasung		1	5	~20[c] (40[d])
kombinierte Prozesse		3	10	2–8[c] (5–25[f])
b) allgemein motorische Entwicklungen, Kraftübertragung und andere Maßnahmen				
Mehrventiltechnik	3	60	80	8
elektronisches Motormanagement	5	70	90	8
Leistungsreduzierung bei Hilfsgeräten		10	40	5
Zylinderabschaltung		5	25	13–30
Schwung-Nutzautomatik		5	10	20–30
Gewichtsreduzierung um 12–18 %		35	80	3–5
Luftwiderstandsreduzierung um 15–30 %		30	70	5–9
Rollwiderstandsreduzierung ca. 40 %		20	70	5

Als alternativer Kraftstoff für Verbrennungsmotoren ist vor allem *Methanol* geeignet, bei dem durch Zusatz von Kohlenwasserstoffen die schlechten – durch den niedrigen Dampfdruck bedingten Kaltstarteigenschaften – vermindert werden. *Pflanzenöle*, die prinzipiell für den Betrieb von Dieselmotoren in Frage kommen, haben erhebliche Nachteile hinsichtlich Emissionsverhalten, Kaltstartfähigkeit und Lebensdauer der Motoren. Verbesserung bringt eine Umesterung, wobei nur der Rapsölmethylester (RME) die an einen Kraftstoff zu stellenden Anforderungen erfüllen kann. Eingesetzt in Fahrzeugen wird bereits *Flüssiggas* (Autogas, LPG), vorwiegend im bivalenten Betrieb, bei dem der vorhandene Ottomotor durch ein Zusatzpaket für den LPG-Betrieb ergänzt wird. Erdgas wird überwiegend in dafür nachgerüsteten Fahrzeugen verwendet, so dass ebenfalls wahlweise mit Benzin und Erdgas gefahren werden kann. *Wasserstoff* (Kasten in Abschn. 4.4.7) erfordert wegen der geringen minimalen Zündenergie von Wasserstoff-Luftgemischen besondere Vorsichtsmaßnahmen [4.103].

Mögliche Entwicklungen bei Ottomotoren und deren Verbrauchsminderungspotenziale sind in der Tabelle 4.9 zusammengestellt. Dabei dürfen die geschätzten Minderungspotenziale für die einzelnen Maßnahmen allerdings nicht ohne Korrektur aufaddiert werden, wenn mehrere Maßnahmen gleichzeitig zur Anwendung kommen.

Kraftübertragungssysteme und andere Maßnahmen [4.103]
Der Kraftstoffverbrauch kann durch optimale Anpassung der Antriebsübersetzung an den Leistungsbedarf deutlich verringert werden. Automatisierte Schaltgetriebe erleichtern die Nutzung der im praktischen Betrieb erfolgreichen langen Antriebsübersetzungen z. B. durch Automatisieren der Schaltung zwischen dem Economy-Gang und den niedrigen Gängen. Bei der Schwung-Nutzautomatik wird der Motor in geeigneten Fahrzuständen abgeschaltet und das Fahrzeug über eine automatisch arbeitende Kupplung abgekoppelt, so dass es weiterrollen kann. Mit stufenlosen mechanischen Getrieben (CVT-Continuously Variable Transmission) kann die Übersetzung automatisch auf den vom Schaltprogramm angesteuerten Wert eingestellt werden.

Einsparpotenziale beim *Fahrzeuggewicht* bestehen einerseits durch den verstärkten Einsatz von Aluminium, Magnesium und Kunststoffen und andererseits durch neue Konstruktionsprinzipien. So kann das Gewicht der heute standardmäßig verwendeten selbsttragenden Stahlblechkarosserie durch Mischbauweisen – etwa Tragstruktur aus Stahlblech mit Flächenelementen aus Aluminium – um ca. 25 % verringert werden. Die Möglichkeiten zur Verringerung der Fahrzeuggrößen und damit auch der Fahrzeuggesamtgewichte sind durch die Anforderungen an die passive Sicherheit allerdings begrenzt.

Der *Luftwiderstand* ist in den letzten 20 Jahren durch Verbesserungen des c_W-Wertes deutlich gesenkt worden, so dass das verbleibende Verbesserungspotenzial relativ gering ist. Beim Rollwiderstand, der bei Nutzfahrzeugen einen größeren Anteil am Fahrwiderstand hat als der Luftwiderstand, sind auch in Zukunft noch wesentliche Verbesserungen zu erwarten [4.103].

4.3.3 Haushalte

Die Haushalte besitzen einerseits eine direkte Energienachfrage und lösen andererseits indirekte Energiedienstleistungen aus, die für die Herstellung von Gütern und das Bereitstellen weiteren Dienstleistungen benötigt werden. Die Befriedigung des Bedürfnisses „Wohnen“ erfordert z. B. nicht nur den direkten Einsatz von Heizenergie, der einen angenehm temperierten Raum schafft; notwendig sind auch Vorleistungen wie die Herstellung von Dämmstoffen, der Bau des Wohnraums einschließlich einer Heizung u. a. [4.104].

Baulicher Wärmschutz und Lüftungswärmeverluste [4.104]
Der Energiebedarf wird zum größten Teil von den Wärmeverlusten durch die Gebäudehülle (Wände, Fenster, Decken etc.) verursacht. Von Einfluss sind dabei sowohl der Dämmwert dieser Bauteile als auch deren geometrische Form und Abmessung (Abschn. 1.3.10 „Energiesparende Bautechnik“).

Nach den Transmissionsverlusten stellen die Lüftungswärmeverluste bei Wohngebäuden in der Regel den zweithöchsten Anteil an den Gesamtwärmeverlusten dar: bei Altbauten und den dort üblichen Luftwechselraten 20–40 % und bei Neubauten – bei gleichen Luftwechselraten – 30–50 %. Bei hochwärmegedämmten Gebäuden dominieren die Lüftungswärmeverluste über die Transmissionswärmeverluste und erfordern deshalb vordringlich eine Kontrolle der Lüftung. Eine kontrollierte Luftführung ist derzeit nur bei ca. 2 % der Wohnungen gegeben. Die Einsparpotenziale im Bereich der Gebäudebelüftung sind in Tabelle 4.10 wiedergegeben.

Tabelle 4.10 Energieeinsparpotenziale bei der Gebäudelüftung bis zum Jahr 2020, bezogen auf den Status 1994 (nach Gierga u. Erhorn [4.104])

Komponente „Gebäudelüftung“	Praktisch mögliche Verbesserungen in [%]
Kontrollierter Luftaustausch	10 ... 20
Wärmerückgewinnung	40 ... 60
Abluftwärmepumpe	60 ... 80
Vorwärmung über Pufferräume	5 ... 20

Raumwärme und Beheizungsstruktur [4.104]
Der Bedarf an Endenergie, der erforderlich ist, um den Nutzenergiebedarf für Raumwärme, Lüftung und Klimatisierung zu decken, hängt von der vorhandenen Beheizungsstruktur und den eingesetzten Heizungssystemen ab. Zwischen den unterschiedlichen am Markt befindlichen Heizsystemen (Radiator-, Konvektor-, Flächen- und Luftheizung) bestehen bei ordnungsgemäßer Ausführung keine wesentlichen Unterschiede hinsichtlich des Energieverbrauchs. Allerdings kommt der Auslegung des Wärmeerzeugers besondere Bedeutung zu. Moderne Heizkessel und Brennwertkessel erreichen deutlich bessere Wirkungsgrade als ältere Anlagen. Außerdem lassen sich durch neuere Brenner mit variablem Brennstoffdurchsatz ein

häufiges Ein- und Ausschalten vermeiden. und so die damit verbundenen Stillstandsverluste verringern.

Die Energieverluste für die Wärmeverteilung zu den einzelnen Räumen liegen gegenwärtig bei neuen Anlagen bei etwa 5 %; bei niedrigen Vorlauftemperaturen und besserer Rohrleitungsdämmung können sie bis auf ca. 3 % reduziert werden. Durch Anpassung der Heizleistung an den tatsächlichen Bedarf mit Hilfe von Regelungstechnik lassen sich z. B. in einem typischen Mehrfamilienhaus bis zu 10 % Heizenergie einsparen [4.104]. Künftig werden sich auch die Reduzierung des Energieaufwandes für die Betriebsbereitschaft bei neuen Anlagen und eine möglichst gute Kesselanpassung an den tatsächlichen Wärmebedarf positiv auswirken. Die Verbesserungspotenziale bis 2020 sind in Tabelle 4.11 zusammengestellt.

Tabelle 4.11 Energieeinsparpotenziale bei der Beheizung von Gebäuden bis zum Jahr 2020, bezogen auf den (nach Gierga u. Erhorn [4.104])

Komponente „Gebäudeheizung“	Praktisch mögliche Verbesserungen in [%]
Niedertemperaturkessel	5 … 10
Brennwertkessel	20 … 35
Regelung/Energiemanagement	5 … 20

Stromanwendung in den Haushalten – Beleuchtung [4.30]

Ein durchschnittlicher Haushalt hat 25 Brennstellen, von denen etwa 9 pro Tag eine Stunde oder länger genutzt werden. Für den Haushaltsbedarf werden z. Zt. im wesentlichen zwei physikalische Prinzipien der Lichterzeugung verwendet: in Glühlampen wird ein Wolframdraht zum Glühen gebracht; in Leuchtstofflampen wird Quecksilberdampf zu Entladungen angeregt, und die entstehende ultraviolette Strahlung bringen einen auf der Innenwand der Lampe aufgedampften Leuchtstoff zum Fluoreszieren. Bei Kompaktleuchtstofflampen („Energiesparlampen“) liegt gegenwärtig die maximale Lichtausbeute um ca. 10 % niedriger als bei Leuchtstoffröhren. Zur Abschätzung des kurzfristig möglichen Minimalverbrauchs wird angenommen, dass Glühlampen an allen den Brennstellen, an denen dies möglich ist – ca. 25 % – durch Kompaktleuchtstofflampen ersetzt werden (Tabelle 4.12).

Tabelle 4.12 Technisch mögliche Minimalverbräuche für Beleuchtung für einen Durchschnittshaushalt (nach Baur et al. [4.105])

	Stromverbrauch [kWh/a]	Einsparpotenzial [%]
Bedarf des Bestandes	268	0
Amortisationszeit < 7 Jahre	140	48
Kurzfristig erreichbarer Minimalverbrauch	124	54
Längerfristig erreichbarer Minimalverbrauch	64	76

Für den längerfristig möglichen Minimalverbrauch wird angenommen, dass alle Glühbirnen durch Energiesparlampen gleicher Lichtstärke ersetzt werden. Durch geeignete Leuchten mit optimierter Gestaltung und Lichtleittechnik kann der Lichtstrombedarf um weitere 10–20 % gesenkt werden. Da die Investitionskosten für Kompaktleuchtstofflampen höher sind als die von Glühbirnen müssen die entsprechenden Amortisationszeiten eingerechnet werden. Die kurz- und längerfristigen Minimalverbräuche für die Wohnungsbeleuchtung sind in Tabelle 4.12 dargestellt.

Kosten und Realisierungshemmnisse der Einsparpotenziale

Die Studie über die rationelle Stromanwendung in den Haushalten, die von *Baur* et al. [4.105] am Beispiel des Energieversorgungssystems in Baden-Württemberg erstellt wurde, hat erstmals eine kostenmäßige Bewertung der Stromeinsparpotenziale und der wichtigsten Hemmnisse bei ihrer Realisierung vorgenommen. Dabei wurde die Stromeinsparung mit den über die Lebensdauer der jeweiligen Geräte annuitätisch umgelegten Mehrkosten der Investitionen aufgerechnet. Es zeigt sich, dass außer bei Waschmaschinen und Herden alle Haushaltsgeräte kostengünstiger durch Marktbestgeräte ersetzt werden können (Tabelle 4.13). Der Realisierung dieser Einsparpotenziale steht aber häufig entgegen, dass

- Die Nutzer keine *Wirtschaftlichkeitsrechnung* durchführen und die einmaligen Investitionen sehr hoch bewerten und damit oft ein billigeres Geräte vorziehen, obwohl es über seine Lebensdauer höhere Gesamtkosten verursacht,
- die Nutzer keinen vollständigen *Marktüberblick* haben, die Stromkosten im Haushaltsbudget als gering erachtet werden und Energiesparen nur ein Aspekt neben anderen beim Gerätekauf darstellt,
- die *Kenntnisse* über die sparsame Nutzung der gekauften Geräte gering ist und häufig auch eine komplizierte Bedienung der Geräte sparsames Verhalten nicht ausreichend unterstützt.

Tabelle 4.13 Einsparpotenziale und Kosten von Marktbestgeräten im Vergleich zu Marktdurchschnittsgeräten (nach Baur et al. [4.105])

Gerät	Einsparpotential [kWh/Gerät und Jahr]	Mehrkosten [€/Gerät]	Kosten pro eingesparter kWh [Ct/kWh]
Kühlschrank	102	40	3,6
Kühl- und Gefrierkombination	180	61	3,0
Gefriergerät	118	56	4,2
Waschmaschine	17	77	40,6
Wäschetrockner	44	–	0,0
Geschirrspüler	37	36	8,7
Beleuchtung	101	16	4,1
Elektroherd	58	230	35,6

4.3.4 Bilanz der Einsparpotenziale

Die Potenzialstudie der Enquete-Kommission des Deutschen Bundestages „Nachhaltige Energieversorgung unter den Bedingungen der Globalisierung und der Liberalisierung“ [4.106] kommt zu folgenden Ergebnissen:

- Die Einsparpotenziale, die mit den am Markt verfügbaren Techniken zum verbesserten *Wärmeschutz im Wohngebäudebestand* erschließbar sind, werden auf rund 70 % veranschlagt.
- Durch verstärkten Einsatz von *Kraft-Wärme-Kopplungsanlagen* und perspektivisch durch Brennstoffzellen könnten die CO_2-Emissionen im Bereich von Gewerbe, Handel und Dienstleistungen bis 2050 um etwa ein Drittel der heutigen Emissionen dieses Sektors gemindert werden.
- Bei diversen *Elektrogeräten* wird mit Einsparmöglichkeiten durch besonders effiziente Neugeräte in Größenordnungen von 60 bis 80 % gerechnet.
- In der Industrie können durch *Verfahrens- und Produktsubstitution* Potenziale von meist 30 bis 80 % realisiert werden; große Potenziale bietet auch die integrale Planung und Optimierung der industriellen *Wärme- und Kälteversorgung* innerhalb von Betrieben und durch Kooperation zwischen Unternehmen.
- Im Verkehrssektor lassen sich erhebliche Einsparpotenziale durch die Verbesserung der Fahrzeugtechnik nutzbar machen. Bei *Ottomotoren* werden Verbesserungen des spezifischen Verbrauchs um bis zu 35 % für möglich gehalten. Konzeptstudien lassen erkennen, dass insbesondere durch Ansätze zu radikalem *Leichtbau* der Verbrauch drastisch gesenkt werden kann.
- Neben den technischen Einsparpotenzialen eröffnet die Beeinflussung der Nachfrageentwicklung und des individuellen *Verhaltens im Verkehrssektor* – z. B. Fahrverhalten, Verkehrsmittelwahl, Verkehrsvermeidung – große Möglichkeiten mit Blick auf die Minderung von Kraftstoffverbrauch und Emissionen.
- Beträchtliche Spielräume für eine effizientere und klimaverträglichere Energiebereitstellung existieren bei der Stromerzeugung. Durch technische Verbesserungen im konventionellen Bereich und durch neue technische Konzepte lässt sich die *Umwandlungseffizienz* wesentlich erhöhen; durch Wechsel zu emissionsärmeren oder emissionsfreien Energieträgern kann erheblich zur Emissionsminderung beigetragen werden.
- Nicht zu übersehen sind die Effizienzpotentiale, die in Zukunft durch verstärkte *Kreislaufwirtschaft*, bessere *Materialeigenschaften* sowie durch eine intensivere *Produktnutzung* erschließbar sind. Der Steigerung der Materialeffizienz und der intelligenten Materialsubstitution wird eine wachsende Bedeutung zukommen.

Insgesamt zeigt sich, dass es keinen energiewirtschaftlich bedeutsamen Sektor gibt, in dem nicht noch erhebliche technische Potenziale zur Effizienz- bzw. Energieproduktivitätssteigerung existieren. Es stellt sich somit nicht die Frage, *ob* Einsparmöglichkeiten vorhanden sind, sondern *wie* diese realisiert werden können und *welche Ansatzpunkte* sich für die Gestaltung von Maßnahmen anbieten [4.106].

4.3.5 Bedeutung von Innovationen im Energiebereich

Um längerfristige Ziele für den Zeitraum der nächsten 30 bis 100 Jahre zu erreichen, müssen nicht nur die erwähnten Technologien auf breiterer Basis eingeführt werden, sondern es bedarf großer und anhaltender Anstrengungen in den Bereichen Erfindungen/Innovationen und Diffusion neuer Technologien, um die oben genannten ambitionierten Ziele zu erreichen (Tabelle 4.14).

Bei den Strategien zur Beschleunigung nachhaltiger Energieinnovationen nennen *Steger* et al. [4.9] folgende Ansätze: (1) Energie als strategische Priorität positionieren, (2) Verbesserung der Rahmenbedingungen, (3) Markteinführung energieeffizienter Technologien in der Industrie durch Subventionen, (4) Selbstverpflichtungen als Mittel zur raschen Diffusion der „Best Available Technology", (5) Technology Procurement, z. B. durch sog. „Effizienzfonds" für innovative Entwicklungen, (6) Energieeffizienzsteigerung im Haushaltsbereich, (7) Handlungsfeld regenerative Energiequellen und (8) ein spezielles Handlungsfeld Verkehr, da dort bisher besonders geringe Fortschritte zu verzeichnen waren (Tabelle 4.8).

Tabelle 4.14 Überblick über die für den Übergang zu einem nachhaltigen Energiesystem erforderlichen Maßnahmen in den Bereichen Erfindung/Innovation und Diffusion [4.9]

Sektor	Erfindung/Innovation	Diffusion
Industrie	Entwicklung verschiedener Prozessinnovationen Verstärkung der Weiterentwicklung von Erfindungen zu Innovation Entwicklung industrieller Prozesse Entwicklung übergreifender Technologien (Hochtemperatur-Wärmepumpen, Wärmetauscher)	Ausreichende Rate der Einführung neuer Prozesse (bspw. durch Normen) Entwicklung von Methoden zur Einführung aktueller Technologie in energieintensive Sektoren verstärkte Einführung ambitionierter Energiemanagementsysteme
Gebäude	Entwicklung besserer Gebäudehüllenkomponenten (auch für bestehende Gebäude) Entwicklung kostenwirksamer Wärmepumpen und Brennstoffzellen Systemansatz zur Entwicklung energieeffizienter Wohngebäude Entwicklung energieeffizienter Elektrogeräte („beste verfügbare Technologie" für breite Geräte-Palette)	umfassende Nachrüstung des vorhandenen Gebäudebestands kontinuierliche Verschärfung der Energieeffizienznormen für neue Gebäude und neue Geräte
Transportwesen	Entwicklung effizienter Kfz mit geringem Gewicht und Hybrid- oder Brennstoffzellenantrieb höhere Priorität für andere effiziente Transportsysteme (effiziente Lkw, Straßen- und Stadtbahnen)	Entwicklung und Einführung neuer Kraftstoffinfrastruktur

Innovation und Forschungsförderung im Energiebereich (Pehnt/IFEU [4.107])

„Innovation" ist nach dem Begründer der Innovationsforschung Schumpeter die „Durchsetzung neuer Kombinationen". Diese Definition beinhaltet drei Elemente: zum einen das *Neue*, also einen kreativen Akt; die *Kombinationen*, die besagen, dass auch Neuarrangements bereits erarbeiteten Wissens zu Innovation zählen; und schließlich die *Durchsetzung*, also der kommerzielle Erfolg am Markt, der ebenfalls ein konstituierendes Element eines abgeschlossenen Innovationsprozesses ist. Für diese Durchsetzung benötigen Innovationen also einen Markt und Akzeptanz. Diese drei Elemente finden sich wieder in der Heuristik, die in der Innovationsforschung gebräuchlich ist: *Invention*, *Transfer* und *Diffusion*.

Technologische und politische Innovationen sind oftmals eng miteinander verwoben und können sich gegenseitig befördern. Ein Beispiel für eine technologisch induzierte Verbreitung wäre die Windkraft, wo eine technische Innovation (Entwicklung leistungsstarker Windkraftanlagen) eine politische Innovation bedingt (Erneuerbare-Energie-Gesetz), dies wiederum die technologische Verbreitung verstärkt (Aufbau von Windkraft in Deutschland) und dann die politische Verbreitung erfolgt (internationale Einführung von Feed-in-Vergütungen). Das zeigt die besondere Bedeutung der Reaktion von Politik auf Entwicklungen im Bereich der Technologie und zugleich die große Rolle der Politikinnovationen für die Entwicklung von Technologie. Welche Form der Unterstützung von Innovationen erforderlich ist, ist abhängig von der Marktreife einer Technologie.

Die Energieforschung des Bundes und der Privatwirtschaft in Deutschland insgesamt ist seit 1982 zurückgegangen. Die vom Bund finanzierte Energieforschung sank von 701 Mio. € in 1991 auf 397 Mio. € in 2003, die privatwirtschaftlichen Aktivitäten von 499 Mio. € (1991) auf 112 Mio. € (2003). Forschungsförderung für erneuerbare Energien hingegen wurde und wird erhöht. Die BMU-Projektförderung wird beispielsweise von derzeit 83 auf knapp 100 Millionen € im Jahr 2009 erhöht. Die Federführung für diesen Fördertopf liegt beim BMU. Im Jahr 2006 wurden 118 neue Vorhaben mit einem Gesamtvolumen von über 98 Mio. € bewilligt. Im Schnitt der Jahre 2003 bis 2006 wurden fast die Hälfte der BMU-Forschungsmittel für PV, 16 % für Windkraft, 15 % für Geothermie und 14 % für Hoch- und Niedertemperatur-Solarthermie verwendet. Hinzu kommt die F&E-Förderung für Bioenergie beim Bundesministerium für Ernährung, Landwirtschaft und Verbraucherschutz (BMELV) und die institutionelle und Netzwerk-Förderung sowie Einzelvorhaben beim Bundesministerium für Bildung und Forschung (BMBF). Das 5. Energieforschungsprogramm der Bundesregierung vom 01.06.2005 setzt seine Schwerpunkte in den Feldern Energieeffizienz und erneuerbare Energien, letztere vor allem im Bereich Photovoltaik, Windenergie Offshore und energetische Nutzung von Biomasse. Innovationsförderung bedeutet aber auch finanzielle Förderung neuer Technologien (z. B. Marktanreizprogramm), die Schaffung langfristiger Perspektiven in der Markteinführungszeit (z. B. EEG mit 20 Jahres-Perspektive; Ausbauziele für EE) und die Verteuerung der Konkurrenzpfade z. B. durch die Einführung der Ökosteuer und des Emissionshandels.

4.4 Erneuerbare Energien

Für den Ausbau erneuerbarer Energien sprechen vielfältige Gründe. Gleichermaßen muss sich ihre verstärkte Nutzung aber auch messen lassen an den insgesamt an die Energieversorgung anzulegenden Anforderungen. Dabei wird deutlich, dass sich teilweise Synergien, aber auch Widersprüche und Zielkonflikte bei der Umsetzung abzeichnen [4.15]. In Abschn. 4.4.1 werden die Schwierigkeiten bei der forcierten Einführung von erneuerbaren Energien beschrieben, bspw. ihre eingeschränkte Verfügbarkeit, den hohen Materialaufwand und die zusätzlichen Kosten bei der Integration dieser Technologien in bestehende Energieverteilungssysteme. Dennoch liegt der entscheidende Unterschied zu den traditionellen Technologien darin, dass erneuerbare Energien zu einer nachhaltigen Energieversorgung beitragen [4.108]:

1) Sie leisten einen erheblichen Beitrag zum Klimaschutz, weil in ihren Anlagen keine fossilen Brennstoffe verbrannt werden.
2) Sie diversifizieren die Rohstoffvielfalt, machen unabhängiger von fossilen Rohstoffen und tragen so zur Versorgungssicherheit und zur Vermeidung von Rohstoffkonflikten bei.
3) Mittelfristig sichern Erneuerbare Energien auch gegen Kostensteigerungen ab, die bei den fossilen und nuklearen Ressourcen unvermeidbar eintreten werden.
4) Erneuerbare Energieanlagen können am Ende ihrer Lebensdauer relativ einfach abgebaut und recycelt werden; sie sind keine strahlende Altlast und hinterlassen keine Kohlengruben.
5) Erneuerbare Energien sind vielfach heimische Energieträger, die zur regionalen Wertschöpfung beitragen und Arbeitsplätze sichern.
6) Erneuerbare Energien können in armen Ländern Wege aus der Armut weisen; zudem vereinfachen sie den Zugang großer Bevölkerungsteile zu Energie, bspw. durch ländliche Elektrifizierung.

Der Ausbau der Erneuerbaren Energien in Deutschland ist zum großen Teil eine Erfolgsgeschichte. Beispielsweise wurde das bisherige Ziel von mindestens 12,5 % Stromerzeugung aus Erneuerbaren Energien bis 2010 bereits 2007 mit einem geschätzten Wert von über 13 % überschritten [4.109]. Tabelle 4.15 fasst die Beiträge der Erneuerbaren Energien zur Energiebereitstellung in Deutschland für das Jahr 2006 zusammen; einige markante Daten für diese Anteile sind [4.108]:

- 5,6 % am Primärverbrauch (nach der derzeit gültigen Wirkungsgradmethode, entspricht 7,6 % nach Substitutionsmethode, die bspw. bei der Berechnung der durch Erneuerbare Energien vermiedenen Emissionen und Brennstoffeinsätze angewandt wird; 2005: 4,7 % nach Wirkungsgradmethode)
- 11,5 % am Bruttostromverbrauch (2005: 10,4 %)
- 6,0 % am Endenergieverbrauch für Wärme (2005: 5,4 %)
- 6,6 % am Kraftstoffverbrauch für den Straßenverkehr (2005: 3,8 %)
- 7,8 % am gesamten Endenergieverbrauch (Strom, Wärme, Treibstoffe: 6,6 %)

Für die Stromerzeugung durch Erneuerbare Energien wurden in Deutschland 2006 zusätzlich ca. 3,3 Mrd. € aufgewendet (5,8 Mrd. € minus 2,5 Mrd. € vermiedene Beschaffungskosten). Zu den Strompreissteigerungen für Haushalte in den Jahren 2002 bis 2006 hat das Erneuerbare Energie-Gesetz (EEG) rund 13 % beigetragen [4.109].

Tabelle 4.15 Beitrag der Erneuerbaren Energien zur Energiebereitstellung in Deutschland 2006 (*EEV* Endenergieverbrauch, *Wgrad* Wirkungsgradmethode (derzeit gültig), *Subst* Substitutionsmethode zur Berechnung vermiedener Emissionen; Stand: Nov. 2007 [4.108])

	End-energie	Primärenergie-Äquivalent		Anteil EEV	Anteil an ges. Primärenergie[10]	
		Wgrad	Subst		Wgrad	Subst
	[GWh]	[PJ]	[PJ]	[%]	[%]	[%]
Stromerzeugung						
Wasserkraft	19.876	71,6	195,6	3,2	0,5	1,3
Windenergie	30.710	110,6	291,4	5,0	0,8	2,0
Photovoltaik	2.220	8,0	19,7	0,4	0,06	0,1
biogene Festbrennstoffe	6.518	57,4	57,4	1,1	0,4	0,4
biogene flüssige Brennstoffe	1.314	11,6	11,6	0,7	0,1	0,1
Biogas	4.169	36,7	36,7	0,2	0.3	0,2
Klärgas	936	8,2	8,2	0,2	0.1	0,1
Deponiegas	1.050	9,2	9,2	0,2	0,1	0,1
biogener Anteil des Abfalls[1]	3.639	32,0	32,0	0,6	0,2	0,2
Geothermie[2]	0,4	0,0	0,0	0,0	0,0	0,0
Summe Stromerzeugung	*70.433*	*345,3*	*661,9*	*11,5*[6]	*2,4*	*4,4*
Wärmeerzeugung						
biogene Festbrennstoffe (Hsh.)	61.600	221,8		4,1	1,5	1,5
biogene Festbrennstoffe (Ind.)[3]	11.250	40,5		0,8	0,3	0,3
biogene Festbrennstoffe (Heizkraft- und Heizwerke)[4]	2.174	7,8		0,1	0,05	0,05
biogene flüssige Brennstoffe	1.400	5,0		0,1	0,03	0,03
biogene gasförmige Brennstoffe[5]	3.000	10,8		0,2	0,07	0,07
biogener Anteil des Abfalls[1]	4.911	17,7		0,3	0,12	0,12
Solarthermie	3.274	11,8		0,2	0,08	0,08
tiefe Geothermie	156	0,6		0,01	0,004	0,004
oberflächennahe Geothermie	1.778	6,4		0,1	0,04	0,04
Summe Wärmeerzeugung	*89.543*	*322,4*		*6,0*[7]	*2,2*	*2,2*
Kraftstoff						
Biodiesel	29.444	106,0		4,8	0,7	0,7
Pflanzenöl	7.417	26,7		1,2	0,2	0,2
Bioethanol	3.556	12,8		0,6	0,09	0,09
Summe Kraftstoff	*40.417*	*145,5*		*6,6*[8]	*1,0*	*1,0*
gesamt	200.393	813,2	1.129,7	7,8[9]	5,6	7,6

[1] biogener Anteil mit 50 % angesetzt [2] Stromerzeugung aus Geothermie bisher nur in einer Pilotphase
[3] Industrie = Betriebe des Bergbaus, der Gewinnung von Steinen und Erden sowie des Verarbeitenden Gewerbes, § 8 Energiestatistikgesetz, Wert 2006 geschätzt auf der Basis von Angaben für 2005
[4] nach §§ 3 und 5, Energiestatistikgesetz, nur Allg. Versorguzng, [5] inkl. Direktnutzung von Klärgas
[6] bezogen auf einen Bruttostromverbrauch 2006 von 614,8 TWh [7] bez. auf EEV für Raumwärme etc. 183,7 Mio. t SKE oder 5.384 PJ [8] bez. auf Kraftstoffverbrauch im Straßenverkehr 2006 v. 2.201 PJ
[9] bezogen auf EEV 2005 von 9.261 PJ [10] bei einem Substitutionsfaktor von 8.805 kJ/kWh

4.4.1 Nutzungsformen, Potenziale und Limitierungen

Eine Kurzübersicht über die konventionellen und regenerativen Energiequellen wird in dem *Kasten* auf Seite 25 (nach Steger et al. [1.40]) gegeben. Für die nachfolgenden Beschreibungen ausgewählter Technologien von Erneuerbarer Energien wird in der Tabelle 4.16 die Klassifizierung nach ihrer Entstehung verwendet (aus Hennicke/Fischedick [4.15] nach BMU „Erneuerbare Energien" [4.110]).

Direkt oder indirekt aus der Solareinstrahlung abgeleitete Nutzungsmöglichkeiten sind beispielsweise die Solarenergie (solarthermische Kollektorsysteme, Photovoltaik in Abschn. 4.4.3 und 4.4.4), die Windenergie (4.4.6), die Wasserkraft und die Biomasse (4.4.7); auf Zerfallsprozesse im Erdinneren ist die Erdwärme (Geothermie; Abschn. 4.4.2) zurückzuführen. Sie werden sowohl zur Stromerzeugung genutzt als auch zur Wärmebereitstellung oder zur Kraftstoffproduktion (dazu die Klassifikation in Tabelle 4.15). Bei den hier nicht beschriebenen Technologien und für detaillierte Informationen zur Systemtechnik und Wirtschaftlichkeit wird auf das Buch von Kaltschmitt/Streicher/Wiese [4.41] verwiesen.

Tabelle 4.16 Übersicht über Art und Nutzungsformen Erneuerbarer Energien (nach [4.15])

	Natürliche Energie-umwandlung	Technische Energie-umwandlung	Sekundär-energie	Abschn.
Primärenergiequelle Sonne				
Biomasse	Biomasse-Produktion	Heizkraftwerk/ Konversionsanlage	Wärme, Strom Brennstoff	4.4.6
Wasserkraft	Verdunstung, Niederschlag, Schmelzen	Wasserkraftwerk	Strom	
Windkraft	Atmosphärenbeweg.	Windenergieanlage	Strom	4.4.5
	Wellenbewegung	Wellenkraftwerk	Strom	
Solarstrahlung	Meeresströmung	Meeresströmungs-kraftwerk	Strom	
	Erwärmung Erdoberfläche + Atmosphäre	Wärmepumpen	Wärme	4.4.2
		Meereswärmekraftw.	Strom	
	Solarstrahlung	Photolyse	Brennstoff	
		Solarzelle, Photovoltaikkraftwerk	Strom	4.4.4
		Kollektor, solarthermisches Kraftwerk	Wärme	4.4.3
Primärenergiequelle Mond				
Gravitation	Gezeiten	Gezeitenkraftwerk	Strom	
Primärenergiequelle Erde				
Isotopenzerfall u. a.	Geothermik	Geothermisches Heizkraftwerk	Wärme, Strom	4.4.2

Für die Abschätzung der zukünftigen Nutzbarkeit von erneuerbaren Energiequellen sind drei Potenzialkategorien zu unterscheiden [4.111]:

- Das *theoretische Potenzial* stellt das physikalische Angebot der regenerativen Energiequelle dar. Für die solare Strahlung z. B. ergibt es sich aus der auf die Fläche der Bundesrepublik einfallenden solaren Einstrahlung;
- das *technische Potenzial* ergibt sich aus dem theoretischen Potenzial unter Berücksichtigung der *Wirkungsgrade* der jeweiligen Systeme sowie anderer Randbedingungen. So könnte z. B. nur ein kleiner Teil der Landfläche der Bundesrepublik Deutschland mit Sonnenkollektoren belegt werden.
- Das *wirtschaftliche Potenzial* resultiert aus dem Kostenvergleich zu konkurrierenden Systemen. (Das *Erwartungspotenzial* umfasst dazu noch die Ausschöpfung des wirtschaftlichen Potenzials, z. B. Markteinführungsgeschwindigkeiten.)

Das *theoretische Potenzial* zur Nutzung erneuerbarer Energiequellen liegt weltweit um ein Vielfaches über dem derzeitigen Primärenergieverbrauch. Der Grund für die geringe Nutzung ist nicht nur in historischen Gegebenheiten zu suchen, sondern basiert auf prinzipiellen physikalischen Nachteilen: Regenerative Energiequellen sind dadurch gekennzeichnet, dass ihre Energiedichte sehr gering ist (Ausnahmen sind Wasserkraft und Tiefengeothermie) und ihr Angebot starken zeitlichen Schwankungen unterliegt. Die geringe Leistungs- bzw. Energiedichte der regenerativen Energieformen Wind, Umweltwärme und Bioenergien (Tabelle 4.17) erfordert einen hohen Materialeinsatz, der mit hohen Kosten verbunden ist und teilweise nicht vernachlässigbare Umweltbeeinflussungen nach sich zieht. Auf der anderen Seite stehen die Vorteile einer unbegrenzten Mengenverfügbarkeit und der Nutzung durch eine Vielzahl dezentraler Energietechnologien [4.111].

Tabelle 4.17 Flächenbezogene Leistungsdichten regenerativer Energiequellen im Vergleich zu herkömmlichen Energietechnologien (4.110) [a)] z. B. Koks, Briketts, Benzin, Strom u. a. [b)] z. B. Wärme und Licht.

Regenerativ (Primärenergie)	W/m^2
Jahresmittel der Sonnenbestrahlung in Deutschland	133
Spitzenwert der Sonnenbestrahlung um die Mittagszeit	1.000
Jahresmittel des Winds an der Nordseeküste	490
Bei Sturm (20 m/s)	4.800
Biomassezuwachs (Mittelwert)	2
Geothermischer Wärmefluss	0,06
Herkömmlich (Sekundär-[a)], End- und Nutzenergie[b)])	
Wärmestrom durch die Kochplatte eines Elektroherdes	100.000
Wärmestrom durch die Heizfläches eines Dampfkessels	600.000
Elektrischer Strom durch ein Kabel im Haushalt	1.000.000
Erdgasstrom durch eine große Fernleitung	15.000.000.000

In Abb. 4.7 sind die Daten des spezifischen Materialbedarfs von Stromerzeugungsanlagen zusammengefasst. Es wird deutlich, dass die regenerativen Techniken eine im Mittel zehnfach, z. T. sogar hundertfach, höhere Material-Intensität als die konventionellen Anlagen besitzen.

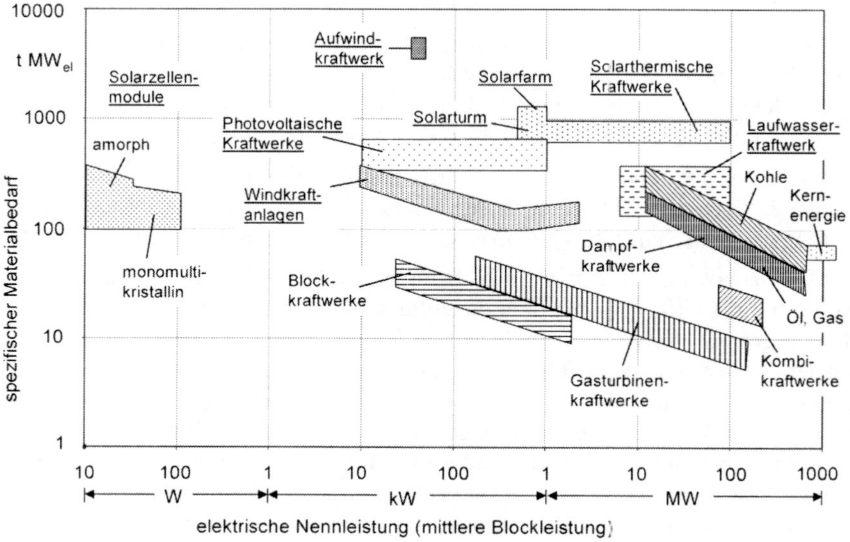

Abb. 4.7 Spezifischer Materialaufwand (ohne nichtmetallische Baustoffe) von Stromerzeugungsanlagen (unterstrichen: Erneuerbare Energien). Aus [4.112] nach [4.113]

Auf der anderen Seite ist aber auch die Bereitstellung fossiler Brennstoffe – abgesehen von den direkten Schadstoffemissionen – mit einer Reihe von negativen Effekten für die Umwelt verbunden ([4.41], siehe auch Abschn. 4.2.5):

- Bei der Bohrung nach bzw. Förderung von Erdöl und Erdgas können chemische Hilfs- und Zusatzstoffe sowie bei der Erdölbohrung/-förderung das Rohöl selbst in den umgebenden Boden (Onshore) bzw. das Meer (Offshore) gelangen;
- beim Transport des Erdöls bzw. der Erdölprodukte auf dem Seeweg haben Tankerunfälle immer wieder teilweise katastrophale Folgen für die aquatische Fauna und Flora;
- bei der Verarbeitung des Rohöls in Raffinerien fallen eine Reihe nicht verwertbarer Stoffe an; diese müssen in der Regel als Sonderabfall entsorgt werden. Auch kann es bei der Verarbeitung des Rohöls zur Freisetzung leichtflüchtiger Kohlenwasserstoffe kommen, die u. a. eine Vorläufersubstanz von bodennahem Ozon (Sommersmog) darstellen (Abb. 5.2 im Abschn. 5.1.4);
- auch der Transport von Heizöl von der Raffinerie zum Verbraucher sowie die Lagerung beim Verbraucher stellen eine wesentliche Gefahrenquelle vor allem für Böden und Gewässer dar. Bei Hochwasser mit einer Überflutung der bspw. im Keller gelegenen Öltanks kann es beispielsweise zu einem Austritt des Heizöls und einem Eintrag in Oberflächengewässer kommen.

Regenerative Energien besitzen zwar insgesamt eine relativ hohe *Akzeptanz* in der Bevölkerung [1.114], doch treten auch bei der Nutzung dieser Strom- und Wärmequellen eine Reihe von Umweltbeeinträchtigungen auf. Insbesondere die großtechnische Nutzung im Gigawatt-Maßstab bringt Umweltprobleme mit sich, die über die sonst üblichen lokalen Effekte hinausgehen (Tabelle 4.18). Die Auswirkungen großer Staudämme wie die des Nasser-Staudamms in Assuan sind nur ein Beispiel hierfür. Bei großtechnischer *Solarenergie*-Nutzung in Wüstengebieten wird die Albedo der Erde und die örtliche natürliche Energiebilanz geändert.

Tabelle 4.18 Umweltbeeinträchtigungen bei Nutzung erneuerbarer Energien [4.115]

Energiequellen	Umweltaspekte
Sonne	
– dezentrale thermische Nutzung	optische Veränderung
– dezentrale photoelektrische Nutzung	optische Veränderung Cadmiumsulfid- und Galliumarsenidzellen brennbar mit toxischer Gasemission
– zentrale photoelektrische Nutzung (km^2-Größe)	Flächenbedarf, Albedo-Veränderung, Kleinklimaveränderung
Wind (Windparks)	optische Veränderung, Beeinflussung elektromagnetischer Felder („Geisterbilder"), Geräuschentwicklung, Landbedarf für Zufahrtswege
Umweltwärme	„konventionelle" Emissionen der Antriebsenergie (Gas, Strom), kalte Luftsträhnen, Luftfeuchtigkeitsänderung, Veränderungen des Mikroklimas
Biomasse, Müll	
– Verbrennung von Holz, Stroh	Emissionen von Kohlenmonoxid, Stickoxiden, Stäuben, Kohlenwasserstoffen, Schwefeldioxid
– Müllverbrennung	zusätzlich noch Dioxine, Furane
– Energiepflanzen-Plantagen	hoher Dünger- und Schädlingsmittelbedarf bei Monokulturen
Wasser	
– Kleinstwasserkraftwerke (etwa 1 MW)	kaum negative Auswirkungen: Flora/Fauna geringfügig beeinträchtigt
– Nutzung regulierter Flüsse (MW-Bereich)	Verbesserung der ökologischen Funktionen durch Sedimentation infolge kleinere Fließgeschwindigkeit, stetigere Bewässerung
– Großkraftwerke (GW-Bereich)	Risiko des Staudammbruchs, hoher Landbedarf, Umsiedlung, Abfangen von Schlamm für die Landschaft, Entzug von Nährstoffen (Fischerei), Gefahr der Bodenversalzung

4.4.2 Geothermie

Bei der *Tiefengeothermie* wird das im Erdinnern vorhandene Energiepotenzial, dessen Temperaturniveau im Mittel um 3°C je 100 m ansteigt, durch Bohrungen bis in 3.000–4.000 m Tiefe erschlossen. Besonders geeignet sind die Thermalwasservorkommen der Norddeutschen Tiefebene, des Süddeutschen Molassebeckens zwischen Donau und Alpen, der Schwäbischen Alb und der Oberrheintals; mit der Erschließung dieser Ressourcen könnten bis zu 30 % des deutschen Wärmebedarfs gedeckt werden [4.116]. Die fortschrittlichste Entwicklung ist das Hot-Dry-Rock-Verfahren, bei dem heiße, aber trockene Gesteinsschichten benutzt werden, die im Gegensatz zu wasserführenden Schichten überall vorkommen; in Verbindung mit dem Organic Rankine Cycle-Prozess mit organischen Flüssigkeiten ist es möglich, das vergleichsweise geringe Temperaturniveau geothermischer Quellen von 100 bis maximal 170°C für die elektrische Energieerzeugung zu nutzen. Mit erreichbaren Wärmebereitstellungskosten von < 2 bis 6 Cent/ kWh können große geothermische Heizwerke mit anderen Versorgungssystemen konkurrieren [4.110]. Rechnet man jedoch die Kosten für die Wärmenetze hinzu, so kommen auch Großanlagen nur in wenigen Fällen ohne Förderung aus [4.117]

Von *oberflächennaher Geothermie* spricht man bis zu einer Tiefe von etwa 200 m; in diesen geringen Tiefen reicht die Erdwärme nicht zur direkten Nutzung aus, sie wird vielmehr mit Hilfe einer Wärmepumpe auf ein für die Raumwärme nutzbares Temperaturniveau gebracht [4.15]. Den höchsten Entwicklungsstand und die größte Verbreitung haben die elektrischen Kompressionswärmepumpen erreicht [4.111]. Der verstärkte Einsatz von elektrischem Strom im Wärmebereich ist energiepolitisch derzeit noch problematisch; mit zunehmendem Anteil von erneuerbaren Energien und Kraft-Wärme-Kopplung an der zukünftigen Stromerzeugung wird aber auch aus ökologischer Sicht die elektrische Wärmepumpe zunehmend interessanter [4.110].

Der Einsatz von Erdwärmekollektoren, Erdwärmesonden und sog. Energiepfählen im Grundwasser und Oberflächenwasser in Verbindung mit Wärmepumpen ist bei Wärmekosten von 15 bis 20 Ct/kWh derzeit noch auf eine finanzielle Förderung angewiesen. Beim Neubau eines gut gedämmten Einfamilienhauses muss mit Anschaffungskosten für die Wärmepumpe von 11.000 € gerechnet werden. Hinzu kommen in Abhängigkeit von den örtlichen Gegebenheiten nochmals etwa 9.000 € für die Erdsonden, so dass die Investitionskosten für die gesamte Wärmepumpenanlage bei etwa 20.000 € liegen. Im Altbau muss mit höheren Kosten gerechnet werden, da hier aufgrund des höheren Wärmebedarfs auch eine größere Wärmepumpe erforderlich ist [4.110].

Bis Ende 2005 wurden in Deutschland 151.000 Heizungswärmepumpen installiert, ein Drittel davor vor 1984. Nach einem Boom Anfang der achtziger Jahres war die Nachfrage stark zurückgegangen, doch hat inzwischen eine Erholung eingesetzt, nicht zuletzt durch die verstärkten Vermarktungsanstrengungen von Elektrizitätsversorgungsunternehmen. Im Jahr 2005 wurden 18.200 dieser Anlagen neu installiert, was gegenüber dem Vorjahr ein Wachstum von 44 % bedeutet [4.100].

4.4.3 Solarthermische Wärmebereitstellung

Thermische Solarkollektoren wandeln die Strahlungsenergie der Sonne in Wärme um, mit der bspw. Wasser für den täglichen Bedarf erwärmt oder Gebäude beheizt werden können. In der einfachsten technische Ausführung fließt ein Wärmeträgermedium durch nicht abgedeckte, schwarze Kunststoffmatten; diese werden bspw. für die Erwärmung von Badewasser in Freibädern eingesetzt [4.110]. Technisch ausgefeilter sind Flachbettkollektoren; sie besitzen eine schwarze *Absorber*-Platte aus Metall oder Kunststoff, die das Sonnenlicht absorbiert. Unterhalb des Absorbers befinden sich Rohre, die von einem Wärmeträgermedium durchströmt werden. Damit der Kollektor möglichst wenig Wärme an die Umgebung verliert, wird er auf der Rückseite mit einer Wärmeisolation versehen, und auf der Vorderseite erhält er eine oder mehrere transparente Abdeckscheiben [4.111]. Ein typisches Warmwassersystem für ein Einfamilienhaus nimmt gewöhnlich eine Dachfläche von 6 m² ein kann damit 60 % des jährlichen Brauchwasserbedarfs bereitstellen.

Für eine Solarkollektoranlage ist ein *Speicher* unerlässlich (bei der Nutzung von Solarenergie in Freibädern ist das besonders einfach und entsprechend kostengünstig [4.111]). Solarkollektoranlagen zur Brauchwassererwärmung benötigen in einem durchschnittlichen Einfamilienhaus einen Speicher von 350 Liter Inhalt. Wird der Sonnenkollektor auch zur Raumheizung eingesetzt, so werden größere Speicher mit einem Volumen von rund 70 Liter je m² Kollektorfläche benötigt. Für längere Speicherperiode bis in den Winter sind erheblich größere Speicher und auch Kollektorflächen erforderlich. Hierzu gibt es in Europa eine Vielzahl von Demonstrationsprojekten. Die derzeit größte Anlage in Neckarsulm wird im Endausbau 1.200 Wohnungen auch im Winter mit solarer Wärme aus 15.000 m² Kollektoren und einem 150.000 m³ großen Speicher versorgen [4.110].

Solarkollektoranlagen haben mittlerweile einen hohen *Reifegrad* erreicht, der einen zuverlässigen Betrieb über 20 Jahre ermöglicht. Um die Kosten weiter zu mindern, geht der Trend zu immer größeren Einzelmodulen. Durch technische Fortentwicklung und Marktausweitung konnten die Preise für das Gesamtsystem in den letzten 20 Jahren deutlich gesenkt werden. Derzeit kann man mit spezifischen Investitionskosten für eine komplette Anlage inklusive Speicher, Verrohrung und Montage von 750 €/m² Kollektorfläche rechnen. Energetisch betrachtet macht sich eine Anlage nach ein bis zwei Jahren bezahlt („Energierückflusszeit“, Tabelle 4.7 in Abschn. 4.2.5).

Ende 2005 waren etwa 7,2 Mio. m² Kollektoren auf deutschen Dächern installiert; hierdurch werden 3,0 Mrd. kWh an fossilen Brennstoffen ersetzt, was einer Menge von 300 Mio. l Heizöl entspricht. Im Jahr 2005 wurden etwa 950.000 m² Kollektorfläche neu installiert. Damit hat sich der Markt von dem massiven Einbruch des Jahres 2002 wieder erholt. Die Marktpotenziale erneuerbarer Energie im Wärmebereich sollen durch weitere Instrumente wie zum Beispiel eine regeneratives Wärmenutzungsgesetz [4.24], besser erschlossen werden Anders als bei der Photovoltaik ist Deutschland bei der Nutzung solarer Wärme bei weitem nicht der weltweite Spitzenreiter; in Österreich ist pro Einwohner die vierfache Menge an Solarkollektoren installiert [4.110].

4.4.4 Photovoltaik

Solarzellen sind Bauelemente, die durch Absorption elektromagnetischer Strahlung elektrischen Strom erzeugen können. Die meisten der heute käuflichen Solarzellen sind Halbleiterbauelemente, und davon ist der überwiegende Teil aus kristallinem Silizium. Die Wirkungsweise einer Solarzelle kann durch die folgenden vier Prozesse beschrieben werden [4.111]:

1. Die Solarzelle absorbiert Licht (elektronmagnetische Energie).
2. In der Solarzelle entstehen (zusätzliche) bewegliche positive und negative Ladungsträger (innerer Photoeffekt).
3. Ein elektrisches Feld in der Solarazelle trennt diese Ladungsträger.
4. An den Anschlussklemmen entsteht eine elektrische Spannung.

Da die durch Sonnenlicht in einer Solarzelle induzierte Spannung (ca. 0,5 V für Silizium) für viele Anwendungen zu niedrig ist, werden mehrere Zellen in Reihe geschaltet. Weitere wesentliche Komponenten von Photovoltaik-(PV-)Systemen sind im Falle der autarken Versorgung Laderegler und Energiespeicher oder im Falle der netzgekoppelten Versorgung Wechselrichter und Stromzähler. Ergänzt wird die Anlagentechnik durch verschiedene Dienstleistungen für die individuelle Planung oder eine automatische Fernüberwachung und -erfassung von Betriebszustand und Ertrag [4.15].

Tabelle 4.19 Auswahl typischer Anwendungen der Photovoltaik ([4.41] u. a. nach [4.111])

Anwendungsbereich	Anwendungsbeispiele	gängige Leistungen in W
Kleinstanwendungen	Uhren, Taschenrechner	0,001 bis 1
Gebrauchsgüter	Radios, Werkzeuge, Beleuchtungen	0,5 bis 100
Verkehrstechnik	Bojen, Warnfeuer, Notrufsäulen, Solarmobile, Verkehrsampeln, Informationstafeln	20 bis 500
Ernährung/Gesundheit	Kühltechnik, Bewässerung	50 bis 5.000
Raumfahrt	Satellitenversorgung	500 bis 5.000
Nachrichtentechnik	Relaisstationen, TV-Umsetzer, Mobilfunk	10 bis 7.000
Wassertechnik	Pumpen von Oberflächen- und Tiefenwasser, Wasseraufbereitung und -belüftung	400 bis 6.000
Umwelttechnik	Messstationen, Kläranlagen	10 bis 200.000
Landwirtschaft	Weidezäune, Freiland-Melkstationen, Viehtränken, Fischteichbelüftung	5 bis 20.000
sonstige Inselsysteme	Hütten und Häuser, Medizinstationen, Kleinbetriebe, Dorfversorgung	40 bis 50.000
Netzgekoppelte dezentrale Anlagen	Ein- und Mehrfamilienhäuser, gewerbliche und kommunale Bauten	1.000 bis 20.000
Photovoltaikkraftwerke	Einzelkraftwerke, Hybridsysteme	1.000 bis über 1.000.000

Bei den *netzunabhängigen Anwendungen* (Tabelle 4.19) wird zwischen netzfreien und netzfernen Anwendungen unterschieden [4.41]:

- *netzfrei* sind Anwendungen, in den eine photovoltaische Energieversorgung aus Gründen der Wirtschaftlichkeit, der Handhabbarkeit, der Sicherheit oder des Umweltschutzes eingesetzt wird (Bsp. Taschenrechner; Leistungen zwischen wenigen mW und einigen 100 W);
- *netzfern* sind photovoltaische Energieversorgungen, wenn ein Zugang zum Netz der öffentlichen Versorgung aus technischen oder ökonomischen Gründen in Folge der Entfernung zum nächsten Netzanschlusspunkt nicht realisiert werden kann (z. B. bei Alpenhütten).

In Deutschland wird eine netzgekoppelte photovoltaische Erzeugung elektrischer Energie derzeit überwiegend mit dachmontierten Anlagen realisiert. Unter den hier gegebenen Randbedingungen liegen die *Vollnutzungsstunden* derzeit bei ~800 h/a. Einen Vergleich von Dachanlagen mit Photovoltaik-Kraftwerken bezüglich der Investitionen sowie Betriebs- und Stromgestehungskosten gibt Tabelle 4.20. Diese Kosten nehmen bei zunehmender installierter Anlagenleistung ab. Das wird besonders deutlich bei Leistungen zwischen 1 und 5 kW; hier sinken die Stromgestehungskosten von rund 0,55 bis 0,60 €/kWh für eine 1,5 kW-Anlage mit multikristallinen Photovoltaikmodulen auf etwa 0,45 bis 0,55 €/kWh bei einem 5 kW-Generator. Bei einer 1.000 kW-Anlage liegen die Stromgestehungskosten bei rund 0,35 €/kWh [4.41].

Tabelle 4.20 Mittlere Investitionen mit Betriebskosten sowie Stromgestehungskosten für Photovoltaikgeneratoren (aus Kaltschmitt et al. [4.41], dort auch die Definition der untersuchten Referenzanlagen)

		Dachanlage		Photovoltaik-Kraftwerk	
		mono	multi	mono	multi
Leistung	in kW	5	5	1.000	1.000
Volllaststunden	in h/a	800	800	860	860
Investitionen					
Module	in k€	17,9	16,3	2.687	2.582
Wechselrichter	in k€	2,5	2,5	413	415
sonstige Bauteile	in k€	2,7	2,7	486	486
Sonstiges	in k€	6,3	6,3	648	648
Summe	*in k€*	*29,4*	*27,8*	*4.236*	*4.131*
Betriebskosten[a]	*in €/a*	280	280	42.000	42.000
Stromgestehungskosten	*in €/kWh*	0,52	0,50	0,35	0,34

[a] Betrieb, Wartung, sonstiges

2004 wurden weltweit Solarzellen mit einer potenziellen Leistung von 1.200 MW produziert, 60 % mehr als im vorhergehenden Jahr. Das Volumen des deutschen PV-Marktes stieg zwischen 1990 und 2005 von 0,6 MWp/a auf über 600 MW_p/a. Deutschland ist damit zum weltweiten Spitzenreiter geworden [4.110].

4.4.5 Windenergie

Die modernen Windenergieanlagen nutzen das Auftriebsprinzip anstatt des Widerstandsprinzips: Der Wind erzeugt beim Vorbeiströmen an den Flügeln der Windenergieanlage einen Auftrieb, ähnlich wie bei Flugzeug, der den Flügel in Rotation versetzt. Kann mit dem Widerstandsprinzip dem Wind maximal 12 % der Energie entzogen werden, so sind es bei der Umsetzung im Auftrieb immerhin 59 %. Beim Bestpunkt erreichen moderne Windenergieanlagen heute schon einen Wirkungsgrad von 50 % [4.110].

Einen Kostenvergleich für verschiedene Anlagengrößen gibt Tabelle 4.21. Die Stromgestehungskosten der Anlage der 1,5 MW-Klasse sind für alle drei Windgeschwindigkeiten am höchsten, denn sie besitzt ungünstigere Leistungskennlinien und weniger Volllaststunden als die 600 kW- und 2,5 MW-Klassen [4.41].

Tabelle 4.21 Mittlere Investitionen und Betriebskosten sowie durchschnittliche Stromgestehungskosten für Windenergieanlagen (aus Kaltschmitt et al. [4.41], siehe dort auch die Definition der untersuchten Referenzanlagen)

Leistung	in kW	600	1.500	2.500
Investitionen				
Windkonverter	in k€	520	1.443	2.332
Netzanbindung	in k€	104	216	233
Sonstiges	in k€	130	216	233
Summe	*in k€*	*754*	*1.876*	*2.800*
Betrieb, Wartung, sonstiges	*in k€/a*	18,2	50,5	81,6
Stromgestehungskosten				
5,5 m/s	in €/kWh	0,079	0,084	0,072
6,5 m/s	in €/kWh	0,055	0,059	0,048
7,5 m/s	in €/kWh	0,042	0,045	0,039

Insgesamt waren in Deutschland Mitte 2006 18.054 Windenergieanlagen mit einer Leistung von 19.299 MW installiert; damit könnten in einem Windnormaljahr ein potenzieller Jahresenergieertrag von 35,4 TWh erzeugt werden (= 6,8 % am Nettostromverbrauch in Deutschland). Seit 2005 hat die Windenergie die Wasserkraft als wichtigste erneuerbare Stromquelle in Deutschland abgelöst [4.15].

Derzeit wird der Offshore-Bereich erschlossen, von dem ein jährlicher Stromertrag von 85 bis 100 TWh erwartet wird (ca. 15 % des heutigen Stromverbrauchs in Deutschland). Wegen der Seeverkabelung und den speziellen Gründungstechniken werden die Zusatzinvestitionen bis zu 200 % der Offshore-Windanlagen ausmachen. Für die ersten kleineren und küstennahen Offshore-Windparks sind im Ausland Stromgestehungskosten von 6 bis 8 Ct/kWh ermittelt worden; langfristig werden deutlich geringere Kosten erwartet [4.110]. Bei der Standortwahl sind neben wirtschaftlichen Aspekten vor allem die Belange des Natur- und Umweltschutzes, aber auch die der Schifffahrt zu berücksichtigen.

Entwicklung der Erneuerbaren Energien: Photovoltaik, Windkraft, Biomasse

Photovoltaik

Ebenso wie in anderen Ländern begann die Marktentwicklung der *Photovoltaik* in Deutschland Anfang der 80er Jahre mit wenigen größeren Projekten im Leistungsbereich von einigen 100 kW_p. Spektakuläre Projekte waren die 435 kW_p-Anlage auf dem Dach des Mercedes-Benz Motorenwerks in Stuttgart (1996) und die beiden 1 MW_p-Anlagen auf dem Dach der Neuen Messe in München bzw. im Energiepark in Herne (1998/1999). Die Einführung des Erneuerbare Energien-Gesetzes von 2000 brachte eine sehr starke Anhebung der Vergütungssätze für Solarstrom von 16,5 auf 99 Pf/kWh und das „100.000 Dächer Solarstrom-Programm".

Windenergie

Ausgangspunkt der Markteinführung von *Windenergieanlagen* in Deutschland war das 1989 aufgelegte Förderprogramm „100 MW Wind" des Bundes, das später auf 250 MW aufgestockt wurde. Mit dem Stromeinspeisungsgesetz vom 01.01.1991 erhielt der Windmarkt den entscheidenden Schub und die installierte Leistung stieg zwischen 1989 und 2000 von 18,8 auf 6.112 MW, wobei in der zweiten Hälfte der 90er Jahre ein durchschnittliches jährliches Wachstum von 40 % erreicht wurde. Den Anlagen der 20–150 kW-Klasse folgte zu Beginn der 90er Jahre zunächst die Generation der 100–300 kW-WEA, danach die Anlagen mit 500, 600, 800 kW und schließlich die Anlagen mit 1–1,5 MW Leistung.

Biomasse

Kleinfeuerungsanlagen besitzen eine lange Tradition und sind nach wie vor von großer Bedeutung. Schätzungen weisen für den Bestand in der zweiten Hälfte der 90er Jahre 7 Mio. Anlagen mit einer Feuerungswärmeleistung unter 15 kW aus; im Leistungsbereich darüber bis etwa 1 MW lag der Bestand zwischen 200.000 und 400.000 Anlagen. Bereits seit Anfang der 90er Jahre wurden in Deutschland eine Reihe größerer *Biomasseheizwerke* mit Feuerungswärmeleistungen von 300 kW bis 10 MW errichtet und mit öffentlicher Förderung entstanden in einigen Bundesländern spezielle Anlagen in Verbindung mit Nah- und Fernwärmenetzen (bspw. in Bayern bis 2001 113 geförderte Projekte).

Bei der *Stromerzeugung aus Biomasse*, die sich zwischen 1990 und 2000 auf 1,6 Mrd. kWh versiebenfacht hat, entfielen zwei Drittel auf Deponiegasanlagen. Im Jahr 1999 existierten außerdem 195 Klärgasanlagen mit einer elektrischen Leistung von 78 MW_e, die weitgehend zur Deckung des Eigenbedarfs an Strom und Wärme eingesetzt wurden. Die Stromerzeugung in landwirtschaftlichen Biogasanlagen betrug 2000 etwa 600 Mio. kWh. Der Beschluss der Biomasseverordnung von 2001löste bei großen Biomasse(heiz)kraftwerken einen starken Boom aus.

Fortschreibung des EEG – Regelungen ab 1.1.2009

Im Anhang zu diesem Buch wird eine Zusammenstellung zentraler Handlungsempfehlungen zur Fortschreibung des Erneuerbare-Energie-Gesetzes mit einem Überblick über EEG-Regelungen und flankierenden Maßnahmen gegeben [4.109].

4.4.6 Biomasse

„In der Debatte um einen Ausbau der Erneuerbaren Energien spielt die Biomasse aufgrund ihrer vielfältigen Nutzungsmöglichkeiten quasi als ‚Alleskönner' eine große Rolle. Nicht nur weil sie kurz- und mittelfristig mobilisierbar ist, sondern zugleich der Land- und Forstwirtschaft neue Einkommensquellen erschließen. Bei allem Enthusiasmus besteht dabei die Gefahr, diese letztlich begrenzte Ressource gleich dreimal zu verteilen: für die dezentrale Wärmebereitstellung, für die Stromerzeugung und nicht zuletzt als Alternative im Verkehr. Dass dies nicht trivial ist, ergibt sich nicht nur aus der Konkurrenzsituation zwischen den verschiedenen energetischen Nutzungsformen, sondern auch zur stofflichen Nutzung von Biomasse und insbesondere aus dem Flächenbedarf für die Nahrungsmittelproduktion" (Staiß [4.118]; Abb. 4.8 nach Fritsche et al. [4.119]).

Nach einer übergreifenden Stoffanalyse zur nachhaltigen energetischen Nutzung von Biomasse [4.119] kann als *Grundprinzip* gelten, der stofflichen Nutzung von Biomasse den Vorrang vor der energetischen Nutzung einzuräumen; eine Primärverwendung von Biomasse als Energieträger kommt deshalb besonders dann in Frage, wenn für andere Zwecke keine entsprechende Nachfrage besteht [4.118].

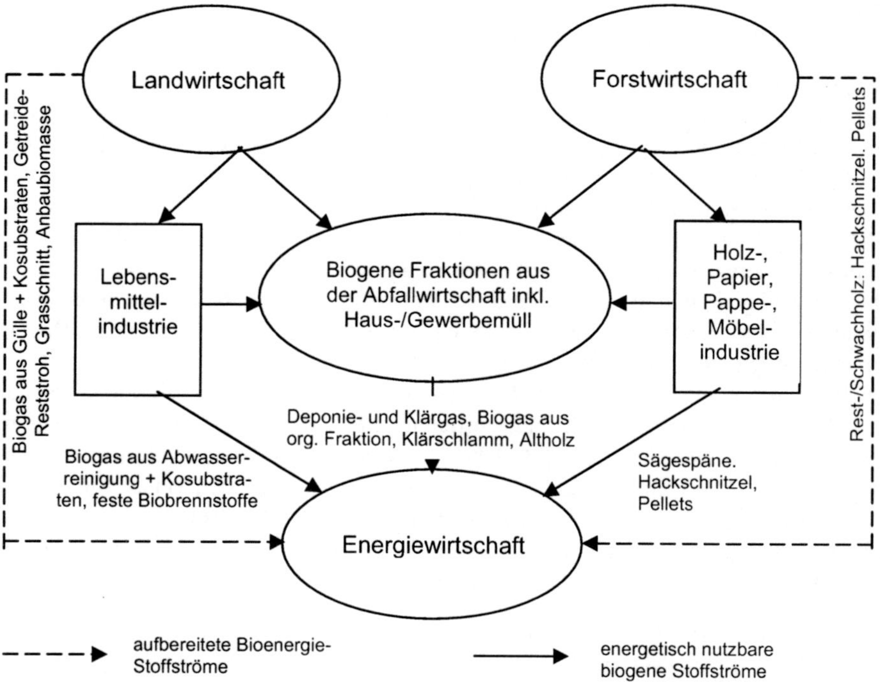

Abb. 4.8 Systemgrenzen der Stoffstromanalyse zur nachhaltigen energetischen Nutzung von Biomasse. Nach Fritsche et al. [4.119]

Nachhaltige Bioenergie-Potenziale in Deutschland[1] [4.121]
Nach Angaben der Weltbank beträgt der Anteil traditioneller Biomassenutzung derzeit 7,2 % des globalen Primärenergieeinsatzes. In den Entwicklungsländern werden durchschnittliche 35 % der Energie aus Biomasse gewonnen, in manchen Ländern Afrikas sogar bis 90 %. Biomasse bietet aber auch für die Energiegewinnung in hochentwickelten Industriestaaten ein erhebliches Potenzial, das effizienter als bisher genutzt werden könnte. Unter energetisch nutzbarer „moderner" Biomasse versteht man folgende Komponenten:

- landwirtschaftliche Reststoffe (bspw. Stroh, Dung, Reisspelzen), soweit diese ohne Nährstoffverluste der Ackerböden verwertbar sind;
- Waldrest- und Schwachholz, soweit es nicht aus ökologischen Gründen (u. a. durch seine Nährstoffgehalte) im Wald verbleiben muss oder aus ökonomischen Gründen anderweitig verwendet wird;
- Industrierestholz und Gebrauchtholz (auch hier treten z. T. wesentliche ökonomische Restriktionen auf);
- Speziell zum Zweck der Energiegewinnung angebaute ein- oder mehrjährige Energiepflanzen.

Forstwirtschaft. Von den rund 30 Mio. t pro Jahr können aus waldbaulichen und ökonomischen Gründen wirtschaftlich und nachhaltig nur ca. 10 Mio. t Schwach- und Waldrestholz genutzt werden. Hinzu kommen etwa 8,2 Mio. t an Industrieholz und Gebrauchtholz. Es scheint nicht profitabel zu sein, die 0,2 Mio. t Landschaftspflegeholz zu bergen. So stehen nur ca. 18 Mio. t Trockenmasse pro Jahr als wirtschaftlich nutzbares Potenzial zur Verfügung. Das wird sich auch bis 2030 kaum ändern, da ein zunehmender Bedarf für die stoffliche Verwertung (Verpackungen, Papier usw.) zu erwarten ist. Das Energiepotenzial holzartiger Biomasse sinkt damit auf ca. 340 PJ pro Jahr, äquivalent zu ca. 6,8 Mio. t Kohlenstoff. Berücksichtigt man die Nährstoffversorgung der Wälder, dann ist es langfristig nicht nachhaltig, Reisholz und dünne Äste energetisch zu nutzen. Das ökologische nachhaltige Potenzial liegt deshalb ca. 20 % unter dem wirtschaftlichen Potential.

Landwirtschaft und Abfälle. In der Landwirtschaft kann mit einem nachhaltigen Energiepotenzial von 315 PJ pro Jahr (entsprechend 6 Mio. t Kohlenstoff pro Jahr) gerechnet werden. 10 % des Mähgutes von Dauergründland, 20 % Strohs sowie Exkremente und verschiedene Abfälle können energetisch genutzt werden (bspw. für die Biogasproduktion). Je nach Energieträger gäbe es ein zusätzliches Energiepotenzial von 100–420 PJ pro Jahr (1,8–8,1 Mio. t Kohlenstoff), wenn Stilllegungsflächen für Energiepflanzen genutzt würden. Bei der Bewertung dieses Potenzials ist die Flächenstilllegungspolitik der EU zu berücksichtigen, die keine Möglichkeit der Förderung der Energiepflanzenerzeugung bietet. Weiter ist zu beachten, dass Subventionen, betriebliche Flexibilität und andere Gründe dazu führen, dass Landwirte den Anbau einjähriger Pflanzen bevorzugen, die den Einsatz von Pestiziden und Düngern erforderlich machen; bei dieser Praxis liegt das ökologisch nachhaltige Potenzial ca. 30 % unter dem wirtschaftlichen Potenzial.

---

[1] ausführliche Tabelle „Technische und wirtschaftliche Bioenergie-Potenziale in Deutschland" nach Kaltschmitt et al. [4.120] und WBGU-Hauptgutachten [4.121] im *Anhang A 5*

Biokonversion

„Biokonversion" ist im energetischen Sinne die Umwandlung von Biomasse in Wärme oder feste, flüssige und gasförmige Energieträger. Das einfachste Verfahren ist die mechanische Veränderung der Biomasse, bspw. das Pelletieren von Holzabfällen [4.111]. *Thermochemische Verfahren* wandeln Biomasse durch Zufuhr von Wärme und chemische Reaktionen in Energie und Energieträger um:

- *Vergasung* ist die Umsetzung von Biomasse zu gasförmigem Brennstoff unter Verwendung von bspw. Luftsauerstoff oder Wasserdampf.
- Im Anschluss an die Vergasungsanlage kann über eine Fischer-Tropsch-Synthese *flüssiger Kraftstoff* („Biomass-to-Liquid") gewonnen werden.

Bei den *biochemischen Verfahren* erfolgt die Umwandlung bei niedriger Temperatur durch einzellige Mikroorganismen. Unter energetischen Gesichtspunkten sind zwei Gärverfahren – anaerob im wässrigen Milieu – von Bedeutung (siehe S. 137):

- *Biogasgewinnung* erfolgt in einem Fermenter direkt aus der Biomasse;
- *Ethanol,* das aus zuckerhaltiger oder zu Zucker umgewandelte stärke- oder cellulosehaltige Biomasse mit anschließender Destillation gewonnen wird.

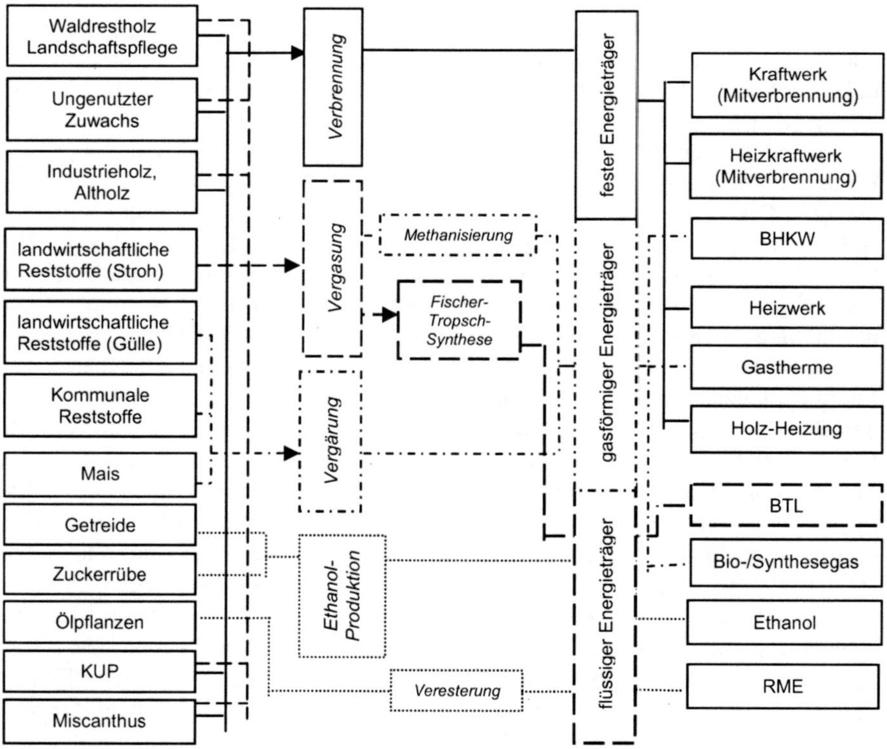

Abb. 4.9 Biomasse-Nutzungspfade (nach Hennicke/Fischedick [4.15]); KUP Kurzumtriebplantage, BHKW Blockheizkraftwerk, BTL Biomass-to-Liquid, RME Rapsmethylester

Einen Vergleich der Biokonversionsverfahren anhand technischer, ökonomischer und ökologischer Kenngrößen nach *Kaltschmitt et al.* [4.120] gibt Tabelle 4.22:

- Die Technik insbesondere zur Wärme-, aber auch zur Strom- und Krafterzeugung aus Biomasse ist für eine ganze Reihe von Möglichkeiten vorhanden und kommerziell verfügbar. Dies gilt bei der Nutzung von Biomasse insbesondere für eine Wärmebereitstellung über die Verbrennung. Eine Strombereitstellung aus Biomasse über eine Zufeuerung in vorhandenen Kohlekraftwerken und in Feuerungsanlagen mit einem konventionellen Dampfprozess ist ebenfalls Stand der Technik wie eine Produktion und Nutzung von Biogas.
- Alle untersuchten Optionen sind durch vergleichsweise hohe technische Potenziale und eine bisher nur sehr eingeschränkte Nutzung gekennzeichnet.
- Bei einem ökonomischen Vergleich der Möglichkeiten einer Wärme-, Strom- und Kraftbereitstellung aus Biomasse zeigt sich, dass eine Wärmebereitstellung aus biogenen Festbrennstoffen in vielen Fällen vergleichsweise kostengünstig ist. Auch eine Stromerzeugung in Anlagen mit einem Dampfprozess und/oder aus Biogas kann aus ökonomischer Sicht vergleichsweise vielversprechend sein.
- Ein Vergleich aus ökologischer Sicht macht deutlich, dass alle Möglichkeiten zur Wärme-, Strom- und Kraftbereitstellung aus Biomasse – in einem unterschiedlichen Ausmaß – zur Entlastung der Umwelt beitragen können. Besonders vielversprechend erscheinen hier die Optionen, die bereits weitgehend im Hinblick auf eine Minimierung der Umwelteffekte optimiert wurden.

Tabelle 4.22 Qualitativer Vergleich der Optionen einer Strom-, Wärme- und/oder Kraftbereitstellung aus Biomasse (+ relativ weniger vielversprechend, relativ gering bzw. relativ teuer; +++ relativ sehr vielversprechend, relativ hoch bzw. relativ kostengünstig; Signatur „Ökonomie“ verändert). Nach Kaltschmitt/Merten/Fröhlich/Nill [4.120]

	Technik	Ökonomie	Ökologie	Potenziale	Nutzung
Verbrennung – Wärme	+++	+++	+++	+++	+++
Verbrennung – Strom	++(+)	++	++(+)	+++	++
Vergasung	+(+)	+	+(++)	+++	
Biogaserzeugung	++(+)	++	++(+)	++(+)	++
Alkoholgewinnung	+(++)	+	++(+)	+(+)	
RME-Produktion	+++	+(+)	++(+)	+	+

Im Hinblick auf sinnvolle Machbarkeiten erscheint eine Wärmebereitstellung aus biogenen Festbrennstoffen die bei weitem vielversprechendste Option. Diese ist im kleinen Leistungsbereich ohne und im größeren Leistungsbereich (d. h. Nahwärmenetze) mit einer Zufeuerung fossiler Energieträger sinnvoll einsetzbar. Der Einsatz von Kraftstoffen aus Biomasse auf der Basis der heute bereits verfügbaren Techniken und Verfahren ist tendenziell eher weniger viel versprechend; ähnliches gilt auch für Bioethanol, der insgesamt – bei jedoch nur eingeschränkt vorhandener Anlagentechnik – insgesamt jedoch etwas positiver zu bewerten ist.

Fortschreibung der Bioenergietechnologien bis 2020 bzw. 2030

In der Studie „Stoffstromanalyse zur nachhaltigen und energetischen Nutzung von Biomasse“ [4.119] wurde eine fortschreibbare *Technologiedatenbasis* für stationäre Anwendungen erstellt, die technische, ökonomische und ökologische Daten umfasst und auch Vorgelagerte Prozessketten einbezieht.

Die Tabelle 4.23 mit den Extrapolationen auf das Jahr 2020 zeigt, dass die reifen Technologien sich in der Dekade 2010 bis 2020 weiterhin relativ kostenstabil verhalten. Die Kostenreduktionen bei Pelletkesseln, Vergärungsanlagen und GuD-Prozessen erreichen 2020 gegenüber 2000 ca. 20 %, die „Zukunftstechnologien“ ORC-Prozess, Gaseinspeisung und Stirlingmotor 30 bis 48 % und die „Technologien 2020“ Flash-Pyrolyse und Brennstoffzelle in nur einer Dekade 35 bis 39 %. Die geringere Kostenreduktion für die 400 MW Flugstromvergasung und die Fischer-Tropsch-Synthese resultiert aus der geringen Anzahl realisierter Anlagen.

Tabelle 4.23 Kalkulierte Technologie- und Kostendaten für ausgewählte Energietechnologien im Jahr 2020 [4.119]. DT Dampfturbine; Basistechnologien Abschn. 4.2.3 bis 4.2.5

	Nutzungsgrad (netto) η_{th}	η_{el}	Invest-kosten €/kW	Kosten redukt. *V 2000*
„Technologie 2000“ (marktverfügbar in 2020)				
Pelletfeuerung 10 … 50 kW (Holzpellets)	87 %	–1 %	658	17,7 %
Kleinfeuerungen 10 kW … 1 MW (Holz)	83 %	–1 %	596	5,4 %
Heizwerke 0,5 … 5 MW (Holz, Altholz, Rost)	86 %	–1 %	527	4,3 %
Heizwerke 0,5 … 5 MW (Holz, Altholz, Rost; DT)	65 %	10 %	3.835	7,0 %
Kraftwerke 10 … 20 MW (Holz, A-Holz, Rost, DT)	0 %	31 %	2.160	9,2 %
Vergärungsanlagen 300 … 4.000 m³	79 %	–3 %	799	20,1 %
Verbrennungsmotoren 100 … 1.000 kW (Erdgas)	50 %	37 %	722	7,4 %
5 … 200 MW Zufeuerung in Kohle(Heiz)kraftwerke	100 %	–1 %	85	15,2 %
„Technologie 2010“ (marktverfügbar in 2020)				
ORC/Kalina 500 … 1.000 kW (o. Feuerungskosten)	68 %	15 %	1.399	30,0 %
Vergasung 10 … 20 MW ohne Gasreinigung (Holz)	82 %	–2 %	530	37,6 %
Vergasung 1 … 50 MW mit Gasreinigung (Holz)	77 %	–2 %	546	45,4 %
Sauerstoff-Druckflugstromvergasung 400 MW	85 %	–10 %	463	7,5 %
GuD-Prozess 30 MW (Produktgas)	0 %	49 %	704	21,8 %
Erdgas-GuD 200 MW (Produktgas)	0 %	58 %	512	21,3 %
Mikrogasturbine 30 … 200 kW (Erdgas)	46 %	38 %	621	43,6 %
Stirlingmotor 10 … 50 kW (ohne Feuerungskosten)	63 %	19 %	1.262	47,4 %
Biogasaufbereitung + Netzeinspeisung … 600 m³/h	95 %	–7 %	155	48,2 %
„Technologie 2020“ (marktverfügbar in 2020)				*Vergleich 2010*
300 kW MCFC/SOFC (Sondergase o. Gasreinig.)	30 %	51 %	1.100	35,3 %
Flash-Pyrolyse 40 MW (vor Flugstromvergasung)	76 %	–2 %	302	39,7 %
Fischer-Tropsch-Synthese(nach Flugstromvergg.)	60 %	5 %	355	15,5 %

Die mittelfristig aufgrund der Kostensenkungs- und Effizienzerhöhungspotenziale interessanten Biomasse-Technologien wie Dampfmotor-BHKW, ORC-Prozesse sowie insbesondere verschiedene Verfahren zur Vergasung von Biomasse können nur realisiert werden, wenn eine dynamische Markteinführung über Nischenanwendungen hinaus erfolgt. Diese Verfahren erfordern über das Erneuerbare Energie-Gesetz zusätzlich ein gezieltes Demonstrations- und Markteinführungsprogramm, das analog zu der früheren Investitionsförderung bei Windkraft über einen längeren Zeitraum genug Anreize bietet, um Technologie-Entwickler und Technologie-Nachfrager für entsprechende Investitionen zu gewinnen. Mit Blick auf Bio-Kraftstoffe sollte der bereits eingeschlagene Weg (Pilotanlagen für synthetische Flüssigkraftstoffe aus Biomasse) verstärkt weitergeführt und auch für die o. g. Prozesse zur dezentralen Vergasung und innovativer KWK geöffnet werden; dabei wäre eine europäische Komponente mit einzubeziehen [4.119].

In dem Szenario „nachhaltig 2030“ [4.119] wäre Biomasse insgesamt genauso stark an der Primärenergie beteiligt wie Stein- und Braunkohle gemeinsam. Neben den „klassischen“ Bioenergieträgern Restholz und Reststroh weist vor allem Biogas aus organischen Reststoffen und Gülle und die „neuen“ Bioenergieträger Biogas aus Feuchtgut sowie die mehrjährigen Energiepflanzen höhere Zunahmen auf. Dagegen spielen die Ölpflanzen (für Biodiesel) bzw. die Ganzpflanzennutzung von Weizen und Mais (für Bioethanol bzw. Biogas) nur eine relativ geringe Rolle. Die *Netto*flächenerträge – also unter Einrechnung der *gesamtem Lebenswege* (inkl. Dünger usw.) – und die Naturschutzaspekte von Feuchtgutlinien und KUP-Holz sind erheblich günstiger als die von z. B. Raps oder Mais-Ganzpflanzen. Bei der Verwendung sind die Restbiomassen i.d.R. ökologisch und ökonomisch günstiger im stationären Bereich (Strom- und Wärmebereitstellung) einsetzbar. Bei den Anbaubiomassen wird dementsprechend Biogas aus Feuchtgutlinien primär in dezentraler Kraft-Wärme-Kopplung eingesetzt, während KUP-Holz vorrangig über BtL als Biokraftstoff dient.

Für die Fortschreibung der direkten *Luftschadstoffemissionen* aus Bioenergieanlagen hat die Studie des Öko-Instituts & Partner [4.119] gezeigt, dass diese – dargestellt als Emissionsfaktoren pro Einheit Prozessoutput (1 kWh Strom, 1 kWh Produktgas) – nicht primär von Lernkurven-Effekten geprägt sind wie die Kostenentwicklung, sondern vielmehr davon, welche gesetzlichen Grenzwerte zukünftig zum Tragen kommen werden. Dieser Faktor ist schwer quantifizierbar: Typische, robust und technologieübergreifend anzunehmende Änderungen von Schadstoffemissionen lassen sich aus Wirkungsgradsteigerungen ableiten. Je effizienter eine Technologie ist, desto weniger Brennstoff muss für die bereitgestellte Endenergie verbrannt werden und desto weniger Freisetzungen an brennstoffbedingten Emissionen (Staub, SO_2, HCl, HF) treten auf (dieser Effekt wurde hier einheitlich bei allen Technologien unterstellt). Im Gegensatz dazu werden die primär technologiespezifischen Emissionen (CO, NO_x, NMVOC) über die Zeitdauer von 2000 bis 2030 einheitlich konstant gehalten. Diese prinzipbedingten Unterschiede der Technologien untereinander würden auch nach zukünftigen Gesetzesänderungen qualitativ erhalten bleiben (siehe Kap. 5).

Biokraftstoffe in der Diskussion

Der Bereich „Verkehr“ wird auf absehbare Zeit bei den Klimaszielen am stärksten zurückbleiben (*Kasten*) und es wird erwartet, dass aus diesem Grund ein möglichst hoher Anteil der Biomasse in diese Richtung gelenkt wird [4.122]. Die derzeit eingesetzten Biokraftstoffe der *1. Generation* – Pflanzenöl, aus Pflanzenöl durch Veresterung hergestellter Biodiesel, Bioethanol auf der Basis von Zucker- und Stärkepflanzen – sind erheblich ineffizienter als bspw. die Nutzung fester Biomasse oder des Biogases im Strom- und Wärmebereich (3–5fach höhere Klimagasemissionsminderung je ha Ackerfläche), da sie nur Teile der Pflanzen verwenden. Bei der *2. Biokraftstoff-Generation* – Bioethanol auf Lignozellulosebasis, Biomass-to-Liquid (BtL) und Biogas, das auf Erdgasqualität aufbereitet wird – werden die Rest- und Abfallstoffe bzw. ganze Pflanzen als unspezifische Biomasse genutzt; dennoch bilden auch hier aus Klimaschutzsicht die Verstromung fester Biomasse oder des Biogases in Kraft-Wärme-Kopplung die günstigste Option [4.122]. Bei einem Vergleich der Umweltbilanzen der Biokraftstoffe sollte künftig auch die energetische Nutzung der Nebenprodukte der 1. Generation berücksichtigt werden [4.123].

In einer gemeinsamen „Roadmap“ [4.124] haben die deutsche Automobilindustrie, Mineralölindustrie, Landwirtschaft sowie BMU/BMELV geplant, die Beimischungsgrenzen für Biodiesel zu Diesel und Bioethanol zu Kraftstoff im Rahmen der technischen Möglichkeiten von jeweils 5 % auf 10 % zu erhöhen. Die E10-Pläne bei Benzin stießen auf Protest von Verbraucherverbänden wegen möglicher Unverträglichkeit der Zwangsbeimischung vor allem in älteren Motoren [4.125]. Außerdem ist festzustellen, dass der Rohstoffbedarf für die vorhandene Biodieselproduktionskapazität nicht aus deutscher Produktion gedeckt werden [4.126].

Es gibt weltweit Bedenken gegen eine forcierte Ausweitung des Biokraftstoffanteils: Nach der schweizerischen EMPA-Studie [4.127] sind in den gemäßigten Breiten teils der niedrige Flächenertrag, teils die intensive Düngung und mechanische Bearbeitung für eine ungünstige Umweltbeurteilung ausschlaggebend. Im Fall der tropischen Landwirtschaft ist es primär die Brandrodung von Urwäldern, welche große Mengen von CO_2 freisetzt, eine erhöhte Luftbelastung bewirkt und massive Auswirkungen auf die Biodiversität hat. Die Umwandlung von Wäldern, Savannen und Mooren in Anbauflächen würde CO_2-Emissionen verursachen, die erst in einigen Jahrzehnten bis Jahrhunderten wieder ausgeglichen wären; erst dann könnte sich der Einspareffekt der Biokraftstoffe bemerkbar machen [4.128]. Pro Hektar umgewandelter Fläche werden im Schnitt 351 Mio. t CO_2-Äquivalente aus verrottender oder verbrennender Vegetation freigesetzt; dem ständen Einsparungen von jährlich 1,8 Mio. t/ha Ethanol-Mais. Die Umwandlung tropischer Waldflächen und Feuchtgebiete in Ölpalmen-Plantagen verursacht so eine „Treibhausgas-Schuld“, wie sie wohl nicht vor Mitte des Jahrtausends abbezahlt wird [4.129].

Während die EMPA-Studie [4.127] die Lösung in konkreten Zertifizierungsrichtlinien für Biotreibstoffe analog des Forest Stewardship Council [4.130] sieht, erscheint für die Autoren des Science-Artikels [4.129] ein Verbot der Flächenumwandlung praktisch nicht durchsetzbar und es würde darüber hinaus die Konkurrenz zwischen Energie- und Nahrungsversorgung zusätzlich verschärfen.

Handlungsfeld Verkehr – „Pakete" schaffen Innovationen [4.9]
Neben den unzulänglichen Minimierungseffekten bezüglich der CO_2-Emissionen und der Energieverbräuche ist der Verkehrsbereich fast völlig vom Öl abhängig. Zwar gibt es innovative Modellprojekte, um die Dominanz von Pkw und Lkw zurückzudrängen, aber es sind (noch) „Nischen in der Nische". Es bedarf ganzer „Pakete" von sich wechselseitig unterstützenden Maßnahmen, um in einer Kombination von technischen, organisatorischen und sozialen Innovationen die Energieintensität des Verkehrssektors zu reduzieren:

Paket Stadtverkehr: Der klassische öffentliche Personennahverkehr kann immer weniger die zeitlich variablen und vielfältigen Mobilitätsbedürfnisse befriedigen. Daher bedarf es eines „städtischen Mobilitätspakets", das – gestützt auf mobile Internet-Informationen – die flexible Auswahl von vorhandenen Transportmöglichkeiten erlaubt. Dabei geht es nicht nur um Internet-Modalität zwischen den verschiedenen (öffentlichen) Verkehrsträgern (etwa Bahn und ÖPNV), sondern auch um die selektive Autonutzung, Parkmöglichkeiten am Stadtrand, Fahrgemeinschaften usw. sowie Fahrrad-Verleih („Call a bike").

Paket Intermodalität Bahn: Schnelle Fernverkehrszüge sind mittlerweise europaweit akzeptierte Alternativen zum Auto- und Flugverkehr (bis zu einer Entfernung von ca. 500 km). Allerdings wird die Nutzung für Geschäfts- wie Urlaubsreisen durch den Fokus auf Hauptverkehrsorte eingeschränkt. Hier bedarf es ähnlich wie im Stadtverkehr der intermodularen Verknüpfung, angereichert mit Dienstleistungen (vom Gepäckservice bis zum „Infotainment" im Zug) und mit transparenten Informationszugriffen.

Paket Intermodalität Logistik: Ein ähnliches Problem stellt sich in der Güterlogistik. Da Ganzzüge mit Massengütern immer seltener werden und die zeitgenaue Anlieferung von Kleinsendungen immer wichtiger wird, ist die Bahn ebenfalls auf Intermodalität angewiesen. Auch setzen die für den Lkw entwickelten Logistikkonzepte den Standard, obwohl sie ressourcenintensiver sind. Umschlagsdauer und -kosten sind bei der Bahn aber immer noch viel zu hoch. Notwendige Voraussetzungen sind automatische Kupplungen, Einzelantriebe und mannlose Steuerung von Güterzügen bzw. -waggons.

Paket Brennstoffzelle: In Abschn. 4.2.4 wurden die verstärkten Bemühungen zum Einsatz der Brennstoffzellentechnologie im Kfz-Bereich beschrieben. Nach den Berechnungen einer Kosten-Nutzen-Analyse aus dem Umweltbundesamt [4.131] zeichnet sich allerdings ab, dass Emissionsminderungen und Ressourcenschutz in den kommenden 10–20 Jahren durch verbrauchsoptimierte Fahrzeuge mit Verbrennungsmotoren mit niedrigsten Abgasemissionen (ULEV = Ultra Log Emission Vehicle oder EURO 4-Standard) wesentlich kostengünstiger realisiert werden können als durch Fahrzeuge mit Brennstoffzellenantrieb. Aus energetischer Sicht kann die BZ-Technologie nur dann Vorteile bringen, sofern die Energieverluste der Treibstoffherstellung (Wasserstoff, Methanol) im Fahrzeug überkompensiert werden; d. h. die Antriebseinheit im BZ-Fahrzeug muss einen 30–35 % höheren Wirkungsgrad als ein Fahrzeug mit Benzin- oder Erdgasmotor besitzen.

4.4.7 Wasserstoff aus Erneuerbaren Energien

Erneuerbare Energien ermöglichen eine praktisch emissionsfreie und nachhaltige Wasserstoffbereitstellung [4.132]. Von den verschiedenen regenerativen Quellen sind für Deutschland vor allem Wind und Biomasse relevant. Bei der Stromerzeugung aus diesen Quellen sollte aber aus Effizienzgründen der Strom vorzugsweise direkt genutzt werden. Allerdings liegt auch ein Potenzial zur H_2-Erzeugung vor: Der heute schon hohe Anteil von fluktuierender Windenergieeinspeisung in das Netz führt zu hohem Regel- und Reservehaltungsaufwand; bei einem weiteren massiven Ausbau der Windenergie werden sich diese Anforderungen noch verstärken. Insbesondere könnten die geplanten Offshore-Windparks zur H_2-Produktion beitragen. Bei dem Einsatz von Biomasse sind die konkurrierenden Nutzungen zu beachten. Kraftstoff für den Individualverkehr stellt jedoch im Vergleich zu anderen Nutzenergien ein Hochpreissegment dar; bei entsprechender Förderung CO_2-freier Kraftstoffe kann ein Pull-Effekt für erneuerbare Energien ausgelöst werden.

Neben der klassischen alkalischen Wasserelektrolyse (*Kasten*) sind in den vergangenen Jahren neue Technologien entwickelt worden [4.132, 4.133]:

- *Membranelektrolyse*, vor allem für die Vor-Ort-Bereitsstellung von Wasserstoff als Kraftstoff. Dazu stehen Polyelektrolmembran-Hochdruckelektrolyseure mit einem Betriebsdruck von 35 MPa und einer Produktionsrate von 2,5 m^3 bereits zur Verfügung und zur dezentralen Versorgung von Tankstellen sind Elektrolysemodule mit 30 m^3/h und 40 MPs Wasserstoffdruck in der Entwicklung.
- Bei der *Hochtemperaturelektrolyse* kommt ein ähnlicher Sauerstoffionen leitender Festelektrolyt wie bei der Hochtemperaturbrennstoffzelle zum Einsatz und auch die Betriebstemperatur liegt mit 800–1.000°C im gleichen Bereich. Der Vorteil dieses Verfahrens liegt darin, dass zur Spaltung von Wasserdampf weniger elektrische Energie benötigt wird als zur Spaltung von Wasser.
- Die *Dampfreformierung* leichter Kohlenwasserstoffe ist heute das weltweit am meisten verbreitete Verfahren zur Erzeugung von Wasserstoff. Dennoch rechnet bspw. das U.S. Department of Energy mit einer Wirkungsgraderhöhung um einige Prozentpunkte bzw. eine Kostenreduktion von 25–30 % durch zukünftige Integration eiiner CO_2-Abscheidung oder durch verbesserte Katalysatoren.
- Im Gegensatz zur Dampfreformierung stellt die *partielle Oxidation* keine hohen Anforderungen an die Qualität der Rohstoffe (bspw. schwefelhaltige organische Rückstände und Schweröl). Die Temperaturen liegen bei 1.300 bis 1.500°C, die Drücke bei 30 bis 100 bar; auf einen Katalysator kann verzichtet.werden.
- Die Konversion von Festbrennstoffen zu Wasserstoff benötigt *Hochtemperaturvergasung* (Wirbelschicht- und Flugstromreaktor) zur Erzeugung von Synthesegas, aus dem mit konventioneller Technik Wasserstoff hergestellt wird; Festbettvergaser sind für die Wasserstofferzeugung nicht geeignet.

In einem frühen Forschungsstadium befindet sich noch die *biogene Wasserstoffgewinnung*, deren Stoffwechselvorgänge sich drei Verfahren zuordnen lassen: die biophytolytische Wasserstofferzeugung durch Grünalgen, die Photoproduktion von Bakterien und die Vergärung von Biomasse [4.132].

Erzeugung, Speicherung und Transport von Wasserstoff [4.134]
Eine wesentliche Komponente in allen Langfristszenarien ist der Einsatz von Primärenergieträgern mit hohen Wasserstoffanteilen – vor allem Erdgas. Die weitere Entwicklung bis 2050 wird vermutlich durch die breite Anwendung der Wasserstofftechnologie gekennzeichnet sein [4.110]. Abgesehen von seiner Eigenschaft als Speichermedium für Energie aus anderen Quellen zeichnet sich der Wasserstoff durch geringe Emissionen bei der weiteren Energieumwandlung aus. Er stellt damit den langfristig wichtigsten Kraftstoff für den vielseitigen Einsatz von Brennstoffzellen dar (Abschn. 4.2.4).

Bei der Herstellung von Wasserstoff unterscheidet man die konventionellen „chemischen“ Verfahren der Wasserspaltung – durch eine Konvertierungsreaktion mit Kohlenmonoxid (aus der „Kohlevergasung“ oder „Dampfspaltung“ von Kohlenwasserstoffen) unter Bildung von CO_2 –, die „thermischen“ Kreis- und Hybridprozesse (gekoppelt mit einer Hochtemperaturzersetzung von Metalloxid bzw. Schwefeltrioxid) und die Elektrolyse, wobei an der Anode oxidativ Sauerstoff und an der Kathode reduktiv Wasserstoff entwickelt wird. Bei der elektrolytischen Wasserstofferzeugung ist die alkalische Wasserstoffelektrolyse am weitesten fortgeschritten. Darüber hinaus kann solarer Wasserstoff auch mit photochemischen, photoelektrochemischen und photobiologischen Prozessen gewonnen werden.

Wasserstoff kann gasförmig oder flüssig gespeichert und transportiert werden. Bei den Speichertypen unterscheidet man stationäre Großspeicher mit Verdichteranlage und Kältemaschinen, stationäre Kleinspeicher für die Bedarfsdeckung einer Industrieanlage, mobile Speicher für Transport- und Verteilung sowie Kraftstoffreservoirs, z. B. für Kraftfahrzeuge. Zukünftige Wasserstoffversorgungssysteme werden eine ähnliche Struktur haben wie die gegenwärtigen Erdgasversorgungssysteme, d. h. Untertagespeicherung, in Kavernen und Aquiferen; dies kann auch für Wasserstoff als technologisch und wirtschaftlich durchführbar erwartet werden. Neuartige Speicherkonzepte sind die Bildung von Metallhydrid und die Oberflächenadsorption bei Temperaturen von 60 bis 100 K („Kryoadsorberspeicher“).

Der überregionale Wasserstofftransport auf dem Seeweg ist mit Flüssigwasserstofftankern, die praktisch wie Flüssigerdgastanker aufgebaut sein sollten, möglich und auch wirtschaftlich attraktiv. Praktische Erfahrungen mit kleineren Tankern (barges) über etwa 100 km liegen bereits innerhalb der NASA-Programme in den USA vor. Flüssigerdgas ist für den Abnahmer trotz der höheren Kosten interessant, da es gegenüber Pipelinegas hervorragende Zwischenlagerungsmöglichkeiten bietet. Für den überregionalen Wasserstofftransport ist ein noch deutlicher Zusammenhang zwischen Transportwegen und Langzeitspeicheranlagen zu erwarten.

Unter Sicherheitsaspekten muss Wasserstoff mit eingeführten gasförmigen und flüssigen Energieträgern wie Erdgas, Propan und Benzin verglichen werden, vor allem im Hinblick auf eine Nutzung durch Laien. Ein Hauptproblem bilden sich beschleunigende Verbrennungsvorgänge in ganz oder teilweise geschlossenen Räumen. Der Einsatz von Inhibitoren sowie konstruktive Maßnahmen, die den Umschlag von Verbrennungsvorgängen in eine Detonation verhindern können, sind von der Sicherheitsforschung zu untersuchen.

4.4.8 Forschungsförderung zu Erneuerbaren Energien

Die Gesamtausgaben der deutschen Bundesregierung für den Forschungsbereich Erneuerbare Energien im Jahr 2007 werden auf rd. 130 Mio. € geschätzt (Zusammenstellung des Bundesministerium für Umwelt, Naturschutz und Reaktorsicherheit, BMU [4.135]). Forschungsschwerpunkte in den Sektoren, die in den Abschn. 4.4.2 bis 4.4.7 im Kapitel „Klima und Energie" beschrieben werden, sind (Beispiele):

BMU-Projekte zur *Geothermie* (Abschn. 4.4.2) mit insgesamt 14,4 Mio. €:
- Entwicklung wartungsarmer Geräte und Apparate für geothermale Verhältnisse
- Lagerstättenmanagement (Stimulationsverfahren, Frac-Verfahren, Monitoring)
- Wandlung von Heißwasser und Dampf in Wärme und Strom (KWK, ORC)

BMU-Projekte *Niedertemperatur-Solarthermie* (4.4.3) mit insgesamt 5,7 Mio. €:
- Neue Materialien und Fertigungsverfahren bei der Kollektorherstellung
- Kollektoren für solares Heizen und solare Prozesswärme im Bereich bis 250°C
- Kombination von Solarthermie und Energieeffizienztechnologien in Gebäuden

Die Forschungsförderung der *Photovoltaik* (4.4.4) wurde mit 32,1 Mio. € BMU-Mitteln und rund 30 Mio. € aus dem Bundesforschungsministerium finanziert:
- Kristalline (waferbasierte) Siliziumtechnologie und Dünnschichttechnologien
- Systemtechnik und übergreifende Fragen wie die Entwicklung von Prozessanlagen sowie Langzeitstabilität von Photovoltaik-Modulen und Recycliing

In die Projekte zur *Windenergie* (4.4.5) flossen 15,7 Mio. € an BMU-Mitteln:
- Einsatz gewichtsreduzierter, langlebiger und recyclingfähiger Materialien
- Integration großer Windstrommengen in das Stromnetz (Offshore-Windparks)
- Offshore-Forschung, insbesondere im Offshore-Testfeld Alpha Ventus

Projekte zur *Bioenergie* (4.4.6) wurden vom Bundesministerium für Ernährung, Landwirtschaft und Verbraucherschutz (BMELV) mit 12,1 Mio. € gefördert:
- Züchtung und Nutzung alternativer Energiepflanzen, Fruchtfolgengestaltung
- Neue Umwandlungstechnologien für Biogas, bspw. durch Mikrogasturbinen
- Qualitätssicherung für feste Biobrennstoffe, umweltfreundliche Kleinfeuerungsanlagen, Nutzung fester landwirtschaftlicher Bioenergieträger wie bspw. Stroh
- Demonstrationsanlagen für die Herstellung von Kraftstoffen der 2. Generation

Die Weiterentwicklung von *Brennstoffzellen-* (4.2.4) und *Wasserstofftechnologien* (4.4.7) förderte das Bundesministerium für Wirtschaft und Technologie (BMWi) im Jahr 2007 mit 22 Mio. €. Auf Länderebene sind die Initiativen von Nordrhein-Westfalen und Bayern mit Fördersummen von insgesamt 100 Mio. € bzw. 70 Mio. € zu nennen [4.136]. Für zwei weitere Bereiche der Erneuerbaren Energien, die Technologie von *Solarkraftwerken* (Parabolrinnen-, Fresnel- und Turmkraftwerke, Beispiele in den USA, Spanien und Ägypten, Solarturm in Jülich) und die *Netzintegration* und Optimierung der Energieversorgungssysteme wurden im Jahr 2007 BMU-Mittel von 5,9 Mio. € bzw. 1,3 Mio. € ausgegeben [4.135].

5 Luft und Lärm

Die Verschmutzung der Luft mit den Auswirkungen auf die aquatischen und terrestrischen Ökosysteme ist ein typisches Umwelt-Syndrom der dritten Generation, das nicht mit einfachen Lösungsansätzen, kalkulierbaren Kosten und innerhalb politisch überschaubaren Zeitskalen repariert werden kann. Abschnitt 5.1 gibt einen Überblick über die Herkunft und Eigenschaften der Luftschadstoffe in der Troposphäre (die unterste Luftschicht der Erdatmosphäre), die Entstehung von Stickoxiden und Schwefeldioxid sowie die Ausbreitung von Luftschadstoffen. In Abschn. 5.2 werden Richtlinien zur Luftreinhaltung, Ausbreitungsmodelle und die neue Feinstaubproblematik behandelt. Abschnitt 5.3 befasst sich mit den Luftreinhaltungstechniken, vor allem zur Staubabscheidung und zur Verminderung gasförmiger Emissionen, bspw. die „Entschwefelung" und „Entstickung" in Kraftwerken sowie die Abgasreinigung an Kraftfahrzeugen. Im Abschn. 5.4 wird eine kurze Einführung in das Thema „Verkehrslärm" gegeben.

5.1 Ursachen und Wirkungen von Luftbelastungen

Tabelle 5.1 zeigt die Entwicklung der Emissionen von vier typischen Luftschadstoffen – Stickoxide und leichtflüchtige organische Verbindungen (NMVOC) als Ozonvorläufersubstanzen, Schwefeldioxid sowie Feinstaubpartikel kleiner als 10 µm Durchmesser –, die wegen ihrer Wirkungen auf die menschliche Gesundheit sowie auf Pflanzen, Böden, Gewässer und Sachgüter hohe Kosten verursachen (Tabelle 5.5, Abschn. 5.1.5). Diese Stoffe sind wichtige Nachhaltigkeitsindikatoren [5.2] und bilden den Kern der aktuellen EU- und nationalen Regelungen [5.3, 5.4] und der entsprechenden Überwachungsprogramme ([5.5, 5.6]; Abschn. 5.2.1).

Tabelle 5.1 Emissionen ausgewählter Luftschadstoffe nach Quellgruppen in Deutschland 1990/2005. UBA-Daten [5.1].[a] Umschlag staubender Güter, Abrieb von Reifen, Straßen etc.

	NO_x in kt		NMVOC in kt		SO_2 in kt		PM_{10} in kt	
	1990	2005	1990	2005	1990	2005	1990	2005
Energiewirtschaft	606	286	9	8	3.133	290	1.178	11
Industrieprozesse	31	94	108	67	91	113	75	44
verarbeit. Gewerbe	351	68	11	3	928	63	257	2
Verkehr	1.498	748	1.435	159	106	2	39	22
Haushalte, Kleinverbr.	272	162	442	102	919	75	NG	28
Landwirtschaft	103	86	161	125			24	21
Diffuse Brennstoff-Em.			287	47	173	113	2	0
Lösemittel, [a]andere			1.160	743			[a]38	[a]65
Gesamt	2.861	1.443	3.612	1.253	5.350	560	1.613	193
Veränderung	*100%*	*50%*	*100%*	*35%*	*100%*	*10%*	*100%*	*12%*

Tabelle 5.2 Eigenschaften wichtiger Spurengase in der Troposphäre (Heintz/Reinhardt [5.7] nach Keppler [5.8])

Spurengas	Emissionsrate		mittlere Lebens-dauer	Quellen		Schadwirkungen
	weltweit in 10^9 kg/a	anthropogener Anteil in %		anthropogene	natürliche	
NO, NO_2	160	80	trop.: 1 d strat.: 1 a	Verbrennung fossiler Brennstoffe	Blitze (Gewitter)	Smog, Ozon- und Säurebildner, Atmungserkrankungen, Saurer Regen, Waldschäden
SO_2*	400	40	4 d	Verbrennung von Erdöl und Erdgas	Sümpfe, Vulkane, Ozeane	Smog, Ozon- und Säurebildner, Atmungserkrankungen, Saurer Regen, Waldschäden
CO	3400	90	1–3 m	Verbrennung fossiler Brennstoffe und Biomasse, Oxidation anthropogen emittierter KW**	Pflanzen, Ozeane, Oxidation natürlich emittierter KW**	giftig, Smog
KW**	1000	10	k.A.	Kraftfahrzeuge, Lösungsmittel	Bäume (Terpene, Isoprene)	wichtig bei Ozonbildung im Photosmog, z. T. cancerogen
CH_4	500	60	8–16 a	Tierhaltung, Reisfelder, Deponien	Sümpfe, Termiten, geothermische Aktivität	wichtig bei Ozonbildung im Photosmog
HCl	k.A.	100	k.A.	Verbrennung chlorhaltiger Substanzen	–	giftig, Saurer Regen
CKW***	k.A.	100	k.A.	Lösungsmittel	–	giftig, z. T. cancerogen

* alle Schwefelverbindungen, umgerechnet auf SO_2, ** KW = Kohlenwasserstoffe ohne Methan, *** CKW = Chlorkohlenwasserstoffe; d = Tag, m = Monat, a = Jahr, k.A. = keine Angaben

5.1.1 Luftschadstoffe in der Troposphäre [5.7]

Die Troposphäre ist die unterste Luftschicht der Erdatmosphäre und erstreckt sich bis zu einer Höhe von ca. 12 km über dem Erdboden. Sie zeichnet sich durch eine relativ rasche konvektive Durchmischung der Luftmassen aus. Neben den Hauptbestandteilen N_2 und O_2 enthält die Troposphäre eine Reihe von Spurengasen, deren Vorkommen bzw. signifikante Anreicherung auf menschliche Aktivitäten in Industrie, Verkehr, Haushalten und Landwirtschaft zurückzuführen ist (Tabelle 5.2). In der Troposphäre können diese Stoffe entweder weiterreagieren oder zusätzlich aus anderen Quellen meist auf chemischem Weg entstehen. So wird Methan wie die anderen in die Atmosphäre emittierten Kohlenwasserstoffe über CO zu CO_2 abgebaut – und trägt damit zum Treibhauseffekt bei (Kap. 4).

5.1.2 Entstehung von Stickoxiden [5.9, 5.10]

Stickoxide entstehen aus dem organisch gebundenen Stickstoff und aus dem Luftstickstoff bei hohen Temperaturen. Dabei fördert O_2 die Reaktion. In der Atmosphäre wird NO allmählich durch Reaktion mit atomarem Sauerstoff in NO_2 umgewandelt. NO_2, das stark giftig ist, ist bei normaler Feuerung zu ca. 5 % in den Stickoxiden enthalten; lediglich bei Gasturbinen ist der Anteil höher und kann dort im Leerlauf bis zu 50 % betragen. Die Bildung von Stickoxiden ist kein einfacher Vorgang und es gibt noch keine schlüssige Theorie der Entstehung. „Thermisches NO_x" entsteht bei hoher Temperatur; „promptes NO_x" bildet sich bei der Brennstoffumsetzung im Überschuss von atomarem Sauerstoff und wird über Kohlenwasserstoffe katalysiert. „Brennstoff-NO_x" ist im Brennstoff gebunden und wird von dort bereits bei mäßigen Temperaturen freigesetzt (Abb. 5.1). Faktoren, welche die Entstehung und Menge von NOx beeinflussen, sind: Luftüberschuss, Stickstoffgehalt im Brennstoff, Betriebsweise (Grundlast, Anfahren, Lastfolge), der Grad der Verschmutzung, der Anteil an anderen Brennstoffen, sonstige Emissionen mit möglichen Katalyseeffekten [5.11].

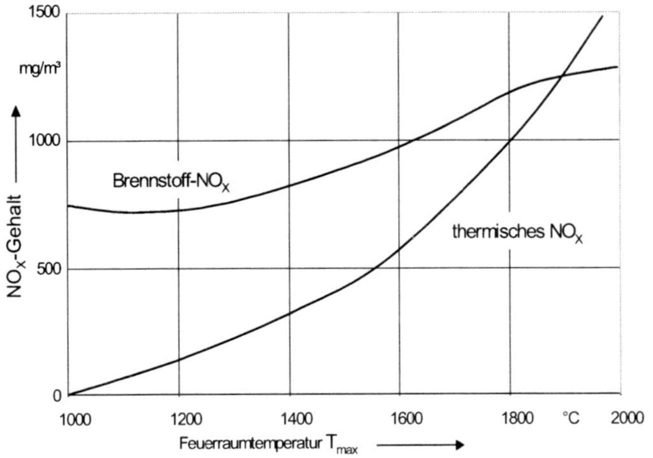

Abb. 5.1 NO_x-Bildung bei der Kohleverbrennung (Fritz/Kern [5.12] n. [5.13])

Für das Ausmaß an NO_x-Emissionen bei der Kohleverbrennung ist neben der Art der verwendeten Kohle die Feuerungsart wichtig: Man unterscheidet dabei zwei Haupttypen: Trockenfeuerung und Schmelzfeuerung. Diese beiden Verfahren unterscheiden sich vor allem durch die Verbrennungstemperatur und das Verhältnis von anfallender Schlacke zu Filterstaub. Im erstgenannten Typ fällt nur ein geringer Asche-Anteil als Schlacke an (ca. 15 %). Der größte Teil läuft als Flugstaub die Kesselzüge und wird mit hohem Wirkungsgrad in Elektrofiltern abgefangen. Die Verbrennungstemperaturen liegen bei der Trockenfeuerung bei 1100 bis 1350°C. Bei der Schmelzfeuerung beträgt die Temperatur je nach Kesseltyp und Kohleart 1400 bis 1550°C. Dabei wird der Erweichungspunkt der Aschen überschritten; 60 bis 85 % der eingebrachten Aschen werden durch Rotation der Feuersäule an die Wände geschleudert und fließen in ein sich unter dem Feuerungsraum befindliches Wasserbad. Die Schmelze erstarrt und zerfällt in grobkörniges Granulat (cm-Bereich), das sich als Straßenbau-Rohstoff und an die Bauindustrie gut verkaufen lässt.

Vom technologischen und ökonomischen Standpunkt aus betrachtet weisen beide Verfahren folgende Vor- bzw. Nachteile auf: Die Trockenfeuerung wird bei der Verbrennung relativ aschearmer Kohlen bevorzugt und ist technisch einfacher zu handhaben. Probleme bereiten vor allem die großen Flugstaubmengen. Diese Feuerungsart wird überwiegend (mehr als 98 %) bei den Braunkohlekraftwerken eingesetzt, wo wegen der großen Tagebaue eine anschließende Deponie der Stäube keine großen Schwierigkeiten bereitet. Bei der Schmelzfeuerung spielt der Aschegehalt der Kohlen keine so große Rolle, und dieser Typ wird deshalb bevorzugt bei der Verfeuerung ballastreicher Stein- und Magerkohlen eingesetzt. Da ein Großteil der Schlacke letztlich als Granulat anfällt, reduzieren sich die Betriebskosten. Außerdem wird durch Ascherückführung quasi sämtliche Asche (>95 %) zu Granulat. Nachteilig ist der relativ große Wärmeverlust durch die flüssige Schlacke sowie die durch die hohen Temperaturen bedingte Korrosionsgefahr und die erhöhte Emission von Stickoxiden.

5.1.3 Entstehung von Schwefeldioxid [5.9]

Für die SO_2-Emissionen ist zunächst festzustellen, dass Schwefel in den fossilen Brennstoffen in unterschiedlichen Bindungsformen vorliegt. In anorganischer Form ist dies der Sulfatschwefel, z. B. $CaSO_4$, in sulfidischer Form überwiegend der Pyrit (FeS_2); außerdem kommt Schwefel als gasförmiger Schwefelwasserstoff (H_2S), als elementarer Schwefel im Erdöl sowie zusammen mit organischen Bindungsformen im Erdöl sowie in Stein- und Braunkohlen vor. Der organisch gebundene Schwefelgehalt in deutschen Steinkohlen beträgt im Mittel 0.8 %; dieser Schwefel kann durch mechanisch-aufbereitungstechnische Maßnahmen nicht abgetrennt werden. Allein der im Pyrit gebundene Schwefel (ca. 1 %) kann durch mechanische Maßnahmen vor der Verbrennung abgeschieden werden. Mit dieser Methode, die verfahrenstechnisch weitgehend gelöst ist, kann der Schwefelgehalt von Kraftwerkskohle von 13 auf 10 g/kg Steinkohleneinheit (SKE) gesenkt werden. Die Tabelle 5.3 zeigt den Schwefelgehalt verschiedener fossiler Brennstoffe.

Tabelle 5.3 Schwefelgehalt verschiedener fossiler Brennstoffe in kg, bezogen auf die Menge an Brennstoff, die einem Brennwert von 1 Gigajoule = 10^9 J) entspricht [5.7]

Brennstoff	Schwefelgehalt	Brennstoff	Schwefelgehalt
Steinkohle	10,9	leichtes Heizöl / Diesel	1,7
Braunkohle	8,0	Ottokraftstoff	0,8
schweres Heizöl	6,7	Erdgas	0,2

5.1.4 Ausbreitung von Luftschadstoffen

Die an die Luft abgegebenen Stoffe (= Emissionen) breiten sich aus (= Transmission) und können dann auf Mensch, Tier und Pflanze einwirken (= Immission). Unter *Emission* werden die in die Außenluft entweichenden festen, flüssigen oder gasförmigen luftverunreinigenden Stoffe jeder Art und Herkunft verstanden. *Immission* ist die Zuführung von Luftverunreinigungen, die ständig oder vorübergehend in Bodennähe verweilen. *Transmission* bezeichnet alle „Vorgänge, in deren Verlauf sich räumliche Lage und Verteilung der luftverunreinigenden Stoffe in der offenen Atmosphäre unter dem Einfluss von Bewegungsphänomenen oder infolge weiterer physikalischer sowie chemischer Effekte ändern" [5.14].

„Die Atmosphäre ist keineswegs ein zwischen Emission und Immission liegendes inertes Transportmedium für luftverunreinigende Stoffe" [5.5]. Durch komplexe Umsetzungen verschwinden ursprünglich vorhandene Substanzen und neue, sekundäre luftverunreinigende Stoffe entstehen. Dem oxidierenden Charakter der Luft entsprechend handelt es sich vor allem um eine Vielzahl von Oxidationsreaktionen; jedoch kommen auch Reduktionen, Dissoziationen und Assoziationen vor. Aus methodischen Gründen werden „homogene" und „heterogene" Reaktionen unterschieden. Die letzteren, bei denen neben Gasen und Wassertropfen auch Oberflächen von Staubpartikeln beteiligt sind, spielen nur im Nahbereich von Quellen (Abgasfahne) eine bedeutende Rolle [5.15]. Bei den homogenen Reaktionen sind vor allem die Umsetzungen von Stickoxiden von Interesse:

- im *Nahbereich* – <0,1 km – dominiert die „molekulare" Oxidation des NO,
- im *Mittelbereich* – 0,1 bis 20 km – erfolgt die Oxidation durch Ozon, und
- im *Fernbereich* ist die Durchmischung der Abgasfahne mit der Umgebungsluft so gut, dass die gesamte „Smogchemie" zum Tragen kommt [5.16].

Schwefeldioxid kann „trocken" oder „nass" zu Schwefelsäure oxidiert werden. Eine dritte Möglichkeit ist die der „katalytischen" Oxidation an schwermetallhaltigen Ruß- und Staubteilchen. Die Gegenwart von kleinen Wassertropfen in Form von Nebel begünstigt diesen Reaktionsablauf; dabei werden die Nebeltröpfchen stark säurehaltig. Der entstehende „Saure Smog" wirkt besonders schädigend auf die Atmungsorgane. Im Unterschied zum *Photosmog* („Los Angeles-Smog"), der vor allem während der Mittagszeit in den sonnenreichen Sommermonaten seine stärksten Auswirkungen zeigt, tritt der *Saure Smog* („London-Smog") eher morgens oder abends in der feuchtkalten Jahreszeit des Winters auf [5.7].

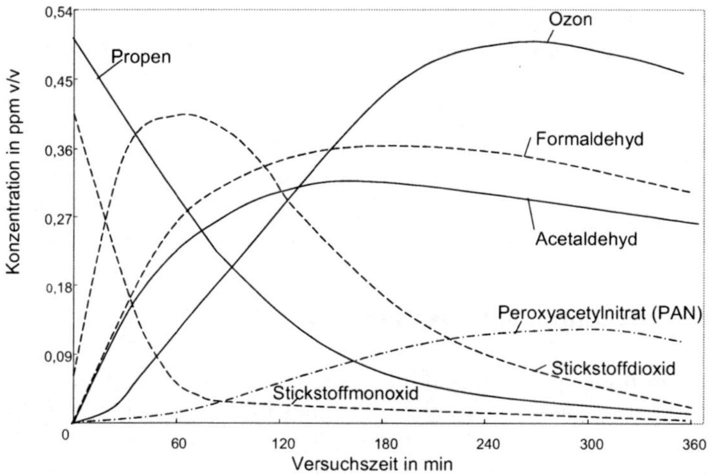

Abb. 5.2 Ergebnisse eines Experiments in einer Smogkammer (aus [5.17] nach [5.18]). Ausgangskonzentration der Reaktionspartner: 0.45 ppm NO, 0,05 ppm NO_2, 0,5 ppm C_3H_6

Photochemische Reaktionen in der Atmosphäre beziehen vor allem längerkettige Kohlenwasserstoffe wie Propan, Butan oder auch Octane ein, die oxidiert werden. Über mehrere Zwischenstufen, in denen die sogenannten Peroxiradikale R-CH_2O_2 auftreten, werden Kohlenwasserstoffe zum Aldehyd R-CHO und gleichzeitig NO zu NO_2 aufoxidiert, das wieder photolytisch gespalten wird und dabei weitere Aldehyd- und Ozonmoleküle bildet. Häufig sind die Aldehyde nicht das Ende der Oxidationskette, sondern der am häufigsten vorkommende Aldehyd, der Acetaldehyd CH_3CHO kann weiterreagieren zum Peroxiacetylnitrat $CH_3C(O)$-O_2NO_2, das gleichzeitig eine Senke für NO_2 darstellt (Abb. 5.2). Photosmog entsteht bei hohen Emissionsraten an Stickstoffoxid bei gleichzeitiger Emission von Kohlenwasserstoffen während sog. „Inversionswetterlagen", d. h. wenn die höheren Luftschichten wärmer sind als die bodennahen: Die schadstoffreiche Abluft von Ballungszentren kann nicht abziehen und es stellt sich wegen des fehlenden vertikalen Luftaustausches eine ständig wachsende Schadstoffkonzentration ein.

Der *pH-Wert* von reinem Wasser, das im Gleichgewicht mit atmosphärischem Kohlendioxid steht, liegt bei 5,6. Regen, dessen pH-Wert kleiner als 5,6 ist, wird gewöhnlich als „Saurer Regen" bezeichnet. Realistischer ist es jedoch davon auszugehen, dass der pH-Wert natürlicherweise unter 5,6 liegt (ca. 5,0), weil in der Atmosphäre neben CO_2 auch andere Stoffe wie SO_2, NH_x, SO_3 aus natürlichen Quellen vorliegen. Die in die Atmosphäre emittierten Stickstoffoxide und Schwefeldioxid lösen sich in den Wassertröpfchen von Nebel, Wolken sowie Regen und bilden Säuren. Neben Säuren (3/4 Schwefelsäure, 1/5 Salpetersäure und etwa 1/20 Salzsäure) enthalten Niederschläge noch weitere Schadstoffe (Salze, Schwermetalle und organische Substanzen) [5.9]. Die pH-Werte im Niederschlag zeigen an 5 Stationen in den alten Bundesländern eine deutlichen Anstieg von ca. pH 4,3–4,4 im Jahre 1982 auf pH 4,8–5,0 im Jahre 1998; bei den Einzelkomponenten wurde stärkste Rückgang beim Sulfat um 40–60 % beobachtet [5.19]

5.1.5 Wirkungen von Luftschadstoffen

Gefährdung der Gesundheit
Die Skala von Gesundheitsschäden durch luftverunreinigende Stoffe reicht von Reizungen bis hin zu Vergiftungen. Erkrankungen der Atmungsorgane, Bindehautentzündungen, Rachitis sowie Infektionen können in ursächlichen Zusammenhang mit Luftverunreinigungen gebracht werden. Aus epidemiologischen Untersuchungen wird geschlossen, dass unter chronischer Einwirkung von Schwefeldioxid außer Nebenhöhlenentzündung Atemwegserkrankungen und Lungenblähung (Emphysem) vermehrt auftreten. Auch eine Erhöhung der Infektionsanfälligkeit wurde nachgewiesen. Tierversuche haben ergeben, dass selbst krebserzeugende und erbgutverändernde Wirkungen der Photooxidantien nicht auszuschließen sind [5.20].

Waldschäden
Bei den heute auftretenden Waldschäden weist vieles darauf hin, dass es sich nicht allein um natürliche Ursachen, z. B. lange Trockenperioden, extreme Winter, Befall durch Schädlinge und Krankheiten oder unzureichende waldbauliche Methoden und ungeeignete forstwirtschaftliche Nutzungsarten (z. B. Monokulturen), sondern vor allem um Umweltbelastungen durch Luftschadstoffe, handelt. Nach der Art der Ablagerung von Schadstoffen unterscheidet man [5.7]:

Die *trockene Deposition*, bei der Feststoffe wie z. B. Ruß, schwermetallhaltiger Staub oder Aerosole auf Blätter und Boden abgelagert werden. Auch die direkte Aufnahme von gasförmigen Schadstoffen durch Pflanzen zählt zur trockenen Deposition. Zu diesen Schadgasen gehören SO_2, NO_x sowie die durch Sonnenstrahlung gebildeten Gase wie Ozon und Peroxiacetylnitrat [5.10].

Die *nasse Deposition* umfasst die in Regen, Schnee oder Nebel gelösten Schadstoffe, meist Oxidationsprodukte von SO_2 und NO_x, also Schwefelsäure, Salpetersäure sowie Sulfate und Nitrate. Zu der nassen Deposition gehört auch das sogenannte „Traufwasser“, das den Baum herabfließende oder herabtropfende Regenwasser; es spült die durch trockene Deposition auf den Blättern und Zweigen abgelagerten Schadstoffe in den Boden [5.7].

Wirkungen auf Gewässer und Böden
In versauerten Gewässern pufferschwacher Räume haben sich inzwischen tiefgreifende biozönotische Veränderungen ergeben, die u. a. zum Verschwinden von Fischen, Fischnährtieren und Amphibien geführt haben [5.21]. Die Wirkung von sauren Niederschlägen zeigt sich auch in einer Mobilisierung von Schadstoffen. Mit dem Fortschreiten der Versauerung bis in das oberflächennahe Grundwasser wird vor allem die Löslichkeit von Schwermetallen erhöht [5.22]. In versauerungssensiblen Gebieten wie z. B. in Südnorwegen stieg der Aluminiumgehalt über die zulässigen Grenzwerte an [5.23].

Kalkung ist die bevorzugte Sanierungsmaßnahme bei kleineren Seen und es liegen inzwischen ausgedehnte Erfahrungen an skandinavischen und nordamerikanischen Gewässern vor [5.22]. Mit Kalkzugaben lassen sich auch die Aluminiumkonzentrationen in der Trinkwasseraufbereitung relativ gut beherrschen [5.23].

Während die Veränderungen in den Oberflächengewässern überwiegend reversibel sind, lassen die Befunde an Waldböden erkennen, dass die meisten Böden ein schadloses Auffangen der zugeführten und zusätzlich entstehenden Säurebelastung bei weitem nicht leisten können [5.24] und diese Entwicklung praktisch *irreversibel* ist [5.25]. Die Versauerung des Bodens führt zu Schädigungen im Anteil der Biosphäre – Bodenlebewesen werden abgetötet, die mikrobiellen, natürlich ablaufenden Zersetzungsprozesse gehemmt. Im Hinblick auf den Nährstoffhaushalt im Boden führt der Säureeintrag zu einer Auswaschung an Mineralstoffen wie Calcium und Magnesium und schließlich zu einem Nährstoffmangel [5.26].

Der Säureeintrag führt im Boden zur Mobilisierung weiterer *Puffersysteme*, die im Zuge der fortschreitenden Versauerung bei Erreichen bestimmter pH-Werte nacheinander „zugeschaltet“ werden [5.27]: Zuerst verliert der Boden seine austauschbaren basischen Kationen. Danach, etwa beim pH-Wert von 4,5 beginnend, kommt es zur Tonmineralzerstörung und damit zur Freisetzung potentiell toxisch wirkender Metallkationen (in der Reihenfolge Mangan, Aluminium und Eisen). Dieser Prozess wirkt zwar puffernd, jedoch in umkehrbarer Weise, d. h. die Säuren und die H^+-Ionen können im Boden, im Untergrund oder in den aquatischen Systemen wieder freigesetzt werden.

Schadwirkungen auf Sachgüter

Luftverschmutzungen verursachen Schäden an Baudenkmälern, an Skulpturen und Glasgemälden, an Industrie- und Gebrauchsgütern und an Archivgut [5.28]; SO_2, NO_x, weitere säurebildende Gase sowie Staub und verschiedene Photooxidantien beschleunigen die natürlichen Verwitterungs- und Alterungsvorgänge [5.7].

Bauwerke können unter Bildung leicht löslicher Salze (z. B. Umsetzung von $CaCO_3$ zu $Ca(HCO_3)_2$ und durch Auskristallisieren voluminöser Salze (Bildung sulfatischer Ca/Al-Salze in Beton) geschädigt werden. Auf metallische Werkstoffe wirken saure oder alkalische Gase (SO_2, HCl, NO_x, NH_3) korrodierend. Schwefeldioxid besitzt eine besonders stimulierende Wirkung auf die Korrosion des häufigsten Gebrauchsmetalls Stahl. Primär gebildetes Eisensulfat ($FeSO_4$) reagiert mit Luftsauerstoff und Wasser weiter zu Rost (v. a. zu Eisenoxidhydrat FeOOH) und Schwefelsäure, die dann erneut Eisen unter Bildung von Eisensulfat angreift. Die letztgenannten Reaktionen können sich mehrfach wiederholen [5.29]. Auch bei Verwendung von Stahlbeton korrodieren die Metallanteile der Bausubstanz, wenn die Alkalireserve des Betons durch die säurebildenden Gase verbraucht wurde.

Diese Schäden machen Instandhaltungskosten und Instandsetzungsarbeiten erforderlich, für die in den 80er und 90er Jahren erstmals konkrete Anhaltspunkte gewonnen wurden; in der Tabelle 5.4 des nebenstehenden Kastens sind eine Reihe von Schäden nicht berücksichtigt, bspw. an wichtigen Baumaterialien wie Beton und Gebäudeanstrichen sowie Verschmutzungen durch Partikel. Eine Abschätzung des Umweltbundesamtes aus den frühen 80er Jahren hat allein die Verluste bei den Fassadenanstrichen in den alten Bundesländern auf 500 Mio. € beziffert [5.30]. Auch direkte Auswirkungen von Korrosionsvorgängen sind zu erwarten, wenn toxische Schwermetalle und organische Chemikalien bspw. von Dächern abgespült und in die Gewässer und Böden verfrachtet werden [5.31].

Internationales Kooperativprogramm zur Wirkung von Luftschadstoffen auf Materialien, einschließlich historischer und kultureller Denkmäler [5.32]

Die Aufklärung des Verfalls von Materialien einschließlich historischer Gebäude und Denkmäler war ein vorrangiges Ziel des Genfer Luftreinhalteübereinkommens von 1979. In einer ersten Projektphase des International Cooperative Programme on Effects of Air Pollution on Materials, including Historic and Cultural Monuments, ICP Materials, wurden in Form einer gestaffelten 8-Jahres-Materialexposition unter standardisierten Bedingungen an 39 Testorten in 14 Ländern Testplatten exponiert, die, auf identische Gestelle montiert, sowohl einen offenen als auch einen regengeschützten Angriff auf die Materialien zulassen.

Eine zweite Projektphase des Materialexpositionsprogramms konzentrierte sich verstärkt auf die Quantifizierung der kombinierten Wirkungen von Luftschadstoffen („multipollutant effects") sowie von Trendanalysen der realen Materialverluste in einer sich dynamisch verändernden Umwelt. In diesem Abschnitt wurde die Gesamtzahl der Testorte auf 30 reduziert, durch die Einbeziehung weiterer Länder die Flächenabdeckung und somit die Repräsentativität jedoch deutlich verbessert.

Ein weiteres Anwendungsgebiet der im Rahmen des ICP-Materials erarbeiteten Dosis-Wirkungsbeziehungen neben der Kartierung akzeptabler Toleranzgrenzwerte für Materialien ist die ökonomische Abschätzung von Materialschäden [5.33]. Hier beschränkte sich die Abschätzung aufgrund der Datenlage auf Wohngebäude in Deutschland. Ein wesentlicher Beitrag war die Erstellung eines fortschreibbaren Gebäude und Materialkatasters.

Tabelle 5.4 Materialschäden an Wohngebäuden in Deutschland 1993–1995

	Gesamtfläche [Mio. m^2]	Instandsetzungs-anteil [%/a]	Reparaturkosten [Mio. €/a]
galvanisierter Stahl	081	3,5 %	071,5
Zink	430	0,04 %	003,5
Aluminium	293	0,3 %	030,0
Sandstein	080	0,1 %	026,0
Kalkstein	085	0,2 %	036,0
andere Natursteine	057	0,1 %	018,5
Putz	884	0,1 %	031,5
Summe			216,5

Für den Zeitraum 1993–1995 wurden für Wohngebäude in Deutschland jährliche Schadenskosten durch Luftverschmutzung von ca. 217 Mio. € ermittelt. Zu den Kosten tragen die galvanisierten Stahlflächen mit etwa 70 Mio. € am stärksten bei. In den meisten Gebieten Deutschlands ergaben sich jährliche Schadenskosten von bis zu 2.500 € pro km^2 Kreisfläche. Die höchsten Schäden pro km^2 werden für das Ruhrgebiet berechnet (bis zu 23.000 €/km^2). Andere Verdichtungsräume mit relativ hohen maximalen Kosten (7.000–11.500 € pro km^2) sind der Raum um Köln-Bonn, Stuttgart, der Großraum Frankfurt, Berlin, Bremen und Kassel.

Tabelle 5.5 Quantifizierbare spezifische Schadenskosten verschiedener Luftschadstoffe in € je Tonne Schadstoff. Krewitt [5.34] unter Verwendung des Modells EcoSenseLE [5.36], Abkürzungen siehe Text zu Tabelle 5.1. [1] eigene Berechnung, [a] vermiedene externe Emissionen durch den Einsatz erneuerbarer Energien (2006 [5.37]), [b] Daten aus Tabelle 5.1

	CO_2	NO_x	NMVOC	SO_2	PM_{10}
Klimawandel	70				
Gesundheitsschäden					
– erhöhtes Sterblichkeitsrisiko		2.120	60	2.020	8.000
– nicht-tödliche Gesundheitsschäden		1.000	170	1.040	4.000
Ernteverluste		130	640	–10	
Materialschäden		70		230	
Summe	*70*	*3.320*	*870*	*3.280*	*12.000*
Emissionen in 1.000 t (D 2005)	(46.000)[a]	1.443[b]	1.253[b]	560[b]	193[b]
Schadenskosten in Mio. € (D 2005)[1]	*(3.220)*	*4.790*	*1.090*	*1.837*	*2.316*

Externe Kosten durch Luftschadstoffe [5.34]
Die Quantifizierung externer Kosten ist seit vielen Jahren Gegenstand intensiver Forschungsaktivitäten, insbesondere auch durch die von der Europäischen Kommission geförderten ExternE-Projekte [5.35]. In Tabelle 5.5 sind die Abschätzungen der Schadenskosten durch Luftschadstoffe nach verschiedenen theoretischen Ansätzen vorgenommen worden, bspw. wurden Gesundheitsschäden von Dosis-Wirkungsbeziehungen aus epidemiologischen Untersuchungen abgeleitet. Es ergeben sich jährliche Kosten zwischen 1 Mrd. € (NMVOC) und 5 Mrd. € (NO_x).

5.2 Rechtsnormen und Ausbreitungsmodelle

Die Zahl luftverunreinigender Stoffe liegt bei 1.400 bis 1.600. Sie lassen sich ausgehend von der Definition der VDI 2450 in zwei Gruppen unterteilen:

- Primäre luftverunreinigende Stoffe gelangen aus technischen Anlagen oder durch natürliche Vorgänge in die offene Atmosphäre. Beispiele: SO_2 und CO.
- Sekundäre luftverunreinigende Stoffe entstehen erst in der Atmosphäre aus den primären luftverunreinigenden Stoffen. Beispiele: Ozon und Peroxiacetylnitrat.

Bei der Entstehung (Emission) von Abgasen aus *Verbrennungsprozessen* kann man zwei Gruppen primärer luftverunreinigender Stoffe unterscheiden [5.17]:

- *brennstoffabhängige* luftverunreinigende Stoffe. Sie entstehen aus den schadstoffbildenden Elementen der Brennstoffe und sind deshalb abhängig von ihrer Zusammensetzung. Auch in einer idealen Feuerung sind sie nicht zu vermeiden. Beispiele: SO_2 aus Schwefel und gasförmige Fluorverbindungen aus Fluor.
- *prozessabhängige* luftverunreinigende Stoffe. Sie sind durch die jeweilige Feuerungstechnik und Betriebsführung bedingt. Beispiele sind die Produkte unvollkommener Verbrennung wie Kohlenmonoxid und Kohlenwasserstoffe.

5.2.1 Rechtsnormen

Die übergeordneten Gesetze für die Luftreinhaltung in Europa und in Deutschland sind die Richtlinie 96/62/EG über die Beurteilung und Kontrolle der Luftqualität von 1996 [5.3] und das Bundesimmionsschutzgesetz (BImSchG) von 2002 [5.4]. Insgesamt hat sich der Schwerpunkt des Immissionsschutzrechts durch wichtige Novellierungen der letzten Jahre vom *Anlagenzulassungsrecht* zu einer stärker immissionsschutzorientierten Ausrichtung verlagert [5.38].

Die Richtlinie 2001/81/EG des Europäischen Parlaments und des Rates vom 23.10.2001 über nationale Emissionshöchstmengen für bestimmte Luftschadstoffe (NEC-Richtlinie [5.3b]) legt nationale Emissionshöchstmengen (national emission ceilings – NECs) für die Luftschadstoffe Schwefeldioxid (SO_2), Stickstoffoxide (NO_x), Ammoniak (NH_3) und flüchtige organische Verbindungen ohne Methan (NMVOC) fest, die bis zum Jahre 2010 zu erreichen sind und danach nicht mehr überschritten werden dürfen.

Die Richtlinie 2002/3/EG vom 12. Februar 2002 über den Ozongehalt der Luft (Ozon-Richtlinie[5.3c]) legt Zielwerte zum Schutz der menschlichen Gesundheit und zum Schutz der Vegetation fest, die bis zum Jahre 2010 bzw. 2020 soweit wie möglich eingehalten werden sollen. Gemäß Art. 3 dieser Richtlinie sind Programme mit Maßnahmen zur Minderung der Emissionen der Ozonvorläufersubstanzen (NO_x und NMVOC) zu entwickeln, um die Zielwerte für Ozon ab dem Jahre 2010 einzuhalten. Diese Richtlinie wurde mit der Verordnung zur Verminderung von Sommersmog, Versauerung und Nährstoffeinträgen (33. BImSchV v. 13.07.2004 [5.4b]) in deutsches Recht umgesetzt. Nach § 8 dieser Verordnung hat die Bundesregierung ein Programm zur Verminderung der Ozonkonzentration und zur Einhaltung der Emissionshöchstmengen („Nationales Programm" [5.5]) aufzustellen, jährlich zu überprüfen und ggf. fortzuschreiben. Andere Luftschadstoffe wie SO_2, NO_2, NO_x, PM_{10}, Blei, Benzol und Kohlenmonoxid regelt die Verordnung über Immissionswerte für Schadstoffe in der Luft (22. BImSchV v. 11.09.2002 [5.4a].

Weitere Regelungen und ihre Umsetzungen aus EU-Recht sind in Tabelle 5.6 zusammengestellt. Bei den Messmethoden ist der Bezug zur Richtlinie 96/61/EG über die Vermeidung und Verminderung der Umweltverschmutzung (IVU-Richtlinie [5.39]) in vielen Fällen entscheidend.

Tabelle 5.6 Gegenüberstellung der rechtlichen Regelungen für Luftschadstoffe (nach [5.6])

Regelung	Nationales Recht	EU-Recht
Genehmigungsverfahren/ Forderung von Messungen	BImSchG §§ 7, 26, 28, 29 [5.4]	IVU-Richtlinie Artikel. 9 [5.39]
Genehmigungsbedürftige Anlagen	4. BImSchV [5.41]	IVU-RL Anh. I [5.39]
Messobjekte	TA Luft [5.42]	IVU-RL Anh. II [5.39]
Leichtfl. Halogenkohlenwasserstoffe	2. BImSchV [5.43]	1999/13/EG [5.40a]
Großfeuerungsanlagen	13. BImSchV [5.44]	2001/80/EG [5.40b]
Verbrennungsanlagen für Abfälle	17. BImSchV [5.45]	2000/76/EG [5.40c]
Begrenzung flüchtiger org. Lösemittel	31. BImSchV [5.46)	1999/13/EG [5.40a]

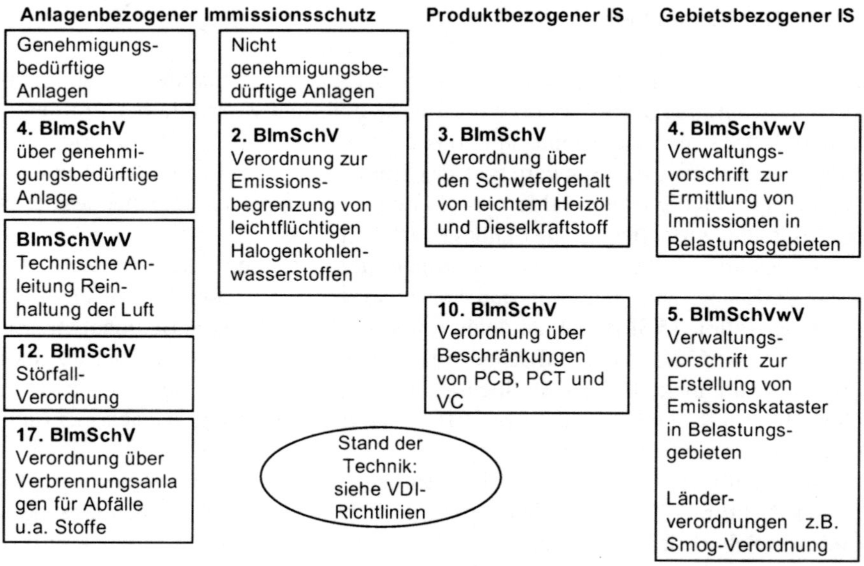

Abb. 5.3 Regelbereiche des Bundes-Immissionsschutzgesetzes mit Verordnungen und Verwaltungsvorschriften (Auswahl). Vollständige Übersicht mit Verknüpfungen zu den einzelnen Verordnungen und Verwaltungsvorschriften siehe: übersicht_bimschg.pdf [5.47]

Die Errichtung von „Anlagen, deren Emissionen für die Bewohner benachbarter Grundstücke oder für das Publikum generell erhebliche Nachteile, Gefahren oder Belästigungen herbeiführen können", ist seit über 100 Jahren nur mit Genehmigung der zuständigen Behörden zulässig. Eine Gliederung des Immissionsschutzrechts wird in Abb. 5.3 gegeben:

Die zentralen Aufgaben des Gesetzes liegen im Bereich des *anlagenbezogenen Immissionsschutzes*. Unter dem Begriff „Anlagen" verzeichnet das Bundesimmissionsschutzgesetz, das außerdem für Produkte und Gebiete zuständig ist:

- Betriebsstätten und sonstige ortsfeste Einrichtungen;
- Maschinen, Geräte und sonstige ortsveränderliche technische Einrichtungen und Fahrzeuge, und
- Grundstücke, auf denen Stoffe gelagert oder abgelagert oder Arbeiten durchgeführt werden, die Emissionen verursachen können.

Der *gebietsbezogene Immissionsschutz* umfasst vor allem die Überwachung der Luftverunreinigungen im Bundesgebiet und die Erstellung von Luftreinhalteplänen. Zur einheitlichen Beurteilung und Durchführung der Untersuchungen wurden die 4. BImSchVwV und zahlreiche Richtlinien erlassen. Die nach Landesrecht zuständigen Behörden stellen auf der Grundlage der 5. BImSchVwV für die Belastungsgebiete Emissionskataster und ggfs. Luftreinhaltepläne auf.

Im Bereich des *produktionsintegrierten Immissionsschutzes* betrifft die wichtigste Verordnung die Begrenzung des Schwefelgehaltes von leichtem Heizöl und Dieselkraftstoff (3. BImSchV).

Die Technischen Anleitungen „Luft“ bzw. „Lärm“ enthalten Vorschriften, die von den Behörden in z. B. Genehmigungsverfahren zu beachten sind. Die VDI-Richtlinien haben keinen „Rechtsnormcharakter“, geben jedoch Hinweise auf den Stand von Wissenschaft und Technik.

Die neue Technische Anleitung zur Reinhaltung der Luft, die am 01.10.2002 die alte TA Luft von 1986 ablöste, orientiert sich wie ihre Vorgängerin an der Chemie und insbesondere an der Wirkung von schädlichen Stoffen [5.27]. Immissionswerte für Stoffe zum Schutz der menschlichen Gesundheit sind in Tabelle 5.7 aufgeführt; hierzu gibt es noch Jahreswerte für Benzol (5 $\mu g/m^3$), Blei und seine anorganischen Verbindungen als Bestandteile des Schwebstaubes (0,5 $\mu g/m^3$ als Pb) und Tetrachlorethen (10 $\mu g/m^3$).

Die Kriterien für die Einhaltung der Jahres-, Tages- und Stunden-Immissionswerte werden in TA Luft Nr. 4.7 beschrieben; sie basieren auf Kenngrößen für die Vor- und Zusatzbelastungen, die mit Ausbreitungsmodellen (Abschn. 5.2.2) für ein bestimmtes Beurteilungsgebiet ermittelt werden (TA Luft Nr. 4.6).

Tabelle 5.7 Immissionswerte in mg/m^3 [5.42, 5.48, 5.49]

Schadstoff-komponente	TA-Luft (2002)			MIK-Werte			MAK-Werte
	1 h	24 h	1 a	½ h	24 h	1 a	
SO_2	0,35	0,125	0,40	1,00	0,30	–	5,0
NO_2	0,20	–	0,04	0,20	0,10	–	9,0
NO	–	–	–	1,00	0,50	–	–
O_3	–	–	–	0,15	0,05	0,05	0,2
Staub	–	0,05	0,04	0,45	0,30	0,15	–

Tabelle 5.7 enthält weitere Werte zur Charakterisierung von Luftschadstoffen. Als „maximale Immissionskonzentration *(MIK)*“-Werte wurden Schadstoffkonzentrationen in der freien Luft festgelegt, die nach den derzeitigen Erfahrungen im allgemeinen für Mensch, Tier und Pflanze als unbedenklich gelten [5.48]; hier steht also allein die physiologische Wirksamkeit der Substanzen im Vordergrund, ohne Rücksicht auf die technische Realisierbarkeit. Eine Richtlinie, die speziell für den Menschen am Arbeitsplatz zugeschnitten ist, enthält die *MAK*-Werte (= maximale Arbeitsplatzkonzentrationen); diese Grenzwerte einer Kommission der DFG sind so festgelegt, dass auch bei einer langfristigen Exposition am Arbeitsplatz die Gesundheit von Menschen keinen Schaden nehmen sollte [5.49].

Die neue TA Luft setzt die Luftqualitätsrahmenrichtlinie 96/62/EG und deren Tochterrichtlinien um, die eine stärker integrative, insbesondere medienübergreifende Betrachtung bei der Festlegung von Anforderungen in Genehmigungsentscheidungen für Industrieanlagen besitzen. Altanlagen müssen nach angemessenen Übergangsfristen grundsätzlich an den Stand der Technik und damit an das Emissionsniveau von Neuanlagen herangeführt werden [5.42].

5.2.2 Feinstaub/Schwebstaub (PM)

„Staub" als klassischer Luftschadstoff ist in Deutschland in den vergangenen Jahren deutlich zurückgegangen (Tabelle 5.1); dennoch ist „Fein- oder Schwebstaub" wieder in die Diskussion geraten, weil es neue Erkenntnisse über seine gesundheitlichen Wirkungen gibt. Es wurde festgestellt, dass es – im Gegensatz zu früheren Annahmen – für Schwebstaub keine Schwelle gibt, unterhalb derer keine schädigende Wirkung mehr auftritt. Das bedeutet, dass unerwünschte Wirkungen zwar vermindert, aber nicht völlig verhindert werden können. Diese Wirkungen reichen von vorübergehenden Beeinträchtigungen der Atemwege (was sich in der Zunahme von Atemwegssymptomen, wie zum Beispiel Husten, und verschlechterten Lungenfunktionsmesswerten zeigt) über einen erhöhten Medikamentenbedarf bei Asthmatikern bis zu vermehrten Krankenhausaufnahmen sowie einer Zunahme der Sterblichkeit (Mortalität) wegen Atemwegserkrankungen und Herz-Kreislauf-Problemen [5.50].

Schwebstaubteilchen können als Fremdkörper dort, wo sie abgelagert werden, eine Reizwirkung ausüben, die zu entzündlichen Veränderungen führt. Je kleiner die Partikel sind, desto weiter können sie in die Atemwege vordringen. Partikel über 10 µm Teilchengröße kommen kaum über den Kehlkopf hinaus, nur ein kleiner Teil davon kann also die kleineren Bronchien und die Lungenbläschen erreichen. Für Teilchen unter 10 µm (PM_{10}) und vor allem für diejenigen unter 2,5 µm ($PM_{2,5}$) ist dies jedoch möglich. Ultrafeine Partikel, also solche, deren Teilchengröße unter 0,1 µm liegt, können sogar über die Lungenbläschen in die Blutbahn vordringen und sich über den Blutweg im Körper verteilen. Im Bereich der Lungenbläschen sind Atmung und Blutkreislauf funktionell und anatomisch sehr eng miteinander verbunden. Deshalb können Störungen des einen Systems auch das andere System, also Herz/Kreislauf, mit beeinträchtigen [5.50].

Die auf die Qualität der Luft bezogenen rechtlichen Regelungen für die Belastung durch PM_{10} finden sich in der 22. BImSchV vom 11.09.2002 [5.4a]. Mit ihr wurde die Richtlinie 1999/30/EG des Rates vom 22.04.1999 über Grenzwerte für Schwefeldioxid, Stickstoffdioxid und Stickstoffoxide, Partikel und Blei in der Luft in deutsches Recht umgesetzt. In ihr gilt folgende Grenzwertregelung [5.3a]:

1. Seit dem 1. Januar 2005 gilt ein Tagesmittelwert für PM_{10} von 50 µg/m³ bei 35 zugelassenen Überschreitungen im Kalenderjahr;
2. der Jahresmittelwert für PM_{10} beträgt 40 µg/m³;
3. ist vor dem Stichjahr ein Grenzwert inklusive der festgelegten Toleranzmarge überschritten, so müssen für die betroffenen Gebiete *Luftreinhaltepläne* aufgestellt werden;
4. ist ein Grenzwert nach einem Stichtag überschritten, sind sogenannte *Aktionspläne* aufzustellen. In den Aktionsplänen ist festzulegen, welche Maßnahmen kurzfristig zu ergreifen sind, um diesen Grenzwert einzuhalten.

Außerdem spielt die 33. BImSchV [5.4b], mit der die Höchstmengen von Schwefeldioxid, Stickstoffoxiden, Ammoniak und flüchtiger organischer Stoffe (ohne Methan) geregelt werden, um die Gefahr von Sommersmog, Versauerung und die Einträge von Nährstoffen zu vermindern, indirekt eine Rolle, denn diese Stoffe können sich in der Atmosphäre in *sekundäre Feinstaubpartikel* umwandeln [5.50].

Mobile Quellen, wie der Straßenverkehr – vorrangig Diesel-LKW und Diesel-PKW – sind vor allem in Ballungsgebieten die dominierende PM-Quelle. Zu den Rußpartikeln aus dem Auspuff sind beim Straßenverkehr zusätzlich der Abrieb der Reifen, Bremsen und Kupplungsbeläge sowie der wieder aufgewirbelte Straßenstaub als sog. diffuse Emissionen zu berücksichtigen. Unter den *ortsfesten (stationären) Quellen* sind die Verbrennungsanlagen zur Energieversorgung, Abfallverbrennungsanlagen, Hausbrand, Industrieprozesse (z. B. Metall-, Stahlerzeugung, Sinteranlagen) und Schüttgutumschlag am wichtigsten [5.50]. Maßnahmen gegen Feinstaub/Schwebstaub-Emissionen werden in den nachfolgenden Technologieabschnitten dargestellt, für mobile Quellen in Abschn. 5.3.6, für stationäre Anlagen in Abschn. 5.3.1.

Die ersten Verursacheranalysen zu PM_{10} nach Auswertung von Luftreinhalte- und Aktionsplänen [5.51] zeigen einen hohen Anteil des „Großräumigen Hintergrunds“. An zweiter Stelle folgt der Straßenverkehr mit einem hohen Anteil der Emissionen direkt im „hot spot“. Auswertungen von Veröffentlichungen aus anderen europäischen Ländern zeigen, dass bei den Maßnahmen auch außerhalb von Deutschland der Kfz-Verkehr im Vordergrund steht.

Die vorliegenden verallgemeinerten Abschätzungen des Potenzials von Maßnahmen zur Minderung von Dieselpartikelemissionen verdeutlichen, dass eine einzelne Maßnahme auch unter relativ extremen Annahmen nur ein Potenzial von maximal 10 % bezogen auf den Jahresmittelwert von PM_{10} besitzt [5.52]. Bei einer Überschreitungshäufigkeit von 70 Tagen mit Mittelwerten größer 50 $\mu g/m^3$ kann damit eine Reduktion der Überschreitungstage von maximal 20 erreicht werden, was bedeutet, das die zulässige Anzahl von 35 Tagen immer noch überschritten wäre. Das größte Potenzial hat unter den gegebenen Voraussetzungen eine Umweltzone, wenn dabei auch die verhältnismäßig hoch PM_{10}-emittierenden Diesel-Fahrzeuge mit Euro-3-Norm beschränkt werden. Die Nachrüstung von Partikelfiltern hat bei einem hohen Durchsetzungsgrad ein etwas höheres Potenzial als lokale vollständige Durchfahrtsverbote für LKW. Dabei liegt das Potenzial bezogen auf den Jahresmittelwert von PM_{10} bei beiden Maßnahmen bei max. 3 % bis 6 %.

In einer weiteren Studie des Umweltbundesamtes [5.53] wurden auf der Basis von Referenzszenarien für die Entwicklung der anthropogenen Staub- und Feinstaubemissionen bis zum Jahr 2020 die Emissionsminderungspotenziale in einzelnen Quellsektoren abgeschätzt. Auf der Ebene der Einzelmaßnahmen liegen die größten Minderungspotenziale im Zeitrahmen 2020 bei Maßnahmen zur Senkung der spezifischen Emissionen bei Holzfeuerungen in Haushalten sowie bei Kohlefeuerungen der Großfeuerungsanlagen. Geringere Potenziale haben die für schwere Nutzfahrzeuge einerseits und Pkw und leichte Nutzfahrzeuge andererseits untersuchten Maßnahmen. In beiden Fahrzeugklassen liegen die bei weitem höchsten Minderungspotenziale bei der Einführung neuer EURO-Stufen, während Lkw-Maut und die Förderung der Nachrüstung mit Rußfiltern (Lkw und Pkw) 2020 kaum ins Gewicht fallen. Eine Förderung der Rußfilternachrüstung bei Lkw und Pkw hat ihre stärkste Wirkung im Zeitrahmen 2010, mit jedoch nur begrenztem Potenzial. Die übrigen untersuchten Maßnahmen bei anderen Quellgruppen fallen auf der gesamten Zeitschiene 2010–2020 quantitativ kaum ins Gewicht.

5.2.3 Ausbreitungmodelle

Aus der Kenntnis der Emissionsverhältnisse kann mit Hilfe von mathematisch-physikalisch-meteorologischen Modellen über die Transmission, d. h. die Ausbreitung, die Immission abgeschätzt werden In Vereinfachung werden die Schadstoffe nach Austritt aus ihrer Quelle mit der herrschenden Luftströmung forttransportiert und auf ihrem Weg zum Immissionsort verdünnt, ausgewaschen oder durch chemische Reaktionen verändert. In der Praxis ergeben sich bei der Immissionsberechnung Unsicherheiten dadurch, dass in die Rechnung eine große Zahl von Parametern eingehen, die teilweise nicht mit der erforderlichen Genauigkeit bekannt sind und außerdem zeitlich oder örtlich stark schwanken.

Die räumlichen Größenordnungen von Ausbreitungsmodellen und Simulationsrechnungen erstrecken sich von der Betrachtung einzelner Emittenten über stadtklimatologische Fragen bis hin zur Untersuchung von ganzen Ballungsräumen und überregionalen Gebieten (Tabelle 5.8).

Tabelle 5.8 Einteilung der Anwendungsbereiche für Ausbreitungsmodelle [5.17]

Anwendungsbereich	Raum-Maßstab	Zeit-Maßstab
Regional bis überregional	50 km bis 200 km	½ Tag bis 1 Woche
Städtisch bis regional	1 km bis 100 km	1 Std. bis 1 Tag
Punktquelle (Kraftwerk)	500 m bis einige km	½ Std. bis einige Stunden
Linienquellen (Kfz-Verkehr – anbaufreie Schnellstraße)	100 m bis einige km	½ Std. bis einige Stunden
Straßenschlucht (Kfz-Verkehr – innerstädtisch)	einige Meter (1 m bis 100 m)	Einige Min. bis 1 Std.

Eine vielpraktizierte Anwendung findet die Ausbreitungsrechnung in der *Kaminhöhenberechnung* im Umkehrschluss gemäß der Technischen Anleitung zur Reinhaltung der Luft: Dort wird mit Hilfe eines Nomogramms aus einer am Einwirkungsort vorgegebenen zulässigen Immissionsgröße und der emissionsseitig benötigten Werte wie Schadstoffmenge, Rauchgasmenge usw. die ausreichende Kaminhöhe berechnet. Die „effektive Schornsteinhöhe" setzt sich aus baulicher Schornsteinhöhe und Schornsteinüberhöhung zusammen. Unter der Schornsteinüberhöhung ist der Abstand zwischen Schornsteinkopf und der mittleren Höhe, in der sich die Staub- bzw. Abgasfahne horizontal unter Windeinfluss bewegt, zu verstehen. Die Schornsteinüberhöhung hängt von der Strömungsgeschwindigkeit und der Temperatur der Abgase sowie von der Windgeschwindigkeit ab. Daraus lässt sich der Ort der maximalen Schadstoffkonzentration in Lee ermitteln [5.29].

Die meisten Modelle, mit denen man die zeitlich gemittelten Konzentrationen der Schadstoffe auf der windabgewandten Seite einer punktförmigen Schadstoffquelle beschreibt, legen eine Normalverteilung (Gaußsche Verteilungskurve) der Schadstoffe zugrunde. Auch wenn diese vereinfachten Modelle in den meisten Fällen nur zu ± 50 Prozent verlässlich sind, lässt sich mit ihnen das Schicksal von aus Schornsteinen emittierten Schadstoffen recht gut vorhersagen.

5.3 Luftreinhaltungstechniken

Die Emission von Luftschadstoffen kann sowohl technologisch bedingt sein als auch durch ungeeignete, verschlissene bzw. defekte Anlagenteile hervorgerufen werden. Bei vorhandenen Anlagen und Verfahren müssen die Ursachen für die Entstehung von Emissionen gründlich analysiert werden. In einigen Fällen kann eine Verbesserung der lufthygienischen Verhältnisse erzielt werden, wenn die für einen bestimmten Prozess eingesetzten Rohstoffe verändert werden. Ein typisches Beispiel ist der Einsatz von entschwefeltem Heizöl bzw. Erdgas anstelle schwefelhaltiger Kohle für die Energieerzeugung, wodurch eine erhebliche Senkung der SO_2-Emissionen erreicht wird. Durch den Einsatz von Erdgas werden gleichzeitig die Flugstaubemissionen beseitigt.

5.3.1 Staubemissionen

Unter Staub ist feinteilige, feste Materie zu verstehen, die durch Luftbewegung zur Dispergierung und Ausbreitung gebracht werden kann. Rauch ist eine Dispersion kleinster, fester, noch sichtbarer Stoffe in einem Trägergas und entsteht bei Verbrennungsprozessen. Generell wird feinst verteilte Materie in Luft als „Aerosol" bezeichnet[1]. Das wichtigste Kennzeichen von Rauch, Nebel und Staub ist die geringe Teilchengröße von etwa 100 bis 0,1 µm. Die gröberen Teilchen setzen sich mit der Zeit ab und werden aus der Atemluft durch die Nase und die Bronchien herausfiltriert. Der Feinstaub, unter 2,5–10 µm Durchmesser, dringt aber bis in die Lunge vor (Abschn. 5.2.2, S. 196). Die Kleinheit der Teilchen bewirkt eine hohe spezifische Oberfläche. Da die Teilchen häufig nadel- und plättchenförmige Formen zeigen oder zerklüftet sind, ist ihre wirksame Oberfläche noch größer. Auf dieser Oberfläche werden Gase und Dämpfe, z. T. auch Ionen, adsorbiert.

Stäube werden durch ihre mineralogische (Phasenbestand) und chemische Zusammensetzung, durch Konzentration, Korngrößenverteilung und morphologische Daten charakterisiert. Daneben sind physikalische Kenngrößen vor allem für den Verfahrenstechniker bedeutsam, wie Dichte, Schütt- und Rütteldichte, Rutschwinkel und Böschungswinkel, Verschleißfaktor und spezifische Oberfläche.

Nach der Staubentstehung erfolgt eine Einteilung in *Primärstaub*, der durch Neubildung anfällt, und *Sekundärstaub*, der hauptsächlich durch Wiederaufwirbelung bereits sedimentierten Staubes entsteht. Der Anteil von Sekundärstaub kann in Großstädten und industriellen Ballungsgebieten bis zu 30 % der Gesamtstaubbelastung betragen. Grundoperationen für eine Staubentstehung sind Zerkleinern,

---

[1] Im angloamerikanischen Sprachgebrauch haben sich bestimmte Begriffe gebildet: Unter *fume* (= Rauch) versteht man feste Schwebeteilchen, die sich aus Dämpfen von Metallen, Salzen oder organischen Stoffen durch *Kondensation* gebildet haben; unter *smoke* (= Rauch) Verbrennungsprodukte. *Nebel* bestehen aus Flüssigkeitströpfchen, nach der Größe wird unterschieden zwischen *fog* (>10 µm) und *mist* (<10 µm); *„dust"* (= Staub) wird i. Allg. nicht durch Kondensation von Molekülen, sondern durch Zerteilung von grober Materie gebildet. *Smog* ist gebildet aus *smoke* + *fog* [5.54].

Sieben und Sichten, Dispergieren, Granulieren, Sintern, Trocknen, Beschicken, Fördern, Mischen, Lagern, Ausbunkern, Reinigen, Verpacken und Transportieren [5.29]. Bei der Erfassung und Lösung von Staubproblemen muss berücksichtigt werden, dass nicht nur anfallende Staubmengen, sondern auch deren toxische Eigenschaften und Korngrößen von Bedeutung sind. Unter dem Aspekt der Toxizität verdienen solche Stoffe wie Quarz, Asbest, Ruß, Blei-, Cadmium- und Vanadiumverbindungen sowie radioaktiver Staub besondere Beachtung.

Verfahren zur Staubabscheidung [5.29]
Die Staubabscheidung – als Phasentrennung fest/gasförmig verstanden – erfolgt in mehreren Stufen unter Ausnutzung unterschiedlicher physikalischer Kräfte (Klassifikation in Tabelle 5.9).

Unter den *Fliehkraftabscheidern* hat der Zyklon, bei dem die Abscheidung der Staubteilchen durch das Zusammenwirken von Zentrifugal- und Schwerkraft erfolgt, die größte praktische Bedeutung erlangt. Der Rohgasstrom tritt tangential in das zylindrische Gehäuse ein und bewegt sich spiralförmig nach unten. Die Staubteilchen werden zur Gehäusewand geschleudert, gleiten von dort in den Kegel und werden durch Schleusen abgezogen. Der Gaswirbel kehrt im konischen Unterteil um und steigt nach oben zum axialen Tauchrohr. Die Grenzkorngröße liegt bei normalen Zyklonen im Bereich von 10 bis 20 μm.

Bei der *Nassabscheidung* werden die Staubteilchen durch Waschen aus dem Rohgas entfernt. Um einen schnellen, intensiven Kontakt des staubbeladenen Gases mit der Waschflüssigkeit – meist Wasser – zu erreichen, müssen große Flüssigkeitsoberflächen erzeugt werden, was mit verschiedenen Verfahren realisiert werden kann:

Tabelle 5.9 Systematik der Staubabscheider. Aus: Winkler/Worch [5.29]

	Art des Abscheiders	Abscheidegrad	wirkende Kräfte/ Erscheinungen
	Schwerkraftabscheider	0,4 … 0,6	Schwerkraft, Sedimentation
	Prallabscheider	0,6 … 0,8	Trägheitkraft, Pralleffekt, Schwerkraft, Sedimentation
Trockenabscheidung	Elektroabscheider	0,9 … 0,999	Elektrostatische Polarisierung elektrostatische Aufladung
	Fliehkraftabscheider	0,7 … 0,95	Fliehkraft, Ausschleudern
	Multizyklon	0,8 … 0,97	Schwerkraft, Sedimentation
Nassabscheidung	Filtrationsabscheider	0,9 … 0,99	Sieb-, Sperr-, Trägheitseffekt, elektrostatische Aufladung
	Nassabscheider	0,9 … 0,99	Trägheitskraft, Pralleffekt, Diffusion, Kondensation, Aufladung, Gasabkühlung

- Eindüsen der Waschflüssigkeit in das Rohgas;
- rotierende Apparateteile;
- Rohgasführung durch Waschflüssigkeit (Blasenbildung);
- Erzeugung von ausgedehnten Flüssigkeitsfilmen an Apparatewänden und in Füllkörperschichten.

Nassabscheider dienen bei hohem Abscheidegrad vor allem der Entfernung feiner Staubteilchen (kleiner 0,5 µm) aus heißen Abgasen (Abb. 5.4). Brand- und Explosionsgefahren sind gering. Nachteilig wirkt sich jedoch die aufwendige Schlamm- und Abwasserbehandlung aus, die durch den anfallenden Schlamm notwendig wird. Zu den Nassabscheidern mit bewegten Einbauten gehören die Venturi- und Wirbelwäscher. Beim Venturiwäscher strömt das Rohgas durch ein Rohr und wird in dessen konvergenten Teil stark beschleunigt. Hier erfolgt axiale oder radiale Flüssigkeitszuführung. Durch die Turbulenz erfolgt Vermischung von Rohgas und Flüssigkeit. Im Diffusor verringert sich wieder die Geschwindigkeit, und der Schlamm kann sich absetzen.

Filtrationsabscheider werden entsprechend ihrer Abscheideart – an der Oberfläche oder im Filterinnern – in Abreinigungs- und Speicherfilter eingeteilt. Die in Abreinigungsfiltern eingesetzten Materialien bestehen zunehmend aus Faserschichten mit besonderer Oberflächenbehandlung. Wichtige Parameter sind u. a. die Verarbeitungsmöglichkeit zu feinsten Fäden, mechanische und thermische Belastbarkeit, Brennbarkeit, Beständigkeit gegen chemische und biologische Einflüsse, Feuchtigkeitsbeständigkeit und elektrostatische Aufladbarkeit. In einem Schlauchfilter erfolgt der Gaseintritt von unten, wo – bedingt durch die verminderte Strömungsgeschwindigkeit – die gröbsten Staubpartikel zum Teil zurückbleiben und sedimentieren.

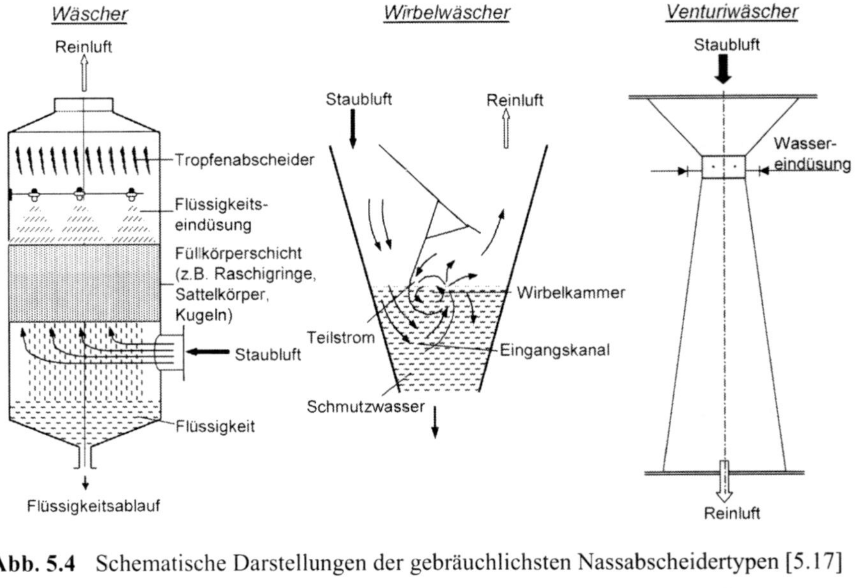

Abb. 5.4 Schematische Darstellungen der gebräuchlichsten Nassabscheidertypen [5.17]

Bei der *Elektroabscheidung* (elektrische Gasreinigung, EGR) wird die in einem elektrischen Feld aufgeladene Teilchen wirkende Kraft genutzt. Da dieses Prinzip auch bei sehr feinen Teilchen wirksam ist, gehören die elektrischen Abscheider zu den Hochleistungsentstaubern mit Abscheidegraden von über 99 %. Sie werden bevorzugt zur Reinigung großer Gasmengen mit hohen Temperaturen eingesetzt und zeichnen sich durch ihren vergleichbar geringen Energiebedarf aus [5.12].

Die Erzeugung von Ladungsträgern erfolgt in einem elektrischen Gleichspannungsfeld von 20 bis 100 kV, das durch die üblicherweise als Kathode geschaltete Sprühelektrode (Draht oder Band) und die geerdete Niederschlagselektrode (Rohrinnenwand oder Platte) gebildet wird (Abb. 5.5). Bei hohen Feldstärken in der „aktiven" Zone um den Sprühdraht werden die vorhandenen freien Elektronen so stark beschleunigt, dass sie ab einer bestimmten Spannung eine Ionisation der Gasmoleküle auslösen. Diese Gasstrahlungserscheinungen werden „Korona" genannt; sie enthält die positiv oder negativ geladenen Gasionen. Elektropositive Moleküle (N_2, H_2) werden in positiv geladene Gasionen und Elektronen aufgespalten, die ihrerseits wieder zur Ionisation beitragen. Durch diese Kettenreaktion kommt es zu einer lawinenartigen Entstehung freier Elektronen, die jedoch auf dem Weg zur Anode von den elektronegativen Molekülen (z. B. O_2, SO_2, CO_2, Cl_2, H_2O) eingefangen werden. Die positiven Gasionen strömen zur Kathode, wo sie beim Aufprall neue Elektronen freisetzen; die negativen Gasionen bewegen sich in Richtung Anode und lagern sich an die im Gas dispergierten Staub- oder Flüssigkeitsteilchen an. Die Strömung der Elektronen, Gasmoleküle und negativ geladenen Teilchen zwischen Kathode und Anode wird als elektrischer Wind bezeichnet und kann Geschwindigkeiten von mehreren Metern pro Sekunde erreichen.

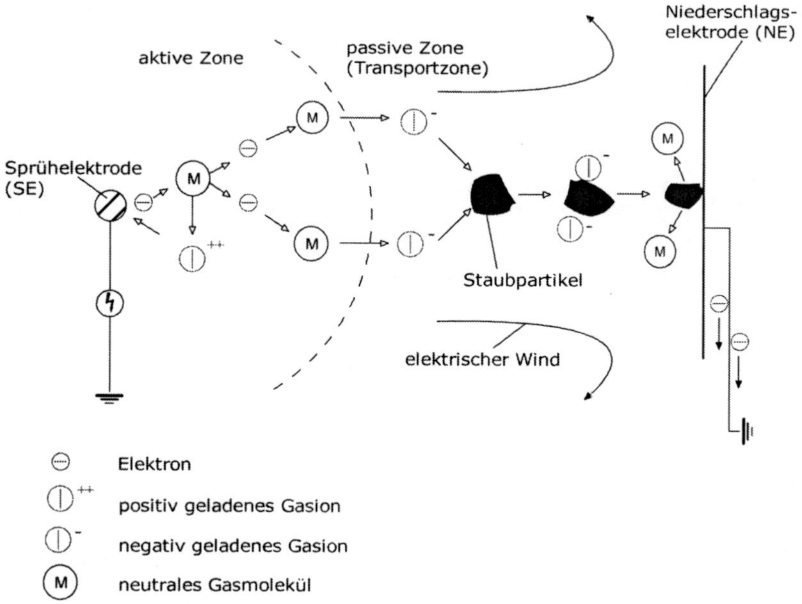

Abb. 5.5 Aufladungsvorgang bei negativer Korona (aus Fritz/Kern [5.12])

5.3.2 Verminderung gasförmiger Emissionen [5.29]

Im Vergleich zu Kraftwerken sind die SO_2-Emissionen aus industriellen Quellen gering und entstehen hauptsächlich bei der Beheizung von Reaktoren mit schwefelhaltigen Brennstoffen, bei Röstprozessen in der Bunt- und Schwarzmetallurgie und bei Kohleveredlungsprozessen (Schwelung, Verkokung, Vergasung).

Stickoxide treten bei jeder Verbrennung und bei der Erzeugung sowie bei der Umsetzung von Salpetersäure und Nitraten auf. Ein besonderes Problem stellt der Einsatz von nitrosehaltiger Abfallschwefelsäure in Superphosphatbetrieben dar, wobei bis zu 50 % der Stickoxide freigesetzt und emittiert werden können.

Chlorhaltige Abgase werden vor allem bei der Chloralkalielektrolyse emittiert. Besonders kritisch ist das diskontinuierlich auftretende „Kaminchlor", das bei An- und Abfahrvorgängen oder Störungen kurzzeitig, aber in großen Mengen anfällt. Auch bei der Chlorierung anorganischer und organischer Ausgangsprodukte zu Aluminiumchlorid, Chlorwasserstoff, Waschmittelgrundstoffen, chlorierten Kohlenwasserstoffen, Schädlingsbekämpfungsmitteln u. ä. kann im Abgas bis zu 30 % des eingesetzten Chlors enthalten sein. Nicht unbeträchtliche Mengen von Chlorwasserstoff werden bei der Trocknung von Kalidüngesalzen frei.

Bei der Entfernung gasförmiger Schadstoffe ist ein relativ großes *Konzentrationsspektrum* zu beachten, das die jeweilige Verfahrenstechnik beeinflusst (Abb. 5.6). Reinigungsmechanismen sind die Absorption (Gaswäsche), die Adsorption, die katalytische und thermische Oxidation. Die bei diesen Stofftrennprozessen anfallenden Schadstoffkomponenten werden entweder zurückgewonnen oder durch chemische Reaktion in hygienisch unbedenkliche Stoffe umgewandelt.

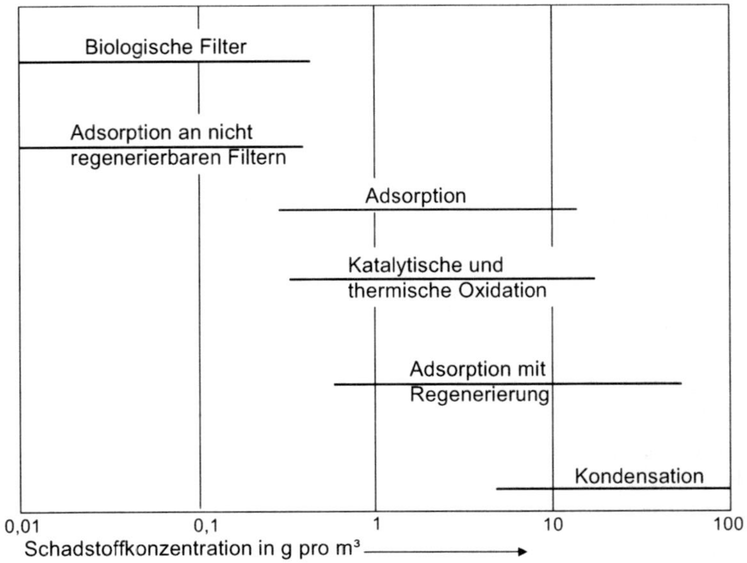

Abb. 5.6 Anwendung der verschiedenen Verfahren zur Verminderung gasförmiger Luftverunreinigungen. Aus: Winkler/Worch [5.29]

Bei *Absorptionsverfahren* kommt der Auswahl eines geeigneten Lösungsmittels besondere Bedeutung zu. Für die Entnahme gasförmiger anorganischer Stoffe wie z. B. Phosgen, Brom-, Chlor-, Cyan-, Fluor- und Schwefelwasserstoff werden wässrige Absorbentien eingesetzt, die alkalische Zusätze enthalten (Natriumhydroxid, Calciumhydroxid, Natriumkarbonat, Ammoniak); für die Absorption von Ammoniak-Dämpfen werden saure Zusätze angewendet. Stickstoffmonoxid wird u. a. mit Zusätzen von Salzen der Ethylendiamintetraessigsäure absorbiert; diese starken Komplexbildner können zu Abwasser- und zu Gewässerproblemen führen, da sie feststoffgebundene Schwermetalle mobilisieren können (Tabelle 5.10).

Die für die Abgasreinigung eingesetzten Apparate lassen sich in Absorber mit und ohne Einbauten einteilen. Absorber ohne Einbauten (z. B. die Sprühwässer, Venturiwäscher und Nasszyklone) sind wenig störanfällig und lassen große Gasdurchsätze bei nur geringem Druckverlust zu. Das Einbringen von Einbauten in die Absorber (z. B. bei Füllkörper- und Bodenkolonnen, Rotationsabsorbern) verbessert den Kontakt zwischen Gas und Flüssigkeit, erhöht jedoch den Druckverlust (Abb. 5.7).

Tabelle 5.10 Beispiele für Absorptiv/Absorbens-Kombinationen [5.55]

Anorganische Absorptive	Absorbentien
Halogenwasserstoffe (HCl, HF, HBr), Schwefeltrioxid)	Wasser
Schwefeldioxid	wässrige Lösungen von NaOH, KOH, $Ca(OH)_2$, NH_3, Na_2CO_3, $Mg(OH)_2$, Na_2SO_3, Na-Acetat, Na-Citrat; wässrige Suspensionen von MgO, CaO, $CaCO_3$
Schwefelwasserstoff, Kohlenoxidsulfid	Methanol, wässrige Lösungen von NaOH, K_2CO_3, Ethanolamine
Chlor	Natronlauge (pH > 11), Sulfitlauge
Kohlenoxidchlorid	Natronlauge
Ammoniak	Schwefelsäure, Phosphorsäure
Stickstoffdioxid	Wasser, alkalische Lösungen
Stickstoffmonoxid	wässrige Lösungen von $KMnO_4$, wässrige Lösungen von Sulfiten und Fe^{2+}-Komplexsalzen (Komplexbilder z. B. Edta ≡ Ethylen-diamin-tetraacetic-acid)
Organische Absorptive	**Absorbentien**
Thioalkohole, Thioether	Hypochlorit-Lösung
Organische Säuren, Phenole, Kresole	Laugen
Amine	Säuren
Aldehyde	Ammoniakwasser, Sulfit-Lösungen
Alkohole	$KMnO_4$-Lösung, Hypochlorit-Lösungen, Peroxo-Säuren

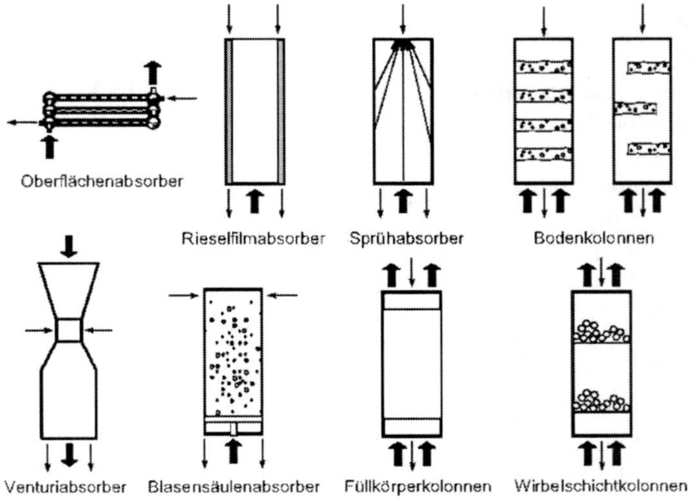

Abb. 5.7 Bauformen von Absorbern. Aus [5.55]

Bei den *Adsorptionsverfahren* werden die abzutrennenden Gaskomponenten (Adsorptive) selektiv an die Oberflächen von Feststoffen (Adsorbentien) gebunden und können in einem anschließenden Regenerationsschritt (Desorption) wieder in die Gasphase überführt werden. Am weitesten verbreitet sind Festbettadsorber, die sich durch geringe Störanfälligkeit und lange Lebensdauer der Adsorberfüllung auszeichnen. Das Fließbettverfahren arbeitet mit bewegtem Adsorbens. Das Adsorbens gleitet nach unten und wird von entgegengeführter Luft beladen. Die gereinigte Abluft verlässt den Adsorber am Kopf. Im unteren Teil der Apparatur erfolgt die Aufheizung des Adsorbats; dadurch wird die adsorbierte Komponente desorbiert und kann abgezogen werden.

Bei der *biologischen Abluftreinigung* [5.56] unterscheidet man die Biowäsche, bei der die Regeneration der Waschflüssigkeit durch biologischen Abbau mit Mikroorganismen erfolgt und den Einsatz von Biofiltern, bei denen die schadstoffhaltige Abluft durch biologisch aktives Material – z. B. Kompost – strömt, sorbiert wird und anschließend von dort angesiedelten Mikroorganismen umgesetzt wird [5.17]. Zur Anwendung der biologischen Abluftreinigung müssen nach [5.56] folgende Voraussetzungen erfüllt sein: (1) wasserlösliche und (2) biologisch abbaubare Abluftinhaltsstoffe; (3) Ablufttemperatur zwischen 5 und 60°C; (4) keine toxischen Stoffe in der Abluft, die (5) feucht sein muss.

Die dritte Gruppe von Gasreinigungsverfahren sind die *thermischen und katalytischen Nachverbrennungs-Verfahren*. Die eingesetzten Katalysatoren müssen sich durch eine hohe Lebensdauer auszeichnen und die Temperaturen sollten nicht über 600°C liegen. Die Anlagen für eine thermische Abgasverbrennung arbeiten normalerweise bei höheren Temperaturen (800 bis 1000°C), die durch Zugabe von Sekundärluft (meist Sauerstoff) zum Abgasstrom erreicht wird. Die katalytischen Verfahren kommen vor allem bei der Entstickung von Abgasen aus Kohlekraftwerken zum Einsatz.

5.3.3 Entschwefelung in Kraftwerken

Die meisten Rauchgasentschwefelungsverfahren basieren auf dem Trennprinzip der Absorption. Folgende Verfahrenstechniken stehen zur Verfügung [5.9]:

Nassabscheideverfahren

- *Kalkwaschverfahren* mit regenerativer Wiederaufheizung und Gebläse; als Endprodukt liefert dieses Verfahren Gips;
- *Ammoniakwäsche* mit Endprodukt Ammoniumsulfat/-nitrat (Walther-Verfahren): Mit Ammoniakwasser (NH_3 + H_2O) wird das SO_2 zu Ammoniumsulfit $(NH_4)_2SO_3$ gebunden; das Ammoniumsulfit wird mit Luft zu Ammoniumsulfat $(NH_4)_2SO_4$ oxidiert und kann als Dünger eingesetzt werden;
- *Sprühabsorptionsverfahren*, primär nur für Kleinanlagen getestet; Endprodukt Calciumsulfit, das durch Oxidation in technisches Anhydrit umgewandelt wird.
- SO_2-Adsorption an *Aktivkohle* (z. B. Bergbauforschung-Uhde-Verfahren).

Halbtrockene Verfahren

Eindüsung von konzentrierter Kalksuspension in den heißen Rohgasstrom. Das Verfahren eignet sich vorzugsweise für die Nachrüstung von kleinen Anlagen, die nicht sehr große jährliche Benutzungszeiten aufweisen.

Trockenadditivverfahren

Zugabe von Kalk und Dolomit zum Brennstoff zur SO_2-Minderung. Dieses Verfahren ist vor allem für Feuerungen mit relativ geringer SO_2-Konzentration im Rauchgas geeignet.

Bei der Großkraftwerksentschwefelung hat sich die Rauchgaswäsche nach Kalkwaschverfahren durchgesetzt.

Eingesetzt werden auch Verfahren, bei denen das Adsorptionsmittel zurückgewonnen werden kann, die sogenannten regenerativen Verfahren. Zu ihnen zählen u. a. das Magnesiumverfahren und das Wellman-Lord-Verfahren [5.7]:

- Das *Magnesiumverfahren* wird zwar bisher in der Bundesrepublik nicht eingesetzt, findet aber in den USA und Japan häufig Anwendung: Schwefeldioxid wird mit einer wässrigen Suspension von Magnesiumhydroxid umgesetzt; das entstandene Magnesiumsulfithydrat $MgSO_3 \cdot 6\,H_2O$ wird thermisch regeneriert, wobei H_2O ausgetrieben und SO_2 und MgO zurückgewonnen werden.
- Bei dem *Wellman-Lord-Verfahren* wird Natriumsulfit Na_2SO_3 als Absorbens eingesetzt. Die alkalische Natriumsulfit-Lösung reagiert mit dem SO_2 des Rohgases zu Natriumhydrogensulfit. Diese Reaktion kann in einem Verdampfer umgekehrt werden; dabei entsteht SO_2-Gas hoher Konzentration (ca. 85 %), das als SO_2-„Reichgas“ bezeichnet wird. Es kann je nach Bedarf zu verschiedenen Produkten weiterverarbeitet werden: Entweder durch Umsatz mit Schwefelwasserstoff zu Elementarschwefel, durch Kondensation zu flüssigem SO_2, oder durch weitere Oxidation zu Schwefelsäure.

5.3.4 Minderung von Stickoxiden

Problemstellung

Bei der Festsetzung der Emissionswerte für Stickoxide wurden großtechnische Erfahrungen aus Japan und zum Teil aus den USA herangezogen. Da jedoch die Unterschiede in der Feuerungsart (in der Bundesrepublik dominieren Schmelzkammerfeuerungen, die in Japan nicht eingesetzt werden) und im Betrieb (häufiger Grundlastwechsel im täglichen Kraftwerksbetrieb) unberücksichtigt blieben, wurden für feste Brennstoffe Grenzwerte festgelegt, die bislang weder mit Pilotanlagen noch im großtechnischen Einsatz bei Schmelzkammerfeuerungen erreicht worden sind [5.9]. Als Entstickungstechniken werden sowohl Primärmaßnahmen, die die Entstehung von NO_x vermeiden sollen, als auch Sekundärmaßnahmen, die das bereits entstandene NO_x nachträglich beseitigen, eingesetzt.

Primärmaßnahmen

Durch Primärmaßnahmen lässt sich vor allem die thermische NO-Bildung beeinflussen, teilweise aber auch die Umsetzung des Brennstoff-Stickstoffs; die prompte NO-Bildung hat ohnehin nur eine geringe Bedeutung. Entsprechend den in Abschn. 5.1.2 genannten Entstehungsbedingungen von Stickstoffoxiden in Flammen haben Primärmaßnahmen folgende Ziele [5.17]:

- Verringerung des verfügbaren Sauerstoffs in der Reaktionszone,
- Erniedrigung der Verbrennungstemperaturen,
- gleichmäßige und schnelle Vermischung der Reaktionspartner in den Flammen,
- Verringerung der Verweilzeit bei hohen Temperaturen, und
- Reduktion bereits gebildeter Stickstoffoxide am Flammenende.

Als besonders wirksam hat sich das Prinzip der Stufenverbrennung erwiesen. Dabei wird in der Hauptreduktionszone der Flamme, in der die hohen Temperaturen auftreten, die Luft-/Brennstoffverhältnis auf Werte unter 1 abgesenkt und die Produkte unvollständiger Verbrennung – Kohlenmonoxid, Kohlenwasserstoffe, Ruß – bei niedrigerer Temperatur nachverbrannt. Durch Eindüsung von Sekundärbrennstoff in die Verbrennungsprodukte der Primärflamme kann eine Atmosphäre erzeugt werden, in der bereits gebildetes Stickstoffoxid an Bestandteilen wie NH_3, HCN und CO wieder zu N_2 reduziert wird [5.17]. Bei Kohlenstaubbrenner besteht die Gefahr, dass unverbrannte Kohlepartikel und CO im Abgas auftreten; eine feine Ausmahlung der Kohle kann für einen verbesserten Ausbrand sorgen.

Eine weitere Reduzierung von primären NO-Bildungen lässt sich durch eine Rückführung von Rauchgasen in die Verbrennungsluft des Brenners erreichen. Diese Methode ist besonders bei Feuerungen mit hohen Verbrennungstemperaturen wie Schmelzkammer-, Öl- oder Gasfeuerungen angezeigt ([5.17], Abb. 5.8).

Da mit Primärmaßnahmen vorwiegend das thermische NO verringert werden kann, ergibt sich das größte Minderungspotential bei Anlagen mit niedrigem Brennstoff-Stickstoffoxidanteil, d. h. vor allem bei Erdgasfeuerung. Auch bei Ölfeuerungen sollte es möglich sein, mit optimierten Primärmaßnahmen die geforderten Grenzwerte zu unterschreiten.

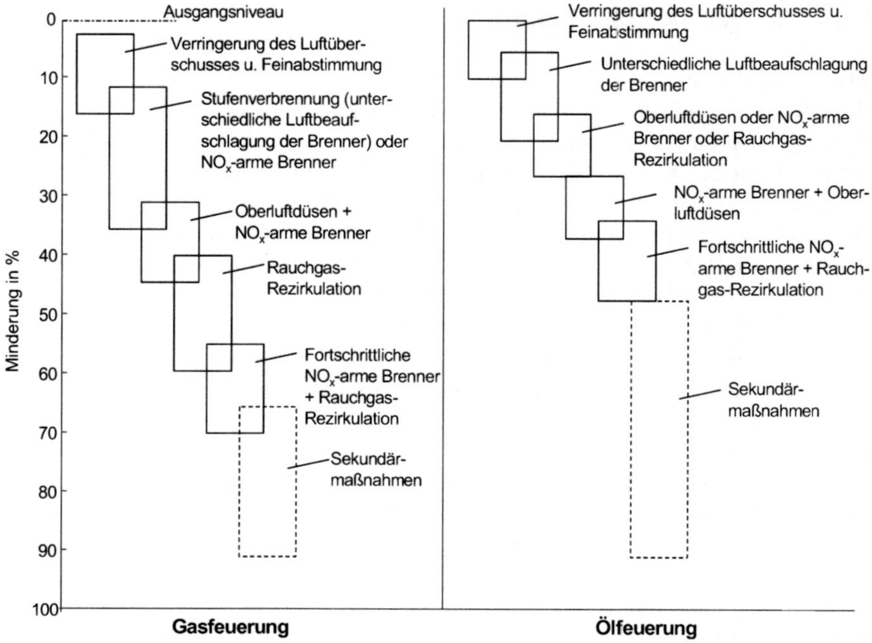

Abb. 5.8 NO_x-Minderungspotential der Primärmaßnahmen bei Gas- und Ölfeuerungen (aus Baumbach [5.17])

Sekundärmaßnahmen

Bei den Sekundärmaßnahmen zur Entfernung von Stickstoffoxiden aus Abgasen werden grundsätzlich zwei Verfahrensprinzipien angewendet [5.17]:

- *Reduktionsverfahren.* NO wird zu molekularem Stickstoff reduziert, wobei im allgemeinen NH_3 als Reduktionsmittel zur Sauerstoffaufnahme eingesetzt wird. Es wird unterschieden zwischen der nichtkatalytischen und der katalytischen Reduktion.
- *Oxidationsverfahren.* NO wird oxidiert, z. B. durch Radikale, die durch Elektronenstrahlen erzeugt werden, oder durch Ozon. Das Oxidationsprodukt NO_2 bzw. HNO_3 wird i. A. mit Ammoniak (NH_3) zu Ammoniumsalzen umgesetzt.

Katalytische Reduktionsverfahren

Bei großen Feuerungsanlagen ist die „selektive katalytische Reduktion“ *(SCR = Selective Catalytic Reduction)* das am häufigsten eingesetzte Verfahren zur Verringerung von Stickstoffoxid- Emissionen. Dabei erfolgt eine Trennung des NO_x in der Gasphase durch katalytische Reduktion in Stickstoff und Wasserstoff. Zur Entstickung wird das Rauchgas über Keramik-Festbettkatalysatoren, basierend auf Titanoxid mit Zusätzen von Vanadiumpentoxid, Wolfram u. a. Metallen, geleitet und zur Reduktion Ammoniak hinzugefügt (Abb. 5.9).

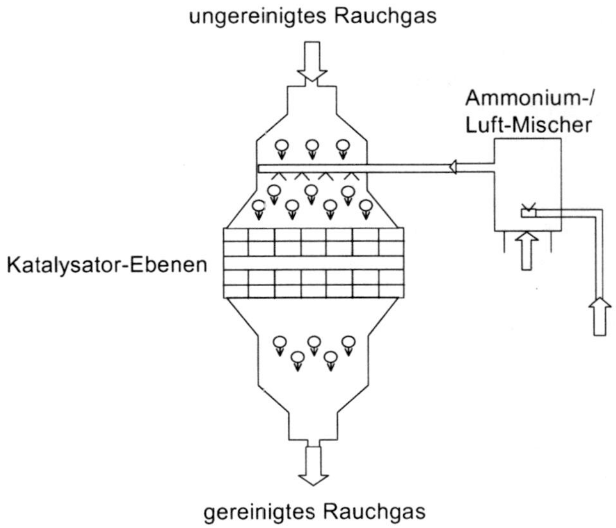

Abb. 5.9 Prinzip einer Katalysator-Anlage zur Stickoxid-Minderung [5.57]

Die *Titandioxid-Katalysatoren* arbeiten optimal im Temperaturbereich um 350°C; bei niedrigeren Temperaturen nimmt die Reduktionsgeschwindigkeit rasch ab, bei höheren Temperaturen steigt die Oxidationsrate von SO_2 zu SO_3 deutlich an, was zu Korrosionsproblemen in nachgeschalteten Anlagenteilen führen kann. Die TiO_2-Katalysatoren haben sich als säurefest erwiesen. Für staubhaltige Abgase aus Kohlefeuerungen muss die Katalysatorform so gewählt werden, dass das Katalysatorbett nicht verstopft und keine Katalysatorerosion auftritt. Dafür haben sich Katalysatoren in Waben-, Platten- und Röhrenform mit unterschiedlichen Strömungsquerschnitten bewährt. Bei den Wabenkatalysatoren werden 36 bis 130 Elemente mit einer Länge von 650 mm und etwa 14 kg Gewicht in Stahlkörben zu Modulen zusammengesetzt; ein ca. 4 mm starker Mineralfilz dichtet sie gegeneinander und gegen die Stahlkonstruktion ab. Bei 130 Elementen beträgt die gesamte Masse 2,68 t [5.11].

Als Katalysatormatrix kommen auch *Zeolithe* in Frage, das sind synthetisierte, auch natürlich vorkommende Alumosilikate mit einer offenen Gerüststruktur. Ihre Eigenschaften lassen sich für bestimmte Funktionen „maßschneidern" [5.58].

Der SCR-Reaktor kann entweder direkt *nach dem Kessel* („high dust system") oder nach der Rauchgasentschwefelungsanlage geschaltet werden. Ein Verfahrensvergleich zeigt, dass die Schaltung auf der Rauchgasseite höhere Katalysatorenkosten sowie aufwendigere Umbauarbeiten erfordert. Demgegenüber führt der Einsatz des SCR-Reaktors *nach der REA* zwar zu kostengünstigeren Katalysatoren (z. B. Pellets mit relativ langer Standzeit), jedoch zu höheren Investitionskosten (Wärmetauscher und Brennstoffe) durch die notwendige Wiederaufheizung. Da zudem bei einer Schaltung nach einer Kalkwäsche die Gefahr der Standzeitverkürzung durch Gipspartikelablagerungen im SCR-Katalysator besteht, wird das High-Dust-System bei großen Blöcken (ab 300 MW_{el}) bevorzugt [5.9].

Nicht-katalytische Reduktionsverfahren

Eine Reduktion von Stickstoffoxid mit *Ammoniak* kann bei hohen Temperaturen auch ohne Katalysator ablaufen [5.17]. Das Optimum der Stickstoffminderung liegt bei diesem nichtkatalytischen Verfahren in einem relativ engen Temperaturbereich. Bei zu hohen Temperaturen entsteht das unerwünschte NO. Bei zu niedrigen Temperaturen tritt ein erhöhter NH_3-„Schlupf"[2] auf. Für eine gute Funktion der SNCR-Methode ist (1) die gute Durchmischung der Rauchgase mit dem Ammoniak, (2) die Eindüsung des NH_3 bei opimaler Temperatur in allen Lastbereichen der Feuerung und (3) die Einhaltung von gewissen Mindestverweilzeiten erforderlich. Die neuen SNCR-Verfahren setzen *Harnstoff* ein, dessen Lösungen sich wesentlich unproblematischer als die des Ammoniaks handhaben lassen.

Die *SCNR-Technik* wird bei Braunkohlekraftwerken in größerem Umfang eingesetzt, bei denen durch feuerungstechnische Maßnahmen bereits NO_x-Rohgaskonzentrationen knapp oberhalb von 200 mg/m^3 bis 400 mg/m^3 erreicht werden. Zur Einhaltung eines Emissionsgrenzwertes von 200 mg/m$_3$ im Abgas ist dann ein relativ geringer Reduktionsgrad erforderlich. Weitere Einsatzbereiche der SCNR-Technik liegen vor allem bei kleineren, stationär betriebenen Prozessen, in denen durch technische Maßnahmen die NO_x-Gehalte im Abgas gering sind [5.30].

Schema der Rauchgasreinigung eines Kraftwerks

Abbildung 5.10 (nach Baumbach [5.17]) zeigt schematisch die Reinigungsleistungen in einem modernen Kohlekraftwerk (750 MW_{el}). Nach Verlassen des Dampferzeugers gelangen die Rauchgase zuerst in den SCR-Katalysator. Danach findet im Luftvorwärmer eine Abkühlung statt, bevor die Entstaubung im Elektrofilter erfolgt. Zur nassen Rauchgasentschwefelung ist eine weitere Abkühlung der Rauchgase erforderlich. Mit der frei werdenden Wärme werden die gereinigten Rauchgase wieder aufgeheizt, bevor sie dem Kamin zugeleitet werden. Die nasse Rauchgasentschwefelung wirkt als zusätzlicher Entstauber, so dass nur sehr niedrige Staubgehalte in den Rauchgasen auftreten.

In dem vorgestellten Kraftwerk werden stündlich 240 t Kohle verbrannt. Die Behandlung der daraus entstehenden 2,3 Mill. m^3 Rauchgas erfordert 0,5 t Ammoniak für den Betrieb der DENOX-Anlage und 9 t Kalkstein (in 105 m^3 Wasser) für die Rauchgasentschwefelung. Neben den dort stündlich entstehenden 12 t Gips sind als weitere feste Produkte etwa 4 t Feuerasche und 15 t Flugstaub (aus den Elektrofiltern) zu verwerten.

Für alle Aschearten bestehen vielfältige *Einsatzmöglichkeiten im Baubereich.* Während bei Steinkohlenflugasche und Grobasche die Verwertung in diesem Sektor schon seit Jahren Stand der Technik ist, sind bei anderen Aschen – z. B. Wirbelschicht- und Trocken-Additiv-Aschen – weitere Aktivitäten notwendig, um die Verwertungsquoten zu erhöhen (Abschn. 9.5.3). Für die Verwaltungen, die über einen Einsatz entscheiden, sind eindeutige Vorgaben festzulegen [5.59].

---

[2] NH_3-Restkonzentration am Ende der Reaktion. Sie darf – auch beim SCR-Verfahren – maximal 5 ppm bei einer mittleren Raumgeschwindigkeit von 5000 m^3/h·m^3 betragen. Unverbrauchtes Ammoniak kann mit Schwefeloxiden Ammoniumhydrogensulfat bilden, wodurch *Ablagerungs-* und *Korrosionsprobleme* entstehen können [5.30].

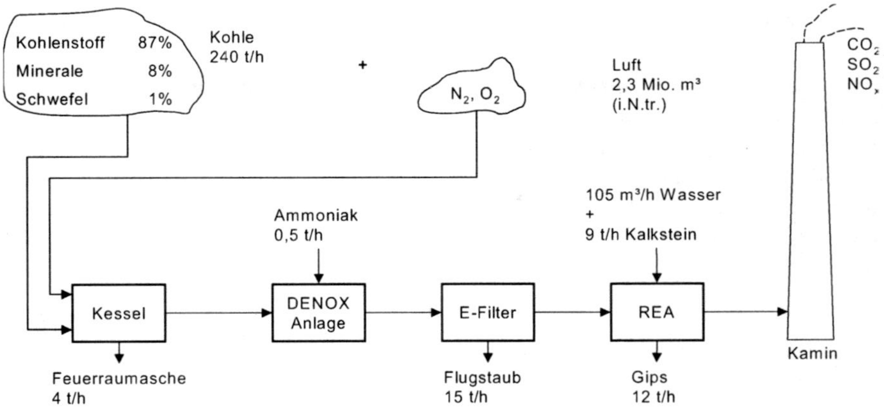

Rauchgaszusammensetzung (Vol. bezogen)

Kohlendioxid	(CO_2)	: 16 %	= 310 g/m³		
Sauerstoff	(O_2)	: 6 %			
Stickstoffoxide	($NO+NO_2$)	: 0,04 %	= 650 mg/m³	—DENOX→	= 200 mg/m³
Schwefeldioxid	(SO_2)	: 0,1 %	= 2000 mg/m³	—REA→	ca. 200 mg/m³
Stickstoff	(N_2)	: 77,5 %			
Staub		ca. 6,5 g/m³	—E-Filter→	ca.10 mg/m³	

Abb. 5.10 Mengenströme und Rauchgaszusammensetzung eines 700 MW-Kraftwerkblocks [5.17]

5.3.5 Kosten der Rauchgasreinigung in Kraftwerken [5.60]

Die Emissionsdaten der Kraftwerke der öffentlichen Stromerzeugung werden von der Vereinigung Deutscher Elektrizitätswerke (VDEW) für Westdeutschland seit 1982 und für Ostdeutschland seit 1990 ermittelt. Im Vergleich zu den Bezugsjahren (1982) bzw. 1990) wurden in den alten Bundesländern bis zum Jahr 2000 die SO_2-Emissionen um 94 %, die NO_x-Emissionen um 83 % und die Staubemissionen um 91 % reduziert; in den neuen Bundesländern betrugen die Reduktionen bei SO_2 97 %, bei NO_x 72 % und bei Staub 99 %. Nach VDEW-Angaben waren allein für die Entschwefelung in den westlichen Bundesländern in den achtziger Jahren etwa 15 Milliarden DM investiert worden, in den östlichen Bundesländern sind es in den neunziger Jahren mehr als 3,5 Milliarden DM gewesen.

Die Schäden in den verschiedenen Umweltbereichen, die in Abschn. 5.1.5 dargestellt wurden, verursachen Kosten, die nicht in die betriebswirtschaftlichen Kosten der Stromerzeuger eingehen. Die Höhe dieser externen Kosten, die von Dritten oder der Allgemeinheit zu tragen sind, lassen sich nur grob schätzen: Sie betragen pro erzeugter Kilowattstunde – ohne Berücksichtigung der Beiträge zum Treibhauseffekt – ca. 1–2 ct für Kohlenkraftwerke und 0,02–0,04 ct für Windenergieanlagen. Kombi-Gaskraftwerke, Kernenergie und Photovoltaik (s. Kap. 4) liegen dazwischen.

5.3.6 Abgasreinigung bei Kraftfahrzeugen

Emissionen aus Kraftfahrzeugen sind eine wichtige Ursache der Luftverschmutzung; in Deutschland beträgt ihr Anteil bei Kohlenmonoxid etwa zwei Drittel, bei den Stickoxiden ungefähr die Hälfte und bei den Kohlenwasserstoffen etwa ein Drittel der jährlichen Gesamtemissionen. Zugenommen haben vor allem die Stickoxid-Emissionen aus dem Verkehrsbereich und diese Emissionen besitzen einen charakteristischen tageszeitlichen Verlauf (Abb. 5.11), der im Zusammenhang mit den Reaktionen der „Smog-Chemie" (Abschn. 5.1.4) zu beachten ist.

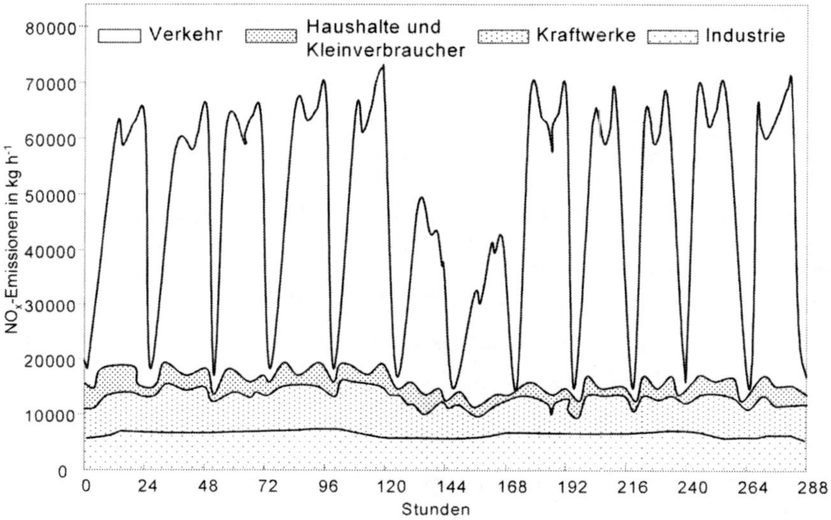

Abb. 5.11 Verlauf der gesamten NO_x-Emissionen in Baden-Württemberg in der Zeit vom 18.–29.3.1988 (nach [5.61] aus [5.17])

Zur gleichzeitigen Entfernung der *Hauptschadstoffe* NO_x, CO und C_mH_n in dem Abgasen von Kfz-Motoren – die beiden letzteren Produkte einer unvollständigen Verbrennung – sind die folgenden Prozesse zu kombinieren [5.7]: CO kann oxidativ in CO_2 übergeführt werden, und auch die Kohlenwasserstoffe lassen sich oxidieren, wobei bei vollständiger Umsetzung CO_2 und H_2O entstehen; NO_x kann zu N_2 reduziert werden. Es besteht demnach die prozesstechnische Aufgabe, auf relativ engem Raum sowohl Oxidations- als auch Reduktionsreaktionen ablaufen zu lassen. Um diese Reaktionen unter den Betriebsbedingungen eines Motors möglichst effizient durchzuführen, bedarf es spezieller Katalysatoren [5.12].

Die Kraftfahrzeug-*Dreiwegkatalysatoren* bestehen aus Edelmetallen auf wabenförmigen Keramikträgern und enthalten als wichtigste Komponenten Platin und Rhodium im Verhältnis 5:1, wobei Rhodium eine Schlüsselfunktion zukommt. Diese Metalle können Sauerstoff speichern und damit Sauerstoffüberschuss- und -mangelbedingungen kurzzeitig ausgleichen.

Abbildung 5.12 zeigt das Schema der Abgasreinigung mit multifunktionellem Katalysator, dem sogenannten Dreiweg-Katalysator. Er setzt gleichzeitig NO_x, CO und Kohlenwasserstoffe um, kann jedoch seine Funktion nur optimal erfüllen, wenn die Zusammensetzung des Benzin/Luft-Gemisches „geregelt" ist.

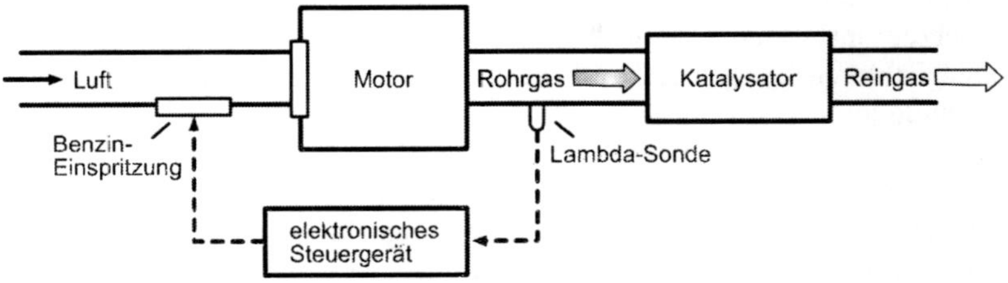

Abb. 5.12 Abgasreinigung mit 3-Wege-Katalysator (nach Fritz/Kern [5.12])

Die Oxidationsreaktionen laufen um so vollständiger ab, je sauerstoffreicher das Brennstoffgemisch ist („magere Gemische"); dabei bleibt jedoch für die Stickoxid-Reduktion nicht mehr genügend CO übrig. Auf der anderen Seite werden im sauerstoffarmen („fetten") Bereich nur geringe CO- und Kohlenwasserstoffmengen oxidiert (Abb. 5.13). In einem bestimmten optimalen Bereich ist die Umwandlung der beiden Stoffgruppen etwa gleich groß; dieses enge „Fenster" (das durch das Katalysatormaterial verbreitert wird) steht in Korrelation zu einem bestimmten Sauerstoffgehalt des Abgases. Durch die Messung des Sauerstoffgehaltes über eine Zirkoniumoxid-Sonde („Lambda-Sonde", Abb. 5.15) vor dem Katalysator kann der Sauerstoffgehalt des Kraftstoffgemisches im Einspritzer oder auch Vergaser gesteuert werden („geregelter Katalysator").

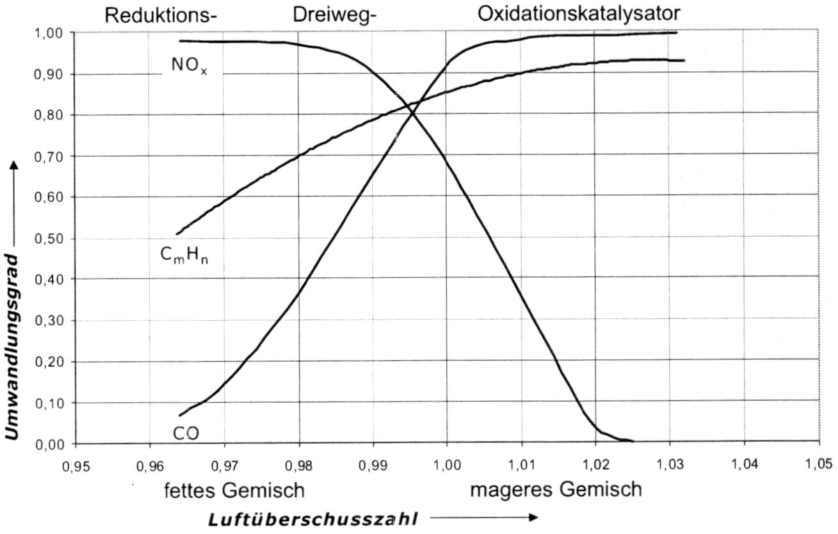

Abb. 5.13 Schadstoffminderung am Katalysator. Aus: Fritz/Kern [5.12]

Dieselruß-Filter

Das meistdiskutierte Problem der Dieselabgase stellen die Rußpartikel dar, die mit krebserregenden und erbgutverändernden Substanzen, z. B. NO_2-haltigen polycyclischen aromatischen Kohlenwasserstoffverbindungen, belegt sind [5.62]. Die Rußentstehung im Dieselmotor ist z. B. abhängig von Druck und Temperatur, vom Brennstoff/Luft-Verhältnis, Verbrennungsverfahren, Spritzbeginn, Spritzende und Zündverzug; insbesondere führt eine ungenügende Vermischung, die von den genannten Faktoren beeinflusst wird, bei hoher Temperatur durch Crack-Prozesse zur Rußbildung

Um Dieselpartikel zurückzuhalten, werden sie in einem Filter gesammelt und verbrannt, letzteres damit der Filter funktionsfähig bleibt. Für die Verbrennung der Partikel sind Temperaturen um 600°C notwendig. Da solche Temperaturen nur bei Vollgas auftreten – die Normaltemperaturen liegen bei 300°C – muss die Verbrennungstemperatur gesenkt werden. Dies erfolgt einmal durch gezielte Nacheinspritzung des Kraftstoffes bei entsprechender Motorsteuerung und zum anderen durch Absenkung der Entzündungstemperatur; indem dem Dieselkraftstoff z. B. eine Eisen-Sauerstoff-Verbindung beigegeben wird. Bei optimaler Funktion lässt sich der Rußausstoß auf weniger als ein Eintausendstel verringern. Experten schätzen die zusätzlichen Einkaufskosten für den Hersteller auf ca. 150 € pro Fahrzeug [5.63]. Bereits eingesetzt werden Rußfilter durch die Automobilhersteller Peugeot, Citroen und Fiat, die ein Oxidations-Katalysator-Verfahren benutzen.

Emissionsminderung bei Lkw

Der Lkw-Verkehr trägt zwar nur mit knapp 10 % zum gesamten Verkehrsaufkommen bei, verursacht jedoch rund 32 % der Stickstoffoxid- und 70 % der Staub-/Rußemissionen des Straßenverkehrs [5.64]. Wegen der seit 31. August 2003 geltenden Lkw-Maut arbeiten die Hersteller schwerer Nutzfahrzeuge verstärkt an der Entwicklung schadstoffärmerer Lkw, um den Ausstoß von Stickoxiden und Rußpartikeln zu senken. Die nutzungsabhängige Abgabe auf deutschen Autobahnen ist so gestaltet, dass die zu entrichtende Gebühr auch von der Höhe der Schadstoffemission abhängt. Ab Oktober 2005 greift zudem die Euro-4-Norm für neu zugelassene Lkw mit einem deutlich geringeren Ausstoß von Stickoxiden.

Unabhängig voneinander haben inzwischen alle großen Nutzfahrzeughersteller ein ähnliches System konstruiert. Daimler-Chrysler-Nutzfahrzeuge hat gemeinsam mit MAN und Siemens bereits im Jahr 2001 als erster die selektive katalytische Reduktion (SCR) für Lkw vorgestellt, bei der während der Fahrt aus einem Zusatztank eine Harnstoff-Wasserlösung in den Katalysator eingespritzt wird. Die Stickoxide aus dem Abgas werden mit Hilfe des Gemischs in die unschädlichen Komponenten Wasser und Luftstickstoff zerlegt. Volvo, DAF, Scania und Iveco haben nach eigenen Angaben vergleichbare Systeme entwickelt. Der Schadstoffausstoß kann mit SCR um bis zu 70 % gesenkt werden [5.64].

Künftig soll auch die Rußproblematik bei den Nutzfahrzeugen verstärkt angegangen werden. Praxistests mit einem dem Katalysator nachgeschalteten Partikelfilter zeigen, dass sich auch der Rußpartikel-Ausstoß der großen Motoren reduzieren lässt. Bei solchen Versuchen konnten mit dem CRT-Abgasfilter (Continuously Regenerating Trap) die Partikelemissionen um 80 % gesenkt werden [5.64].

Minderungsmaßnahmen für Staub im Straßenverkehr [5.50]

Emissionsminderungsmaßnahmen im Verkehrsbereich müssen sowohl beim Staub, der aus der Verbrennung in den Kraftfahrzeugmotoren kommt, als auch bei den anderen Emissionen – dem Abrieb von Reifen, Bremsen, Straßenbelag und Aufwirbelung – ansetzen. Es ist zu unterscheiden zwischen Maßnahmen, die kurzfristig wirken, und solchen, die auf eine dauerhafte Reduzierung der Feinstaubbelastung zielen.

Über den Einsatz einer konkreten Maßnahme, einschließlich Ihrer Eignung in der konkreten Situation, haben die örtlich zuständigen Behörden zu befinden. Folgende kurz- und längerfristige Maßnahmen kommen in Betracht:

- Nasse Straßenreinigung gegen Aufwirbelungen
- Tempo 30 auf Hauptstraßen mit Grenzwertüberschreitungen.
- Nutzervorteile für saubere Fahrzeuge (Gasfahrzeuge, Partikelfilter, KAT)
- Befristete Verkehrsverbote für LKW ohne Partikelfilter
- Reduzierung der Parkmöglichkeiten, d. h. weniger Individualverkehr (Binnenverkehr in der Innenstadt) – Vorrang für Busse und Bahnen (auf Busspuren); zusätzlich befristet attraktive Angebote (Fahrpreise).
- Zufahrt nur noch für Diesel-PKW und -LKW mit Partikelfilter (auch Nachrüstung bei PKW)
- Busse, Müllfahrzeuge und andere kommunale Versorgungsfahrzeuge auf Erdgas und Partikelfilter umstellen
- Kleinlaster, die im Ladeverkehr in Innenstädten eingesetzt werden, auf Erdgas und Partikelfilter umstellen
- Im Einzelfall – gegen hohe punktuelle Überschreitungen – Bau von Umgehungsstraßen.

Partikel aus Abrieb und Aufwirbelung entstehen durch das Rollen, Beschleunigen und Bremsen der Fahrzeuge unabhängig von der Antriebsart. Emissionsminderungsmaßnahmen müssen daher den Verkehr in seiner Gesamtheit betreffen. Mögliche, teilweise jedoch nur langfristig umsetzbare Maßnahmen sind beispielsweise: gebietsbezogene Verkehrsverbote und -beschränkungen, Erneuerung des Straßenbelages (Ersatz von Pflaster durch Asphalt) Geschwindigkeitsbegrenzungen für einen stetigeren Verkehrsfluss, Verlagerung des Güterverkehrs von der Straße auf Schiene und Schiff, Verlagerung von Pkw-Fahrten auf öffentlichen Verkehr und auf den nicht-motorisierten Verkehr (Rad, Fuß), Verkehrsvermeidung (kurze Wege, Logistiklösungen).

Im Gegensatz zu den beiden Bereichen „stationäre Anlagen“ und „Landwirtschaft“, bei denen die langfristigen Maßnahmen dominieren, sind im Verkehrsbereich auch kurzfristig einsetzbare Maßnahmen verfügbar. Hier ist beispielsweise an verschiedene Maßnahmen zu denken: eine dynamische, immissionsgesteuerte – das heißt eine an der Luftbelastungssituation orientierte – Verkehrslenkung, ein intelligentes Parkrauminformationssystem, befristete Geschwindigkeitsbeschränkungen oder nach Schadstoffklassen befristete Durchfahrbeschränkungen – das sind Nutzervorteile für rußarme Fahrzeuge, analog zur Einführung des geregelten Katalysators Mitte der 80er Jahre des letzten Jahrhunderts [5.65].

5.4 Verkehrslärm

„Lärm ist Schall (Geräusch), der Nachbarn oder Dritte stören (gefährden, erheblich benachteiligen oder erheblich belästigen) kann oder stören würde" (aus der „Technischen Anleitung zum Schutz gegen Lärm" – TA Lärm [5.66]).

Lärm ist kein physikalischer, sondern ein subjektiver Begriff: für die Bewertung von Schall als Lärm sind die Betroffenen maßgebend. Lärm entzieht sich demzufolge objektivierbaren Messverfahren – messbar sind nur die auftretenden Geräusche. Das allgemeine Maß für Geräusche ist die Schallintensität (= Schallleistung pro Fläche). Da das menschliche Gehör zwischen der Hörschwelle und der Schmerzgrenze über eine riesige Spanne zur Wahrnehmung des Schalldrucks verfügt, einigte man sich in der Akustik darauf, „Schalldruckpegel" in einer logarithmisch aufgebauten Skala – in Dezibel (dB) – anzugeben (Abb. 5.14). Daneben werden Geräusche nach ihrem Klangcharakter (Frequenzen) und nach ihrer zeitlichen Dauer unterschieden.

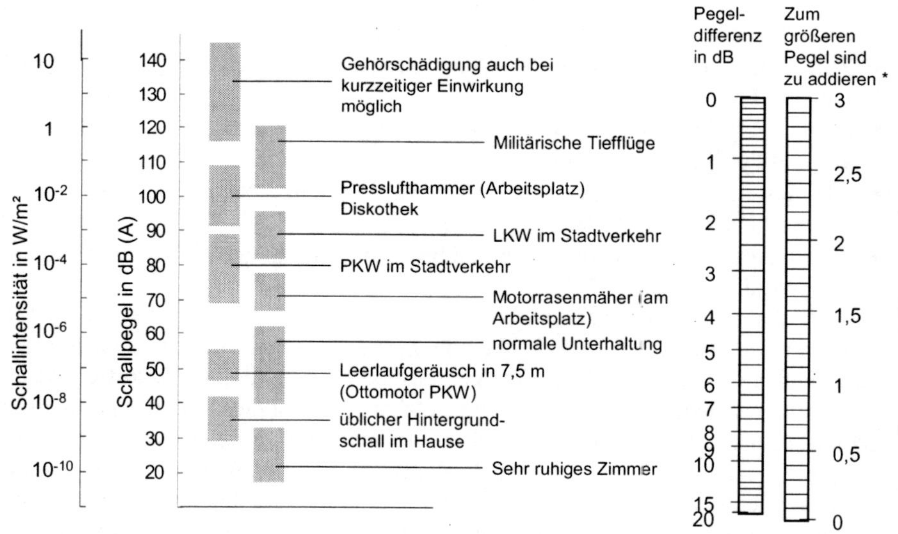

Abb. 5.14 Bereich üblicher Geräusch (links) und Addition von Pegeln[3] (rechts)[5.67]

Geräusche können nicht nur belästigen, die Kommunikation stören, sondern auch durch chronische Beeinträchtigung des Schlafes, der Erholung und der geistigen Arbeit eine Gesundheitsgefährdung darstellen. Die Lärmwirkungsforschung hat eine Reihe von Schwellenwerten erarbeitet und weitgehend abgesichert, bei denen lärmbedingte Veränderungen physiologischer und psychischer Abläufe eintreten.

[3] Rechenhilfe für die Addition von Pegeln: Beispiel 1: 64 dB + 64 dB = ?; Differenz = 0 dB; zum größeren Pegel sind zu addieren: 3 dB; also: 64 dB + 64 dB = 67 dB. Beispiel 2: 76 dB + 70 dB = ?; Differenz = 6 dB; zum größeren Pegel sind zu addieren: 1 dB; also 76 dB + 70 dB = 77 dB.

Medizinisch können ferner Gefährdungswerte für gesundheitliche Risiken angegeben werden. Zwischen diesen beiden Bereichen der Schwellen- und Gefährdungswerte erstreckt sich ein Kontinuum immer unzumutbar werdender Belastungen [5.68]. Abbildung 5.15 verdeutlicht das Spannungsfeld, in dem die Beurteilung von Lärmeinwirkungen erfolgen muss; bei der Beurteilung möglicher Gesundheitsbeeinträchtigungen empfiehlt sich die zusätzliche Berücksichtigung des Maximalpegels L_{Amax}dB.

Grundsätzlich ist zwischen auralen und extraauralen, nicht auf das Hörorgan bezogenen Lärmwirkungen zu unterscheiden. In beiden Bereichen sind akute (reversible) und chronische (irreversible) Wirkungen zu beobachten [5.69]. Infolge der Schädigung des Innenohrs (aurale Wirkungen) kann eine Lärmschwerhörigkeit auftreten. Während der zeitweilige Hörverlust auf einer kurzzeitigen Überbeanspruchung der Sinneszellen beruht und sich nach einer entsprechenden Lärmpause zurückbildet, besteht bei einer jahrelangen täglichen Schallbelastung von mehr als 85 dB(A) Mittelungspegel ein zunehmendes Risiko irreversibler Innenohrschädigungen. Die dafür verantwortlichen lang andauernden höheren Schallintensitäten werden beim Straßen- und Schienenverkehr nicht erreicht. Die durch Straßen- und Schienenverkehr verursachten Geräusche können dagegen vegetative und endokrine Reaktionen (extraaurale Wirkungen) hervorrufen. Bei Pegeln über 50 dB(A) nachts ist mit Schlafstörungen zu rechnen, bei Pegeln über 65 dB(A) tags sind erhöhte Risiken z. B. für Herzkreislauferkrankungen zu befürchten [5.70].

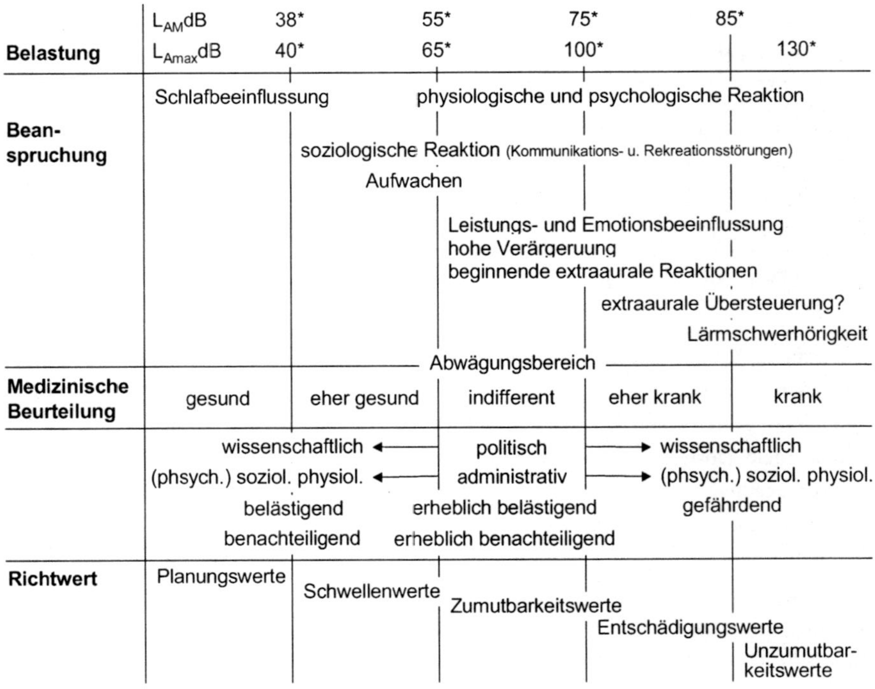

Abb. 5.15 Kriterien zur Lärmbeurteilung (*Anhaltswerte). Aus: Jansen et al. [5.68]

Verkehrslärm

Der Schutz vor Lärm, der durch Straßen- und Schienenverkehr verursacht wird, ist in der 16. BImSchV [5.71] geregelt, die auch Immissionsgrenzwerte (Tabelle 5.11) und Methoden zur Berechnung der Beurteilungspegel enthält. In der 24. BImSchV [5.72] werden die erforderlichen Schutzmaßnahmen festgelegt. Lärmschutzvorschriften finden sich auch in der Straßenverkehrsordnung (StVO) und der Straßenverkehrszulassungsordnung (StVZO), die z. T. auf EG-Recht verweist [5.68].

Für den Bereich des Industrie- und Gewerbelärms ist die Technische Anleitung Lärm zuständig. Die novellierte Vorschrift vom 01.11.1998 ist sowohl für genehmigungsbedürftige als auch auf nicht genehmigungsbedürftige Anlagen anwendbar und daher auch im Baugenehmigungsverfahren zu beachten; sie enthält neben allg. Grundsätzen und Immissionsrichtwerten Regelungen über die Ermittlung von Geräuschemissionen (Tabelle 5.11 unten).

Tabelle 5.11 Regelungen im Lärmschutz ([5.66, 5.71] Auswahl aus Jansen et al. [5.68])

Straßenverkehr [5.71]

Art der zu schützenden Nutzung	Immsionswerte dB(A)			
	Tag[a]	Nacht[a]	Tag[b]	Nacht[b]
Krankenhäuser, Schulen, Kur- und Altenheime	57	47	70	60
reine und allg. Wohn- und Kleinsiedlungsgebiete	59	49	70	60
Kerngebiete, Dorf- und Mischgebiete	64	54	72	62
Gewerbegebiete	69	59	75	65

[a] Lärmvorsorge bei Neubau und wesentlicher Änderung von Straßen (16. BImSchV)
[b] Lärmsanierung an bestehenden Straßen in der Baulast des Bundes (Richtlinie für den Verkehrslärmschutz an Bundesstraßen in der Baulast des Bundes vom 15.1.1986)

TA Lärm 1998 [5.66]

Art der zu schützenden Nutzung	Immissionsrichtwerte dB(A)	
	Tag	Nacht
Kurgebiete, Krankenhäuser, Pflegeanstalten	45	35
reine Wohngebiete	50	35
allg. Wohngebiete und Kleinsiedlungsgebiete	55	40
Kerngebiete, Dorfgebiete, Mischgebiete	60	45
Gewerbegebiete	65	50
Industriegebiete	70	70

Die jüngste Regelung gilt der Umsetzung der Richtlinie 2002/49/EG über die Bewertung und Bekämpfung von Umgebungslärm [5.72]. Mit der 34. BImSchV vom 6.3.2006 über die Lärmkartierung [5.73] werden in den kommenden sieben Jahren die Hauptverkehrslinien, Bahnstrecken, Großflughäfen und Ballungsräume kartiert [5.74] und prioritäre lärmmindernde Maßnahmen [5.75] geplant und durchgeführt.

6 Abwasser

Siedlungswasserbau als traditionelles Fachgebiet des Bauingenieurwesens umfasst heute neben den Aufgaben bei der Reinigung von Wasser und Abwasser auch die Aufbereitung von Trinkwasser (Kap. 7), von kontaminiertem Grundwasser (Kap. 8) und die Behandlung von Sickerwässern aus Deponien (Kap. 9). Dabei rücken einerseits die Verfahrens-, Energie- und Informationstechnologien und zum anderen die sozioökonomischen Aspekte stärker in den Vordergrund. Im Abschn. 6.1 werden übergreifende Aufgaben der Gewässergütewirtschaft unter der Europäischen Wasserrahmenrichtlinie behandelt. Abschnitt 6.2 beschreibt die Abwässer und ihre Bestandteile, die Sammlung und Behandlung der Abwässer in kommunalen Kläranlagen sowie die wichtigsten Rechtsvorschriften. Die Abschn. 6.3 und 6.4 befassen sich mit grundlegenden biologischen bzw. chemisch-physikalischen Prozessen bei der weitergehenden Reinigung von häuslichen und gewerblichen Abwässern. Im Abschn. 6.5 werden die Techniken der Schlammbehandlung und die Verwertung von Klärschlamm als Dünger oder Brennstoff beschrieben. Abschnitt 6.6 „Integrierte Wasserwirtschaft" zeigt unter anderen neue Entwicklungen bei der dezentralen Abwasserentsorgung und Wiederverwendung mit der Nutzung von Nährstoffen und Energieinhalten.

6.1 Gewässergüte und Wasserbeschaffenheit

Im deutschen Wasserhaushaltsgesetz wurde der Grundsatz „Die Gewässer sind als Bestandteil des Naturhaushaltes und als Lebensraum für Tiere und Pflanzen zu sichern; sie sind so zu bewirtschaften, dass sie dem Wohl der Allgemeinheit und im Einklang mit ihm auch dem Nutzen einzelner dienen und vermeidbare Beeinträchtigungen ihrer ökologischen Funktionen unterbleiben" (§ 1a WHG) mit drei zusätzlichen Forderungen in das Leitbild Nachhaltigkeit eingebunden [6.1, 6.2]:

- auch vermeidbare Beeinträchtigungen der direkt von den Gewässern abhängenden Landökosysteme und Feuchtgebiete müssen unterbleiben;
- mögliche Verlagerungen auf ein anderes Schutzgut sind zu berücksichtigen;
- ein hohes Schutzniveau für die Umwelt insgesamt, unter Berücksichtigung der Erfordernisse des Klimaschutzes, ist zu gewährleisten.

Potenziale für eine nachhaltige Bewirtschaftung von Oberflächen- und Grundwasser liegen vor allem in der Nutzung von sog. sekundären Ressourcen bei der Optimierung und dem Betrieb siedlungswasserwirtschaftlicher Systeme [6.3]:

- Minimierung der *Materialintensität*. Unter diesen Punkt fallen die in großem Umfang verwendeten Materialien wie Kies und Stahl;
- Minimierung des *Chemikalieneinsatzes*. Dabei kommt es weniger auf Gewicht oder Volumen als vielmehr auf die Umweltrelevanz der Chemikalien an.
- Minimierung des *Energieeinsatzes*. Ein Beispiel ist der Lufteintrag bei der biologischen Abwasserbehandlung. Zu fördern ist vor allem die Rückführung von Energie – z. B. durch die Nutzung der Gasproduktion der Schlammbehandlung.

Abwasserprobleme im 19. und 20. Jahrhundert

Die Beseitung von Abwässern war zunächst ein Anliegen der öffentlichen Gesundheitspflege. Die ersten Impulse gingen von England aus, wo das Wasserklosett nach Jahrtausenden der Vergessenheit um 1775 wieder in Gebrauch gekommen war. Seit Beginn des 19. Jahrhunderts wurden unterirdische Kanäle angelegt, die den städtischen Unrat auf kürzestem Wege dem nächsten Vorfluter zuführten. Zusammen mit dem WC wurde die Schwemmkanalisation in den Städten Englands bald als unentbehrlich empfunden [6.4]. Die Industrie, die sich in dieser Zeit auf maschinelle Fertigung umstellte, siedelte sich bevorzugt an diesen Wasserläufen an, die sich in kurzer Zeit in eine „kochende, stinkende Masse" [6.5] verwandelten. Nach einer ersten großen Cholera-Epidemie, an der etwa 10.000 Menschen erkrankten und die Hälfte davon starben, setzten in England Maßnahmen zur Städtereinigung ein, die für das übrige Europa richtungsweisend wurden: 1858 wurde die Local Government Act erlassen, die eine Gewässerverunreinigung verbot, wenn andere Interessen geschädigt werden könnten; 1861 forderte ein weiteres Gesetz, die Abwässer vor der Einleitung in Flüsse zu reinigen, 1886 wurde eine erste, später weitere königliche Kommission zum Studium von Abhilfemaßnahmen eingesetzt. Die sanitären Erfolge zeigten sich in England bald durch ein Sinken der Sterblichkeitsziffer; allein durch Schaffung der sog. „Sanitary Works" nahm der Typhus in 21 Städten um 33 bis 75 % ab. Diese Erfolge verhinderten nicht, dass im Spätsommer 1892 Hamburg, als einzige europäische Großstadt, zum Schauplatz einer verheerenden Cholera-Epidemie wurde, die 10.000 Menschen das Leben kostete. Robert Koch, der 1884 den Erreger der Cholera entdeckt hatte, sprach nach einem Besuch der „Gängeviertel", die besonders schwer betroffen waren: „Meine Herren, ich vergesse, dass ich in Europa bin" [6.6].

Die Gewässerprobleme des 20. Jahrhunderts – in den Industriestaaten teilweise gelöst (Abb. 6.1) – sind überwiegend durch Abwassereinleitungen verursacht.

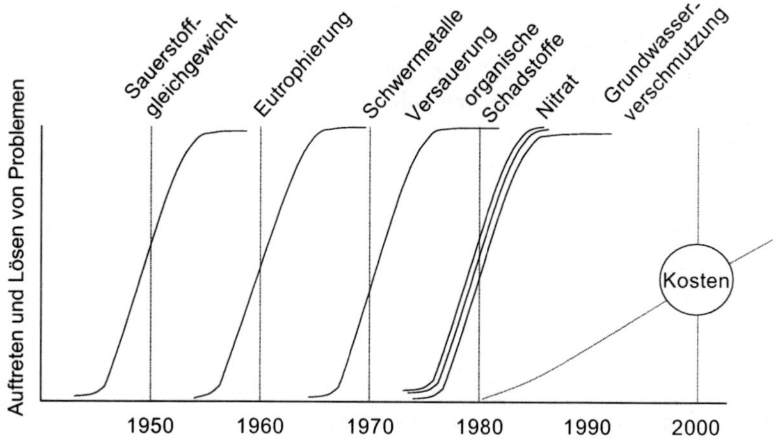

Abb. 6.1 Gewässerprobleme und ihre Behandlung in Europa (nach Helmer in [6.7])

Interdisziplinäre Wasserforschung

„Siedlungswasserwirtschaft ist eine integrierende Disziplin, die die Wasserressourcen, die Nutzung des Wassers in Siedlungen und den erforderlichen Abtransport des Abwassers mit seinen z. T. problematischen Inhaltsstoffen als Ganzes darstellt und insbesondere die Vernetzung zwischen den Teilsystemen und Teildisziplinen berücksichtigt" (Gujer [6.8]). Als Gegenstand der Forschung weist das Wasser und die Gewässer zunächst vor allem physikalische, chemische und biologische Komponenten auf; zusammen mit den technischen und sozioökonomischen Aspekten der Siedlungswasserwirtschaft lassen sich Fragen der modernen Wasserforschung jedoch nur mithilfe interdisziplinärer Ansätze beantworten [6.9]. In Abb. 6.2 sind die Beziehungen zwischen den drei wasserwirtschaftlichen Bereichen Gewässerreinhaltung, Trinkwasserversorgung und Abwasserentsorgung wiedergegeben. Übergeordnete Zielsetzungen in der Forschung [6.10] sind die

- Verbesserung der Möglichkeiten zur Prognose der Gewässerqualität und zur Quantifizierung der Auswirkung von Gewässerschutzmaßnahmen,
- Vermeidung der Verlagerung schädlicher Stoffe bei Wasser- und Abwasserreinigungsmaßnahmen in andere Umweltbereiche,
- qualitative und quantitative Sicherung der Wasserressourcen, eines ökologisch hochstehenden Zustandes der Gewässer und die Erhaltung ihrer Nutzbarkeit für den Menschen,
- Minimierung der Emissionen problematischer Stoffe in die Gewässer und ihr Eindringen in das Trinkwasser.

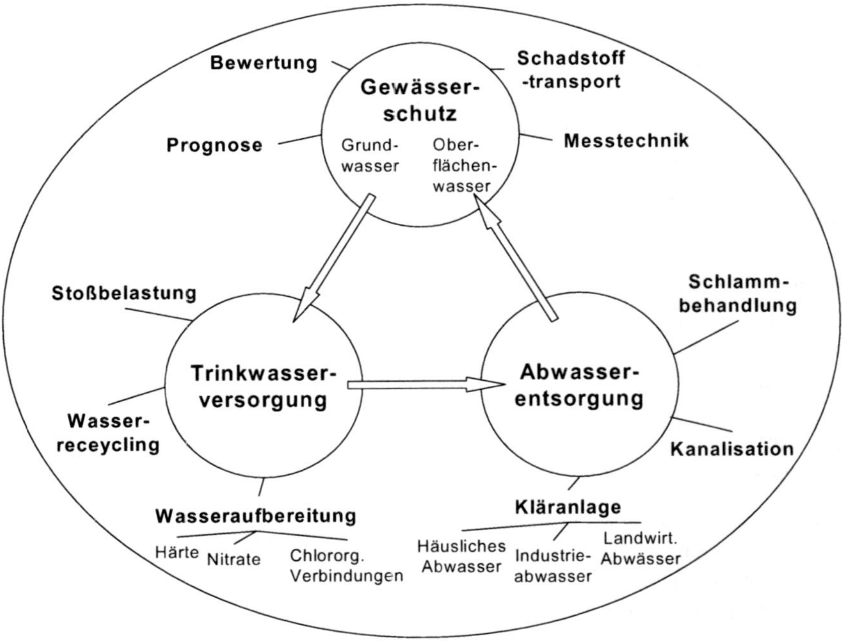

Abb. 6.2 Bereiche der Wasserforschung und Wassertechnologie [6.10]

6.1.1 Umsetzung der EG-Wasserrahmenrichtlinie

Die Gewässergütewirtschaft in Deutschland orientiert sich seit Dezember 2000 an der EG-Wasserrahmenrichtlinie (WRRL), deren Ziel es ist, auf der Grundlage von Flussgebietsplänen mit Maßnahmen innerhalb von 16 Jahren einen guten ökologischen und chemischen Zustand für die oberirdischen Gewässer in den EU-Staaten zu erreichen [6.11]. Die Richtlinie schafft einen Ordnungsrahmen für den Schutz der Binnenoberflächengewässer, der Übergangsgewässer, der Küstengewässer und des Grundwassers. Die Ziele sind in Artikel 1 festgelegt:

- Schutz und Verbesserung des Zustandes aquatischer Ökosysteme und des Grundwassers einschließlich von Landökosystemen, die direkt vom Wasser abhängen
- Förderung einer nachhaltigen Nutzung der Wasserressourcen
- Schrittweise Reduzierung prioritärer Stoffe und Beenden des Einleitens/Freisetzens prioritär gefährlicher Stoffe
- Reduzierung der Verschmutzung des Grundwassers
- Minderung der Auswirkungen von Überschwemmungen und Dürren

Grundsätze und Forderungen für die Bewertung der *Oberflächengewässer* sind:

- Die *signifikanten*[1] *Belastungen* der Oberflächengewässer sind zusammenzustellen und aufzubewahren. Der Anhang 2 zu § 5 enthält u. a. eine Liste prioritärer Stoffe von Punktquellen und diffusen Quellen (s. Abschn. 6.2.3).
- Der *ökologische Zustand* der Oberflächengewässer ist nach biologischen und unterstützend nach hydromorphologischen sowie chemischen und chemisch-physikalischen Qualitätskomponenten einzustufen. Die Anhänge 3 und 4 zu § 6 führen diese Kriterien für die einzelnen Gewässerkategorien auf[2].
- Der *chemische Zustand* der Oberflächengewässer ist entsprechend Anhang V Nr. 1.4.3 WRRL als „gut" oder „nicht gut" einzustufen. Die Einhaltung ist von der Einhaltung der in Anhang 5 zu § 7 genannten, auf EU-Ebene festgelegten Umweltqualitätsnormen, abhängig.

Um die Ziele der Richtlinie zu verwirklichen, haben die Mitgliedstaaten dafür zu sorgen, dass die Anforderungen der Richtlinie, und hier insbesondere die Maßnahmenprogramme, für die gesamte Flussgebietseinheit koordiniert werden. Bei internationalen Flussgebieten sorgen die beteiligten Staaten gemeinsam für die Koordination. Für nationale und internationale Flussgebietseinheiten soll jeweils ein einziger Bewirtschaftungsplan aufgestellt werden.Die §§ 8 und 9 beschreiben die Überwachung („Überwachungsnetz") und die Anforderungen zur Einstufung des ökologischen und chemischen Zustandes der Oberflächengewässer – in Deutschland für 10 Flussgebietseinheiten.

---

[1] Nicht mit dem Begriff „erheblich" gleichzusetzen, der auch quantitative Aspekt enthält.

[2] Anhang 4 verzeichnet tabellarisch die Anforderungen an die Einstufung des ökologischen Zustands; im Anhang 4.2 sind die in diesen Tabellen genannten Umweltqualitätsnormen für ‚spezifische synthetische Schadstoffe' und ‚spezifische nicht synthetische Schadstoffe' aufgelistet, die zu überwachen und einzuhalten sind, wenn die aufgeführten Stoffe in signifikanten Mengen in den Oberflächenwasserkörper eingetragen werden (vgl. § 5).

6.1.2 Klassifizierung der Gewässergüte und Wasserbeschaffenheit

Gewässergüte ist nach DIN 4049 Teil 2 die nach vorgegebenen Kriterien bewertete Gewässerbeschaffenheit; dabei sind Schutzziele und Nutzungsansprüche an die Gewässer zu berücksichtigen. *Wasserbeschaffenheit* bezieht sich nur auf das Wasser mit seinen darin gelösten, emulgierten oder suspendierten Stoffen und Mikroorganismen. Gewässer ist mehr als Wasser, nämlich nach DIN 4049, Teil 1, das in der Natur fließende oder stehende Wasser einschließlich Gewässerbett und Grundwasserleiter [6.12]. Die deutsche Gewässergüteklassifizierung beruhte auf einer Kombination von biologischen und chemischen Kriterien (Tabelle 6.1).

Wichtig für die Beurteilung der Gewässer ist ihr Sauerstoffgehalt in mg O_2/l, eine unbedingte Voraussetzung für die Lebensmöglichkeiten von aeroben Bakterien, Kleinlebewesen und Fischen. Das Maß ist der BSB_5 = *Biochemischer Sauerstoffbedarf*, die Menge Sauerstoff, die bei der biologischen Selbstreinigung eines Abwassers innerhalb von 5 Tagen bei 20°C verbraucht wird. Während der Zulauf zu einer kommunalen Kläranlage einen biochemischen Sauerstoffbedarf von 200 bis 350 mg O_2/l aufweist, werden vom Gesetzgeber je nach Größe der Kläranlage Ablaufwerte zwischen 15 und 40 mg/l BSB_5 gefordert (s. Abschn. 6.2.4).

Bei der Bestimmung des BSB_5 werden nur die leicht abbaubaren organischen Substanzen erfasst, z. B. Naturprodukte aus Haushalten und Gewerbebetrieben. Für schwer abbaubare Stoffe, überwiegend Industrieprodukte, steht der Begriff CSB = *chemischer Sauerstoffbedarf*. Dieser und andere chemische Parameter, die auch für die Abwasserabgabe wichtig sind, werden im Abschn. 6.2.4 beschrieben.

Tabelle 6.1 Klassifizierung der Gewässergüte [6.13]

Güte-Klasse	Grad der organischen Belastung	Saprobien-index	Chemische Parameter BSB_5 mg/l	NH_4-N mg/l	O_2-Minima	Indikatororganismen
I	unbelastet bis sehr gering belastet	1,0 – < 1,5	1	höchstens Spuren	> 8	Steinfliegenlarven, Hakenkäfer
I–II	gering belastet	1,5 – < 1,8	1 – 2	um 0,1	> 8	Strudelwürmer, Köcherfliegenlarven
II	Mäßig belastet	1,8 – < 2,3	2 – 6	< 0,3	> 6	Kleinkrebse, Schnecken
II–III	Kritisch belastet	2,3 – < 2,7	5 – 10	< 1	> 4	Egel, Moostierchen
III	stark verschmutzt	2,7 – < 3,2	7 – 13	0,5 bis mehrere	> 2	Wasserasseln, Wimpertierchen
III–IV	sehr stark verschmutzt	3,2 – 3,5	10 – 20	mehrere mg/l	> 2	Zuckmückenlarven, Schlammröhrenwürmer
IV	übermäßig verschmutzt	3,5 – < 4	> 15	mehrere mg/l	> 2	Schwefelbakterien, Geißeltierchen

6.2 Abwässer und ihre Bestandteile

6.2.1 Sammlung und Ableitung des Abwassers

Abwasser ist ein durch häuslichen, landwirtschaftlichen, gewerblichen und industriellen Gebrauch verschmutztes Nutzwasser. Im weiteren Sinne wird auch das von Dächern, Straßen und Plätzen abfließende Niederschlagswasser sowie Sickerwasser von organisierten Drainagen und Sickerleitungen dazu gerechnet [6.14]. Die Abwässer und Regenwässer werden in Auffangeinrichtungen am Ort ihrer Entstehung gesammelt. Von dort fließt das Wasser in die Grundstückskanalisation des Gebäudes, danach durch Hausanschlüsse in die öffentliche Kanalisation und durch das Kanalisationsnetz in die Kläranlage und anschließend in das Gewässer.

Die Kanalisation kann aus einem oder mehreren Netzen bestehen. Als Mischsystem wird die Kanalisation bezeichnet, die alle Abwässer – häusliche, gewerbliche und Regenabläufe – in einer Leitung (ohne oder unter Druck) ableitet. Im Trennsystem wird der Regenabfluss und gezielt eingeleitetes unverschmutztes Fremdwasser, wie z. B. Bach-, Quell-, Brunnen-, Kühl-, Drän- oder Grundwasser getrennt im Regenwasserkanal abgeführt. Trennsysteme bieten sich dort an, wo (1) die Verschmutzung der Oberflächen gering ist, (2) das Klärwerk geringe Pufferkapazität besitzt und (3) die Gewässer sehr wenig belastbar sind [6.13]. Die Bemessung des Kanalisationsnetzes wird in der Fachliteratur über „Stadtentwässerung“ beschrieben [6.15, 6.16].

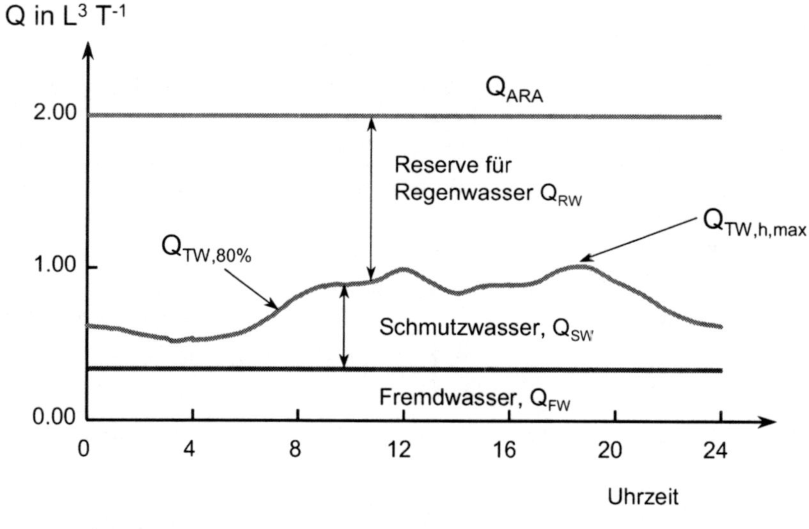

Abb. 6.3 Tagesgang der Wassermengen im Zulauf einer Abwasserreinigungsanlage (ARA) Dargestellt sind das ständig fließende Fremdwasser (Q_{FW}), das zunächst fließende verschmutzte Abwasser (Q_{SW}) und die Reservekapazität der Kläranlagen für Regenwasser (QRW). Der Q_{SW} ist der Schmutzwasseranfall aus Haushalten (Q_H) und Gewerbe/Industrie (Q_I). Q_{TW} (Anfall von Abwasser bei Trockenwasser) ist die Summe von Q_{FW} und Q_{SW}; Q_{MW} (Anfall von Mischwasser) ist die Summe von Q_{TW} und Q_{RW}. Nach Gujer [6.8]

6.2.2 Die kommunale Kläranlage

Regenwasser fällt nur während einem Bruchteil der Zeit an, hat jedoch für die Dimensionierung der Kanalisation und der Kläranlage eine große quantitative Bedeutung (Dimensionierungsmenge Q_{ARA} in Abb. 6.3). Fällt in einem Mischwassersystem mehr als diese Wassermenge an, so wird dieser Überschuss über Regenbecken und Regenentlastungen der Vorflut zugeleitet.

Aus der Kanalisation gelangt das Abwasser in die mechanische Reinigungsstufe der Kläranlage, in der zuerst das grobe Rechengut und der Sand abgefangen werden (Abb. 6.4). Da der Rechen in der Regel im Zulaufgerinne einer Anlage sitzt, ist die laufende Reinigung von angelagertem Material wichtig für den einwandfreien Betrieb einer Kläranlage [6.14]. Der Sandfang scheidet schwere, körnige Sinkstoffe wie Sand ab, lässt aber bei der Fließgeschwindigkeit leichtere, organische Flocken passieren. Im Öl- und Fettabscheider werden Stoffe aufgrund ihres leichteren spezifischen Gewichts vom übrigen Abwasser getrennt. Anschließend gelangt das Abwasser in große Absetzbecken, in denen es etwa zwei Stunden verweilt. Während dieser Vorklärung sedimentieren die Schwebstoffe auf dem Boden als Schlamm. Der abgesetzte Schlamm wird in Sammelbehälter geschoben.

Die nachfolgende Stufe ist die biologische Reinigung, die im Abschn. 6.3 behandelt wird. Ein Teil des biologischen Schlamms wird mit einer Pumpe in das Belüftungsbecken zurückgeführt („Rücklaufschlamm"), ein Teil wird als Überschussschlamm ins Vorklärbecken geleitet; und von dort mit dem „mechanischen" Schlamm in den Faulturm überführt (Abschn. 6.5).

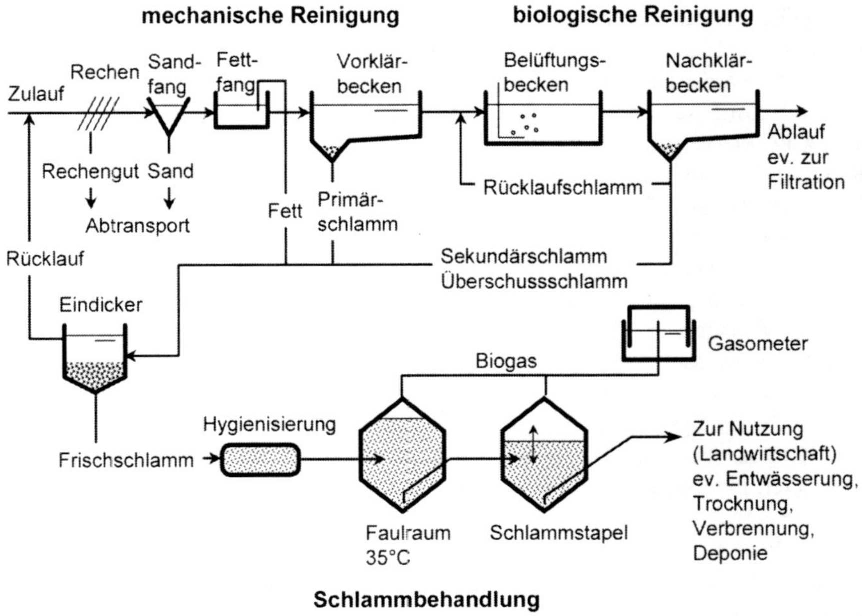

Abb. 6.4 Typische Fließschema einer zweistufigen, mechanisch-biologischen Abwasserreinigungsanlage (aus Gujer [6.8])

6.2.3 Schadstoffe im Abwasser

Statistisch gesehen werden je Einwohner 60 g BSB_5 pro Tag in das Abwasser abgegeben. Um die Zusatzbelastung einer Kläranlage durch Industrieabwässer mit abbaubaren Stoffen zu bestimmen, werden die für den Abbau von je m^3 Industrieabwasser benötigten Sauerstoffmengen mit der Abwassermenge multipliziert und durch 60 dividiert; man erhält den *EW = Einwohnergleichwert*, dessen Betrag zu dem Wert der häuslichen Abwässer addiert, ein Maß für die Größe der Kläranlage ergibt. Besonders abwasserintensiv sind Zellstoffwerke, Färbereien, Gerbereien und Wollwäschereien. Ein großes saisonales Abfallpotential liegt auch in der Fermentation von Futtermitteln (Silage) und der saisonalen Verarbeitung von Nahrungsmitteln, z. B. der Zuckergewinnung [6.14].

Für die biologische Reinigung in kommunalen Kläranlagen ergeben sich durch Industrieabwässer zunächst Probleme aus dem relativ hohen Anteil an schwer abbaubaren organischen Verbindungen. Im Niederrhein bspw. stammten in den 70er Jahren nach ^{14}C-Aktivitätsmessungen etwa 75 % der organischen Substanzen aus Raffinerien und der chemischen Industrie [6.17]. Schwermetalle in den kommunalen Kläranlagen von New York [6.18] wurden zu ca. 10 % bei Cadmium, Chrom, Kupfer und Nickel, und 30 % bei Zink. über das Regenwasser (z. B. Abrieb von Autoreifen) eingetragen. Die Korrosion von Wasserleitungen führte zu einem starken Anstieg der Kupferkonzentrationen. Die Haupteinträge von Nickel, Chrom und Cadmium stammten damals aus der Galvanikindustrie.

Die Schadstoffeinträge in die öffentliche Kanalisation können über das Problem der Akkumulation im Klärschlamm hinaus (Abschn. 6.5) vor allem auch die Funktionsfähigkeit der kommunalen Kläranlagen beeinträchtigen. In Tabelle 6.2 (nach Bischofsberger in [6.19]) sind die Eigenschaften und Inhaltsstoffe typischer industrieller Abwässer zusammengestellt.

Die Verordnung über Anforderungen an das Einleiten von Abwasser in Gewässer (Abwasserverordnung) vom 20. September 2001 enthält Anhänge, in denen die Kriterien für Abwassereinleitungen aus bestimmten *Herkunftsbereichen* festgelegt ist (Tabelle 6.3). Diese Anhänge enthalten Konzentrationswerte für gefährliche Stoffe bzw. Stoffgruppen (weitere Informationen s. *Klopp* [6.20]).

Die Musterverordnung zur Umsetzung der EG-Wasserrahmenrichtlinie nennt im Anhang 2 zu § 5 „Stoffe aus kommunalen, industriellen, landwirtschaftlichen und anderen Anlagen und Tätigkeiten, von denen signifkante Verschmutzungen der Oberflächenwasserkörper ausgehen“, z. B. Organohalogene Verbindungen, Organische Phosphorverbindungen, Organische Zinnverbindungen, Stoffe mit karzinogenen oder mutagenen Eigenschaften bzw. steroidgenen, thyreoiden, reproduktiven oder anderen Funktionen, persistente Kohlenwasserstoffe, Zyanide, Metalle und Metallverbindungen, Arsen und Arsenverbindungen, Biozide und Pflanzenschutzmittel, Schwebstoffe, Nitrate und Phosphate.

Die Wasserrahmenrichtlinie gibt vor, dass auf der Grundlage von Analysen dieser „prioritären Stoffe“ und mit zusätzlichen hydrologischen Daten die Risiken zu beurteilen sind, ob und inwieweit die für ein Gewässer festgelegten Bewirtschaftungsziele nach §§ 25a, 25b oder 32c des Wasserhaushaltsgesetzes nicht erreicht werden [6.21].

Tabelle 6.2 Eigenschaften und Inhaltsstoffe einiger industrieller Abwässer (Bischofsberger in [6.19])

hohe Temperatur	Kraftwerke, alle Industrien, Wäschereien, Flaschenwaschanlagen der Brauereien und Getränkeindustrie
hoher Gehalt an Schwebstoffen	Papierfabriken, Pappefabriken, Holzschleifereien, Zellstofffabriken, Wollwäschereien, Kohlenwäschen
hoher Gehalt an absetzbaren Stoffen	Gerbereien, Brauereien, Schlachthöfe, Zuckerfabriken, Kohlebergbau, Walz- u. Hochofenwerke, Glasbläsereien, Kieswäschen
hoher Gehalt an organischer Substanz (BSB_5)	Schlachthäuser, Fleischwarenfabriken, Abdeckereien, Leimfabriken, Gerbereien, Lederfabriken, Sauerkrautfabriken, Konservenfabriken, Seifenfabriken, Zellstofffabriken
hoher Gehalt an gelösten Stoffen	Erdölindustrie, Kohlebergbau, Schwefelkiesgruben, Salinen, Kaliindustrie, Sodafabriken, Chemische Industrie, Gerbereien, Enthärtungsanlagen, Sauerkrautfabriken
Säuren	Margarinen- und Sauerkrautfabriken, Herstellung künstlicher Fettsäuren, Seifenfabriken, Bleichereien, Schwefelkiesgruben, Beizereien, Galvanisieranstalten, Sprengstofffabriken, Chemische Industrie, Kerzenfabriken, Kohlegruben, Viskosefabriken
Alkalien	Textilfabriken, Metallwarenfabriken, Chemische Industrie, Gerbereien, Wäschereien, Gaswerke, Wollwäschereien
Öle und Fette	Molkereien, Margarinefabriken, Schlachthäuser, Fleischwarenfabriken, Seifenfabriken, Erdöl-Industrie, Gerbereien, Wollwäschereien, Kerzenfabriken, Metallbearbeitung
Detergentien	Seifenfabriken, Textilfabriken, Färbereien, Wäschereien
Färbung	Papier- und Pappefrabriken, Gerbereien, Färbereien, Farbenfabriken, Kunstseidefabriken, Galvanisierbetriebe

Tabelle 6.3 Anhänge der Allg. Rahmen-Abwasser-Verwaltungsvorschrift (Beispiele)

Anhang	Titel	Anhang	Titel
5	Herstellung von Obst- und Gemüseprodukten	37	Herstellung anorganischer Pigmente
9	Herstellung von Beschichtungsstoffen und Lackharzen	39	Herstellung von Nichteisenmetallen
11	Brauereien	40	Metallbe- und -verarbeitung
17	Herstellung keramischer Erzeugnisse	41	Herstellung und Verarbeitung von Glas u. künstlichen Mineralfasern
19	Zellstofferzeugung, Herstellung von Papier und Pappe	43	Herstellung von Chemiefasern, Folien und Schwammtüchern
20	Fleischmehl	47	Wäsche von Rauchgasen aus Feuerungsanlagen
22	Chemische Industrie		
25	Lederherstellung	49	mineralölhaltiges Abwasser
26	Steine und Erden	51	Ablagerung von Siedlungsabfällen

6.2.4 Gesetzliche Regelungen

Das Gesetz zur Ordnung des Wasserhaushalts (Wasserhaushaltsgesetz – WHG) bestimmt in § 7a *Anforderungen an das Einleiten von Abwasser*: „Eine Erlaubnis für das Einleiten von Abwasser darf nur erteilt werden, wenn die Schadstofffracht des Abwassers so gering gehalten wird, wie dies bei Einhaltung der jeweils in Betracht kommenden Verfahren nach dem *Stand der Technik*[3] möglich ist".

Bei der Festlegung der Einleitungsbedingungen, d. h. der einzuhaltenden und zu kontrollierenden Verschmutzungsparameter, des industriellen Abwassers wird zwischen den direkten und indirekten Abwassereinleitern unterschieden:

- Direkteinleiter entwässern über eine werkseigene Kanalisation und werkseigene Kläranlage *direkt in den Vorfluter.*
- Indirekteinleiter entwässern über eine öffentliche Kanalisation in eine gemeindliche Kläranlage und von dort *indirekt in ein Gewässer.*

Direkteinleiter benötigen eine wasserrechtliche Erlaubnis und müssen für die abgeleiteten Schadstoffe Abwasserabgabe bezahlen. Nach dem Gesetz über Abgaben für das Einleiten von Abwasser in ein Gewässer (*Abwasserabgabengesetz*) wird eine Abgabe durch die Länder erhoben, die sich nach der Schädlichkeit des Abwassers richtet (Tabelle 6.4; Analysenmethoden in Tabelle 6.5). Die Abgabepflicht begann am 1.1.1981 mit einem Abgabesatz für jede Schadeinheit von 12 DM und steigerte sich – bei ständig erweitertem Umfang an Stoffparametern – bis 1997 auf 70 DM. Der Abgabesatz beträgt seit 1.1.2002 pro Schadeinheit 35,79 €.

Die Anforderungen für Indirekteinleiter nach dem St.d.T. werden durch Rechtsverordnungen, Anhänge zur Abwasserverordnung und als Anhänge zur Rahmen-Abwasserverwaltungsvorschrift konkretisiert. In den Anhängen zur Abwasserverordnung (AbwV) sind die Anforderungen für kommunales Abwasser und für industrielle und gewerbliche Bereiche geregelt (Beispiele in Tabelle 6.3).

Für die Einleitung kommunaler Abwässer in Gewässer gelten die Anforderungen gemäß Anhang 1 zur Abwasserverordnung. Dieser sieht Konzentrationsbeschränkungen für 5 Parameter vor, nämlich CSB, BSB_5, Ammonium-Stickstoff, gesamter anorganisch gebundener Stickstoff (Summe von NH_4^+-N, NO_2^--N, NO_3^--N) und Phosphor. Die Anforderungen verschärfen sich in der Regel mit steigender Ausbaugröße der Kläranlage [6.20]:

- Beim *Chemischen Sauerstoffbedarf* (CSB) reicht die Spannweite von 75 bis 150 mg/L, beim BSB_5 von 15 bis 40 mg/L.
- *Nitrifikation* (Abschn. 6.3.1) wird erst über 5.000 EW gefordert; die Anforderung beträgt 10 mg/L NH_4^+-N.
- *Denitrifikation* (Abschn. 6.3.1) ist erst oberhalb 10.000 EW vorgesehen; für den gesamten anorganisch gebundenen Stickstoff sind 18 mg/L einzuhalten.
- Eine *Phosphorlimitierung* ist ab der Ausbaugröße > 10.000 EW vorgesehen; die Anforderung liegt bei 2 mg/L; ab 100.000 EW wird 1 mg/L gefordert.

Aufgrund der Temperaturabhängigkeit der Nitrifikation gelten die Anforderungen dort nur vom 1. Mai bis 31. Oktober oder bei Abwassertemperaturen ab 12°C.

---

[3] Kriterien zur Bestimmung des Standes der Technik (Anhang zu § 3 BImSchG) s. S. 68

Tabelle 6.4 Bewertungen der Schadstoffe und Schadstoffgruppen sowie die Schwellenwerte nach dem Abwasserabgabengesetz

Nr.	Bewertete Schadstoffe und Schadstoffgruppen		Einer Schadeinheit entsprechen jeweils folgende volle Messeinheiten	Schwellenwerte nach Konzentration und Jahresmenge	
1	*Oxidierbare Stoffe* in chemischer. Sauerstoffbedarf (CSB)		50 kg Sauerstoff	20 mg/l und 250 kg/Jahr	
2	*Phosphor*		3 kg als Gesamt-Phosphor	0,1 mg/l und 15 kg/Jahr	
3	*Stickstoff*		25 kg als Summe aus NH_4^+-, NO_2^--, NO_3^--N	5 mg/l und 125 kg/Jahr	
4	*Organische Halogenverbindungen als* adsorbierbare organisch gebundene Halogene (AOX)		2 kg Halogen, berechnet als organisch gebundenes Chlor	100 µg/l und 10 kg/Jahr	
5	*Metalle* und ihre Verbindungen:			und	
	5.1	Quecksilber	20 g	1 µg/l	0,1 kg
	5.2	Cadmium	100 g	5 µg/l	0,5 kg
	5.3	Chrom	500 g	50 µg/l	2,5 kg
	5.4	Nickel	500 g	50 µg/l	2,5 kg
	5.5	Blei	500 g	50 µg/l	2,5 kg
	5.6	Kupfer	1000 g	100 µg/l	5 kg
6	*Giftigkeit gegenüber Fischen*		6.000 m^3 Abwasser geteilt durch G_F	$G_F = 2$ *	

*) G_F ist der Verdünnungsfaktor, bei dem Abwasser im Fischtest nicht mehr giftig ist

Tabelle 6.5 Methoden zur Konzentrationsbestimmung von Schadstoffen im Wasser [6.22]

Kenngröße	experimentelle Methode	Konzentration	Schadstoffgruppen
BSB_5	Oxidation durch aerobe Mikroorganismen	mg O_2/l	1
CSB	Oxidation mit K-Dichromat	mg O_2/l	1+2+3+5+6
TOC	katalytische Verbrennung	mg C/l	1+2+5+6
DOC	katalytische Verbrennung	mg C/l	1+2
AOX	Adsorption an Aktivkohle	µg X/l	6
$N_{ges.}$	Farbstoffreaktion, photometrisch	mg N/l	3+4
$P_{ges.}$	Fällung	mg P/l	7

1 = biologisch leicht abbaubare, gelöste, kohlenstoffhaltige Verbindungen; 2 = biologisch schwer abbaubare, gelöste, kohlenstoffhaltige Verbindungen; 3 = NH_4^+-Stickstoff; 4 = NO_3^--Stickstoff; 5 = kolloidal gelöste und sedimentierbare organische Feststoffpartikel; 6 = organische Halogenverbindungen (X = F, Cl, Br, J); 7 = Phosphate

6.3 Biologische Abwasserreinigung

6.3.1 Biologische Prinzipien und ihre technischen Anwendungen

Biologische Prinzipien und Mechanismen spielen eine zentrale Rolle bei umwelttechnischen Anwendungen; Tabelle 6.6 gibt eine Übersicht über die entsprechenden Abschnitte in dem vorliegenden Buch.

Tabelle 6.6 Zusammenstellung der in diesem Buch beschriebenen biologischen Prinzipien und Mechanismen (links) und abgeleitete Anwendungen in der Umweltschutztechnik

Prinzipien, Mechanismen	Abschn.	Technische Anwendungen	Abschn.
Struktur von Ökosystemen	*1.2.1*	Biotechnologien,	1.2.1
– Organisationsstufen		erhöhte Schadstoffresistenz,	1.3.5
– Funktionssysteme		wasserwirtschaftliche Aktivitäten	1.3.7
Selbstoptimierung, Pufferung	*1.3.5*	vorbeugender Gewässerschutz	1.2.1–2
– mikrobieller Schadstoffabbau	8.5.2	Monitored Natural Attenuation	8.5.2
– Redoxpotenzial-Sukzession	3.1.5	Organik-Abbau in Deponien	9.4.2
– Biofilme (Mikrokonsortien)	6.3.1	Metalllaugung aus Erzabfällen	6.3.1
Bioreaktoren (submers, Festbett)	*1.3.4*	Festbett-Biofilter (Luftreinhaltung)	5.3.2
– Sauerstoff, Nährstoffe	6.3.1	Tropfkörper-/Belebungsverfahren	6.3.2–3
– org. C-Quelle, Spezialisten	7.3.3	Denitrifikation (Ab-, Rohwasser)	6.3.4
– Anaerobie, Temperatur	6.5.2	Biogas (Abwasser, Schlamm)	6.5.2–3
– Zufuhr aktiver Biomasse	9.2.5	Biogas (organische Abfälle)	4.2.3
naturnahe Prozesse u. Faktoren	*1.2.2*	Ökotechnik (Ingenieurökologie)	1.3.5
– Wasserpflanzenfilter	6.3.3	Land-Behandlung von Abwasser	6.3.3
– Untergrund-Infiltration	7.2.1	künstl. Grundwasseranreicherung	7.3.1
– Bioverstärkung (Spezialisten)	8.4.3	In-situ Grundwassersanierung	8.4.3
– organische Substrate (fest)	8.4.3	Landfarming, Bio-Beet (Altlasten)	8.4.3
– Nährstoff-Optimierung	1.3.5	Kompostierung, MBV-Abfall	9.2.5

Ausgangspunkt und integrierender Faktor der biologischen Umsetzungen sind die Biofilme mit ihrer Matrix aus extrazellulären polymeren Substanzen (EPS) und den in ihr eingebetteten Organismen (s. Abschn. 1.3.5). Der Biofilm bietet Schutz vor pH-Extremen, Salzbelastungen, hydraulischer Belastung, toxischen Metallionen durch deren Bindung an die EPS, Bioziden und Antibiotika sowie Immunabwehrmechanismen des Wirtsorganismus bei Infektionen [6.23].

Biofilme vermitteln jedoch nicht nur technische nutzbare Ab- und Umbauprozesse, sondern sind auch die Ursache unerwünschter Effekte wie bspw. des „Biofouling" und der „Biokorrosion" (*Kasten*). Bei der mikrobiell beeinflussten Korrosion können auch Metallionen komplexiert werden [6,24] und solche Effekte werden bei der biologischen Laugung von Erzen und Bergbauabfällen technisch genutzt [6.25].

Biofouling – Biofilm-Reaktoren am falschen Ort (Prof. Dr. H.-C. Flemming)

Unter „Biofouling“ versteht man die unerwünschte Anheftung und Vermehrung von Mikroorganismen auf Oberflächen, also von Biofilmen. Biofouling kommt in höchst verschiedenen Fällen vor – das Spektrum reicht von medizinischen Implantaten über Produktionsanlagen für hochreines Wasser, Lebensmittel-Herstellung, Membransysteme für Wasseraufbereitung, Brauchwassersysteme für Pharma-, Kosmetik-, Farben- und Automobilindustrie, bis hin zum Bewuchs von Schiffsböden. Die dadurch verursachten Kosten sind sehr hoch und stammen aus Qualitätsminderung des Produkts durch mikrobielle Kontamination, aus Verschlechterung des Wirkungsgrades von Produktionsanlagen sowie Reinigungs- und Reparaturaufwand zusammen.

Die Bekämpfung von Biofouling geschieht heute immer noch überwiegend nach medizinischen Analogien: Biofouling wird als „Infektionskrankheit“ eines technischen Systems betrachtet und mit Bioziden behandelt. Die Erfolge sind dabei oft unzureichend und von kurzer Dauer, denn gerade im Biofilm sind die Organismen besonders gut gegen Biozide geschützt. Alternative Ansätze gehen von den Entwicklungsgesetzen des Biofilm aus. Bei Biofouling geschieht das Gleiche wie in allen Biofilmen: abbaubare Substanzen werden von sessilen Mikroorganismen in lokal akkumulierte Biomasse umgewandelt – es handelt sich sozusagen um einen Biofilm-Reaktor am falschen Ort. Abbaubare Stoffe müssen als potenzielle Biomasse betrachtet werden. Daher ist es effektiver, ihre Konzentration zu begrenzen (z. B. durch Vorschaltung von Biofiltern) anstatt zu versuchen, alle Mikroorganismen abzutöten [6.26].

Mikrobiell beeinflusste Korrosion (Biokorrosion) (Prof. Dr. H.-C. Flemming)

Korrosion ist ein Grenzflächen-Prozess, dessen Verlauf ganz wesentlich durch die physikalisch-chemischen Bedingungen an der Grenzfläche bestimmt wird. Dazu gehört z. B. die Sauerstoff-Konzentration, der pH-Wert, das Redox-Potential sowie Ionenstärke und Leitfähigkeit. Wenn auf der Grenzfläche ein Biofilm sitzt, kann er all diese Parameter beeinflussen. Dies kann allein schon durch seine Anwesenheit, ganz besonders aber durch seine physiologische Aktivität geschehen. Dazu gehört der Verbrauch von Sauerstoff durch heterotrophe Organismen sowie die Bildung korrosiver Stoffwechselprodukte, z. B. Schwefelwasserstoff [6,27]. Biofilme dürften unerkannter Weise an den sehr vielen Korrosionsprozessen beteiligt sein, die sich in wässrigem Mileu abspielen und jährlich in Deutschland Schäden in Milliardenhöhe verursachen [6.28]. Unter Umständen können Biofilme aber ich korrosionshemmend wirken [6.29], deshalb spricht man von „mikrobiell beeinflusster Korrosion“ (engl.: „microbially influenced corrosion“, MIC).

Nicht nur metallische, sondern auch mineralische Werkstoffe sind davon betroffen. Hier sind es überwiegend säurebildende Organismen, z. B. Nitrifikanten und schwefeloxidierende Bakterien, die durch starke pH-Absenkung zu umfangreichen Bauschäden führen können. Auch die Kohlensäure, das Endprodukt des heterogenen aeroben Stoffwechsels, kann diese Wirkungen haben.

Umsetzungen durch Mikroorganismen

Für die Entfernung organischer Substanzen bei der Abwasser- und Wasseraufbereitung sind in erster Linie aerobe Stoffwechselprozesse wichtig. Sauerstoff ermöglicht eine sehr effiziente Energiegewinnung und eine vollständige Substratoxidation. Der Abbau von hochpolymeren Strukturen (Cellulose, Stärke, Eiweiß) verläuft etappenweise, vermittelt durch unterschiedliche Mikroorganismen und Enzymsysteme (siehe auch Einführung in Abschn. 1.3.5):

Abbau organischer Stoffe, heterotrophe Organismen
Im aeroben Abbau der organischen Stoffe mineralisieren heterotrophe Mikroorganismen einen Teil der organischen Stoffe (hier anhand eines Kohlehydrats CH_2O dargestellt) zu Kohlendioxid CO_2 und Wasser H_2O:

$$CH_2O + O_2 \rightarrow CO_2 + H_2O$$

Der Rest der organischen Stoffe wird in die Mikroorganismen eingebaut, die sich dabei vermehren: Der Abbau von organischen Stoffen ist also ein Wachstumsprozess. Es gibt eine große Zahl von unterschiedlichen heterotrophen Bakterien, die organische Stoffe abbauen können. Sie vermehren sich schnell, entsprechend werden die zugehörigen Bauwerke eher klein.

Nitrifikation
Unter Nitrifikation verstehen wir einen mikrobiologischen Prozess, in dem spezialisierte Bakterien Ammonium NH_4^+ zu Nitrat NO_3^- oxidieren:

$$NH_4^+ + 2\ O_2 \rightarrow NO_3^- + H_2O + 2\ H^+$$

Dieser Prozess läuft nur sehr langsam ab, entsprechend groß werden die Bauwerke, die diesen Prozess ermöglichen. Die Nitrifikation verbraucht große Mengen von gelöstem Sauerstoff O_2. Die Bakterien, die die organischen Stoffe abbauen, können nicht nitrifizieren.

Denitrifikation
Unter Denitrifikation verstehen wir einen mikrobiologischen Prozess, in dem für die Oxidation von organischen Stoffen an Stelle von Sauerstoff O_2 Nitrat NO_3^- reduziert wird. Das Produkt der Denitrifikation ist elementarer Stickstoff N_2, der problemlos in die Atmosphäre abgegeben werden kann.

$$5\ CH_2O + 4\ NO_3^- + 4\ H^+ \rightarrow 2\ N_2 + 5\ CO_2 + 7H_2O$$

Die Denitrifikation ist also ein Prozess, mit dem Stickstoff aus dem Abwasser entfernt werden kann. Die meisten heterotrophen Bakterien, die organische Stoffe aerob abbauen, können auch denitrifizieren.

Faulung
Mit Faulung werden Prozesse bezeichnet, die unter Ausschluss von Sauerstoff (anaerob) ablaufen. Der Prozess der Faulung ist ein Verfahren zur Stabilisierung von Klärschlamm und das dabei gewonnene Biogas ist ein wertvoller Energieträger (Abschn. 6.5.3).

6.3.2 Tropfkörperverfahren [6.30]

Tropfkörper sind Festbettreaktoren und die zum Abbau organischer Stoffe geeigneten Organismen siedeln als Bewuchs auf festen Oberflächen (*Kasten:* Biofilme). Die Behälter sind mit großporigem Material – Lavabrocken, Schlacke, Bimsstein, Ziegelstücke – gefüllt. Das vorgeklärte Abwasser wird durch Drehsprenger auf der Oberfläche des Füllmaterials verspritzt und tropft langsam durch den Füllkörper zum Boden des Behälters (Abb. 6.5). Dabei kommt es mit verschiedensten Organismen in Kontakt. Die Algen verbrauchen Nährstoffe und setzen bei der Photosynthese Sauerstoff frei. Zusätzlich wird Sauerstoff durch den Hohlboden von unten in den Füllkörper geleitet. Die technischen Bedingungen werden so eingestellt, dass sich neben den chemoorganotrophen Bakterien auch noch Ciliaten und viele höher entwickelte Detritusfresser, vor allem Milben und auch Insektenlarven halten können, die mittelbar oder unmittelbar von der gebildeten Bakterienmasse leben und diese abbauen. Das gereinigte Abwasser wird mit seinen relativ geringen Feststoffanteilen wird in Nachklärbecken geleitet; dort setzt sich feiner Schlamm, der hauptsächlich aus lebenden und toten Organismen besteht, ab.

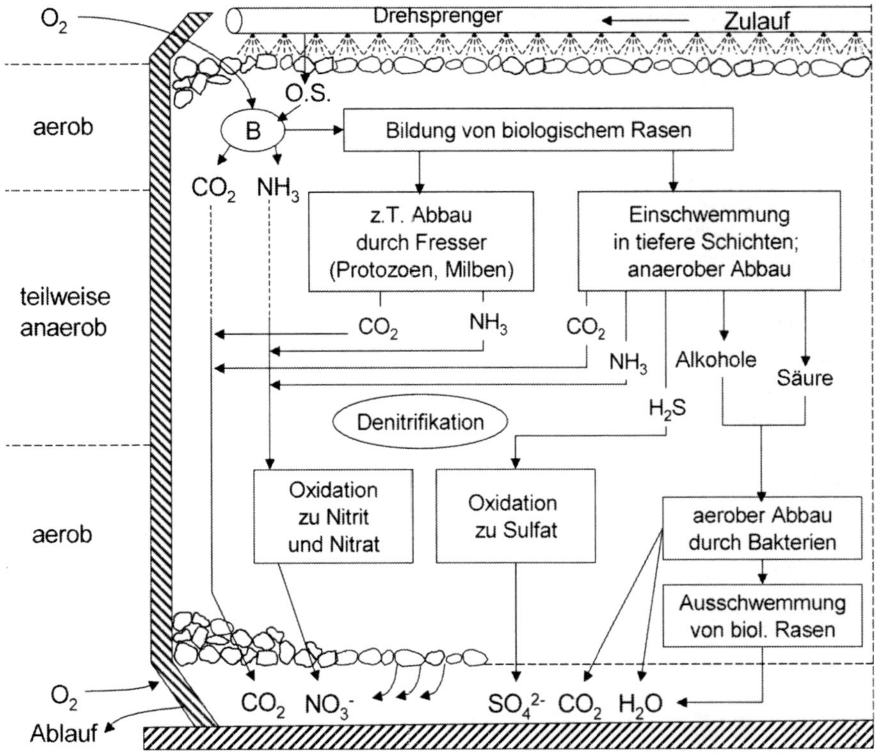

Abb. 6.5 Biologische Prozesse in Brockentropfkörpern (nach Hartmann [6.30])

Tropfkörper sind verfahrenstechnisch unkompliziert, da keine Rückführung von Biomasse erfolgt. Allerdings sind sie auch technisch starre Elemente, die keine verfahrenstechnischen Eingriffe während des Betriebs zulassen. Eine Renaissance der Festbettreaktoren zeichnet sich ab, weil hierbei die Mikroorganismen im System gehalten werden können [6.31]: Dadurch bleibt die Fähigkeit des Systems, sporadisch eingeleitete Substanzen zu verstoffwechseln, länger erhalten als in den submersen Reaktorsystemen (s. Abschn. 1.3.4) mit einem ständigen Austausch der Biomasse. „Sessile" Mikroorganismen verfügen häufig über spezielle Stoffwechselleistungen und das Gesamtsystem hat damit eine Art „Gedächtnis" für den Abbau von jenen Stoffen, die schwerer verwertbar und/oder seltener im Abwasser vorhanden sind. Einen besonderen Vorteil haben diese Systeme, wenn sie als „Schönungsreaktor" einem hochbelasteten Belebtschlammverfahren nachgeschaltet werden, um durch Nitrifikation, durch Elimination freier Bakterien und durch Elimination schwer abbaubarer Stoffe die Restverschmutzung zu vermindern.

6.3.3 Belebungsverfahren

Eine Erhöhung der Raum-Zeit-Ausbeute wurde durch Belebungsverfahren erzielt. Im meist längs durchströmten Belebungsbecken befinden sich die Mikroorganismen, die die Wasserinhaltsstoffe aufnehmen. Das Belebungsbecken ist, in technologischer Definition, ein kontinuierlich beschickter Reaktor mit einem biologisch geschlossenen System; d. h., die Organismen werden im System gehalten, es fließt ihnen beständig Nährlösung zu, und die Aufenthaltszeit dieser ist geringer als die der Organismen [6.30]. Der aus der Verwertung der Nährlösung resultierende Organismenzuwachs wird aus dem System entfernt (*Überschussschlamm*).

Der technische Grundtyp besteht aus dem Reaktionsbecken, in dem Organismen vorhanden sind und dem Nährlösung beständig zugeführt wird. Zur Sauerstoffversorgung und um die Organismen in Schwebe zu halten, wird belüftet und umgewälzt, wobei die Umwälzung oft mit der Belüftungseinrichtung gekoppelt ist (Abb. 6.6). Das durch die ständige Zufuhr verdrängte Reaktionsgemisch wird in einen *Separator* (Nachklärbecken) gebracht und dort beruhigt, so dass sich die Organismen absetzen können. Die verarmte Nährflüssigkeit fließt ab, die Organismen werden in das Reaktionsbecken im erforderlichen Maße zurückgeführt (Rücklaufschlamm). Im Gegensatz zu Festbettreaktoren, in denen die Nachklärung lediglich der Reinigung des behandelten Abwassers von Feststoffen dient, ist die Nachklärung bei Belebungsverfahren integraler Bestandteil [6.31].

Der Reinigungsträger wird als „Belebtschlammflocke" bezeichnet. Die mikroskopische Analyse zeigt sie als Partikel mit einem Durchmesser von 50 bis 200 µm sehr oberflächenreich. In den Randzonen wirken verschiedene Bakterienarten teils nach außen, teils zum zentralen Teil hin. Die Artenvielfalt nimmt meist mit schwächerer Belastung des Systems zu; dort treten zu den häufigeren Arten *Pseudomonas*, *Bacillus*, *Micrococcus* und *Zoogloea* auch die Nitrifizierer hinzu. Die Analyse des anorganischen Anteils zeigt, dass der Kern der Partikel hauptsächlich aus Tonen, Eisenoxid und Calciumphosphat besteht [6.30].

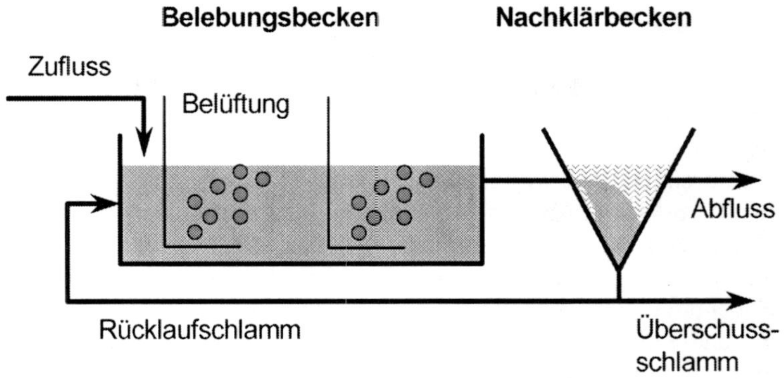

Abb. 6.6 Belebungsverfahren. Aus: Gujer [6.8]

Der Stoffumsatz im Reaktor ist um so höher, je größer die Konzentration an Belebtschlamm im Reaktor ist. Dieser Wert liegt normalerweise um 3 bis 3.5 kg Trockensubstanz je m^3 Reaktorvolumen. Anzustreben wäre ein höherer Wert, doch wird dies begrenzt durch andere technische Größen wie Sauerstoffversorgung und Konzentration des Schlamms bei der Rückführung aus dem Separator. Unter optimalen Bedingungen werden die organischen Inhaltsstoffe in 6 bis 12 Stunden abgebaut; pro kg BSB_5 werden etwa 30 bis 40 m^3 Luft benötigt [6.32].

Eine Erhöhung der Sauerstoffeintragsleistung kann durch Verwendung von Reinsauerstoff oder durch feinste Dispergierung von Gasblasen erfolgen. Da der geschwindigkeitsbegrenzende Schritt häufig die Diffusion von Substrat in die Flocke zu den Mikroorganismen ist, muss man die Flocke klein halten, wenn der Stoffübergang beschleunigt werden soll. Aus diesen Überlegungen heraus wurden die Abwasserreinigungssysteme der sogenannten „dritten Generation" entwickelt, z. B. der Hubstrahlreaktor, der Kompaktreaktor, die Turmbiologie und der Bio-Hochreaktor, deren Leistungssteigerung durch eine besonders intensive Durchmischung erzielt wird [6.31]. Die durch die hohe Turbulenz auftretenden Scherkräfte zerkleinern sowohl die Luftbläschen als auch die Schlammflocken und erzeugen so vergleichsweise große spezifische Oberflächen.

Auf der anderen Seite befinden sich die „ökologisch" geprägten aerob-biologischen Reinigungsverfahren der „Landbehandlung" und „Behandlung in stehenden Gewässern" [6.30]. Die Oberflächenbehandlung ist im Gegensatz zu den meisten der anderen Verfahren relativ kontrollierbar. Es wird dabei das Abwasser auf einer leicht geneigten bewachsenen Fläche in dünner Schicht verrieselt. In einem Übergangsbereich zwischen den Landverfahren und der Behandlung in stehenden Gewässern liegt die Nutzung von Wasserpflanzenfilter wie Binsen, Schilf, Rohrkolben (in gemäßigten Zonen; Wasserhyazinthen und Wasserlinsen in tropischen und subtropischen) Gebieten; dabei werden auch „harte" organische Chemikalien reduziert. Der Aufwuchs an Mikroorganismen auf Wurzeln und Stengeln dient als biologischer Filter und gleicht in der Funktion einem Tropfkörper, bei dem anstelle des inerten Füllmaterials Pflanzen verwendet werden.

6.3.4 Biologische Phosphor- und Stickstoff-Eliminierung

Biologische Phosphor-Eliminierung

Phosphor tritt in der Natur in Organismen als Nukleinsäuren, als gelöstes Glucose-1-Phosphat oder als mineralische Phosphatverbindungen, z. B. Eisenphosphat, auf. Waschmittel enthalten bzw. enthielten polymere Phosphate (z. B. Pentanatriumtriphosphat), welche im Abwasser zu Monophosphat hydrolisieren [6.33].

Phosphor wird bei der biologischen Abwasserreinigung von den Organismen für den Aufbau der Nukleinsäuren und Phospholipide sowie für den Energiestoffwechsel benötigt. Bei letzterem wird Adenosindiphosphat unter Aufnahme von Phosphat und Energie in Adenosintriphosphat (ATP) überführt. Diese Energiespeicherung in Form von ATP bzw. energiereichen Polyphosphatgranula hat zur Überbrückung von „Notzeiten" für die Bakterien eine lebensnotwendige Bedeutung. Eine derartige Energiereserve legen die Mikroorganismen jedoch erst dann in wassergütewirtschaftlich nutzbarem Maße an, wenn sie solchen Stresszuständen periodisch ausgesetzt werden. Technisch lässt sich der Stresszustand, der zu einer „Überkompensation" mit P-Gehalten von 6–7 % bei bestimmten Bakterien und Pilzen führt [6.34], mittels sauerstofffreier Perioden erreichen. Dabei werden zuerst Phosphate aus dem Polyphosphatspeicher rückgelöst und unter nachfolgend aeroben Bedingungen von den Organismen im Überschuss aufgenommen.

Biologische Stickstoff-Eliminierung

Die Prozesse der Nitrifizierung und Denitrifizierung wurden bereits in Abschn. 6.3.1 beschrieben. Für eine sehr weitgehende technische Denitrifizierung z. B. auf eine N_{ges}-Reduktion von 90 % bis 95 % sind folgende vier Voraussetzungen erforderlich [6.35, 6.36]:

- sehr weitgehende Nitrifikation des vorhandenen bzw. durch Ammonifikation aus organischen Stickstoffverbindungen entstandenen Ammoniums. Die Nitrifikation setzt in der Regel erst dann merklich ein, wenn die C-Verbindungen weitgehend abgebaut sind.
- ein entspechend hohes Schlammalter, da Nitrifikanten eine merklich längere Generationszeit (12 – ? h) als die anderen Bakterien (20' – 1 h) aufweisen.
- genügend hohe Denitrifizierungsgeschwindigkeit und hohe organische Fracht für ein weiteres Wachsen der Denitrifikanten während der anoxischen Phase.
- eine gute Verfügbarkeit der Kohlenstoffquelle (hohes Verhältnis BSB_5/CSB)

In Abb. 6.7 sind schematisch die Längsprofile von vier Wasserinhaltsstoffen bei der Vordenitrifikation dargestellt [6.8]. Die Denitrifikation ist in dieser Darstellung durch das Angebot von Nitrat limitiert, dessen Konzentration gegen null fällt, während noch organische Stoffe (BSB_5) verfügbar sind. Eine Vergrößerung der internen Rezirkulation würde eine Verbesserung der Denitrifikation bringen.

In Tabelle 6.7 (Gujer [6.8]) sind die Umweltbedingungen zusammengestellt, die erforderlich sind, damit die einzelnen Prozesse zur biologischen Nährstoffelimination ablaufen können. Von besonderer Bedeutung sind Sauerstoff und Nitrat; diese beiden Komponenten bestimmen hauptsächlich, welche Prozesse in der betrieblichen Praxis von Belebungsanlagen möglich sind.

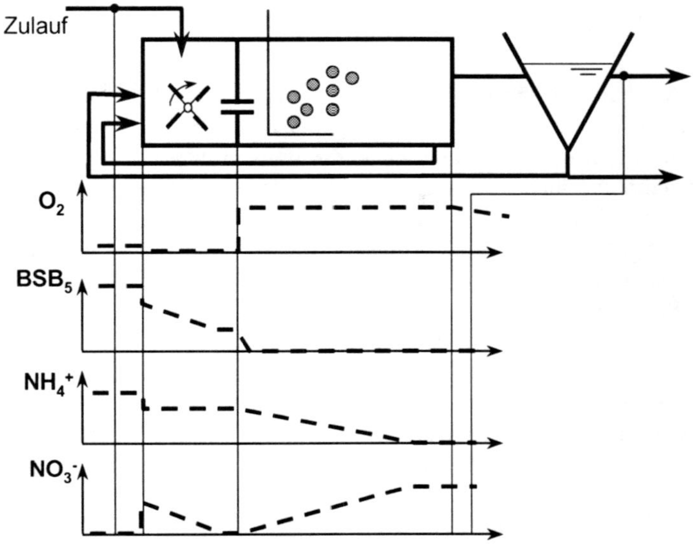

Abb. 6.7 Schematische Darstellung eines Verfahrens mit Vordenitrifikation; entlang der Fließrichtung mit vier relevanten Wasserinhaltsstoffen (nach Gujer [6.8])

Tabelle 6.7 Zusammenstellung der erforderlichen Umweltbedingungen in den verschiedenen Belebtschlammverfahren. + heisst, dass dieser Stoff vorhanden sein muss, damit der entsprechende Prozess ablaufen kann. *Produkt* heisst, dass dieser Stoff produziert wird; *hemmt* heisst, dass dieser Stoff den Prozess hemmt oder verunmöglicht (aus Gujer [6.8])

Erforderliche Umweltbedingungen	Aerober Abbau von CSB	Nitrifikation	Denitrifikation	Biologische Phosphor Elimination	
				Phase I	Phase II
	aerob	aerob	anoxisch	anaerob	aerob
O_2	+	+	Hemmt	hemmt	+
CSB	+		+	+	
heterotr. Biomasse	+		+		
Nitrifikanten		+			
PAO[a)]				+	+
NH_4^+		+			
NO_3^-		Produkt	+	hemmt	
PO_4^{3-}				Produkt	
HCO_3^-		+	Produkt	+	
Schlammalter	< 5 d	7–10 d	10–15 d	> 15 d	

[a)] PAO = phosphorakkumulierende Organismen

6.4 Chemisch-Physikalische Abwasserreinigung

Der Einsatz chemisch-physikalischer Behandlungsmethoden erscheint in den folgenden Bereichen der Abwasserreinigung sinnvoll [6.37]: (1) Vorbehandlung von Abwässern, die in ihrer ursprünglichen Zusammensetzung für mechanisch-biologische Behandlung nicht geeignet sind; (2) vorzeitige Entfernung ungelöster oder auch fällbarer Inhaltsstoffe, (3) zulauffrachtproportionale Anwendung zum Abbau von Belastungsschwankungen, (4) Bekämpfung von Blähschlamm-Problemen, (5) Ablaufverbesserung insbesondere durch bessere Feststoffabtrennung, (6) weitestgehende Entfernung von Schwermetallen, (7) Phosphorelimination und weitestgehende Entfernung von Schwermetallen.

Hahn [6.37] weist auf die „Arbeitsteilung" zwischen biologischen und physikalisch-chemischen Prozessen bei der Abwasserbehandlung hin: Während die biologischen Verfahren – als nichtspezfisch und leistungsfähig charakterisiert – dabei als *Grundlastverfahren* einsetzbar sind, lassen sich die chemischen Grundprozesse je nach verwendeter Chemikalie als spezifische und anpassungsfähige Prozesse betrachten, die hier die Funktion von *Spitzenlastverfahren* übernehmen können.

Bei den nachfolgend beschriebenen Verfahren ist grundsätzlich zu unterscheiden zwischen einer mechanischen Abtrennung der im zuströmenden Abwasser bereits vorliegenden Partikeln und der Abscheidung von gelösten, kolloidalen oder festen Bestandteilen, die durch eine chemisch-physikalische Behandlung erst in die geeignete Form gebracht wurden. Während für die Zulauf-Partikel eine Abtrennung am Beginn der Abwasserbehandlung in den meisten Fällen eindeutig vorzuziehen ist, gibt es Diskussionen über die Position einer zusätzlichen Fällungs-/Filtrationsstufe im Verlauf von Klärprozessen [6.37]:

- *Vorfällung.* Die Zugabe der Fällmittel erfolgt in den Zufluss der Vorklärung. Hier wird außer einer Chemikaliendosierungsstufe keine weitere Anlage zur Flüssig/fest-Trennung erforderlich, da das bestehende Vorklärbecken hierzu verwendet wird. Nachteilig ist eventuell die gleichzeitige Ausflockung organischer Substanz bei nachgeschalteter Denitrifikation.
- *Simultanfällung.* Die Fällmittel kommen in die biologische Reinigungsstufe (z. B. Belebungsbecken). Eisen-(II)- und Aluminium-Fällmittel beeinträchtigen die Nitrifizierung. Auch hier wird keine weitere Stufe zur Flüssig/fest-Trennung erforderlich, da das Nachklärbecken zur Abtrennung der gebildeten Fällungs- und Flockungsprodukte verwendet wird.
- *Nachfällung.* Der Ablauf der biologischen Reinigung wird mit den Fällmitteln versetzt. Ein Vorteil dieser Schaltung ist die ausgleichende Wirkung der Fällung, wenn die vorhergehenden Stufen ungenügend gearbeitet haben. Der Aufwand für zusätzliche Bauwerke ist aber nachteilig.

Schließlich sind Fällungs- und Flockungsmittel schon in der Vergangenheit erfolgreich zur Verbesserung der Feststoffabtrennung im Rahmen der *Schlammbehandlung* eingesetzt worden. Auch hier findet, insbesondere in der Phase der Eindickung (s. Abschn. 6.5.1), ein ähnlicher Prozess wie bei der Flockung oder Agglomeration in Suspensionen niedriger Konzentrationen.

6.4.1 Fällung von Schwermetallen

Bei der Fällung reagieren gelöste Ionen mit den zugegebenen Fällmitteln unter Bildung schwerlöslicher und demzufolge inerter Verbindungen, die nach ihrer Sedimentation als Bodenschlamm aus dem Fällungsreaktor bzw. Absetzbecken ausgetragen werden. Die aus dem Löslichkeitsprodukt abzuleitende Löslichkeit wird durch gleich- oder fremdionige Zusätze beeinflusst. Meist führt eine Erhöhung des Ionengehaltes im zu reinigenden Abwasser zu einer Verbesserung der Fällung. Eine Verschlechterung tritt dann ein, wenn vorhandene höhermolekulare Wasserinhaltsstoffe (Huminsäuren, Farbstoffe) mit dem Fällmittel stabile Komplexe bilden. Wichtig ist vor allem die Entfernung der Phosphate; in der Praxis haben sich als Fällmittel Eisen-, Aluminium- und Calciumsalze bewährt [6.38].

Fällungsverfahren werden bei der Eliminierung von Schwermetallen, Sulfiden, Cyaniden und Tensiden eingesetzt. Um schwerlösliche Schwermetallhydroxide zu bilden, ist der pH-Wert im Abwasser durch Zugabe basischer Stoffe so zu erhöhen, dass die Löslichkeitsprodukte überschritten werden. Tabelle 6.8 zeigt den Zusammenhang zwischen der Löslichkeit von Metallhydroxiden und pH-Wert. Zu beachten die Tendenz zu einer Wiederauflösung bei höheren pH-Werten nicht nur für Aluminium und Chrom, sondern auch für Zink.

Tabelle 6.8 pH-Bereiche von Fällungsbeginn und Wiederauflösung, die für eine Schwermetallentfernung mittels Fällung von Interesse sind (nach [6.37])

Metall	Fällungsbeginn pH	Wiederauflösung pH	Löslichkeitsprodukt für Metallhydroxid	
Eisen	2,8	–	$Fe(OH)_3$	$9 \cdot 10^{-38}$
Aluminium	4,3	8,3	$Al(OH)_3$	$2 \cdot 10^{-32}$
Chrom	5,8	9,2	$Cr(OH)_3$	$3 \cdot 10^{-28}$
Kupfer	5,8	–	$Cu(OH)_2$	$2 \cdot 10^{-19}$
Blei	6,5	–	$Pb(OH)_2$	ca. 10^{-13}
Zink	7,6	11,0	$Zn(OH)_2$	$4 \cdot 10^{-17}$
Nickel	7,8	–	$Ni(OH)_2$	$6 \cdot 10^{-15}$
Cadmium	9,1	–	$Cd(OH)_2$	$1 \cdot 10^{-14}$

Der Wirkungsgrad der verschiedenen Chemikalien für die Fällung und Kopräzipitation von Metallen aus industriellen Abwässern ist für die einzelnen Metalle unterschiedlich [6.39]: Viele Untersuchungen haben gezeigt, dass die Fällung von *Metallsulfiden* besonders wirksam ist. Die Fällung mit *Fe-Salzen* ist effizient bei einer breiten Palette von Metallen, u. a. auch Kupfer, während die *Kalkfällung* u. a. für die Eliminierung von Nickel und Cadmium relativ günstig ist und sich mit *Al-Salzen* auch Arsen, Selen und Antimon erfassen lassen. Jedes dieser Mittel hat auch Nachteile, so die Fe-Salze bei der Elimination von Mangan, Kobalt, Antimon und Selen, die Kalkfällung bei Quecksilber und Arsen, während die Aluminiumsalze wenig wirksam bei der Entfernung von Nickel und Zink aus Lösungen sind.

Bei der Behandlung metallhaltiger Abwässer und Rückgewinnung von Metallen aus Industrieabfällen, dabei auch aus den Abwässern der metallverarbeitenden Industrie, müssen folgende zwei Hauptrichtungen zusammenwirken [6.40]:

- Mit Vorrang abwasser- und abfallarme/-freie Technologien als Primärmaßnahmen, d. h. Vermeidung von schwermetallhaltigen Abwässern bereits an den Anfallstellen der Produktion.
- Erfüllung der Mindestanforderungen nach dem Stand der Technik bei der Behandlung noch nicht vermeidbarer schwermetallhaltiger Abwässer.

Primärmaßnahmen beginnen mit spültechnologischen Aufkonzentrierungsverfahren der in das Spülwasser verschleppten Elektrolyte durch Anwendung mehrstufiger Spülprozesse sowohl nach der Vorbehandlung (Entfettung, Beizen, Dekapieren), dem Galvanisieren (Verchromen, Verzinken) als auch der Nachbehandlung (z. B. Chromatieren, Entmetallisieren). Durch Anwendung unselektiver Aufkonzentrierungsverfahren, bei denen es sich um physikalische Verfahren handelt, gelangen keine zusätzlichen Chemikalien in das Stoffkreislaufsystem. Damit wird nicht nur Abwasser vermieden, sondern Restabwässer werden auch nicht zusätzlich aufgesalzt. Es werden auch die nützlichen Begleitstoffe zurückgewonnen. Die mehrstufigen Spülprozesse als Verfahren der unselektiven Aufkonzentrierung werden oft durch Verdampfung, Verdunstung oder durch Umkehrosmose ergänzt.

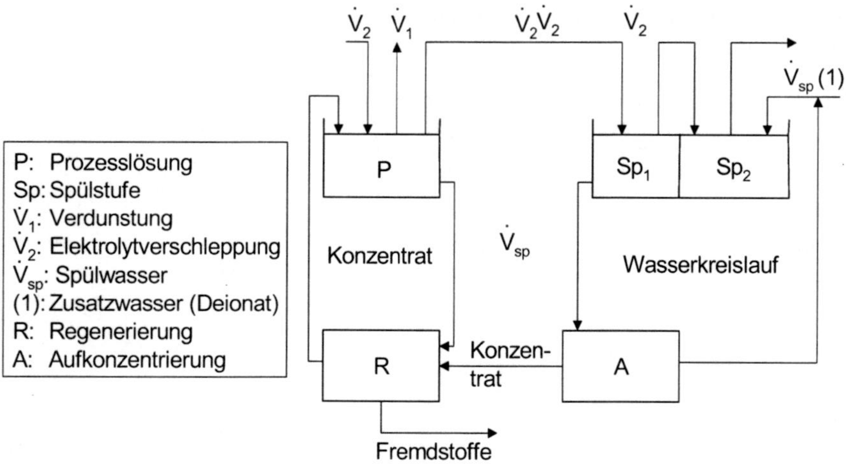

Abb. 6.8 Stoffkreislauf einer Prozesseinheit in der Galvanik [6.40]

Begrenzender Faktor für interne Stoffkreislaufsysteme sind Fremdstoffanreicherungen in den schwermetallhaltigen Prozesslösungen. Mit Hilfe von Regeneratoren müssen die Fremdstoffe weitgehend selektiv aus den Lösungen entfernt werden. Dabei hat die Gewinnungselektrolyse eine dominierende Stellung bei der Metalleliminierung aus Beizlösungen- und Ätzlösungen erworben. Durch z. B. photooxidative Behandlung der Fremdorganika kann der Regenerator nahezu abwasserfrei betrieben werden.

Ionenaustauscher-Anlagen

Die Mängel bei Fällungsverfahren lassen sich z. T. durch nachgeschaltete Techniken, z. B. Aktivkohlefilter (z. B. Zn, Cu, Hg) oder Ionenaustauscher (zweiwertige Metalle wie Cu, Ni, Zn, Cd) ausgleichen [6.35]. Grundsubstanzen der gebräuchlichen Austauscher sind vernetztes Polystyren sowie Polyacrylat bzw. Kondensationsharze aus Phenol und Formaldehyd; diese Matrix wird mit dissoziationsfähigen Gegenionen beladen. Ionenaustauscher werden u. a. in der metallverarbeitenden Industrie eingesetzt, wo insbesondere bei der Oberflächenbehandlung (Galvanik) Zyanid-, Kupfer-, Nickel-, Chrom- und Cadmium-haltige Abwässer anfallen. Die einfachste apparative Gestaltung für den Ionenaustausch ist ein Festbettionenaustauscher im Gegenstromverfahren. Die Austauscherschicht wird von oben beladen, während die Regeneration von unten erfolgt. Oft werden Ionenaustauscher-Kreislaufanlagen betrieben, wodurch sich der Frischwasserbedarf und damit der Abwasseranfall erheblich vermindern. Derartige Anlagen bestehen im allgemeinen aus einem Spülwasser- bzw. Abwassersammelbehälter, einer Vorreinigungsstufe (Aktivkohlefilter) sowie Kationen- und Anionenaustauschern. Für die Regeneration sind Ansetzbehälter und Dosierpumpen für Säure (HCl, H_2SO_4) und Lauge (NaOH) vorzusehen. Anzustreben ist eine Rückführung der vorgereinigten Lösungen in den Produktionsprozess. Ideal sind Kreislaufprozesse ohne Cyanid- oder Metallemissionen, wie sie seit Mitte der siebziger Jahre dem Stand der Technik entsprechen [6.41].

Kombinierte Nachreinigungsmethoden [6.40]

Zur Erfüllung der Mindestanforderungen nach dem Stand der Technik sind Nachreinigungsmethoden (Schlussreinigungsverfahren) erforderlich, die auch in Gegenwart von Komplexbildnern und bei hohen Neutralsalzkonzentrationen (6 … 20 g/L Natriumchlorid) zuverlässig wirksam sind. Die Studie von *Fischwasser* und *Schilling* [6.40] nennt zusätzlich zu den auf S. 240 dargestellten Beispielen die folgenden Methoden:

- Selektivionenaustausch (Carbonsäure- und Chelataustauscher)
- Organosulfide wie Trimercaptotriazin (TMT 15), Dimethyldithiocarbaminat
- Biosorption (Anlagerung von Metallen an aktiver oder nicht aktiver Biomasse
- Anaerobprozesse – Schwermetallanlagerung an anaeroben Bioschlämmen
- Einsatz von Stoffgemischen wie Kalk, Kreide, Bentonite u. a. in Verbindung mit Eisensalzen zur Erzielung komplexer Wirkungen bei der Restmetalleliminierung (Dekomplexierung, Flockung, Fällung, Adsorption)
- Photooxidative Komplexbildnerzerstörung durch UV/Wasserstoffperoxid/Ozon
- Sand-, Mikro- oder Nanofiltration als Vorreinigung beim Ionenaustausch oder als Nachreinigung bei Fällungsverfahren, insbesondere bei der Sulfidfällung

Für die Reinigung verdünnter metallhaltiger Lösungen sind die unter dem Begriff „Membranfiltration“ zusammengefassten Methoden der Umkehrosmose und Ultrafiltration geeignet (Abschn. 7.3.2).

6.4.2 Flockung und fest-/flüssig-Trennung [6.37]

Durch die Flockung sollen die in kolloidaler Verteilung vorliegenden Schmutzstoffe mit Hilfe bestimmter Substanzen (Flockungsmittel und Flockulanten) so umgeformt werden, dass sie durch mechanische Verfahren – Sedimentieren, Filtrieren, Zentrifugieren oder Flotation – abgetrennt werden können. Hauptsächlich werden Kolloide (Teilchendurchmesser 10^{-4} bis 10^{-7} cm) sowie grobdisperse Teilchen, die wegen ihrer Kleinheit nicht sedimentieren, entfernt. Außerdem können noch echt gelöste Stoffe durch Adsorption an die gebildeten Flocken gebunden und mit diesen zusammen eliminiert werden.

Voraussetzung für eine erfolgreiche Flockung ist die Entstabilisierung der Kolloide. Durch Herabsetzung der elektrostatischen Abstoßungskräfte wird die Koagulation gefördert. Dies kann erreicht werden, indem mehrwertige Gegenionen mit hoher Affinität zum Schutzkolloid hinzugegeben werden (Neutralisierung der Oberflächenladung = *spezifische Koagulation*). Erhöht man die Elektrolytkonzentration in der Dispersion, so wird die Energiebarriere verkleinert und die Flockungsneigung verstärkt (= *unspezifische Koagulation*).

Bei der *Flockulation* werden die einzelnen Teilchen durch polymere „lineare" Moleküle (Flockulanten) verknüpft [6.32]. Wichtig ist, dass die zuerst adsorbierten Polymermoleküle nicht die gesamte Teilchenoberfläche bedecken, weil sonst die Kolloide restabilisiert würden.

Flockungs- und Fällungschemikalien

Neben den anorganischen Haupt-Chemikalien Calciumhydroxid und Eisen(II)-, Eisen(III)- und Aluminiumsalzen werden als anorganische Flockungs-Zusatzstoffe aktivierte Tonerde sowie kaolinitische und bentonitartige Tone eingesetzt. Diese werden zudosiert, um eine gegenseitige Koagulation zu bewirken, d. h. die Bildung aus positiv und negativ geladenen Teilchen. Zur Gruppe der organischen Flockungsmittel – oder Flockulationsmittel – gehören niedermolekulare Substanzen, hochmolekulare, stark adsorbierende und entweder negativ oder positiv geladene Polymere, sowie schließlich auch ungeladene oder nichtionogene Polymere [6.37]. Abbildung 6.9 zeigt die unterschiedliche *Wirkungsweise* der einzelnen Chemikalien:

- Im obersten Teil der Abbildung ist der Effekt der *Koagulation* bei niedrigem pH wiedergegeben. Aufgrund der Schulze-Hardy-Regel ist die Wirksamkeit der dreifach geladenen Ionen höher als der ein- oder zweifach geladenen Ionen.
- Mit steigendem pH entstehen bei Zugabe von Al- und Fe(III)-Salzen einfache Al- oder Fe-Hydroxokomplexe oder auch schon *polymerisierte Verbindungen.*
- Bei höheren Konzentrationen und pH-Werten um den Neutralpunkt kann eine Metallhydroxidfällung auftreten, die andere – z. T. schwer entfernbare Suspensa – mitflockt bzw. einschließt (*Einschlussflockung*).

In der Praxis wird eine „sequentielle Dosierung" angestrebt, bei der zunächst anorganische Flockungsmittel (Koagulationsmittel) zur Umwandlung der feinstverteilten Komponenten in *Mikroflocken* eingesetzt werden, die anschließend mit organischen Flockulationsmitteln über Polymerbrücken zu großen und stabilen *Makroflocken* umgeformt werden.

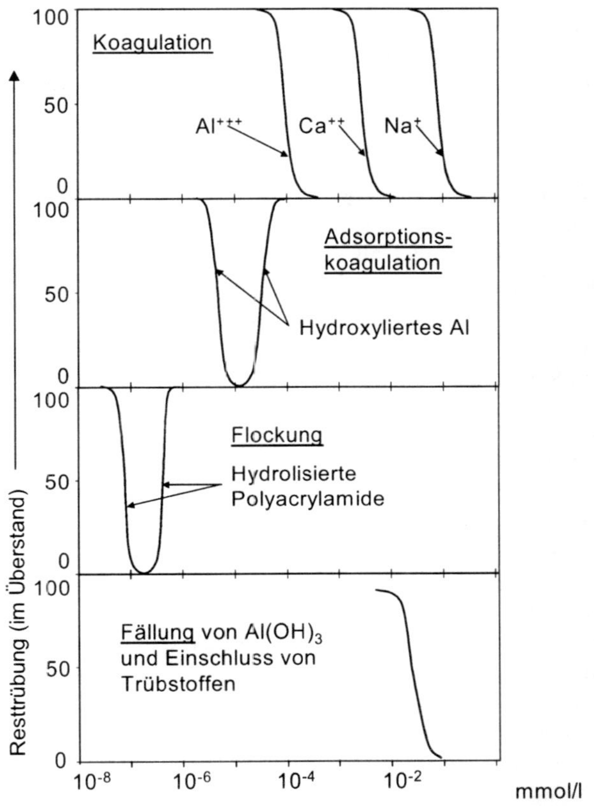

Abb. 6.9 Konzentrationsbereiche, in denen die in der Wassertechnologie eingesetzten Chemikalien ihre optimale Wirkung (als entfernbare Trübung) besitzen [6.37]

Flockungsanlagen [6.32]
Eine klassische Flockungsanlage besteht aus drei Anlagenteilen: Im *Mischbecken* werden über Dosierpumpen bei hohen Rührgeschwindigkeiten und bei intensiver Durchmischung des zu reinigenden Abwassers durch Kreiselpumpen oder Druckluft die geeigenten Chemikalien (Flockungsmittel und/oder Flockulant) zudosiert. Im anschließenden *Flockungsbecken* wird das Abwasser nur mäßig bewegt, um gut sedimentierende und filtrierbare Flocken zu erhalten. Im *Absetzbecken* – meist mit trichterförmigem Absetzraum – können die Flocken sedimentieren.

Bei anderen Systemen wird versucht, mehrere Prozessstufen in einem Reaktor zusammenzufassen und neue Wirkprinzipien anzuwenden. Der *Rezirkulator* arbeitet nach dem Verfahren des Schlammkontaktes mit Kreislaufführung und erfüllt damit die Forderungen einer optimalen Flockung: kurzes, intensives Mischen, mäßiges Bewegen der Suspension zur Bildung größerer Flocken und Absetzen. Die Rückführung der bereits gebildeten Flocken erhöht die Flockungsgeschwindigkeit und intensiviert damit den Prozess. Der Schlamm wird dabei konzentriert.

Fest-flüssig-Trennung
Die Abtrennung von ungelösten Stoffen durch Sedimentation, Flotation oder Filtration wird durch die Größe, Form, spezifische Dichte, Porosität und Anzahl der abzutrennenden Inhaltsstoffe bestimmt. Dabei ist der Partikelgrößenverteilung ein besonders Gewicht beizumessen [6.37]:

Sedimentation [6.42]
Mit dem Sedimentationsverfahren können theoretisch alle Partikeln abgeschieden werden, deren Dichte größer als die der Flüssigkeit ist. Eine praktische Begrenzung ergibt sich jedoch aus der sehr geringen Geschwindigkeit, mit der dieser Absetzvorgang abläuft. Damit wird der Einsatz der Sedimentation in der Wasserreinigung i. Allg. auf Partikel mit Durchmessern größer als etwa 10 μm begrenzt. Probleme bilden extrem flockige Strukturen wie beim Belebtschlamm.

Flotation [6.43, 6.44]
Bei der Flotation werden Gasblasen an hydrophobe bzw. hydrophobierte (durch sogenannte Sammler behandelte) Teilchen angelagert und dadurch selektiv aus einer Trübe als Gas-Feststoff-Aggregate aufgeschwommen und abgetrennt. In der Abwasserbehandlung wird das Verfahren vor allem zur Reinigung mäßig verschmutzter Wässer eingesetzt. Es kommen drei technologische Prinzipien zur Anwendung [6.32]:

- Flotation mit *dispergiertem Gas*. Die Luft-Zerteilung erfolgt durch Rührer, poröse Materialien u. ä. Die dabei gebildeten Luftblasen haben einen Durchmesser von ~1 mm und sind nur für die Ölabscheidung nutzbar. Die Turbulenz im Reaktor ist oft so groß, dass die flockigen Feststoffe wieder zerschlagen werden.
- Flotation mit *entspanntem Gas*. Das Flotationsgas tritt aus einer an Gas übersättigten Lösung aus. Die Blasengröße liegt bei ca. 0,1 mm. Diese kleinen Blasen steigen langsam auf und können die kolloidalen und flockigen Inhaltsstoffe an die Oberfläche transportieren.
- Flotation mit *elektrolytisch erzeugtem Gas*. Bei der Elektrolyse von Wasser entstehen sehr feine Gasbläschen, die eine hohe Haftfähigkeit an Feststoff- und Schmutzteilchen besitzen und gut flotieren.

Die Abwasserflotation wird angewandt zum Abtrennen von Feststoffen anstelle einer konventionellen Absetzanlage, so z. B. zur Entfernung von Belebtschlamm, PVC-Granulat, Kohleteilchen, Eisenoxiden und Fasern [6.32]

Filtration [6.45; 6.46]
Die Rückhaltung der Partikeln erfolgt durch Kontakt und anschließende Haftung am Filterkorn. Zur Anwendung geeignet ist das Filtrationsverfahren für Partikelngrößen zwischen etwa 1 mm und 0,1 μm. Die Varianten der in der Abwasserreinigung eingesetzten Verfahren sind [6.33]: (1) Überdruckfiltration über Schwerkraftfiltration bis zur sogenannten Trockenfiltration (ohne Überstau), (2) Einschichtfilter über Zwei- bis zu Dreischichtfilter, (3) Abwärtsfilter bis Aufwärtsfilter und (4) Flächenfilter über Aufschwemmfilter bis zu Raumfiltern. In der Regel wird man in großen Anlagen Schnellfiltration mit häufiger Rückspülung gegenüber Langsamfiltration vorziehen. Verfahren mit einem kontinuierlichen Filterbetrieb sind insgesamt am günstigsten [6.32].

6.4.3 Behandlung von Abwässern mit organischen Schadstoffen

Die Entfernung organischer Substanzen aus dem Abwasser ist das Hauptziel der konventionellen Abwasserreinigung. Für die Elimination schwer abbaubarer organischer Stoffe, vor allem von synthetischen organischen Verbindungen (SOV), reicht diese Behandlung jedoch nicht aus. Insbesondere bei größeren Frachten an industriellem Abwasser sind spezielle Verfahren nachzuschalten.

Tabelle 6.9 gibt eine Zusammenstellung der wichtigsten Verfahren für die Behandlung von organischen Schadstoffen. Bei der biologischen Behandlung haben die Beobachtungen gezeigt, dass (a) aliphatische Verbindungen leichter abgebaut werden als aromatische (zyklische) Verbindungen, und von diesen wiederum die geradkettigen am besten, (b) in vielen Fällen eine Anpassung der Mikroorganismen erforderlich ist, und (c) eine Abfolge des Substratabbaus besteht.

Zwischen der Konzentration eines organischen Schadstoffs und den Prozesskosten gibt es folgende Beziehungen [6.47]: Sehr kleine SOV-Konzentrationen, vor allem in Abwässern mit geringem Kohlenstoff- und Nährstoffgehalt, werden am besten mit einer chemischen Oxidationstechnik behandelt. Bei mittleren Gehalten nimmt die Bedeutung biologischer Oxidationsprozesse zu, und bei höheren SOV-Gehalten wird die nasse Oxidation zur Methode der Wahl. Auf der anderen Seite des Spektrums nimmt der Preis für die behandelte Schadstoffeinheit ab, sobald eine Verbrennung – bei stark toxischen SOV – durchgeführt werden kann. Unter dem Aspekt des Energieaufwands sind die biologischen Abbauverfahren am günstigsten, während die Energie-Kosten für die Verbrennung sehr hoch sind.

Tabelle 6.9 Methoden zur Elimination von organischen Schadstoffen in Abwässern (nach [6.47] modifiziert)

1.	**Biologische Behandlung**	**3.**	**Physikalische Behandlung**
1.1	Aerobe Prozesse Belebungsverfahren (a) konventionell (einstufig) (b) „Adsorptions"-B. (zweistufig) (c) Oxidationsgraben (Karussell) (d) „Reinsauerstoff"	3.1	Adsorptionsprozesse (a) Granulierte Aktivkohle (b) Pulver-Aktivkohle (c) Spezialharze
		3.2	Membranprozesse, Umkehrosmose, Ultrafiltration
1.2	Anaerobe Prozesse (a) Geschlossene Systeme mit kontinuierlicher Beschickung (b) Festbettreaktoren [6.124] (c) Belebungsverfahren	3.2	Lösungsmittelextraktion
		3.3	Stripping-Verfahren (a) Dampf-Stripping (b) Luftstripping
2.	**Chemische Behandlung**	**4.**	**Physikalisch-chemische Behandlung**
2.1	Oxidation (a) Ozonierung (b) Chlorierung (c) mit Wasserstoffperoxid	4.1	Zugabe von Chemikalien mit anschließender Filtration
		5.	**Thermische Behandlung**
2.2	Ionenaustauscher	5.1	Oxidation „Wetox"-Verfahren
2.3	Photo-chemische Behandlung	5.2	Verbrennung

Für die Behandlung von organischen Schadstoffen in kommunalen Kläranlagen kommen aus dem Spektrum der Verfahren (Tabelle 6.9) vor allem sechs Kategorien in Frage: (1) Biologischer Abbau (statisch oder kontinuierlich); (2) Aktivkohle-Adsorption; (3) Kombination von biologischem Abbau und Aktivkohleadsorption; (4) Ozonierung; (5) Luftstripping; (6) Fällung/Flockung.

Tabelle 6.10 Eigenschaften von synthetischen organischen Verbindungen (SOVs) und Auswahl von Verfahren für die Abwasserbehandlung (nach [6.47])

Eigenschaft der SOV-Komponente	Verfahren/Prozess
Siedepunkt < 150°C	Dampf-Stripping
Hohe Flüchtigkeit	Luft-Stripping
Geringe Wasserlöslichkeit	Öl/Wasser-Trennung
Geringe Löslichkeit – Hochmolekulare Verbindung	Filtration nach Koagulation/ Flockung mit pH-Kontrolle
Geringe Löslichkeit – Niedermolekulare Verbindung	Adsorption

Neuere Entwicklungen zur Beseitigung organischer Schadstoffe aus Abwässern (Tabelle 6.10) machen sich vor allem Stripping- mit nachgeschalteten Aktivkohleverfahren zunutze. Die Entfernung durch Ausblasung aus der wässrigen Phase folgt mehr oder weniger der Henry-Konstante im Henry'schen Gesetz. Während es nicht möglich ist, Phenol durch Verflüchtigung aus einer Lösung zu entfernen, kann eine solche Behandlung bei Aromaten, Alkanabkömmlingen und niedermolekularen Halogenkohlenwasserstoffen zweckmäßig sein [6.48].

Für die Beispiele des Tri- und Perchlorethylen, die vor allem bei der chemischen Reinigung und zur Entfettung von Metallteilen eingesetzt werden und die Kläranlagen am stärksten belasten, gibt es bereits eine Reihe von Erfahrungen, sowohl im Betrieb als auch in kommunalen Kläranlagen und bei der Beseitigung von Produktionsrückständen. Bei der konventionellen mechanisch-biologischen Reinigung werden diese Stoffe nicht aus dem System entfernt, da sie biologisch nicht abbaubar sind. Die Strippingverfahren können im Betrieb und in speziellen Zusatzeinrichtungen der kommunalen Kläranlagen eingesetzt werden [6.49].

Adsorptionsprozesse werden sowohl für die Entfernung von leichtflüchtigen Stoffen aus der Gasphase, z. B. als 2. Stufe bei Stripp-Verfahren, als auch für die Entfernung von gelösten Schadstoffen aus Abwässern eingesetzt. Bei der Vielzahl von Adsorbermaterialien – Aktivkohlen, Aluminiumoxid, Adsorberharze, Silikate, Braunkohlen- und Steinkohlenkokse, Eisen- und Aluminiumoxide –, die für die Reinigung von Industrieabwässern benutzt werden (Übersicht z. B. [6.50]), wird im Bereich der kommunaler Abwasserbehandlung bevorzugt Aktivkohle verwendet, u. a. aufgrund der umfangreichen Erfahrungen, die bei der Aufbereitung von Trinkwasser gewonnen wurden. Auch die neuesten Entwicklungen auf dem Gebiet der Behandlung SOV-belasteter Wässer, die Membranverfahren; werden bei den Methoden der Wasseraufbereitung in Kap. 7 über Trinkwasser dargestellt.

6.5 Schlammbehandlung

Durch den Reinigungsprozess werden dem Abwasser feste organische und anorganische Schmutzstoffe entzogen. Gelöste organische Stoffe werden zu CO_2 und Biomasse umgewandelt. Diese Rückstände der Abwasserklärung fallen als wasserreicher Schlamm an, dessen Menge 1 % bis 2 % der behandelten Abwassermenge ausmacht. Pro Einwohner ergeben sich täglich 2 bis 3 Liter Schlamm, wobei der Trockensubstanzgehalt zwischen 2 % und 5 % liegt. Diese Feststoffe beim Rohschlamm bestehen wiederum zu etwa zwei Drittel aus organischer Substanz.

Im Klärschlamm werden die Stoffe aufkonzentriert, die aus dem Abwasser entfernt wurden und nicht durch die Mikroorganismen ausreichend mineralisiert werden konnten [6.8]:

1. Hygienisch bedenkliche Keime: Viren, Krankheitserreger, Wurmeier etc.
2. Biologisch schnell zersetzbare organische Feststoffe und eine große Zahl von aktiven Mikroorganismen.
3. Schwermetalle, die als Element nicht abgebaut werden können (hier sind Maßnahmen an der *Quelle* erforderlich; Abschn. 6.4.1).
4. Organische Verbindungen, die als hydrophobe (wasserabstoßende), bzw. lipophile (fettlösliche) Verbindungen die Tendenz haben, sich an den Feststoffen anzulagern. (Sofern diese Stoffe für die Umwelt bedenklich sind, müssen auch sie an der Quelle erfasst werden; Abschn. 6.4.3).

Je nach der Art der Endunterbringung des Schlammes sind die Anforderungen an das Produkt unterschiedlich; der Schadstoffgehalt soll in jedem Fall begrenzt werden [6.8]:

- *Landwirtschaftliche Nutzung.* Der Schlamm muss hygienisch einwandfrei sein und stabil sein (d. h. es darf zu keiner Geruchsentwicklung als Folge einer raschen mikrobiologischen Zersetzung kommen, er muss transportfähig und in der Landwirtschaft einfach auszubringen sein. Dazu kommt, dass Klärschlamm nur während der Vegetationsperiode ausgebracht werden darf, d. h. der anfallende Schlamm muss im Winter über 3–4 Monate gestapelt werden können.
- *Endlagerung auf Deponie.* Dazu muss er weitestgehend frei von reaktiven organischen Anteilen sein. Künftig bedeutet das die Deponierung von Verbrennungsasche. Früher wurde entwässerter Klärschlamm, der z. B. mit gebranntem oder gelöschtem Kalk verfestigt wurde, in Deponien gelagert. Die Mineralisierung der organischen Stoffe in diesen Ablagerungen wird noch mindestens Jahrzehnte dauern.
- *Verbrennung* (auch in Industrieöfen oder Kraftwerken). Bei der energetischen Nutzung muss der Wassergehalt durch Trocknung reduziert werden und die Zusammensetzung des Klärschlamms darf weder das Produkt noch die Abgase negativ beeinflussen. Für die Verwendung in der Zementindustrie (z. B. in der Schweiz [6.8]) sind der Chlorid- und der Quecksilbergehalt von Bedeutung; Chlorid ist im Zementklinker unerwünscht und Quecksilber entweicht in den Rauchgasen, wenn keine besonderen Vorkehrungen getroffen werden.

6.5.1 Verfahrensstufen der Schlammbehandlung

Der Klärschlamm aus der Abwasserreinigung setzt sich aus drei Fraktionen zusammen: Primärschlamm aus der mechanischen, Sekundärschlamm aus der biologischen und Tertiärschlamm aus der chemischen Reinigung. Die Verfahrenskette der Schlammbehandlung umfasst mehrere hintereinandergeschaltete Stufen, die hier zunächst aufgezählt [6.8] und z. T. nachfolgend genauer dargestellt werden:

- *Eindicker* sollen dem Schlamm (Primärschlamm, Belebtschlamm oder ausgefaulter Schlamm etc.) möglichst viel Wasser entziehen, um das Volumen zu verringern. Das Abtrennen des Schlammwassers kann z. B. durch Absetzen, Zentrifugieren oder Filtrieren erfolgen. Um den Schlamm in eine leicht entwässerbare Form zu überführen, muss er ggfs. durch chemische oder physikalische Verfahren vorbehandelt, „konditioniert", werden (Übersicht z. B. in [6.50]).
- Durch die landwirtschaftliche Nutzung des Schlamms besteht die Gefahr, dass Krankheitserreger in einem Kreislauf Mensch und Tier gefährden. Die *Hygienisierung* hat die Aufgabe, diesen Kreislauf zu unterbrechen (Abschn. 6.5.2).
- In der *Stabilisierung* werden die leicht abbaubaren, organischen Stoffe mineralisiert und teilweise in Biogas umgesetzt; dadurch vermindert sich das Geruchspotential des Schlammes (Abschn. 6.5.3).
- Beim *Trocknungsprozess* wird der Wassergehalt thermisch reduziert (Abschn. 6.5.4) und in der *Verbrennung* werden die organischen Stoffe weitgehend mineralisiert (Abschn. 6.5.5).

Die Modifikationen an diesem Verfahrensablauf hängt in erster Linie von der geplanten Nutzung bzw. den Anforderungen an die Deponierung ab.

6.5.2 Aerobe Schlammbehandlung – Hygienisierung

Die Überführung des Schlamms in eine für die Beseitigung oder Verwertung günstige Struktur und Zusammensetzung erfolgt durch Stabilisierung und Hygienisierung. Soll der Klärschlamm auf Grünland oder auf Feldfutteranbauflächen aufgebracht werden, muss er grundsätzlich hygienisiert werden. Folgende Verfahren werden eingesetzt:

- Bei der *aerob thermophilen Hygienisierung* – Gegenwart von gelöstem Sauerstoff bei Temperaturen von 45 bis 75°C (optimal 60–65°C) – wird der Schlamm durch die biogene Abwärme aus dem Abbau von organischen Stoffen genutzt, um unerwünschte Keime weitgehend zu eliminieren;
- bei der *thermischen Hygienisierung* – „Pasteurisierung" unter Einsatz von Fremdwärme, ohne wesentlichen Organikabbau – wird Nassschlamm mindestens 30 min auf über 65°C erhitzt. („Pasteurisierung", ebenfalls mindestens 30 min);
- die *Kompostierung* erfordert ebenfalls 65°C, dauert jedoch mindestens 6 Tage (s. Kap. 9);
- die Erhöhung des pH-Wertes auf 10 durch Zugabe von Kalkhydrat wird als chemische Stabilisierung bezeichnet.

Für die Klärschlammstabilisierung haben nach wie vor die biologischen Verfahren – wenn auch abgestuft – eine besonders große praktische Bedeutung, seien es die aeroben, seien es die anaeroben Prozesse, sei es im mesophilen (15–45°C), sei es im thermophilen Bereich, seien es 1-stufige, seien es 2-stufige Verfahren mit wechselnden Kombinationen. Diese bereits reichlichen Kombinationsmöglichkeiten lassen sich durch weitere verfahrenstechnische Variablen ergänzen, wie z. B. durch (1) eine vorausgehende Aufkonzentration der Feststoffe, (2) eine Vorversäuerungsstufe, (3) einen externen Rückhalt und Rückführung aktiver Biomasse oder (4) durch Reaktoren mit verschiedenen verfahrenstechnischen Prozessführungen [6.51]

6.5.3 Anaerobe Abwasser- und Schlammbehandlung

An der Prozesskette, die letztlich zum anaeroben Abbau – auch als Methangärung bezeichnet – führt, sind mehrere Gruppen von Mikroorganismen beteiligt, von denen einige an mehreren Reaktionen, andere als Spezialisten nur an einer Reaktion mitwirken [6.52, 6.37] (Abb. 6.10): Die organischen Substanzen wie Eiweiße, Fett und Kohlenhydrate werden zunächst durch enzymatische Hydrolyse in ihre Monomeren (Aminosäuren, Fettsäuren, Glycerin und Monosaccharide) aufgespalten. Im zweiten Teilprozess, der Acidogenese, werden daraus Alkohole und Säuren gebildet. Die verantwortlichen Bakterien dafür sind die sog. Säurebildner (Bacillus, Escherichia, Pseudomonas, Chlostridium). Im dritten Teilprozess, der Acetogenese, werden daraus durch Oxidation Essigsäure, CO_2 und Wasserstoff gebildet sowie Essigsäure und CO_2 durch die Methanbildner zu Methan metabolisiert. Das „Schlammgas" besteht aus etwa 70 % Methan und 30 % Kohlendioxid; es wird in solchen Mengen gebildet, dass es aufgefangen und wirtschaftlich verwertet wird.

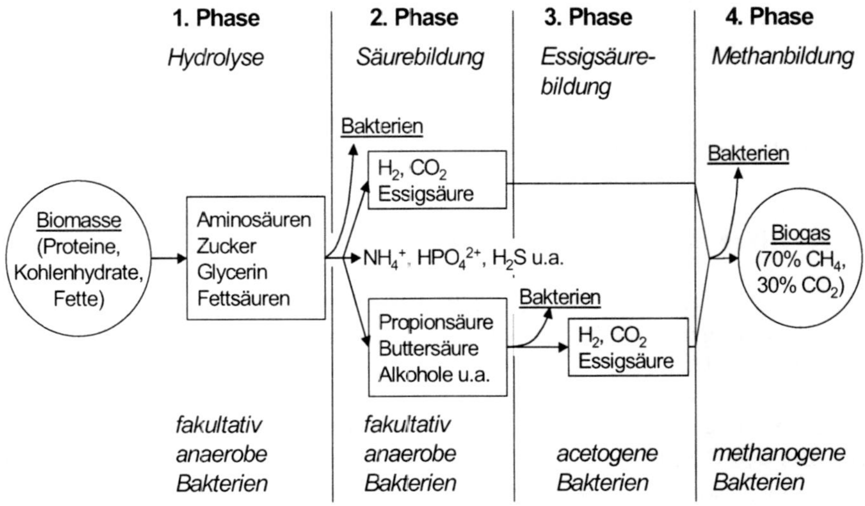

Abb. 6.10 Schema der Stoffwechselprozesse bei anaerobem Abbau [6.52]

Je Gramm abgebauter organischer Substanz werden etwa 0,5 l Faulgas gebildet. Fette liefern einen hohen prozentualen Anteil an CH_4 bei gleichzeitig der höchsten Gasmenge je Mengeneinheit; Kohlenhydrate liefern eine geringere Ausbeute; Eiweiße liegen dazwischen. Bei der Verwertung von Abwasserschlämmen ist ein beträchtlicher Teil der Feststoffe dem Abbau nicht zugänglich. Die technische Faulgrenze eines Schlamms mit einem organischen Anteil von etwa 65 % (Anfangswert) liegt bei 42 % bis 45 % (Endwert); d. h. nur etwa ein Drittel der organischen Substanz wird metabolisiert; als Rest verbleibt ein Stoffgemisch mit teils teerähnlicher Struktur, dessen Zusammensetzung noch weitgehend unbekannt ist. Ein typisches Verfahrensschema einer mesophilen Schlammfaulanlage gibt Abb. 6.11.

Bei flüssigen Abfällen mit hohen Konzentrationen an organischer Substanz wird es als Vorteil angesehen, dass beim anaeroben Stoffumsatz weniger Organismenmasse entsteht als beim aeroben. Umgekehrt bedeutet dies natürlich auch eine geringere Elimination der eutrophierenden Stickstoff- und Phosphorverbindungen und die Notwendigkeit einer Nachbehandlung. Störungen des Faulprozesses sind das Ergebnis eines Ungleichgewichts zwischen Säurebildnern und Methanbildnern. Sie äußern sich durch starkes Absinken des pH-Wertes und Geruchsbelästigungen; Gegenmaßnahmen sind u. a. die Zugabe von Kalkmilch [6.52].

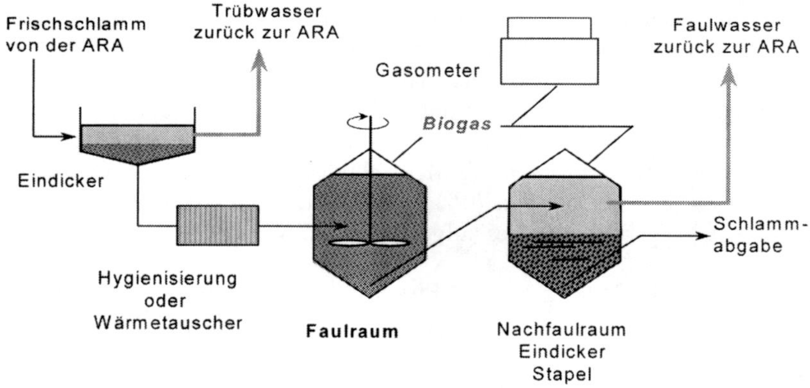

Abb. 6.11 Typisches Verfahrensschema einer mesophilen Schlammfaulanlage [6.8]

6.5.4 Abtrennung des Schlammwassers

Die Menge an Klärschlamm lässt sich zunächst durch Abtrennen des Schlammwassers verringern. Bei den statischen Entwässerungsverfahren nehmen die kontinuierlich arbeitenden Bandfilterpressen wesentliche Marktanteile ein. Die diskontinuierlich arbeitenden Kammerfilterpressen bestehen aus einzelnen Filterplatten; zwischen diesen bildet sich durch den eingepressten Schlamm der Filterkuchen aus. Bei den Zentrifugenverfahren können mit dem Einsatz von Polyelektrolyten Abscheidegrade von mehr als 96 % erreicht und gleichzeitig beliebig niedrige Eingangsfeststoffwerte gefahren werden [6.50].

6.5.5 Schlammtrocknung und Schlammverbrennung

Schlammtrocknung

Der Einsatz einer Klärschlammtrocknungsanlage ist heute in der Regel einer Verbrennungsanlage (Mono- oder Müllverbrennung bzw. Kraftwerk) vorzuschalten. Eine Teiltrocknung ist für die beiden erstgenannten Beispiele dann einzurichten, wenn die Entwässerung nicht genügend hohe Feststoffgehalte erzeugt, um einen wirtschaftlichen Betrieb zuzulassen [6.50].

Bei der *direkten Trocknung* (z. B. Schwebetrockner, Trommeltrockner, Fließbetttrockner u. a.) kommt das zu trocknende Material direkt mit dem Wärmeträger – z. B. Heißdampf, Dampf – in Kontakt (*Konvektionstrockner*), bei der indirekten Trocknung erfolgt die Wärmeübertragung über einen Zwischenträger (z. B. Kontaktflächen eines Wärmetauschers = *Kontakttrockner*). Bei allen anderen teilweise aufwendigen Verfahren zur Desodorierung besteht immer die Gefahr von Geruchsemission, z. B. bei Störungen der Faulung [6.53].

Unproblematisch sind Kontakttrockner, bei denen die Wärme in einem Kessel üblicher Bauart separat erzeugt wird. Da sie dem Schlamm über Wände zugeführt wird, vermischt sich der Wärmeträger nicht mit dem Trockengut [6. 53]. Der Wärmebedarf für die Trocknung soll durch Faulgas gedeckt werden. Das Faulgas kann hier wirtschaftlicher eingesetzt werden als bei einer Verstromung [6.54].

Die Nutzung der wärmetechnischen Vorteile der Wirbelschichttechnologien führt auch für die Trocknung von Schlämmen zu wesentlichen Kosteneinsparungen. Daneben steht die Weiterentwicklung Dünnschicht-Trocknung [6.55].

Tabelle 6.11 Spezifischer thermischer Eneregiebedarf thermischer Trocknungsverfahren für Klärschlamm [6.56–6.58]

Trocknungsverfahren	Thermischer Energiebedarf [kWh/t H_2O]	Elektrischer Energiebedarf [kWh/t H_2O]
Bandtrocknung	970	70
Dünnschichttrocknung	800–1.050	110
Scheibentrocknung	1.000–1.150	100
Trommeltrocknung	k.A.	85
Wirbelschichttrocknung	800–1.050	65–85

Die *solare Klärschlammtrocknung* beruht auf dem Prinzip der Konvektions- und Strahlungstrocknung. [6.59–6.51]. Die Strahlungstrocknung überwiegt, wenn die solare Strahlung größer als etwa 300 W/m² ist. Eine effektive Trocknung wird mit folgenden Schritten erzielt [6.59]:

- Um Niederschlagswasser fernzuhalten erfolgt die Trocknung in transparenten Leichtbauhallen (Gewächshauskonstruktion);
- die Verdunstungsrate wird durch den „Gewächshauseffekt" erhöht; der Austrag der wasserdampfgesättigten Luft erfolgt durch gezielte Be- und Entlüftung;
- die Schlämme werden häufig gewendet, um die Bildung anerober Zonen zu vermeiden und die Feststoffe mit der Trocknungsluft in Kontakt zu bringen.

Schlammverbrennung

Die *Klärschlammverbrennung* umfasst neben der eigentlichen thermischen Zersetzung die nachgeschalteten Verfahrensschritte einer Wärmerückgewinnung, der Rauchgasreinigung und der Rückstandsbeseitigung. Für den Verbrennungsvorgang hat sich die Wirbelschichttechnik wegen der niedrigen Betriebstemperaturen (700 bis 850°C) und der geringen NO_x-Bildung als besonders günstig erwiesen [6.62]. Die Rauchgase, deren Energieinhalt zur Vorwärmung der Verbrennungsluft genutzt werden kann, werden üblicherweise mit Zyklonen und Elektrofiltern entstaubt und anschließend zur Entfernung der Feinstäube und Schadgase gewaschen. Bei allen höherthermischen Verfahren treten zusätzliche Schwierigkeiten mit Abgasen auf, die eine erweiterte Behandlung erforderlich machen [6.63, 6.64].

Ein Anschlussproblem der Hochtemperaturprozesse betrifft die Beseitigung der Verbrennungsrückstände [6.65]. Wegen der hohen Schadstoffbelastung der Asche muss mit einer Ablagerung auf Sonderabfalldeponien gerechnet werden. Die Einbindung von Schwermetallen in die Feststoff-Matrix ist gegenüber Frischschlämmen wesentlich verstärkt und die Langzeiteluierbarkeit deutlich verringert [6.66]. Vor allem die Einbindung von Metallen in die kohligen Pyrolysereste [6.67], die auch starke alkalische Puffereigenschaften aufweisen, macht diese widerstandsfähig gegen saure Deponiesickerwässer ([6.68]; s. Kap. 9).

Mitverbrennung in Kraftwerken und Zementwerken ([6.69] Kasten rechts)

Die Mitverbrennung von Klärschlämmen in Kohlekraftwerken ist eine Entwicklung der letzten 10 Jahre. Aufgekommen ist diese Technik im Zuge der Liberalisierung der Elektrizitätswirtschaft, als Kraftwerke nach neuen Wegen zur Verringerung der Stromerzeugungskosten suchten. Die Mitverbrennung von Abfällen erwies sich bald als lukratives Geschäftsfeld. Klärschlämme sind im besonderen Maße für die Mitverbrennung geeignet, weil sie – anders als Siedlungsabfälle – wesentlich homogener in ihrer Zusammensetzung und wesentlich besser zu dosieren sind. Die rechtlichen Fragen entzünden sich vorwiegend vor dem Hintergrund der Mischrechnung nach 17. BImSchV, da die Bilanzierung der Schadstoffe, die über den Klärschlamm eingetragen werden, kaum möglich sind. Mit der Novellierung der 17. BImSchV und Umsetzung der EU-Richtlinie 2000/76/EG über die Verbrennung von Abfällen [6.70] werden für die Mitverbrennung von Abfällen in Produktionsanlagen – z. B. in Zementwerken – anspruchsvolle Grenzwerte festgelegt; vor allem bei Schwermetallen, Dioxinen und Furanen gelten künftig für alle Verbrennungsanlagen die gleichen strengen Anforderungen.

Tabelle 6.12 Kapazitäten zur Klärschlammverbrennung in Deutschland [6.71]

	Anzahl der Anlagen	Verbrennungs-kapazität (t OS/a)	Kapazität
Mitverbrennung in Kohlekraftwerken	25	658.000	53,2
Monoverbrennungsanlagen	17	480.000	38,8
Mitverbrennung in Müllheizkraftwerken	8	60.000	4,8
Mitbehandlung in der Kohlevergasung	1	40.000	3,2
Gesamt	51	1.238.000	100

Perspektiven der Klärschlamm-Mitverbrennung (Prof. Dr.-Ing. J. Werther)

Klärschlamm bietet als Brennstoff grundsätzlich die Möglichkeit, den Kohlenstoff im fossilen Brennstoffe Kohle durch zeitnah gebundenen Kohlenstoff zu ersetzen. Allerdings gilt dies nur für hochgetrocknete Klärschlämme, d. h. Schlämme mit Wassergehalten unterhalb von 10 % in der Originalsubstanz (OS). Obwohl Klärschlamm keine Biomasse im Sinne des Erneuerbare-Energien-Gesetzes (EEG) ist, wird Klärschlamm doch als Biomasse im Sinne des CO_2-Emissionshandels behandelt. Der biogene Anteil am Gesamtkohlenstoffgehalt im Klärschlamm wird üblicherweise mit 99 % angesetzt (der Restgehalt ist auf den C-Gehalt in – nicht regenerativ erzeugten – organischen Flockungsmitteln zurückzuführen). Für den biogenen Kohlenstoffanteil im Klärschlamm erhält das Kraftwerk eine CO_2-Gutschrift. Sie liegt bei z. Z. 1,8 t CO_2/tOS im Braunkohlekraftwerk bzw. 1,7 t CO_2/tOS im Steinkohlekraftwerk, was 41 bis 39 €/tOS an Gutschrift bei einem Zertifikatspreis von 22,50 €/tCO_2 entspricht. Allerdings ist zu berücksichtigen, dass die Trocknung von Klärschlämmen auf Restwassergehalte unterhalb von 10 % derzeit noch die Ausnahme darstellt. In der Regel wird Klärschlamm von den Klärwerken in mechanisch entwässerter Form mit Restwassergehalten von etwa 70 % abgegeben, was die Klärschlamm-Mitverbrennung zur reinen Entsorgungsaufgabe macht.

Für die zukünftige Entwicklung der Klärschlamm-Mitverbrennung sind verschiedenen Perspektiven denkbar:

1. Die zukünftige Verknappung der Zuteilung von CO_2-Zertifikaten macht den Einsatz von biomassehaltigen Ersatzbrennstoffen für Großkraftwerke reizvoll. Denkbar ist, dass in zunehmenden Maße bei den Klärwerken Trocknungsanlagen installiert werden, so dass die Klärwerke getrockneten Klärschlamm als Ersatzbrennstoff an die Kraftwerke liefern und für diesen Ersatzbrennstoff eine Vergütung erhalten, die eine Teildeckung der Trocknungskosten ermöglicht.
2. Die Verknappung der Zuteilung von CO_2-Zertifikaten veranlasst die Elektrizitätsversorger zur Stilllegung alter und zum Bau neuer Kraftwerke mit erhöhtem Wirkungsgrad. Da die Wirkungsgraderhöhung generell mit höheren Dampfzuständen verbunden ist, wird das Kraftwerk insgesamt empfindlicher gegen beispielsweise potenziell korrosive Bestandteile im Klärschlamm. Die Betreiber eines derart „hochgezüchteten" Kraftwerkes werden sehr zurückhaltend hinsichtlich der Mitverbrennung von Klärschlämmen sein.
3. Langfristig wird die Entwicklung der Kohlekraftwerkstechnik zum CO_2-„freien" Kraftwerk gehen, bei dem das mit dem Rauchgas freigesetzte CO_2 abgeschieden und unterirdisch deponiert wird. Die entsprechenden Techniken befinden sich noch am Anfang der Entwicklung (Abschn. 4.2.6). Es lässt sich aber bereits absehen, dass eine derartige Kraftwerksgeneration aufgrund der zahlreichen Probleme, mit denen man hier zu kämpfen hat, nicht für die Klärschlamm-Mitverbrennung zur Verfügung stehen wird.

Da die Weiterentwicklung der Kraftwerkstechnik und der Bau neuer Kapazitäten erhebliche Investitionsmittel beansprucht und schon deshalb über mehrere Dekaden gestreckt werden muss, ist zu erwarten, dass die Klärschlamm-Mitverbrennung mittelfristig auf dem heute erreichten Niveau beibehalten werden wird.

6.5.6 Klärschlamm: Ressourcenschonung vs. Bodenschutz

Bei der Neufassung der seit dem 1. Juli 1992 gültigen Klärschlammverordnung „soll eine sowohl den aktuellen Belangen des Bodenschutzes als auch der Kreislaufwirtschaft und Ressourcenschonung entsprechende Regelung in Kraft gesetzt werden“ [6.72]. Die *Ressourcennutzung* gilt vor allem den Klärschlämmen als Phosphorreserve, da Roh-Phosphate mit geringen Schadstoffgehalten (Cadmium, Uran) in relativ kurzer Zeit zur Neige gehen werden. Die bisher vorliegenden Erkenntnisse zur Phosphorrückgewinnung aus Abwasserresten [6.73] zeigen noch keine wirtschaftliche Alternative, so dass für eine *Düngung* derzeit nur die direkte Nutzung der Nährstoffreserve „phosphorhaltiger Klärschlamm“ in Frage kommt.

Im Vorfeld der Novellierung wurden Grenzwerte für Schwermetalle und organische Schadstoffe vorgeschlagen, die in Tabelle 6.13 verzeichnet sind:

Tabelle 6.13 Grenzwerte für Schwermetalle (oben) und organische Schadstoffe (unten) in Klärschlämmen (mg/kg TS, PCDD/F in ng/kg TS). B(a)P Benz-a-Pyren, Phthalate, polyzyklische Moschusverbindungen Tonalid und Galaxolid (HHCB, AHTN), Organozinnverbindungen MBT und DBT [6.74]

Parameter		Pb	Cd	Cr	Cu	Ni	Hg	Zn
Vorschlag Novelle 2007/2008	Ton	100	1,5	100	60	70	1	200
	Lehm	70	1	60	40	50	0,5	150
	Sand	40	0,4	30	20	15	0,1	60
geltende AbfKlärV		100	1,5 (1)	100	100	50	1	200 (150)

	PCB	PCDD	AOX	B(a)P	DEHP	Moschus	MBT/DBT
Vorschlag Novelle	0,1	30 ng	400	1	100?	15?/10?	0,6?
geltende AbfKlärV	0,2	100ng	500	–	–	–	–

Der Arbeitsentwurf der AbfKlärV-Novelle vom Ende 2007 umfasst eine erweiterte Liste von Punkten: (1) Ausdehnung des Anwendungsbereichs der Verordnung auch auf Flächen des Landschaftsbaus, (2) generelle Klärschlammhygienisierung (Ausnahme: Abgabe von gütegesichertem Klärschlamm), (3) Möglichkeit zur Teilnahme an einer regelmäßigen Qualitätssicherung und (4) Anforderung an die Träger der Gütesicherung [6.75].

In der Schweiz wird Klärschlamm in der Landwirtschaft nicht mehr verwendet Nach einer Umweltrisikoanalyse im Auftrag des Bundesamtes für Landwirtschaft [6.76] hat der schweizerische Bundesrat die Stoffverordnung per 1. Mai 2003 entsprechend geändert [6.77, 6.78]. Im Futter- und Gemüsebau durfte Klärschlamm schon ab Mai 2003 nicht mehr verwendet werden. Für die übrigen düngbaren Flächen galt eine Übergangsfrist bis spätestens 2006, im Einzelfall von den Kantonen verlängerbar bis 2008.

6.6 Integrierte Wasserwirtschaft

In den nachfolgenden Beispielen wird dargestellt, wie eine Integration von technischen Einzellösungen und ökologischen, wirtschaftlichen und sozialen Aspekten im Gesamtsystem Wasserwirtschaft auf verschiedenen Ebenen stattfindet. Im ersten Fall geht es um die Weiterentwicklung des tradionellen Systems Siedlungswasserwirtschaft und seiner Subsysteme wie bspw. die Trinkwasseraufbereitung und Abwasserbehandlung (Abschn. 6.6.1). Das zweite Beispiel beschreibt ein eher zukunftsweisendes Konzept der dezentralen Abwasserentsorgung, das neben dem Hauptziel der Wassereinsparung auch die Nutzung von Nährstoffen und Energieinhalten umfasst (Abschn. 6.6.2). Im dritten Beispiel wird ein spezielles, aber vordringliches Problem der flussgebietsübergreifenden Wassergütewirtschaft gezeigt, die langanhaltende Belastung der Unterlieger durch die Umlagerung von kontaminierten Sedimenten aus dem Oberlauf, bspw. bei Hochwasserereignissen (6.6.3). Zu diesem flussgebietsübergreifenden Ansatz, der im Abschn. 6.1.1 beschrieben wurde, läuft derzeit ein europäisches Projekt „Integriertes Wasserressourcenmanagement" (IWRM.NET) mit 18 Partnerinstitutionen aus 14 Ländern. Ein weiteres Motiv ist die notwendige Anpassung an die Änderungen im Wasserdargebot sowie im Wasserverbrauch im Zuge des globalen Wandels.

Hydrologische und morphologische Veränderungen aufgrund von Belastungen und deren Auswirkungen auf den ökologischen Zustand [6.79]
Die Wasserrahmenrichtlinie (WFD, WRRL) verlangt, dass die Wasserwirtschaft über belastbare Kenntnisse bezüglich der Wechselwirkungen zwischen Physico-Chemie, Morphologie, Hydrologie und Ökologie der Gewässer verfügen muss. Dieses Wissen ist erforderlich, um die wichtigsten Ursache-Wirkungsbeziehungen zu verstehen, die das Erreichen eines guten ökologischen Zustandes und hoher Wasserqualität in Flusseinzugsgebieten maßgeblich beeinflussen.

Insbesondere gibt es Anforderungen, die vollständig oder nahezu vollständig unbeeinflussten Bedingungen hinsichtlich Menge und Dynamik der Abflüsse, Wasserstände und der Aufenthaltszeiten des hydrologischen Regimes und der daraus folgenden Wechselwirkungen mit dem Grundwasser zu beschreiben. Die Abgrenzung zwischen ungestörten (Referenz-)Zuständen, dem sehr guten Zustand und den Anforderungen an die biologischen Qualitätselemente im guten ökologischen Zustand sind ebenfalls klar zu definieren.

Gleiches gilt für die morphologischen Aspekte: für Wasserhaushalt (Abfluss und Abflussdynamik, Verbindung zu Grundwasserkörpern), Durchgängigkeit des Flusses und morphologische Bedingungen (Tiefen- und Breitenvariation, Struktur und Substrat des Flussbetts, Struktur der Uferzone) sind sowohl vollständig bzw. nahezu ungestörte (Referenz-)Zustände, als auch die Grenze zum guten Zustand und die entsprechenden Ausprägungen der biologischen Qualitätselemente zu beschreiben. Strömungsverhältnisse und ihre Auswirkungen auf die Ökologie müssen ebenfalls im Kontext extremer Ereignisse, wie Hochwasser, verstanden werden. Ein weiterer interessanter Gesichtspunkt sind auch die Langzeitfolgen des Klimawandels auf die oben benannten Beziehungen in Wasserkörpern.

6.6.1 Integration des Gesamtsystems Siedlungswasserwirtschaft

Die derzeitige Wasserwirtschaft erhält ein „Durchlaufsystem“ aufrecht, das durch die Begriffe „Verdünnungsphilosophie“ und „Problemexport“ charakterisiert werden kann und in der die Schließung von Stoffkreisläufen ein untergeordnetes Ziel darstellt. So werden die abwassergebundenen Emissionen der Ballungsräume über die aufnehmenden Gewässer an unterliegende Regionen und die damit zusammenhängenden Probleme in die Zukunft verlagert. Die spezifischen Problembereiche und Defizite der gegenwärtigen urbanen Wasserbewirtschaftung kann man folgendermaßen skizzieren [6.80]:

- Trotz hoher Anschlussgerade der zentralen Abwasserreinigung sind die Emissionen der Städte bei Nährstoffen und persistenten Schadstoffen nicht im Gleichgewicht mit der Aufnahmekapazität. Gleichzeitig werden Nährstoffe einer Wiedernutzung in der Landwirtschaft entzogen.
- Wesentliche Kontaktmedien des Wasserkreislaufs, wie Bodenzone und Grundwasserleiter oder Ökosysteme wurden und werden in ihren oft langsamen Pufferungsprozessen so überlastet, dass Nutzbarkeit und Stabilität z. T. irreversibel verloren gehen.
- Der Wasserbedarf für eine Stadt lässt sich praktisch nie über die Grundwasserneubildung aus ihrer Fläche decken, d. h. außerhalb liegende Vorkommen müssen genutzt werden.
- Bau und Betrieb der wasserbezogenen Infrastruktur erfordern erhebliche Aufwendungen bei Energie und nichterneuerbaren Ressourcen und sie produzieren dabei Rückstände aller Art.
- Die z. Z. bestehenden wasserwirtschaftlichen Institutionen und Zuständigkeitsbereiche zeichnen sich durch einen zu hohen Grad der Fragmentierung aus. Dies führt zu Ineffizienzen im Wassergebrauch, der Trinkwasserproduktion, im Abwasserbereich und in der Gestaltung des regionalen Wasserhaushaltes.

Die Integration des Gesamtsystems Siedlungswasserwirtschaft (SWW) bezieht sich vorwiegend auf die heute bekannte SWW und deren Weiterentwicklung [6.81]. Bis heute werden die Subsysteme Trinkwasseraufbereitung, Trinkwasserverteilung, Siedlungsentwässerung und Abwasserbehandlung weitgehend unabhängig voneinander betrachtet und optimiert. Sie unterliegen jedoch weitreichenden Interaktionen und sind zudem über die Gewinnung von Wasser und die Versickerung von Regenwasser mit dem Grundwasser, über die Trinkwassergewinnung und die Abwasserentsorgung mit Oberflächengewässern und über die Trinkwassernutzung und die Abwasserproduktion sowie im Hinblick auf Maßnahmen an der Quelle mit der Siedlung gekoppelt (vgl. Abb. 6.12).

Durch eine auf sich selbst bezogene Optimierung innerhalb eines Subsystems wird die Leistung in den anderen Subsystemen oftmals beeinträchtigt. Wird das gesamte System gemäß Abb. 6.12 im Hinblick auf eine Zielfunktion – bspw. die Fließgewässerqualität – optimiert, lassen sich Synergieeffekte nutzen und das System effizienter betreiben. [6.81].

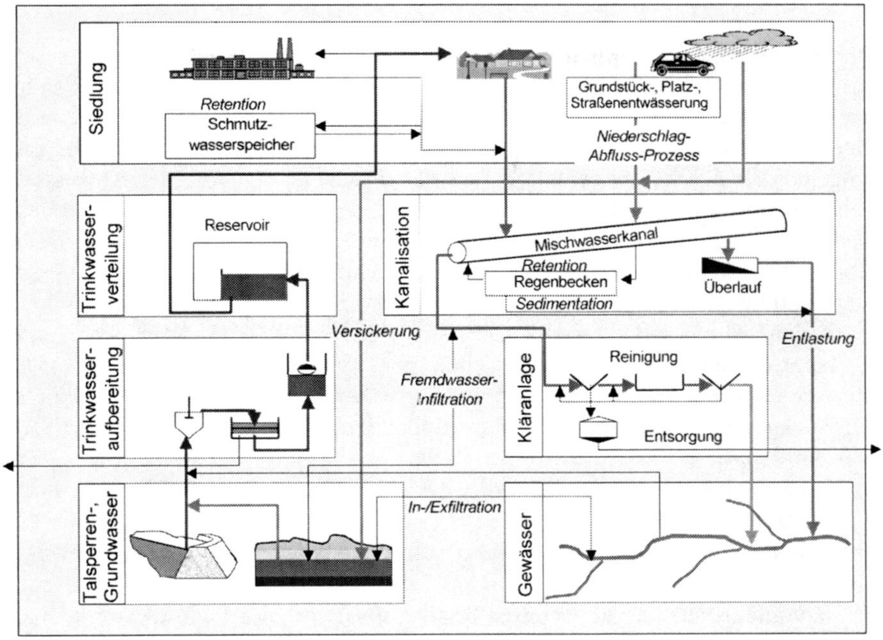

Abb. 6.12 Subsysteme der Siedlungswasserwirtschaft und Interaktionen (Krebs [6.81])

In der Denkschrift der Deutschen Forschungsgemeinschaft „Wasserforschung im Spannungsfeld zwischen Gegenwartsbewältigung und Zukunftssicherung" [6.81] werden Schwerpunktthemen für integrierte Ansätze aufgeführt:

- Im Abwassersystem sind Steuerungsstrategien eng mit dem Betrieb des integrierten Systems verknüpft. Es gibt erste theoretische Arbeiten mit Überlegungen, wie aufgrund von Messungen in der Kläranlage oder im Fließgewässer das Abfluss- und Entlastungsgeschehen durch online-Steuerung in der Kläranlage oder der Kanalisation optimiert werden kann [6.82].
- In der Siedlungswasserwirtschaft werden Stoffkreisläufe mit dem Wasserkreislauf verknüpft. Es müssen Werkzeuge zur Bilanzierung von Stoffen im regionalen Maßstab entwickelt bzw. existierende Methoden verbessert werden, um die Bedeutung der Siedlungswasserwirtschaft bezüglich der Umsätze verschiedener Stoffgruppen aufzuzeigen [6.83].
- Für Gebiete, in denen undichte Kanalisationen als Drainagesystem dienen, müssen integrierte Konzepte entwickelt werden. Abwasserverlust stellt für den Boden und das Grundwasser eine bis heute ungenügend verstandene und quantifizierte Belastung dar.

Wechselwirkungen zwischen Grundwasser und Oberflächengewässer werden im urbanen Raum durch vielfältige anthropogene Einwirkungen gestört. Es gilt, diese Wechselwirkungen als Grundlage für ein nachhaltiges Wassermanagement in urbanen Ballungsräumen zu untersuchen.

6.6.2 Integrierte dezentrale Abwasserentsorgungskonzepte

Die Behandlung von Stoffströmen an der Quelle und die Wiederverwendung des aufbereiteten Wassers in Form kurzgeschlossener Kreisläufe werden in der Industrie bereits seit geraumer Zeit praktiziert. Solche Ansätze sind auch in der kommunalen Abwasserbehandlung möglich [6.84]. Auf einer solchen Teilstrombehandlung möglichst nahe am Anfallort und der Wiederverwendung der Abwasserinhaltsstoffe und des gereinigten Abwassers basiert das neue Konzept der Siedlungswasserwirtschaft. Die Bezeichnung für das neue Sanitärkonzept ist DESAR. Diese Abkürzung steht im Englischen für „*De*centralised *Sa*nitation and *R*euse" („Dezentrale Abwasserentsorgung und Wiederverwendung"). EcoSan (*Eco*logical *San*itation) ist ein anderer vielfach verwendeter Begriff [6.85, 6.86]. Gemeinsam für beide ist die ganzheitliche Betrachtung der Abwassersysteme vom Trinkwasserverbrauch über die Aufbereitung von Teilströmen und ihre weitere Nutzung bis zur Rückgewinnung nutzbarer Abwasserinhaltsstoffe. Einsatzgebiete des DESAR-Konzepts sind:

- ländlich strukturierte Gebiete, wo wegen der dünnen Besiedlung lange Transportleitungen zu bauen sind;
- Siedlungen in ariden Gebieten, wo man sparsam mit der Ressource Wasser umgehen muss;
- Stadtrandgebiete, wo der Wunsch besteht, die ursprüngliche Struktur mit Wald, Felder und kleine Ortsteile zu erhalten;
- Mega-Cities wie z. B. in Süd Amerika oder Asien, wo eine flächendeckende Kanalisation in kurzer Zeit nicht realisierbar ist.

Derzeit scheint die Nutzung wartungsarmer dezentraler Technologien eine realistische Option für die armen Länder zu sein [6.87, 6.88]. Als weiterführende Literatur wird die Studie „Untersuchung zum internationalen Stand und der Entwicklung Alternativer Wassersysteme" von Rudolph und Schäfer empfohlen [6.89].

Ein Beispiel für ein dezentrales Entsorgungskonzept ist von der Firma Otterwasser für die Siedlung Flintenbreite in Lübck entwickelt worden ([6.90] Kasten S. 259). Beim Vergleich der Stoffinhalte der verschiedenen Haushaltsteilströme ergibt sich, dass die landwirtschaftlich verwertbaren Pflanzennährstoffe fast vollständig im Schwarzwasser (Spülwasser, Fäkalien und Urin) zu finden sind. Während die partikulär gebundenen Stoffe hauptsächlich im festen Anteil der Fäkalien (Braunwasser) enthalten sind, kommen gelöste Nährstoffe fast ausschließlich im Urin (Gelbwasser) vor. Werden Urin und Fäkalien getrennt vom restlichen Abwasser behandelt, so lassen sich die Frachten bei Stickstoff um bis zu 97 % und bei Phosphor um bis zu 90 % verringern. Obwohl Urin lediglich ca. 1 % der gesamten Abwassermenge ausmacht, enthält er den weitaus größten Teil an Nährstoffen, die aus dem menschlichen Metabolismus ausgeschieden werden. Er enthält 87 % an Gesamtstickstoff, 50 % des Phosphors und 54 % des Kaliums. Grauwasser enthält weniger als 50 % der Frachten an BSB_5 und CSB des häuslichen Abwassers und nur noch einen geringen Anteil an Pflanzennährstoffen [6.86].

Integrierte dezentrale Abwasserentsorgung – Siedlung Flintenbreite [6.90]

Dieses integrierten Energie- und Abwasserkonzepts beinhaltet neben der Wassereinsparung die Nutzung von Nährstoffen und Energieinhalten. Folgende Teilströme werden separat erfasst und behandelt: (1) Regenwasser, (2) Grauwasser (Abwasser ohne Fäkalien), (3) Schwarzwasser (Toilettenabwasser), (4) Bioabfall (organische Abfälle).

Das *Regenwasser* von Dächern und befestigten Flächen wird oberflächennah abgeleitet und in Mulden, die in die vorhandenen Freiflächen integriert sind, innerhalb des Siedlungsbereichs auf dem Gelände versickert. Bei extrem starken Regenereignissen wird überschüssiges Wasser einem Teich zugeleitet. Das *häusliche Abwasser* wird innerhalb der Wohnungen getrennt erfasst. Durch den Einsatz von Vakuumtoiletten, die einen sehr geringen Wasserverbrauch haben, werden Fäkalien (Schwarzwasser) und das restliche Abwasser (Grauwasser) getrennt abgeleitet und behandelt.

Das nur schwach mit *Nährstoffen* belastete Grauwasser wird hierbei über Gefälleleitungen aus den Häusern herausgeführt. Es wird von Grobstoffen gereinigt und in diskontinuierlicher Beschickung den drei bewachsenen Sandfiltern bzw. Pflanzenkläranlagen zugeführt. Die Reinigungsleistung innerhalb der vertikal durchströmten *Pflanzenkläranlagen* wird im Wesentlichen durch die in dem Sandkörper siedelnden Mikroorganismen erbracht, die Bepflanzung (i. d. R. Schilf) unterstützt dabei die Belüftung. Aufgrund der geringen Nährstoffbelastung (Stickstoff, Phosphor und Kalium) des Grauwassers, ist eine weitestgehende biologische Reinigung des Grauwassers in der Pflanzenkläranlage leicht und kostengünstig möglich. Der Abfluss der Grauwasserbehandlung, der Badewasserqualität aufweist, erfolgt erfolgt in den nachgeschalteten Teich, bzw. kann zu Bewässerungszwecken im Siedlungsgebiet genutzt werden.

Durch den Einsatz der *Vakuumtoiletten* (wie sie sich z. B. im Schiffbau oder ICE-Waggon bewährt haben), die je Spülung nur 0,7–1,2 l Spülwasser verbrauchen, liegt das Schwarzwasser als hoch konzentrierter Abwasserstrom vor. Dieser Teilstrom wird durch Vakuumleitungen zur zentralen anaeroben Behandlungsanlage (Biogasanlage) im Gemeinschaftshaus gesaugt.

Der anfallende Müll wird im Siedlungsgebiet getrennt in verschiedenen Fraktionen (Glas, Papier, Verpackungsmaterial, Restabfall und *Biomüll*) erfaßt. Biomüll wird dabei über ein Biotonnensystem gesammelt, in einer zentralen Anlage zerkleinert und ebenfalls der Biogasanlage zugegeben.

Durch die gemeinsame Vergärung der beiden Fraktionen Schwarzwasser und Biomüll in der *Biogasanlage* wird der Energieinhalt der beiden Teilströme genutzt. Das bei der Vergärung entstehende Biogas kann im Blockheizkraftwerk zur Energieerzeugung genutzt werden. Die dabei entstehende Abwärme versorgt sowohl die Biogasanlage mit der erforderlichen Prozessenergie als auch das angeschlossenen Wärmeversorgungsnetz. Der nach der Behandlung in der Biogasanlage verbleibende *Flüssigdünger* wird in einem Speicherbehälter gesammelt und an die Landwirtschaft abgegeben. Hierdurch können die im Abwasser enthaltenen Nährstoffe fast vollständig in die Landwirtschaft zurückgeführt werden – der natürliche Nährstoffkreislauf wird hiermit berücksichtigt.

6.6.3 Flussgebietsmanagement am Beispiel von Sedimenten

Trotz Rückgang der Schadstoffeinleitungen sind Flusssedimente vielerorts noch in beachtlichem Maße mit Schadstoffen belastet und Biotestergebnisse weisen eher auf eine Zunahme ihrer Giftwirkung hin. Die Verschmutzungen stammen aus diffusen Lufteinträgen und Einleitungen von Abwässern, z. B. auch bei der Flutung von Bergwerken. Wir erinnern uns an die katastrophalen Deichbrüche in Bergbauregionen von Spanien 1999 und Rumänien 1999/2000. Bereits bei „normalen" Hochwässern, aber besonders intensiv bei großen Flutereignissen wie im August 2002 an der Elbe, werden hochbelastete Feststoffe aus dem Oberlauf flussabwärts verfrachtet. So lassen sich z. B. dioxinbelastete Feststoffe aus dem Bitterfelder Chemierevier bis in die Sedimente des Hamburger Hafens verfolgen.

Bislang befanden sich die Unterlieger in einem Einzugsgebiet – und dies gilt besonders für die großen Flusshäfen wie Hamburg – in einer wenig komfortablen Situation, da sie letztlich für alle früheren, heutigen und künftigen Fehlleistungen der Oberlieger aufkommen mussten. Diese ignorieren häufig die Probleme oder nehmen eine Methode in Anspruch, die sie „Sediment-Rückverlagerung" nennen; sie verschärfen damit die Probleme für die Wasserwirtschaft im Unterlauf der Flüsse und tragen wesentlich zur Verschmutzung der Küstenregionen bei.

Mit der neuen Europäischen Wasserrahmenrichtlinie wird nun eine flusseinzugsgebietsübergreifende Verantwortung für die Gewässerqualität immer mehr zur Realität. Das Ziel der EG-Wasserrahmenrichtlinie ist ein guter ökologischer und chemischer Zustand für die oberirdischen Gewässer, den es innerhalb von 16 Jahren zu erreichen gilt. Bislang fehlt in der EG-WRRL ein ausdrücklicher Bezug zu den Problemen, die bspw. durch die Umlagerung kontaminierter Sedimente entstehen können. Aber es wird immer deutlicher: Bei dem übergreifenden Ansatz der WRRL ist nicht nur die Immission in die Wasserkörper über diffuse oder Punktquellen zu berücksichtigen, sondern auch die Re-Immission durch das Sediment. Eine Vernachlässigung der Sedimente führt aber zu einer falschen Risikoanalyse bzgl. des – angeblich – guten Zustandes [6.91]!

Ein europäischer Verbund „SedNet" [6.92] befasst sich in sechs Arbeitsgruppen mit den verschiedenen Aspekten von kontaminierten Sedimenten:

1. *Untersuchung und Charakterisierung:* Probenahme, Stabilitätseigenschaften, Erodierbarkeit, Toxizität (mit Biotests: s. *Kasten* auf der übernächsten Seite),
2. *Verhalten und Schicksal der Schadstoffe*: Abschätzung der Schadstoffverfügbarkeit und Möglichkeiten der Beeinflussung des Sedimentverhaltens;
3. *Sedimentbehandlung*: Verbesserung und Einsatz von Behandlungs-, Deponierungs- und Verwertungsmethoden im Hinblick auf die Flusseinzugsgebiete;
4. *Planung und Entscheidungsfindung*: Untersuchungen von Herkunft und Verteilung im Einzugsgebiet und großräumige, integrierte Managementstrategien;
5. *Risikoanalysen und Bewertung*: Entwicklung von Sedimentqualitätskriterien und Vermittlung der Befunde an Entscheidungsträger und an die Öffentlichkeit;
6. *Finanzielle und wirtschaftliche Aspekte*: Entwicklung von ökonomischen Bewertungmethoden und Entscheidungsszenarien mit Kosten/Nutzen-Analysen.

Das Netzwerk umfasst etwa 1000 Teilnehmer aus Europa und weltweit.

Die Belastung von Sedimenten mit Schadstoffen kann unterschiedliche Ursachen haben, wie in Abb. 6.13 dargestellt ist [6.93]:

- Oberflächenabschwemmungen von Böden, insbesondere von landwirtschaftlich genutzten Flächen, als wichtige Beispiele für „diffuse Quellen";
- punktförmige Quellen, insbesondere Einleitungen aus Industriebetrieben und Kommunen, Deponiesickerwässern und – eine lokal sehr wichtige Art des Eintrag von Schwermetallen – Zuflüsse aus Bergwerken

Zur Sicherung des Unterlaufs und der Küstenregionen vor hohen Schadstoffeinträgen wurden für das Beispiel der Elbe drei Konzepte vorgeschlagen [6.94]:

1. In den Bergbauregionen des Oberlaufs können Schwermetalle direkt in den Grubenwässern an sorptionsfähigen Materialien gebunden werden [6.95].
2. In den Überflutungsgebieten des Mittellaufs kommen vorrangig Methoden aus dem Umfeld des „Monitored Natural Attenuation" (Abschn. 8.5.2) in Frage.
3. Im Unterlauf sollten belastete Sedimente in subaquatischen Depots gelagert und mit einer Abdeckung (mit reaktiven Zusätzen) gesichert werden.

Für ausgebaggerte Gewässersedimente mit ihrer meist breiten Schadstoffpalette bedeutet diese Form der Sicherung in erster Linie die Ablagerung in natürlichen oder künstlichen Vertiefungen unter permanent anoxischen und strömungsarmen Verhältnissen und einer künstlicher In-situ Abeckung (Active Capping [6.96]).

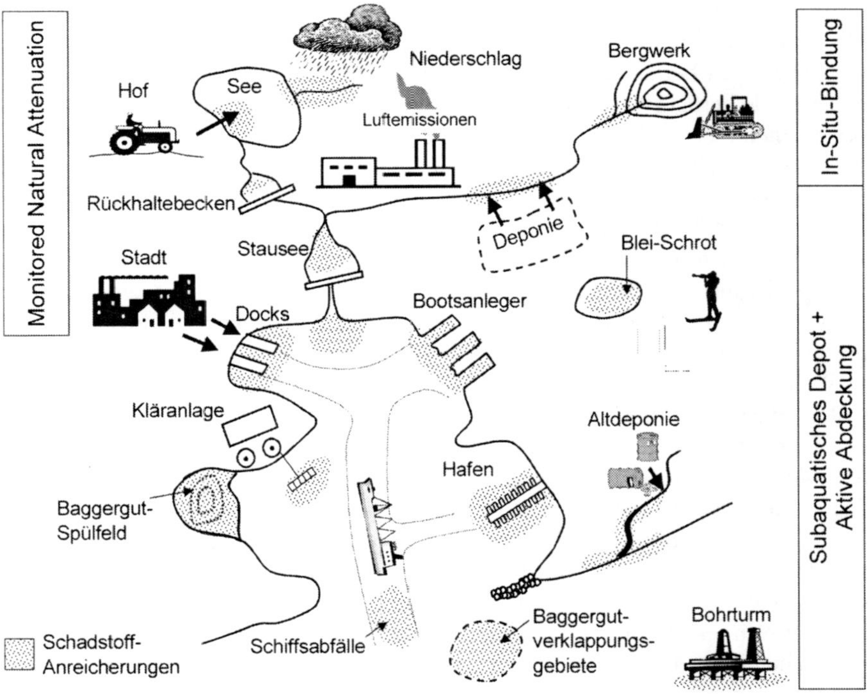

Abb. 6.13 Sedimentprobleme in einem Flusseinzugsgebiet ([6.93] nach Shea)

Ökotoxikologische Testsysteme (Privat-Dozent Dr. Wolfgang Ahlf, TUHH)

Die Ökotoxikologie umfasst alle Studien, die das Wissen über die Effekte von Chemikalien auf Organismen an ihrem natürlichen Standort mehren. Instrumente zur Gefährlichkeitsbeurteilung von Chemikalien, sowie zu deren Risikobewertung in der Umwelt sind biologische Testverfahren. Die Bedeutung von standardisierten Toxizitätstests (Biotests) hat in den letzten Jahren durch die Verankerung in gesetzliche Regelungen zugenommen. Die Ergänzung zur chemischen Analytik ist vorteilhaft, da durch eine biologische Reaktion von Lebewesen Wirkungen angezeigt werden, die ein Produkt, ein Abfallstoff oder eine Umweltprobe erzeugt. Dabei ist es im ersten Schritt unbedeutend, welche Komponente die Schäden verursacht; wichtig ist, dass über alle Inhaltsstoffe integriert wird, da Chemikalien toxische Effekte sowohl additiv als auch unterhalb ihrer chemischen Nachweisgrenzen erzeugen können. Umfassend können toxische Wirkungspotenziale nur charakterisiert werden, wenn für eine Prüfung die aussagekräftigsten Biotests kombiniert werden. Unterschiedliche selektive Wirkungen von Umweltchemikalien und verschiedenartige Sensitivitäten von Organismen begründen die Notwendigkeit einer Anwendung von Biotestkombinationen.

Ökotoxikologische Testverfahren werden genutzt, um prospektiv Produkte auf ihre ökologische Wirkung abzuschätzen. Die Grundlage der Wirkungsanalysen sind akute und chronische Toxizitätsmerkmale bei ausgewählten Organismen. Bei einer chronischen Exposition besteht eine stoffliche Belastung über längere Zeit bis hin zur gesamten Lebensdauer eines Organismus. Akute und chronische Effekte können sich bei derselben Umweltchemikalie stark unterscheiden und müssen daher beide berücksichtigt werden. Entscheidend ist die Generationszeit der Testorganismen für die Dauer von chronischen Biotests. Diese kann für Bakterien und Algen Stunden betragen, während sie bei höher organisierten Organismen wie z. B. Fischen Monate sein kann. Nicht nur aus Gründen der Praktikabilität werden zunehmend mikrobielle und molekularbiologische Testsysteme entwickelt, sowie *In-Vitro* Methoden mit Zell-Linien. Die Verfahren sind relativ schnell und aussagekräftig, darüber hinaus teilweise sehr spezifisch. Unumgänglich werden die Methoden, um typische Wirkungsarten von Stoffen zu entdecken, die im Organismus erst zeitverzögert auftreten, wie z. B. hormonaktive Substanzeigenschaften.

Wenn neu entwickelte Biotests in gesetzliche Regelungen übernommen werden sollen, müssen sie standardisiert werden, um eine gleichbleibende Empfindlichkeit der Testsysteme und eine gute Reproduzierbarkeit der Ergebnisse zu gewährleisten. Neben den häufig verwendeten Richtlinien der OECD und der ISO bieten auch andere Vorschriften wie z. B. DIN oder ASTM geeignete Methoden. Seit dem 1. Januar 1982 gelten die Regelungen des Chemikaliengesetzes in Deutschland und beinhalten eine Prüfpflicht für neu auf den Markt kommende Erzeugnisse mit ökotoxikologischen Standardverfahren. Die biologischen Testsysteme wurden auf Wirbellose und Algen ausgeweitet. Die Testorganismen repräsentieren unterschiedliche Trophiestufen, um eine ökologische Gefährdung prospektiv erkennen zu können. Das Prinzip des Gesetzes fordert eine stufenweise Erhöhung der Testerfordernisse mit der Produktionsmenge. (s.a. REACH, S. 99)

7 Trinkwasser

Wasser ist eine essentielle, d. h. unverzichtbare Ressource. Wasser ist Rohstoff der Photosynthese, wir nutzen es als Betriebsmittel, zum Kühlen und Reinigen; es ist landschaftsprägendes Element, Verkehrsweg und Erholungsraum, Medium für den Transport und Abbau von Abfällen. In erster Linie ist Wasser ein Lebensmittel und seine Bewirtschaftung erfordert eine gleichrangige Beachtung ökologischer, ökonomischer und sozialer Kriterien [7.1]. Abschnitt 7.1 gibt einen Überblick über die Praxis der Trinkwasserversorgung, das Vorkommen und die Förderung von Grundwasser, das Leitungsnetz und über die Anforderungen nach der Trinkwasserverordnung. In Abschn. 7.2 werden die Einflüsse auf die Wasserqualität dargestellt, vor allem die Auswirkungen von chemischen Reaktionen und biologischen Vorgängen im Untergrund. Abschnitt 7.3 befasst sich mit den Verfahren und Methodenkombinationen bei der Trinkwasseraufbereitung – von den naturnahen Ansätzen der Uferfiltration bis zu den physikalisch-chemischen Behandlungsverfahren für Wässer mit halogenorganischen und Pestizid-Belastungen. In Abschn. 7.4 wird die Nutzung der Wasserressourcen in Deutschland unter Umweltaspekten zusammenfassend dargestellt.

7.1 Trinkwasserversorgung

In vielen Gebieten der Erde steht die Ressource Wasser an der Spitze der Agenda für eine zukunftsfähige Entwicklung [7.2], die jedoch – wie der Klimaschutz – erst in einigen Jahrzehnten greifen kann. Derzeit fehlt 1,1 Milliarden Menschen der Zugang zu verbesserter Wasserversorgung und 2,4 Milliarden Menschen der Zugang zu verbesserter Abwasserentsorgung [7.3]. Die Verdoppelung der Weltbevölkerung wird zu einer Versechsfachung des Wasserbedarfs führen [7.4]. Bereits heute ist wegen der Übernutzung der Grundwasservorkommen vor allem in großen Ballungszentren die Wasserversorgung akut gefährdet; bspw. leiden über die Hälfte der Großstädte in China unter Wassermangel und mehr als 90 Prozent der Wasserressourcen, die dort eingesetzt werden, gelten als belastet [7.5]. Regionale Konflikte um Wasserressourcen – Nil, Euphrat, Jordan – werden sich künftig noch verstärken [7.6].

In den besser situierten Industrieländern sind die o. g. Nachhaltigkeitskriterien vor allem Argumentationshilfen in der kontroversen Diskussion um die *Liberalisierung des Wassermarktes*, nachdem mit dem Strom- und Gasmarkt bereits zwei der wichtigsten Versorgungsmärkte auf Druck der Europäischen Union geöffnet wurden. Umweltbundesamt, Gemeindetage und andere Organisationen sehen in dem Gebietsschutz für die Wasserversorgung zusammen mit der Ausweisung von Schutzgebieten und ortsnahen Versorgungsstrukturen ein wichtiges Fundament für die bestehende gute Trinkwasserqualität und für eine langfristig gesicherte Grundversorgung zu angemessenen Preisen in Deutschland [7.7, 7.8].

Die Maßnahmen zur Gewinnung und Verteilung von Wasser müssen langfristig geplant werden und die Infrastrukturen, die im Rahmen der Siedlungswasserwirtschaft aufgebaut werden, haben eine lange Lebenserwartung. Der Wert aller Anlagen für die Wasserversorgung und Abwasserentsorgung beträgt etwa 20.000 € pro Einwohner [7.9]. Finanzdienst und Amortisation dieses Betrags sowie die Betriebskosten ergeben etwa 1.000 € pro Einwohner und Jahr; würden diese Kosten über Gebühren erhoben (derzeit fließen noch überwiegend Steuergelder in diesen Sektor), wären ca. 7 € pro m^3 Trinkwasser fällig. Einschließlich sonstiger Tarife (Zähler- und Grundentgelte) lag der Wasserpreis in Deutschland 2000 bei ca. 1,73 €/m^3 und ist, anderes als in den meisten Nationen, Vollkosten deckend [7.10].

Jede Gemeinde muss für ihr Gebiet ein Planungsprojekt unterhalten, das aufzeigt, wie sich die Wasserversorgung in Zukunft entwickeln soll [7.11]:

- Entwicklung des Wasserbedarfs und der Beschaffung dieses Wassers,
- Sicherstellung der Wasserbeschaffung und Schutz der Wasserressourcen,
- Ausscheidung der Grundwasserschutzzonen,
- Verteilung des Wassers.

Die ideale Voraussetzung für die Wassergewinnung sind geeignete Wasservorkommen in unmittelbarer Nähe zum Verbraucher. Die Standortsuche wird jedoch durch konkurrierende Nutzungsansprüche erschwert (Abb. 7.1).

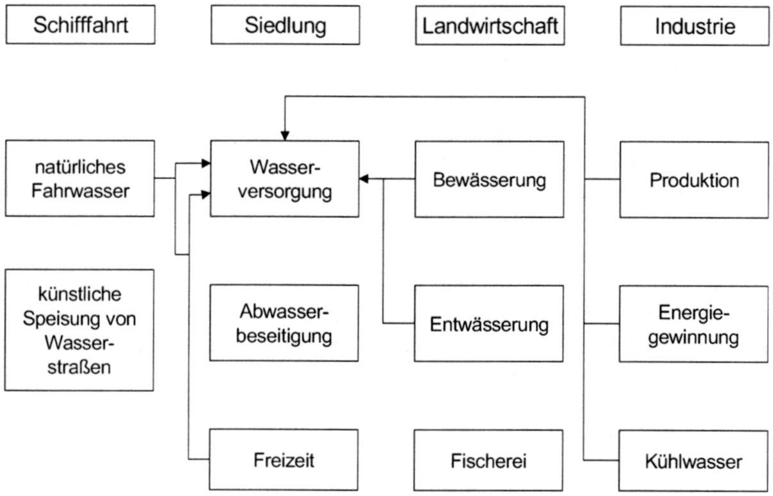

Abb. 7.1 Nutzungsansprüche an Oberflächen- und Grundwässer (nach [7.12])

Vor der Erschließung eines Vorkommens für die Trinkwasserversorgung müssen Untersuchungen über die räumliche Abgrenzung eines möglichen Gewinnungsgebietes, seine geologischen, hydrologischen, meteorologischen und hydrochemischen Verhältnisse angestellt werden. Bei der Herkunft unterscheidet man zwischen echtem Grundwasser, Quellwasser und Oberflächenwässern [7.13]):

In Deutschland sind Grund- und Quellwasser mit einem Anteil von etwa 70 % der wichtigste Rohstoff für die Trinkwasserversorgung. Da Grundwasser aber nicht überall in der Menge verfügbar ist, wie es benötigt wird, ist die Wasserversorgung ohne den Zugriff auf Oberflächenwasser nicht denkbar. Von ungefähr 30 % Oberflächenwasseranteil für die Trinkwasserversorgung stammen etwa 50 % aus Uferfiltrat- und künstlich angereichertem Grundwasser. Die Vorteile dieser Verfahren liegen in der Nutzung natürlicher Aufbereitungsvorgänge mit ihrer großen Pufferkapazität gegen unverhoffte Wasserverschlechterungen und der Möglichkeit, die gewinnbare Wassermenge durch technische Maßnahmen zu steigern (siehe Abschn. 7.3.1). Je nach dem geologischen Aufbau des Grundwasserleiters unterscheidet man zwischen Lockergesteins-, Kluft- und Karstgrundwasser [7.11]:

- *Lockergesteine* haben eine hohe nutzbare Porosität von 10–20 %. Die Fließgeschwindigkeit des Grundwassers ist meist gering, und die Aufenthaltszeit im Untergrund ist groß. Das Grundwasser hat häufig ein gleichmäßiges, mittleres Energiegefälle.
- *Kluftgrundwasser* fließt in Klüften und Spalten von Festgesteinen mit meist nur geringer Porosität von 1–2 %. Die Fließgeschwindigkeit ist häufig höher als im Lockergestein und das Energiegefälle meist unregelmäßig.
- *Karstgrundwasser* zirkuliert in den Lösungshohlräumen von Kalk- und Dolomitformationen. Häufig steht solches Grundwasser in fast direktem Kontakt zur Oberfläche und Karstquellen reagieren rasch auf Regenereignisse und Schneeschmelze, was auf eine kurze Aufenthaltszeit des Wassers im Untergrund hinweist. Karstgrundwasser muss häufig mit aufwendigen Verfahren aufbereitet werden, um dauerhaft Trinkwasserqualität zu gewährleisten.

Die Grundwasservorkommen in Deutschland sind im Vergleich zu vielen anderen europäischen Ländern als relativ bedeutend einzustufen. Allerdings ergibt sich eine sehr unterschiedliche regionale Verteilung. Nördlich der Mittelgebirge sind die Vorkommen überwiegend groß bis sehr groß, örtlich spielen sehr ergiebige Tiefengrundwässer in den Braunkohlensanden des Miozäns und den Kaolinsanden des Pliozän eine große Rolle, ebenso tief eingeschnittene, mit Sanden verfüllte Rinnen, die allerdings keine großen Breiten erreichen. Quellwasser wird bevorzugt in den Mittelgebirgen und im Alpengebiet zur Versorgung kleinerer Gemeinden und Städte genutzt.

Talsperren- und Seewasser ist für die Trinkwasserversorgung günstig wegen der Speicher- und Überwachungsmöglichkeiten, doch gibt es vielfach Probleme mit Eutrophierungserscheinungen. Die Überproduktion von Algen und deren Stoffwechsel und Abbauprodukte können zu Geruchs- und Geschmacksbeeinträchtigungen führen, die sich auch durch Aufbereitung nicht gänzlich beseitigen lassen [7.12]. Wenn sich bei tieferen Seen die wärmeren oberen Lagen und kälteren unteren Schichten nicht durchmischen, wird der untere Wasserkörper bei hoher Überproduktion von Plankton sauerstoffarm oder gar anaerob. Genaue Beobachtungen sind notwendig, um die günstigste Tiefe für die Trinkwasserentnahme zu finden. Seen gleichen die Wasserqualität über lange Zeit aus und erlauben den Trübstoffen zu sedimentieren; das vereinfacht die Aufbereitung im Vergleich zu Fließgewässern [7.11].

7.1.1 Trinkwassernutzung und Einsparmöglichkeiten

Am Beginn der Einrichtung der kommunalen Wasserversorgung stellt sich die Frage, wie viel Wasser der Mensch eigentlich braucht. Diese Frage ist weder damit zu beantworten, dass man Verbrauch und Bedarf einfach gleichsetzt, noch damit, dass zum Trinken und für die Zubereitung von Nahrung 2 bis 3 Liter pro Tag ausreichen. Der Bedarf wird auf der privaten Seite von den Lebensgewohnheiten im häuslichen Bereich bestimmt. In Deutschland ist der Pro-Kopf-Verbrauch (in dem ca. 10 % für den Wasserverbrauch des Kleingewerbes enthalten sind) von 147 l im Jahr 1990 auf 126 l im Jahr 2004. Dieser Durchschnittswert verteilt sich jedoch recht breit zwischen den einzelnen Bundesländern. Dem Maximalwert von 143 l/(E*d) in Schleswig-Holstein steht ein Minimalwert von 88 l/(E*d) in Sachsen gegenüber [7.14]. Ein Hauptgrund für diese Unterschiede in Deutschland liegt darin, dass der Wasserpreis in den neuen Bundesländern nach der Wende sehr stark angestiegen ist.

Tabelle 7.1 Wasserverbrauch im Haushaltsbereich (nach [7.12])

Verwendung	Menge (l/Tag)	erforderliche Qualität
Trinken und Kochen	2 ... 5	höchste
Körperpflege	5 ... 20	
Baden und Duschen	20 ... 60	hohe
Geschirrspülen	5 ... 10	
Wäschewaschen	10 ... 30	mittlere
Raumreinigung, Autowaschen etc.	3 ... 5	geringe bis mittlere
Toilettenspülen	20 ... 50	geringste

Natürlich liegt es nahe, sich angesichts der unterschiedlichen Qualitätsanforderungen der in Tabelle 7.1 genannten Wassernutzungen Gedanken über Einsparungsmöglichkeiten zu machen. Eine Studie des Umweltbundesamtes [7.15] über Möglichkeiten und Grenzen der Einsparung von Trinkwasser kommt zu dem Ergebnis, dass bei der Versorgung der Haushalte aus hygienischen Gründen nur das Toilettenspülwasser von derzeit maximal 50 Liter/Einwohner/Tag durch Brauchwasser ersetzt werden könnte. Auch dieses Wasser müsste folgende Qualitätsanforderungen erfüllen:

- keine Inhaltsstoffe, die zu Ablagerungen im Rohrnetz und an Sanitäreinrichtungen führen; keine aggressiven Eigenschaften gegenüber Rohrmaterialien;
- ausreichende Haltbarkeit des Wassers auch bei längeren Aufenthaltszeiten zur Vermeidung von Geruchsbelästigungen;
- hygienische Unbedenklichkeit zur Vermeidung von gesundheitlichen Schäden bei Fehlanschlüssen und durch Sprühinfektion.

Die Investitionskosten für den nachträglichen Bau eines doppelten Leitungsnetzes werden auf 3.000–6.000 € für eine private Wohneinheit geschätzt [7.15].

Trinkwasserverbrauch in Industrie und Gewerbe

Die Verminderung des in Produktionsprozessen eingesetzten Trinkwassers zielt im Wesentlichen auf eine Senkung des spezifischen Wasserverbrauchs bei der jeweiligen Verwendungsart und auf eine Substitution durch Betriebswasser:

Hinderungsgründe für ein doppeltes Leitungsnetz im industriellen Bereich sind ganz allgemein [7.12]:

- unterschiedliche Qualitätsansprüche der Abnehmer;
- mögliche Änderungen der Ansprüche bei Umstellung auf neue Produkte oder Herstellungsverfahren;
- Ungewissheit über die Entwicklung der Abnahmemengen;
- ganz unterschiedlicher Wasserbedarf der Betriebe.

Diese Probleme zeigen sich, wenn vorhandene Industriebezirke versorgt werden sollen, aber auch dann, wenn für Industrieansiedlungsgebiete vorsorglich ein Betriebswassernetz erwogen werden sollte. Günstige Voraussetzungen für die Realisierbarkeit einer zentralen Betriebswasserversorgung liegen vor, wenn das Rohwasser preiswert aufbereitet werden kann, wenn die Abnehmer nahe an der Gewinnungsstelle liegen und wenn für die angebotene Qualität ein großer Bedarf bei möglichst zahlreichen Abnehmern besteht. Vom Standpunkt einer sparsamen Bewirtschaftung der Trinkwasservorräte ist es i. A. unerheblich, ob das Betriebswasser an Ort und Stelle aus für die Trinkwasserverwendung ungeeigneten Vorkommen (z. B. einem stärker belasteten Oberflächengewässer oder geringwertigen oberflächennahen Grundwasservorkommen) entnommen oder über eine besondere Leitung über das Wasserwerk an die Betriebe herangeführt wird. Soweit eine solche dezentrale Versorgung mit Wasser durchgeführt werden kann, ist sie einer zentralen Versorgung vorzuziehen, da sie zu Einsparungen an Investitions- und Betriebskosten sowie von Energie für den Transport des Wassers führt [7.16].

Maßnahmen zur Senkung des spezifischen Trinkwasserverbrauchs [7.17]:

- *Kühlwasser.* Der Wasserverbrauch lässt sich durch Umstellung auf Kreislaufnutzung mit Rückkühlung erheblich vermindern, häufig verbunden mit dem gleichzeitigen Effekt der Energieeinsparung.
- *Produktionswasser* (Wasser, das als Rohstoff in das Produkt eingeht). Verluste können durch Automation der Fertigung vermindert werden, doch ist der Einspareffekt insgesamt gering.
- *Kesselspeisewasser.* Durch eine Kondensatrückführanlage kann dieses Wasser unter geeigneten Umständen im Kreislauf genutzt werden.
- *Reinigungswasser.* Eine Kreislaufführung macht die Wiederaufbereitung dieses Wassers erforderlich. Ressourcenschonend ist auch die Möglichkeit der Mehrfachnutzung von Reinigungswasser. Teilweise wird dies verwirklicht, wenn das letzte Spülwasser für die nächste Vorreinigung wiederverwendet wird.
- *Belegschaftswasser:* Besonders in Betrieben, die sich aus anderen Gründen mit Betriebswasser versorgen, hat die Umstellung der Toilettenspülung auf dieses Wasser gute Chancen.

7.1.2 Wasserbeschaffung

Für die Wasserversorgung in den Industrienationen nehmen die Qualitätsfragen einen hohen Rang ein. Dabei wird die chemische und die physikalische (z. B. Temperatur, Farbe, Trübung) Qualität des Wassers weitgehend durch die Wasserressource und die Art der Aufbereitung bestimmt. Zur Sicherung der hygienischen Qualität sind zwischen dem Wasser und der Umwelt dauerhafte und dichte Barrieren erforderlich, damit pathogene Keime nicht ins Trinkwasser eindringen und das Trinkwasser hygienisch beeinträchtigen können. Das *Barrierenkonzept* von Gujer [7.11] beinhaltet folgende Elemente (Abb. 7.2):

- Die Wasserressource (Quellen, Grundwasser, Seen) wird durch *Schutzzonen* weitestgehend vor Kontamination geschützt, so dass das beschaffte Wasser von bestmöglicher Qualität ist. Die Barriere wird hier errichtet, indem dem Wasser im Boden genügend Zeit zur Verfügung gestellt wird, so dass natürliche Selbstreinigungsprozesse das Wasser schützen können.
- Die *Aufbereitung* von Trinkwasser wird dort erforderlich, wo die Wasserressource nicht genügend vor Umwelteinflüssen geschützt werden kann. Sie hat zur Aufgabe, die erforderliche hygienische, chemische und physikalische Qualität des Wassers herzustellen. Die Trinkwasseraufbereitung stellt die Barriere zwischen Rohwasser (Umwelt) und Trinkwasser dar.
- *Bauwerke* wie Wasserspeicher, Aufbereitungsanlagen, Pumpwerke etc. werden so gestaltet, dass keine hygienischen Probleme entstehen sollten.
- Die letzte Barriere ist ein positiver *Druckunterschied* (oder Energiegradient) zwischen dem einwandfreien Wasser und der möglicherweise kontaminierten Umwelt. Ein Druckunterschied bestätigt einerseits, dass die physikalische Barriere (die Wände der Verteilleitungen) dicht ist, und stellt andererseits sicher, dass keine (unbeabsichtigten) Kontaminationen des Wassers möglich sind.

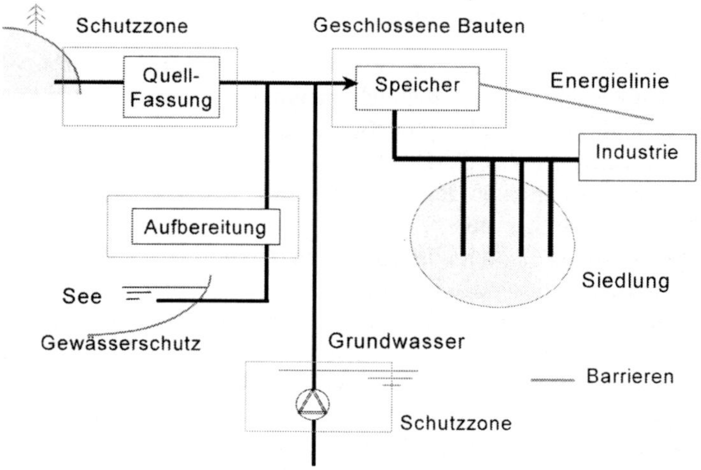

Abb. 7.2 Schematische Darstellung der Anlagen einer Wasserversorgung und Identifikation der Barrieren gegen das Eindringen von pathogenen Keimen (nach Gujer [7.11])

Bei der *Förderung* von Grundwässern besteht eine zunehmende Tendenz, Brunnen mit großen Fördermengen aus größeren Tiefen anzulegen; diese Wässer lassen sich i. Allg. nur mit Hilfe von Pumpen gewinnen [7.18]. Die Brunnenrohre sind innerhalb der wasserführenden Schicht gelocht oder geschlitzt. Zwischen der Bohrlochwand und dem durchlässigen Teil des Brunnenrohrs wird zum Schutz gegen schnelle Filterverstopfung Kies geschüttet, dessen Körnung den Bodenverhältnissen angepasst ist. Teilweise wird auch ein Kiesbelag fest mit dem Filterrohr verbunden. Vertikalbrunnen werden meist mit Unterwasserpumpen ausgerüstet. Bei den Bohrungen muss darauf geachtet werden, dass die Brunnenfassung gegen oberflächige Verunreinigungen gut abgedichtet wird und durchbohrte Deckschichten nicht zu einem hydraulischen Kontakt zwischen den verschiedenen Grundwasserstockwerken führen.

In oberflächennahen Grundwasserleitern von geringer Mächtigkeit werden auch sog. *Horizontalfilterbrunnen* verwendet. Sie bestehen aus einem größeren Brunnenschaft, von dem aus in Höhe des Grundwasserleiters sternförmig nach allen Seiten horizontale Filterstränge vorgetrieben werden. Die große Filterfläche macht sie besonders für Böden mit geringer Durchlässigkeit geeignet. Gegenüber Vertikalbrunnen haben sie den Vorzug sehr hoher Förderleistungen auf beschränktem Raum (bis zu 3500 m^3 pro Stunde), die sich allerdings nur in ergiebigeren Grundwasserleitern voll ausnutzen lassen.

Bei Brunnen kann die Entnahmemenge durch sog. *Brunnenalterung* eine Reihe von Beschränkungen erfahren [7.18]:

- Durch chemisch-biologische Prozesse, die in komplizierter Weise von der Entnahmemenge, der Filtergeschwindigkeit, Güteveränderungen des Wassers und der mehr oder weniger schwankenden Betriebsweise abhängen, kommt es zu einer Verockerung der Filter, einer Ausfällung von Eisen- und Mangansalzen, die dann immer weniger Wasser durchlassen. Ebenso kann dies in den filternahen Kies- und Sandschichten geschehen, z. B. bei verstärkter Sauerstoffzufuhr in Fassungsnähe, durch starke Absenkungen und durch künstliche Infiltration.
- Eine andere Gefährdungsmöglichkeit ergibt sich aus dem Bewuchs mit Mikroorganismen-Kulturen, die auch bei der Verockerung eine Rolle spielen. Leichter betroffen können Flachbrunnen sein, in deren Fassungsgebiet z. B. Nitrat- und Phosphat stöße eine Massenentwicklung von Algen begünstigen. Die beschriebenen Inkrustationen lassen sich durch mechanische und chemische Verfahren beseitigen.

Auf jeden Fall ist es nicht damit getan, irgendwo einen Brunnen zu bauen und auf Jahrzehnte hinaus ohne Kontrolle und Schutzmaßnahmen Wasser zu fördern.

Bei der künstlichen Grundwasseranreicherung ist der Übergang des Oberflächenwassers in den Filter- oder Bodenkörper besonders kritisch. Hier erfolgt die Festlegung der Wasserinhaltsstoffe, die nicht echt gelöst sind. Hier setzt unter Einschaltung der Oberflächenwirkung des Filterkorns oder Bodenmaterials ein Abbau der biologisch leicht verwertbaren Stoffe ein (s. u.). Je größer die für die Infiltration einer bestimmten Wassermenge verfügbaren Flächen sind, desto weniger Verdichtungsprobleme gibt es. Das gilt sowohl für oberirdische als auch für unterirdische Infiltrationsanlagen.

7.1.3 Werkstoffe in Leitungsnetzen [7.18]

Förderanlagen, Transportleitungen, Behälter und Versorgungsnetz bilden ein betriebliches System, dessen Bestandteile in ihrer Leistungsfähigkeit aufeinander abgestimmt sein müssen. Die für die Wasserverteilung verwendeten Rohrwerkstoffe haben unterschiedliche Eigenschaften. Stahl zum Beispiel hat eine große Festigkeit, ist aber anfällig für Korrosion. Kunststoffe dagegen besitzen eine weitaus geringere Festigkeit, aber eine hohe Korrosionsbeständigkeit.

Die Entwicklung vom Grauguss zum duktilen Gusseisen im Laufe der 60er Jahre führte zu einem Rohr mit hoher Festigkeit und ausreichender Verformbarkeit; es erwies sich jedoch als weit korrosionsempfindlicher als ursprünglich angenommen wurde. Um die Innenseite metallischer Rohre gegen Korrosion zu schützen, wird heute ausschließlich Zementmörtel in die Rohre eingebracht. Bei kleinen Dimensionen werden auch verzinkte Stahlrohre verwendet. Soweit Beschichtungen oder Verkleidungen der Innenwände von Behältern vorgenommen werden, müssen diese weitgehend porenfrei aufgebracht werden. Korrosions-Probleme, die beim Zusammentreffen von Wässern verschiedener Herkunft und Zusammensetzung entstehen können, lassen sich beherrschen. Es bedarf dazu der Einhaltung fester Mischungsverhältnisse und ggf. Korrekturen des pH-Wertes.

Nach der Trinkwasserverordnung vom 28. Mai 2001 (Abschn. 7.1.4) soll der pH-Wert des Wassers zwischen 6,5 und 9,5 liegen. Die berechnete Calcitlösekapazität am Ausgang des Wasserwerks darf 5 mg/l $CaCO_3$ nicht überschreiten; diese Forderung gilt als erfüllt, wenn der pH-Wert am Wasserwerksausgang $\geq$ 7,7 ist. Bei der Mischung von Wasser aus zwei oder mehr Wasserwerken darf die Calcitlösekapazität im Verteilungsnetz den Wert von 10 mg/l nicht überschreiten. Für in Flaschen oder Behältnisse abgefülltes Wasser kann der Mindestwert auf 4,5 pH-Einheiten herabgesetzt werden. Für in Flaschen oder Behältnisse abgefülltes Wasser, das von Natur aus kohlensäurehaltig ist oder das mit Kohlensäure versetzt wurde, kann der Mindestwert niedriger sein. Insgesamt erfolgt nach der novellierten Trinkwasserverordnung – in der Umsetzung der EG-Trinkwasserrichtlinie – die Auswahl geeigneter Materialien für das Trinkwasserleitungsnetz und die Beurteilung von Korrosionseffekten erfolgt nach den allgemein anerkannten Regeln der Technik (§ 17 Abs. 1 TrinkwV).

Verunreinigungen des Wassers in der Hausinstallation können beispielsweise durch zu lange Verweilzeiten des Wassers in den Leitungen verursacht werden. Besondere Bedeutung hat deshalb die richtige Wahl des Rohrmaterials, das möglichst auf die jeweilige Wasserqualität abgestimmt sein soll (*Kasten*). Überwiegend werden Rohre aus verzinktem Stahlrohr oder aus Kupfer benutzt. Bei verzinkten Stahlrohren sind in den letzten Jahren durch den Einbau mangelhaft gefertigter und schlecht verzinkter Importware vielfach Schwierigkeiten aufgetreten. Es wurden erhöhte Gehalte an Cadmium und Blei im Wasser sowie Neigung zu „Zinkgeriesel" festgestellt. In der Installation in Altbauten des gehobenen Lebensstandards sind vielfach noch Bleirohre zu finden. Es muss befürchtet werden, dass hier die geltenden Grenzwerte für Blei im Trinkwasser überschritten werden. Durch „Ablaufen lassen" des Wassers vor seiner Verwendung zum Trinken oder Kochen wird das Problem nur etwas gemindert.

Tabelle 7.2 Korrosion von Werkstoffen in Wasserleitungen ([7.20] aus Frimmel [7.21])

Werkstoff	Einfluss des Wassers auf den Werkstoff	Einfluss des Werkstoffs auf das Wasser
	Zentrale Wasserversorgung	
Eisen-gebundene Werkstoffe	Anodische Auflösung von Fe zu Fe(II) unter nicht-stationären Bedingungen (Stagnation)	Bildung von Rostwasser bei Wässern mit hohem Neutralsalzgehalt (Sulfat und Chlorid) im Verhältnis zum Hydrogencarbonatgehalt
Zement-gebundene Werkstoffe	Rücklösung der $CaCO_3$- Deckschicht und Erweiterung der Rohroberfläche bei kalklösenden Wässern	Erhöhung des pH-Werts über den Grenzwert der TrinkwV bei sehr weichen Wässern
Asbest-zement-rohre	Herauslösung von Asbestfasern und Erweichung der Innenwand bei kalklösenden Wässern	Austragung von Asbestfasern in das Wasser bei kalklösenden Wässern: technisch unvermeidbare Maximalkonzentration: 10^4 Fasern mit einer Länge über 5 µm pro Liter (BGA)
Kunststoffe	keine Korrosion	keine Beeinflussung
Kunststoff- und Behälteranstriche	Blasenbildung	Verkeimung
	Hausinstallationen	
verzinkter Stahl	Zinkabtrag, besonders bei niedrigen pH-Werten, Zink ist kein dauerhafter Korrosionsschutz	Abtrag von partikulären Korrosionsprodukten: Zinkgeriesel Zn-Abgabe an das Wasser, bes. bei stark nitrathaltigen Wässern, führt zu Geschmacksbeeinträchtigung Reduktion von Nitrat zu Nitrit und Ammonium in relativ neuen Rohren Richtwert der TrinkwV: 5 mg/l Zn nach zwölfstündiger Stagnation
Kupfer	Flächenkorrosion gering, gelegentlich Lochfraß durch weiche, saure erwärmte Wässer	Kupferabgabe, bes. bei stagnierenden Wässern Richtwert der TrinkwV: 3 mg/l Cu nach zwölfstündiger Stagnation Parameterwert der EU-Directive: 2 mg/l
Blei	Korrosion selten, Blei ist ein gegen Trinkwasser sehr beständiger Werkstoff	Bleiabgabe an das Wasser, bes. bei Wässern mit niedrigem pH-Wert und geringem Hydrocarbonatgehalt; Pb-Konzentrationen im Bereich von 100 bis 500 µg/l Grenzwert der TrinkwV und Parameterwert der EU-Directive: 10 µg/l

7.1.4 Trinkwasserverordnung

Das oberirdische und unterirdische Wasser kann als Rohstoff betrachtet werden, der im Gegensatz zu anderen Ressourcen im natürlichen Kreislauf eine ständige Nachlieferung erfährt. Unter den Nutzungen besitzt die Versorgung mit Trinkwasser erste Priorität bei sehr hohen Ansprüchen: „Die Güteanforderungen an das abzugebende Trinkwasser haben sich im allgemeinen an den Eigenschaften eines aus genügender Tiefe und ausreichend filtrierenden Schichten gewonnenen Grundwassers von einwandfreier Beschaffenheit zu orientieren, das dem natürlichen Wasserkreislauf entnommen und in keiner Weise beeinträchtigt wurde" [7.22].

Die maßgebliche EG-Trinkwasserrichtlinie vom 3. November 1998 wird durch eine novellierte Trinkwasserverordnung [7.23] umgesetzt, deren Zweck es ist, „die menschliche Gesundheit vor den nachteiligen Einflüssen, die sich aus der Verunreinigung von Wasser ergeben, das für den menschlichen Gebrauch bestimmt ist, durch Gewährleistung seiner Genusstauglichkeit und Reinheit [nach Maßgabe der folgenden Vorschriften] zu schützen" (§ 1 TrinkwV). Diese Verordnung gilt für Trinkwasser und Wasser für Lebensmittelbetriebe (§ 3 TrinkwV „Begriffe"):

Trinkwasser: Wasser, im ursprünglichen Zustand oder nach Aufbereitung, das zum Trinken, zum Kochen, zur Zubereitung von Speisen und Getränken oder insbesondere zu den folgenden anderen häuslichen Zwecken bestimmt ist (ungeachtet der Herkunft des Wassers, seines Aggregatzustandes und einer Bereitstellung auf Leitungswegen, in Tankfahrzeugen, in Flaschen oder anderen Behältnissen):

- Körperpflege und -reinigung,
- Reinigung von Gegenständen, die bestimmungsgemäß mit Lebensmitteln in Berührung kommen,
- Reinigung von Gegenständen, die bestimmungsgemäß nicht nur vorübergehend mit dem menschlichen Körper in Kontakt kommen.

Wasser für Lebensmittelbetriebe: Wasser, ungeachtet seiner Herkunft und seines Aggregatzustandes, das in einem Lebensmittelbetrieb für die Herstellung, Behandlung, Konservierung oder zum Inverkehrbringen von Erzeugnissen oder Substanzen, die für den menschlichen Gebrauch bestimmt sind, sowie zur Reinigung von Gegenständen und Anlagen, die bestimmungsgemäß mit Lebensmitteln in Berührung kommen können, verwendet wird, soweit die Qualität des verwendeten Wassers die Genusstauglichkeit des Enderzeugnisses beeinträchtigen kann.

Für Mineralwasser und Heilwasser gelten andere Gesetze und Verordnungen (Kasten). *Tafelwasser* kann – im Gegensatz zu natürlichem Mineralwasser – an jedem beliebigen Ort hergestellt und abgefüllt werden. Deshalb sind Hinweise auf eine bestimmte geografische Herkunft bei Tafelwasser auch nicht erlaubt. Es ist kein Naturprodukt, sondern eine Mischung aus verschiedenen Wasserarten. Bestandteile können auch Meerwasser, Natriumchlorid sowie Zusatzstoffe nach der Zusatzstoff-Zulassungsverordnung sein. Es sind keine ernährungsphysiologischen Wirkungen nachzuweisen und es bedarf keiner amtlichen Anerkennung. Im Restaurant stammt es meist aus dem Thekenzapfgerät im Gegensatz zu natürlichem Mineralwasser, das in der Originalflasche serviert werden muss [7.24].

„Wasser ist nicht gleich Wasser" [7.24]

Mineralwasser

Natürliches Mineralwasser hat seinen Ursprung in unterirdischen, vor Verunreinigungen geschützten Wasservorkommen und muss direkt am Quell-Ort abgefüllt werden. Die Mineralien und Spurenelemente, die Mineralwasser beim Durchfließen des Gesteins aufnimmt, machen es physiologisch wirksam mit einem positiven Einfluss auf den Organismus. In der Mineral- und Tafelwasserverordnung (MTVO) ist genau festgelegt, unter welchen Bedingungen sich ein Mineralwasser so nennen darf, was auf dem Etikett zu stehen hat, wie es verpackt sein muss.

Ständige Kontrollen garantieren die Qualität und die Einhaltung der gesetzlichen Vorschriften. Kohlensäure gibt dem Mineralwasser den erfrischenden Geschmack und hält es frisch. Erlaubte Behandlungsverfahren sind lediglich der Entzug von Eisen und Schwefel sowie der Entzug und der Zusatz von Kohlensäure.

In Deutschland gibt es etwa 550 amtlich anerkannte Mineralwasser-Quellen. Die natürliche Vielfalt kann man in vier Haupttypen unterteilen (a) Chloridwässer, (b) Sulfatwässer, (c) Hydrogenkarbonatwässer und (d) Säuerlinge je nach dem Kontakt mit (a) Salzgesteinen, (b) Gipsgesteinen, (c) Karbonatgestein und (d) Vulkangestein. Daneben gibt es eine Reihe von Mischtypen, die nach ihren Hauptbestandteilen benannt werden.

Heilwasser

Natürliche Heilwässer sind das klassische Naturheilmittel und unterliegen der amtlichen Zulassung. Sie werden aus einer oder mehreren Entnahmestellen (Heilquellen), die natürlich zutage treten oder künstlich erschlossen sind, gewonnen. Ihre Ortsbindung erfüllen natürliche Heilwässer durch ihre unmittelbare Gewinnung und Anwendung am Quell-Ort. Ein Transport des Heilwassers zu kurortmedizinischer Nutzung z. B. in Tankwagen ist unzulässig.

Heilbrunnen-Betriebe bringen in Flaschen abgefüllte Heilwässer für Endverbraucher in den Verkehr. Die Wässer gelten als Fertig-Arzneimittel und ihre Gewinnung, Nutzung und Charakterisierung sind gesetzlich geregelt:

- Wässer mit einem Mindestgehalt von 1 g/l gelösten Mineralstoffen. Zur chemischen Charakterisierung werden alle Ionen mit einem Äquivalentanteil von wenigstens 20 % an der Gesamtkonzentration herangezogen. Dies sind in der Regel Natrium, Calcium, Magnesium, Chlorid, Sulfat und Hydrogencarbonat.
- Wässer mit einer natürlichen Temperatur am Austritts-Ort von mehr als 20°C können als Thermen oder Thermalquellen charakterisiert werden. Kohlensäurehaltige Thermalwässer mit höherer Temperatur können als ‚Thermalsäuerlinge' bezeichnet werden.
- Wässer mit mindestens 5,5 g Natrium- und 8,5 g Chloridionen pro Liter werden als Solen bezeichnet.
- Alle Mindestwerte müssen am Ort der Anwendung erreicht werden
- Wässer ohne angeführte therapeutische Voraussetzungen müssen ihre Eignung durch klinische Gutachten nachweisen.

Die allgemeinen Anforderungen der Trinkwasserverordnung (§ 4 TrinkwV) sind die Freiheit von Krankheitserregern, Genusstauglichkeit und Reinheit. Sie gelten als erfüllt, wenn die allgemein anerkannten Regeln der Technik und die Anforderungen der *§§ 5 bis 7* eingehalten werden [7.25]:

Mikrobiologische Anforderungen (§ 5)

(1) Grundanforderung: keine Krankheitserreger in Konzentrationen, die eine Gesundheitsschädigung besorgen lassen.

(2) Grenzwerte für Wasser für den menschlichen Gebrauch (Anlage 1 Teil I).

(3) Grenzwerte für Flaschenwasser (Anlage 1 Teil II)

(4) *Aufbereitungsgebot:* Verpflichtung zur Aufbereitung, ggf. unter Einschluss einer Desinfektion, wenn hinsichtlich mikrobieller Rohwasserbelastungen Tatsachen festgestellt werden, die zum Auftreten einer übertragbaren Krankheit führen können. *Desinfektionsgebot:* Verpflichtung zum Vorhalten einer Desinfektionskapazität im Netz, wenn die mikrobiologischen Anforderungen nach Abs. 1 oder 2 anders nicht eingehalten werden können.

Chemische Anforderungen (§ 6)

(1) Grundforderung: keine chemischen Stoffe in Konzentrationen, die eine Gesundheitsschädigung besorgen lassen.

(2) Grenzwerte für bestimmte Parameter (Anlage 2); spezielle Übergangsfristen und Übergangsgrenzwerte für Bromat (1.1.2008) und Blei (1.12.03/1.12.13).

(3) *Minimierungsgebot* mit Bezug auf die allgemein anerkannten Regeln der Technik für Stoffe, die das Wasser verunreinigen oder nachteilig beeinflussen.

Indikatorparameter (§ 7)

Unter diesen Parametern (Anlage 3) finden sich auch Werte für Eisen, Mangan und Aluminium, deren Überschreitung als Hinweis auf eine nicht ordnungsgemäß arbeitende Wasseraufbereitung anzusehen ist, wobei die Gefahr besteht, dass deshalb auch pathogene Mikroorganismen nicht ausreichend entfernt werden [7.26].

Stelle der Einhaltung (§ 8). Grenzwerte nach § 5 Abs. 2 und § 6 Abs. 2 und Grenzwerte und Anforderungen nach § 7 sind an folgenden Stellen einzuhalten: (1) Wasser auf Leitungswegen in Gebäuden oder auf Grundstücken: an Zapfstellen, an denen Wasser für den menschlichen Gebrauch entnommen wird. (2) Wasser aus Tankfahrzeugen: am Tankfahrzeug. (3) Flaschenwasser: am Punkt der Abfüllung. (4) Lebensmittelbetriebe: an der Stelle der Verwendung.

Aufbereitungsstoffe und Desinfektionsverfahren (§ 11). Zulassung erfolgt durch das Bundesgesundheitsministerium mit einer Liste, die Reinheitsanforderungen, Verwendungszwecke, Zugabemengen, Restkonzentrationen, Mindestkonzentrationen an Chlor, Untersuchungsumfang und ggf. Desinfektionsverfahren enthält. Die Liste wird durch das Umweltbundesamt geführt.

Untersuchungsverfahren und Untersuchungsstellen (§ 15). Es besteht eine Verpflichtung zur Anwendung der Untersuchungsverfahren nach Anlage 5. Voraussetzungen: Arbeiten nach den Regeln der Technik, Qualitätssicherung, qualifiziertes Personal, Akkreditierung; Bekanntmachung durch oberste Landesbehörde.

Information (§ 21). Neu ist die Verpflichtung, Verbraucher über die Wasserbeschaffenheit auf der Basis der Untersuchungen nach TrinkwV zu informieren.

7.2 Einflüsse auf die Wasserqualität

Von Natur aus enthält Trinkwasser eine Reihe von gelösten anorganischen Stoffen. Nach Art und Menge variieren sie stark, jedoch sind ihre Konzentrationen in den zur Trinkwasserversorgung genutzten Grund- und Oberflächenwässern niedrig. Organische Substanzen treten im Trinkwasser meist nur als Verunreinigungen oder Schadstoffe auf. Unter Berücksichtigung ihrer Konzentration sind sie als Beeinträchtigung der Trinkwassergüte zu werten. Gleiches gilt für das Vorkommen von Keimen im Trinkwasser.

Tabelle 7.3 gibt eine Zusammenstellung der im Hinblick auf die Trinkwasserversorgung zu beachtenden Schadstoffe in den Gewässern [7.27]. Wir können anhand dieser Angaben feststellen, dass von einigen organischen Substanzen – u. a. Planktontoxinen, polyzyklischen Aromaten und Pestiziden – eine unmittelbare Gefahr für den Menschen ausgehen kann. Besonders vielseitige Umweltgifte stellen die Schwermetalle dar: sie sind störend bei der Wasseraufbereitung und sie führen zu latenten oder sogar akuten Gesundheitsschädigungen im menschlichen Organismus.

Tabelle 7.3 Wirkung der Schadstoffe in den Gewässern im Hinblick auf die Trinkwasserversorgung. Nach: Haberer [7.27]

Art	Klasse	Störende Wirkung auf: Aufbereitung von Trinkwasser	Mensch organoleptisch	Mensch pathogen
Biologisch	Pathogene Keime, Viren			akut
Anorganisch	Trübstoffe	bodenverdichtend	Färbung, Trübung	
	Salze	korrosionsfördernd	(Geschmack)	
	Nährstoffe (P, N-Salze)		(Geruch und Geschmack)*	(akut)
	Spurenmetalle	störend	(katalytisch wirksam)	latent
Organisch	Phenole		Geruch, Geschmack	
	Öl, Treibstoffe		Geruch, Geschmack	
	Tenside	störend	Schaumbildung	
	Planktontoxine		Geruch, Geschmack	akut
	Polycyclische Aromaten			cancerogen
	Pestizide			(akut) latent
Physikalisch	Radionuklide			latent
	Abwärme	korrosionsfördernd verkeimungsfördernd	geruchsintensivierend	

*als Sekundärwirkung nach Eutrophierung

7.2.1 Chemische Reaktionen im Untergrund

Beim Eindringen von Wasser in den Untergrund finden Stoffübergänge zwischen fester und flüssiger Matrix statt. Die Mechanismen dieser Übergänge setzen sich aus einer Reihe sehr unterschiedlicher, voneinander abhängiger und teilweise auch gegenläufiger physikalischer, chemischer und biologischer Vorgänge zusammen (Übersicht in Voigt [7.28]). Grundsätzlich muss hierbei zwischen der ungesättigten und der gesättigte Zone unterschieden werden; die meisten Reaktionen – mit Ausnahme von Lösung und Verdünnung – sind in der oberflächennahe, ungesättigten Zone wesentlich intensiver als in der ständig von Wasser durchflossenen gesättigten Zone (Abb. 7.3 nach *Golwer* in [7.29]). Besonders ausgeprägt sind in der ungesättigten Zone die biotischen Veränderungen, die im Abschn. 7.2.2 behandelt werden.

In Abb. 7.4 sind vier mögliche Fälle aufgeführt, welche das Verhalten unterschiedlicher Wasserinhaltsstoffe von der Infiltration bis zur Wasserentnahme bzw. Quelle beschreiben:

1. Im Idealfall, der Versickerung von reinem Niederschlag im Lösungsgleichgewicht mit der Atmosphäre, entsteht ein mehr oder weniger hartes, eisen- und manganfreies, sauerstoffhaltiges „Gleichgewichtsgrundwasser".
2. Versickert Wasser, welches mit organischen, mikrobiell angreifbaren Inhaltsstoffen angereichert ist, entsteht ein Wasser, welches als „reduziertes Grundwasser" bezeichnet wird.
3. Im dritten Beispiel sind lösliche, aber biologisch schwer abbaubare organische Verbindungen ins Grundwasser infiltriert. Ihre Rückhaltung ist von abiologischen Wechselwirkungen mit den Feststoffen im Untergrund abhängig. In sandigen Verwitterungsgesteinen misst man Sickergeschwindigkeiten in der Größenordnung von einigen Metern pro Tag, in sandig-lehmigem Material von einigen Metern pro Jahr. Die „Grundluft" enthält weniger Sauerstoff, dafür mehr Kohlendioxid als die Atmosphäre. Erfolgt keine Adsorption, so werden diese Stoffe von der Infiltrationsstelle bis zum Brunnen verfrachtet. Die Konzentration wird dann lediglich durch Verdünnung und hydrodynamische Dispersion bestimmt. Ist eine Adsorption am Gestein möglich, wird die Konzentration der Lösung in Fließrichtung solange abnehmen, bis die adsorbierende Oberfläche gesättigt ist.
4. Bei der Versickerung anorganischer, nicht metabolisierbarer Salze (z. B. Abschwemmungen aus der Straßensalzung) treten zusätzliche Austauschvorgänge mit den Feststoffen auf, aus denen charakteristische Abweichungen vom „Gleichgewichtsgrundwasser" (Beispiel 1) resultieren.

Ein weiterer Ausbreitungsmechanismus wird bei der Versickerung organischer Flüssigkeiten beobachtet, die nicht mir Wasser mischbar sind [7.30]; solche Einträge, z. B. bei einem Leck in einem Heizöltank, können sich als stationäre oder als bewegliche Phasen verhalten. Lösliche Komponenten von Erdölprodukten sind teilweise gut abbaubar, der mikrobielle Angriff ist aber streng an aerobe Bedingungen und die Anwesenheit von Stickstoffverbindungen wie Ammonium und organischen stickstoffhaltigen Verbindungen gebunden [7.31].

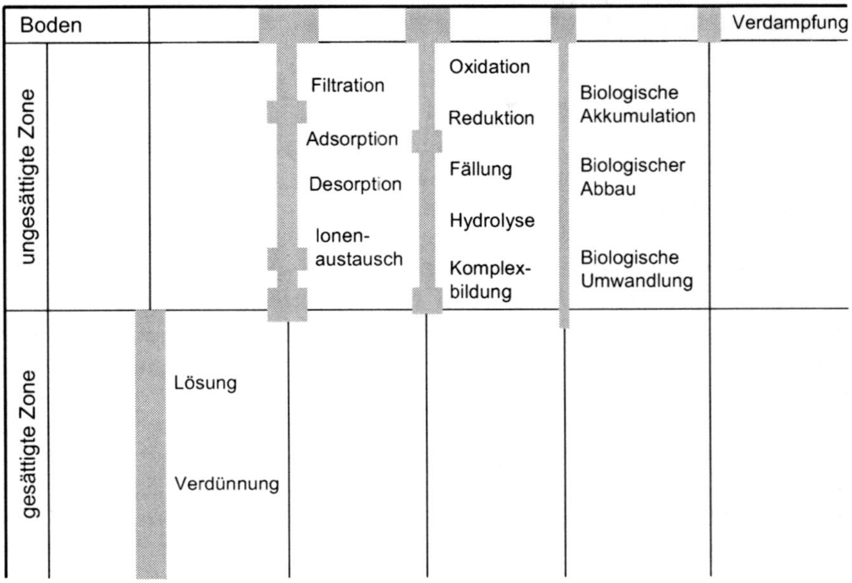

Abb. 7.3 Reaktionen in der gesättigten und ungesättigten Zone [7.29]

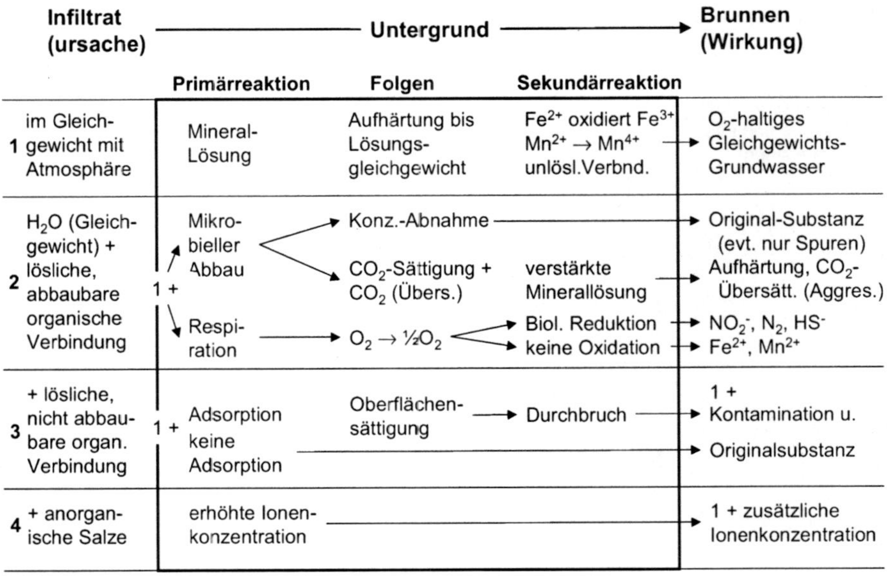

Abb. 7.4 Verhalten von Wasserinhaltsstoffen im Untergrund [7.30]

7.2.2 Biologische Vorgänge im Untergrund

Kritische Bereiche mit einer verstärkten organischen Belastung sind Undichtigkeiten in der Abwasserkanalisation [7.32] und die Grundwässer im Abstrom von Deponien. Solche Wässer zeichnen sich durch ein niedriges Redoxpotenzial, anaerobe Verhältnisse, einen hohen Gehalt an biologisch abbaubaren Verbindungen und außerordentlich hohe Konzentrationen an Sulfid, Nitrat, Ammonium und Sulfat aus. Die hohe Belastung des Grundwassers mit biologisch metabolisierbaren organischen und anorganischen Substanzen führt zu einem drastischen Anstieg der Gesamtbakterienzahlen um mehrere Zehnerpotenzen, verbunden mit einer signifikanten Zunahme der Anzahl der Bakterienarten, die bis in die Oxidationszone des Unterstroms erhalten bleibt, wenn die Gesamtbakterienzahl wieder auf ein normales Niveau reduziert wird [7.33].

Bei den durch Mikroorganismen katalysierten Reaktionen im Untergrund unterscheidet man zwischen direkten Stoffumsätzen – Mineralisation und Stoffumwandlungen bei den C-Verbindungen, Denitrifikation, Nitrifikation und Ammonifikation bei den N-Verbindungen sowie Reduktion und Oxidation bei den S-Verbindungen (Abschn. 6.3.1) – und Milieuveränderungen (pH-Wert, Redoxpotential, Biotensidproduktion, Huminstoffbildung), die indirekt ebenfalls den Stoffumsatz beeinflussen können [7.34]. Bei der Beurteilung mikrobieller Abbauvorgänge sind auch die Wechselwirkungen der Stoffe untereinander wichtig („Cometabolismus"). In Abb. 7.5 sind die wichtigsten mikrobiellen Stoffkreisläufe im Grundwasserbereich dargestellt.

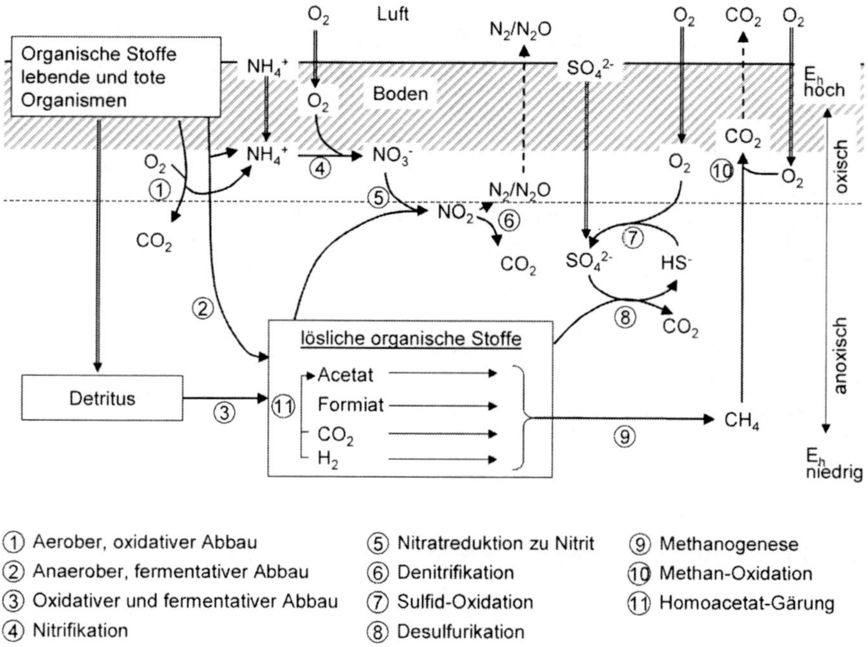

Abb. 7.5 Mikrobielle Stoffumsetzungen im Boden und tieferen Untergrund [7.33]

Landwirtschaft und Wasserwirtschaft

Der sich weltweit verschärfende Konflikt zwischen Landwirtschaft und Nahrungsmittelproduktion einerseits und der Gefährdung von Böden und Grundwasser andererseits ist auch in den industrialisierten Ländern nur schwer in den Griff zu bekommen [7.35]. In Deutschland, wo die Landwirtschaft mit nur noch 1 Prozent zum Nationaleinkommen beiträgt, wird dieser Konflikt vor allem an den Problemen mit Nitrat und Pestiziden deutlich.

Nitrat

Nitrat gelangt sowohl bei dem natürlichen Rotteprozess als auch über eine Stickstoffdüngung in den Boden. Nitrat entsteht bereits durch natürliche Mineralisation. Nach der Aberntung der Kulturpflanzen werden ein bis drei Prozent des Bodenstickstoffs, der zu über 90 % in organisch gebundener Form vorliegt, durch nitrifizierende Bakterien zu Nitrat umgewandelt. Eine Auswaschung ist nur im Winterhalbjahr bedeutsam; in der Wachstumsphase nehmen die Pflanzen viel Stickstoff auf und gleichzeitig ist auch die Versickerung von Niederschlägen am geringsten.

Pestizide

Eine große Bedeutung kommt den stickstoffhaltigen Pflanzenschutzmitteln zu. Der größte Teil dieser Verbindungen wird zur Unkrautbekämpfung eingesetzt. Für die Wasserversorgung sind wiederum die N-Herbizide von besonderer Bedeutung, da es sich hierbei um relativ mobile und langlebige Verbindungen handelt. Die meisten Messdaten von stickstoffhaltigen Wirkstoffen liegen über die N-Herbizide Atrazin und Simazin vor. Der Maisanbau spielt eine dominierende Rolle; dies zeigt sich auch in dem jahreszeitlichen Gang der Konzentrationen, die nach dem Spritztermin für Mais im Mai besonders stark ansteigen [7.36].

Nachhaltige Wasserversorgung am Beispiel der Halterner Seen [7.37]

Das Wasserwerk Haltern – 1908 erbaut, heute eines der größten seiner Art in Europa – ist die Grundlage für die Trinkwasserversorgung von rund einer Million Menschen, Gewerbe und Industrie in 20 Städten des nördlichen Ruhrgebietes, im Münsterland und in der Stadt Duisburg. Die Methode der künstlichen Grundwasseranreicherung von Oberflächenwasser spielt dabei eine wichtige Rolle (Abschn. 7.3.1). In dem 880 km^2 großen Einzugsgebiet der Talsperre Haltern, das hier den größten Teil des Wassers speichert, betreiben etwa 3.000 Landwirte eine intensive Pflanzen- und Tierproduktion. Die Folge sind Beeinträchtigungen der Rohwasserqualität insbesondere durch bestimmte Pflanzenbehandlungsmittel (PBSM).

In einer Kooperation zwischen Landwirtschaft und Wasserwirtschaft und in Abstimmung mit dem Hersteller BASF und dem Agrarhandel wurde einerseits der Einsatz bestimmter Pflanzenschutzmittel wie Atrazin eingestellt bzw. wurden kritische Harnstoffderivate im Pflanzenschutz substituiert; andererseits wurde mit dem Bau einer leistungsfähigen Aktivkohleanlage erreicht, dass jederzeit Trinkwasser in einwandfreien Qualität gewährleistet werden kann. Durch die bedarfsweise Dosierung von Aktivkohlepulver kann gezielt auf die Höhe der PBSM-Frachten im Rohwasser reagiert werden.

7.3 Methoden der Trinkwasseraufbereitung

Eine Aufbereitung des Grund- und Oberflächenwassers ist erforderlich, wenn es folgende Stoffe enthält [7.18]:
1. Stoffe, die gesundheitsschädigend sind;
2. Stoffe, die wegen ihres Geruchs- oder Geschmacks unerwünscht sind;
3. Stoffe, die zu technischen Störungen führen können.

Zur Aufbereitung von Grundwasser werden u. a. folgende Verfahren angewendet, die in Tabelle 7.4 einer Abfolge von vier Hauptstufen zugeordnet sind:
- Entfernung von Schweb- und Trübstoffen zur Verringerung der Einträge von partikelgebundenen Schad- und Belastungsstoffen sowie zur Steigerung der Durchsatzleistungen in den nachfolgenden Aufbereitungsstufen; dies erfolgt in Versickerungsanlagen wie Sandfilter bzw. künstliche Grundwasseranreicherung durch Infiltration, mittels Flockung und Filtration (Abschn. 6.4.2, 6.4.3).
- Belüftung zum Sauerstoffeintrag und zur Entfernung von Kohlendioxid (Kohlensäure), Schwefelwasserstoff, selten Methan und Geruchsstoffen;
- Enteisenung und Entmanganung zur Verhinderung von Ablagerungen in Rohrleitungen sowie eines tintenartigen strengen Geschmacks des Wassers und brauner Flecke auf Haushaltsgegenständen und Wäsche;
- Hebung des pH-Wertes durch Gasaustausch oder Zugabe von Calciumhydroxid, Natriumhydroxid sowie Filtration über basische Filtermaterialien zur Verhütung einer nachträglichen Verunreinigung des aufbereiteten Trinkwassers durch Korrosionsprodukte zementhaltiger und metallischer Werkstoffe;
- Entzug von Calciumionen (Enthärtung) durch Fällung von Calciumcarbonat oder Ionenaustausch zur Verhinderung der Bildung von Kesselstein in Rohrleitungen, besonders in Warmwasseranlagen und Haushaltsgeräten, und zur Minderung des Wasch- und Reinigungsmittelbedarfes.
- Entfernung gelöster organischer Stoffe durch Adsorption an Aktivkohle und durch die Verfahrenskombination Ozonung und Adsorption an Aktivkohle. Bei der Aufbereitung von Grundwasser sind diese Verfahren nur dann nötig, wenn es z. B. durch Organohalogene oder Mineralölprodukte verunreinigt ist. Natürlich vorhandene Huminstoffe werden dabei ebenfalls zum Teil entfernt;
- Desinfektion durch Zugabe von Ozon, Chlor, Chlordioxid, Natriumhypochlorit o. ä. Mitunter können Oxidationsmittel kombiniert oder es kann das Oxidationsmittel durch UV-Bestrahlung aktiviert werden.

Manche Reaktionsprodukte bei der Desinfektion sind toxikologisch bedenklich. So weiß man von Verbindungen wie Haloformen, Trihalogenessigsäuren oder halogenierten höhermolekularen Verbindungen, dass sie ein krebserregendes oder mutagenes Potential besitzen. Diese Erkenntnis war der Grund für die gesetzesmäßige Festlegung von Höchstkonzentrationen für einige dieser Stoffe sowie für die Suche nach weniger problematischen Desinfektionsverfahren [7.21]. Beispiele sind der Ersatz von Chlor durch Chlordioxid oder die Einführung der UV-Strahlung zur Desinfektion.

Tabelle 7.4 Schema der Trinkwasseraufbereitung (nach [7.38])

Ziel der Aufbereitung	Nebeneffekte	eingesetzte Anlagen	Chemikalien
1. Stufe Grobreinigung – 1.1 Gasaustausch			
O_2-Eintrag, CO_2- und H_2S-Desorption	teilweise Entfernung von Geruch und Geschmack	Rohrgitterkaskaden, Intensivbelüftung	–
1. Stufe Grobreinigung – 1.2 Sedimentation, Filtration			
Abtrennung grobdisperser Stoffe	teilweise Entfernung von Mikroverunreinigungen	Siebbänder, Mikrosiebe, Grobfilter, Absetzbecken	–
1. Stufe Grobreinigung – 1.2 Flockung, Fällung			
teilweise Entfernung grob- und kolloiddisperser Stoffe, COD, Färbung, Eisen, Mangan, Härtebildner	teilweise Entfernung von Geruch, Geschmack, pH-Verschiebung	Absetzbecken, Rezirkulatoren, Schwebefilter, Rohrabsetzbecken	Flockungsmittel (A-Sulfat, Stipix, u. a.) Säuren und Laugen zur pH-Einstellung, Oxidationsmittel (Chlor, $KMnO_4$)
2. Stufe Feinreinigung – Filtration			
restliche Entfernung grob- und kolloiddisperser Stoffe, COD, Färbung, Eisen, Mangan, Härtebildner	teilweise Entfernung von Geruch, Geschmack und Keimen, pH-Verschiebung	Offene Schnellfilter. Druckfilter, Sonderformen	
3. Stufe Entfernung von Geschmack u. a. – Adsorption, Oxidation			
Entfernung von Geschmack, Geruch und Mikroverunreinigungen	teilweise Desinfektion	Filter mit A-Kohle o. Adsorberharzen, Reaktionsbehälter bei Ozonzugabe	Aktivkohlepulver, Ozonherstellung, $KMnO_4$, ClO_2
4. Stufe Desinfektion – Oxidation			
Unschädlichmachung von biologischen Krankheitserregern	teilweise Entfernung von Geruch und Geschmack	Reinwasserbehälter, Rohrleitungen als Reaktionsbehälter	Chlor, -dioxid, Chloramin, Na-Hypochlorid
5. Stufe Spezielle Verfahren			
Korrosionsschutz, Kariesprophylaxe	–	–	Silikate, Phosphate, Fluorverbindungen.
Grundwasseranreicherung – komplexe biologisch-physikalische Verfahren			
weitgehende Entfernung von grob- und kolloiddispersen Stoffen, COD, Färbung, Keimen	teilweise Entfernung von Mikroverunreinigungen	Langsamfilter (Sand- und Pflanzenbecken	–

7.3.1 Künstliche Grundwasseranreicherung und Uferfiltration

Eine Möglichkeit der natürlichen Aufbereitung von Oberflächenwasser zu Trinkwasser bieten die Verfahren der Uferfiltration und künstlichen Grundwasseranreicherung. Auf dem Weg durch die sandigen und kiesigen Filterschichten erhält Oberflächenwasser im günstigen Fall jene Qualitätsmerkmale, die beim Grundwasser besonders geschätzt werden [7.39]: unerwünschte organische Substanzen werden durch Umsetzung mit Sauerstoff bzw. durch mikrobielle Vorgänge abgebaut; Schwebepartikel werden ausgesiebt und anorganische Schadstoffe, vor allem die Schwermetalle, werden an Mineraloberflächen sorbiert oder bei Fällungsprozessen eliminiert.

Der Anteil des künstlich angereicherten Grundwassers hat in den vergangenen 90 Jahren ständig zugenommen (Abb. 7.6 nach [712]) und ist in einigen Regionen – z. B. im Niederrheingebiet – zu einem unverzichtbaren Faktor in der kommunalen und industriellen Wasserversorgung geworden. Der Vorteil dieses Verfahrens liegt in der Kombination von zwei Aspekten:

- die Nutzung natürlicher Aufbereitungsvorgänge mit ihrer großen Pufferkapazität gegen unverhoffte Wasserverschlechterungen und
- der Möglichkeit, die gewinnbare Wassermenge durch technische Maßnahmen weitgehend zu steigern.

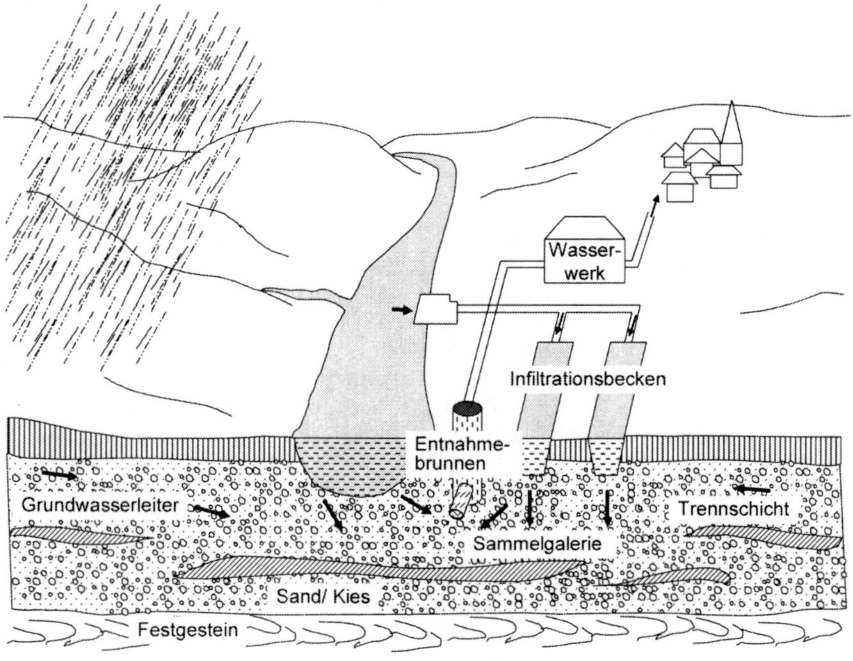

Abb. 7.6 Uferfiltration und künstliche Grundwasseranreicherung (nach [7.12])

Die Rückhaltemechanismen gegenüber anorganischen und organischen Schadstoffen bei der künstlichen Grundwasseranreicherung sind im Prinzip dieselben wie bei der Uferfiltration, doch ergeben sich quantitative Unterschiede dadurch, dass in der biologisch sehr aktiven Oberflächenschicht besonders rasche Umsetzungen von Substanzen stattfinden, die teilweise zu einer stärkeren Festlegung, teilweise aber auch zu einer höheren Mobilität von schädlichen Stoffen führen. Bei der Förderung von Uferfiltrat können je nach Abstand der Filtratsfassungen (Vertikalbrunnenreihen oder Horizontalfilterbrunnen) erhebliche Güteprobleme auftreten.

Obwohl in der Uferpassage, die weniger als fünfzig bis zu mehreren hundert Metern messen kann, meist sehr gute Reinigungsleistungen erzielt werden, reicht ihre Wirksamkeit bei schwer abbaubaren Substanzen nicht aus. Auch können in der Uferpassage (anders als bei der künstlichen Infiltration) anaerobe Verhältnisse auftreten, unter denen festgelegte Schwermetalle wie insbesondere Eisen und Mangan mobilisiert werden. In Tabelle 7.5 sind einige Angaben über die Qualitätsverbesserungen durch Bodenpassage von Untersuchungen an der Ruhr wiedergegeben. Es zeigt sich, dass sowohl kritische Parameter wie Koloniezahl von Bakterien als auch die Gehalte an gelösten organischen Substanzen, Ammonium, Eisen und Mangan eine deutliche Reduktion während der Bodenpassage erfahren.

Tabelle 7.5 Qualitätsverbesserung durch Bodenpassage [7.40]

Parameter	Veränderung
Kaliumpermanganat-Verbrauch	↘ 60 %
gelöster organischer Kohlenstoff (DOC)	↘ 55 %
Ammonium	↘ auf 0,05 – <0,01 mg/l
Sauerstoff	↘ 4,6 mg/l
Kohlenstoffdioxid	↗ 7,0 mg/l
pH-Wert	↘ 0,44
Eisen	↘ auf 0,05 – <0,01 mg/l
Mangan	↘ auf 0,05 – <0,01 mg/l
Koloniezahl	↘ $10^2 - 10^3$
Coli-Zahl	↘ $10^3 - 10^4$

Bei den Schwermetallen lautete die Frage: Wie stark ist das Rückhaltevermögen der Filterschicht bei Stoß- und bei Dauerbelastungen? Untersuchungen der Dortmunder Wasserwerke im Ruhrtal zeigen typische Effekte wie die Verlagerung der Metallkonzentration unter Abschwächung im Filtermaterial, Abbau organischer Substanzen mit der Möglichkeit der Bildung von komplexierenden Stoffen, verzögerten Durchbruch bei sehr starken Belastungen mit mehrmonatigen Verzögerungen und die Remobilisierung von Schwermetallen bei Absterben einer Algenpopulation [7.41].

7.3.2 Physikalisch-Chemische Behandlungsverfahren

Für die Aufbereitung von Rohwässern werden verschiedene physikalisch-chemische Behandlungsverfahren einzeln oder in Kombination eingesetzt. Wichtige Beispiele sind [7.11]:

Langsamsandfiltration
Die Langsamsandfiltration ist ein umfassendes Reinigungsverfahren, das sowohl partikuläre Stoffe und mikrobielle Keime als auch biologisch abbaubare Stoffe zurückhält. Diese Filter werden mit Quarzsand mit einer Körnung im Bereich von 0,2–2 mm und einer Schichtstärke von 0,7–1.2 m aufgebaut. Von besonderer Bedeutung ist die sog. Schmutzdecke, eine wenige Zentimeter dicke Schicht, die biologisch aktiv ist und in der sowohl Ammonium zu Nitrat oxidiert wird (Nitrifikation), als auch organische Stoffe mineralisiert werden.

Schnellfiltration
Der große Flächenbedarf der Langsamsandfilter hat dazu geführt, dass die Filter mit immer höherer hydraulischer Belastung betrieben wurden und dabei nach immer kürzeren Laufzeiten verstopften. Dem kann man mit sog. Raumfiltern entgegentreten, deren Filterbetten mit von oben nach unten abnehmenden Korngrößen gebaut werden, so dass die Filterwirkung besser über die Tiefe des Filterbetts verteilt werden kann. Moderne Schnellfilter werden mit Filtergeschwindigkeiten im Bereich von 6–15 m/h betrieben.

Aktivkohleadsorption
Mit Hilfe von Aktivkohle werden gelöste organische Verbindungen aus dem Wasser abgetrennt, indem diese an der Oberfläche der Kohle adsorbiert werden. Diese Adsorptionsmittel werden hergestellt, indem z. B. Anthrazit oder Holzkohle bei hoher Temperatur (> 650°C) in Gegenwart von Wasserdampf aktiviert wird, d. h. dass in den graphitischen Strukturen der Kohle mikroskopische Poren entstehen, weil ein großer Teil der Kohle oxidiert und als CO_2 verflüchtigt wird.

Die Konzentration von organischen Verbindungen auf der Aktivkohle kann dazu führen, dass sich Mikroorganismen auf den Kohlekörnern ansiedeln und diese Stoffe z. T. abbauen. Das Adsorptionsverfahren wird dadurch zum biologischen Reinigungsverfahren, das unter Umständen größere Mengen von organischen Verbindungen zurückhalten kann.

Aufbereitung von HOV- und Pestizid-haltigen Wässern [7.42–7.44]
Weitergehende Verfahren zur Entfernung der leichtflüchtigen Chlorkohlenwasserstoffe sind insbesondere „Belüftung bzw. Strippung“ und „Adsorption an Aktivkohle“. Bei den Ausblas- bzw. Strippverfahren können, wie in der Wasseraufbereitung zur physikalischen Entsäuerung üblich, Gleich-, Gegen- oder Kreuzstromverfahren zum Einsatz kommen. Der höchste Wirkungsgrad ergibt sich mit der im Gegenstrom betriebenen Füllkörperkolonne. Bei niedrigen Konzentrationen sind die Eliminierungseffekte oft nicht befriedigend. Bei höheren HOV-Gehalten kann die Abluft durch Aktivkohlefilter geleitet werden, um die Umweltbelastung zu minimieren. Da mit den HOV gleichzeitig Kohlenstoffdioxid ausgeblasen wird und es dadurch zu Kalkausfällungen in den Anlagen kommen kann, empfiehlt es

sich, die Luft im Kreislauf zu führen. Die Adsorption der HOV aus der Luft hat gegenüber der Adsorption aus der wässrigen Phase den Vorteil, dass keine Konkurrenz zu schwerflüchtigen adsorbierbaren Substanzen gegeben ist.

Durch Adsorption an Aktivkohle lassen sich die leichtflüchtigen HOVs unterschiedlich wirksam eliminieren und die Entfernung ist sehr stark vom Gehalt der übrigen adsorbierbaren Substanzen abhängig. Dabei spielen nicht nur gleichzeitig vorhandene HOV eine Rolle, sondern auch natürliche Wasserinhaltsstoffe wie die Huminstoffe. Günstig ist die schichtweise Aufwärtsfiltration, bei der die schlecht adsorbierbaren Huminstoffe weitgehend durchbrechen, während die eigentlich zu entfernenden Spurenstoffe im Filter zurückgehalten werden.

Experimentelle Befunde zum Verhalten von stickstoffhaltigen Pflanzenschutzmitteln bei der Aufbereitung von Trinkwasser gibt das Institut für Wasserforschung und Wassertechnologie der Wasserwerke Wiesbaden [7.43]: (a) Flockung und Filtration sind bei der Entfernung wichtiger N-PSM unwirksam. (b) Die Konzentrationen der untersuchten Substanzen nehmen mit steigendem Ozonzusatz zwar ab, jedoch ist eine vollständige Oxidation bei den in der Wasseraufbereitung üblichen Ozonkonzentrationen nicht zu erwarten. (c) Bei Anwendung einer Aktivkohle, die bevorzugt zur Entfernung von chlorierten organischen Lösungsmitteln bei Grundwasserkontaminationen dient, bricht von den untersuchten Pestiziden zuerst Metazochlor durch; Atrazin und Simazin stehen am Ende dieser Abfolge. Der Durchbruch von Metolachlor erfolgt relativ spät, doch nehmen die Ablaufkonzentrationen schneller zu als die der anderen Substanzen (Abb. 7.7).

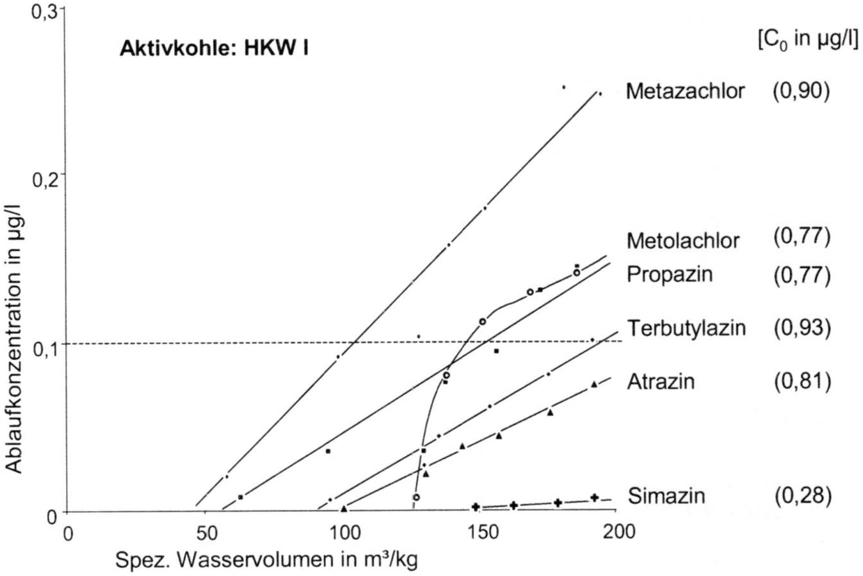

Abb. 7.7 Durchbruchkurven für 6 N-Herbizide in Aktivkohle. Testwasser: Trinkwasser; DOC = 1.8 mg/l mit Herbizidgemisch-Zusatz, v = 12 m/h [7.45]

Membranverfahren

Für industrielle Abwässer, für spezielle Anforderungen im kommunalen Abwasserbereich und insbesondere für die Wasseraufbereitung rücken zunehmend Membran-Trennverfahren in den Mittelpunkt, bei denen entweder eine Druckdifferenz oder ein elektrisches Feld als treibende Kräfte für den Fluss des Lösungsmittels durch eine Membran benutzt werden: (1) Mikrofiltration (0,5–3 bar Überdruck), (2) Ultrafiltration (1 bis 10 bar), (3) Umkehrosmose (20–100 bar Überdruck) und (4) Elektrodialyse (elektrisches Feld). Die Vorteile dieser Verfahren liegen insbesondere in einem kontinuierlichen Durchsatz, dem relativ geringen Energieaufwand, dem Betrieb unter Normaltemperatur, der einfachen Wartung und in ihrem flexiblen Modularaufbau. Die Membranen unterscheiden sich hinsichtlich ihrer Werkstoffe (Glasfilter, Polycarbonat, Polyester, Celluloseacetat, Polyamid, Polytetrafluorethylen, Polysulfonate) und ihrer Form (spiralförmig gewickelte Membranen, Hohlfasermembranen, Schlauchmodule, Plattenmodule u. a. [7.46]).

In Abb. 7.8 werden die Verfahrenvarianten in Abhängigkeit von Permeabilität, Arbeitsdruck und Selektivität der Membrane dargestellt:

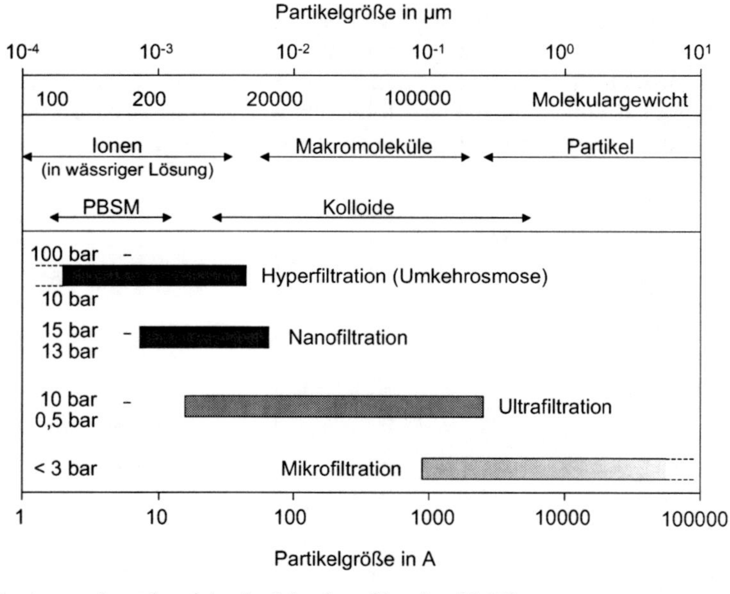

Abb. 7.8 Anwendungsbereiche der Membranfiltration [7.47]

Die Einsatzbereiche der einzelnen Membranverfahren beziehen sich vor allem auf die Größe der Moleküle bzw. Mikropartikel [7.47]:

- Die *Mikrofiltration* hält abfiltrierbare Stoffe, Großmoleküle und Biomassen zurück. Wichtig ist sie als Vorstufe zur Hyperfiltration, um blockierende Großmoleküle oder Flocken weitestgehend abzutrennen. Eine periodische Rückspülung mit Wasser erhöht die Standzeit.
- Die *Ultrafiltration* soll partikuläre Stoffe, Kolloide oder Mikroorganismen zurückhalten. Die Ausbeute liegt bei 90–95 %.

- Bei der *Nanofiltration* werden mehrwertige Ionen, Härtebildner und organische Stoffe zurückgehalten. Der Abscheidegrad liegt bei mehrwertigen Anionen um 90–99 %, bei einwertigen Ionen bei 30–40 %, bei gelösten organischen Stoffen um 90 %. Nanofiltration ist als Vorstufe der Hyperfiltration sehr wirksam.
- Die *Hyperfiltration*, früher mit Umkehrosmose bezeichnet, lässt aufgrund der „dicken" Membran nur die Wassermoleküle bevorzugt diffundieren. Es werden zunehmend die Kompositmembrane aufgrund des höheren Permeatfluxes der extrem dünnen Trennschicht eingesetzt.

Exemplarische Anwendungsbereiche bei der *Abwasserbehandlung* sind [7.48] die Deponiesickerwasserbehandlung (Abschn. 9.4.2) und die Emulsionsspaltung (Abschn. 9.2.3). Bei der Aufbereitung von Roh- und Trinkwasser aus stark belasteten Flusswässern bieten die Membranverfahren inzwischen eine Reihe von Vorteilen im Vergleich zu den konventionellen Methoden (Abb. 7.9): Ultrafiltration in Kombination mit pulverförmiger Aktivkohle kann unmittelbar nach den Standardaufbereitungsschritten Siebung und Vor-Oxidation (Alternative 2) oder Mikrofiltration nach Koagulation/Flockung (Alternative 1) eingesetzt werden. Eine Anwendung in späteren Abschnitten der Aufbereitung – nach Sandfiltration bzw. nach Ozonbehandlung – in der Form von Nanofiltration (Alternative 4) oder Ultrafiltration (Alternative 3) reduziert den Einsatz von Chlor zur Desinfektion.

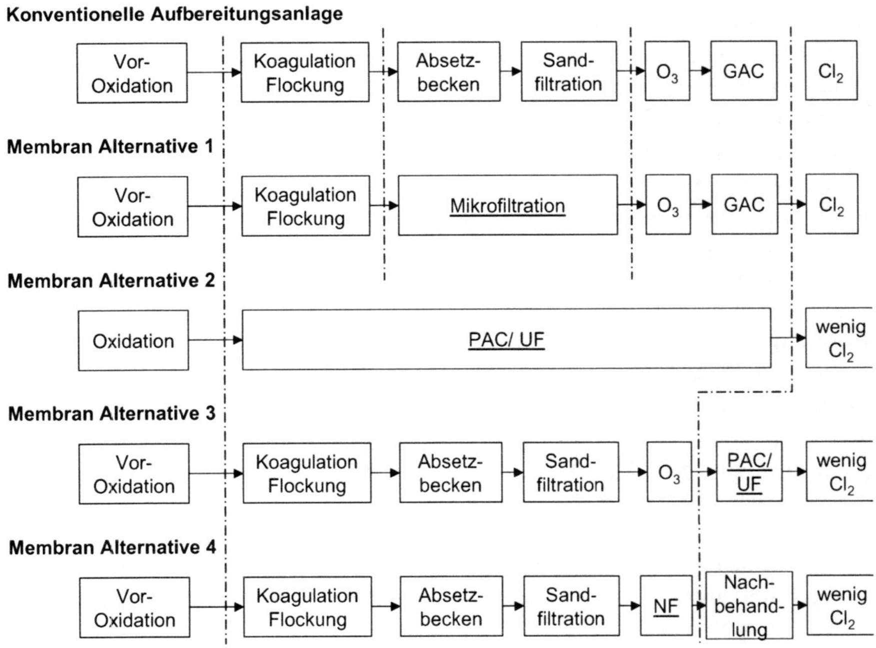

Abb. 7.9 Alternative Aufbereitungsverfahren mit Membrantechnologien (unterstrichen) für ein stark belastetes Flusswasser [7.49] (GAC = granulierte Aktivkohle; PAC = pulverförmige Aktivkohle; UF = Ultrafiltration; NF = Nanofiltration)

Entfernung von Eisen und Mangan [7.11]
Im sauerstoffarmen oder sauerstofffreien Grundwasser kann Eisen- und Manganoxid durch biologische Prozesse zu zweiwertigem, relativ mobilen Fe^{2+} und Mn^{2+} reduziert werden. Bei erneutem Kontakt mit Sauerstoffe, z. B. bei der Aufbereitung von Grundwasser, wird zweiwertiges Eisen zu schwerlöslichem Fe^{3+} aufoxidiert. Es bildet sich ein rostbrauner Niederschlag, der im Trinkwasser störend ist.

Die Enteisenung wird möglich indem das gelöste Eisen in Gegenwart von Sauerstoff aufoxidiert und der sich bildende Niederschlag anschließend durch Zugabe von Flockungsmitteln entstabilisiert und geflockt wird. Die Flocken können in einem Schnellsandfilter abgetrennt werden. Die Entmanganung ist wegen der langsamen Oxidationsreaktion schwieriger, aber z. B. durch Verwendung von Filtermedien mit katalytischen Oberflächen (MnO_2) technisch möglich.

Bei der In-situ-Entfernung von Eisen und Mangan wird anaerobes Grundwasser an die Oberfläche gefördert, belüftet, sedimentiert, filtriert und durch Schluckbrunnen wieder in den Untergrund zurückgeführt [7.50]. Mit dem oxidierten Infiltrat lässt sich etwa die 10–16fache Menge reduzierten Grundwassers behandeln [7.51]. Bei dem VYREDOX-Verfahren können die hydraulischen Bedingungen kontrolliert und die Reaktionen durch Chemikalienzusatz gesteuert werden [7.52].

Entsäuerung [7.11]
Bei einem Überschuss an Kohlensäure hat das Wasser die Tendenz, in Verteilleitungen aggressiv oder korrosiv zu sein. Besteht dagegen ein Überschuss an Ca^{2+} und CO_3^{2-}, so besteht die Tendenz, dass aus dem Wasser Kalk als weißer Niederschlag ausfällt und die Leitungen verkrustet. Ein Überschuss von Kohlensäure kann durch mehrere Verfahren vermindert werden:

- CO_2 kann durch Belüftung zusammen mit anderen unerwünschten Gasen aus dem Wasser in die Atmosphäre ausgetrieben werden;
- Filterung des Wassers über gekörnten Kalk; das Wasser wird aufgehärtet;
- Entsäuerung mit Zugabe von Hydroxiden ($Ca[OH]_2$ und NaOH) sowie Soda (Na_2CO_3).

Enthärtung [7.11]
Um die härtebildenden Ionen – insbesondere Calcium und Magnesium – zu reduzieren können die Methoden „Fällung“ und „Ionenaustausch“ verwendet werden:

- Die Fällung von Calcium-Ionen kann erreicht werden, indem das Wasser durch Zugabe von Chemikalien in Bezug auf $CaCO_3$ übersättigt wird. Der ausgefällte Kalk kann z. B. durch Sedimentation und nachfolgende Filtration eliminiert werden.
- Beim Ionenaustausch werden z. B. Na^+-Ionen auf einem Austauscherharz gegen die Calcium-Ionen ausgetauscht. Bei der notwendigen Regeneration wird eine konzentrierte NaCl-Lösung über das Harz geleitet.

Früher hatte die Enthärtung von Trinkwasser eine große Bedeutung, weil die Waschmittel noch nicht mit der natürlichen Härte des Wassers umgehen konnten. Wasserenthärtung ist heute primär ein Verfahren, das in der Brauchwasseraufbereitung von Industriebetrieben und Klimaanlagen genutzt wird.

7.3.3 Biologische Verfahren zur Trinkwasseraufbereitung [7.53]

Im Gegensatz zu anderen Biotechnologien und insbesondere zu der Abwasserbehandlung hat die Trinkwasseraufbereitung das Problem der kleinen Biomassemengen. Sofern in der Zielsubstanz oder im Hilfsstoff nicht bereits enthalten, benötigen die Mikroorganismen eine extra Kohlenstoff-, Stickstoff- oder Phosphorquelle. Für die Denitrifikation werden als sog. Elektronendonatoren (Tabelle 7.6) Methanol, Äthanol oder Essigsäure zudosiert.

Tabelle 7.6 Wichtige mikrobielle Umsetzungen in der Wasseraufbereitung [7.54]

Zielsubstanz	Reaktion/Hilfsstoff	Aufbereitungsprozess
organische Verunreinigung	aerobe Oxidation/O_2,H_2O_2 anaerobe Oxidation/NO_3^-	Kohlenstoff-Oxidation
NH_4^+	aerobe Oxidation/O_2,H_2O_2 (C-Quelle: CO_2)	Ammonium-Oxidation (Nitrifikation)
NO_3^-	Reduktion zu N_2 a) mit organischem H^+-Donator b) mit anorganischem H^+-Donator (H_2, S_x, CH_4)	heterotrophe bzw. autotrophe Denitrifikation

Eine biologische Behandlung solcher Wässer ist i. Allg. nur mit Festbettreaktoren möglich, in denen die Mikroorganismen durch Adsorption auf dem Trägermaterial immobilisiert sind. Eine Weiterentwicklung des Langsamsandfilters ist der rückspülbare Hochleistungs-Festbettreaktor, von denen die überstaute abwärtsdurchströmte Variante die größte Verbreitung besitzt. Wichtig ist eine optimale Anpassung des Trägermaterials in Bezug auf seine spezifische Oberfläche bzw. sein freies Porenvolumen und seine Oberflächenrauhigkeit [7.54].

7.3.4 Verfahrenskombinationen bei der Trinkwasseraufbereitung

Trotz einer unverkennbaren Verbesserung der Wasserqualität können die konventionellen Verfahren nur im Verbund mit physikalisch-chemischen Aufbereitungsmethoden verwendet werden. Bei diesen Verfahren steht am Beginn meist eine Oxidation, bei der gelöste Eisen- und Mangananteile ausgeflockt und organische Inhaltsstoffe teilweise eliminiert werden. Bei geringen Organikanteilen reicht bisweilen eine Belüftung aus; wenn das Wasser größere Mengen an Huminstoffen und Ammoniumionen enthält, wird die Eisenabscheidung erschwert und stärkere Oxidationsmittel kommen zum Einsatz [7.12]. Seit Mitte der siebziger Jahre werden vor allem für die Trinkwassergewinnung aus stark belasteten Oberflächengewässern neue Technologien adaptiert, die in der chemischen oder Grundstoffindustrie schon länger bekannt sind. Dazu gehören die Verfahren der Hochleistungsfiltration, Hochleistungsbelüftung über Profilkörper, Refiltrationsflockung mit Mg-Salzen, Flotation, Schnellentkarbonisierung und Umkehrosmose [7.55].

Die Nachfrage nach verbesserter Qualität, der Druck gesetzlicher Vorschriften, die Abnahme geeigneter Ressourcen, die Entwicklung spezieller Analysenmethoden, vor allem aber das wachsende Wissen über die grundlegenden physico-chemischen Prozesse und die Fortschritte in der Verfahrenstechnik haben zu wesentlichen Änderungen bei der Konzeption von Trinkwasserbehandlungsmethoden im Laufe der vergangenen 70 Jahre geführt (Abb. 7.10), [7.49]:

- Insgesamt wurden die Anlagen immer kompakter und immer stärker automatisiert; die einzelnen Prozesseinheiten wurden fortlaufend optimiert.
- Nachdem vor allem die gefährlichen Folgen einer starken Vorchlorung bekannt wurden, galten die ersten Änderungen der Verringerung der eingesetzten Chlorkonzentrationen auf das unbedingt notwendige Maß; seit 1970 wurde auf die Vorchlorung ganz verzichtet bzw. die Voroxidation mit Ozon durchgeführt.
- Um 1965 begann der Kampf gegen toxische organische Verbindungen und dabei besonders gegen die Pestizide, vor allem durch die Entwicklung von Aktivkohlefiltern und später Adsorptionsanlagen mit granulierter Aktivkohle.
- 1992 beginnt der Siegeszug der Membrantechnologien und damit gleichzeitig der Ersatz der Klär- und Sandfiltrationsprozesse – letztere waren seit nahezu 2000 Jahren im Gebrauch!

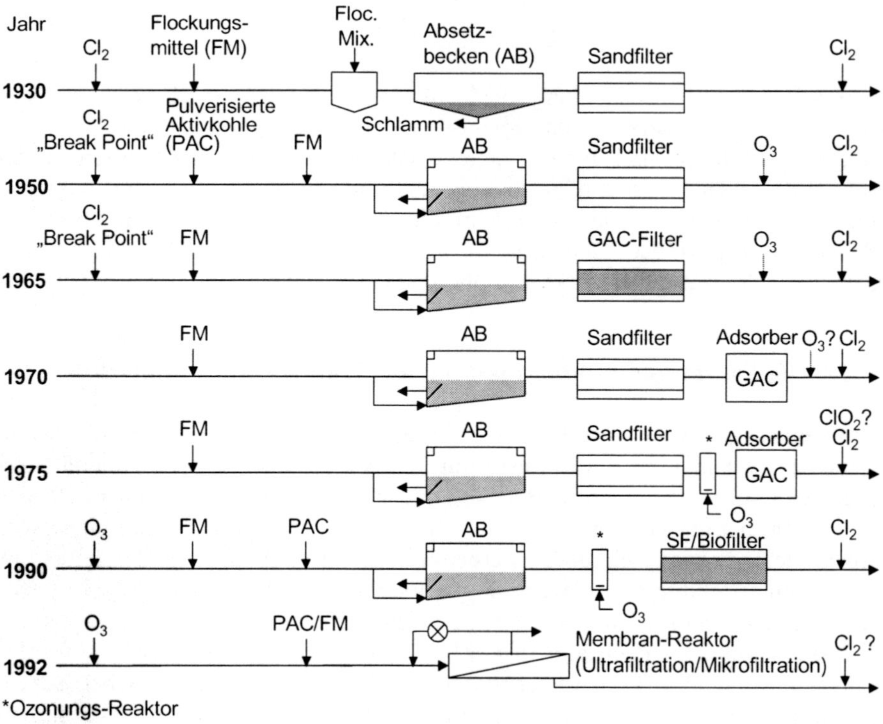

Abb. 7.10 Die Entwicklung von Verfahren zur Wasseraufbereitung (Beispiel Flusswasseraufbereitung) [7.49]

7.4 Nutzung der Wasserressourcen in Deutschland [7.14]

Von dem in Deutschland zur Verfügung stehenden Wasserdargebot wurden im Jahr 2004 ca. 20 %, das sind 35,6 Mrd. m³, genutzt. Gegenüber 1991 ist die Wassernutzung insgesamt um 10,7 Mrd. m³ zurückgegangen. Den größten Anteil an diesem Rückgang hatte die industrielle Wassernutzung, gefolgt von den Wärmekraftwerken und der öffentlichen Wasserversorgung. Die Hauptverbraucher des genutzten Wasserdargebotes sind:

- Die öffentliche Wasserversorgung, die 2004 von 6.383 Unternehmen (darunter 5.043 Unternehmen mit Eigengewinnung) getragen wurde, entnahm in diesem Zeitraum 5,3 Mrd. m³. Die Wasserabgabe an Letztverbraucher ging zwischen 1991 und 2004 um 17,7 % zurück; dies ist im wesentlichen auf verändertes Verbraucherverhalten sowie auf den Einsatz wassersparender Haushalts- und Sanitärtechnik zurückzuführen. Es gelang den Wasserversorgungsunternehmen, die Wasserverluste, z. B. durch Rohrbrüche und Undichtigkeiten, von ca. 600 Mio. m³ in 1998 auf ca. 495 Mio. m³ zu reduzieren. Mit knapp 80 % sind Haushalte und Kleingewerbe der größte Wasserverbraucher; die verbleibende Menge von 976 Mio. m³ wird an größere gewerbliche Unternehmen und sonstige Abnehmer, wie z. B. Schulen, Behörden und Krankenhäuser geliefert.
- Das Verarbeitende Gewerbe und der Bergbau entnahm im Jahr 2004 ca. 7,7 Mrd. m³ Wasser, fast 30 % weniger als im Jahr 1991. Hauptquellen für die Eigengewinnung sind Oberflächengewässer mit einer Entnahme von 5,1 Mrd. m³ und Grundwasser mit 2,1 Mrd. m³, ergänzt durch Uferfiltrat und Quellwasser. Zwischen den Branchen variiert der „Nutzungsfaktor" – das Verhältnis des insgesamt genutzten Wassers zur Menge des im Betrieb eingesetzten Wasser – erheblich, von 1,1 im Ledergewerbe bis 24,3 im Fahrzeugbau; 1991 betrug der Nutzungsfaktor in Bergbau und Verarbeitendem Gewerbe insgesamt 4,2; 2004 lag er bei 5,8. Fast die Hälfte (47 %) der eingesetzten Wassermenge wird von der Chemischen Industrie benötigt; mit einem Frischwassereinsatz von 3,1 Mrd. m³ ist dies die wasserintensivste Branche, gefolgt von Bergbau, Metallerzeugung und Papiergewerbe, die zwischen 0,8 Mrd. m³ und 0,5 Mrd. m³ Frischwasser einsetzten.
- Die Wärmekraftwerke sind mit ca. 22,9 Mrd. m³ die größten Wassernutzer in Deutschland. Dabei wird nahezu der gesamte Wasserbedarf aus Oberflächenwasser gedeckt. Genutzt wird das entnommene Wasser überwiegend für Kühlzwecke, welches nach Gebrauch wieder dem Flusssystem zugeführt wird. Nach Anhang 31 (Wasseraufbereitung, Kühlsysteme, Dampferzeugung) der Abwasserverordnung dürfen hier außer Phosphonaten und Carboxylaten (zur Korrosionsverminderung) nur leicht abbaubare Komplexbildner eingesetzt werden.
- Laut Statistischen Bundesamt wurden im Jahr 2002 durch die Landwirtschaft 142 Mill. m³ Wasser durch Eigengewinnung entnommen. Durch Fremdbezug aus anderen Betrieben betrug das gesamte Wasseraufkommen ca. 163 Mio. m³, von denen 148 Mio. m³ direkt für die Bewässerung ausgebracht wurden. Im Mittel wurde der Bedarf zu über 75 % (109 Mio. m³) aus Grund- und Quellwasser gedeckt, die restlichen 33 Mio. m³ stammen aus Oberflächengewässern.

Nachhaltige Wasserversorgung – Eine Aufgabe mit globaler Bedeutung

Prof. Dr.-Ing. Dr. h.c. Peter Wilderer, Stockholm Water Prize 2003

Begriffe wie „Nachhaltigkeit" und „nachhaltige Entwicklung" sind vage geblieben, wenn es darum ging, sie in reales praktisches Handeln umzusetzen. Das verwundert, sind doch hier Existenzfragen des menschlichen Lebens angesprochen. An kaum einem Beispiel lässt sich dies besser zeigen als an dem Themenkomplex „Trinkwasserversorgung". Eine gesicherte und finanziell erschwingliche Versorgung des Menschen mit dem Lebensnotwendigsten aller Güter, dem Trinkwasser, ist für das Überleben des Individuums, und global gesehen der Menschheit insgesamt, eine entscheidende Voraussetzung.

Eine nachhaltige Trinkwasserversorgung dient der Existenzsicherung unserer Art samt allem, was zu einem artgerechten Handeln notwendig ist, dem Wirtschaften nämlich und der Erhaltung eines auf Partnerschaft basierenden gesellschaftlichen Systems. Eine prosperierende Wirtschaft ist ohne eine gesicherte Wasserversorgung und der unmittelbar dazu gehörenden Abwasserentsorgung nicht realisierbar. Ebenso sind Glück und Zufriedenheit im jeweiligen geographischen und kulturellen Umfeld nicht erreichbar, wenn es den Menschen am Lebensnotwendigsten fehlt, dem Wasser.

Eine neuere Studie der UN besagt, dass derzeit 1,2 Milliarden Menschen ohne gesicherte Wasserversorgung und 2,4 Milliarden Menschen ohne Sanitärtechnik leben, besser gesagt „vegetieren". In unserem eigenen Interesse muss dieser Mangel schnellstens behoben werden. Das bereits würde eine nachhaltige, unsere Existenz bewahrende Entwicklung auslösen. Wenn es uns darüber hinaus gelänge, die Wasserver- und Abwasserentsorgungssysteme selbst im Sinne der Terminologie der Brundtland-Kommission nachhaltig zu gestalten, wären wir einen großen Schritt weitergekommen. Es kann nicht angehen, dass wir Trinkwasser für viel Geld aufbereiten, um es überwiegend zum Abtransport von Abfällen aus Siedlungen und Industriebetrieben zu verwenden. Es kann auch nicht angehen, dass wir aus Bequemlichkeit die Abwasserreinigung nahezu ausschließlich auf Wertstoffvernichtung auslegen. Biologischer Abbau, Nitrifikation und Denitrifikation sind Prozesse, die sicherlich viel zur Vermeidung der Eutrophierung unserer Oberflächengewässer beitragen. Global gesehen sind diese „Errungenschaften" aber keineswegs nachhaltig, weil sie Pflanzennährstoffe, die in der Landwirtschaft zu unserer allgemeinen Existenzsicherung dringend gebraucht werden, aus dem „Verkehr" ziehen. Der gute Gewässerzustand, den die neue EU-Wasserrahmenrichtlinie fordert, ist ein wichtiges Ziel. Die heute dazu üblicherweise eingesetzten Methoden verdienen aber a priori keineswegs das Gütesiegel „Nachhaltigkeit", wenn man über den Tellerrand des Wasserfachs und der eigenen Region hinaussieht.

Fazit: Wir sind nicht am Ende der Entwicklung der Wassergütewirtschaft angekommen, wie dies von manchen Entscheidungsträgern in Universitäten, Forschungsförderungseinrichtungen, der Wirtschaft und Politik angenommen wird. Vielmehr gibt es noch sehr, sehr viel zu tun, kritisch zu hinterfragen, zu erforschen und in die Praxis umzusetzen, und dies aus purem Selbstzweck, nämlich der Erhaltung unserer Gattung trotz steigender Zahl an Menschen auf unserem Planeten.

8 Boden und Altlasten

Böden sind zuerst Träger und Vermittler von maßgeblichen Wachstumsfaktoren für die jeweilige Vegetation. Ihre physikalischen und chemischen Eigenschaften bestimmen jedoch noch weitere wichtige Funktionen im Ökosystem, nämlich ihr Umsetzungs-, Filter- und Puffervermögen für feste, gelöste und gasförmige Stoffe [8.1]. Dieses Kapitel befasst sich vorwiegend mit Schadstoffen in Böden und im Grundwasser. Bei der Gruppe der schwach- bis mittelkontaminierten Böden liegt der Schwerpunkt auf der Verringerung der Schadstoffeinträge und bei Verfahren zur Reduktion des Schadstoffübergangs vom Boden in Nutzpflanzen (Abschn. 8.1). Bei den stark kontaminierten Böden stehen die technischen Maßnahmen zur Sicherung und Entgiftung von belasteten Feststoffen und Grundwässern im Vordergrund. Im Abschn. 8.2 wird die Erkundung von Altablagerungen (kommunal) und Altstandorten (industriell) beschrieben. Abschnitt 8.3 behandelt Sicherungsmaßnahmen (u. a. Barrieresysteme, Verfestigung, Stabilisierung und Einbindung), Abschn. 8.4 die Sanierung von Altlasten (u. a. Waschverfahren, biologische und thermische Behandlung) und Abschn. 8.5 die naturnahen Ansätze und Methoden, wie den Einsatz Durchströmter Reinigungswände oder die Anwendung des Konzepts des natürlichen Abbaus und Rückhalts, bspw. beim Flächenrecycling.

8.1 Art und Ausmaß von Stoffeinträgen in Böden

Die Komplexität der Bodenfunktionen hat dazu geführt, dass der Boden erst spät unter den Schutz von Gesetzen und Verordnungen gestellt wurde. Andererseits war die lange Konzeptionsphase vorteilhaft, weil alle wesentlichen Problembereiche nun in einem integrierten Ansatz behandelt werden konnten:

- der Schutz der *Nahrungsmittel* vor Risikostoffen, die sich im Boden anreichern, unmittelbar schädigend wirken oder in Nahrungsketten gelangen;
- der Schutz vor einer weiteren *Versauerung* der Böden durch anhaltende und großflächige Zufuhr von Schwefeldioxid und Stickstoffoxiden, die die Pufferungs- und Abbaufähigkeit des Bodens überfordern;
- der Schutz der *Grundwasservorräte* vor weiteren Belastungen, insbesondere durch Stickstoffverbindungen aus Düngemitteln;
- ein ökologisch vertretbarer Einsatz von *Pflanzenschutzmitteln*; und
- die Sanierung von *Altlasten* aus Deponien und ehemaligen Industriestandorten.

Die Bundes-Bodenschutz-Altlastenverordnung (BBodSchV [8.2]) konkretisiert die Anforderungen an den Bodenschutz und die Altlastenbehandlung mit ihren Maßnahmen-, Prüf- und Vorsorgewerten. In der Europäischen Union gibt es den Vorschlag zur Schaffung eines Ordnungsrahmens für den Bodenschutz [8.3].

Die Entwicklung des Standes der Technik im Altlastenbereich lässt sich u. a. anhand der Konferenzserie „Contaminated Soil“ (1985–2008 [8.4]) verfolgen.

8.1.1 Anreicherung von Schadstoffen in Böden und Pflanzen

Stoffliche Einwirkungen auf den Boden, deren Folgen sowohl *qualitativ* (z. B. Toxizität oder Persistenz) als auch *quantitativ* (z. B. Versauerung oder Auswaschung) problematisch sein können, stammen aus industriellen/gewerblichen Anlagen, aus der Landwirtschaft, aus privaten Haushalten und aus dem Straßenverkehr. Diese Stoffe gelangen entweder unmittelbar oder über Luft und Wasser in den Boden.

Die Gruppe der *persistenten*, d. h. im Boden nur in langen Zeiträumen abbaubaren, problematischen Stoffe bildet ein wachsendes Gefahrenpotential, weil diese Schadstoffe sich mit fortschreitendem Eintrag im Boden kontinuierlich anreichern. Diese Anreicherung kann zu latenten, bei Überschreiten bestimmter Belastungsgrenzen deutlichen Beeinträchtigungen von Bodenflora und Bodenfauna bis hin zu akuten Gefährdungen auch des Menschen durch Eingang in die Nahrungskette und das Grundwasser führen. Für die persistenten Schadstoffe gilt, dass bei begründeten Anhaltspunkten für bodenbeeinträchtigende Wirkungen bereits im Vorfeld der Gefahrenabwehr vermeidbaren Schäden vorzubeugen ist.

Schadstoff-Einträge in den Boden – Beispiel Metalle

Außer durch natürliche Einträge können Metalle durch Bodenverbesserungsmittel wie Kalk, Stallmist, Düngemittel, durch Bewässerung oder durch Pflanzenschutzmittel in den Boden gelangen; daneben finden sich Einträge aus Abfallstoffen wie Klärschlamm, Müllkomposten, Minenabfällen, Baggerschlämmen, Flugaschen und aus den atmosphärischen Niederschlägen im Boden. In Tabelle 8.1 sind die Einflüsse von Düngemitteln, Flugasche und atmosphärischen Niederschlägen auf die Metallgehalte in landwirtschaftlich genutzten Böden verzeichnet. Insgesamt ist zunächst festzustellen, dass Cadmium in allen Kategorien ein vorrangiges Schadstoffpotential besitzt.

Tabelle 8.1 Gehalte an Spurenelementen, in mg/kg Trockensubstanz, in unbelasteten Böden und in Materialien, die zu einer Verschmutzung führen [8.5]. Kritische Werte sind in *kursiver Schrift* verzeichnet

	Typischer Bodenwert		Dünger[a]	Klär-schlamm	häuslicher. Kompost	Flug-Asche	Nieder-[b] schläge
B	10	(0,9 ... 1000)	P(30)	50	–	*200*	5,5
Cd	0,4	(<0,01 ... 8)	P(*50*)	*12*	*10*	*10*	*0,25*
Cu	12	(<1 ... 390)	StM(20)	*800*	*800*	320	*8,8*
Hg	0,06	(>0,01 ... 5)	gering	*4,4*	–	–	*0,05*
Pb	15	(<1 ... 890)	P(100)	*700*	*1200*	330	*11,0*
Zn	40	(1,5 ... 2000)	P(150)	*3000*	*2000*	360	*29*

[a] Düngemittel typisch mit höchsten Gehalten; P = Phosphat-Dünger, StM = Stallmist etc., mit normalen Gehalten jeweils in Klammern. [b] Atmosphärische Niederschläge in mg/kg Oberboden bis 20 cm Tiefe, geschätzt auf 100 Jahre einer Metallanreicherung.

Die meisten Materialien, die dem Boden als Verbesserungsmittel zugesetzt werden, zum Beispiel Kalk, anorganische Stickstoff- und Kaliumdünger, und Stallmist, enthalten geringe Spurenelementkonzentrationen und sollten bei normalen Aufbringungsraten keinen signifikanten Effekt auf die Spurenmetallgehalte in Böden und den darauf wachsenden Nahrungsmitteln besitzen. Demgegenüber enthalten Phosphate häufig beträchtliche Spurenelementkonzentrationen; hohe Cadmiumgehalte in Phosphatdüngern, zuweilen um 100 mg/kg, bewirken eine Anreicherung im Boden und in den Pflanzen [8.6]. Die technischen Möglichkeiten zur Eliminierung von Cadmium aus Düngemittelphosphaten sind begrenzt oder zumindest sehr teuer. Die Einträge von anorganischen Pestiziden in den Boden wurden inzwischen stark reduziert.

Die Aufbringung von *Klärschlamm* auf landwirtschaftliche Flächen wurde früher wegen der Düngewirkung und der Verbesserung der Bodentextur gefördert; inzwischen ist diese Vorgehensweise sehr umstritten (Abschn. 6.5.6). In Gebieten mit einer hohen Industrieabwasserkomponente können in den Klärschlämmen relativ hohe Gehalte an synthetischen organischen Substanzen auftreten; teilweise stammen die Einträge auch aus städtischen Regenwasserabflüssen [8.7]. Ähnliche und meist noch größere Probleme wie bei Klärschlämmen und ebenso vor allem verursacht durch Cadmium finden sich bei der Anwendung von Müllkomposten in der Landwirtschaft [8.8].

In Tabelle 8.1, letzte Spalte, sind die Durchschnittsgehalte von Spurenmetallen angegeben, die im Boden über einen Zeitraum von 100 Jahren aus den *Niederschlägen* angereichert werden könnten (Beispiele von acht Lokalitäten in Großbritannien). Dabei ist angenommen worden, dass eine Elementablagerung von 2.5 kg/ha einem Anstieg von 1 mg/kg in den oberen 20 cm des Bodens entspricht.

Pflanzenverfügbarkeit von Schadstoffen

Eine weltweite Erhebung über die Wechselwirkungen von Mikronährstoffen wie Mo, B, Cu, Fe, Mn und Zn zwischen Böden und Nutzpflanzen hat nach einer statistischen Auswertung ergeben, dass der Einfluss der folgenden Parameter besonders zu berücksichtigen ist [8.9]: Bodentextur, Gehalt an organischem Kohlenstoff, Kationenaustauschvermögen, Calciumkarbonatäquivalent und pH-Wert – mit einem dominierenden Einfluss des letztgenannten Faktors. Wechselbeziehungen zwischen diesen Faktoren sind [8.10]:

- Der *Boden-pH-Wert* besitzt einen direkten Einfluss auf die Verfügbarkeit von Metallen, indem er ihre Löslichkeit und Komplexierungskapazität bestimmt.
- Die *organische Substanz* im Boden besitzt eine wesentliche Funktion, indem sie Metalle sowohl anreichert und transportiert als auch ihre Zirkulation im Boden verzögern kann. Die Toxizität von Metallen im Boden kann deshalb durch organische Substanzen sowohl gesteigert als auch vermindert werden.
- Im Hinblick auf den *Phosphatgehalt* im Boden gibt es Berichte sowohl über die Verstärkung als auch Minderung der Metallaufnahme bei erhöhten P-Gehalten.
- Auch die *Pflanzenphysiologie* beeinflusst die Metallanreicherung. Bspw. bei der Aufnahme von Cadmium in Getreide wurden sowohl Wettbewerb als auch Synergismen bei einer erhöhten Pb-Konzentration beobachtet.

Bei kritischen *organischen Substanzen* wie z. B. die PAK und PCB erfolgt der Eintrag in die Nahrungskette im allgemeinen vorzugsweise über die Aufnahme von kontaminiertem Boden oder Schlammpartikel und weniger über einen Verzehr belasteter Pflanzenteile; eine Umwandlung von PCB im Verlauf des Transports innerhalb der Pflanzen wurde nicht gefunden [8.11].

In der aktuellen Bodenschutz-Diskussion werden die *Richtwerte* für die Abfallaufbringung zunehmend kritisiert, da sie nur bedingt auf die jeweiligen Bodenverhältnisse Rücksicht nehmen können. Insbesondere in den leichten, karbonatarmen Böden findet – nicht zuletzt unter dem Einfluss der sauren Niederschläge – eine stärkere Mobilisierung und Pflanzenaufnahme von toxischen Schwermetallen statt als z. B. in schweren, kalkreichen Böden. Abbildung 8.1 zeigt für das Beispiel des Elements Zink, wie die zulässige Gesamtkonzentration durch den Boden-pH-Wert als dominierenden Faktor beeinflusst wird: Nimmt man an, dass 1 mg Zink pro Liter Bodenlösung bereits zu Ertragsminderungen bei empfindlichen Gemüsesorten führen kann, so stünde bei einem Boden-pH-Wert von 7 diese Lösungskonzentration im Gleichgewicht mit 1200 mg Zink/kg in der Feststoffphase; bei pH 6 wäre das Gleichgewicht bei etwa 100 mg/kg im Boden – d. h. im Bereich der natürlichen Zinkkonzentrationen – erreicht. Bei pH 5 könnte bereits ein relativ zinkarmer Boden zu nachteiligen Effekten über eine erhöhte Aufnahme von Zink in Nutzpflanzen führen.

Dieses Beispiel macht deutlich, dass bei der Festlegung von *Richt-* und *Schwellenwerten* auch die Umweltbedingungen zu berücksichtigen sind, bei denen ein bestimmter Schadstoff-Übergang stattfinden kann.

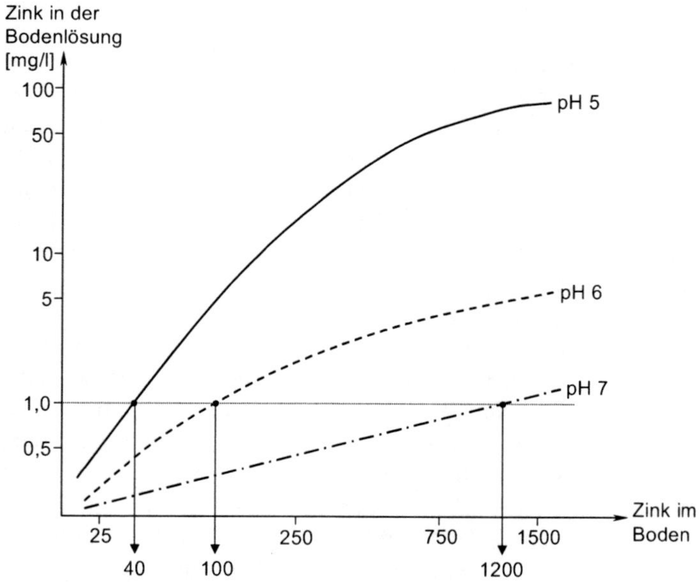

Abb. 8.1 Löslichkeit von Zink in Abhängigkeit vom Boden-pH-Wert und von den Gesamtkonzentrationen von Zink im Feststoff (Herms u. Brümmer [8.12])

8.1.2 Prozesse der Schadstofffreisetzung und -bindung in Böden

Säuremobilisierung und Pufferung von Schwermetallen

Für die *Mobilisierung von Schwermetallen* in Böden bestehen die kritischen Bedingungen vor allem in einer Absenkung der pH-Werte oder in der Auflösung von sorptionsaktiven Eisen- und Manganoxiden durch Senkung der Redoxpotenziale. Indirekte Redoxeffekte sind die Bildung von Metallsulfiden, die bei einer Wiederoxidation Säure bilden und damit Schwermetalle mobilisieren können [8.13].

Auf der anderen Seite treffen diese Lösungen auf Feststoffe mit modifizierenden Eigenschaften, die als pH- oder Redoxpuffer, als Sorptions- oder Speichermedium wirken können. Am Beispiel eines landwirtschaftlich genutzten Bodens ist in Tabelle 8.2 das *Säurepufferungsvermögen* von verschiedenen mineralischen Bestandteilen für je 10 cm Krumentiefe aufgelistet. Am wichtigsten ist dabei der Karbonatgehalt des Bodens.

Tabelle 8.2 Puffervermögen in landwirtschaftlich genutzten Böden für je 10 cm Krumentiefe (nach Sauerbeck [8.14])

pH-Wert	Pufferbereich	Pufferkapazität
> 6,2	Carbonat	300 kmol H^+/% $CaCO_3$
6,2–5,0	Silikat	25 kmol H^+/% Silikat
5,0–4,2	Austausch	7,5 kmol H^+/% Ton
<4,2	Aluminium	150 kmol H^+/% Ton

Der Säureeintrag führt im Boden zur Mobilisierung abgestufter *Puffersysteme*, die im Zuge der fortschreitenden Versauerung bei Erreichen bestimmter pH-Werte nacheinander „zugeschaltet" werden: Nach der Auflösung der Karbonatgehalte verliert der Boden zuerst seine austauschbaren basischen Kationen. Danach, etwa beim pH-Wert von 4,5 beginnend, kommt es zur Tonmineralzerstörung und damit zur Freisetzung potentiell toxisch wirkender Metallkationen (in der Reihenfolge Mangan, Aluminium und Eisen). Dieser Prozess wirkt zwar puffernd, jedoch in umkehrbarer Weise, d. h. die Säuren und die H^+-Ionen können im Boden, im Untergrund oder in den aquatischen Systemen wieder freigesetzt werden [8.15]. Im Hinblick auf eine Grundwassergefährdung sind nur durch Silicate und Austauscher gepufferte Böden aufgrund der geringen Rate und Kapazität als besonders kritisch anzusehen.

Bei *Bergbauhalden*, in denen in erster Linie Oxidationsprozesse von Sulfidmineralen für die Versauerung verantwortlich sind, verlaufen diese Vorgänge schneller und erreichen noch niedrigere pH-Werte als bei den meisten Beispielen von Bodenversauerungen. In den Sickerwässern von frischen Bergehalden von Sulfiderzen können sich nach wenigen Jahren pH-Werte bis unter 1 mit extrem hohen Schwermetallgehalten einstellen [8.16].

Einfluss des Klimawandels auf die Schadstofffreisetzung
Indirekt beeinflusst das Klima die Wechselwirkungen von Schadstoffen und Feststoffen, z. B. in einem Flusseinzugsgebiet (Abschn. 6.6.3). Abbildung 8.2 zeigt, wie im Teilsystem Wasser/Boden die Temperatur und der Niederschlag über die mikrobiellen Prozesse die organische Substanz und die Nitrifikation im Boden verändert und daraus die Bodenstruktur, Kationenaustauschkapazität, Versalzung sowie die Regelgrößen pH und Redox. Im Teilsystem Wasser-Sediment sind die Verhältnisse übersichtlicher, weil hier in erster Linie die Niederschläge über die Hydrodynamik einwirken; es sind jedoch auch hier die biogeochemischen Prozesse zu beachten, die zu einer verstärkten Schadstofffreisetzung aus den Sedimenten führen können [8.17].

Verhalten von organischen Schadstoffen im Boden
Für die Mobilität von organischen Schadstoffen sind die transportbestimmenden Faktoren neben der Porenwassergeschwindigkeit die Diffusion, Dispersion und Sorption/Desorption. Der Schadstofftransport erfolgt durch Konvektion, also durch „Mitfahren" der Schadstoffe in einem strömenden Medium, und durch Diffusion, also durch eine selbständige Ausbreitung der Schadstoffe in dem Medium. Die beiden Vorgänge sind voneinander unabhängig und können sich überlagern.

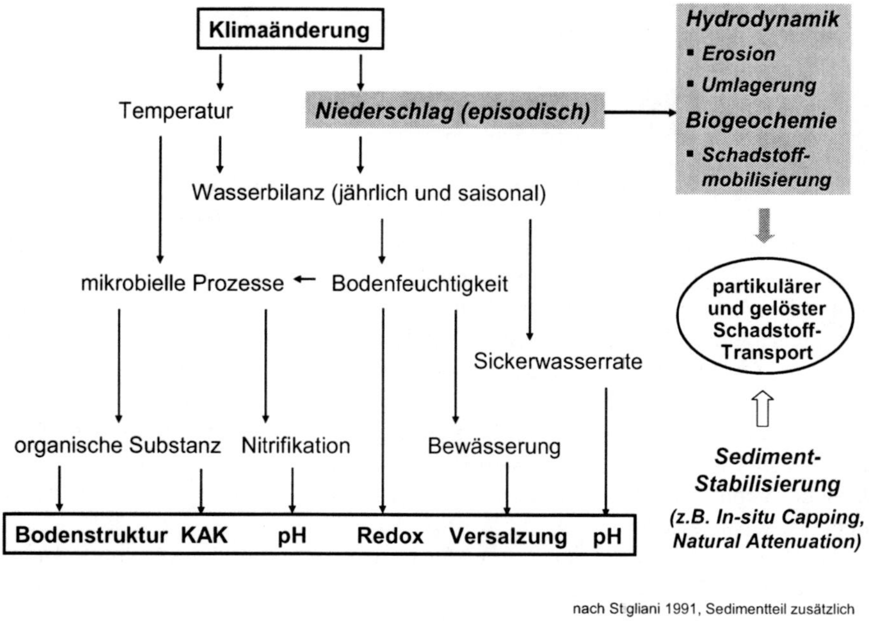

Abb. 8.2 Auswirkungen einer Klimaänderung auf die Mobilität von Schwermetallen in Böden und Feuchtgebieten (nach Stigliani [8.18]), ergänzt durch die Effekte von episodischen Niederschlägen bei der Schadstoffmobilisierung aus Sedimenten [8.19]

Tabelle 8.3 Verhalten organischer Biozide in Böden (nach Scheffer/Schachtschabel [8.1])

Kurzbezeich-Nung	Chem. Charakter	(a) Flüch-tigkeit	(b) Lös-lichkeit	(c) Bindung an Humus	Ton, Oxid	(d) Abbau aerob	anaerob
Herbizide							
2,4-D	Anion	1	4	1	0	4	2
2,4,5-T	Anion	1	3	1–2	0	3–4	2
Deiquat	Kation	1	4	4	3	3	
Atrazin	Kation	1	2–3	1–2	1	3	3–4
Simazin	Kation	1	2	1–2	1	3–4	
Diuron	Neutral	1	2	2	1	3	
Insektizide							
PCP	Anion	2	2	3	0	1–2	2
Lindan	Neutral	2	2	4	2	1	2
Parathion	Neutral	2	2	3–4	1–2	4	4

Klassifikation	0	1	2	3	4
(a) Flüchtigkeit (hPa, 25° C)		$<10^{-5}$	10^{-5} – 1	1–50	>50
(b) Löslichkeit (mg/l)		<1	1–50	50–500	>500
(c) Bindung (K_{oc}, K_{Ton})	<1	1–300	300–1000	10^3–10^4	$>10^4$
(d) Abbau		<3 a	1–3 a	18 Wo – 1 a	>18 Wo

Mit den Parametern der Flüchtigkeit, Löslichkeit, Bindung und Abbau können bspw. die organischen Biozide klassifiziert werden (Tabelle 8.3 nach [8.1]).

- Bei der *Flüchtigkeit* lassen sich die wenig flüchtigen Herbizide von den leichter flüchtigen Insektiziden unterscheiden.
- Gut *wasserlöslich* (überwiegend >500 mg/l) sind die Herbizide 2,4-D, 2,4,5-T, Deiquat und Paraquat, während die Löslichkeit der Insektizide PCP, Lindan und Parathion und der Herbizide Simazin und Diuron <50 mg/l beträgt. Der *pH-Wert* beeinflusst die Adsorption, weil sowohl die Ladung mancher Adsorbentien als auch die einiger Biozide vom pH abhängt; so liegen schwache Säuren wie 2,4-D nur bei höherem pH als Anion vor, schwache Basen mit Aminogruppen bei tieferem pH als Kation und werden dann adsorbiert.
- Die *Bindung an Humussubstanzen und an Tonminerale* ist neben dem Abbau das wichtigste Kriterium für das Verhalten Biozide im Boden und Grundwasser. Die Herbizide Deiquat und Paraquat sind sowohl an Humussubstanzen als auch an Tonminerale sehr fest gebunden ($>10^4$ für K_{OC} und K_{Ton}); die Insektizide PCP, Lindan und Parathion besitzen eine starke Bindung an organische Substanzen, weisen jedoch nur eine mäßige (Lindan, Parathion) oder keine Bindung (PCP) an Tonminerale auf. Die geringe Bindung von 2,4-D, 2,4,5-T, Atrazin, Simazin und Diuron sowohl an Tonmineralien als auch an Humussubstanzen erklärt ihre geringe Rückhaltung im Boden und ihre gute Grundwassergängigkeit.

8.1.3 Perspektiven für landwirtschaftlich genutzte Böden [8.14]

Die von der Landwirtschaft selbst bewirkten Schwermetalleinträge beschränken sich – von den Siedlungsabfällen und einigen Pflanzenschutzmitteln abgesehen – vor allem auf das Cadmium in Phosphatdüngemitteln und lokal auf die Kupfergehalte von Schweinegülle. Eine messbare Anreicherung um 0,1 ppm im Boden ist theoretisch frühestens nach ca. 100 Jahren zu erwarten. Da es sich bei der Phosphatdüngung um eine zur Erhaltung der Bodenfruchtbarkeit notwendige Maßnahme handelt, muss der hiermit verbundene geringe Cadmiumeintrag einstweilen in Kauf genommen werden und das Hauptaugenmerk auf die Verstopfung der übrigen Cadmiumquellen gerichtet werden.

Aus der Vielzahl potentiell schädlicher organischer Verbindungen wird den Chlorkohlenwasserstoffen (CKWs), den polyhalogenierten Biphenylen (PCBs) und den polycyclischen aromatischen Kohlenwasserstoffen (PAHs) ihrer hohen Stabilität wegen besondere Bodenrelevanz beigemessen. Da ihr Abbau bei der biologischen Klärschlammausfaulung nur begrenzt bzw. äußerst langsam erfolgt, muss bei landwirtschaftlicher Verwendung derartiger Schlämme mit einem Übergang in den Boden gerechnet werden. Dies zwingt dazu, neben den Schwermetallen auch die organischen Schadstoffgehalte in Schlämmen und Siedlungsabfällen sorgfältig zu überwachen (s. Abschn. 6.5 im Kap. „Abwasser").

8.2 Altlastenprobleme

Altlasten sind alte Ablagerungen kommunaler Abfälle und industrieller Produktionsrückstände, Kontaminationen von Betriebsgeländen und im Umfeld emittierender Produktionsstätten, Begleiterscheinungen und Folgen zweier Weltkriege, Militärstandorte der Vergangenheit und Gegenwart, Basis undichter Abwasserleitungen und Bauwerke, die gesundheitsschädliche Materialien enthalten [8.20].

Aus der Sicht der Verwaltung sind *Altablagerungen* „verlassene und stillgelegte Ablagerungsplätze von Abfällen", unbeschadet des Zeitpunktes ihrer Stillegung, vor Inkrafttreten des betreffenden Abfallgesetzes entstandene unzulässige Abfalllagerungen (sogen. „wilde" Ablagerungen) und „sonstige stillgelegte Aufhaldungen und Verfüllungen". *Altstandorte* hingegen sind „Standorte stillgelegter Anlagen, in denen mit umweltgefährdenden Stoffen umgegangen wurde" (d. h. es handelt sich überwiegend um alte Industrie- und Gewerbebetriebe).

Auf solchen Industriestandorten wurden bspw. Produktionsrückstände oberflächlich vergraben oder Produktionsausgangs-, -zwischen- oder -endprodukte ohne Schutzeinrichtungen gelagert (ehemalige Gaswerke, Produktionsstätten von Insektiziden). Daneben sind Untergrundverunreinigungen durch leckgewordene Transportleitungen von Chemikalien, Ölen etc. oder Tanks entstanden (z. B. Altraffinerien, Flughäfen). Durch ausgelaufenes Öl oder Benzin aus unterirdischen Tanks sind noch nicht zu übersehende Bodenverunreinigungen entstanden. Durch Kriegseinflüsse sind aus zerstörten Oberflächentanks oder Betriebseinrichtungen Chemikalien und Ölprodukte in den Untergrund versickert.

Tabelle 8.4 Altlastenverdächtige Standorte und mögliche relevante Stoffe [8.20]

Batterien, Akkumulatoren	Antimon, Arsen, Blei, Cadmium, Chrom, Fluoride, Kupfer, Nickel, Quecksilber, Säuren/Basen, Selen, Zink
Kunststoffe	Acrylnitril, Benzol, Blei, Cadmium, Chrom, Cyanide, Dibromethan, Dichlorethen, Dichlorethan, Dichlorpropan, Dinitrotoluol, Epichlorhydrin, Fluoride, Kresole, PAH, Phenol, Phthalate, Säuren/Basen, Selen, Tetrachlormethan, Toluol, Vinylchlorid, Zink
Farben und Lacke	Anthracen, Antimon, Arsen, Benzin, Benzol, Blei, Cadmium, Chlorbenzol, Chlorphenol, Chrom, Cyanide, Dichlormethan, Dichlorphenol, Dinitrotoluol, Ethylbenzol, Fluoranthen, Fluoride, Kresole, Kupfer, Mesitylen, Mineralöl, Naphtalin, Nitrobenzol, PAH, PCB, Pentachlorphenol, Phenol, Phthalate, Quecksilber, Säuren/Basen, Selen, Teeröle, Tetrachlorethan, Tetrachlorethen, Tetrachlormethan, Thallium, Thiocyanate, Tuluol, Trichlorethan, Trichlorethen, Trichlormethan, Xylole, Zink
Pflanzenschutzmittel, Schädlingsbekämpfungsmittel usw.	Aldrin, Arsen, Benzol, Blei, Chlorbenzol, Chlorphenol, Chrom, Cyanide, DDT, Dibromethan, Dichlorphenol, Dichlorpropan, Dinitrophenol, Epichlorhydrin, Fluoride, Fluorsilicate, Hexachlorbenzol, Pentachlorphenol, Phenol, Quecksilber, Selen, TCDD, Teeröle, Tetrachlorethan, Tetrachlormethan, Thallium, Trichlormethan, Trichlorbenzol, Trichlorphenol, Xylole, Zink
Munition und Explosivstoffe	aromatische Amine, Antimon, Arsen, Blei, Chrom, Dinitrobenzol, Dinitrophenol, Dinitrotoluol, Kupfer, Methylaminnitrat, Nitrobenzol, Nitrophenole, Phenol, Quecksilber, Säuren/Basen, Toluol, Trimethylentrinitroamin (Hexogen), Trinitrotoluol
Mineralölverarbeitung/Mineralöllagerung (incl. Altöl)	Antracen, Arsen, Benzin, Benzol, Blei, Chrom, Dibromethan, Dichlorethan, Dichlorpropan, Ethylbenzol, Kupfer, Mineralöl, Naphtalin, Nickel, PAH, PCB, PCN, Pentachlorphenol, Phenol, Säuren/Basen, Selen, TCDD, Teeröle, Trichlorethan, Trichlorethen, Tetraethylblei, Toluol, Trichlorethan, Trichlorethen, Vanadium, Xylole, Zink
Eisen- und Stahlerzeugung	Antimon, Arsen, Beryllium, Blei, Cadmium, Chrom, Cyanide, Fluoride, Kupfer, Nickel, Quecksilber, Säuren/Basen, Selen, Thallium, Vanadium, Zink
NE-Metallhütten	Antimon, Arsen, Beryllium, Blei, Cadmium, Chrom, Cyanide, Fluoride, Kupfer, Nickel, Quecksilber, Säuren/Basen, Selen, Thallium, Vanadium, Zink
Chemische Reinigungen	Benzin, Benzol, Dichlorethan, Tetrachlorethen, Trichlorethan, Trichlorethen, Trichlormethan
Flugplätze	Benzin, Benzo, Bleialkyle, Bromverbindungen, Mineralöl, Phosphatester, Tetrachlorethen, Trichlorethen
Tankstellen	Benzin, Benzol, Bleialkyle, Chlorkohlenwasserstoffe, Dieselkraftstoff, PAH, Petroleum, Schmieröle, Testbenzin, Toluol, Xylole

8.2.1 Sanierungsziele

Was kann man tun, wenn eine Bodenbelastung festgestellt wurde? Es gibt die folgenden Alternativen:

- *Belassen* des kontaminierten Bodens vor Ort und Veranlassung einer Nutzungsbeschränkung;
- *Abdecken* bzw. *Einkapseln* des vor Ort belasteten Bodens mit weitgehend wasserundurchlässigem Material und Wiederaufbringen von kulturfähigem unbelastetem Boden;
- *Ausgraben* des kontaminierten Bodens und Verbringen auf eine Sonderdeponie;
- *Reinigung* des kontaminierten Bodens „on-site", d. h. auf dem kontaminierten Standort bzw. „off site" in einer an einem anderen Ort befindlichen Anlage.

Die ersten drei Verfahren sollten langfristig nur in Ausnahmefällen praktiziert werden, da die Schadstoffe vor Ort verbleiben.

Die Auswahl der Sanierungsmethode ist auch für die spätere Wiedernutzung des Standorts bzw. Bodens von Bedeutung. In der Reihenfolge „biologische Verfahren", „Waschverfahren" und „thermische Bodenbehandlung" nimmt die Intensität des Eingriffs auf den jeweils behandelten Boden und somit die Bodenveränderung zu. Bei einzelnen biologischen Reinigungs- und Waschverfahren können zwar die ursprünglichen chemischen Bodeneigenschaften durch den Eintrag von Chemikalien und Nährstoffen sowie durch das gezielte Heranzüchten bestimmter Mikroorganismen stark verändert werden; die physikalischen Bodeneigenschaften bleiben aber in der Regel erhalten und eine gestörte Bodenbiologie regeneriert sich nach einigen Jahren bzw. passt sich den Standortbedingungen wieder an.

Nachfolgende Nutzungsbeschränkungen ergeben sich hinsichtlich einer möglichen Grundwasserbelastung durch Nitrate sowie durch Stickstoff aus dem endogenen Abbau der Mikroorganismenbiomasse. Bei in-situ-Bodenwaschverfahren können Reste von Wasch- oder Lösungsmitteln zeitweise das Grundwasser belasten. Bei on-site-Bodenwaschverfahren wird das gereinigte gröbere Material dagegen weitgehend frei von Ton und organischen Substanzen; diese Sandgemische eignen sich vorrangig als Baustoff für einen qualifizierten Bauuntergrund.

Die weitestgehende Veränderung des Bodenmaterials erfolgt bei der thermischen Behandlung. Bei den Hochtemperaturverfahren werden die organischen Bestandteile und Tonminerale weitgehend zerstört, Hydroxide in Oxide umgewandelt und durch Vergrusung primäre Minerale zerkleinert. Die pH-Werte von aufgeschlämmten thermisch behandelten Böden liegen sehr hoch (pH 11); diese Produkte sind deshalb hinsichtlich ihrer Nutzungsmöglichkeiten problematisch. Sandige und steinige Böden können ggf. als Füllboden verwendet werden; die tonigen Substrate mit einem hohen Anteil an pelletisiertem Material halten jedoch nicht allen Beanspruchungen stand. Insgesamt erscheint es nicht zweckmäßig, in allen Fällen eine Wiedernutzung für Kultursubstrate anzustreben. Eine Abdeckung der für gärtnerische und landwirtschaftliche Nutzungen vorgesehenen Flächen mit weniger belastetem Kulturboden ist meistens die einfachere und wirtschaftlichere Lösung.

8.2.2 Erkundung von Altablagerungen und Altstandorten

Bei den Altablagerungen hat sich seit Mitte der achtziger Jahre eine schematische Vorgehensweise entwickelt, die mit einer Gefahrenfeststellung und der Erarbeitung eines Sanierungskonzeptses beginnt. Nach Bestätigung des Altlastencharakters schließt sich i. Allg. eine Kombination von Sicherungsmaßnahmen (Abb. 8.3) an, die meist aus einer Abdeckung (in einigen Fällen sind „Umschließungen" in Form von Dichtwänden erstellt worden) und hydraulischen Verfahren bestehen. Der Zeitraum der ersten Phase liegt bei etwa 10 Jahren. Angesichts der komplexen Situation und des zu erwartenden Kostenaufwandes bei größeren Altdeponien muss man bezweifeln, ob diese jemals in die zweite Phase einer echten „Sanierung" gelangen.

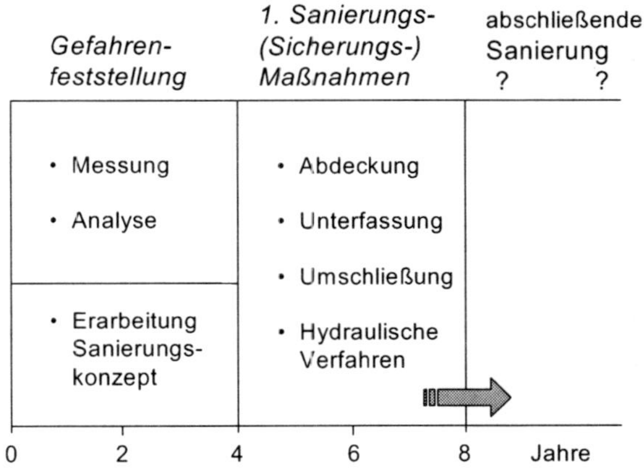

Abb. 8.3 Zeitverlauf der Behandlung von Altdeponien

Verdachtsflächen sind hinsichtlich ihrer potentiellen Umweltgefährlichkeit zu bewerten, um diejenigen zu identifizieren, die vorrangig saniert werden müssen. Aus ökonomischen Gründen ist hierzu eine systematische Vorgehensweise erforderlich; Nachvollziehbarkeit und Transparenz sind Voraussetzung dafür, dass die jeweiligen administrativen Entscheidungen und Maßnahmen von der Öffentlichkeit akzeptiert werden [8.20].

Erfassung

Quellen zur Erfassung von Altlastverdachtsflächen waren früher vor allem Werksakten, Karten, Unterlagen der Bauordnungs- oder Tiefbauämter bzw. der Staats-, Regional-, Kreis- und Ortsarchive, Befragung ehemaliger Betriebsangehöriger sowie monotemporale Karten- und Luftbildanalysen. Die Schwächen dieser Erfassungsmethoden liegen darin, dass die Erhebungen zufällig, nicht vollständig und nicht flächendeckend sind, keine Chronologie verfolgen und ungenaue Flächenabgrenzungen liefern. Letztlich ermöglicht nur die multitemporale Luftbild- und Kartenauswertung eine objektive, umfassende, parzellenscharfe und weitgehend abgesicherte Erfassung von Altlastverdachtsflächen.

Vergleichende Bewertung

Anhand eines formalisierten Bewertungs- und Einstufungsverfahrens werden Prioritäten für bekanntermaßen aufwendige Einzelstandortuntersuchungen gesetzt. Bewertungskriterien, deren Erfüllung/Erfüllungsgrad zur Einstufung herangezogen wird, sind [8.20]:

- *Stoffinventar* der Verdachtsfläche;
- *Emissionen* aus der Verdachtsfläche;
- *Ausbreitungsmöglichkeiten* für Stoffe in Umweltmedien;
- *Nutzung* der Verdachtsfläche und der Umweltmedien.

Die vergleichende Bewertung wird meist auf der Grundlage der im Verdachtsflächenkataster vorhandenen Informationen durchgeführt. Zusätzlich nehmen einige Länder erste orientierende Untersuchungen von *Grundwasser* und *Boden* vor, um die *Prioritätensetzung* besser abzusichern und rascher die Notwendigkeit von *Sofortmaßnahmen* erkennen zu können. Dabei ist die Anwendung einer *gestuften chemischen Analytik* vorteilhaft, bei der zunächst anhand weniger Parameter geprüft wird, ob überhaupt eine Beeinflussung von Wasser, Boden oder Luft vorliegt und bei positivem Befund in weiteren Schritten die Art der Kontamination genauer festgestellt („3-Stufen-Analytik").

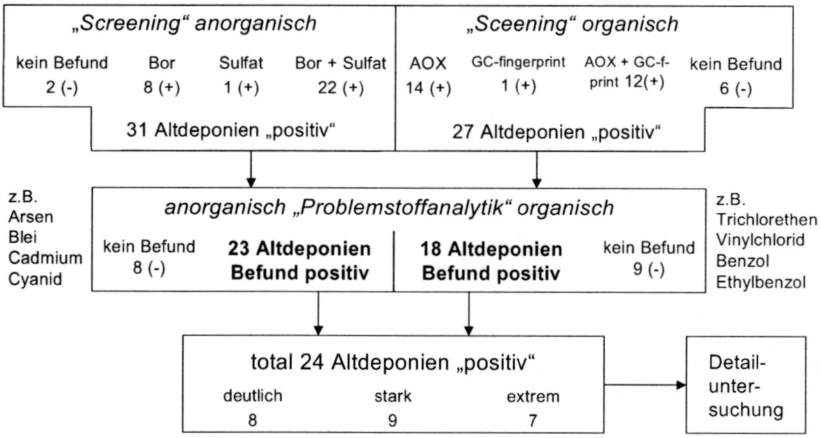

Abb. 8.4 Beispiel für die 3-Stufen-Analytik an Grundwasserproben [8.21]

Als Beispiel für die Anwendung der 3-Stufen-Analytik werden in Abb. 8.4 die Ergebnisse einer Studie im Grundwasserabstrom unterhalb von 33 altlastenverdächtigen Deponiestandorten wiedergegeben [8.21]. Das Screening mit Bor, Sulfat, AOX (an Aktivkohle adsorbierbare organische Halogene) und gaschromatographischen Signalen typischer organischer Einzelsubstanzen („GC-fingerprint") ergab für die meisten Beispiele „positive" Hinweise auf eine Kontamination des Grundwassers. Mit der Problemstoffanalytik auf weitere deponietypische anorganische und organische Spurenstoffe wurde der Altlastenverdacht auf 24 Beispiele eingeschränkt, von denen insbesondere diejenigen, die das Grundwasser stark oder extrem belasten, einer Detailuntersuchung unterzogen werden.

Detaillierte Standortuntersuchung und Einzelfallbewertung

Neben chemischen Analysen im unmittelbaren Bereich der Verdachtsfläche und in den umgebenden Umweltmedien sind für die detaillierte Standortuntersuchung insbesondere *geophysikalische* und *geologische Erkundungen* erforderlich. Der Untersuchungsumfang richtet sich nach den örtlichen Gegebenheiten und nach der Zielsetzung der abschließenden Einzelfallbewertung. Die untersuchten Parameter im Wasser, Boden und im Gas der Altlasten entsprechen den Kenngrößen, die auch bei der Überwachung von Deponien von Bedeutung sind (s. Abschn. 9.4).

In der Regel wird bei der *Einzelfallbewertung* festgestellt, ob eine Verdachtsfläche als sanierungsbedürftig oder als „nur" potentiell gefährdend und damit zunächst überwachungsbedürftig einzustufen ist oder als langfristig ungefährlich aus dem Verdachtsflächenkataster ausgeschieden werden kann [8.20].

Von einem ganz anderen Ansatz geht das Konzept aus, das Kerndorff und Kollegen [8.22] zur *Bewertung des Grundwassergefährdungspotentials* von altlastverdächtigen Flächen und Altlasten erarbeitet haben. Hier werden nur eingetretene Verunreinigungen bewertet, und deshalb werden Untersuchungsbefunde über Art und Konzentration typischer Stoffe benötigt. Als maßgebliche Bewertungskriterien für die Stoffbewertung werden „Konzentration", „Grundwassergängigkeit" und „Toxizität" angesehen, von denen die beiden letztgenannten Kriterien wiederum durch bestimmte Eigenschaften charakterisiert werden (Tabelle 8.5).

Tabelle 8.5 Konzept zur standardisierten Bewertung des Grundwassergefährdungspotentials von altlastenverdächtigen Flächen und Altlasten [8.22]

Pfad	Bewertungskriterien		Ermittlung der Bewertungszahlen	
Stoff-bewer-tung	Konzentration		Grundwasserabstrom	0–100
	Grund-wasser-gängigkeit	*Mobilität* *Akkumulierbarkeit* *Persistenz*	Wasserlöslichkeit Oktanol/Wasser-Koeff. noch offen	0–100
(für Haupt-kontami-nanten)	Toxizität	*Verlässlichkeit der getesteten Kriterien*	bestimmt Aussagekraft der toxikol. Bewertung	0–100
		Humantoxikologie	keine zahlenmäßige Bewertung	berechnet aus: Tox-Bewertungszahl

Eine zentrale Rolle nimmt in diesem Konzept der *Oktanol/Wasser-Koeffizient* ein, mit dem sich insbesondere das Verhalten von unpolaren organischen Schadstoffen im Untergrund prognostizieren lässt (Tabelle 8.3, siehe auch Abschn. 3.1.6 Parameter der Stoffdynamik in der Umwelt mit Abb. 3.3 und Tabelle 3.5). Für das *Rückhaltevermögen* gegenüber diesen Schadstoffen sind die Anteile fester organischer Substanz entscheidend [8.23]; damit können auch die *Abstandsgeschwindigkeiten der Wasserinhaltsstoffe* gegen die Wasserausbreitung – zusätzlich mit den Materialeigenschaften wie der Dichte der trockenen Matrix, Porosität und Schüttdichte – abgeschätzt werden.

8.3 Sicherungsmaßnahmen

Sicherungsmaßnahmen an Altablagerungen und Altstandorten umfassen die Ausgrabung, Deponierung bzw. Zwischenlagerung, die Errichtung eines Barrierensystems mit Oberflächen-, vertikaler bzw. Untergrundabdichtung, und die Verfestigung bzw. chemische Immobilisierung von schadstoffhaltigen Materialien. Mit den Sicherungstechniken werden Schadstoffe nicht vernichtet, sondern die von einem Standort ausgehende Gefährdung wird abgewehrt, indem eine Verbreitung der Schadstoffe in die Umwelt reduziert wird. Sicherungstechniken – vor allem die Ausgrabung und der Einsatz von Barrieren – finden ihre Berechtigung darin, dass sie bei einer akuten Gefährdung schnell eingesetzt werden können, mit der Maßgabe, zu einem späteren Zeitpunkt eine vollständige Sanierung durchzuführen [8.24].

8.3.1 Ausgraben und Umlagern

Auskofferung und Bodenaustausch bedeuten in den meisten Fällen eine Verlagerung in besonders abgedichtete und kontrollierte Sondermülldeponien. Der hierfür notwendige *Deponieraum* steht nicht nur heute nicht zur Verfügung: „es ist vollkommen illusorisch, darauf zu setzen, Sondermüll-Deponieraum in solchen Größenordnungen neu zur Verfügung stellen zu können, dass die Auskofferung als generell anzustrebende Sanierungsmethode möglich wäre“ [8.25]. Die einzelnen Verfahrensschritte bei Umlagerungen sind [8.26]:

- *Lösen, Fördern und Laden.* Auf Erdbaustellen ist es oft wirtschaftlich sinnvoll, ganze Bereiche durchgängig abzugraben und große Schüttflächen freizulegen. Der Aufbruch versiegelter Flächen und der eigentlichen Altlasten sollte dagegen kleinflächig erfolgen, um einen zusätzlichen Sickerstrom durch eintretendes Regenwasser zu vermeiden. In besonderen Fällen ist es angebracht, den maschinellen Aushub auf Saugverfahren umzustellen und in Einzelfällen (abgelagerte Behälter) ist sogar auf manuelle Verfahren zurückzugreifen. Bodenmaterial mit unterschiedlicher Kontamination ist selektiv aufzunehmen; großvolumiges Haufwerk sollte von dem feinkörnigen Material getrennt werden. Während des Ladevorgangs dürfen keine Schadstoffe entweichen; im Anschluss an den Ladevorgang sollte bei Gefahr der Verwehung oder durch gasförmige Emissionen die Ladefläche sofort abgedeckt werden.
- *Transport.* Die Transportbehälter müssen geschlossen oder abdeckbar sein. Die Fahrwege auf dem Sanierungsgelände sollten außerhalb des kontaminierten Bereichs verlaufen. Mit einer Fahrzeugreinigungsanlage sind kontaminierte Materialien vor Verlassen des Geländes abzuwaschen.
- *Abladen und Einbau.* Das Abladen des kontaminierten Materials muss durch spezielle Vorrichtungen, wie z. B. Schürzen an den Ladeklappen, so geschehen, dass keine staub- oder gasförmigen Emissionen vom Abladevorgang ausgehen können. Der Einbau muss gezielt punktmäßig und schonend erfolgen. Am zweckmäßigsten ist der Einbau in Kassetten- oder Mietenform.

Ein zentrales Problem beim Abgraben ist das – auch unerwartete – Freiwerden von Schadgasen. Hierzu zählen auch flüchtige Substanzen, die sich erst unter Luftabschluss im Deponiekörper gebildet haben (Beispiel: gasförmiger Arsenwasserstoff aus Arsen-kontaminierten Ablagerungen). Umgekehrt ist nicht auszuschließen, dass durch den Sauerstoff in dem vorher anaeroben Deponiekörper chemische Prozesse in Gang gesetzt werden, die bei einer Risikobetrachtung nur schwer vorherzusagen waren [8.25]. Unter bestimmten Bedingungen, z. B. bei Vorliegen von leichtflüchtigen Chlorkohlenwasserstoffen, kann eine Bodenluftabsaugung (nach Möglichkeit über Aktivkohlefilter vorgenommen werden. Auskofferungen von kompliziert zusammengesetzten Altlasten sollten – wenn überhaupt – nur nach einer ausreichenden Risikoabschätzung vorgenommen werden [8.25].

8.3.2 Barrierensysteme

Die wichtigste Aufgabe bei Sicherungsmaßnahmen ist die Unterbrechung von Emissionspfaden; dabei wiederum geht es im Wesentlichen um eine Unterbrechung des Grundwasserstroms und die Verringerung der Sickerwasserneubildung. Eine Sofortmaßnahme bei enger begrenzten Kontaminationsherden ist die *Grundwasserabsenkung*, bei welcher Entnahmebrunnen gesetzt und das Grundwasser abgepumpt wird, wodurch sich der Grundwasserspiegel im Bereich der Brunnen trichterförmig absenkt. Die *Einkapselung von Altlasten* ist wesentlich aufwendiger.

Hydraulische Maßnahmen

Das Abpumpen von Grundwasser ist eine der technisch einfachsten Möglichkeiten, um bestehende Kontaminationen zu kontrollieren und insbesondere weiträumige Verfrachtungen von Verunreinigungen zu vermeiden [8.25]. Hydraulische Maßnahmen werden nicht nur in Verbindung mit Sicherungstechniken eingesetzt, sondern können auch für eine Sanierung verwendet werden, indem Schadstoffe in einem Behandlungssystem abgebaut oder eliminiert werden. Es werden passive und aktive hydraulische Maßnahmen unterschieden [8.27]:

- *passive Maßnahmen* sind Sperrbrunnen, Injektions- oder Infiltrations- und Entnahmebrunnen, die eine Veränderung der hydromechanischen Verhältnisse des Grundwassers bewirken. Dazu werden in der Nachbarschaft einer Kontamination Entnahmebrunnen gesetzt und das Grundwasser abgepumpt, wodurch sich der Grundwasserspiegel im Bereich der Brunnen trichterförmig absenkt.
- *aktive hydraulische Maßnahmen* dienen der Fassung und Behandlung des kontaminierten Grundwassers. Als Fassungsanlagen dienen Entnahmebrunnen, -schächte, Drainagegräben (Rigolen) sowie offene Gräben.

Die eingesetzten Maßnahmen reichen von einfachen Abwehrbrunnen und Ölabscheidern bis zu integrierten Systemen der weiterreichenden Abwasserreinigung (Abschn. 6.4 „chemisch-physikalische Abwasserreinigung“). Oft werden hydraulische Maßnahmen z. B. mit biologischen In-situ-Maßnahmen in der Form kombiniert, dass das geförderte Grundwasser vor der gezielten Wiederversickerung zusätzlich über On-site-Wasserreinigungstechniken behandelt wird.

Oberflächenabdichtungen

Die Oberflächenabdichtung einer Altlast dient vor allem der Behinderung des Zutrittes von Oberflächenwasser in den kontaminierten Bereich bzw. in den Deponiekörper. Sie setzt sich aus einem wurzelfähigen Oberboden, einer Dränage zum Ableiten des Oberflächenwassers, einer mineralischen Abdichtungsschicht und einer Gasdränage zusammen [8.28].

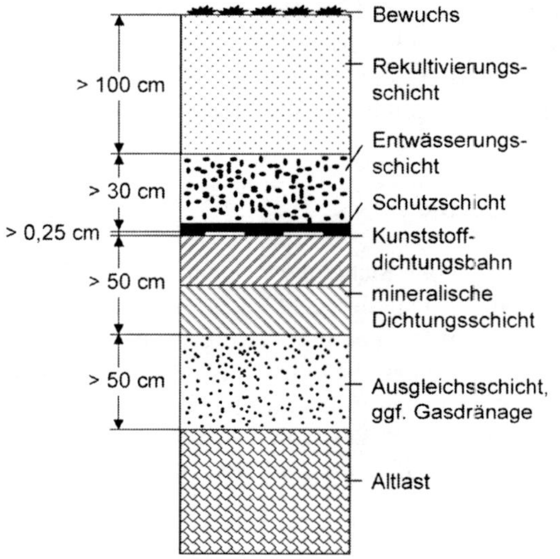

Abb. 8.5 Oberflächenabdichtungssystem mit Kombinationsdichtung (mineralische Dichtungsschicht und Kunststoffdichtungsbahn), Entwässerungsschicht und Rekultivierungsschicht [8.29]

Dichtwände

Bei den vertikalen Abdichtungen von Altablagerungen unterscheidet man Spundwände, Schmalwände und Schlitzwände. Spundwände, die normalerweise aus Stahlteilen von ca. 2 cm Dicke bestehen, sind bislang bei der Einkapselung von Altlasten selten eingesetzt worden. Für den Bau von Schmalwänden werden Einzelbohlen, die in der Regel 6 bis 8 cm mächtig sind, in den Untergrund eingerammt oder -gerüttelt; bei gängigen Einsatztiefen von 12 bis 15 m ist die für die Einkapselung erforderliche Lückenlosigkeit nur schwer zu gewährleisten.

Bei den Schlitzwandverfahren wird der Schlitz mit Spezialwerkzeugen (Greifer, Meißel) abschnittsweise ausgehoben [8.30]: Beim Zweiphasenverfahren wird zunächst eine Stützsuspension aus Bentonit eingebracht, die anschließend durch andere Baustoffe – Erdbetone, Tone – ersetzt wird. Beim Einphasenverfahren wird eine Bentonit-Zementsuspension verwendet, die nach Beendigung des Bodenaushubs im Schlitz verbleibt und dort langsam durch den Zementanteil erhärtet. Die Länge einer Schlitzwandlamelle entspricht im Allgemeinen der Öffnungsbreite des Spezialgreifers (2,50 bis 4,20 m). Die einzelnen Lamellen werden schrittweise im sogen. „Pilgerschrittverfahren“ hergestellt (Abb. 8.6).

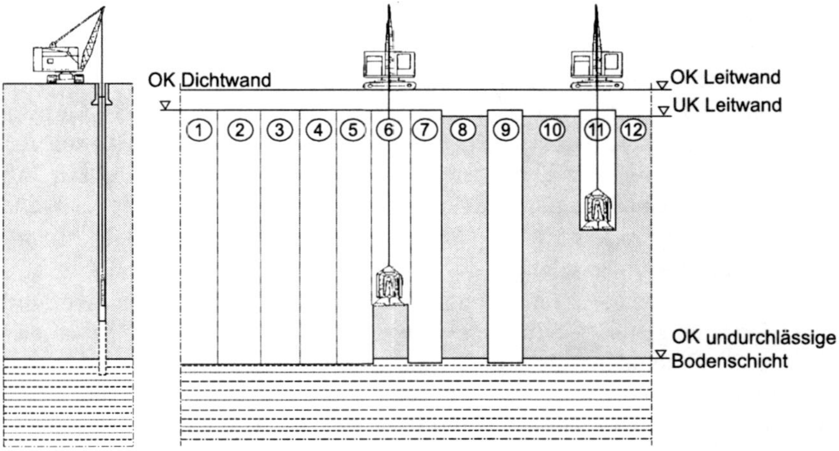

Abb. 8.6 Dichtwandherstellung im Einmassenverfahren [8.31]

8.3.3 Verfestigung, Stabilisierung und Einbindung

Die amerikanische Umweltbehörde definiert in ihrem „Handbuch der Stabilisierung/Verfestigung gefährlicher Abfälle" [8.32] diese beiden Begriffe gemeinsam als Abfallbehandlungsverfahren, die folgende Ziele haben:

1. Die Handhabbarkeit und die physikalischen Eigenschaften zu verbessern, z. B. durch die Sorption freier Flüssigkeiten;
2. die freie Oberfläche des Abfalls, durch die ein Schadstofftransport oder -verlust auftreten kann, zu verringern, und
3. die Löslichkeit gefährlicher Abfallinhaltsstoffe z. B. durch eine pH-Einstellung oder durch Sorptionsprozesse zu begrenzen.

In der Literatur findet man die Begriffe Verfestigung, Konditionierung, (Mikro- und Makro-)Einkapselung, Stabilisierung, Einbindung, Fixierung und Immobilisierung, wobei eine Begriffsabgrenzung selten erfolgt [8.33]. In Übereinstimmung mit der U.S. EPA [8.32] wird folgende Begriffsdefinition vorgeschlagen:

- *Verfestigung* beschreibt einen Prozess, bei dem ein Bindemittel dem Abfallmaterial zugemischt wird, um ein mechanisch festes Produkt zu erhalten [8.34]. Die zugehörigen Untersuchungsmethoden entstammen zumeist der Bodenmechanik und Bauphysik (Festigkeit, Durchlässigkeit, Temperatur- und Feuchtebeständigkeit usw.). Zusammen mit seiner technischen Umsetzung beschreibt dieser Begriff überwiegend eine Methode der Abfallbehandlung.
- *Stabilisierung* beschreibt das auf die Schadkomponenten bezogene Ziel der Verfestigung, das Abfallmaterial in eine stabilere chemische Form umzuwandeln und die Löslichkeit der Inhaltsstoffe zu begrenzen. Der Grad der Stabilisierung wird durch Elutionstests, durch Sorptions-, Diffusions- und Verflüchtigungsuntersuchungen ermittelt.

Die Methoden der Verfestigung und Stabilisierung sind inzwischen zu anerkannten Technologien ausgereift [8.35]; sie können aufgrund der wirksamen Prozesse wie folgt unterteilt werden ([8.36]; siehe auch Abschn. 1.3.9):

- *Chemische Prozesse:* vor allem begründet auf Zement-, Puzzolan- (Flugaschen, Hüttenwerksnebenprodukte) und Wasserglastechnologien; dazu kommen noch geeignete Additive wie Tonminerale, Eisenoxide etc. Die Wirkung z. B. auf die Schwermetalleinbindung beruht vor allem auf einer Erhöhung der pH-Werte.
- *Physikalische Prozesse:* Makro-Einkapselung, „Containerisierung", nicht-chemische Mikro-Einkapselung.
- *Thermische Prozesse:* Einbindung durch thermoplastische organische Polymere, Herstellung von Ziegeln, Verglasung.

Die Art der Einbindung kann durch spezielle physikalische (elektronenoptische oder röntgenographische) oder chemische Verfahren (bei Schwermetallen z. B. durch sequentielle Extraktionen) geprüft werden. Weitere Hinweise auf die wirksamen Bindungsmechanismen geben Desorptionsexperimente und physikalisch-chemische Untersuchungen, z. B. die Bestimmung der Bindungsenthalpien.

In Tabelle 8.6 sind die Verfahren und Mittel zu Verfestigung/Stabilisierung mit den wichtigsten Anwendungsgebieten zusammengestellt.

Tabelle 8.6 Verfahren und Mittel zur Verfestigung/Stabilisierung [8.20]

Mittel	Zuschlagstoffe	Einbinde-Mechanismen	Anwendungs-Beispiele
A. Anorganische Bindemittel			
Zement (Portlandzement)	Wasser, evtl. Bentonit (Tonminerale)	Verfestigung, z. T. Fixierung	*Untergrundinjektionen, wässrige Schlämme*
Wasserglas (Na-Silicat); pulverförmiges Silicat	k.A.	Verdichtung	*„Bodenverdichtung" (Baugrund aus Altlast)*
Kalk	Hydrophobierungsmittel	Dispersion	*Ölschlämme, Sickeröle*
Braunkohlekraftwerksasche	Rauchgasreinigungsreste, REA-Abwasser	Verfestigung, Stabilisierung	*Reste aus Braunkohleverbrennung und REA*
Glas	Elektrolyt-Salz	Verglasung	*Abfälle und Böden*
B. Organische Bindemittel			
Bitumen/Asphalt, Paraffin	organische/anorganische Adsorbentien	Fixierung	*organische Schadstoffe, z. B. in Sickerölen*
Polyethylen/-Polybuten-1	k.A.	Makroeinkapselung	*kontaminiertes Abbruchmaterial*
Epoxydharze, Polyesterharze	k.A.	Verfestigung, Verpressung	*Abfallstoffe, kontaminierte Böden*

8.4 Sanierung von Altlasten

Alle Sanierungsverfahren, mit deren Hilfe Schadstoffe aus einer Matrix, z. B. Erdreich oder Grundwasser, entfernt, umgewandelt oder zerstört werden, ausgenommen die thermischen und biologischen Methoden, werden als *chemisch-physikalische Verfahren* definiert. Im weiteren Sinne gehören dazu auch die Verfestigungsverfahren, da bei diesen ebenfalls chemische Prozesse wirksam sind. Bei *hydraulischen* und *pneumatischen Maßnahmen* kann sich einem Entnahmeschritt ein Dekontaminationsschritt zur Reinigung der entnommenen Grund-, Sicker-, Stauwässer sowie der kontaminierten Bodenluft anschließen [8.20]. Mit chemisch-physikalischen Methoden können grundsätzlich zwei unterschiedliche Strategien verfolgt werden [8.37]:

- Erzeugung relativ kleiner Mengen von *Schadstoffkonzentraten* durch Umwandlung und Separation
- Erzeugung relativ großer Mengen von *verdünnten Schadstoffströmen*, aus denen vor ihrer Verteilung u. U. wieder Schadstoffkonzentrate abzuscheiden sind

Typische Beispiele für die *Separationsstrategien* sind die Wasch- und Extraktionsverfahren mit dem Anfall von relativ konzentrierten zu entsorgenden Flüssigkeiten und Schlämmen. Endprodukte der Reinigung sind in der Regel Schlämme, beladene Adsorbentien oder Destillationsrückstände aus der Regenerierung von Extraktionsmitteln. Beispiele für die Verteilungsstrategie sind die Auslaugung („Leaching") aus anstehendem Boden („in situ") mit Anfall relativ schwach belasteter reinigungsfähiger Abwässer oder das „Luftstripping" (Verdünnung der Bodenluft) mit anschließender adsorptiver Reinigung.

8.4.1 Bodenluftabsaugung

Für die Beseitigung von leichtflüchtigen Substanzen mit ausgeprägtem Dampfdruck werden in der ungesättigten Bodenzone vorteilhaft Absaugungstechniken eingesetzt. Bodenluftanlagen gelten allgemein als problemlos und wartungsarm. Die gesetzlich vorgeschriebene Reinigung der Abluft kann mit Adsorptions-, Absorptions-, Wasch- und Kondensationsverfahren oder durch Verbrennung erfolgen; in der Regel wird die Adsorption an Aktivkohle eingesetzt [8.20].

Bei der Bodenluftabsaugung wird an eine Bohrung bzw. einen Absaugpegel ein Unterdruck angelegt, durch den die Gasphase, z. B. von chlorierten Kohlenwasserstoffen, über einen Radius von 50–60 m abgesaugt werden kann. Als begleitende Maßnahme können Druckluftlanzen eingebracht werden, über die auch die im Grundwasser (gesättigte Zone) enthaltenen flüchtigen Kohlenwasserstoffe verdrängt und von der installierten Bodenluftabsaugung aufgenommen werden [8.27].

Um eine zusätzliche Auswaschung durch Niederschläge zu verhindern und eine möglichst weiträumige Absaugung zu erzielen werden häufig Folien zur Versiegelung der Oberflächen aufgebracht. Probleme können bei Verockerung des Grundwasserleiters und durch teilweise Verdrängung des Grundwassers auftreten. Deshalb sind hydraulische Begleitmaßnahmen in vielen Fällen zu empfehlen [8.24].

8.4.2 Waschverfahren

Bei der extraktiven Bodenreinigung werden die kontaminierten Materialien mit Spülmitteln gereinigt. Grundsätzlich besteht der Vorteil dieser Verfahren darin, dass kein biologisch toter Boden anfällt und bei entsprechender Durchführung der Extraktion auch anorganische Kontaminationen effizient beseitigt werden können. In den Fällen, wo der geforderte Grad der Dekontamination nicht ausreicht, kann eine mikrobiologische Stufe (Abschn. 8.5.3) nachgeschaltet werden [8.38]. Anlagenkonzepte und praktische Anwendungen von Bodenwaschverfahren sind bei [8.20, 8.39, 8.40] beschrieben.

Die Anwendung chemischer Wasch- und Spülverfahren „on-site", wie sie nahezu ausschließlich praktiziert werden, erfordern mehrere Prozessschritte. Zunächst wird das Material homogenisiert, zerkleinert oder durch Siebung fraktioniert. Der eigentliche Laugungsprozess wird in einem Mischer durchgeführt; besonders günstig ist der Kontakt zwischen den Feststoffen und der Lösung im Wirbelschichtreaktor. Anschließend sind Lösung und entgiftete Feststoffe zu trennen – in Absetzbecken, durch Filterpressen, Hydrozyklone, Zentrifugen etc. Die Nachbehandlung besteht meist aus einem Waschprozess, bei der die anfallende Lösung aufgearbeitet wird: Fällung von anorganischen Bestandteilen, Verflüchtigung und Adsorption, Verbrennung, chemische bzw. mikrobiologische Behandlung der organischen Komponenten, ggfs. Rückgewinnung des Extraktionsmittels [8.38].

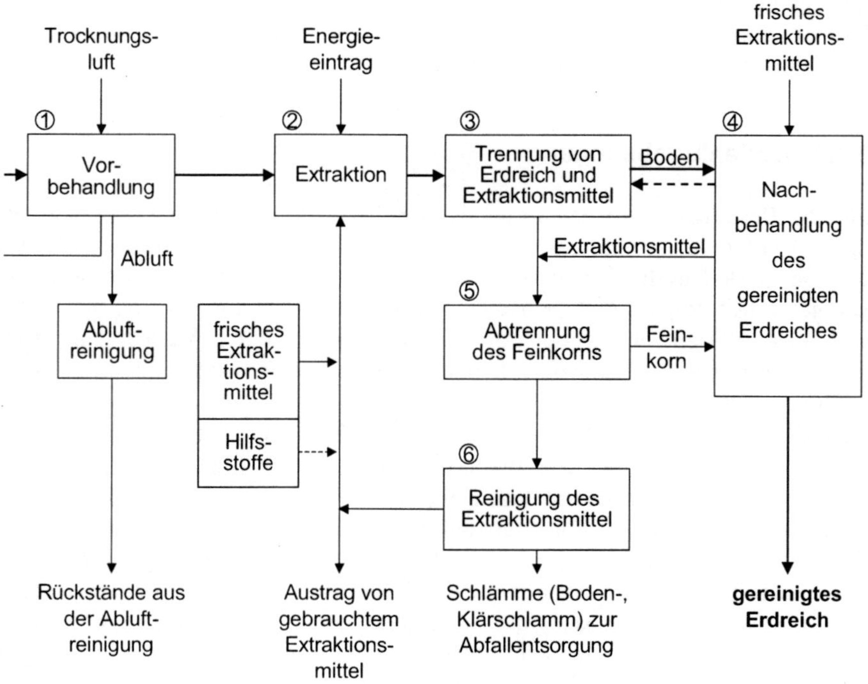

Abb. 8.7 Prozessschema der Extraktions- und Waschverfahren [8.20]

Wegen der verfahrenstechnischen Forderung des innigen Kontaktes und der Rolle der Oberflächenphänomene wurden die Verfahren zuerst auf die Behandlung von Mittelgrobfraktionen, z. B. Kies, Sand, zerkleinerte Abbruchmaterialien mit Kornfraktionen von 25 bis 0,1 mm, ausgelegt. Inzwischen können sie auch für Böden mit hohem Fein- und Feinstkornanteil durch Verschiebung der Trenngrenze zum Feinstkorn, z. B. von 60 µm auf 15 µm angewandt werden [8.40]. Dies hat jedoch zur Folge, dass nicht nur die Schadstoffe und ihre Umwandlungsprodukte, sondern auch die gesamte Feinkornfraktion als Schlamm zu entsorgen sind.

Die Eigenschaften von Wasser als Wasch- und Lösungsmittel sind durch *Zusätze* zu beeinflussen. Zusatzstoffe sind u. a.:

- *oberflächenaktive Substanzen*, die die Benetzbarkeit der Bodenbestandteile und die Löslichkeit von lipophilen Verunreinigungen verbessern,
- *Komplexbildner*, die Schwermetalle und deren nichtlösliche Verbindungen in wasserlösliche Verbindungen überführen,
- *Flotationshilfsstoffe* (Sammler und Schäumer), die bestimmte nicht lösliche Substanzen in eine abtrennbare Phase überführen,
- *Säuren oder Basen*, mit denen der pH-Wert der Lösung eingestellt werden kann, der für die Stabilität der Verbindungen und die Selektivität bei Flotationsprozessen benötigt wird.

Bei Bodensanierungen wurden für die *Extraktion von Metallen* Salzsäure, Schwefelsäure und Salpetersäure eingesetzt; bei der guten Löslichkeit basischer Salze, z. B. Blei und Zink, ist auch eine Behandlung mit Natriumhydroxid möglich. Auch *Cyanide* werden normalerweise durch NaOH umgesetzt; erfahrungsgemäß ist jedoch die Behandlung von Eisencyaniden in feinkörnigen Materialien schwierig. *Kohlenwasserstoffverbindungen* können auch durch wässrige Lösungen von Salzsäure, Natronlauge oder Soda extrahiert werden; diese Chemikalien lösen die Humussubstanzen in den Böden und geben die gebundenen Schadstoffe frei. Bei den organischen Lösungsmitteln werden wassermischbare Verbindungen wie Äthanol, Isopropanol und Aceton bevorzugt [8.41].

Wegen des problematischen Umgangs mit Chemikalien wird dem Einsatz mechanischer Energie der Vorzug gegeben. Eine ausreichend lange Behandlung jedes einzelnen Bodenpartikels von allen Seiten kann bspw. erreicht werden, indem man die Mischung aus Wasser und Bodenmaterial durch eine Förderschnecke leitet oder in einem Hochdruck-Strahlrohr intensiv verwirbelt und homogenisiert [8.42]. Die meisten Verfahren haben schon Anwendungsreife in industriellem Maßstab bei Durchsatzleistungen zwischen 3 und 40 t Eingangsmaterial pro Stunde.

Elektrosanierung

Schwermetalle und andere Kontaminanten können mit Hilfe von elektrokinetischen Phänomenen wie Elektroosmose, Elektrophorese und Elektrolyse [8.43] aus dem Boden und dem Grundwasser entfernt werden. Es wird dabei ein elektrische Gleichfeld über Elektroden in den kontaminierten Boden eingeführt [8.44, 8.45]. Mit einer solchen Behandlung konnte beispielsweise auch sechswertiges Chrom zur schwerlöslichen, nicht-toxischen dreiwertigen Chromspezies reduziert werden [8.46].

8.4.3 Biologische Behandlung von Altlasten

Mikrobiologische Verfahren sind vielseitig anwendbar bei der Dekontamination von Böden. Durch die üppige Boden-Mikroflora liegt in den oberflächlichen Bodenzonen ein hohes Abbaupotential für bestimmte organische Schad- und Belastungsstoffe, wie aromatische und aliphatische Kohlenwassersstoffe, Benzol, Toluol, Xylol, Phenole oder Naphthalinvor. Schwerer abbaubar sind chlorierte Lösungsmittel, Chlorphenole, chlorierte Pestizide, polycyclische Aromaten und Ferricyanide. Es gibt nur wenige synthetische nieder- und hochmolekulare Verbindungen, die sich bisher gegen den mikrobiellen Abbau als resistent erwiesen haben [8.47]. Eine umfassende Bewertung der biologischen Altlastenverfahren wurde von einem Sonderforschungsbereich der Deutschen Forschungsmeinschaft (DFG) vorgenommen [8.48]

Organismen
In den meisten Sanierungsfällen reichen die natürlich vorhandenen Mikroorganismen sowohl in ihrer Menge wie in ihrem Abbauvermögen auch unter optimierten Bedingungen nicht aus, den Bioabbau in akzeptablen Zeiträumen zu bewältigen. Durch Zuchtwahl und Auslese lassen sich jedoch adaptierte Bakterienstämme mit speziellen Eigenschaften gewinnen, die auf mit unterschiedlichen Schadstoffen versetzten Nährmedien gezüchtet und als getrocknetes Produkt in den Handel gebracht werden [8.20].

Lebensbedingungen
Bei allen biologischen aeroben Verfahren müssen optimale Lebensbedingungen für die schadstoffabbauenden Mikroorganismen durch Zugabe von Nährstoffen, wie Stickstoff-/Phosphorverbindungen und Spurenelementen sowie ausreichende Versorgung mit *Sauerstoff* hergestellt werden. Das Anwendungsspektrum für die Sauerstoffversorgung reicht von der Belüftung mit Rein-Sauerstoff oder Luftsauerstoff über direkte Sauerstoffdonatoren wie Wasserstoffperoxid oder Ozon [8.49] bis zu indirekten Sauerstoffdonatoren wie Nitrat. Aus ökologischen Gründen ist der Einsatz von Nitrat bedenklich. Die meisten Anwendungen basieren auf Wasserstoffperoxid, das umweltfreundlich in Wasser und Sauerstoff zerfällt.

Biologische In-situ-Verfahren
Neben der Vermeidung zusätzlicher Umweltgefährdungen ist ein wichtiger Kostenvorteil der In-Situ-Maßnahmen mit mikrobiellen Methoden die Möglichkeit, Boden und Grundwasser kombiniert und umfassend zu dekontaminieren [8.50]. In dem hier beschriebenen Fallbeispiel von Battermann/Werner [8.51] wurden in dem mit Kohlenwasserstoffen verunreinigten Bereich eines flachen Grundwasserleiters zwei Wasserkreisläufe eingerichtet, die parallel als Spül- und Reinwasserkreislauf betrieben werden konnten (Abb. 8.8). Um ein Ausspülen der Schadstoffe zu bewirken, wird durch Infiltration von Reinwasser eine Erhöhung des Grundwasserspiegels erreicht; damit wurden gleichzeitig „Schutzinfiltrationsbrunnen" geschaffen, mit denen das Abströmen von Teilen des durch den Schadensherd fließenden Grundwassers aus dem Sanierungsgebiet verhindert wird.

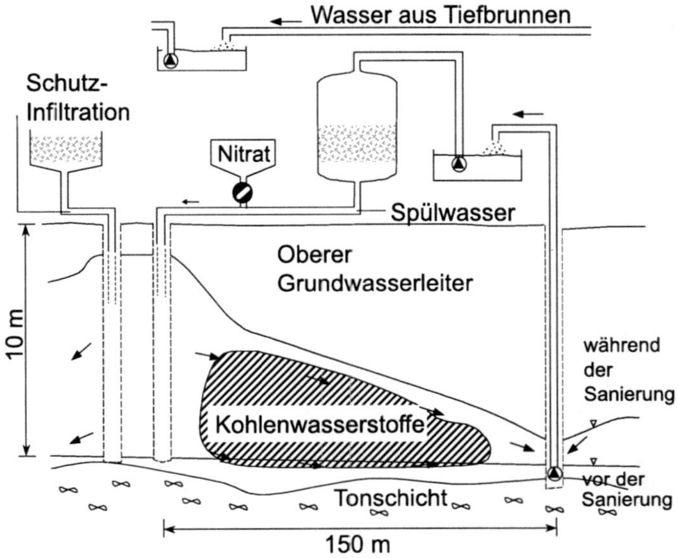

Abb. 8.8 In-situ-Sanierung einer Untergrundkontamination von Mineralöl-Kohlenwasserstoffen aus: [8.51]

Nach Ausspülen des kontaminierten Bereichs des Grundwasserleiters und nach Entfernung der den laufenden Betrieb störenden Stoffe, wie z. B. Eisen und Mangan, wird das Spülwasser erneut gezielt in die Versickerungsbrunnen infiltriert. Biologische Untersuchungen an Wasser- und Bodenproben belegten die Anwesenheit von Mikroorganismen mit der Fähigkeit zum Abbau von aliphatischen und aromatischen Kohlenwasserstoffen. Als Sauerstoffträger wurde Nitrat eingesetzt. Die Mengenbilanz ergab, dass innerhalb der ca. zweijährigen Sanierungszeit etwa 90 t Nitrat zum Abbau von etwa 30 t Kohlenwasserstoff denitrifiziert wurden. Ein Temperaturanstieg um 12°C führte zu etwa einer Verdoppelung der Abbauraten.

Biologische On-Site-Verfahren

Diese Verfahren machen einen Aushub des belasteten Bodens erforderlich. Der Vorteil liegt in der Möglichkeit, das Erdreich zu homogenisieren und aufzulockern. Teilweise werden dabei Materialien wie feine Kiese, Häcksel oder Baumrinde zugesetzt, die gleichzeitig als Trägermaterial für Mikroorganismen wirken sollen [8.50].

Bei der „Landfarming-Methode“, einer Bearbeitung des Bodens mit Hilfe landwirtschaftlicher Geräte, erfolgt ein großflächiges Ausbringen der kontaminierten Bodenpartien [8.52]. Über einer Schutzfolie wird eine Schicht durchlässigen Sandes zusammen mit einem Entwässerungssystem aufgebracht. Das durchsickernde Wasser wird über das Entwässerungssystem gesammelt und entweder abgeleitet oder zurückgeführt. Der zuvor homogenisierte Boden wird in einer Mächtigkeit von ca. 40 cm über die Sandschicht verteilt. Je nach Zusammensetzung des Bodens werden stickstoff- und phosphorhaltige Düngemittel sowie Kalk und/oder strukturverbessernde Zusätze (z. B. Kompost) hinzugefügt.

8.4.4 Thermische Behandlung kontaminierter Böden

Thermische Verfahren werden i. Allg. dort eingesetzt, wo Böden in relativ geringem Umfang mit verdampfbaren und/oder verbrennbaren Substanzen verunreinigt sind. Eine Hochtemperatur-Behandlung ist nur bei Böden mit besonders problematischen organischen Komponenten (in entsprechend hoher Konzentration) angebracht. Die thermischen Reinigungsverfahren haben den höchsten Wirkungsgrad – zumindest für halogenfreie organische Kontaminationen – sind aber auch am teuersten, weil durch nachgeschaltete Reinigungsstufen auf der Gasseite ein hoher Aufwand für Zerstörung oder Aufkonzentrierung der Schadstoffe (Nachverbrennung und mehrstufige Gaswäsche) betrieben werden muss. Alle thermischen Behandlungsverfahren sind durch Zufuhr von Zusatzenergie, z. B. Heizöl, Erdgas oder Strom, gekennzeichnet [8.20].

Das Prinzip der thermischen Dekontamination besteht in der Destabilisierung von adsorptiven und chemischen Bindungskräften auf thermischem Wege. Die Schadstoffe können anschließend oxidativ zerstört oder in die Rückstände eingebunden werden. Je nach Wahl der verfahrenstechnischen Einflussgrößen kann die thermische Dekontamination als Entgasungs-, Vergasungs- bzw. Verbrennungsprozess geführt werden, wobei die Abgrenzung zwischen diesen Grundformen unter Praxisbedingungen nicht immer möglich ist [8.20]. Das kontaminierte Material muss in den meisten Fällen in die thermische Behandlungsanlage eingebracht werden; sie kann vor Ort („on site") oder zentral („off site") aufgestellt werden. In Spezialfällen können *in-situ*-Behandlungen eingesetzt werden.

Bei höheren Temperaturen werden Systeme mit direkter und indirekter Beheizung eingesetzt: Eine Anlage mit direkter Beheizung besteht aus Verdampfer und einem „Vernichter". Der Verdampfer ist ein rotierender Trommeltrockner, in dem Wärme durch einen offenen Ölbrenner zugeführt wird. Der Vernichter besteht aus einem Nachbrenner, in dem die Abgase auf 700 bis 950° erhitzt werden. Bei entsprechender Sauerstoffkonzentration werden die kontaminierten Dämpfe zu Kohlendioxid und Wasserdampf oxidiert. Bei der indirekten Erwärmung wird ein Drehrohrofen auf ca. 800°C aufgeheizt; die zu entfernenden Verunreinigungen gehen in Dampfform ab und werden vom Rohr in den Nachbrenner geleitet, wo sie bei 1300°C nachverbrannt werden. Für die sichere Beseitigung chlorierter Kohlenwasserstoffe sind Temperaturen von 1200 bis 1300°C erforderlich, die eine Oxidation innerhalb einiger Zehntelsekunden ermöglichen [8.53].

Eignung für Einsatzstoffe und Schadstoffe

Die thermische Dekontamination muss auf die Eigenschaften der Matrix, z. B. auf die Bodenart, und auch auf die Bindungsform der Kontamination Rücksicht nehmen. Der brennbare Anteil im Erdreich wird, vom Humusanteil oder Holzstücken abgesehen, von den Schadstoffen geliefert; dieser liegt selten höher als 20 %, vielmehr bei 1 bis 2 % und darunter. Kontaminiertes Erdreich liefert nicht genügend Energie zur Aufrechterhaltung des Erwärmungsprozesses und der Schadstoffzerstörung.

Es ist zweckmäßig, die Schadstoffe im Erdreich im Hinblick auf die thermische Sanierbarkeit in vier Gruppen einzuteilen [8.20]:

- *Gruppe 1* (bei < 550°C verdampft): flüchtige, halogenfreie organische Verbindungen, z. B. Lösemittel, mineralöl- und kohlestämmige Kohlenwasserstoffe wie Heizöl, BTX-Aromaten, PAK
- *Gruppe 2* (nicht zerstört, als Rückstand zu behandeln): flüchtige Elemente bzw. anorganische Verbindungen wie Hg, Cd, Zn, Sb, As, F, Cl, N, P, Cyanide
- *Gruppe 3* (mögliche Vorläufersubstanzen für die Bildung von PCDD/F): halogenierte organische Verbindungen wie leichtflüchtige CKW, chlorhaltige Pflanzenschutzmittel (HCH-Isomere, 2,4,5-T, „Natur"-PVC, PCB, PCDD/F.

Praxisbeispiel

Die klassische Anlage zur thermischen Behandlung von kontaminiertem Erdreich ist das Ecotechniek-System, das in Holland von 1982 bis 1994 schon mehr als 1,5 Mio. t Böden saniert hatte, bevor es durch die Ruhrkohle Umwelttechnik, Terra-Term, an die deutschen Sicherheits- und Luftreinhaltestandards angepasst wurde [8.53]. Die Anlage weist eine Leistung von bis zu 50 t/h auf und besteht aus einem Drehrohrofen, einer thermischen Nachverbrennung und einem Abgasreinigungssystem (letzteres würde sich in Abb. 8.9 auf der linken Seite anschließen). Der Boden wird am kalten Ende des 15 Meter langen Drehrohrofens zudosiert, wandert durch diesen unter stetiger Umwälzung und wird zunächst durch indirekten Wärmeaustausch und direkt durch Heißgas im Gegenstrom erwärmt. Die weitere Aufheizung auf die gewünschte Endtemperatur erfolgt durch die Strahlung der Flamme eines EL-Brenners und konvektiv durch die heißen Flammengase. Die Temperatur in der isolierten Brennkammer der Nachverbrennung liegt je nach Anforderung zwischen 850°C und 1200°C. Nach mehrstufiger Abhitzenutzung wird das Abgas feinentstaubt und gewaschen [8.53].

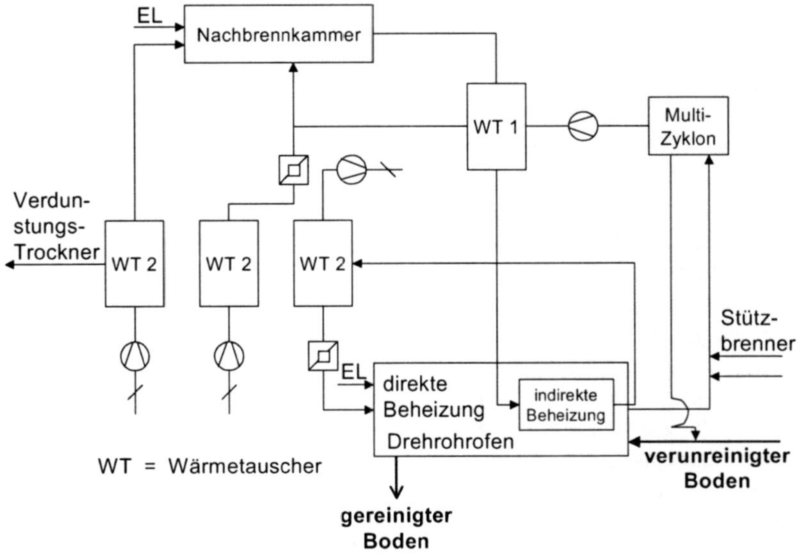

Abb. 8.9 Thermische Bodenreinigungsanlage Ruhrkohle Umwelttechnik (nach [8.53])

Rekultivierbarkeit thermisch behandelter Böden [8.54]
Mit der thermischen Dekontamination ist die Bodensanierung noch nicht beendet, denn das vorrangige Ziel eines Bodenreinigungsverfahrens sollte es sein, den Boden an seinem Entnahmeort wieder in den Naturhaushalt einzugliedern. Die Schwierigkeit bei einer Rekultivierung besteht vor allem darin, gleichzeitig pflanzenverfügbare und relativ auswaschungssichere Nährstoffe in einer Matrix sicherzustellen, die weitgehend von organischem Material befreit ist und nachteilige Veränderungen der Tonmineralstrukturen erfahren hat.

Insgesamt hat sich gezeigt, dass die Revitalisierung thermisch behandelter Böden ökonomisch machbar und auch sinnvoll ist. Bei einem Kostenvergleich zwischen einer Rekultivierungsmaßnahme und der Verwendung des Bodens als Wirtschaftsgut ist zu berücksichtigen, dass in letzteren Fall die Integration des Entnahmeorts mit fremdem Boden ebenfalls zusätzliche Kosten verursacht.

8.5 In-situ-Methoden

Mit dem Bodenschutzgesetz von 1999 sollte der bisherige Maßstab der Gefahrenabwehr durch einen anspruchsvolleren Vorsorgeansatz abgelöst werden. Vordergründiges Motiv war, angesichts der enormen Kostenerwartungen die Sanierung von Altdeponien und Industriestandorten bundeseinheitlich zu regeln und darauf zu achten, dass „aus volkswirtschaftlicher Sicht nur die tatsächlich erforderlichen Maßnahmen durchgeführt werden“ [8.55]. Inzwischen wird immer deutlicher erkennbar, dass in der Mehrzahl der wirklich schwerwiegenden Kontaminationen „letztlich der Wirkungspfad Boden-Grundwasser den Ausschlag dafür gibt, über welche Größenordnung des finanziellen Aufwands man mit den Sanierungspflichtigen redet“ [8.56]. Daraus folgt zunächst, dass nur ein vertieftes Verständnis der chemischen Prozesse an der Grenzfläche Feststoff-Wasser zu belastbaren Entscheidungskriterien führen kann.

Gleichzeitig können solche Erkenntnisse auch die *Grundlage kostengünstiger naturnaher Sanierungsverfahren* bilden, wie Beispiele in den USA, in Kanada und in den Niederlanden zeigen. Im Vordergrund stehen dabei die passiven *in-situ*-Methoden – das sind Behandlungsverfahren direkt im Untergrund ohne Energieeintrag und mit geringem Gefährdungspotenzial für das Personal. Typische Beispiele für die technischen Entwicklungen auf dem Gebiet der passiven Grundwassersanierungsverfahren sind die durchströmten, reaktiven Wände (Abschn. 8.5.3).

Der wichtigste Paradigmenwechsel des neuen Bodenschutzrechts gilt dem Wasser in der ungesättigten Bodenzone und manifestiert sich in der sog. Sickerwasserprognose. Auch wenn nach wie vor vom Wasserrecht bestimmt wird, welchen Schutz ein Grundwasservorkommen erhalten soll, ist es nun Sache des Bodenschutzrechts festzustellen, mit welcher Wahrscheinlichkeit die Schadstoffe aus einer Altlast die gesättigte Zone erreichen [8.56]. Inzwischen zeigt sich, dass der Schwerpunkt der Sickerwasserprognose weniger auf der Beurteilung von Altlasten als vielmehr auf der Bewertung von verwertbaren Abfällen und Produkten liegen wird – ein Resultat des neuen Schutzgutansatzes [8.57].

8.5.1 Sickerwasserprognose [8.58]

Zur Bewertung der von Verdachtsflächen oder altlastverdächtigen Flächen ausgehenden Gefahren für das Grundwasser ist gemäß Bundes-Bodenschutz- und Altlastenverordnung (BBodSchV) eine Sickerwasserprognose zu erstellen. Dieser Begriff wird in § 2 Abs. 5 definiert als „Abschätzung der von einer Verdachtsfläche, altlastverdächtigen Fläche, schädlichen Bodenveränderung oder Altlast ausgehenden oder in überschaubarer Zukunft zu erwartenden Schadstoffeinträge über das Sickerwasser in das Grundwasser, unter Berücksichtigung von Konzentrationen und Frachten und bezogen auf den Übergangsbereich von der ungesättigten zur wassergesättigten Zone". Dabei soll abgeschätzt und bewertet werden, inwieweit in absehbarer Zeit zu erwarten ist, dass die Schadstoffkonzentration im Sickerwasser den Prüfwert am Ort der rechtlichen Beurteilung überschreitet. Ort der rechtlichen Beurteilung ist der Bereich des Übergangs von der ungesättigten in die gesättigte Zone (§ 4 Abs. 3).

Anhang 1 Satz 1 begründet die Anwendung der Sickerwasserprognose auf Bodenmaterial und sonstige Materialien, die bereits abgelagert oder zum Auf- und Einbringen vorgesehen sind (z. B. Müllverbrennungsschlacke, Bauschutt, Baggergut). Die Gefahrenbeurteilung schließt neben der wasserungesättigten Zone (eigentliche Sickerwasserprognose) auch den wassergesättigten Bereich mit ein. Bei der Ablagerung kontaminierter Stoffe im Grundwasser wird entsprechend die Schadstoffkonzentration im Kontaktgrundwasser abgeschätzt. In beiden Fällen wird gefordert, dass die Konzentration im Übergangsbereich *abzuschätzen* ist.

Maßstab der Gefahrenbeurteilung sind die in der BBodSchV für organische und anorganische Schadstoffe für den Wirkungspfad Boden-Grundwasser jeweils festgelegten Prüfwerte (Anhang 2, Nr. 3.1).

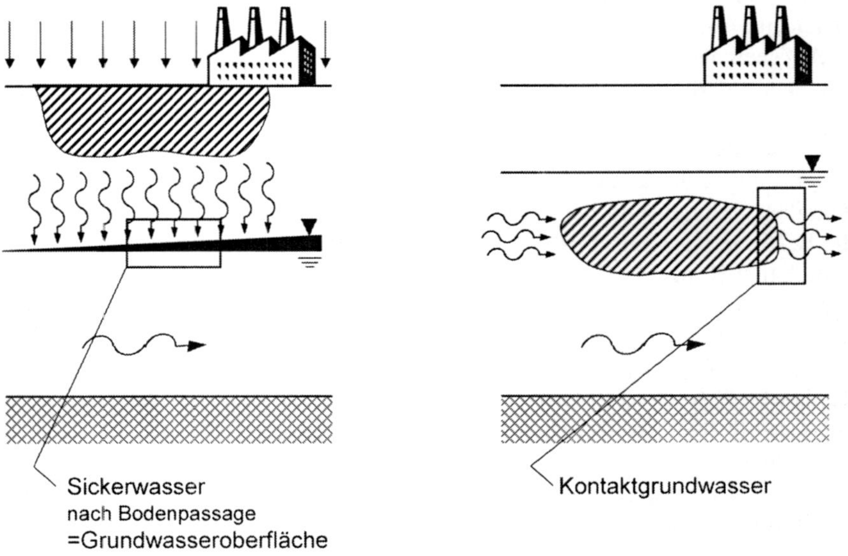

Abb. 8.10 Ort der Beurteilung bei der Sickerwasserprognose [8.59]

Die Prüfwerte entsprechen Geringfügigkeitsschwellen für Schadstoffkonzentrationen im Grundwasser, die sich an Trinkwasserwerten und ökotoxikologischen Kriterien orientieren. Sie sind ausdrücklich *nicht* als Grundwasserqualitätsziel zu verstehen, sondern gelten nur am Ort der rechtlichen Beurteilung. Damit wird verhindert, dass Grundwasser im Abstrom von schadstoffemittierenden Flächen bis zur Geringfügigkeitsschwelle mit Schadstoffen angereichert werden darf. Mit dem Kriterium „Ort der Beurteilung" (Abb. 8.10) wird also das „Auffüllprinzip" unterbunden [8.59].

Gleichzeitig wird jedoch bei Ablagerung von kontaminierten Stoffen an der Oberfläche der darunter liegende Boden (Sickerstrecke) als Reaktions- und Rückhalteraum betrachtet. Insbesondere beim Rückhalt nicht abbaubarer Schadstoffe wird für die Sickerstrecke das Auffüllprinzip angewandt. Denn auch bei geringer Schadstoffkonzentration im Sickerwasser kommt es im Boden bei Vorliegen einer bestimmten Lösungskonzentration (Intensität) und andauernder Nachlieferung zum „Auffüllen" der Bindungskapazität (Quantität) entsprechend der jeweils gültigen Quantitäts-/Intensitäts-Beziehung.

Bei der Transportprognose ist insbesondere die *Abbau- und Rückhaltewirkung* der ungesättigten Zone zu berücksichtigen. Maßgebende Kriterien sind Grundwasserflurabstand, Bodenart, Gehalt an organischer Substanz, pH-Wert, Grundwasserneubildungsrate/Sickerwasserrate sowie Mobilität und Abbaubarkeit der Stoffe (Anhang 1, Nr. 3.3).

Sickerwasserprognose für die künftige Bundesverwertungsverordnung

Die Ergebnisse aus dem BMBF-Verbundprojekt „Sickerwasserpronose" [8.60] sollen auch in die künftigen Regelungen für die Verwertung mineralischer Abfälle eingehen, die vom Bundesumweltministerium vorbereitet werden („Bundesverwertungsverordnung" [8.61]). Eine Auswertung der Daten wurde von *Susset u. Leuchs* im Auftrag des Umweltbundesamtes vorgenommen [8.62]:

Als geeignetes Untersuchungsverfahren hat sich aus methodischer Sicht und im Hinblick auf die Bewertung ein sog. Säulenkurztest, bei dem das Eluat bis zu einem *WF* von 2 gesammelt wird, herausgestellt (Säuleneluat nach E DIN 19528). Aufgrund des geringeren *WF* werden die mittelfristig auftretenden Konzentrationen erfasst, die anfänglich häufig erhöhten Konzentrationen sind mit höheren Anteilen vertreten und die Gefahr einer Verdünnung auf Konzentrationen unter die Bestimmungsgrenzen ist geringer. Die über den Zeitraum bis *WF* 2 gemittelte kumulative Konzentration nivelliert zwischen anfänglich erhöhten Konzentrationen und quasi konstanten Langzeitkonzentrationen, die zwar deutlich unterhalb der Maximalkonzentrationen liegen, aber über sehr lange Zeiträume die Bezugswerte deutlich überschreiten können. Diese Konzentration stellt per Konvention die bewertungsrelevante Größe im hier vorgestellten Konzept dar. Der Säulenkurztest bis *WF* 2 weist sehr gute Reproduzierbarkeiten auf, die mit denen des ausführlichen Säulenversuchs gut übereinstimmen.

Beispiele für die Stellungnahmen zum Entwurf der neuen Verordnung sind die des Ingenieurtechnischen Verbandes Altlasten (ITVA [8.63]) und des Deutschen Verbandes Unabhängiger Prüflaboratorien (VUP [8.64]), die beide das vorgesehene Säulenverfahren als aufwändige und bisher nicht validierte Methode kritisieren.

8.5.2 Natürlicher Abbau und Rückhalt

Natürliche Abbau- und Rückhalteprozesse können die Ausbreitung von Schadstoffen in Grundwasserleitern verlangsamen, stark reduzieren oder gar zum Stillstand bringen. So konnte bspw. in vielen Fällen nachgewiesen werden, dass Schadstofffahnen im Grundwasser nur eine begrenzte Ausdehnung erreichen [8.65]. Eine gezielte Nutzung dieser Prozesse könnte an geeigneten Standorten als Alternative zur herkömmlichen Altlastensanierung herangezogen werden [8.66]. Als notwendige Maßnahmen verblieben eine gezielte Erkundung zur Quantifizierung der natürlichen Abbau- und Rückhalteprozesse am Standort sowie ein anschließendes Langzeit-Monitoring (Monitored Natural Attenuation; [8.67]).

Vorteile des Konzepts „Natürlicher Rückhalt und Abbau (NRA)" sind – wie bei den meisten *in situ*-Verfahren – die Vermeidung von Sekundärabfällen und ein geringeres Gefahrenpotential für exponierte Personen im Vergleich zu einer *ex situ*-Behandlung. Problematisch sind die u. U. langen Zeiträume bis zum Erreichen des Sanierungszieles und die nachfolgende langfristige Überwachung. Typisch für Anwendungen des NRA-Konzepts ist die enge Verzahnung von biologischen, chemischen und ingenieurgeologischen Techniken. Diese Dreigliederung gilt auch für die Kriterien, die erfüllt sein müssen, um einen natürlichen Rückhalt und Abbau für eine Altlastenfläche in Betracht ziehen zu können [8.68].

Die amerikanische Umweltbehörde EPA beschreibt „Natural Attenuation" wie folgt [8.69]: „Die Natural Attenuation Prozesse beinhalten eine Vielzahl physikalischer, chemischer und biologischer Prozesse, die unter geeigneten Bedingungen ohne menschlichen Einfluss die Masse, Toxizität, Mobilität, Volumen oder die Konzentration von Schadstoffen in Boden und Grundwasser verringern. Diese *in-situ* Prozesse beinhalten biologischen Abbau, Dispersion, Verdünnung, Sorption, Verflüchtigung, radioaktiven Zerfall und chemische oder biologische Stabilisierung, Transformation oder Zerstörung von Schadstoffen."

Die im Untergrund ablaufenden Prozesse lassen sich hinsichtlich der Auswirkung auf die Schadstoffe in „destruktiv" und „nicht-destruktiv" untergliedern:

Tabelle 8.7 Einteilung der im Untergrund ablaufenden Prozesse [8.70]

destruktive Prozesse	nicht-destruktive Prozesse
biologischer Abbau	Sorption
abiotischer Abbau	Dispersion
Humifizierung	Immobilisierung
biologisch-chemische Transformation	Verdünnung
	Verflüchtigung

Die destruktiven Prozesse führen vor allem zu einer Reduzierung von Masse und Fracht der Schadstoffe (direkte Wirkung). Die nicht-destruktiven Prozesse bewirken hauptsächlich eine reine Konzentrations- und Mobilitätsabnahme durch physikalisch-chemische Prozesse (indirekte Wirkung). Für die Nachhaltigkeit und Akzeptanz von Natural Attenuation sind unabhängig von Standort- und Schadenscharakteristik destruktive Prozesse von besonderer Bedeutung.

Einflussgrößen auf den Abbau organischer Schadstoffe [8.70]
Von den destruktiven Prozessen im Rahmen der Natural Attenuation ist der biologische Abbau in Boden und Grundwasser der dominierende. Es gilt, dass prinzipiell alle Schadstoffe, die biologisch abbaubar sind und in biologischen Sanierungsverfahren behandelt werden, auch bei Natural Attenuation eliminiert werden können (*Kasten*). Allerdings beeinflussen verschiedene Faktoren in Boden und Grundwasser (Tabelle 8.8) die Geschwindigkeit eines Schadstoffumsatzes. So kann ein biologischer Abbau als destruktiver Prozess hinter den nicht-destruktiven zurückbleiben, wenn bestimmte Bedingungen nicht erfüllt sind.

Tabelle 8.8 Auswahl von Einflussfaktoren auf den biologischen Schadstoffumsatz [8.70]

Faktoren	Einfluss auf den biologischen Schadstoffumsatz
Redoxpotential	Konzentration und Verhältnisse von Elektronendonatoren/-akzeptoren bestimmen Abbauwege und -leistungen
pH-Wert	Organismen und Enzyme haben pH-abhängige Aktivitäts-Optima
Temperatur	Zusammensetzung der Biozönose und Abbaugeschwindigkeit
Konzentration, Wasserlöslichkeit, Flüchtigkeit, Oberfläche, Sorption	sie limitieren die Bioverfügbarkeit eines Schadstoffes; die Begrenzung kann sich negativ auf die Abbaugeschwindigkeit auswirken; bei toxischen Stoffen ist eine Begrenzung der Bioverfügbarkeit sogar sinnvoll.
Wassergehalt	ein ausreichender Wassergehalt ist essentiell für den Abbau sowie den Transport von Edukten und Produkten
Auxiliar-(Co-)Substrate	ermöglichen cometabolische Transformationen von Schadstoffen, die nicht produktiv abgebaut werden können, oder den biologischen Abbau nicht induzieren
Nährstoffe	essentiell für Wachstum und Vermehrung der Mikroorganismen
Biozönose	schadstofftolerante und abbauaktive Organismen und Konsortien bestimmen die Stoffumsatzrate; deren Entwicklung wird entscheidend davon bestimmt, ob der Abbau einen Selektionsvorteil mit sich bringt (z. B. Energiegewinn).
Co-Kontaminanten	Begleit-Kontaminanten können „bevorzugt“ abgebaut werden, können aber auch die Bioverfügbarkeit beeinflussen oder den biologischen Abbau hemmen
Alter	das Alter einer Kontamination im Boden beeinflusst die Bioverfügbarkeit der Schadstoffe; mit der Zeit können sich geeignete Biozönosen entwickeln.

„Produktiver Abbau“ (z. B. beim Faktor „Auxiliar-(Co)-Substrate“ in Tabelle 8.8) bedeutet die vollständige Verwertung eines Schadstoffs als Kohlenstoff- bzw. als Energiequelle. Daneben werden aber viele Schadstoffe nur teilweise metabolisiert. Sofern dabei keine toxischen Produkte angereichert werden, die zu einer Gefährdung führen, sind auch diese Prozesse wünschenswert. Vielfach werden die (aktivierten) Metabolite besser in den Huminstoff-Pool integriert oder durch Konsortien abgebaut.

Abbaubarkeit von organischen Schadstoffen (*Track* u. *Michels* [8.70, 8.71])

Aliphatische Mineralölkohlenwasserstoffe (MKW) sind biologisch gut verwertbar, obwohl die Wasserlöslichkeit gering ist. Toxischere Metabolite sind bei der Mineralisierung nicht zu erwarten. Ab besten produktiv abbaubar sind die sog. Mitteldestillate. Der bevorzugte Abbau findet unter aeroben Bedingungen statt, ein Abbau unter anaeroben Bedingungen ist in Gegenwart von Nitrat und Sulfat möglich. MKW sorbieren einerseits sehr stark an Bodenpartikel und Humus, andererseits sind kurzkettige MKW flüchtig und toxisch für die Bakterien.

Die in MKW-Produkten enthaltenen *BTEX-Aromaten und Phenole* sind nicht nur wasserlöslicher als die aliphatischen MKW, sondern unter aeroben Bedingungen gut, und unter anaeroben Bedingungen vergleichsweise gut abbaubar. In höheren Konzentrationen wirken sie allerdings toxisch [8.70a].

Aliphatische chlorierte Kohlenwasserstoffe (LCKW) sind aufgrund ihrer Wasserlöslichkeit sehr mobil und bilden lange Schadstofffahnen. Mehr als bei jeder anderen Gruppe hängt der biologische Umsatz und die mögliche Akkumulation von Zwischenprodukten von den Redoxverhältnissen ab. Hoch chlorierte LCKW werden anaerob, niedrig chlorierte aerob umgesetzt. Die Mineralisierung erfolgt zumeist cometabolisch. Erst die Entdeckung der reduktiven Dehalorespiration zeigte, dass der anaerobe Abbau hochchlorierter LCKW auch produktiv sein kann.

Im Gegensatz dazu sind *aromatische chlorierte Kohlenwasserstoffe* nur schwer wasserlöslich und auch nur schwer biologisch abbaubar. Das mag einerseits an der toxischen Wirkung vieler Chloraromaten liegen, andererseits führen Dechlorierungen meist nur zu niedriger chlorierten Verbindungen. Diese interagieren mit der Huminstoff-Matrix, so dass im Boden nicht die Mineralisierung, sondern die Bildung von gebundenen Rückständen (Humifizierung) im Vordergrund steht. Obwohl verschiedene aerobe und anaerobe Dechlorierungsstrategien bekannt sind, erfolgt die Metabolisierung cometabolisch [8.70b. 8.71a].

Als Beispiel für *nitroaromatische Verbindungen* wird hier auf das TNT (2,4,6-Trinitrotoluol) eingegangen. Dieses wird im Gegensatz zu niedriger nitrierten Aromaten nur cometabolisch umgesetzt. Es ist schwer wasserlöslich. Sowohl aerob als auch anaerob erfolgt eine Reduktion der Nitrogruppen zu den entsprechenden Aminoaromaten. Diese werden unter aeroben Bedingungen humifiziert. Die erst kürzlich nachgewiesene (biotische oder abiotische) Oxidation der Methylgruppe führt zu gut wasserlöslichen und wahrscheinlich gut biologisch abbaubaren Verbindungen [8.71b].

Polyzyklische aromatische Kohlenwasserstoffe (PAK) sind eine heterogene Gruppe von kondensierten aromatischen Systemen. Unter den PAK ist hauptsächlich Naphtalin unter aeroben und anaeroben Bedingungen abbaubar. Höher kondensierte PAK (3-4 Ringe) werden meist erst im Anschluss an leichter verwertbare Schadstoffe langsam abgebaut. Der biologische Abbau hochmoledukarer PAKs (>4 Ringe) ist unbedeutend; er wird maßgeblich durch die geringe Wasserlöslichkeit sowie ihre starke Sorption an die Matrix des Untergrundes limitiert [8.70c]. Für die Umsetzung von PAK stehen vor allem die vollständige mikrobiologische Mineralisierung und die Humifizierung in der Bodenmatrix zur Verfügung. PAKs sind im Untergrund wenig mobil.

Nachweis und Bewertung des Abbaus organischer Schadstoffe [8.70, 8.71]
Voraussetzung für eine Nutzung von Natural Attenuation ist die Kenntnis darüber, ob die zur Bewertung akzeptierten Prozesse der Natural Attenuation in ihrer Summe ausreichen, um eine Gefährdung von Schutzgütern und potentiellen Rezeptoren durch einen Schadensfall zu verhindern.

Schlecht abbaubare, aber gut wasserlösliche (mobile) Schadstoffe sind maßgebend für die maximale Ausdehnung einer Schadstofffahne, ihren derzeitigen Ausbreitungszustand (d. h. zunehmend, stationär oder schrumpfend) und die Zeiträume bis zur Stationarität oder zum Schrumpfen der Fahne. In dieser Gruppe liegt das Augenmerk derzeit besonders auf Methyltertiärbutylether (MTBE), einem Benzinadditiv. Es ist gut wasserlöslich (ca. 50 g/l), schlecht biologisch abbaubar und wird beim Transport im Untergrund kaum retardiert [8.71c].

Ein qualitativer Nachweis von Natural Attenuation kann z. B. durch Konzentrationsveränderungen von Schadstoffen und Zwischenabbauprodukten, durch steigende Gehalte an Umsetzungsprodukten oder eine Konzentrationsabnahme von Elektronendonatoren und -akzeptoren erfolgen. Eine Quantifizierung der ablaufenden Prozesse wird, auf Grund ihrer meist langsamen Kinetik, im Untergrund und der oftmals knappen Zeitspanne für die Bewertung mit herkömmlichen Methoden nicht in allen Fällen möglich sein. Räumlich und zeitlich integrierende Verfahren können hier einen Gewinn an Information und Aussagesicherheit (z. B. Bestimmung von Schadstofffrachten [8.70d, 8.71d) ermöglichen. Eine Beschreibung von Einzelprozessen ist dabei kaum möglich, aber auch nicht immer notwendig. Für die Aufklärung von Abbauprozessen haben sich die Untersuchungen von stabilen Isotopen als wertvolles Werkzeug erwiesen [8.71e, f].

Praktische Umsetzung des Konzeptes „Natural Attenuation“ [8.67, 8.72]
Bislang fehlen die rechtlichen und verwaltungstechnischen Regelungen für die Anwendung des NA-Konzeptes, doch werden – auch wenn man dies nicht öffentlich zugibt – in der Regel mobile Schadstofffahnen (z. B. CKW, BTEX), nachdem sie von der Quelle abgeschnitten wurden, nicht „verfolgt“ und saniert [8.67]. Eine prinzipielle Frage ist, ob ein Einsatz von Natural Attenuation ohne Entfernung des Schadensherdes erlaubt sein soll?

Das Alter vieler Untergrundverunreinigungen belegt, dass natürlich ablaufende Prozesse im Schadensherd nicht greifen, weil die Diffusions- bzw. Lösungsraten der Schadstoffe sehr gering sind. Die im Grundwasser auftretenden Schadstoff-Frachten können hier zwar zu Konzentrationen führen, welche die Prüfwerte lokal überschreiten, sie sind insgesamt gesehen aber verhältnismäßig niedrig; dadurch können schon relativ langsam ablaufende natürliche Abbauprozesse im Abstrom ausreichen, um die Schadstofffahne in ihrer Ausdehnung lokal zu begrenzen. Dies kann nach BBodSchV § 4 (7) bei der Entscheidung über Verhältnismäßigkeit und Ziele von Sanierungsmaßnahmen berücksichtigt werden [8.72].

Falls die natürlichen Abbauprozesse im Abstrom nicht ausreichen, um die Konzentrationen im zulässigen Rahmen zu halten, können unterstützende Maßnahmen des „Enhanced Natural Attenuation“ (ENA; z. B. Förderung der biologischen Abbauprozesse durch Zugabe von Nährstoffen) oder andere naturnahe In-situ-Verfahren, z. B. „Reaktive Wände“ (Abschn. 8.5.3), zum Einsatz kommen [8.72].

8.5.3 Reinigungswände [8.73]

Durchströmte Reinigungswände sind Verfahren zur Sanierung von Grundwasserschadensfällen direkt im Aquifer (*in-situ*, „an Ort und Stelle“), die darüber hinaus ohne einen nennenswerten oder gar keinen permanenten Energieeintrag von außen, d. h. passiv, erfolgt. Eine Reinigungswand unterbindet oder reduziert den Schadstoffstrom, wohingegen das Grundwasser selbst die Wand passieren kann. Mithin nutzt man – im weiteren Sinne – eine Art Filtereffekt, der infolge der Platzierung geeigneter, wasserdurchlässiger (permeabler) „Filter“-Materialien direkt im Untergrund im Strömungspfad des Grundwassers erzielt wird. Man unterscheidet im Wesentlichen drei Konstruktionsarten:

- Vollflächig durchströmte Reinigungswände („continuous reactive barriers“, CRB), bei denen praktisch keine Lenkung des Grundwasserstromes hin zur Barriere, die das reaktive Material enthält,
- Reinigungswände mit gelenktem Grundwasserstrom, z. B. „Funnel-and-Gate“ (F&G)-Systeme („Trichter“ und „Tor“), und
- EC-PRB = „efficiently controllable PRB“, Reinigungswände mit sehr starker Lenkung und effizienter Kontrolle.

Im Laufe der Entwicklung der Reinigungswand-Technik wurden nicht nur starke Modifikationen des F&G-Systems vorgenommen, sondern auch davon tatsächlich abweichende, neue Konstruktionsweisen entwickelt, beispielsweise „Drain-and-Gate“-Systeme, bei denen das Grundwasser nicht durch Dichtwände, sondern Filterkiesdrainagen zu Schachtbauwerken geleitet wird, wo es eingestellte Reaktorgefäße, gefüllt mit reaktivem Material, durchströmt.

CRBs als einfachste Konstruktionsart – keine Beeinflussung des Grundwasserstroms, keine Kontroll- oder Eingriffsmöglichkeiten – werden künftig dann eingesetzt werden, wenn die Untergrundverhältnisse einfach sind und die Interaktion des Grundwasserbiochemismus mit dem reaktiven Material kaum Ausfällungen im reaktiven Material erwarten lassen. Der Einsatz hängt vom Kostenvergleich mit Pump-and-Treat-(P&T)Verfahren ab. Bei großen Volumenströmen sprechen die relativ hohen Energiekosten von P&T für die Verwendung von EC-PRBs.

Künftig gelten insbesondere Kombinationen aus einem weitgehend unselektiv stark auf eine Reihe von Schadstoffen wirkenden Adsorptionsmittel, wie vor allem Aktivkohle, *und* Reinigungswandkonstruktionen, die ausgedehnte Kontroll- und Eingriffsmöglichkeiten bei potenziellen Störungen während des Betriebs erlauben, als vielversprechende Reinigungswand-Varianten, weil sie bislang an mehreren Standorten in der Welt, vor allem in Europa, gleichermaßen effizient und verlässlich arbeiten. Aktivkohle findet in Europa, klar eine steigende Bedeutung, wenngleich auch weiterhin elementares Eisen breite Anwendung finden wird [8.74].

Von den 14 Reinigungswandstandorten (2005) in Deutschland, Österreich und der Schweiz, mit Laufzeiten zwischen 1–7 Jahren, sind nur 3 CRBs, während 11 zum Typus der PRBs mit „gelenktem Grundwasser-Fluss“ zählen, davon 4 F&G und 5 EC-PRB („Drain-and-Gate“, In-situ-Reaktoren, Dichtwandheber [DHR]-Reaktor, aktives Pumpen). Dem Trend einer besseren Zugänglichkeit und Kontrollmöglichkeit folgend sind die Reaktoren zunehmend näher der Oberfläche installiert. Elementares Eisen und Aktivkohle sind die bevorzugten Füllmaterialien.

8.5.4 Flächenrecycling

In den vergangenen 20 Jahren war auch die Altlastenproblematik von der schadstofforientierten Betrachtung von Umweltbelastungen und der Gefahrenabwehr für die menschliche Gesundheit und die Schutzgüter Wasser und Boden beherrscht. Inzwischen treten immer stärker Fragen der Erschöpfbarkeit und der begrenzten Belastbarkeit der Ressourcen ins Blickfeld. Das betrifft nicht nur Energieträger und Rohstoffe, sondern auch die Ressource Boden/Fläche [8.75, 8.76].

Der tägliche Zuwachs an Siedlungs- und Verkehrsfläche beträgt ca. 120 Hektar. Andererseits liegen in urbanen Gebieten etwa 25.000 Hektar früher gewerblich oder industriell genutzter Fläche brach. Die Zahl der bundesweit erfassten Altlastenverdachtsflächen beträgt 190.000, von denen schätzungsweise 10–20 % saniert werden müssen. Bisher ist es in Deutschland wie in den meisten anderen Industriestaaten nicht gelungen, eine Entkopplung von Flächeninanspruchnahme und Wirtschaftswachstum zu erreichen. Ansiedlungen auf der „Grünen Wiese" werden von Investoren nach wie vor bevorzugt und wirksame Instrumente, dies zu verhindern, stehen bislang nicht zur Verfügung [8.76].

Weltweit gibt es politische Initiativen, in diesem für das Leitbild der Nachhaltigkeit typischen Bereich einen grundsätzlichen Gesinnungswandel zu erreichen. Die Europäische Kommission fördert seit 2002 CABERNET (*Concerted Action on Brownfields and Economic Regeneration Network*) mit sechs Schwerpunktthemen: Umwelt, Gesellschaft und Kultur, Ökonomie, Politik und Recht, Bürgerbeteiligung und Entscheidungsfindung, Berufsqualifikation [8.77]. Dabei gibt es auch kritische Fragen, z. B. wie weit sich die Kommission in diese vielschichtige Thematik der Flächensanierung einmischen sollte [8.78].

Aus technologischer Sicht sind nach wie vor die Veröffentlichungen der U.S.-Umweltbehörde EPA maßgebend; die „Road Map to Understanding Innovative Technology Options for Brownfields Investigations and Cleanup" enthält in der 3. Auflage ein Altlastenglossar und eine CD ROM mit direkten Verbindungen zu ca. 100 und indirekten Verknüpfungen zu 60 weiteren Informationsquellen [8.79]. Im Rahmen der Aktivitäten von CLARINET (Contaminated Land Rehabilitation Network for Environmental Technologies) ist ein Bericht zum Thema „Brownfields and Redevelopment of Urban Areas" erstellt worden [8.80], der sich umfassend mit der europäischen Situation beim „Flächenrecycling" beschäftigt.

Auf europäischer Ebene befasst sich das Interreg IIIb REVIT mit dem Einsatz von Sanierungstechniken beim Flächenrecycling [8.81]. In Deutschland wird in der seit 2006 laufenden vierten Phase des BMBF-Förderprogramms REFINA (Forschung für die Reduzierung der Flächeninanspruchnahme und eine nachhaltiges Flächenmanagement; [8.82]) u. a. die Brücke zu dem BMBF-Förderschwerpunkt „KORA – Kontrollierter natürlicher Rückhalt und Abbau von Schadstoffen bei der Reinigung kontaminierter Grundwässer und Böden" geschlagen [8.83]. Im Mittelpunkt steht die Frage, wie weit Sanierungsmaßnahmen gehen müssen und welchen zuverlässig prognostizierbaren Anteil Naturprozesse, wie z. B. mikrobiologischer Abbau oder chemisch-physikalische Einbindung von Schadstoffen übernehmen können (Abschn. 8.5.2 [8.72]).

9 Abfall

Die Abfallwirtschaft mit ihrer Abfolge „Vermeidung *vor* Verwertung *vor* Beseitigung“[1] versteht sich heute als Teil einer übergreifenden Stoff- und Energiewirtschaft. Leitperspektiven sind die Kreislaufwirtschaft, das Stoffstrommanagement, die Endlagerqualität und die Minderung von CO_2-Emissionen (Abschn. 9.1.1). Im weiteren Abschn. 9.1 werden die rechtlichen Grundlagen der Kreislaufwirtschaft, das Abfallaufkommen in Deutschland und die Zusammensetzung des Hausmülls behandelt. Der Abschn. 9.2 beschreibt die Techniken der Sammlung und Aufbereitung von Abfällen (Sammelsysteme, Behandlung von Massen- und Sonderabfällen, Verwertung der organischen Abfallanteile, mechanisch-biologische Vorbehandlung) und der Abschn. 9.3 die Müllverbrennung (Anlagen, Rauchgasreinigung, Rückstandsbehandlung und Schlackenverwertung). Der Abschn. 9.4 befasst sich mit der Deponierung von Abfällen; nach einer Übersicht über die gesetzlichen Regelungen für Deponien in Europa wird vertieft auf die Aspekte „Deponiegas und Sickerwasser“, „Barrierensysteme“ und „Langzeitprognosen“ bei der Ablagerung von unbehandelten und behandelten Siedlungsabfälle eingegangen.

9.1 Abfallwirtschaftliche Grundlagen

9.1.1 Abfallwirtschaftliche Leitperspektiven

Die Ziele der modernen Abfallwirtschaft wurden in ähnlicher Weise in Deutschland, Österreich und der Schweiz formuliert [9.1], in Leitbildern beschrieben und später in die Gesetze übernommen. Eine nachhaltige Stoffwirtschaft wurde bereits 1994 im deutschen Kreislaufwirtschafts- und Abfallgesetz definiert [9.2, 9.3]

- als eine „ordnungsgemäße und schadlose“ Abfallentsorgung,
- ohne Anreicherung von Schadstoffen im Wertstoffkreislauf,
- mit dem erklärten Vorrang der „höherwertigen Verwertung“.

Weitere Schritte in Richtung Nachhaltigkeit sind die „vollständige Abfallverwertung bis 2020“ des deutschen Bundesumweltministeriums [9.4] und Artikel 8 im 6. Umweltaktionsprogramm der Europäischen Gemeinschaft [9.5], mit besonderem Nachdruck auf der Nutzung der erneuerbaren Energien in Abfällen, der Produktverantwortung und der Forderung nach einer deutlichen Verringerung der Menge an Abfällen zur Beseitigung „bis auf ein Minimum“. Nach *Moser* [9.1] „sollte sich in einer Stoffbewirtschaftung, die den Kriterien der Nachhaltigkeit entspricht, die Abfallwirtschaft auf diejenigen Güter konzentrieren, die entsorgt werden müssen, und auf die Prozesse, in denen die Abfälle entweder zu ‚endlagerfähigen‘ oder zu wieder verwertbaren Gütern transformiert werden“.

---

[1] In der neuen Abfallrahmenrichtlinie wird eine 5-stufige Abfallhierarchie untergliedert: (1) Vermeidung, (2) Wiederverwendung, (3) stoffliche Verwertung, (4) sonstige, u. a. energetische Verwertung und (5) Beseitigung.

Erste Leitperspektive „Kreislaufwirtschaft"

Die Abfolge der Wertschöpfung besteht i. d. R. aus einer mehr oder weniger großen Zahl von Prozessen. Diese wiederum umfassen mehrere Prozess- und Produktionsstufen (Abb. 9.1). Jeder Prozess ist mit einer *Wertsteigerung* der eingesetzten Rohstoffe bzw. Eingangsprodukte verbunden, gleichzeitig aber auch mit *Umweltbelastungen* in Form von Ressourcenverbrauch, Emissionen und Abfall.

Der *abfallintensivste Wertschöpfungsschritt* befindet sich meist *am Beginn des Gesamtprozesses*: Wenn bspw. hinter jedem neuen Auto von einer Tonne Gewicht etwa 25 t Abfälle liegen, so handelt es sich dabei überwiegend um Bergbaureststoffe. Da im Zuge des Abbaus bekannter Vorräte immer weniger ergiebige Lagerstätten erschlossen werden, müssen für eine Einheit Rohstoff immer größere Mengen von Materialien bewegt und gefördert werden [9.7]. Durch diese Gesetzmäßigkeit werden die Vorteile, die aus der intensiveren Nutzung von Rohstoffen resultieren, z. Z. wieder zunichte gemacht [9.8]. Man schätzt, dass sich dieser unerwünschte „ökologischen Rucksack" [9.9] jeweils in einem Zeitraum von 20 bis 25 Jahre verdoppelt. Eine Verbesserung der Rohstoffausbeute trägt deshalb entscheidend zur Einsparung von Energie und zur Vermeidung von Emissionen bei.

Während es sich bei der Verwertung von Produktionsabfällen und Abfällen nach dem Gebrauch eines Produkts um ein *stoffliches Recycling* handelt, das mit einem erhöhten Material- und Energieaufwand sowie zusätzlichen Emissionen verbunden ist, tritt bei der Wiederverwendung eines Produkts während des Gebrauchs unter Wahrung der Produktgestalt ein relativ geringer Wertverlust auf. Das *Produktrecycling* sollte so oft wiederholt werden, wie es technisch machbar und wirtschaftlich sinnvoll ist; erst dann ist auf das Materialrecycling mit niedrigerem Wertniveau überzugehen ([9.1]; siehe Kap. 10).

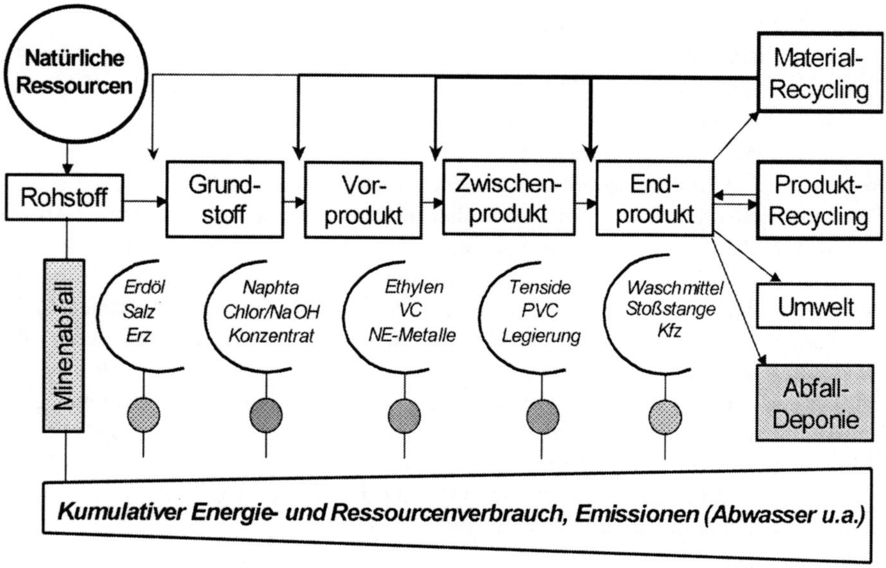

Abb. 9.1 Wertschöpfungskette unter Einbeziehung der Abfallwirtschaft ([9.6] verändert)

Zweite Leitperspektive „Stoffstrommanagement"
Ansätze für ein praxisbezogenes Stoffmanagement kann man vorrangig von regionalen Stoffstromanalysen erwarten. Pionierarbeit für dieses Konzept wurde an der ETH Zürich geleistet [9.10]. Die *Stoffhaushaltsmodelle* sollen Instrumente sein, um Entscheidungsgrundlagen für die Steuerung anthropogener Stoffwechselprozesse zu schaffen. Sie sollen vor allem zur Früherkennung von möglichen und für die Region relevanten stofflichen Veränderungen beitragen [9.11].

In einer standardisierten Vorgehensweise werden zuerst typische Stoffe (Indikatorstoffe) für die zu betreffende Region ausgewählt und es wird dann überprüft, ob die Stoffflüsse die Nachhaltigkeitskriterien verletzen. Daraus werden konkrete Maßnahmen zur Verringerung der Defizite vorgeschlagen und im Hinblick auf ihre Wirksamkeit, ihre Kosten und ihre Akzeptanz bewertet [9.12].

Dieses Vorgehen wurde auf die Kupferflüsse in der schweizerischen Region Töss angewandt (Abb. 5.2). Die wichtigsten Nachhaltigkeitsdefizite sind dort die Anreicherung in Böden, Sickerkörpern und Deponien sowie der Export in die Gewässer. Die wirksamsten Handlungsoptionen sind die Reduktion des Kupferaustrages durch Spritzmittel und Dünger, die Verwendung von Ersatzmaterialien für Dachinstallationen, der Einbau einer austauschbaren Absorberschicht in Sickeranlagen und die Rückgewinnung von Kupfer in der Müllverbrennungsanlage. Dabei weist die Reduktion des Kupferaustrages durch Spritzmittel und Dünger das beste Nutzen/Aufwand-Verhältnis auf.

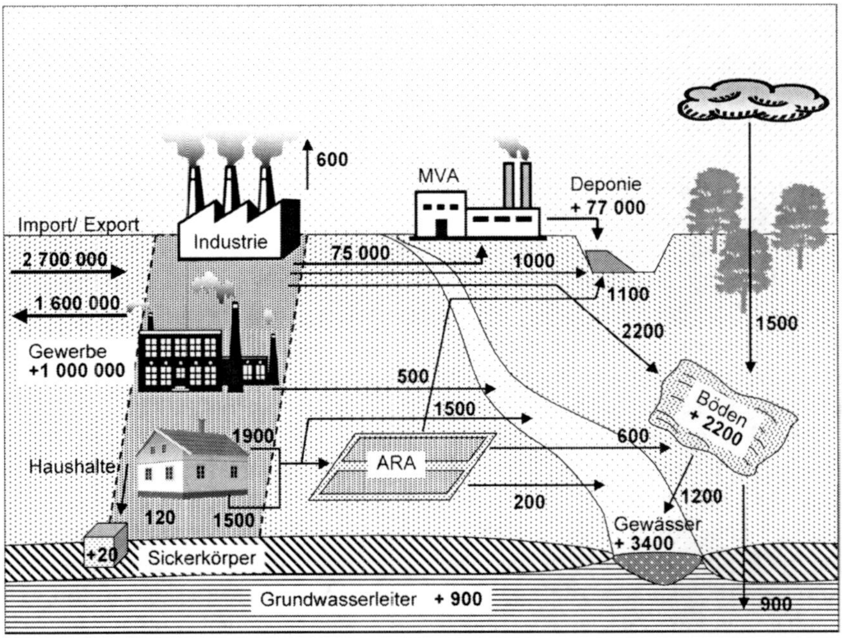

Abb. 9.2 Kupferflüsse in der Region Töss/Schweiz (Einzugsgebiet mit einer Fläche von 430 km³ und 180.000 Einwohnern). Die Kupferflüsse sind in Kilogramm pro Jahr angegeben. „+" bezeichnet Senken (modifiziert nach [9.12])

Dritte Leitperspektive „Endlagerqualität"
Das Konzept der Endlagerqualität, das zuerst in der Schweiz entwickelt wurde, setzt sowohl an den reaktiven Komponenten als auch direkt an den Schadstoffen an [9.13]:

„*Endlagerfähig* ist ein Reststoff dann, wenn er in einer geeigneten *Hülle* (nach geochemischen und geophysikalischen Kriterien ausgewählt) langfristig (über hunderte von Jahren) nur jene Stoffe an die Umweltkompartimente (Luft, Wasser, Boden) abgibt, welche diese in ihren chemischen und physikalischen Eigenschaften nicht beeinträchtigen".

Dass das Leitbild der „Endlagerqualität" in den fortschrittlichen Regelwerken der Nachbarländer, z. T. auch in der deutschen TA Siedlungsabfall, grundsätzlich festgeschrieben wurde, ist vor allem auf zwei Umstände zurückzuführen [9.14]:

- Die zunehmende Erkenntnis, dass Abfälle, die hohe Anteile abbaubarer organischer Substanzen enthalten, langfristige nachteilige Auswirkungen auf die Qualität des Untergrundes besitzen, die auch mit hohem technischen Aufwand nicht beherrschbar sind.
- Die verbesserte öffentliche Akzeptanz der Müllverbrennung, die durch wesentliche Fortschritte bei der Abgasreinigung ermöglicht und durch die Überzeugungsarbeit sachkundiger Politiker gefördert wurde.

Die *Schweiz* verfolgte strikt das Ziel der Deponie als anorganisches Endlager. Im Leitbild der schweizerischen Abfallwirtschaft, das 1985/86 von der Eidgenössischen Kommission für Abfallwirtschaft mit Vertretern aus Wissenschaft, Wirtschaft und Verwaltung im Konsens mit Umweltschutzorganisationen erarbeitet wurde (Schweizer Bundesamt für Umwelt, Wald und Landschaft; www.buwal.ch), ist die Behandlung der Abfälle entweder zu verwertbaren Stoffen oder zu endlagerfähigen Reststoffen vorgegeben. Als endlagerfähig gilt ein Abfall dann, wenn er auch ohne Maßnahmen zur Sickerwasser- und Gasbehandlung auf einer Deponie nur eine tolerierbare Umweltbelastung verursacht. Ein zentraler naturwissenschaftlich-technischer Grundsatz des Leitbilds lautet: *„Organische Stoffe gehören nicht in ein Endlager".*

Auch nach der deutschen TA Siedlungsabfall (TASi) von 1993 sind „Deponien so zu planen, zu errichten und zu betreiben, dass mehrere weitgehend unabhängig wirksame Barrieren geschaffen und die Freisetzung und Ausbreitung von Schadstoffen nach dem Stand der Technik verhindert werden". In der Tabelle 9.1 sind noch alle Sicherungselemente des früheren „Multibarrierenkonzeptes" [9.15] von der Geologie des Deponieuntergrundes bis zur Nachsorge aufgeführt.

Betrachtet man das auf die praktische Umsetzung gerichtete Ziel der TASi, die Ablagerung thermisch behandelter Abfälle zum Regelverfahren werden zu lassen, dann erhält die primäre Schadstoffeinbindung in der Abfallmatrix („Innere Barriere") eine hohe Priorität gegenüber den nachgeschalteten Barrieren. Daraus kann man die Schlussfolgerung ziehen, dass es bei einem überschaubaren Spektrum an Stoffen und Reaktionen künftig möglich sein sollte, mit verbesserten Prüfverfahren allein über die Zuordnungskriterien eine langfristige und weiträumige Sicherheit zu gewährleisten [9.14].

Tabelle 9.1 Bedeutung einzelner „Barrieren" für Reaktor- und Inertstoffdeponien [9.14]

	Schadstoff-„Barriere"	Charakterisierung der Barrierewirkung	Reaktor-Deponie	Inertstoff-Deponie
1	Geologie	Standortwahl nach sorgfältig vorgeprüften hydrogeologischen und geotechnischen Gesichtspunkten	++	+
2	Abdichtung	Schaffung eines allseitig wirksamen Abdichtungssystems aus Sohl-, Wand- und Oberflächendichtung	+++	+
3	„Innere" Barriere	Immobilisierung von Schadstoffen innerhalb des Abfallkörpers; Einhaltung von Zuordnungswerten	+	++++
4	Entsorgung	optimal wirkende Systeme zur Erfassung, Ableitung und Behandlung von Sickerwasser und Deponiegas	+++	+
5	Betrieb	Betrieb der Deponie nach dem Stand der Technik und allen Erfahrungen bei der Emissionsminderung	++	+
6	Überwachung, Kontrolle und Nachsorge	Messungen im Grundwasseranstrom und -abstrom, Kontrolle der Setzungen und Verformungen des Deponiekörpers sowie der Abdichtungssysteme	++	(+)

Bei der Immobilisierung von Schadstoffen über geologische Zeiträume hinweg empfiehlt es sich, die in der Natur vorkommenden Mineralassoziationen zum Vorbild zu nehmen. Je besser die Übereinstimmung zwischen dem anthropogenen „Sediment" und dem entsprechenden geogenen Modell, desto realistischer wird die Prognose über die Stabilität der Abfälle. Ein klassisches Beispiel ist die Mineralisierung von radioaktiven Abfalllösungen in der nuklearen Entsorgungstechnik [9.16]. Jedoch müssen nicht nur radioaktive Abfälle, sondern auch nichtradioaktive Sonderabfälle oftmals mit der gleichen Sorgfalt von der Biosphäre isoliert werden (Schwerpunktaufgabe der Technischen Geochemie; Abschn. 1.3.8).

Endlagerqualität und Vorzug der Verwertung sind abfallwirtschaftliche Ziele, die im neuen Abfallrecht festgeschrieben sind und auch generell dem Leitbild der Nachhaltigkeit entsprechen. Allerdings ist im Lichte dieses Leitbildes noch zu klären, welche Rolle die einzelnen Systemkomponenten wie Endlagerqualität und Verwertung spielen, „wenn die Entsorgungssysteme als Ganzes ressourcenschonend ausgelegt werden müssen" [9.1]. Nach den vorliegenden Erfahrungen ist die dauerhafte Ablagerung nach dem Konzept der Technischen Geochemie, d. h. unter Nutzung natürlicher Materialien und Prozesse, vor allem bei Massenabfällen ohne Alternative. Dagegen ist bei den Recyclingkonzepten fallweise zu überprüfen, wie sie das Gesamtsystem beeinflussen (Kap. 10).

Vierte Leitperspektive: Vermeidung von CO_2-Emissionen [9.17]
Mit dem Inkrafttreten des Kreislaufwirtschafts- und Abfallgesetzes im Jahr 1996 fand eine schrittweise Abkehr von der Deponierung unbehandelter organischer Abfälle statt. Durch einen deutlichen Anstieg der getrennten Erfassung und Verwertung sowie durch effizientere Methoden zur Abfallbehandlung und -beseitigung konnten fossile Energieträger und Rohstoffe ersetzt werden, die als Gutschriften in die Klimabilanz eingehen. Von den zugesagten 40 % Treibhausgasreduktion bis 2020 (gegenüber 1990) könnten durch verschiedene Maßnahmen der Abfallwirtschaft in Deutschland ca. 2 % bis 4,6 % beigetragen werden.

Für den gesamten Zeitraum von 1990 bis 2020 ist der Anteil der Abfallwirtschaft aufgrund der erheblichen Reduktion der Methanemissionen auf Deponien noch höher; von der in dieser Zeitspanne insgesamt geplanten Reduktion von 500 Mio. t CO_2-Äquivalenten hat die Siedlungswirtschaft dann ca. 50 Mio. t CO_2-Äquivalente erbracht, also einen Anteil von ca. 10 %. Dazu haben die eingesparten Deponiegasemissionen zu 76 %, die energetische Verwertung zu ca. 7 %, die stoffliche Verwertung zu 5 % und die Müllverbrennung zu 9 % beigetragen.

Die Voraussetzungen für diesen Einsparerfolg haben die weitreichenden Umstrukturierungen der Siedlungsabfallwirtschaft in Deutschland seit 1990 gegeben, insbesondere das Verbot der Ablagerung von unbehandelten Abfällen seit 2005. Die Auswertung einzelner Szenarien in Tabelle 9.2 zeigt, dass die Entsorgungswege der Müllverbrennung und der Mitverbrennung sowie das Altpapierrecycling das höchste Minderungspotenzial für die Emissionen von Treibhausgasen besitzt; alle anderen Wege haben geringere Klimaschutzbeiträge und auch die Aufwendungen für die Erfassung der Abfälle sind relativ unbedeutend.

Tabelle 9.2 Treibhausgasemissionen und verbliebene Einsparoptionen im Szenariozeitraum bis 2020, Angaben in [Mio. t CO_2-Äquivalente]. Emissionen mit negativem Vorzeichen bedeuten, dass die CO_2-Emissionen durch diesen Entsorgungsweg (Belastung) geringer sind als die Gutschrift für die substituierten Emissionen (nach [9.17])

Entsorgungswege	Emissionen 1990	Emissionen 2005	Emissionen 2020 optimiert	Reduktionspotenziale 2005–2020
Müllverbrennung	–1,00	–2,47	–5,42	–2,95
Mitverbrennung	–0,05	–2,16	–3,55	–1,39
Bioabfall	0,10	0,19	–0,06	–0,25
Leichtverpackung	0	–0,54	–0,63	–0,09
Altpapier	–0.31	–1,71	–1.65	0,06
Altglas	–0,39	–0,61	–0,61	0
Sperrmüll/Altholz	–0,005	–0,27	–0,30	–0,03
Metalle	–0,28	–0,78	–1,55	–0,77
Sammlung	0,48	0,36	0,36	0
Mech.-biol. Behandl.	0	0,21	0,19	–0,02
Deponie	39,23	0,09	0,02	–0,07

9.1.2 Grundsätze der Kreislaufwirtschaft [9.18, 9.19]

Die Zielhierarchie im Kreislaufwirtschafts- und Abfallgesetz (KrW-/AbfG: [9.4]) wird in § 4 Abs. 1 beschrieben und sie gibt der Abfallvermeidung wie bereits im AbfG von 1986 den obersten Rang. Stoffliche und energetische Verwertung folgen gemeinsam auf Rang zwei. Die bessere umweltverträgliche Verwertungsart hat im Verhältnis zu der anderen Vorrang (§ 6 Abs. 1 Satz 2). Für die *Abfallvermeidung* werden in § 4 Abs. 2 drei Maßnahmen benannt:

1. Die anlageninterne Kreislaufführung von Stoffen, die als Vor-, Zwischen- und Nebenprodukte anfallen, wird als Abfallvermeidung bezeichnet. Damit wird die Vermeidung und Verwertung von Abfall rechtlich gleich behandelt, wenn dies anlagenintern geschieht. Für die Überwachung der anlageninternen Verwertungs- und Vermeidungsmaßnahmen ist die für den Vollzug des Bundesimmissionsschutzgesetzes (BImSchG) zuständige Behörde verantwortlich.
2. Die Produktverantwortung, die in den §§ 22–26 die abfallarme Produktgestaltung näher bestimmen (s. Kasten in Abschn. 2.1.3 auf S. 48).
3. Das Konsumverhalten der Bürger, das zu lenken und zu bewerten das KrW-/AbfG weiteren Rechtsverordnungen überlässt.

Für die *stoffliche Verwertung* definiert das Kreislaufwirtschaft- und Abfallgesetz in § 4 Abs. 3 Satz 1 die folgenden drei Formen:

1. Die Substitution von Rohstoffen durch das Gewinnen der Rohstoffe aus Abfällen (z. B. Kupfer aus Kabelresten).
2. Die Nutzung der stofflichen Eigenschaften der Abfälle für den ursprünglichen Zweck (z. B. Zweitraffinat aus Altöl).
3. Die Nutzung der stofflichen Eigenschaften der Abfälle für andere Zwecke (z. B. Kompost als Bodenverbesserer).

Das Gesetz entscheidet deutlich zwischen einer energetischen Verwertung und einer thermischen Behandlung von Abfällen. Für Abfälle, die für eine energetische Nutzung besonders geeignet sind, werden die Kriterien Mindestheizwert (H_u = 11.000 kJ/kg) und ein Feuerungswirkungsgrad von mindestens 75 % durch die Nutzung der entstehenden Wärme vorgegeben. Die klassische Abfallverbrennung erfüllt die Kriterien für eine energetische Verwertung in der Regel nicht, auch wenn die Energie genutzt wird. Sie ist ein Verfahren zur Vorbehandlung nicht verwertbarer Abfälle. Die Zuordnung der Abfälle zur Beseitigung oder zur Verwertung über den Heizwert führt zu der kuriosen Situation, dass in derselben Abfallverbrennungsanlage ohne anlagenbauliche Maßnahme oder Änderung der Anforderungen an die Emission Abfälle beseitigt und verwertet werden können.

Die allgemeinen Pflichten des Gesetzes werden durch eine Reihe von Rechtsvorschriften konkretisiert. Hierzu zählen insbesondere die Regelungen zur Produktverantwortung (Verordnungen zu Verpackungsabfällen, Altbatterien, Altfahrzeugen, Altöl, Gesetz zur Rücknahme und umweltverträglichen Entsorgung von Elektro- und Elektronikgeräten), zur Identifikation gefährlicher Abfälle (Abfallverzeichnisverordnung), die Anforderungen an eine umweltverträgliche Verwertung von Abfällen (z. B. Gewerbeabfallverordnung, Altholzverordnung, Bergversatzverordnung und Deponieverwertungsverordnung) sowie Anforderungen an die umweltverträgliche Abfallbeseitigung (Ablagerungs- und Deponieverordnungen).

9.1.3 Abfallaufkommen in Deutschland [9.19]

Das jährliche Abfallaufkommen in Deutschland wird seit 1996 erfasst, in erster Linie bei den Betreibern von Abfallentsorgungsanlagen. Die Einzelangaben führt das Statistische Bundesamt mit Hilfe eines Rechenmodells zusammen [9.20]. Einschränkungen bezüglich der Vergleichbarkeit der Daten ergeben sich in der seit betrachteten Periode durch den Wechsel vom stoff- und herkunftsorientierten Abfallkatalog der Länderarbeitsgemeinschaft Abfall (LAGA, bis 1998) auf den vorrangig herkunftsorientierten Europäischen Abfallkatalog EAK (ab 1999). Im Jahr 2002 wurde der EAK durch das Europäische Abfallverzeichnis EAV [9.21] abgelöst; die „gefährlichen Abfälle" werden im Gegensatz zu früheren Jahren ab 1999 als Bestandteil der in Tabelle 9.3 (rechts) dargestellten Abfallarten betrachtet und lediglich nachrichtlich als Summe gesondert ausgewiesen. Außerdem werden ab 1999 bei den Abfällen aus Produktion und Gewerbe die in die innerbetriebliche Behandlung gehenden Abfallmengen nicht mehr berücksichtigt. Zwischen 2000 und 2005 sank das Abfallaufkommen in Deutschland um 18 %:

- Der Rückgang ist hauptsächlich auf die Abnahme der *Bau- und Abbruchabfälle* zurückzuführen (2005 mit 184,9 Mio. t = 56 % des Abfallaufkommens). Dieser Abfallgruppe kommt eine Schlüsselrolle hinsichtlich der geschlossenen Kreislaufwirtschaft zu. Das *Bergematerial*, vorwiegend aus dem Steinkohlebergbau machte 2005 mit 52,3 Mio. t etwa 16 % des Abfallaufkommens aus. Rund 15 % der Abfälle (48,1 Mio. t) stammten 2005 aus der *Produktion und dem Gewerbe*.
- 46,6 Mio. t (14 %) des Abfallaufkommens waren 2005 den *Siedlungsabfällen* zuzurechnen; Haushaltsabfälle machten fast 90 % der Siedlungsabfälle aus. Während 2002 noch 17,1 Mio. t über die öffentliche Müllabfuhr eingesammelt wurden, waren es 2005 nur noch 13,9 Mio. t. Alle getrennt gesammelten Fraktionen (Bioabfälle und Wertstoffe) betrugen im Jahr 2005 zusammen 25,0 Mio. t oder 54 % der Siedlungsabfälle; 7,9 Mio. t der getrennt gesammelten Fraktionen bestanden 2005 aus Papier, Pappe oder Kartonagen [9.22]. Es wurden 62 % der Siedlungsabfälle von 2005 verwertet.
- Während die sog. *Restabfälle* – über die öffentliche Müllabfuhr eingesammelter Hausmüll und hausmüllähnliche Gewerbeabfälle – zusammen mit dem Sperrmüll von 246 kg/Einwohner in 1999 auf 195 kg/Ew. in 2005 zurückging, nahmen im selben Zeitraum die *getrennt zur Verwertung* eingesammelten Abfälle (Abfälle aus der Biotonne und andere getrennt eingesammelte Fraktionen, nicht gefährlich) von rund 195 kg/Ew. auf 304 kg/Ew. zu [9.19].
- Parallel zur steigenden Verwertung von Abfällen wird immer weniger Abfall deponiert. Im Jahr 2005 wurden in Deutschland rund 45,7 Mio. t Abfälle auf 1.948 *Deponien* abgelagert; der Rückgang um 19 % gegenüber 2004 kann vor allem auf das seit Juni 2005 geltende Deponierungsverbot für unbehandelte Siedlungsabfälle zurückgeführt werden. Im Gegenzug erfolgte ein Anstieg der behandelten Abfallmengen in *mechanisch-biologischen* und *thermischen Anlagen* auf 2,5 bzw. 19,5 Mio. t; ebenso kann der Anstieg der *Mitverbrennung* in Feuerungsanlagen auf 11,1 Mio. t (+ 17 %) auf das Ablagerungsverbot zurückgeführt werden [9.21].

Tabelle 9.3 Abfallaufkommen [in 1.000 t] in Deutschland im Jahr 2005 (Umweltbundesamt [9.19]; Quelle: Statistisches Bundesamt [9.20], Stand August 2007)

	(2000)[1]	2005[1]	%
Abfallaufkommen in Deutschland insgesamt	406.052	331.876	100,0
darunter gefährliche Abfälle	14.937	18.457	5,6
davon: *Siedlungsabfälle*	*50.132*	*46.555*	*14,0*
darunter nicht gefährliche Abfälle	50.085	46.218	13,9
davon: Summe Haushaltsabfälle	37.667	41.412	12,5
darunter nicht gefährliche Abfälle	37.602	41.092	12,4
davon: Hausmüll, HM-Gewerbeabfall	18.030	13.912	4,2
Sperrmüll	2.568	2.167	0,7
Abfälle aus der Biotonne	3.531	3.776	1,1
Garten- und Parkabfälle biologisch abbaubar[3]	–	3.924	1,2
andere getrennt gesammelte Fraktionen[4]	13.491	17.313	5,1
davon: Glas	3.443	3.572	1,1
Papier, Pappe, Kartonagen (PPK)	7.263	7.895	2,4
Leichtverpackungen, Kunststoffe	1.894	4.601	1,4
Elektronische Geräte	476	49	0,0
Sonstige (Verbunde, Metalle, Textile)	414	1.196	0,4
davon: Sonstige Siedlungsabfälle	12.465	5.143	1,5
darunter nicht gefährliche Abfälle	12.465	5.126	1,5
davon: hausmüllähnliche Gewerbeabfälle[2]	7.335	4.310	1,5
Garten- und Parkabfälle (Boden, Steine)[3]	4.380	212	0,1
Straßenkehricht	680	516	0,2
Marktabfälle	71	88	0,0
Bergematerial aus dem Bergbau (nicht gefährlich)	*48.187*	*52.308*	*15,8*
Bau- und Abbruchabfälle (incl. Straßenaufbruch)[5]	*260.687*	*184.919*	*55,7*
darunter nicht gefährliche Abfälle	253.700	176.175	53,1
darunter: Bodenaushub	161.349	106.830	32,2
Abfälle aus Produktion und Gewerbe	*47.657*	*48.094*	*14,5*
darunter nicht gefährliche Abfälle	39.754	38.718	k.A.

[1] Umstellung auf einen neueren Abfallkatalog (EAK ab 1999, EAV ab 2002; siehe Text)
[2] getrennt vom Hausmüll angeliefert und eingesammelt, inklusive anderer Siedlungsabfälle
[3] bis 2001 einschließlich biologisch abbaubarer Garten- und Parkabfälle. Ab 2002 werden die nicht biologisch abbaubaren Garten- und Parkabfälle den sonstigen Siedlungsabfällen und die biologisch abbaubaren Garten- und Parkabfälle den Haushaltsabfällen zugeordnet
[4] ab 2002 inklusive der Verkaufsverpackungen nach AVV-Schlüssel 1501 [9.21]
[5] ab 2004 ohne eingesetzte Mengen an Bodenaushub, Bauschutt und Straßenaufbruch bei Bau- und Rekultivierungsmaßnahmen der öffentlichen Hand

9.1.4 Eigenschaften des Restmülls

Dieser Abschnitt beschreibt die Eigenschaften des Hausmülls im Hinblick auf die
1. Entnahme von verwertbaren Anteilen (Organikfraktion, Wertstoffe),
2. Entfrachtung von schädlichen oder störenden Komponenten, und die
3. Verbrennbarkeit von Abfällen nach Entnahme typischer Müllfraktionen

Dazu werden ältere Angaben aus den bundesweiten Hausmüllanalysen (alte Bundesländer) mit neuen Daten verglichen. Zuerst werden die Ergebnisse einer Studie des Lebensministerium der Bundesrepublik Österreich zu den Eigenschaften von Restmüll aus dem Jahr 2004 dargestellt; unter Restmüll versteht man sämtliche in Haushalten und ähnlichen Einrichtungen üblicherweise anfallende feste Abfälle ausgenommen Sperrmüll und getrennt gesammelte Abfälle wie Altstoffe (Papier, Glas, Metalle, Kunststoffe), biogene Abfälle und Problemstoffe (Tabelle 9.4 [9.23]).

Tabelle 9.4 Zusammensetzung von Restmüll (links) und Verpackungsanteil im Restmüll (rechts) im Jahr 2004 nach einer Erhebung des Österreichischen Lebensministeriums [9.23]

Zusammensetzung Restmüll	Masse %
Organische/biogene Abfälle	37
Papier, Pappe, Kartonagen	11
Hygieneartikel	11
Kunststoffe	10
Verbundstoffe	8
Textilien	6
Glas	5
Inerte Materialien	4
Metalle	3
Problemstoffe	2
Fein-/Grobfraktion	2
Holz, Leder, Gummi	1

Verpackungsanteil (netto)	Masse %
Sonst. Verpackungen	
– Papier	2,8
– Glas	1,1
– Kunststoffe	4,6
– Materialverbund	0,7
– Metall	1,3
Getränkeverpackung	
– Glas	1,3
– PET, sonst. Kunststoffe	1,2
– Materialverbund	0,8
– Metall	0,4
Gesamt	*14,2*

Eine Studie zur Zusammensetzung des Hausmülls in der Bundesrepublik Deutschland im Jahr 1985 hatte im Durchschnitt ca. 30 % organische Stoffe, 12 % Papier, 9 % Glas und 3 % FE- und NE-Metalle ergeben. Die problemstoffhaltige Hausmüllmenge betrug pro Einwohner und Jahr 1,2 bis 1,5 kg; es handelte sich dabei zum Beispiel um Batterien, Leuchtstoffröhren, Farben und Lacke, die unter anderem organische Schadstoffe und verschiedene Schwermetalle enthalten [9.24].

Unter allen Maßnahmen zur Verminderung des Hausmüllanteils, der beseitigt werden muss, stellte die Verwertung der organischen Anteile, insbesondere der Biofraktion, den größten ökonomischen Nutzen dar. Während 1987/88 in der Bundesrepublik (alte Bundesländer) 430.000 Haushalte an laufende Bioabfallaktivitäten angeschlossen waren, erhöhte sich die Zahl 1999 auf etwa 20 Mio. Haushalte. Derzeit sind über 558 Kompostwerke in Betrieb, die neben Bioabfall auch Grünabfälle kompostieren [9.18].

In Tabelle 9.5 sind die Daten der bundesweiten Hausmüllanalyse 1985 hinsichtlich der Auswirkungen der getrennten Sammlung auf die Gehalte an Schwermetallen und Halogenen in einzelnen Wertstofffraktionen und im Restmüll. Die organische Fraktion des Hausmülls ist vor der Vermischung so gering wie die Nahrungsmittel mit Metallen belastet. Wird diese Fraktion dagegen nachträglich aus dem gemischten Müll abgetrennt, so ist sie anschließend stark schwermetallhaltig. In der organischen Hausmüllfraktion fanden sich dann 65 % des Kupfer, 55 % des Bleis, 40 % des Zinks und 35 % des Cadmiums [9.25].

Tabelle 9.5 Die spezifische Entfrachtung des Hausmülls von Schwermetallen und Halogenen (bezogen auf etwa 230 kg/E.a) durch getrennte Sammlung [9.25]

gesammelte Stoffgruppe im Hausmüll		Anteil am Gesamtmüll in %							
		Cd	Pb	Zn	Cu	Cr	Ni	Cl_{Σ}	$F_{org.}$
Papier/Pappe	15,2 %	2,9	3,4	3,3	33,0	4,4	12,7	5,7	22,1
Kunststoffe	5 %	71,4	2,9	6,5	12,7	1,8	7,3	57,9	1,0
Biomüll	37 %	2,9	2,7	8,6	14,9	5,7	34,7	1,2	1,0
Metalle/Glas	10,5	11,4	19,3	19,1	25,5	64,2	37,3	–	–
Summe	67,7	88,6	28,3	39,5	86,1	76,1	92,0	64,8	24,1

Zur Beurteilung der Verbrennbarkeit von Müll wird der untere Heizwert H_u eingesetzt; er ergibt sich aus dem oberen Heizwert durch Abzug der für die Verdampfung des im Müll enthaltenen Wassers und der zur Erwärmung seiner Inertanteile auf Verbrennungstemperatur benötigten Wärme. Abbildung 9.3 zeigt, dass bei einer gleichzeitigen Entnahme von Altpapier, Glas und Metall kaum eine Veränderung des Heizwertes resultiert. Die Entnahme von Biomüll führt zu einer Erhöhung, eine Entnahme von Kunststoffen zu einer Absenkung des Heizwertes.

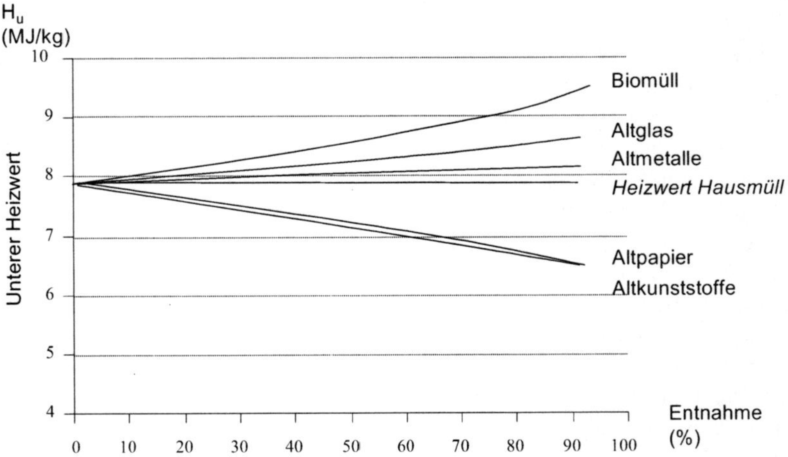

Abb. 9.3 Änderungen des Heizwertes bei Entnahme verschiedener Wertstoffe [9.26]

9.2 Sammlung und Aufbereitung von Abfällen

9.2.1 Sammelsysteme

Der Bereich Sammlung-Umschlag-Transport spielt innerhalb der Abfallwirtschaft eine wichtige und häufig unterschätzte Rolle [9.18]. Immerhin verursacht dieser Bereich 30–40 % der Gesamtkosten der Abfallbeseitigung und bietet damit bei Verbesserungen in Organisation und Durchführung erhebliche Einsparmöglichkeiten.

Die Beurteilung eines Sammelsystems sowie die Überprüfung der Organisation hinsichtlich der Zielsetzung werden anhand folgender Kriterien vorgenommen:

- Wirtschaftlichkeit,
- Arbeitssicherheit,
- Hygiene,
- Auswirkungen auf die Wertstoffsammlung,
- Anforderungen der nachgeschalteten Behandlungs- und Beseitigungsanlagen,
- städtebauliche Aspekte,
- Benutzerkomfort,
- Reservehaltung,
- Reparaturanfälligkeit,
- physische Beanspruchung des Ladepersonals.

Die Kriterien müssen immer gemeinsam und in einem ausgewogenen Verhältnis berücksichtigt werden, um die Vernachlässigung einzelner Bereiche und damit die Beeinträchtigung des gesamten Systems zu vermeiden. Eine ausführliche Darstellung der Systeme für die Sammlung, den Umschlag und Transport von Abfällen und Wertstoffen geben *Bilitewski* et al. [9.18].

9.2.2 Behandlung von Massenabfällen

Bei Massenabfällen mit mäßig hohen Schadstoffanteilen – Baggerschlämme sind ein Beispiel – sollte ein Aufbereitungsprinzip zur Anwendung kommen, bei dem mit möglichst geringen Kosten eine Voranreicherung der schadstoffhaltigen Komponenten durchgeführt wird, die dann mit aufwendigen Methoden weiterbehandelt oder in kleinen Volumina sicher „endgelagert" werden. Das Prinzip der niederländischen Forschungsanstalt „TNO" ist in Abb. 9.4 (nach van Gemert et al. [9.27]) dargestellt: Die „A"-Techniken werden großmaßstäblich angewendet, bei niedrigen Kosten pro Masseneinheit und relativ hoher Flexibilität, was die Änderungen der äußeren Bedingungen anlangt; die Anlagen können ggf. mobil bzw. transportabel sein. Die „B"-Techniken sind demgegenüber für die Behandlung kleinerer Massenströme konzipiert, in denen höhere Schadstoffkonzentrationen vorliegen; die Behandlungskosten pro Masseneinheit sind höher, die technische Ausstattung ist komplizierter und die Anforderungen an das Bedienungspersonal sind relativ hoch. Solche Anlagen sind i. Allg. stationär.

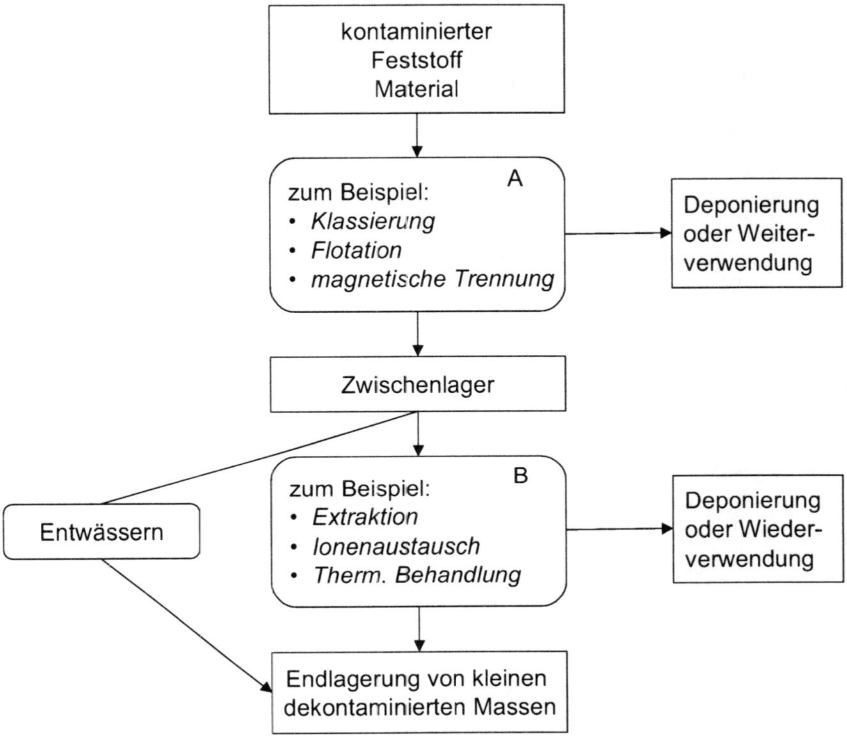

Abb. 9.4 Schema der Behandlungsschritte für kontaminierte Feststoffe [9.27]

Ein Beispiel für den Einsatz einer „A"-Technik ist die Abtrennung der schadstoffarmen Sandanteile aus dem Baggerschlick des Hamburger Hafens durch eine Kombination von Hydrozyklontrennung und Aufstromklassierung in der Aufbereitungsanlage „METHA" (*me*chanische *T*rennung von *Ha*fenschlick [9.28]. Die Hydrozyklonseparierung besitzt eine relativ geringe Trennschärfe bei einer hohen Durchsatzleistung; mit dem nachgeschalteten Aufstromklassierungsschritt kann die Grenzkorngröße genauer eingestellt und die angestrebte Abtrennung der feinkörnigen Schadstoffträger erreicht werden.

9.2.3 Chemisch-physikalische Behandlung von Industrieabfällen

Struktur von chemisch-physikalischen Abfallentsorgungsanlagen [9.29]
Sonderabfälle, die für eine chemisch-physikalische (CP-)Behandlung ausgewählt sind, werden entweder einem anorganischen oder organischen Strang zugeleitet; es sind dementsprechend zunächst zwei Behandlungslinien für anorganisch und organisch belastete Abfälle zu trennen. Eine weitere Unterscheidung betrifft:

- *Entgiftungs-Verfahren*, die umweltschädliche Komponenten von gefährlichen Sonderabfällen in umweltverträglichere Komponenten umwandeln, und

- *Entfrachtungs-Verfahren*, welche die Hauptbestandteile des Abfalls von den unerwünschten Begleitstoffen weitgehend befreien.

Diese prinzipielle Unterscheidung ist wichtig für Abfälle, die hohe Anteile an Inertstoffen oder Nutzstoffen, z. B. Wasser, enthalten; sind dagegen nur geringe Anteile einer unbedenklichen Matrix vorhanden, so müssen die Abfälle als Ganzes umgewandelt, d. h. im allgemeinen gespalten oder verbrannt werden.

Im anorganischen Behandlungsstrang können Verfahrensschritte wie Neutralisation, Fällung, Flockung, Oxidation, Reduktion und Entwässerung in Auswahl und in Kombination eingesetzt werden. Mengenmäßig überwiegen die schlammbildenden Reaktionen, die abzulagernde Rückstände erzeugen. Den Hauptverfahren können Vorbehandlungsschritte wie Homogenisierung usw. vorgeschaltet werden. Evt. kann eine weitergehende Nachbehandlung z. B. durch Aktivkohleadsorption, Stripping, Nachfällung als Sulfid, Ionenaustausch oder Umkehrosmose, notwendig werden (siehe Abschn. 6.4.4 und 7.3.2).

Im organischen Behandlungsstrang werden für den mengenmäßig bedeutsameren Bereich der Trennung verschiedener Öl-Wasser-Gemische Verfahren wie Destillation, chemische Spaltung und Membranfiltration eingesetzt. Die rein organischen Abfälle sind vorrangig zu verbrennen (u. U. Sonderabfallverbrennung).

Typische Beispiele für die beiden Behandlungsstränge sind die Entgiftung metallhaltiger Abfälle und die Emulsionstrennung [9.18]:

Entgiftung

Standard-Entgiftungsverfahren werden für chromathaltige Abfälle eingesetzt, die bei der Oberflächenbehandlung und Metallveredelung in Metallverarbeitungs- und Galvanisierungsbetrieben entstehen, für cyanidhaltige Abfälle aus der Metallhärtung und Elektroplatierung sowie für nitritreiche Schlämme, die in größeren Mengen beim Härten (Warmbadschlamm) und bei der spanenden Fertigung (Rostschutzzusätze in den Kühlemulsionen). Während Chrom als schwerlösliches Cr-Sulfat (Reaktion mit SO_2) oder nach Reduktion des Chromats (mit Natriumhydrogensulfit bzw. Eisen-(II)-Salzen unter sauren Bedingungen) als 3-wertiges Chromhydroxid ausgefällt wird, kann die Entgiftung von Cyanid und Nitrit durch eine Oxidationsreaktion, z. B. mit Natriumhypochlorit, erreicht werden.

Emulsionstrennung

Emulsionen – Gemische mehrerer nicht ineinander löslicher Flüssigkeiten – fallen bei der Behandlung von Öl, Wasser und Schlammgemischen an, vor allem aus ölhaltigen Abwässern der metallverarbeitenden Industrie. Es wird zwischen Kühl- und Schmierstoffen auf Mineralölbasis (Bohr- und Schleifemulsionen), halbsynthetischen Ölen mit geringem Mineralölanteil und mineralölfreien Produkten (für Wasch- und Reinigungsanlagen sowie Entfettungsbädern) unterschieden. Je nach Verwendungszweck werden Additive wie Emulgatoren (zur Herabsetzung der Oberflächenspannung), Stabilisatoren/Hochdruckzusätze (Chlor-, Phosphor- oder Schwefelkomponenten) sowie korrosionshemmende Substanzen zugegeben.

Die Vorbehandlung der Gemische erfolgt durch Sedimentation oder Zentrifugation bzw. Dekantierung. Für die weitere Trennung werden chemisch-physikalische Verfahren wie z. B. Flockungs- oder Fällungsmethoden (Abschn. 6.4.2) oder thermische Verfahren eingesetzt. Bei der Emulsionsspaltung durch Verdampfung entsteht praktisch kein Schlamm und der Energiebedarf ist speziell bei mehrstufigen Vakuumverdampfern relativ gering. Die schadstoffbelasteten Altöle mit hohem Heizwert sollten einer Sonderabfallverbrennung zugeführt werden.

9.2.4 Behandlung halogenorganischer Abfälle [9.30]

Abfälle mit Gehalten an halogenorganischen Verbindungen, die auf ca. 200.000 t in der alten Bundesrepublik geschätzt wurden, bilden ein vorrangiges Problem der Abfallwirtschaft. Die Erforschung und Demonstration alternativer und innovativer Behandlungsverfahren profitierte vor allem von dem Programm der U.S. Umweltbehörde „Superfund Innovative Technology Evaluation" – kurz SITE-Programm genannt [9.31]. Eine Übersicht über die Leistungsfähigkeit verschiedener Techniken zum thermischen CKW-Abbau geben u. a. *Dehoust/Ewen/Gensicke* ([9.30], Tabelle 9.6).

Tabelle 9.6 Zerstörungs-/Umwandlungsraten fortschrittlicher Verfahren [9.30]

Verfahren	Z/U-Raten für chlorierte Verbindungen und PAK in %				
	Dioxine/ Furane	PCB	CKW	Pestizide	PAK
Hydrierung	>99,9	>99,999	>99,9	>99	
Pyrolyse im Elektroreaktor					
Natrium-Verfahren	>99,999	>99,7	>99,999	>99,99	
Rührbett-Technologie	>99,99999	>99,9999	>99,9999		
Hoch-Temp.-Verbrennung		>99,999999			
Verbrennung im Salzbad		>99,9999	>99,99999	>99,99	
Hoch-Temp.-Plasma-Ofen		>99,9999	>99,9999		
Infrarot-Durchlauf-Ofen	>99,9999	>99,999	>99,999		>99,9
Katalytische Oxidation			>99,9		
Nass-Oxidation	99	95	99,99	>99,8	>99,7
Photolyse	>99,9	95		>99,9	

Eine sinnvolle Kombination von Verfahrensschritten ist [9.30]:

- für ölige Abfälle: Hydrierung oder Alkali-/Erdalkali-Verfahren;
- für wässrige Abfälle: Oxidations- oder biologische Verfahren;
- für Böden: Infrarot-Durchlaufofen, Photolyse, Pyrolyse im Elektroreaktor oder mittels biologischer Verfahren;
- für CKW und Mischabfälle: Hydrierung, Alkali-/Erdalkaliverfahren, Hochtemperaturverbrennung (>2000°C), Hochtemperaturvergasung oder Destillation.

9.2.5 Kompostierung

Die Kompostierung ist ein Vorgang, der auf mikrobiologischen Stoffwechselprozessen beruht. Dabei entsteht aus den im Müll enthaltenen organischen Stoffen in einem exothermen Prozess und Kohlendioxidentwicklung im Zeitraum von mehreren Monaten ein organomineralisches Bodenverbesserungs- und Düngemittel, das Nitrate und Sulfate enthält; Zellulose und Lignin bilden die Humussubstanz. Die in den Abfällen enthaltenen Krankheitserreger werden vernichtet. Gleichzeitig wird Unkrautsamen keimunfähig. Diese Umwandlung in hygienisch unbedenkliches Material wird als Rotteprozess bezeichnet. Da die abbaubaren Verbindungen im Müll erheblich konzentrierter als im Boden vorliegen, tritt hier meist starke Selbsterhitzung auf (Abb. 9.5).

Durch entsprechende Einstellung der Prozessparameter müssen optimale Bedingungen für eine Massenentwicklung von Mikroorganismen geschaffen werden. Dabei sind folgende Faktoren zu berücksichtigen [9.32, 9.33]:

- Ausreichende *Luftzufuhr* ist notwendig um anaerobe Faulungsprozesse zu vermeiden, die zu längeren Abbauzeiten, starker Geruchsentwicklung und mangelhafter Entseuchung führen können.
- Die Lebensfähigkeit der Mikroorganismen ist an die gleichen Nährstoffe gebunden, die auch die höheren Pflanzen benötigen. Für die Kompostierung ist ein *C/N-Verhältnis* von 35:1 bis 20:1 erforderlich. Um ein häufig auftretendes Stickstoffdefizit auszugleichen, bieten sich vor allem Abwasserklärschlämme mit C/N-Verhältnissen von 10:1 bis 13:1 an.
- Toxisch wirkende Stoffe, Salzkonzentrationen und stark saures oder basisches Milieu hemmen die Tätigkeit der v. Der *pH-Wert* bei der Kompostierung sollte zwischen 5 und 8 liegen.
- Wichtig ist die *Anzahl an Mikroorganismen* im Rohmüll, die sich unter optimalen Bedingungen im Verlaufe der Verrottung auf das 100- bis 100.000fache erhöht. Der Rotteprozess kann durch Impfung mit an Mikroorganismen reichem Fertigkompost beschleunigt werden (Impfkompostrückführung).

Die Kompostierung erfolgt im Allgemeinen in zwei Stufen, der Vor- oder Intensivverrottung und der Nachverrottung [9.32, 9.34]:

1. Bei der Vorrotte gibt es dynamische Verfahren, bei denen das Material dauernd bewegt wird, damit Luft an alle Teil herankommt und das Auftreten von anaeroben Stellen im Material verhindert wird. Im Rotteturm oder in der Rottetrommel wird in 1 bis 2 Tagen ein Frischkompost erzielt. Beim statischen Verfahren wird Luft durchgepresst; solche Verfahren entsprechen mehr der natürlichen Rotte, da Pilze nur auf ruhigem Material optimal wachsen.
2. Bei den Nachrotteverfahren wird heute zunehmend an Stelle der früher üblichen Dreiecksmieten, die im Innern leicht anaerob werden, der Kompost auf Wandermieten geschichtet. Die Wandermiete besitzt eine schnellere Rotte und verbraucht durch ihre Trapezform eine geringere Fläche.

Anschließend wird der Kompost gesiebt und es werden zwei Siebklassen und ein Überkorn gewonnen; außerdem können zur Feinaufbereitung bspw. eine Metallabscheidung und Windsichtung zur Folienabtrennung eingesetzt werden [9.18].

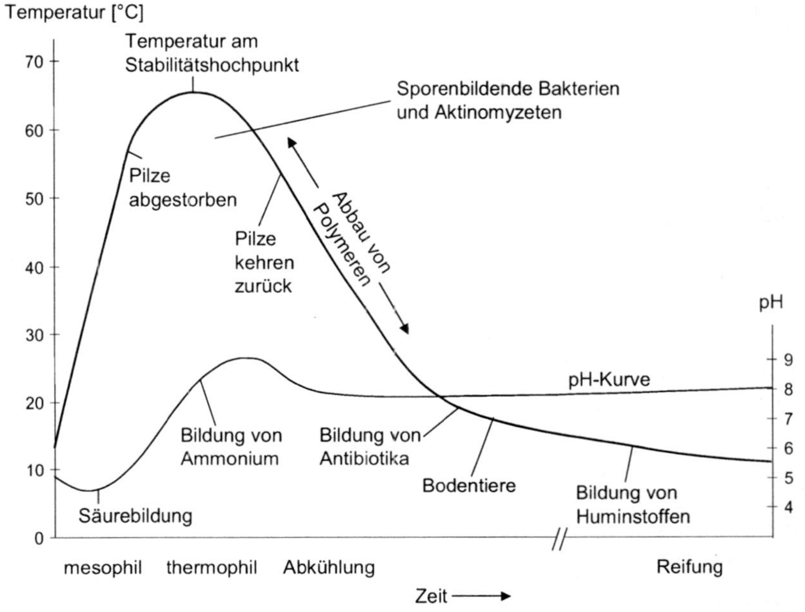

Abb. 9.5 Temperatur- und pH-Verlauf während der Kompostierung (nach [9.35, 9.36])

Die Beeinträchtigung der Umwelt durch Kompostierungsanlagen ist gegenüber anderen Müllbeseitigungsanlagen gering. *Geruchsprobleme* sollten bei der aeroben Zersetzung eigentlich nicht auftreten, doch war dies besonders bei gemeinsamer Kompostierung mit Klärschlamm häufig der Fall. Eines der Hauptprobleme bei der Verwendung von Müllkompost ist sein Gehalt an *Schwermetallen*. Es ergibt sich daraus die Forderung nach geeigneten Formen der Sammlung, insbesondere durch eine getrennte Erfassung der organischen Müllfraktion (Nassmüll) ohne Vermischung mit dem schwermetallhaltigen Feinmüll, sowie nach einer Zugabe nur von schwermetallarmem Klärschlamm.

Mechanisch-Biologische Vorbehandlung von Abfällen [9.39]

Die mechanisch-biologische Vorbehandlung (MBV) von Siedlungsabfällen verfolgt das Ziel, alle mikrobiell leicht verfügbaren organischen Komponenten vor der Deponierung zu mineralisieren und damit eine möglichst geringe Restaktivität bzw. Restemission der Abfallrückstände zu erreichen. Mechanisch-biologische Vorbehandlungsverfahren basieren auf den Verfahren zur BRAM-(Brennstoff aus Müll)Gewinnung und sind Teil von Kombinationslösungen mit thermischen Abfallbehandlungsmethoden [9.18]. Die Zulassung von mechanisch-biologischen Verfahren bei der Abfallentsorgung wird in der Abfallablagerungsverordnung (AbfAblV, [9.40]) geregelt. Damit soll erreicht werden, dass der Stand der Technik der Müllverbrennung zum Maßstab für Mindestanorderungen an andere Restabfallbehandlungsverfahren wird [9.5].

9.3 Müllverbrennung

Das Ziel bei der Müllverbrennung ist zunächst, das Volumen der Abfälle zu reduzieren. Die Volumenreduktion beträgt ohne Schlackenverwertung rund 80 %, bei Aufbereitung und Verwertung der Schlacke ca. 95 %. Die Gewichtsreduktion liegt bei 60 bis 70 Gew.-%. In letzter Zeit ist man zunehmend bestrebt, diese Anlagen als Müllheizkraftwerke zu betreiben.

Die Randbedingungen, an denen sich die technische Entwicklung der thermischen Abfallbehandlung orientieren muss, sind:

- die gasförmigen Emissionen müssen bis auf das Minimum, das aus Umweltgesichtspunkten akzeptabel ist, reduziert werden (Abschn. 9.3.2);
- die festen Abfälle müssen so konditioniert werden, dass sie verwertet oder ohne Umweltbeeinträchtigung abgelagert werden können (Abschn. 9.3.3);
- in einem möglichst kleinen Rest sollen die anorganischen Schadstoffe – hauptsächlich Schwermetalle – konzentriert werden, die wiedergewonnen oder untertägig als Sonderabfall abgelagert werden (Abschn. 9.4.4).

Die thermische Abfallbehandlung umfasst verschiedene Techniken, die in direkte Verbrennungs- und in Kombinationsverfahren eingeteilt werden:

Direkte Verbrennungsverfahren
Diese Verfahren enthalten als wesentlichen Entsorgungsschritt die Zersetzung und weitgehende Oxidation von Abfallbestandteilen bei hohen Temperaturen (etwa 900°–1100°C bei Siedlungsabfällen und über 1200°C bei Sonderabfällen [9.41]); die anorganischen Komponenten werden in mineralisierte Schlacke umgewandelt. Schadstoffarme Abfallfraktionen können auch in Kohlefeuerungen oder Industriefeuerungen (z. B. Zementherstellung) eingesetzt werden[2].

Indirekte Kombinationsverfahren (Pyrolyse, Vergasung, BRAM)
Bei diesen Verfahren werden die organischen Inhaltsstoffe in zumeist mehreren Prozessstufen umgewandelt, oder sie werden so aufbereitet, dass sie in weiteren Bearbeitungsstufen vor allem energetisch genutzt werden können. Bei der *Pyrolyse* erfolgt die thermische Zersetzung des organischen Materials unter weitgehender Sauerstoffabwesenheit vor allem zu Brenn- und Synthesegasen, kondensierten Komponenten und festen zumeist kohlenstoffhaltigen Produkten (Abschn. 9.5.4). Bei der *Vergasung* wird der Kohlenstoffanteil mit Vergasungsmitteln (z. B. Wasserdampf, Luft oder Sauerstoff zu Kohlenmonoxid und -dioxid sowie Wasserstoff umgesetzt. Die Erzeugung fester Brennstoffe (BRAM) aus Abfällen erfordert z. B. bei Hausmüll eine Separierung hochenergetischer Müllfraktionen. Eine Übersicht der am Markt befindlichen Verfahren und deren Verfahrensspezifizierung werden in Tabelle 9.7 (nach Bilitewski u. Gillmann [9.47]) gegeben.

---

[2] Mit der Novelle der 17. BImSchV [9.42] werden die Anforderungen für die Mitverbrennung weitgehend an die klassischen Abfallverbrennungsanlagen („Monoverbrennung") angeglichen. Dazu wurden neue anspruchsvolle Emissionsgrenzwerte festgelegt, welche die bisher geltende so genannte „Mischungsregel" ersetzen. Darüber hinaus legt die 17. BImSchV u. a. Anforderungen für die Annahme und Lagerung von Abfällen fest.

Tabelle 9.7 Übersicht thermischer Verfahren zur Abfallbehandlung und deren Merkmale [9.43] (GM – Gasmotor, GuD – Gas- und Dampfturbinenprozess; HK – Heizkraftwerk)

Trocknung	Pyrolyse	Vergasung	Verbrennung	Verfahrenssynonym, Apparate
Rost (auch mit Sauerstoffanreicherung, Wasserkühlung)				Vorschub-, Rückschub-, Walzenrostfeuerung
Etagenofen		Wirbelschicht		Etagenwirbler
Wirbelschicht (stationäre, rotierende oder zirkulierende)				Rowitec, Thermitec
Rost		Drehrohr		Duotherm
Drehrohr		Schmelzkammerkessel		Schwel-Brenn-Verfahren
Entgasungskanal	Festbettvergaser		GM/GuD/HK	Thermoselect
Brikettierung	Festbettvergaser		GM/GuD/HK	GSP-Vergaser
Drehrohr		Flugstrom-vergasung	GM/GuD/HK	Noell-Konversionsverfahren
Wirbelschichtvergaser (Luft)			GM/GuD/HK	Ökogas, Wikonex
Staub-, Rost-, Wirbelschichtverfeuerung für Kohle und Abfall				Mischfeuerung

Thermische Abfallbehandlungsanlagen in Deutschland

Ende 2007 waren in Deutschland 61 Anlagen zur thermischen Behandlung von Rest-Siedlungsabfällen mit einer jährlichen Kapazität von ca. 18 Mio. t in Betrieb [9.19]. Diese Anlagen besitzen ein Energiepotenzial von etwa 10 Mio. MWh/a; würde dieses voll zur Stromerzeugung genutzt, könnte der Anteil der Siedlungsabfallverbrennung an der Brutto-Stromerzeugung von ca. 600 TWh bei etwa 1,5 % liegen. Unter den 67 Anlagen sind 2 Pyrolyse-Anlagen und 1 Vergasungsanlage. In 14 Anlagen wird kommunaler Klärschlamm mitbehandelt. Die meisten Anlagen werden abwasserfrei betrieben. In der Regel werden die Rostschlacken aufbereitet und zusammen mit dem Eisenschrott stofflich verwertet.

Tabelle 9.8 Entwicklung der Hausmüllverbrennung in Deutschland von 1992 bis 2007. [3]Schätzwerte. Nach [9.44, 9.19]

	Anzahl der Anlagen	Kapazität in 1.000 t/a	Anschlussgrad % Bevölkerung	Durchsatz/Anlage in 1.000 t/a
1992	50	9.500	28,1	190
1999	61	13.736	37,5	230
2005	67	16.160		241
2007[3]	72	17.779		247

9.3.1 Müllverbrennungsanlagen[3]

Die wesentlichen Teile einer Müllverbrennungsanlage sind:
1. Müllbunker mit Aufgabevorrichtung,
2. Verbrennungsraum,
3. Rauchgaskühleinrichtung mit oder ohne Wärmenutzung,
4. Entschlackungseinrichtung
5. Rauchgasreinigungsanlage.

Folgende technische Kriterien sollten berücksichtigt werden [9.45, 9.46]:
- Haus- und Industriemüll bedarf allgemein keiner besonderen Aufbereitung. Sperrmüll muss dagegen, soll er nicht in einem gesonderten Verbrennungsraum verbrannt werden, einer Zerkleinerung unterworfen werden. Schlammförmige industrielle Rückstände können auf das Brennstoffbett aufgedüst bzw. pastöse als Deckschicht aufgegeben werden.
- Um eine Geruchsbelästigung der Umgebung zu vermeiden, ist der Müllbunker mit Toren nach außen abgeschlossen. Die zur Verbrennung benötigte Luft wird aus dem Müllbunker abgesaugt, wodurch in ihm ein geringer Unterdruck und damit eine Luftströmung von außen nach innen erreicht wird (Unterdruckbetrieb der Müllbunkerung).
  Die Verbrennungsbedingungen sind generell wie folgt einzuhalten [9.46, 9.47]:
- Bei Müllverbrennungsanlagen mit Rost (s. u.) besteht dessen wichtigste Aufgabe darin, die Brennstoffschicht aufzulockern, umzuwälzen und zu vergleichmäßigen. Das ist wiederum die Voraussetzung dafür, dass die durch schneller brennende Bestandteile des Verbrennungsgutes auf dem Rost entstandenen Leerstellen beseitigt werden. Das gesamte Rostsystem sollte dem Reaktionsablauf Trocknung-Zündung-Verbrennung-Ausbrand entsprechend regelbar hinsichtlich der Müllverweilzeit und der Verbrennungsluftbeaufschlagung sein.
- Die Rauchgastemperatur soll mindestens 800°C betragen, um alle bei der Verbrennung entstehenden Geruchskomponenten zu beseitigen (zur Verminderung feuerungsabhängiger Emissionen sind in einer nachgeschalteten Brennkammer Temperaturen von >850°C erforderlich; s. Abschn. 9.3.2). Damit diese Temperatur in der Nachverbrennungszone sichergestellt ist, muss zum Anfahren der Anlage der Feuerraum vorgeheizt werden. Zur Vorheizung sind Stützbrenner installiert, die mit Gas, Öl oder Kohlenstaub betrieben werden [9.18].
- Bei der Kesselanlagengestaltung ist der Hochtemperaturkorrosion Rechnung zu tragen. Eine ungenügende Homogenisierung des Mülls vor dem Beschicken bewirkt eine Bildung reduzierender Rauchgassträhnen, die im Zusammenwirken mit darin enthaltenen korrosiven Bestandteilen (z. B. Chlorkohlenwasserstoff) Zerstörungen hervorrufen. Wirksamen Schutz bieten niedrige Rohrwandtemperaturen. Diese wiederum können nur durch niedrige Drücke und Temperaturen des erzeugten Dampfes erreicht werden.

[3] Mitverbrennung, z. B. in Kohlekraftwerken, siehe Abschn. 6.5.5 über die Trocknung und Verbrennung von Klärschlämmen mit Angaben zu Verbrennungskapazitäten und einer Darstellung künftiger Perspektiven (Kasten).

Müllverbrennungsanlagen mit Rost

Die Anlagen mit Rost dienen vorwiegend der Verbrennung von Siedlungsabfällen, doch sind sie durchaus geeignet, bis zu 25 % Industrieabfälle hohen Heizwertes (20–30 MJ/kg) mit zu verbrennen. Schlammiges oder schmelzendes Material darf bis zu 10 % im Brennstoff enthalten sein. Bei den Verfahren mit Rost sind für die Müllverbrennung Verfahren mit bewegtem Rost von Bedeutung [9.46]:

- Bei Wanderrostanlagen sind stets mehrere Einzelroste stufenförmig hintereinander angeordnet, d. h. ein Zuteilungs- und Trockenrost, ein oder mehrere Verbrennungsroste und ein Ausbrandrost. Auf dem jeweiligen Einzelrost kommt es dabei zu keinerlei Schürwirkung; diese wird erst und insgesamt betrachtet nur unvollkommen durch die Abkippstellen zwischen den einzelnen Rosten erreicht. Je nach Müllheizwert werden Rostwärmebelastungen von 1,25 bis 2,5 x 10^6 kJ m^{-2} h^{-1} als zulässig erachtet.
- Der Walzenrost, der für die Müllverbrennung entwickelt wurde, besteht aus mehreren in der Höhe gestaffelt angeordneten Walzen. Alle Walzen sind hinsichtlich Drehgeschwindigkeit und -richtung getrennt regelbar, so dass während des Verbrennungsvorganges eine gute Umschichtung und Auflockerung des Brennstoffs vorgenommen wird. Je nach Heizwert des Mülls werden Rostwärmebelastungen von 0,8 bis 2,1 x 10^6 kJ m^{-2} h^{-1} erreicht. Walzenrostanlagen haben sich für mittlere bis große Durchsätze bewährt.

Wirbelschichtverfahren

Die Wirbelschichttechnologie besitzt bei Verbrennungsprozessen die Vorteile einer geringen NO_x-Bildung und die Möglichkeit, saure anorganische Komponenten durch Additive im Wirbelbett zu binden. Der Wirbelschichtofen wird für die Verbrennung schlammiger Stoffe eingesetzt, eignet sich jedoch auch für flüssige sowie fein- bis grobkörnige feste Abfälle. Von Nachteil ist die hohe Staubbeladung des Rauchgases, während als Vorteil verbucht werden kann, dass eine kurzfristige Inbetriebnahme des Aggregates bei niedrigem Wärmeverbrauch möglich ist, so dass sich der Wirbelschichtofen für eine intermittierende Betriebsweise anbietet. Es sind verschiedene Systeme in der Entwicklung und teilweise bereits im Einsatz, wobei lediglich die japanischen Anlagen reine Hausmüllverbrennungsanlagen sind, während in den Anlagen in Europa Siedlungsabfälle oder Fraktionen hieraus nur in Kombination mit anderen Abfallstoffen verbrannt werden [9.47].

Drehrohröfen

Drehöfen haben sich für die Verbrennung von Industrieabfällen durchgesetzt, finden bei der Hausmüllverbrennung jedoch nur als Ausbrennaggregat hinter Rostfeuerungen Verwendung. Da sich in der Zukunft „Restabfälle“ aus Siedlungsabfall im wesentlichen nur noch durch ihre Heterogenität und ihrer Schadstoffkonzentration von Sonderabfällen unterscheiden werden, sind ähnliche thermische Behandlungsverfahren wie für die Sonderabfallverbrennung anwendbar [9.48]. Langjährige Erfahrungen mit der Sonderabfallverbrennungsanlage in Biebesheim haben gezeigt, dass auch bei einer von der Genehmigungsbehörde geforderten Verbrennungstemperatur von 1200°C (u. a. zur Verbrennung von PCB-Abfällen) die Drehrohröfen weitgehend problemlos arbeiteten [9.49].

9.3.2 Rauchgasreinigung

Stickoxidreduktion

Die Entstehung und Freisetzung von Stickoxiden bei Verbrennungsvorgängen wurde in Kap. 5 abgehandelt. Auch in Müllverbrennungsanlagen sind die NO_x-Emissionen vor allem dort ein Problem, wo durch eine sehr kompakte, intensive Verbrennung der Ausbrand optimal realisiert wird.

Als NO_x-Minderungstechniken (Abschn. 5.3.4) von Abfallverbrennungsanlagen kommen grundsätzlich die selektive nicht-katalytische Reduktion (SNR- oder SNCR-Verfahren) und die selektive katalytische Reduktion (SCR- bzw. SCR-Kaltend/Reingas-Schaltung) in Frage, bei denen Ammoniak oder Harnstoff in den Feuerraum eingedüst werden. Wichtig für die nicht-katalytische Entstickung ist die Einhaltung eines Temperaturbereichs von 850 bis maximal 1050°C. Bei Temperaturen oberhalb 1050°C tritt eine Oxidation des Ammoniaks zu Stickstoffmonoxid bzw. Selbstoxidation der Aminradikale von Harnstoff zu Stickoxid auf.

Reduzierung der PCDD/PCDF-Emissionen

Hinweise zur Optimierung der Prozessführung und für nachgeschaltete Maßnahmen zur Minderung von Dioxin-Emissionen erbrachten u. a. die Untersuchungen an der Pilot-Verbrennungsanlage des Forschungszentrums Karlsruhe [9.50]:

- verminderter Mülleintrag führt zu reduzierter Rostbelegungsdichte und niedrigen Dioxin/Furan-Werten;
- mit steigender „Luftzahl", dem Verhältnis Primärluftmenge zu Müllmassenstrom, nehmen die Dioxin/Furan-Konzentrationen ab;
- Nasswäschen stellen geeignete sekundäre Minderungsmaßnahmen für Dioxine/Furane dar; Abscheidegrade von ca. 90 % wurden gefunden;
- mit Hilfe von Wasserstoffperoxid können gasförmig vorliegende Dioxine/Furane mit guter Ausbeute zerstört werden.

Untersuchungen an einer konventionellen MVA zeigten, dass die PCDD/F-Gehalte proportional zur Verweilzeit der Asche in den Kesselrohren ansteigen [9.51]. Durch eine möglichst effektive Verbrennung und die Minimierung des Pyrolysebereichs zwischen Trocknungs- und Verbrennungszone, bspw. durch eine Zyklonentstaubung, bei der das kritische Temperaturfeld rasch überbrückt wird, kann die *in-situ*-Bildung von Dioxinen und Furanen deutlich verringert werden [9.52]. Nachgeschaltete Adsorptionsfilter auf der Basis von Aktivkohle und künstlichen oder natürlichen Zeolithen bilden den Stand der Technik zur Abscheidung schädlicher Spurenstoffe wie z. B. polychlorierte Dioxine/Furane sowie Hg [9.43].

Die gesamte Dioxin-Emission aus 66 Müllverbrennungsanlagen in Deutschland ist nach Einführung der Filteranlagen von 400 Gramm auf weniger als 0,5 Gramm gesunken [9.53]. Kamen 1990 ein Drittel aller Dioxin-Emissionen in Deutschland aus Müllverbrennungsanlagen, waren es im Jahr 2000 weniger als 1 %. Allein Kamine und Kachelöfen tragen rund 20 Mal mehr Dioxin in die Umwelt ein als Müllverbrennungsanlagen. Aus der Metallgewinnung und -verarbeitung, den stärksten Emittenten stammen 40 Mal mehr Dioxin als aus diesen Anlagen [9.53].

9.3.3 Rückstandsbehandlung

Pro Tonne Müll fallen 250 kg bis 350 kg Asche und Schlacke, 20 kg bis 40 kg Filterstaub und je nach Rauchgasreinigungsverfahren 8 kg bis 45 kg Reaktionsprodukte an, wobei die Menge aus der Nassadsorption am geringsten, die aus der Trockenadsorption am größten ist [9.54]. Die Rückstände werden teilweise verwertet, zum Teil deponiert. Insbesondere die hochgradig schadstoffhaltigen Filterstäube müssen für die Übertagelagerung aufbereitet werden, aber auch bei Aschen und Schlacken wird zukünftig ein Aufbereitungsschritt vor einer Deponierung erforderlich sein; hier sind unterschiedliche Verfahren wie Waschen, Sintern oder Schmelzen zu untersuchen. Schließlich fallen bei der Müllverbrennung auch Abwässer an, für die wegen ihrer Zusammensetzung spezielle Behandlungstechniken zu entwickeln sind.

Begriffe [9.55]
Die wichtigsten Stoffströme einer Abfallverbrennungsanlage und die Anfallstellen der Verbrennungs- und Rauchgasreinigungsrückstände sind schematisch in Abb. 9.6 wiedergegeben. Dabei zeigt sich, dass die verschiedenen Rückstände in der Fachliteratur uneinheitlich definiert sind – je nach der Herkunft der Autoren. Bauingenieure verwenden für den Rostabwurf häufig den Begriff „Asche", Abfallwirtschaftler eher den Begriff „Schlacke". Für die Kohleverbrennung gelten beide Begriffe: „Brennkammeraschen" sind die nicht geschmolzenen Rückstände aus Trockenfeuerungen mit Feuerraumtemperaturen von 1100°C bis 1300°C, „Schlacken" (Schmelzkammergranulate) sind die geschmolzenen Rückstände aus der Schmelzkammerfeuerung mit Feuerraumtemperaturen von etwa 1600°C.

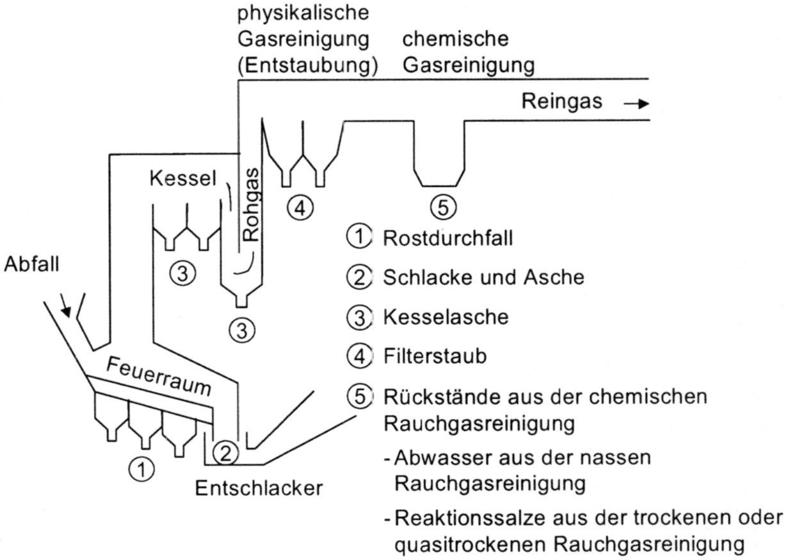

Abb. 9.6 Stoffströme einer Abfallverbrennungsanlage (Borchers et al. [9.55])

Mengen und Zusammensetzungen

Die Mengen- und Einzelkomponentenanteile der Verbrennungsprodukte hängen von der Zusammensetzung des Brennstoffs, der Feuerungsführung und der Rauchgasreinigung ab. Rohschlacken enthalten etwa:

- 3 % bis 5 % Unverbranntes;
- 7 % bis 10 % Eisen- und Nichteisenmetalle (Weißblech, Kupfer, Messing, Aluminium, Legierungen, Motoren etc.);
- 5 % bis 7 % grobstückiges Material >32 mm (Beton, Ziegel, Steine, Schlackebrocken etc.);
- 80 % bis 83 % feinstückiges Material <32 mm (s. o., Glas, Keramik, Porzellan etc.)

Flugstäube sind feinkörnig; 90 % der Masse hat ein Kornspektrum von 10 bis 100 µm [9.55]. Chemisch bestehen Schlacken und Flugstäube aus Metalloxiden und Silikaten, Salzen wie Chloriden und Sulfaten, Schwermetallen wie Zink, Blei und Cadmium. Insbesondere das letztgenannte Element ist in den Filterstäuben stark angereichert (Tabelle 9.9) und daraus vergleichsweise leicht eluierbar (Kasten im Abschn. 9.4.4, Seite 364).

Tabelle 9.9 Anreicherung typischer Schwermetalle in Schlacken und Filterstäuben aus Verbrennungsanlagen (nach [9.56]). AF = Anreicherungsfaktor im Vergleich zum Elementgehalt in der Erdkruste

	Erdkruste g/kg	Schlacke g/kg	*AF*	Elektro-Filterstaub g/kg	*AF*
Zink	0,07	4 … 15	*140*	13 … 39	*370*
Blei	0,013	1 … 17	*750*	6 … 50	*1200*
Cadmium	0,0002	0,01 … 0,14	*200*	0,2 … 0,6	*2000*

Nachbehandlung von Filterstäuben

Das Fernziel einer emissionsarmen, überwachungsfreien Ablagerung von Reststoffen, die sogen. „Endlagerqualität" (9.4.4), ist durch Waschprozesse, immobilisierende Zuschlagsstoffe und vor allem durch Verglasen oder Keramisieren von Rauchgasreinigungsrückständen erreichbar. Bei der Abwägung dieser Alternativen erscheint es als Vorteil, dass die Hochtemperaturbehandlung grundsätzlich die Möglichkeit der Wiederverwertung dieser Stoffe, z. B. als Baumaterialien, eröffnet. Eine Zusammenstellung von Methoden zur Verfestigung von Reststoffen aus der Müllverbrennung geben Faulstich u. Zachäus [9.57]; Beispiele sind:

- Aufbereitungsverfahren, mit den aus der Schlacke die metallischen Wertstoffe separiert, ggf. das Unverbrannte aussortiert und die Restschlacke für die Verwertung im Straßenbau klassiert werden.
- Verfestigungsverfahren und Waschverfahren: Anwendung immobilisierender Zuschlagstoffe wie hydraulische Bindemittel (z. B. Flugaschen und Zement) oder Tone (gute Adsorptionsfähigkeit von Tonmineralen, geringe Durchlässigkeit von Tonen). Auslaugung als Vorbereitung weiterer Aufbereitungsschritte.

Schmelzverfahren

Es gibt eine große Vielfalt von Schmelzverfahren für Rückstände, einige bereits mit großtechnischen Erfahrungen, andere in verschiedenen Entwicklungs- und Pilotstadien. In einem Verfahren, das von der TU Berlin zusammen mit der Bundesanstalt für Materialprüfung (BAM) entwickelt wurde [9.58], werden die aufbereitete Schlacke und der zugemischte Flugstaub einem elektrischen Lichtbogenofen zugeführt und unter reduzierenden Bedingungen geschmolzen. Nach dem reduzierenden Schmelzen entsteht ein Metallprodukt mit den hochsiedenden Elementen Kupfer, Chrom, Nickel und Eisen, welches im „Metallsumpf" abgezogen und der Weiterverwertung zugeführt wird. Das Kondensat enthält die leichtflüchtigen Metalle und die Chloridfracht. Die hohen Gehalte an Zink und Blei bieten auch hier eine metallurgische Aufbereitung in einer Buntmetallhütte an (Tabelle 9.10).

Tabelle 9.10 Möglichkeiten der Verwertung von Fraktionen des RedMelt-Verfahrens

Produkt	Entstehung	Anteil (%)	Hauptkomponenten	Verwertungsmöglichkeiten
Silicat	Schmelze bei allen Verfahren	80–85	Silizium, Aluminium Calcium, Natrium, Magnesium	Straßenbaustoff, Betonzuschlag; Sandersatz, Stahlmittel, Zement
Metall	Schrottabtrennung n. Abfallpyrolyse, Dichtetrennung von Schmelze	5–10	Eisen, Kupfer Phosphor, Silizium Schwefel, Nickel	Eisen, (Hochöfen, Stahlwerke), Kupfer, Eisen, (Schachtofen-Konverter)
Kondensat	Abgasfiltration bei nachgeschalteten Verfahren	2–5	Chlor, Natrium, Kalium, Blei, Zink, Schwefel	Zink, Blei (Imperial-Smelting), NaCl, KCl (Aluminiumindustrie)

Das Silicatprodukt stellt mit etwa 80 % bei allen thermischen Inertisierungsverfahren mit Schmelzen den Hauptanteil der entstehenden festen Produkte dar. Der Gehalt an Schwermetallen ist vom Input und den Redoxbedingungen abhängig. Beim reduzierenden Schmelzen sind die Schwermetallkonzentrationen geringer als beim oxidierenden Schmelzen; die Eluatwerte sind sehr günstig. Da das Silicatprodukt bei dieser Behandlung den größten Anteil ausmacht, ist dessen Verwertung vordringlich. Es hat ähnliche Eigenschaften wie Schmelzkammergranulate aus den Kohlekraftwerken und deshalb können ähnliche Einsatzgebiete ins Auge gefasst werden – Straßen und Wegebau, Zuschlag zu Betonwaren, Strahlmittel, Drainagen, usw. Da die Schmelzverfahren jedoch relativ energieaufwendig sind, sollten aus der Schmelze vorrangig Produkte hergestellt werden, deren konventionelle Produktion ähnlich energieaufwendig ist. Beispielsweise ist das Silicatprodukt aus dem reduzierenden Schmelzen mit seinen geringen Schwermetallgehalten besonders gut geeignet, um daraus hochwertige Baustoffe wie Platten, Bimse, Schaumgläser, Mineralfasern usw. herzustellen.

9.3.4 Verwertung von Müllverbrennungsschlacken [9.39]

Verwertung von Hochtemperatur-Schmelzschlacken

Seit einigen Jahren gibt es Hochtemperaturverfahren sowohl zur direkten Behandlung von Siedlungsabfällen als auch einer Müllverbrennung nachgeschaltet zur Behandlung der Filterstäube oder Schlacken angeboten. Diese Schmelzverfahren befinden sich teilweise noch in der Entwicklung, teilweise auch bereits im Praxiseinsatz.Als bekannteste Verfahren sind das Siemens/KWU-Schwelbrennverfahren, das Noell-Konversionsverfahren, das HSR-Verfahren (Hochtemperatur-Schmelz-Redox) der Firmen Holderbank Management und Von Roll Umwelttechnik, das Thermo-select-Verfahren und das 2SV-Verfahren (Sauerstoff-Schmelz-Verfahren) der Mitteldeutschen Feuerungs- und Umwelttechnik zu nennen. Hinsichtlich der großtechnischen Umsetzung in Europa hat das Schwelbrennverfahren eine Anlage in Fürth vorzuweisen [9.59], die nach einem Gasunfall allerdings nicht in Betrieb ging. Das HSR-Verfahren wird seit 1996 integriert in das RCP-Verfahren (Recycled Clean Products) in Bremerhaven angewendet [9.60] und das Thermoselect-Verfahren wurde bis 2004 u. a. in Karlsruhe betrieben [9.61]. In Japan sind mehrere Anlagen nach dem Thermoselect-Verfahren in Betrieb. Die erste großtechnische Anlage des 2SV-Verfahrens wurde in Rothenburg/Lausitz gebaut.

Mit Ausnahme des 2SV-Verfahrens, das den vorzerkleinerten Abfall direkt in den aus der Kupolofentechnik stammenden Hochtemperaturbereich einführt, laufen die übrigen Schmelzverfahren in der Regel zweistufig. Der Abfall wird in einem ersten Schritt bei Temperaturen von 200–600°C unter Luftabschluss pyrolysiert. Der entstandene Pyrolysekoks wird entweder direkt oder nach Aufbereitung (z. B. Abtrennung von Eisenmetall bzw. Inertmaterialien) in den Hochtemperaturreaktor gegeben. Dort erfolgt das Schmelzen bei Temperaturen zwischen 1300 und 2000°C unter oxidierenden Bedingungen (Sauerstoff- bzw. Luftzufuhr). Während das Schwelbrennverfahren diese Schmelze direkt abzieht, erfolgt bei den anderen Verfahren zusätzlich eine Trennung der Schmelze in Silikat- und Metallphase. Die Schmelzphasen trennen sich aufgrund ihrer unterschiedlichen Dichte durch mechanische Absaigerung der gegenüber der Silikatphase schwereren reduzierten Metallphase (z. B. durch Schmelzhomogenisierung und anschließende Schockkühlung im Thermoselect-Verfahren).

Der entscheidende Vorteil der Schmelztrennung besteht darin, dass damit eine weitergehende Metallabtrennung auch der höhersiedenden Metalle Cr, Cu und Ni aus der silikatischen Glasschmelze in die Metalllegierungsschmelze erreicht wird. Ohne Abtrennung verbleiben die Metalle ansonsten in einer eisenreichen Schmelzchlacke. In Abhängigkeit des Abtrennungsgrades wird eine völlig unproblematische Silikatschlacke erzeugt. Angesichts des dafür notwendigen hohen Aufwands ist die uneingeschränkte Verwertung oder Weiterverarbeitung nicht nur der Metallschmelze sondern auch der Silikatschlacke das Ziel. Für die Schmelzschlacken ohne weitergehende Schwermetallabtrennung ist generell die Frage nach der langfristigen Schadstofffreisetzung zu beantworten, da ein vollständiger Einschluss aller Schwermetalle in die Glasphase nicht ohne weiteres möglich ist und entsprechende Schwermetallfreisetzungen zu erwarten sind [9.62].

Verwertung konventioneller Müllverbrennungsschlacken

Die Anforderungen sowohl bauphysikalischer als auch ökologischer Art, die an eine Verwertung konventioneller Müllverbrennungsschlacken gestellt werden, sowie die Einsatzbeschränkungen sind in den folgenden Regelwerken aufgeführt:

- Technische Regeln der Länderarbeitsgemeinschaft Abfall (LAGA) Nr. 20/1 „Anforderungen an die stoffliche Verwertung von mineralischen Reststoffen/ Abfällen" [9.63] und LAGA-Merkblatt Nr. 19 „Merkblatt über die Entsorgung von Abfällen aus Verbrennungsanlagen für Siedlungsabfälle" [9.64]
- Technische Lieferbedingungen für Mineralstoffe im Straßenbau [9.65],
- Merkblatt der Forschungsgesellschaft für Straßen- und Verkehrswesen [9.66],
- FGSV-Arbeitspapier Nr. 28/1 „Umweltverträglichkeit von Mineralstoffen, Teil: Wasserwirtschaftliche Verträglichkeit" [9.67] und „Technische Lieferbedingungen für Hausmüllverbrennungs-Aschen" (TLHMVA-StB 95 [9.68])

Die Ländergemeinschaft Abfall hat Zuordnungswerte festgelegt, nach denen die Materialien für eine uneingeschränkte bzw. eingeschränkte Verwertung zugelassen werden oder unterschiedlich deponiert werden müssen; diese Einstufung basiert auf chemischen Feststoff- oder Eluat-Analysendaten (Abb. 9.7). (Zu den Plänen für eine „Bundesverwertungsverordnung" siehe Abschn. 8.5.1).

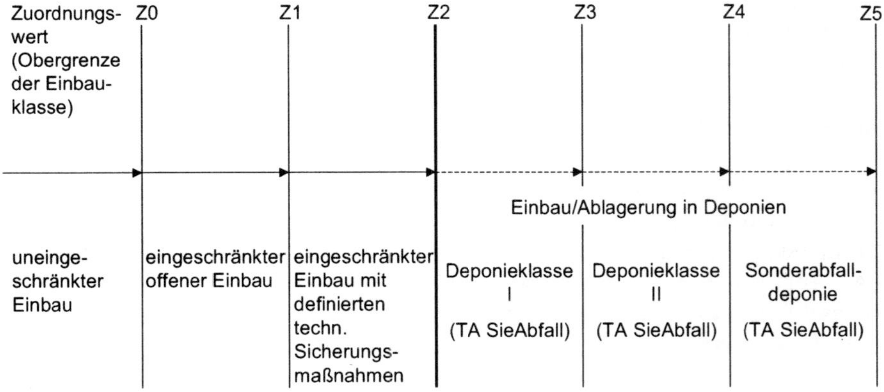

Abb. 9.7 LAGA-Einbauklassen mit den dazugehörigen Zuordnungswerten [9.63, 9.64]

Ein wichtiger Schritt vor der Verwertung von Müllverbrennungsschlacken im Straßen- und Wegebau ist eine mindestens dreimonatige Lagerung, mit dem Ziel, die nach dem Kontakt mit Wasser und Luft startenden chemischen Reaktionen soweit wie möglich ablaufen zu lassen und so die Raumbeständigkeit der Schlacken herzustellen. Infolge Hydratations-, Oxidations- und C-(A-)S-H-Bildungsreaktionen (Calcium(aluminat)silikathydrate, vgl. Zementtechnologie) kommt es zur Wasserstoffgasbildung, Volumenvergrößerung, dem sog. Treiben, zur starken Wärmeentwicklung und Verfestigung. Mit Ausnahme der Verfestigung sind diese Auswirkungen weder bei der Verwertung im Straßenbau noch bei der Deponierung erwünscht, so dass eine Aufbereitung und mehrmonatige Lagerung auch vor einer Ablagerung zu empfehlen ist.

9.4 Deponierung

9.4.1 Gesetzliche Regelungen für Deponien in Europa [9.39]

1972 wurde in der Bundesrepublik Deutschland das Gesetz über die Beseitigung von Abfällen erlassen, in dem die Abfallbeseitigung zur öffentlichen Aufgabe des Umweltschutzes erklärt wurde. Mit dem Abfallgesetz von 1986 wurde die Abfallbeseitigung zur Abfallwirtschaft weiterentwickelt und das Gebot der Vermeidung vor der Verwertung sowie vor der Verbringung eingeführt. Trotz erheblicher Fortschritte in der Deponietechnik mit mittlerweile aufwendigen Maßnahmen zur Abdichtung, Sickerwassererfassung und -reinigung sowie Deponiegaserfassung und -nutzung war die herkömmliche Deponierung von Abfällen jedoch nach wie vor als langfristig unbefriedigend anzusehen [9.69]. Seit 1993 ist die TA Siedlungsabfall (TASi) in Kraft [9.70]. Ziel ist die weitgehend nachsorgefreie Deponie durch Inertisierung, Mineralisierung und Homogenisierung des Restabfalls und durch Schadstoffzerstörung bzw. -aufkonzentrierung, um neue Altlasten in Zukunft zu verhindern.

Eine der wichtigsten Regelungen der TA Siedlungsabfall sind die Zuordnungswerte für die Deponieklassen I (DK I) und II (DK II) der oberirdischen Deponierung; die TASi gibt im Anhang B neben bauphysikalischen und Eluatwerten auch Feststoffgehalte für den organischen Kohlenstoff (3 [DK II] und 1 Gew.-% [DK I]) bzw. für den Glühverlust (5 Gew.-% [DK II] und 3 Gew.-% [DK I]) vor. Damit soll erreicht werden, dass die oberirdisch abgelagerten Abfälle nur geringe Organikgehalte und damit geringe Reaktivität aufweisen. Diese Zuordnungswerte werden nur von thermisch behandeltem Abfall eingehalten.

Durch die Novellierung der TASi in Form der Artikelverordnung über die umweltverträgliche Ablagerung von Siedlungsabfällen und über biologische Abfallbehandlungsanlagen vom 20. Februar 2001 (Art. 1: Abfallablagerungsverordnung (AbfAblV)) können Siedlungsabfälle und Abfälle von § 2 Nr. 2 (die wie Siedlungsabfälle entsorgt werden können) durch mechanisch-biologische Behandlung aufbereitet (Zerkleinern, Sortieren), umgewandelt (Rotte, Vergärung) und als Teilstrom unter Einhaltung der Zuordnungskriterien für die Deponieklasse II in Anhang 2 direkt abgelagert werden (s. Abschn. 9.2.6). Der Teilstrom resultiert aus der vorgeschriebenen Abtrennung der heizwertreichen Abfälle zur Verwertung oder thermischen Behandlung sowie sonstiger verwertbarer oder schadstoffhaltiger Fraktionen. Zusätzlich zu den Dichtungssystemen zielen spezielle Einbauanforderungen während des Deponiebetriebs zur Reduzierung der Wasserdurchlässigkeit im Anhang 3 auf die Konservierung des Deponiekörpers.

Am 24. Juli 2002 wurde die Verordnung über Deponien und Langzeitlager – Deponieverordnung (DepV) erlassen, die auch der Umsetzung der EU-Deponierichtlinie dient [9.71]. Sie führt u. a. drei zusätzliche Deponieklassen ein: Klasse 0 (DK 0) umfasst die praktisch unbelasteten Inertabfälle, bspw. Bodenaushub; Deponieklasse III (DK III) steht für eine oberirdische Deponie für Abfälle, die einen höheren Anteil an Schadstoffen enthalten als die, die auf einer Deponie der Klasse II abgelagert werden dürfen (s. o.); Klasse IV repräsentiert die Untertagedeponie.

Österreich geht mit der Deponieverordnung von 1996 [9.72], die zwar den TOC-Gehalt des Deponiegutes auf 5 Masse-% beschränkt, aber mit der Ausnahmeregelung in § 5 Abs. 7f die Ablagerung von mechanisch-biologisch behandelten Abfällen in einem gesonderten Bereich einer Massenabfalldeponie ermöglicht, einen vergleichbaren Weg.

In der *Schweiz* wurde nach einer mehrjährigen Übergangszeit die Jahrtausendwende zu einem „epochalen Wandel" genutzt. Ab 01.01.2000 ist die Ablagerung brennbarer Abfälle (Siedlungsabfälle, brennbarer Anteile von Bauabfällen und nicht recyclierbarer Klärschlämme) grundsätzlich verboten, so dass die thermische Behandlung obligatorisch wird. In der Technischen Verordnung über Abfälle (TVA; [9.73]) ist in Artikel 11 sogar die Verpflichtung zur Verbrennung der Siedlungsabfälle vorgegeben. Die Müllverbrennungsschlacken sind allerdings gemäß TVA nicht endlagerfähig, d. h. sie genügen den Anforderungen weder an eine Inertstoffdeponie noch an eine Reststoffdeponie. Die Ablagerung von MV-Schlacken erfolgt in der Schweiz daher auf gesicherten Reaktordeponien. Zzt. laufen Vorbereitungen zur Änderung der TVA mit dem Ziel, die Vorschriften dem geänderten Stand der Technik z. B. hinsichtlich Schlackenverglasung anzupassen.

Die Entwicklungen und Zielsetzungen der *EU-Deponierichtlinie* lassen sich wie folgt skizzieren [9.74]:

- Die Abfallvermeidung, -wiederverwendung und -verwertung sowie die Verwendung wiedergewonnener Materialien und Energie soll gefördert werden. Dabei wird die Reduktion der biologisch abbaubaren Substanzen des zu deponierenden Abfalls angestrebt.
- Es sind geeignete Maßnahmen zu treffen, um die unkontrollierten Ablagerungen, Ableitung und Beseitigung von Abfällen zu verhindern. Hierzu müssen die Deponien hinsichtlich der in den Abfällen enthaltenen Stoffe beherrschbar sein. Diese Stoffe sollten, soweit möglich, nur in vorhersehbarer Weise reagieren.

Die Mitgliedsstaaten der Europäischen Union wurden in Artikel 5 aufgefordert, ihre Strategie zur Verringerung der für die zur Deponie bestimmten biologisch abbaubaren Abfälle festzulegen. Die Verordnung fordert als Mindesterfüllung folgende Reduktionen der Gesamtmengen an biologisch abbaubarer Substanz: (1) 25 % bezogen auf das Jahr 1995 für das Jahr 2006, (2) 50 % bis spätestens zum Jahre 2009, (3) 65 % bis spätestens zum Jahre 2016.

Die Kommission hat im März 2005 in einem zusammenfassenden Bericht an den Rat und das Europäische Parlament über die einzelstaatlichen Strategien zur Verringerung der zur Deponierung bestimmten biologisch abbaubaren Abfälle berichtet. Der Bericht bewertet die Umsetzung der in Artikel 5 Abs. 2 der Deponierichtlinie geforderten Ziele zur Reduktion der biologisch abbaubaren Siedlungsabfälle in den Mitgliedsstaaten. Der Bericht zeigt den aktuellen Umsetzungsstand, erläutert einzelstaatliche Strategien und zieht allgemeine Schlussfolgerungen. Da nur von zwölf Mitgliedstaaten nationale Strategien vorgelegt worden sind, kann die Kommission noch nicht abschließend feststellen, ob die Zielvorgaben der Richtlinie zur Verringerung der Deponierung der biologisch abbaubaren Abfälle erreicht werden [9.75, 9.76].

9.4.2 Deponiegas und Sickerwasser

Reaktionen und Produkte

Die Prozesskette mit den Reaktionen des anaeroben Abbaus von organikhaltigen Feststoffen wurde in Abschn. 6.5.1 beschrieben. In den Deponien von Siedlungsabfällen werden fünf Abbau-Phasen unterschieden, die zeitlich aufeinanderfolgen ([9.77], Abb. 9.8):

- in einer kurzen *aeroben Phase* nach der Ablagerung werden die organischen Bestandteile des Abfalls durch den vorhandenen Luftsauerstoff in Kohlendioxid und Wasser umgewandelt;
- in einer *ersten anaeroben Phase* nimmt die Aktivität fermentativer und acetogener Bakterien zu. Es bilden sich flüchtige Fettsäuren, Kohlendioxid und u. U. etwas Wasserstoff. Die saure Reaktion setzt verstärkt Schwermetalle frei;
- im weiteren Verlauf der *Anaerobie* nimmt die Aktivität der methanogenen Bakterien zu. Durch die Bildung von Schwefelwasserstoff und gleichzeitige Erhöhung des pH-Wertes nimmt die Löslichkeit der Schwermetalle ab;
- die *Methanbildung* stabilisiert sich bei ca. 50 % bis 65 % der gesamten Gasproduktion; die Anteile an flüchtigen Fettsäuren und Wasserstoffgas nehmen weiter ab;
- am Ende der Entwicklung bleiben nur noch schwer abbaubare organische Stoffe zurück; allmählich können wieder *Stickstoff* und *Sauerstoff* aus der Atmosphäre in den Deponiekörper diffundieren.

In Abb. 9.8 (oben) ist die Gasentwicklung in den einzelnen Abbaustufen dargestellt: Während der sauren Gärung nimmt zunächst der CO_2-Gehalt stark zu, auf die dann die verstärkte Methanbildung folgt. Die Gasmenge liegt zwischen 40 und 300 m^3/t Müll; die Dauer der Gasproduktion wird auf 10 bis 25 Jahre geschätzt. Die tatsächlich erfassbare Gasmenge ist jedoch wesentlich geringer und kann im Mittel mit 2 bis 3 m^3/t Müll und Jahr angenommen werden. Bei den Gefährdungen werden genannt [9.25]: (1) Geruchsbelästigungen vor allem durch Zwischen- und Endprodukte der sauren Abbauphase wie Schwefelwasserstoff, Fettsäuren, Mercaptane; (2) Gesundheitsgefährdung durch Eintreten in Schächte, geschlossene Räume oder Gruben als Stickgas (Verdrängung von Sauerstoff!); (3) Brand- und Explosionsgefahr; (4) Beeinträchtigung des Pflanzenwachstums.

Das Sickerwasser ist gekennzeichnet durch eine bräunliche bis schwarze Farbe und einen jaucheartigen bis stechenden Geruch. Sickerwässer weisen im Vergleich zu kommunalem Abwasser hohe Konzentrationen an organischen und anorganischen Inhaltsstoffen wie Chlorid, Sulfat und Ammonium auf (Abb. 9.8 Mitte und unten). Die Konzentration an organischen Inhaltsstoffen des Sickerwassers ist von den Abbauvorgängen im Deponiekörper und damit vom Alter der Deponie abhängig. Das Sickerwasser einer jungen Deponie, bei der die anaerobe saure Gärung vorherrscht, weist eine hohe organische Belastung auf (CSB bis 110.000 mg/l; BSB_5 bis 50.000 mg/l). Mit zunehmendem Deponiealter nimmt die organische Belastung ab, wobei allerdings der Anteil an biologisch schwer abbaubaren organischen Schadstoffen zunimmt.

Deponien werden vor allem in Europa, Japan und den USA immer mehr als Bauwerke gesehen, um die Emissionen Gas und Wasser zu fassen, ggf. zu nutzen bzw. schadlos zu beseitigen. Die Deponietechnik hat sich im Laufe der Zeit im Wesentlichen von un- bzw. schwachverdichteten Deponien (Kippkantenbetrieb, Einbau mit Raupen etc.) zu hochverdichteten Deponien weiterentwickelt. Dadurch konnten Volumen eingespart werden und Probleme wie Brände, Rattenplagen, Gerüche, und Verwehungen von Papier- und Kunststoffen signifikant reduziert werden [9.78].

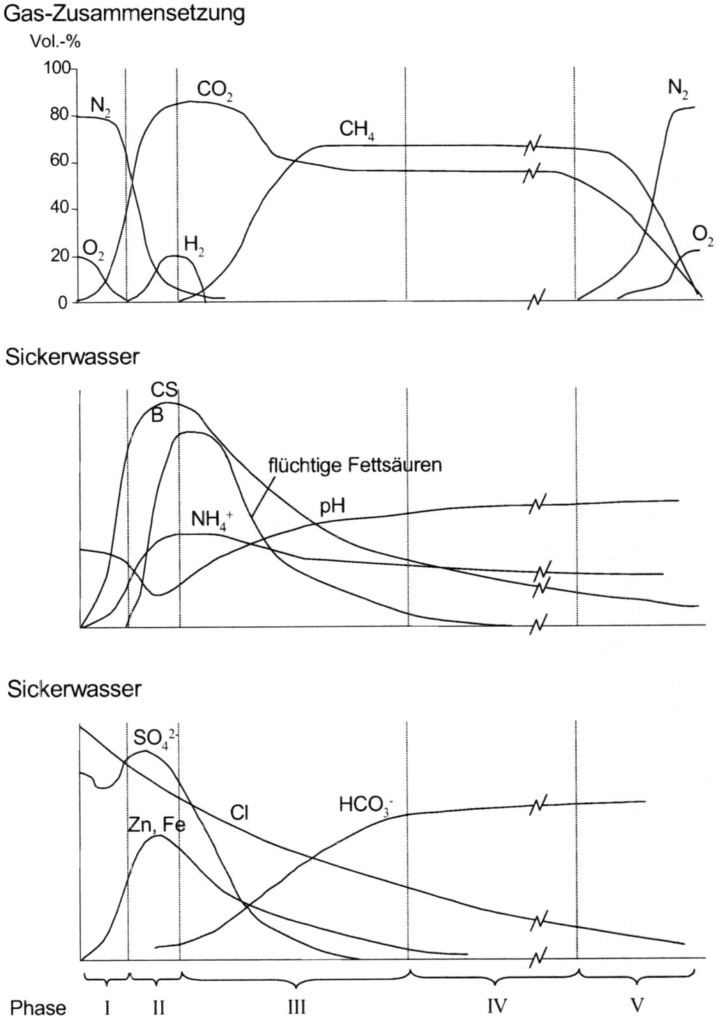

Abb. 9.8 Zeitliche Entwicklung der Gehalte typischer Inhaltstoffe in der Gas- und Wasserphase von Siedlungsabfalldeponien (Christensen/Kjeldsen [9.77])

Deponiegas: Vorkommen, Nutzung und Probleme

Deponiegas besteht aus: 30 bis 60 % Methangas (CH_4), 30 bis 50 % Kohlendioxid (CO_2) sowie ca. 2 % eines Gemisches aus Schwefelwasserstoff, Kohlenmonoxid, Stickstoff und einer Vielzahl anderer, z. T. giftiger Spurengase [9.79]. Deponiegas kann zur Erzeugung von Heiz- und Prozesswärme oder zur Stromerzeugung genutzt werden. Der Heizwert von 2,5 m^3 Deponiegas entspricht etwa dem von 1 L Heizöl. So können z. B. durch die Nutzung des Gases aus einer Deponie mit 1 Mio. t Abfällen rund 1.000 m^3 Heizöl eingespart werden. In der Bundesrepublik wird derzeit das Gas von über 100 Deponien etwa zur Hälfte für die Stromerzeugung und zur Hälfte für die Wärmenutzung verwendet. Ein Problem stellen verschiedene Spurenstoffe dar wie z. B. chlorierte Kohlenwasserstoffe, Schwefelwasserstoff oder Quecksilber. Diese Stoffe können zu Korrosion in Aufbereitungsanlagen und Gasmotoren führen sowie Ablagerungen in Brennern und Kesseln verursachen. Die Emissionen der Gasverwertungsanlagen, die durch diese Stoffe hervorgerufen werden, müssen überwacht werden und machen ggf. eine Aufbereitung des Deponiegases erforderlich.

Sickerwasseraufbereitung

Die Menge des Sickerwasseranfalls ist vor allem vom Niederschlag, der Verdunstung und dem Abfluss im Oberflächenbereich der Deponie abhängig. In schwach verdichteten Deponien (Planierraupe) werden 20 bis 40 % des Niederschlags zu Sickerwasser, in stark verdichteten Deponien (Kompaktor) sind es 10 bis 25 %. Bei einem mittleren Niederschlag von 750 mm/a fallen somit rund 5 m^3 Sickerwasser pro Hektar und Tag an.

Für den chemischen Sauerstoffbedarf (CSB) wird meist in der Anfangsphase einer Deponie eine Reinigungsleistung von 95 % bis 99 % erforderlich; für Ammonium (NH_4^+–N) muss langfristig eine Reinigungsleistung von 96 bis 98 % vorgehalten werden [9.80]. Vergleichende Untersuchungen verschiedener Verfahrenskombinationen ergaben, dass den vorgenannten Forderungen nur mit den folgenden Methoden Rechnung getragen werden kann (Tabelle 9.11):

- biologische und chemisch-physikalische Behandlung
- Adsorption/Fällung mit Zwischenfiltration u. nachgeschalteter Umkehrosmose
- zweistufige Umkehrosmose (ggf. Energie aus Deponiegas)
- Eindampfung oder Trocknung
- Verbrennung

Unter Kostenaspekten sind die Flockung und Adsorption als mögliche Behandlungsverfahren für Sickerwässer aus Mülldeponien am günstigsten einzuschätzen, jeweils als Nachbehandlung nach einer biologischen Reinigung [9.81]: Die Eliminationsleistung bei der Flockung ist nicht sehr hoch (ca. 50 bis 60 % des CSB), aber das Verfahren ist einfach und kostengünstig (s. Abschn. 6.4.2 und 6.4.3). Durch Adsorption an Aktivkohle ist eine weitere Qualitätsverbesserung des Ablaufs (CSB) möglich, allerdings bei wesentlich höheren Kosten. Mit Kombinationen, die das Membranverfahren „Umkehrosmose" einschließen, lässt sich prinzipiell jeder beliebige Grenzwert einhalten.

Tabelle 9.11 Überblick über die unterschiedlichen Verfahrensmöglichkeiten zur Behandlung von Deponiesickerwasser ([9.18] nach Marquardt [9.82])

Lfd. Nr.	Verfahren	Bemerkungen	Probleme
1	*Physikalisch-chemische Methoden*		
1.1	Adsorption an Aktivkohle	für hydrophobe Abwasserinhaltsstoffe anwendbar	nur Teillösung, thermische. Regenerierung der Kohle erforderlich
1.2	Adsorption an Adsorptionsharzen	für CKW, KW und Aromate anwendbar	nur Teillösung, kostenintensiv
1.3	Membrantechnik/-Umkehrosmose	umgekehrte Osmose, gute Rückhaltung	Konzentrat muss evtl. entsorgt, Koagulation der Kolloide auf der Membrane („Fouling") möglich
1.4	Ionenaustausch	nur spezielle Problemstellungen (Ionen) anwendbar	organische Substanzen sowie Kolloide stören
1.5	Flockung und Fällung (mit $Ca(OH)_2$ + Fe-Salzen bzw. $Al_2(SO_4)_3$)	wird oft praktiziert, teilweise CSB-Elimination, gilt heute nach dem Stand der Technik als überholt	Entsorgung der Schlämme und Salze notwendig (35 kg/m^3 Sickerwasser!)
2	*Chemische Methoden*		
2.1	Nassoxidation mit H_2O_2	keine Anreicherung, Eliminierung der Rest-CSB und AOX-Gehalte	nicht immer geeignet für Direkteinleitung (Aufsalzung) hoher Energieaufwand
2.2	Nassoxidation mit Ozon/UV-Bestrahlung	keine Anreicherung, Eliminierung der Rest-CSB und AOX-Gehalte	nicht immer geeignet für Direkteinleitung (Aufsalzung) hoher Energieaufwand
2.3	Nassoxidation mit Ozon/Festbett-katalysator	hohe Reaktionsgeschwindigkeit	fehlende großtechnische Anwendungen
3	*Biochemische Methoden*		
3.1	Anaerobe Behandlung	kein Energiebedarf für Belüftung, kein Überschuss-Schlamm	Rückhaltung der Biomasse, empfindlich, keine weit gehende Reinigung
3.2	Anoxische Behandlung	Denitrifikation	vorher Nitrifikation erforderlich
3.3	Aerobe Behandlung (CSB/BSB_5–Elimination)	die am meisten praktizierte Methode, preiswert	kaum wirksam bei biologisch nicht abbaubaren Stoffen
3.4	Nitrifikation	Oxidation des Ammoniumstickstoffs über Nitrit zu Nitrat	empfindliche Methode (Inhibierung)

9.4.3 Barrierensysteme in der Deponietechnik

Die Ablagerung von Restabfällen beruht nach TA Siedlungsabfall beruht auf dem „Multibarrierenkonzept“, das in den achtziger Jahren von *Stief* [9.15] entwickelt wurde. Das Multibarrierekonzept bedeutet, dass Abfälle in einer Deponie nur dann sicher abgelagert sind, wenn mehrere funktionstüchtige Barrieren (v. a. Geologie, Oberflächen- und Basisabdichtung, Erfassung von Sickerwasser und Deponiegas, Betrieb nach Stand der Technik, Überwachung, Nachsorge) unabhängig voneinander wirksam sind.

In der Entwicklungsgeschichte der „Barrieren“ [9.83] hatte man sich zunächst nur auf die geologischen Standortbedingungen verlassen, d. h. auf die Anwesenheit einer relativ mächtigen Tonschicht im Untergrund der Deponie. In der nächsten Phase kam die Hülle hinzu, als Oberflächenabdichtung und Basisabdichtung zur Fassung des Sickerwassers (1970er). Seit Anfang der 80er Jahre versuchte man die Reaktionen in der Deponie zu steuern, z. B. durch verdichtete Lagerung und Gasfassung. Am Beginn der 90er Jahre war abzusehen, dass eine verstärkte Entlastung der Deponie durch Vorabscheidung von Schadstoffen für eine wirksame Emissionsminderung erforderlich ist. Der Endpunkt dieser Entwicklung wird die Inert- und Reststoffdeponie als Regeldeponie nach 2005 sein.

Mit den anspruchsvolleren Anforderungen an die Beschaffenheit des abzulagernden Restabfalls setzt die TASi auf eine weitere „Barriere“ – den Müllkörper selbst, der i. d. R. auf Grund einer Vorbehandlung so beschaffen sein soll, dass „immissionsneutrale, inerte und immobile Stoffe“ vorliegen, bei deren Deponierung keine Nachsorgemaßnahmen erforderlich sind. Die TASi legt in Anhang B Zuordnungswerte fest, neben den Gehalten an reaktiven organischen Substanzen (Glühverlust; s. Abschn. 9.4.1) insbesondere solche ökologisch bedeutsamen Parametern wie Cadmium, Quecksilber und Phenole. Die TA Siedlungsabfall sieht nur noch zwei Deponieklassen vor, die sich wie folgt skizzieren lassen [9.69]:

Deponieklasse I
Besonders hohe Anforderungen an den Inertisierungsgrad der abzulagernden Abfälle, z. B. Bauschutt oder verglaste Schlacke, deren Verwertung nicht möglich ist.

- Geringere Anforderungen an den Deponiestandort und an die Deponieabdichtung (Basis- und Oberflächenabdichtung)

Deponieklasse II
Geringere Anforderungen an den Inertisierungsgrad der abzulagernden Abfälle, (z. B. geeignet für die Ablagerung von Schlacken aus herkömmlichen Müllverbrennungsanlagen; Abschn. 9.3.4).

- Deutlich anspruchsvollere Anforderung an den Deponiestandort und an die Deponieabdichtung als bei Deponieklasse I (Kombinationsdichtungen)

In der schweizerischen Verordnung [9.73] müssen Inertstoffe zu mehr als 95 % aus gesteinsähnlichem Material bestehen und unter den in der TVA festgelegten Schwermetallgrenzwerten liegen. Es dürfen sich nicht mehr als 5 g/kg Trockensubstanz in destilliertem Wasser auflösen (1:10 Festphase zu Wasser, maximale Korngröße 5 mm).

Neben den Anforderungen die Zusammensetzung der abzulagernden Restabfälle kommt in der TA Siedlungsabfall der Abdichtung an der Deponiebasis besondere Bedeutung zu (Oberflächenabdichtungssysteme sind im Abschn. 8.3.2, Abb. 8.4, wiedergegeben). Die Basisabdichtungssysteme für die Deponieklasse I und Deponieklasse II sind in Abb. 9.9 dargestellt; sie unterscheiden sich vor allem durch die aufwendigere Kombinationsdichtung mit Kunststoffdichtungsbahnen für die Deponieklasse II.

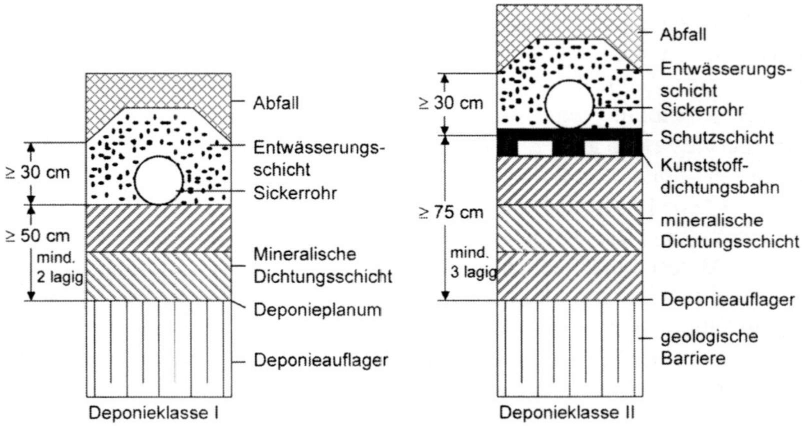

Abb. 9.9 Deponiebasisabdichtungssysteme nach TASi [9.84]

Die Material- und Prüfanforderungen an die Deponiebasissysteme sind im Anhang E der TA Abfall [9.85] beschrieben. Für die Deponieklasse II gilt:

a. Im Dichtungssystem darf die Dicke der mineralischen Dichtung 0,75 m nicht unterschreiten. Ein Durchlässigkeitsbeiwert von $k \leq 5 \times 10^{-10}$ m/s bei $i = 30$ (Laborwert von ungestört aus der Dichtung genommener Probe) ist einzuhalten.
   Kunststoffdichtungsbahnen in Dichtungssystemen müssen eine Dicke von $d \geq 2{,}5$ mm haben. Sie sind durch geeignete Maßnahmen vor auflastbedingten Beschädigungen zu schützen.
   Die Oberfläche der Dichtung soll dachprofilartig geformt werden. Nach Abklingen der Setzungen des Dichtungsauflagers muss die Oberfläche der Dichtungsschicht ein Quergefälle von ≥ 3 % und ein Längsgefälle ≥ 1 % aufweisen.

b. Die Entwässerungsschicht ist in einer Dicke von $d \geq 0{,}3$ m herzustellen.
   Das Entwässerungsmaterial ist flächig aufzubringen und soll einen Durchlässigkeitsbeiwert $k = 1 \times 10^{-3}$ m/s nicht unterschreiten.
   Es sind zusätzlich spülbare und kontrollierbare Sickerrohre (Sammler) zur Sickerwasserfassung und -ableitung vorzusehen. Das Sickerwasser ist in freiem Gefälle Entwässerungsschächten zuzuleiten, die außerhalb des Ablagerungsbereiches errichtet werden sollen.
   Die DIN 19667 „Dränung von Deponien" ist zu beachten.

Für die Deponieklasse I gilt, dass die Dicke der mineralischen Dichtungsschicht 0,5 m nicht unterschreiten darf.

9.4.4 Langzeitprognose für Deponien

Die Eigenschaften eines endlagerfähigen Abfalls – in Wasser schwer löslich, fest, anorganisch, in oxidierter Form [9.86] – sind relativ problemlos zu analysieren bzw. zu testen und die Einhaltung der Anforderungen sind anhand von Prüf- oder Grenzwerten leicht nachzuvollziehen. Die Bewertung des Langzeitverhaltens eines Abfalls und vor allem der darin enthaltenen Schadstoffe erfordert jedoch über die Materialcharakterisierung weit hinausgehende Kenntnisse und entsprechende Untersuchungen. Dies gilt besonders für schwermetallhaltige Schlacken, unabhängig von dem Ziel einer Deponierung oder einer Verwertung. Mit dem Vorschlag eines Säulenkurztests scheint bei der Prognose der Verwertbarkeit von mineralischen Abfällen ein Durchbruch gelungen zu sein [9.87].

Fortschritte zeigen auch die die Aktivitäten zur europäischen Vereinheitlichung von Auslaug- und Extraktionsschemata (*Network Harmonization of Leaching/ Extraction Tests* [9.88]) und der Vorschläge der internationalen Schlacke-Arbeitsgruppe [9.89] an. Die Aufgabe besteht darin, die für die Schadstoff-Freisetzung aus einem Material maßgeblichen Faktoren und Prozesse zu ermittelt, denn für die langfristige Gefährdungsabschätzung sind Prozessbeschreibungen und Freisetzungsmodellierungen erforderlich, die auf verschiedene Szenarien anwendbar sind, anstatt lediglich Testdaten mit vorgegebenen Grenzwerten abzugleichen.

Für die Charakterisierung eines Massenabfalls ist eine Abfolge von verschiedenen Tests angebracht (*characterization test scheme*). Demgegenüber stehen Tests mit geringerem Aufwand zur täglichen Anwendung hinsichtlich Identifikation der Abfälle z. B. für die Eingangskontrolle (*compliance test, acceptance procedure*). Bei den Auslaugverfahren werden drei Hauptmethoden unterschieden [9.88]:

1. Die Ermittlung der für die Auslaugung insgesamt verfügbaren Konzentrationen (*availability test*),
2. die Ermittlung der zeitabhängigen Auslaugung bzw. Freisetzung in Abhängigkeit des Flüssigkeits-/Feststoff-Verhältnisses (*column tests, cumulative batch tests*) und
3. die Ermittlung der Elementspeziation und der Löslichkeitskontrolle (*pH-static methods*).

Bei der Untersuchung des Langzeitverhaltens von Schlacken aus der thermischen Behandlung von Siedlungsabfällen sollten im Charakterisierungsschritt neben der Bestimmung des mineralogisch-chemischen Inventars folgende Testverfahren zur Anwendung kommen [9.62]:

- Ermittlung der Gasbildung, der Reaktion im Kontakt mit Wasser, bei Organikgehalten die Erfassung der Abbaubarkeit,
- Bestimmung der pH- und Redoxentwicklung bei Belüftung, Ermittlung der Säureneutralisationskapazität, des Säurepufferverhaltens bei Titration und
- die Bestimmung der grundsätzlichen Auslaugmechanismen (Elution mit Wasser bei zunehmendem Flüssigkeits-/Feststoff-Verhältnis, pH-abhängige Freisetzung (z. B. pH-Stufenversuch) und Schwermetallverfügbarkeit).

Vergleichende Studien über Testmethoden für Müllverbrennungsschlacken und andere potenzielle Ersatzbaustoffe wurden im Rahmen des BMBF-Verbundprogrammes „Sickerwasserprognose“ durchgeführt (Abschn. 8.5.1).

Nach den heute zur Verfügung stehenden Daten und Modellkonzepten [9.62, 9.90, 9.91] ist – unter der idealisierten Voraussetzung einer gleichmäßigen Durchströmung infiltrierender Wässer – mit fortschreitender Zeit folgende Entwicklung in einer Schlackendeponie zu erwarten (Abb. 9.10):

1. In einer *Auswaschphase* zu Beginn, weist das Sickerwasser einen alkalischen pH-Wert auf und die leichtlöslichen Chloride und Sulfate sowie die organische Substanz werden je nach Wasserhaushalt innerhalb von Jahren bis Jahrzehnten freigesetzt. Die Metallfreisetzung erfolgt auf einem sehr geringen Niveau. Die MV-Schlackedeponie fungiert offenbar sogar als Schwermetallsenke [9.92].

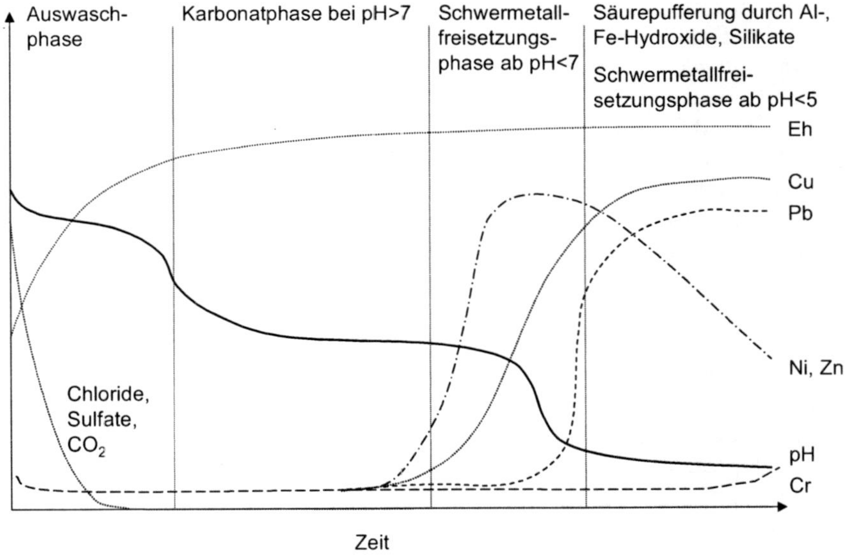

Abb. 9.10 Modell zur zeitabhängigen Entwicklung des Sickerwassers einer MV-Schlackedeponie (Achsen ohne Maßstab; OC = organischer Kohlenstoff) [9.39]

2. Danach folgt die *Karbonatpufferphase*, in der der pH-Wert des Sickerwassers in der Regel nicht unter pH 7 sinkt und nahezu keine Freisetzung stattfindet. Der Zeitrahmen für diese unkritische Phase kann anhand der Calcitlöslichkeit auf Jahrhunderte bis Jahrzehntausende abgeschätzt werden. Für eine mehrere Meter mächtige Schlackedeponie können unter der Voraussetzung eines über diesen Zeitraum gleichbleibenden Säureeintrags mehrere Tausend Jahre bis zum Verbrauch des Karbonatpuffers angesetzt werden.
3. In der *ersten Schwermetallfreisetzungsphase* ab einem pH-Wert unter pH 7 werden dann insbesondere Zn und Ni massiv freigesetzt. Während die Ni- und Zn-Freisetzung bereits in dieser Phase ihr Maximum erreichen, werden Cu und Pb erst in der *zweiten Schwermetallfreisetzungsphase* ab pH 5 verstärkt freigesetzt. Mit andauernder Lösung wird sich die Freisetzung aus den Sekundärphasen langsam erschöpfen und die Auflösung der stabileren Primärphasen langfristig eine langsame, geringe Freisetzung bewirken.

Standardisierte Auslaugungstests für Abfälle und Ersatzbaustoffe

Das Hauptinteresse der Abfalluntersuchungen gilt dem Schadstoffaustrag über die Lösungsphase. Dementsprechend stehen die Elutionstests auch im Mittelpunkt. Während bei den statischen Tests, die nach der Art des Kontaktes in Schüttel- und Standtests untergliedert werden, eine Gleichgewichtseinstellung zwischen Feststoff und Lösung erfolgt, liefert ein dynamischer Test durch mehrmalige bzw. kontinuierliche Erneuerung der Auslaugflüssigkeit Informationen über die maximal auslaugbare Schadstoffmenge und ermöglicht gewisse Aussagen über den zeitlichen Verlauf der Auslaugung. Diffusionstests an einem Probekörper kommen vor allem bei der Analyse von Verfestigungsprodukten zum Einsatz [9.93].

Bei den Schütteltests ist zuerst der 1986 von der US-EPA eingeführte TCLP-Test (*toxicity characterizing leaching procedure*) zu nennen, bei dem zerkleinerte Abfallmaterialien durch eine saure Auslaugflüssigkeit, deren pH sich nach der Alkalinität der Abfallprobe richtet, eluiert werden [9.94]. In den Niederlanden wurde der SOSUV-Test (nach Studiegroep Outwikkeling Standard Uitloogentesten Verbrandingsresiduen [9.95]) entwickelt, ein Säulentest mit einem fünfstufigen dynamischen Flaschentest (Kaskadentest) kombiniert. Als Auslaugflüssigkeit kommt mit Salpetersäure auf pH 4 angesäuertes Wasser zum Einsatz, das die vorrangigen Auswirkungen saurer Niederschläge simulieren soll. In der Schweiz wird für die Beurteilung vorbehandelter Abfälle der CO_2-Test eingesetzt; es handelt sich um einen dynamischen Flaschentest mit zwei Auslaugschritten, bei dem mit CO_2 gesättigtes Wasser (pH 4 bis 4.5) als Elutionsmittel verwendet wird [9.96].

Bei den Diffusionstests sind vor allem die Auslaugungsverfahren nach dem sehr gründlich evaluierten ANS 16.1 Test (American Nuclear Society [9.97]) zu nennen. Bei dem niederländischen Röhrenverfahren [9.98] wird das zu untersuchende Material mit Radionukliden (Schwermetalle oder ^{14}C-markierte organische Schadstoffe) versetzt und zusammen mit nicht markiertem Material zwischen zwei Stempel in eine Diffusionsröhre aus Polyethylen eingeführt.

Das Langzeitverhalten von Schwermetallen in Abfallstoffen kann in einem Zirkulationssystem durch Verstärkung mobilisierender Faktoren (pH, Redox, Ionenstärke, organische Komplexbildner) für realistische Bedingungen (Umströmung, Durchströmung, freie Aufschlämmung) simuliert werden [9.99]. Die methodische Entwicklung setzt bei der Titration von Feststoffsuspensionen an. Ein Beispiel ist die pH-stat-Methode, die von Obermann u. Cremer im Auftrag des Landesamtes für Wasser und Abfall NRW untersucht wurde [9.100].

Die Ergebnisse der Versuche zur Simulation einbaunaher Expositionsbedingungen für mineralische Ersatzbaustoffe und die Arbeiten im Rahmen der BMBF-Sickerwasserprognose (Abschn. 8.5.1) haben gezeigt, dass viele Reststoffe dynamischen Freisetzungsbedingungen unterliegen [9.87]. Als geeignete Prognose-Methode hat sich ein Säulenkurztest erwiesen, bei dem das Eluat bis zu einem Wasser/Feststoffverhältnis (WF) von 2 gesammelt und analysiert wird; dieser Test weist sehr gute Reproduzierbarkeiten auf und die Ergebnisse stimmen mit denjenigen des ausführlichen Säulenversuchs sowohl bei organischen als auch bei anorganischen Stoffen gut überein [9.101].

10 Recycling

Unter Recycling versteht man die Rückführung der bei Produktion und Verbrauch anfallenden Nebenprodukte und Reststoffe in den Produktions-Verbrauchs-Kreislauf. Sammlung, Transport von Abfall und das eigentliche Recycling ebenso wie die Beseitigung von Abfällen benötigen Energie und Ressourcen. Nach einer Einführung in die Theorie des Recycling (Abschn. 10.1) gibt Abschn. 10.2 einen Überblick über die Recyclingpraxis in verschiedenen Wirtschaftssektoren (Bergbau, Grundstoffindustrie, Baugewerbe) und für typische Materialien (Kunststoffe, Elektronikschrott, Altfahrzeuge). Abschnitt 10.3 beschreibt die Entwicklungen zu integrierten Recyclingkonzepten für eine neue „Stoffwirtschaft" unter den Leitkriterien „Energieeffizienz" und „Hochwertigkeit" (= Nachhaltigkeit).

10.1 Theorie und Praxis des Recycling

Für die ökologische Wirtschaftsweise mit einer höheren Ressourcenproduktivität und -effizienz ist der viel zitierte „Kreislauf" eigentlich gar kein so gutes Symbol, denn er impliziert, dass das Arbeiten in Kreisläufen schon die Lösung ist [10.1]. In der Praxis handelt es sich aber meist um ein sog. „Downcycling" mit verschlechterten Material- und Produktqualitäten und häufig sind solche Kreislaufprozesse mit einer Anreicherung von Schadstoffen verbunden. Der Anspruch an eine nachhaltige Verwertungsstrategie ist als erstes eine lange und intensive Nutzungsphase und ein möglichst selten durchlaufener Kreislauf (Abb. 10.1). Technisch müssen solche Langzeitprodukte offen für Innovationen sein durch Modulbauweise, der Verschleiß muss auf leicht ausbaubare Teile gelenkt werden, sie müssen reparaturfreundlich sein und sollten eine zeitlose Produktästhetik besitzen.

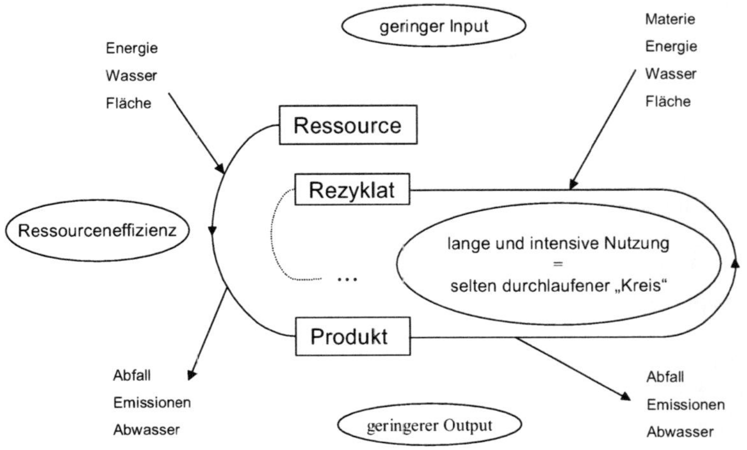

Abb. 10.1 Ökologische Kreislaufwirtschaft: „Longcycling" [10.1]

Vor allem die starke Vermischung der Komponenten beim Gebrauch – oft verbunden mit einer extremen Verdünnung der Wertstoffe – schränkt die Möglichkeiten einer Rückgewinnung dieser Stoffe mit vertretbarem Aufwand ein [10.2]. So kann verschiedentlich der Energieaufwand für abfallvermindernde Technologien sehr groß sein und den gesamtökologischen Gewinn der Vermeidung von Abfallstoffen zunichte machen.

In Abb. 10.2 (Moser [10.3]) ist die Gesamtenergie zur Erzeugung einer Tonne Rohstoff in Abhängigkeit vom prozentualen Anteil des rezyklierten Rohstoffs aufgetragen. Die Gesamtenergie setzt sich aus zwei Anteilen zusammen: dem Anteil für die Herstellung des Rohstoffs aus der Primäraufbereitung und dem Anteil für die Rückgewinnung und Aufbereitung vom rezyklierten Material. Die Summenkurve der Gesamtenergie weist ein Minimum auf.

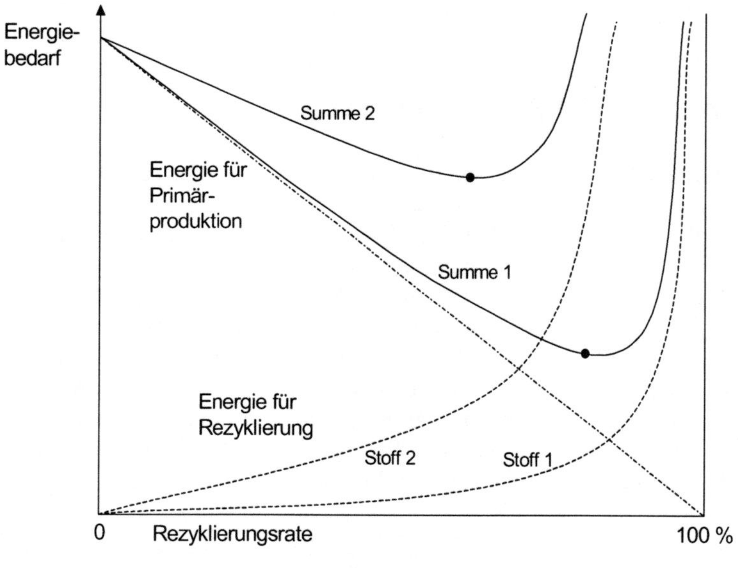

Abb. 10.2 Energiebedarf verschiedener Rezyklierungsraten [10.3]

Ein Beispiel ist die Rückführung von Altkupfer. Bei etwa 40–50 % Altkupferanteil ist der Gesamtenergieaufwand im Minimum; bei ca. 65 % rezirkuliertem Kupfer muss dieselbe Energie eingesetzt werden wie zur Gewinnung von Rohkupfer aus Erz (13.000 kWh je t Kupfer). Dies Entwicklung wird verständlich, wenn man berücksichtigt, dass etwa 30 % des totalen Kupferverbrauches in leicht rezirkulierbarer Form (z. B. Kupferdrähten, -röhren, blech) vorliegt und zur Sammlung nur ein geringer Transportaufwand erforderlich ist. Ein weiterer rückführbarer Anteil (ca. 25–30 %) liegt in einer schwer rezirkulierbaren Form, wie Legierungen, Mischungen mit anderen Materialien etc. vor oder erfordert einen großen Transportaufwand. Der Rest von 35–45 % des Kupfers wird „dissipativ" verbraucht (Pigmente, Farbstoffe, Korrosionsprodukte). Wollte man diese Verteilung rückgängig machen, d. h. in der Sprache der Thermodynamik, die Entropie vermindern, würden der Energieaufwand und damit die Kosten ins Unendliche steigen [10.4].

10.1.1 Formen des Recycling

In der Praxis gibt es verschiedene Begriffe für das, was mit Produkten gemacht wird, wenn sie ihre erste Gebrauchsphase hinter sich haben [10.5]:

- Wiederverwendung – Beispiele: Pfandflasche, Austauschmotor
- Weiterverwendung – Beispiel: Senfglas als Trinkglas
- Wiederverwertung – Beispiel: Altglaseinsatz bei der Glasherstellung
- Weiterverwertung – Beispiel: Herstellung von Kartonagen aus Papierabfällen.

Bei der „Verwertung“ werden die Begrenzungen des Recycling besonders deutlich. Neben den Beispielen für Papier und Kunststoff gilt das auch für andere gebrauchte Produkte: Glasbruch kann nur wieder zu weißem Glas verarbeitet werden, wenn keine farbigen Gläser beigemischt sind. Das hochwertige Stahlblech aus Schrottautos wird wegen des Kupfergehaltes heute noch in der Regel nicht wieder zu Stahlblech, sondern zu dem minderwertigen Gusseisen.

Die Weiterverwertung kann über verschiedene Stufen ablaufen („Produktkaskade“), in denen jeweils ein Qualitätsverlust auftritt, der letztlich zu einem auch für minderwertige Anwendungen unbrauchbaren Einsatzmaterial führt. Dieser Qualitätsverlust kann durch Reinigungs- (z. B. De-Inking beim Papierrecycling) oder Aufwertungsmaßnahmen (z. B. Zumischen von Neumaterialien) aufgehalten bzw. abgeschwächt werden. Beim Recycling von Kunststoffen finden sich – hier bei der Altfahrzeug-Demontage – die typischen Anwendungsbereiche (Abb. 10.3):

- Hochwert-(Werkstoff-)Recycling – Komponenten
- Stoffliches Recycling – sortenreines oder sortenähnliches Regranulat
- Chemisches Recycling – Mischkunststoffe, Materialverbunde
- Energetisches Recycling – Verbrennung

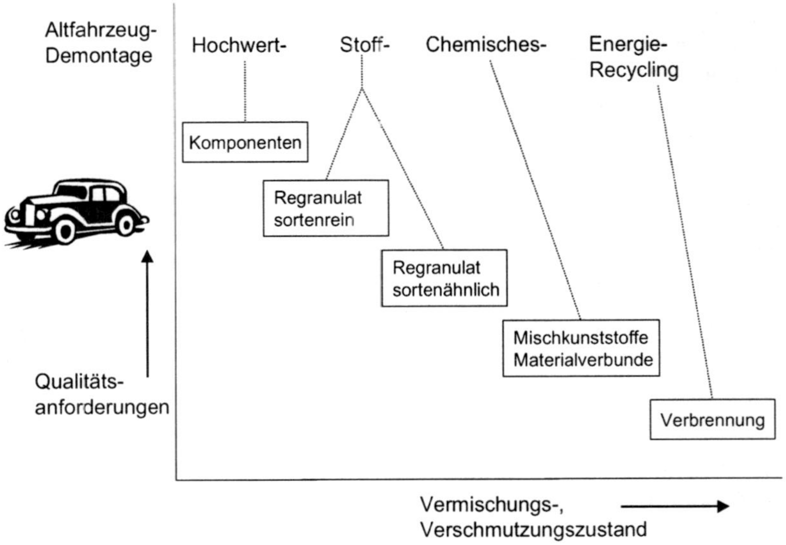

Abb. 10.3 Arten der Kunststoffverwertung bei der Altfahrzeugdemontage [10.6]

10.1.2 Bilanzierung von Stoff- und Energiekreisläufen

Grundlage praktisch aller Konzepte zur Analyse von Stoff- und Güterströmen sind *Stoff- und Energiebilanzen*. Solche Bilanzen werden in besonderem Maße bei der Durchsetzung von Recyclingverfahren nachgefragt, um deren Zweckmäßigkeit im Vergleich mit traditionellen Methoden nachweisen zu können. Aus der Fülle der Bewertungsverfahren werden hier zwei Methoden genannt:

1. *Ganzheitliche Bilanzierung* versteht sich als ein Werkzeug zur Erfassung aller relevanten Daten entlang des Produktlebenszyklus [10.7]. Die zweite Dimension ist die Breite der Untersuchung – Rohstoff- und Energieverbräuche sowie alle Emissionen. Die dritte Dimension ist die Tiefe der Untersuchung – die Einbeziehung der technischen und wirtschaftlichen Randbedingungen (Werkstoffwahl, Verfahrenstechnik, Kosten, Fertigungs- und Oberflächentechnik, Entsorgung) beim Produkt-Engineering.
2. *Kumulierter Energieaufwand (KEA)*: Der kumulierte Energieaufwand stellt die Summe der kumulierten Energieaufwendungen für die *Herstellung* (KEA_H), *Nutzung* (KEA_N) und *Entsorgung* (KEA_E) des ökonomischen Gutes dar, wobei für diese Teilsummen anzugeben ist, welche Vor- und Nebenstufen mit einbezogen sind. Wichtig ist, anzugeben, in welcher Energieform der KEA und seine Teilsummen ausgewiesen werden. Verbrauchswerte zum KEA werden in aller Regel für den Endenergiesektor zunächst als Sekundärenergien Strom, Brennstoffe oder Fernwärme vorliegen. Die vorgelagerten Aufwendungen für diese Energien unterliegen einem stetigen Wandel [10.8].

Auch Entsorgungsaspekte lassen sich solchen Bilanzen unterziehen. Die Tabelle 10.1 zeigt die Werte für den kumulierten Energieaufwand für kommunale Abfälle, die entweder direkt deponiert werden oder zuvor eine Müllverbrennungsanlage durchlaufen. Der KEA für die Müllabfuhr ist in beiden Fällen dieselbe; für die Einrichtung und den Betrieb der Müllverbrennungsanlage werden 138 MJ/t Müll in Rechnung gestellt. Bei der Deponierung der Schlacken wird dieser Betrag wegen der geringeren Volumina beinahe wieder eingespart. Die Gutschrift für die Energieerzeugung erbringt bei der Verbrennung der organischen Anteile etwa 7000 MJ/kg mehr als die Methanproduktion auf der Deponie.

Tabelle 10.1 Vergleich des kumulativen Energieaufwands für eine Schlackedeponie und eine traditionelle Deponie [10.8].

	Weg über die MVA in $MJ/t_{Müll}$	Weg direkt zur Deponie in $MJ/t_{Müll}$
Müllabfuhr	320	320
Müllverbrennungsanlage	138	–
(Schlacken-)Deponie	67	223
Summe des KEA	525	543
Gutschrift für Energieerzeugung	8.500	1.360
Differenz	7.975	817

Tabelle 10.2 Energieaufwand für die Einrichtung und den Betrieb einer Abfalldeponie [10.8]

Arbeitsabschnitt	KEA (MJ/t Müll)	rel. KEA-Anteil %
Deponieherstellung		
Oberbodenabtrag	1,14	0,5
Basisabdichtung	26,61	11,9
Gaserfassung	6,86	3,1
sonstige (Gebäude etc.)	14,13	6,3
Deponiebetrieb		
Deponiefahrzeuge	16,95	7,6
Deponieführung	5,61	2,5
Sickerwasseraufbereitung d. Umkehrosmose	101,56	45,6
Rekultivierung	38,60	17,3
Fahrzeugverschleiß	11,16	5,0
Gesamtsumme Deponie Nordwest	222,62	100,0

Dabei sind die ökologischen Konsequenzen, die sich aus der Ablagerung von reaktiven, schadstoffreichen Abfällen auf einer Deponie ergeben können, in der vorliegenden Bilanz noch nicht berücksichtigt. Aus den kalkulierbaren Energieaufwänden bei der Einrichtung und beim Betrieb der Deponie (Tabelle 10.2) ist zu erkennen, dass die Aufbereitung der Sickerwässer einen hohen Anteil des Energieeinsatzes ausmacht. Unter der Annahme, dass die NH_4-Gehalte in den Deponiesickerwässern über mehrere hundert Jahre eine derartige Aufbereitung benötigen, stellt sich der Betrieb solcher Reaktordeponien aus heutiger Sicht auch ökonomisch als eine Reise ins Ungewisse dar.

Wirtschaftliche und ökologische Randbedingungen

Folgende *grundsätzlichen Bedingungen* müssen für ein Recyclingverfahren vorliegen, um es wirtschaftlich und ökologisch *sinnvoll* werden zu lassen [10.9]:

- ausreichende Menge der verbrauchten Produkte,
- hohe Konzentration der recyclierten Stoffe in verbrauchten Produkten,
- Verfügbarkeit einer Rückführlogistik mit hoher Einsammelquote,
- Separierung unterschiedlicher Produkte bereits bei der Rückgabe,
- geringer zusätzlicher Stoff- und Energieverbrauch,
- geringe Emissionen und Rückstände des Recyclingverfahrens,
- Wirtschaftlichkeit im Vergleich zur Gewinnung der Primärstoffe, evtl. auch unter Berücksichtigung des teilweisen Fortfalls der Deponiekosten.

Das „Neue Recycling“ zieht im Gegensatz zum klassischen Recycling nicht nur den Wert der wiedergewonnenen Inhaltsstoffe, sondern auch einen Teil der eingesparten *Deponiekosten* zur Kostendeckung heran. Dabei kommt der Aufarbeitung von Sondermüll vorrangige Bedeutung zu.

10.2 Recycling in verschiedenen Wirtschaftssektoren

10.2.1 Verwertung im Bergbau und in der Grundstoffindustrie

Der Verfahrensweg bei der Erzaufbereitung wird entscheidend bestimmt vom Wertstoffgehalt, von dem erreichbaren korngrößenabhängigen Aufschluss der Wertmineralkomponenten, deren chemischen Bindungsmechanismen und der Anzahl der Wertmineralträger [10.10].

Am Beispiel der Kupfergewinnung hat *Sutter* [10.11] diesen Zusammenhang von Rohstoffgewinnung und Abfallentstehung exemplarisch dargestellt (Abb. 10.4). Sulfidische Kupfererze enthalten als Nebenbestandteile neben dem Gestein auch Verunreinigungen bzw. Begleitstoffe wie Eisen, Nickel, Blei, Zink, Arsen, Antimon sowie die selteneren Elemente Selen, Tellur, Wismut, Silber, Gold und Platinmetalle, die in den verschiedenen Produktionsstufen als Rückstände ausgetragen werden. Letztere dienen teilweise als Ausgangsstoffe zur Gewinnung der o. g. Metalle. Im Tagebau werden in einem ersten Schritt aus 1000 t Gestein sulfidische Kupfererze mit einem Kupfergehalt von etwa 0,5 % gewonnen, wobei 800 t Abraum anfallen. Dieser Abraum verbleibt am Ort der Erzgewinnung und stellt im Allgemeinen durch seine immer noch relativ hohen Gehalte an Sulfiden und Metallen ein langfristiges Umweltproblem dar.

Fast alle sulfidischen Kupfererze werden in der nächsten Stufe durch Flotation aufbereitet. Dadurch werden die Trennung der erzbildenden Mineralien vom tauben Gestein (Gangart) und eine Anreicherung der Metallgehalte in den Konzentraten auf etwa 25 % erreicht. Die entwässerten Konzentrate mit einem Bruchteil des Roherz-Gewichtes werden sodann zur Verhüttung zu den Kupferhütten transportiert, wo in einer ersten Prozessstufe (Röstung) der Schwefel entfernt wird. Auf jede Tonne Kupfer in Sulfidkonzentration fällt etwa 1 t Schwefel an. Die Entfernung so großer Mengen an Schwefel kann nur durch Anwendung einer Verwertungstechnologie wirtschaftlich betrieben werden. Die NE-Metallhütten werden dadurch zu bedeutenden Produzenten von Schwefelprodukten [9.10].

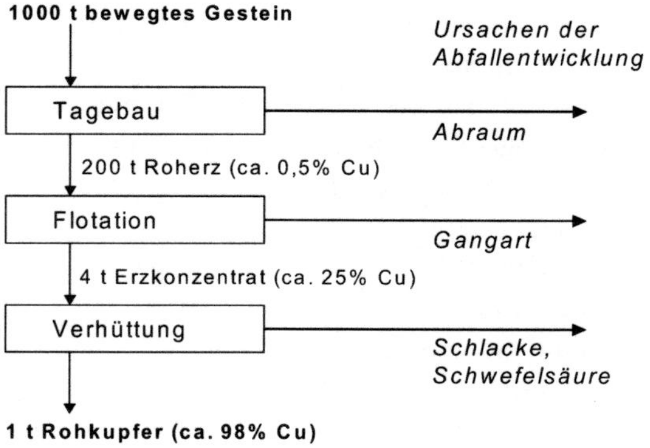

Abb. 10.4 Anreicherungsstufen und Rückstandsmengen bei der Gewinnung von Rohstoffen am Beispiel Rohkupfer (nach [10.11])

Generell wird versucht, die physikalischen Grundoperationen der Stoffanreicherung wie Dichtetrennung, Magnetscheidung, Elektrosortierung und Flotation anzuwenden. Bei komplexen oder armen Erzen, bei denen eine physikalische Trennung nicht möglich oder bei denen diese nicht wirtschaftlich realisierbar ist, sind oft nasschemische Grundoperation wie Laugung, Fällung und Extraktion eine Alternative. Im Allgemeinen sind die nasschemischen Grundoperationen der Erzaufbereitung auch wesentlicher Bestandteil der hydrometallurgischen Anreicherung und Weiterverarbeitung der Erzkonzentrate. Die bemerkenswertesten Fortschritte in Bezug auf den produktionsintegrierten Umweltschutz sind in den letzten Jahren auf diesem Gebiet gemacht worden [10.10].

Neue Verfahrenskonzepte in der Hydrometallurgie

Das wirtschaftlich wichtigste Zinkmineral ist die Zinkblende (ZnS). Die Zinkblenden sind durch Eisen verunreinigt und das zentrale metallurgische Problem ist daher die Abtrennung des Eisens. Das traditionell eingesetzten *Jarosit-Verfahren* [$KFe_3(SO_4)_2(OH)_6$] führt zu einer starken Belastung der Reststoffe durch Arsen, Blei, Cadmium und Zink, verbunden mit einem Verlust der Wertmetalle.

Mit dem *Hämatitverfahren* [Fe_2O_3] lässt sich die Stufe der Jarositfällung vermeiden [10.11]: Nach der Reduktion des Eisen(III) mit Hilfe von Zinkblendekonzentrat wird das zweiwertige zum dreiwertigen Eisen oxidiert und in Form von Hämatit ausgefällt. Die erzeugte Qualität des Hämatits lässt eine Verwertung in der Zementindustrie als Farbstoff zu. Die Ausbeute der Wertmetalle ist beim Hämatitverfahren gegenüber dem Jarositverfahren von 84 auf 95 % für Kupfer, von 65 auf >98 % für Blei und von 60 auf >98 % für Silber gesteigert.

Recycling von Sonderabfällen

Bei den Sonderabfällen besaßen früher die schwefelhaltigen Abfälle mit >2 Mio. Tonnen pro Jahr den höchsten Anteil. Davon fielen etwa zwei Drittel auf die sog. Dünnsäure [10.12]. Diese etwa 20 %ige Schwefelsäure mit gelösten Salzen entsteht bei der Herstellung von Titanoxidpigmenten nach dem Sulfatverfahren. Nachdem die Dünnsäureverklappung in der Nordsee 1989 eingestellt wurde, kam ein Aufbereitungsverfahren zum Zuge, bei dem eine bestehende Schwefelsäurefabrik in den Gesamtprozess integriert wurde [10.13].

Zur Fällung des Titan muss durch Zugabe von Wasser ein pH >1,5 eingestellt werden, so dass die freiwerdende Schwefelsäure zwangläufig als 20 %ige Dünnsäure anfällt. Der Prozess der Kronos-Titan-Gruppe besteht aus sieben Stufen. Die Dünnsäure wird unter Vakuum in mehreren Schritten eingedampft, wobei das Eisen in Form von Grünsalz auskristallisiert und mittels Membrankammerfilterpressen abgetrennt werden kann. Während die vorkonzentrierte Schwefelsäure in einer zweiten Vakuumeindampfung auf 80 % konzentriert wird, wird das Grünsalz mit Eisensulfid (Pyrit) und Kohle versetzt und im Wirbelbett bei 800–1000°C thermisch gespalten Nach Spaltgaskühlung und Spaltgasreinigung wird anschließend das anfallende Schwefeldioxid mit Sauerstoff in Gegenwart eines Katalysators (meist V_2O_5) in einer Kontaktanlage zu Schwefelsäure umgesetzt. Die erhaltenen unterschiedlichen Säurequalitäten können als Mischungen im Sulfatprozess wieder eingesetzt werden.

10.2.2 Urban Mining, Recycling von Baumaterialien

Während die Frage der Ressourcen-Nachhaltigkeit bei einer Reihe von Wertmetallen im Vergleich zur Schadstoffproblematik häufig überschätzt wird, gibt es zumindest regional eindeutige Knappheitssymptome bei einer öffentlich weniger beachteten Gruppe von Rohstoffen – bei den quantitativ wichtigsten Baumaterialien *Kies und Sand*. Dies wird in Tabelle 10.3 an einem Beispiel aus der Schweiz dargestellt: Die im Quartär durch fluvio-glaziale Erosion und Akkumulation entstandenen Kieslagerstätten des Modellgebietes zeigen eine mittlere Bildungsrate, die etwa zwei Zehnerpotenzen kleiner ist als die mittlere Nutzungsrate des Menschen seit der zweiten Hälfte des letzten Jahrhunderts. Der Transfer ist zwar erst etwa 15 % des theoretisch verfügbaren Lagers; durch andere Bedürfnisse der Raumnutzung bzw. deren Einschränkung (z. B. Grundwasserschutz, Forstwirtschaft etc.) hat das anthropogene Lager jedoch inzwischen die gleiche Größe wie das noch verfügbare geogene Lager erreicht. Würde die heutige Nutzungsrate, die drei- bis viermal größer ist als die mittlere, fortgeführt, so wäre in dreißig bis vierzig Jahren das noch verfügbare geogene Lager aufgebraucht.

Tabelle 10.3 Kiesbildung und Kiesnutzung in der Schweiz [10.14]

	Geogen	Anthropogen
Zeitperiode	100.000–10.000 v.u.Z.	1850–1990
Dauer	10^5 Jahre	10^2 Jahre
Bildungsrate	10^5 m^3/Jahr	
Nutzungsrate		10^7 m^3/Jahr
Lager	10^{10} m^3 (1850)	10^9 m^3 (1990)
„verfügbar" (1990) [a]	10^9 m^3	

[a] gemäß heutigen Nutzungsplänen v.u.Z.: vor unserer Zeitrechnung

Für die Verwertung von Baumaterialien gibt es u. a. ein übergreifendes Projekt an der ETH Zürich: „Ressourcen im Bau – Aspekte einer nachhaltigen Ressourcenbewirtschaftung im Bauwesen" [10.15], mit zwei Sekundärressourcen:

1. Das *Bauwerk* selbst, d. h. die bereits verbauten Materialien lassen sich über Rückbau und Bauteilbörsen sowie über geeignete Aufbereitungstechniken wieder erschließen.
2. Ressourcenquellen *außerhalb des eigentlichen Baubereichs*. Dazu gehören: (a) Produktionsabfälle wie z. B. Gießereisande, Papierschlämme oder Hüttensande, (b) Rückstände aus Kraftwerksanlagen wie Aschen, Flugstäube oder Schmelzprodukte, und (c) Produkte aus der Behandlung nichtbauspezifischer Abfälle oder nicht ausschließlich bauspezifischer Abfälle wie z. B. thermisch nutzbare Güter wie Kunststoffe oder Altöl, aber auch anorganische Produkte z. B. aus der hochthermischen Abfallbehandlung.

In der Bauwirtschaft gibt es eine Reihe von praktischen Ansätzen für eine ökologische Optimierung von Stoffkreisläufen. Der bislang aussichtsreichste Sektor ist die Zementproduktion, doch sind in den vergangenen Jahren vor allem in der Schweiz wichtige Impulse auch in anderen Gebieten der Bautechnik entstanden [10.16]. In den folgenden vier Bereichen besitzt die Baustoffindustrie selbst wesentliche Einflussmöglichkeiten:

- *Verminderung des Einsatzes fossiler Brennstoffe* in der Zementindustrie (bis vor kurzem gingen 80 % der Schweizer Kohlenimporte in Zementwerke) durch den Einsatz geeigneter Abfallbrennstoffe wie Altholz, Trockenklärschlamm und Altreifen; bei der Initiativfirma "HCB stammte 1997 bereits ein Viertel der benötigten thermischen Energie aus diesen Alternativbrennstoffen.
- *Einsatz von alternativen mineralischen Rohstoffen*: Ein mit einem speziellen Aktivkoksfilter ausgerüstetes Zementwerk verwertet bspw. Ölunfallerde und Bodenmaterial, das mit Kohlenwasserstoffen und Polyaromaten verunreinigt ist (die bei den hohen Prozesstemperaturen vernichtet werden).
- *Verminderung des Anteils an Klinker* (gebranntes Zwischenprodukt) durch stoffliche Verwertung von geeigneten Abfallstoffen in der Zementproduktion. Geprüft wird der außerhalb der Schweiz bereits gängige Einsatz von Flugasche aus Kohlekraftwerken und Hochofenschlacken oder ähnlich wirkende Sekundärressourcen als Zusatzstoffe.
- *Multiplizierung der Einsatzmöglichkeiten für Recyclingbeton:* Hier geht es darum, die Zusammensetzung von Zement und Beton so zu steuern, dass sich der Beton am Ende seines Ersteinsatzes problemlos recyclieren lässt; dies heißt insbesondere, dass problematische Inhaltsstoffe gemieden werden.

Die Steigerung der Ressourceneffizienz, die hier am Beispiel der Zementproduktion verdeutlicht wurde, setzt ein tief greifendes Prozessverständnis in einer Kombination natur- und ingenieurwissenschaftlicher Vorgehensweisen mit Verfahrenstechnik voraus [10.17]. Der Ansatz der „petrologischen Evaluation", der ebenfalls an der Abteilung „Stoffhaushalt und Entsorgung" der ETH Zürich entwickelt wurde [10.18], bewährt sich vor allem bei der übergreifenden Frage, welche Effizienzsteigerungen insgesamt zu einer *Ressourcenschonung* beitragen: Ob es z. B. angebracht ist, kupferhaltige Güter bei der Zementherstellung einzusetzen, ist nicht alleine eine Frage der Einbindung des Schadstoffs Kupfer im Zement, sondern auch eine Frage, inwieweit Kupfer zur Zementherstellung erforderlich ist. Da es dazu nicht erforderlich ist, anderswo aber sehr wesentlich sein kann, bedeutet die Einbringung in den Zement einen Wertverlust. In einer gesetzlichen Richtlinie der Schweiz [10.19] und dem zugrunde liegenden Thesenpapier (Abfallentsorgung in Zementwerken [10.20]) wurde dieser Gedanke bereits aufgenommen, indem bei jeder Entsorgung/Verwertung im Zementwerk die förderliche Funktion in Bezug auf das zu produzierende Gut nachgewiesen werden muss. So ist z. B. beim Einsatz von Klärschlamm nicht nur zu prüfen, inwieweit dessen organische Stoffe den Brennstoff Kohle ersetzen, sondern auch inwieweit die anorganischen Anteile des Klärschlamms Funktionen als Rohmehlersatzstoff übernehmen, und ob störende Stoffe in den Prozess bzw. in das Produkt eingetragen werden [10.16].

Baurestmassen

Das Aufkommen von Baurestmassen ist geprägt durch den nach wie vor steigenden Flächenverbrauch für Straßen-, Wohn- und Gewerbegebiete. Mit ca. 42 Gew.-% nimmt die Gruppe „Bodenaushub, Bauschutt, Straßenaufbruch" den größten Anteil an der Abfallmenge in der Bundesrepublik ein ([10.21], Abb. 10.5). Davon wiederum bildet der Erdaushub mit ca. 76 Gew.-% mengenmäßig den größten Anteil der Baurestmassen. Dieses Material kann je nach Reinheitsgrad und Zusammensetzung direkt für das Straßenplanum, Deponieabdeckungen, Dammschüttungen, Lärmschutzwälle oder für den Gartenbau verwertet bzw. einer Absiebanlage zugeführt werden [9.16]. Als unbelasteter Bauschutt wird das Material bezeichnet, das bei Abbrucharbeiten anfällt und nur geringfügig mit anorganischen Störstoffen (z. B. Erdreich, Sand, Ziegelmauerwerk, Natursteine) durchsetzt ist. Dieses Material kann nach der 4. BImSchV als künstliches Gestein bezeichnet werden [10.22].

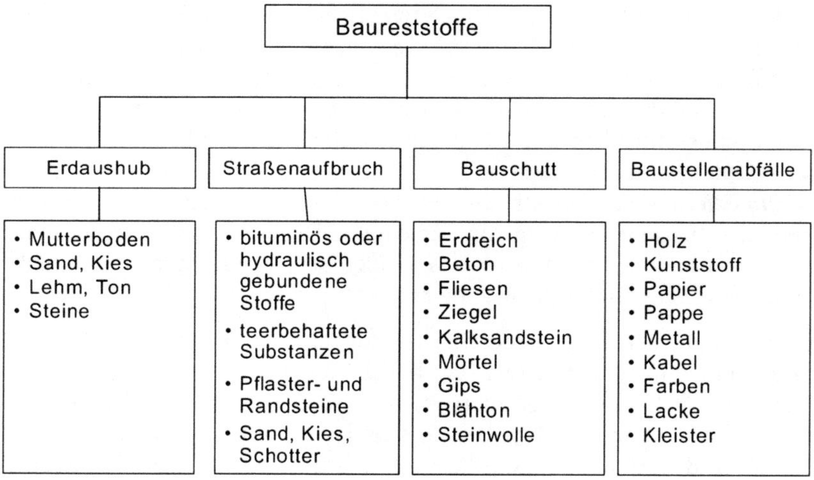

Abb. 10.5 Aufgliederung der Baureststoffe (nach [10.21])

Der Bestand mineralischer Baustoffe im Bauwerksbereich des Hoch- und Tiefbaus in Deutschland beträgt ca. 50 Mrd. t und wird bis 2010 auf über 60 Mrd. t anwachsen. Aufgrund der Altersstruktur des Gebäude- und Infrastrukturbestandes wird die jährliche Bauabfallmenge (ohne Bodenaushub) bis 2010 von z. Zt. ca. 80 Mio. t auf ca. 100–130 Mio. t ansteigen [10.23]. Die wiederzugewinnenden Baustoffe fallen als ungebundene (z. B. Gesteinsaushub), hydraulisch gebundene (z. B. Beton) oder bituminös gebundene (z. B. Asphalt) Stoffe und fast immer als Gemische an. Vor allem das Material aus Hochbauabbruch ist heterogen, wobei zum Teil schädliche Bestandteile Gips, organische Stoffe, umweltgefährdende Stoffe) enthalten sein können (s. u.). Diese Materialien müssen aufbereitet werden, um schädliche Verunreinigungen abzutrennen. Als Einsatzbereiche für Sekundärbaustoffe werden im „Merkblatt über die Verwendung von industriellen Nebenprodukten im Straßenbau – Teil: Wiederverwendung von Baustoffen" [10.24] genannt:

- Lärmschutzwälle;
- wassergebundene Verkehrsflächen und Wegebau;
- Unterbau, Hinterfüllung und Überschüttung;
- Bodenverfestigung, Untergrundverbesserung, Leitungsgräben;
- Überbau (Tragschichten ohne Bindemittel, hydraulisch gebundene Tragschichten, Tragschichten mit bituminösen Bindemitteln, bituminöse Decken, Beton).

Zu den Fraktionen, die die Verwertung dieser Materialien einschränken und deshalb von den verwertbaren Materialien möglichst weitgehend getrennt gehalten und einer umweltverträglichen Entsorgung zugeführt werden sollen, zählen u. a.:

- umwelt- oder Gesundheit gefährdende Farb- oder Anstrichmittel, Holzschutz-, Löse-, Flammschutz-, Kleb- und Dichtungsmittel, inkl. Verpackungen,
- Mineralöl oder -erzeugnisse, synthetisches Öl oder Erzeugnisse aus diesem, sowie Altöl im Sinne des Abfallgesetzes, insbes. Hydraulik-, Schal-, Transformatoren- oder Kondensatorenöl und ähnliche Stoffe,
- teerhaltige Stoffe, einschließlich Verpackungen mit Resten oder Anhaftungen,
- Faserbaustoffe, die als krebserzeugend klassifiziert sind, oder daraus hergestellte Verbundbaustoffe.

Künftiges Recycling von Baumaterialien

Ab dem Jahr 2020 sollen in Deutschland alle Abfälle verwertet werden [10.25]. Das bedeutet, dass ein größerer Anteil an schadstoffbelasteten Materialien in Kontakt mit dem Boden und Grundwasser gelangen wird als dies bei einer langzeitsicheren Deponierung der Fall wäre. Die Höhe der Belastung hängt in erster Linie von der Mobilität der feststoffgebundenen Schadstoffe ab [10.26].

Der Blick richtet sich künftig verstärkt auf verwertete Abfälle und Produkte wie z. B.: (i) mineralische Abfälle aus industriellen Prozessen (Schlacken, Aschen etc.) und (ii) der Bautätigkeit (Bauschutt), Bodenaushub, Baggergut, Böden aus Bodenbehandlungsanlagen, (iii) organische Abfälle, (iv) Baustoffe (Asphalt, Beton, Injektionsmaterialien), Bauhilfsstoffe, wenn sie in grundwasserrelevanten Einsatzbereichen verwendet werden, z. B. in Straßenbau, Rekultivierung, Landschaftsbau, Verfüllung von Trocken- und Nassabgrabungen, Tagebauen und unterirdischen Hohlräumen, Tiefbauprojekten, Bauwerksgründungen und Untergrundabdichtungen [10.27]. Bei der Bewertung sind verschiedene Handlungsoptionen zu berücksichtigen, die gestuft von (1) einer weitergehenden Vermeidungsstrategie, (2) der Lagerung unter günstigen Milieubedingungen (z. B. als Bergversatz), über eine (3) nachhaltige Bilanz von Schadstoffein- und -austrägen, bis zu (4) der vorläufig tolerierten Anreicherung von Schadstoffen reichen werden.

Das Interesse gilt vor allem der *Weiterentwicklung der thermischen Abfallbehandlung* dahin, die klassischen Zufallsprodukte (Schlacken, Aschen) heterogener Zusammensetzung, im Sinne eines Designs, durch definiertere Produkte zu ersetzen. Anstelle der Rostfeuerungsanlagen oder in Ergänzung werden Schmelzanlagen entwickelt, die bei höheren Temperaturen arbeiten und metallurgische Prozessschritte mit einbeziehen [10.28]. Damit können bspw.. Müllverbrennungsanlagen zusätzlich die Funktion von Wertmetallaufkonzentrierungsanlagen übernehmen.

10.2.3 Recycling von Kunststoffen

Kunststoffe besitzen den geringsten spezifischen Energiebedarf zu ihrer Herstellung im Vergleich zu anderen Werkstoffen haben. Nach Ablauf ihrer Lebenszeit haben die Kunststoffprodukte zwar an Gebrauchswert eingebüßt, ihr Energieinhalt ist aber in der Regel erhalten geblieben und kommt den Mineralölen sehr nahe. In der Müllverbrennung steuern die Kunststoffe 25 bis 30 % des Heizwerts bei, obwohl sie nur einen Mengenanteil von etwa 7 % haben. Beim Deponieren von Abfällen geht der Heizwert dieser Kunststoffanteile weitgehend verloren. Diese Argumentation gilt auch gegen die sog. selbst zerfallenden Kunststoffe, deren ökologischer Nutzen immer weniger erkennbar ist. Vor allem für den Haushaltsabfall ergibt sich durch den Aufwand für die Wiederaufarbeitung und Entfärbung ein sehr ungünstiger Bilanzvergleich.

In Tabelle 10.4 sind die Entsorgungs- bzw. Verwertungsmöglichkeiten für Kunststoffabfälle in einer Werthierarchie im Sinne der Abfallgesetzgebung und der Möglichkeit zum stofflichen Recycling geordnet. Die sinnvollste Verwertungsmöglichkeit für Kunststoffabfälle ist ohne Zweifel die unmittelbare erneute Nutzung in Kunststoffprodukten. Das Regranulieren ist jedoch weitgehend sortenreinen und sauberen Kunststoffen vorbehalten. In der Praxis fallen Kunststoffabfälle aber überwiegend stark verunreinigt und in sehr unterschiedlicher Zusammensetzung an. Für einige dieser Gemische ist ein Umschmelzen möglich, wobei so nur Produkte von minderer Qualität hergestellt werden können.

Tabelle 10.4 Verwerten von Kunststoffabfällen [10.29]

Verfahren	Werthierarchie	Verarbeitung zu
Regranulierung Umschmelzung	Nutzung der makromolekularen Struktur	Kunststoffprodukten
Hydrierung Pyrolyse	Erhalt der organischen Grundstruktur	Gasen und Ölen
Verbrennung	Nutzung des Heizwertes	Energie
Deponierung	Verzicht auf Heiz- oder Materialwert	– keine –

In Deutschland wurde im Jahr 2005 etwa 11,2 Mio. t Kunststoffe verarbeitet [10.30]. Größter Einsatzbereich sind Verpackungen (33 %), gefolgt vom Bausektor (25,2 %), Fahrzeugindustrie (8,9 %) und Elektro/Elektronik (7,1 %); diese vier Bereiche verbrauchten 2005 zusammen drei Viertel der eingesetzten Kunststoffe. Kunststoffabfälle entstehen bei der Erzeugung der Kunststoff-Formmassen, bei deren Verarbeitung zu Halbzeugen und Fertigerzeugnissen und nach der Nutzung dieser Produkte; insgesamt fielen in Deutschland 2005 etwa 4,4 Mio. t Kunststoffabfälle an. Bei der Kunststofferzeugung und -verarbeitung lag die Abfallverwertungsrate bei 97,5 %; Post-consumer-Abfälle aus dem gewerblichen Endverbrauch und den Haushalten wurden dagegen nur zu 74,2 % bzw. 79,1 % verwertet. Die Verunreinigungen bei den Post-consumer-Abfällen sind auch verantwortlich dafür, dass die werkstoffliche Verwertung dort nur 24 % ausmacht (bei Abfällen aus der Kunststofferzeugung/-verarbeitung dagegen 83 %).

Tabelle 10.5 Wichtige Kunststoffarten in den Haushalten und ihre Einsatzgebiete [10.31]

Stoffgruppe	Anteil am Hausmüll	Beispiele für die Einsatzgebiete
Polyethylen (PE)	60 % (vor allem PE)	Einkaufstüten, Flaschen für Waschmittel, Kosmetika, Reinigungsmittel, Getränkekisten, Benzinkanister, Luftpolsterfolien, Schläuche
Polypropylen (PP)		Flaschen für Reinigungsmittel, dünnwandige Verpackungen (z. B. Joghurtbecher), Gehäuse von Haushaltsgeräten, Aktenkoffer, Armaturenbretter, Nadelfilz
Polystyrol (PS), Styropor	20 %	Joghurtbecher, Schaumfolien, Einweggeschirr, Trinkbecher, Eisbecher, Isoliermaterial
Polyvinylchlorid (PVC)	15 %	Fensterrahmen, Rohre, Bodenbeläge, Dichtungen, Gartenschläuche, Flaschen für Speiseöl und Essig, Margarinedosen, Ummantelungen von Elektrokabeln
Polyamide (PA)	5 %	Zahnräder, Schrauben, Treibstoffleitungen, Gehäuse für elektrische Geräte, Borsten, Seile, Möbelscharniere, Folien, Flaschen
Polyurethane (PUR)		Ledererersatz, Dichtungen, Fäden, Seile, Spachtelmasse, Hartschaum, Möbel- und Sportgeräte, Polstermaterial

Die wichtigsten Kunststoffarten in den Haushalten und ihre Einsatzgebiete sind in Tabelle 10.5 für das Beispiel der Bundesrepublik Deutschland zusammengestellt [10.31]. Im Jahre 2005 entfielen über 60 % aller verarbeiteten Kunststoffe auf die Thermoplaste Polyethylen PE (2,94 Mio. t), Polypropylen PP (1,79 Mio. t), Polyvinylchlorid PVC (1,65 Mio. t) und Polystyrol PS (0,40 Mio. t [10.30]; 15 % der Gesamtmenge waren andere Thermoplaste, wie beispielsweise Polyamid (PA), Polycarbonat (PC), Styrol-Copolymere (ABS, SAN) oder Polyethylenenterephthalat (PET). Insbesondere wiesen die technischen Kunststoffe ABS, SAN, und ASA (Acryl-Styrol) sowie die Verpackungskunststoffe PE und PET starke Zuwachsraten auf. Abbildung 10.6 zeigt Strukturformeln wichtiger Kunststoffe [10.6].

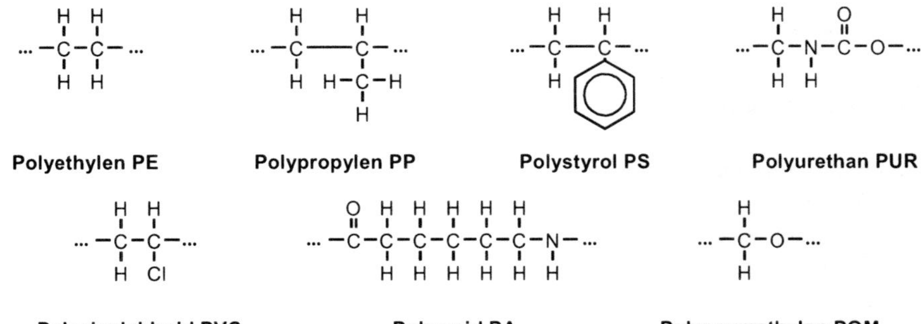

Abb. 10.6 Monomere, aus denen wichtige thermoplastische Kunststoffe aufgebaut sind [10.6]

Stoffliches Recycling von Kunststoffen [10.32]
Als Verwertung im Sinne des stofflichen Recyclings bietet sich der Abbau zu gasförmigen und zu den besonders erwünschten flüssigen Kohlenwasserstoffen an. Für diese Produkte sind keine Vermarktungsprobleme zu erwarten, denn flüssige und gasförmige Kohlenwasserstoffe werden auch in Zukunft gebraucht. Großtechnische Verfahren sind derzeit noch nicht verfügbar. Es bestehen grundsätzlich zwei Möglichkeiten zur Gewinnung von Kohlenwasserstoffen aus Kunststoffabfällen: die Hydrierung und die Pyrolyse.

In Abb. 10.7 ist die Chemie der Hydrierung und der Pyrolyse vergleichend dargestellt. Der Unterschied der beiden Verfahren wird bereits in den Reaktionsbedingungen deutlich. Während die Hydrierung unter hohem Wasserstoffdruck abläuft, erfordert die Pyrolyse lediglich den Ausschluss von Sauerstoff, wodurch die Oxidation, d. h. das Verbrennen der Produkte vermieden wird. Ein hoher Druck der Inertgasatmosphäre ist nicht notwendig. Es sind jedoch wesentlich höhere Temperaturen als bei der Hydrierung erforderlich. Diese Unterschiede in den Reaktionsbedingungen sind für die Zusammensetzung der Produkte und deren Eigenschaften von entscheidender Bedeutung.

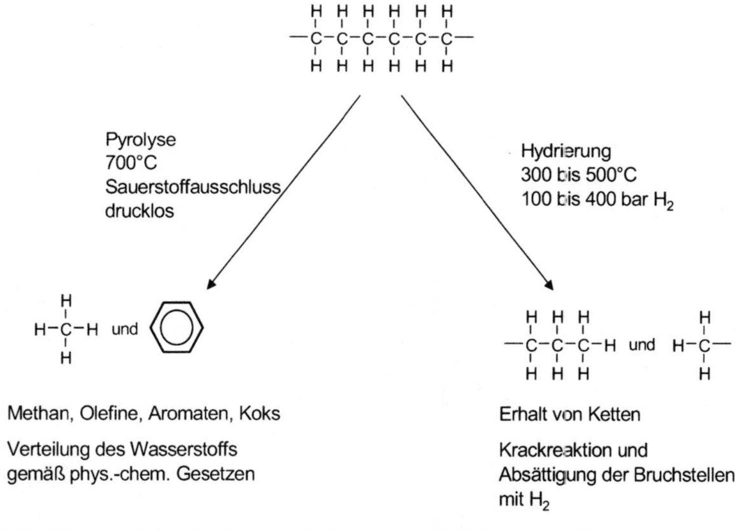

Abb. 10.7 Vergleich der Reaktionsprinzipien von Hydrierung und Pyrolyse [10.32]

Bei den Bedingungen der Hydrierung werden die Makromoleküle zu flüssigen und gasförmigen Zwischenprodukten gespalten. Die Bruchstellen reagieren mit Wasserstoff unter Absättigung. Dies ist ein Aspekt, der die Produktqualität entscheidend verbessert und den Unterschied zu den Pyrolyseverfahren markiert. Die Heteroatome Chlor, Sauerstoff, Stickstoff und Schwefel werden zum größten Teil abgespalten und in ihre Wasserstoffverbindungen überführt. Das Ölprodukt ist weitgehend frei von diesen Elementen. Dies ist ein zweites wichtiges Qualitätskriterium für die petrochemische Weiterverarbeitung.

Entsprechend dem im Kunststoff intramolekular vorhandenen Angebot verteilt sich der Wasserstoff bei der Pyrolyse auf die Produkte. Dies führt bei der thermodynamisch kontrollierten Reaktion einerseits zur Bildung hoher Gasanteile, die wasserstoffreiche Komponenten wie Methan und wasserstoffarme wie Ethylen enthalten. Andererseits werden aromatenreiche Öle, die arm an Wasserstoff sind, und erhebliche Mengen an Koks gebildet.

In Tabelle 10.6 werden die Produkte aus der Pyrolyse und der Hydrierung miteinander verglichen. Wie aus Betriebsdaten einer Pyrolyse-Versuchsanlage hervorgeht, erhält man beim Einsatz von Polyethylen/Polypropylen-Gemischen Gasanteile von 51 % (jeweils m/m) sowie 6 % Rückstand, der vorwiegend aus Teer und Ruß besteht. Die Ölausbeute liegt bei 42 %. Bei Einsatz des gleichen Polyethylen/Polypropylen-Gemischs führt die hydrierende Umsetzung mit ca. 10 % zu einer wesentlich niedrigeren Gasbildung und zu einer aus der Sicht der Weiterverarbeitung zu bevorzugenden, höheren Ölausbeute, die im dargestellten Beispiel sogar mehr als 90 % beträgt. Die Rückstandsbildung ist mit ca. 1 % vernachlässigbar gering.

Tabelle 10.6 Umsetzung verschiedener Kunststoffgemische durch Pyrolyse bzw. Hydrierung [10.32]

	Pyrolyse		Hydrierung	
Reaktionsbedingungen				
Druck	0,1 bis 1 MPa (Sauerstoffausschluss)		10 bis 30 MPa (Wasserstoff)	
Temperatur	700°C		300 bis 500°C	
eingesetzte Materialien	PE/PP % (m/m)	Kunststoff aus Hausmüll % (m/m)	PE/PP % (m/m)	Kunststoff aus Hausmüll % (m/m)
Endprodukte				
Gasförmig	51	43	<10	17
Flüssig	42	27	>90	65
fest (Teer, Feststoffe)	6	30	~1	18

Gleiche Effekte ergeben sich bei der Umsetzung von Kunststofffraktionen aus Hausmüll. Hier werden für die Pyrolyse Ölausbeuten von 27 % genannt, während mit der Hydrierung 65 % erreicht werden. Die Rückstandsanteile (Teer, Koks, andere Feststoffe) werden mit 20 % beziffert – gegenüber 18 bis 20 % bei der Hydrierung.

Für die Weiterverarbeitung und Verwendung der Hydrierprodukte spielt der Vergleich zu anderen Rohstoffquellen eine entscheidende Rolle. Bei der hydrierenden Umsetzung von Thermoplasten wie Polyethylen bleibt die kettenförmige Kohlenwasserstoffstruktur erhalten. Dies ist für die chemische Weiterverarbeitung besonders geeignet. So lassen sich die Hydrierprodukte bspw. problemlos lagern, da sie als gesättigte Kohlenwasserstoffe sehr reaktionsträge sind [10.32].

10.2.4 Aufbereitung von Elektronikschrott

Elektroaltgeräte umfassen Produkte mit sehr unterschiedlichen Nutzungsdauern, weit auseinanderklaffenden Anschaffungspreisen und sehr unterschiedlichen Nutzungsprofilen. Aus ökologischer Sicht stellt diese große Produktpalette ein schwer kalkulierbares Gemisch von Schad- und Wertstoffen dar. Besonders schadstoffhaltige Bauteile sind z. B. Quecksilberschalter, PCB-haltige Kondensatoren, Flammschutzmittel in Gehäusen und Platinen, Blei- und Cadmium-haltige Bildröhren, FCKW-haltige Polyurethan-Schäume, bromierte Leiterplatten, etc. [10.33].

Die amtliche Entsorgungsstatistik enthält keine Abfrage zu Elektroaltgeräten. Kleingeräte, auch als hausmülltonnengängige Geräte bezeichnet, werden durch die Verbraucher oft mit dem Restmüll entsorgt. Das in Tabelle 10.7 dargestellte Aufkommenspotenzial umfasst sowohl gewerbliche als auch kommunale Gerätekategorien. Bundesweite Untersuchungen über die Erfassungsquote an Elektroaltgeräten sind ebenfalls nicht vorhanden. Verschiedene Abschätzungen gehen von einer durchschnittlichen Erfassungsquote unter 40 % aus. Gründe können längere als erwartete Nutzungszeiten, Zwischenlagerungen in Haushalten und Export als Gebrauchtwaren sein [10.33].

Tabelle 10.7 Aufkommen von Elektroaltgeräten in Deutschland in Tsd. t [10.33]

	1992	2000
Konsumgeräte	*628*	*1480*
– Hausgeräte u. elektrische Werkzeuge	389	968
– Unterhaltungselektronik	239	512
Informations- und Kommunikationstechnik	*258*	*261*
– Büromaschinen	72	64
– Informationstechnik	71	114
– Kommunikationstechnik	115	83
Industrieelektronik	*266*	*318*
Medizinelektronik	*12*	*16*
Labortechnik	*1188*	*2099*

Rechtsvorschriften zu Elektro- und Elektronik-Altgeräten in Deutschland

Die EG-Richtlinien 2002/96/EG über Elektro- und Elektronik-Altgeräte (*WEEE* – Waste of Electric and Electronic Equipment) und 2002/95/EG zur Beschränkung der Verwendung bestimmter gefährlicher Stoffe in Elektro- und Elektronikgeräten (*RoHS* – Restriction on the Use of Certain Hazardous Substances in Electrical and Electronic Equipment) sind am 13. Febr. 2003 in Kraft getreten [10.34]. Die Mitgliedstaaten müssen dafür sorgen, dass Endnutzer und Vertreiber Altgeräte kostenlos zurückgeben können und mindestens 4 kg Altgeräte aus privaten Haushalten pro Jahr getrennt gesammelt werden; die Verwertung der Geräte soll bis zu 80 % betragen. Die Umsetzung in deutsches Recht erfolgte am 16. März 2005 [10.35]. Eine zweite Änderung zur Elektro- und Elektronikgerätegesetz-Kostenverordnung (ElektroGKostV) ist am 1.1.2008 in Kraft getreten [10.36].

Mittelständisches Elektronikschrott-Recycling-Konzept (MERK [10.37])
In Deutschland ist nach der Vorlage des Entwurfs einer Elektronikschrottverordnung eine mittelständische Branche entstanden, die sich mit der Verwertung des Elektronikschrotts beschäftigt; diese erfolgt grundsätzlich in drei Schritten:

- Die *manuelle Vorzerlegung* wird mit pneumatischen Werkzeugen durchgeführt. Abgesehen von den schadstoffhaltigen Bauteilen werden auch große Transformatoren und Lüfter, Eisenrahmen u. ä. manuell zerlegt.
- Die *Schadstoffentfrachtung* erfolgt manuell bei der Demontage der Geräte. Nasskondensatoren werden wegen der PCB-Gefahr ebenso wie Ni-Cd-Akkus, Lithiumbatterien, Hg-Schalter und LCD-Anzeigen demontiert. Die Lagerung der Stoffe und die Entsorgung erfolgt nach den abfallrechtlichen und lagertechnischen Vorschriften.
- Die *Kaltvermahlung und Trennung* (z. B. trockenmechanische Aufbereitung) erfolgt schrittweise durch Zerkleinerung der elektronischen Bauteile mit verschiedenen Mühlen zu einem sandkorngroßen Produkt. Das so aufgeschlossene Material wird anschließend über verschiedene Trennverfahren (Magnete, Hochleistungssichter, Siebanlagen) in die Fraktionen Metall, Kunststoff und Kunststofffasern getrennt.

Im einzelnen erfolgt die Verwertung in sieben getrennten Fraktionen [10.38]:

1. *Metalle* werden nach sortenreinen Fraktionen getrennt, wobei Verbundmaterialien mechanisch aufbereitet werden. Die Fraktionen werden anschließend verhüttet.
2. *Kunststoffe* werden stofflich verwertet, soweit dies bei Sortenreinheit möglich ist, andernfalls (Mischkunststoffe) findet eine thermische und energetische Nutzung statt.
3. *Glas* kann als Bildschirmvorderglas von der Glasindustrie wieder eingesetzt werden; kontaminierte Bildschirmgläser (Konusglas) können als Schlackenbildner eingesetzt werden.
4. *Leiterplatten* ermöglichen thermische und elektrolytische Metallrückgewinnung; die Restschlacken werden deponiert.
5. *Bauteile* werden soweit als möglich aufbereitet, andernfalls als Sondermüll verbrannt oder in Untertagedeponien verbracht.
6. *Stecker* und Steckverbindungen, aus denen maschinell und thermisch Metalle zurückgewonnen werden; die Kunststoffe werden stofflich und thermisch verwertet.
7. *Kabel*, deren Metallbestandteile maschinell zurückgewonnen werden, während Kunststoffe stofflich oder thermisch verwertet werden.

Die Verwertungsquote bei alten *TV-Geräten* beträgt etwa 70 %, bei neueren TV-Geräten mit Kunststoffgehäuse etwa 90 %. *Büro-/Kommunikationsgeräte* erreichen eine Quote von ca. 90 %.

Für alle nicht wieder verwendeten Geräte mussten bis zum 31. Dezember 2006 je nach Kategorie Verwertungsquoten zwischen 70 und 80 % und Recyclingquoten zwischen 50 und 80 % erreicht sein [10.39]. Mit „Recycling" wird die in einem Produktionsprozess erfolgende Wiederaufarbeitung der Abfallmaterialien für den ursprünglichen Zweck oder für andere Zwecke, jedoch unter Ausschluss der energetischen Verwertung, bezeichnet (EG Richtlinie [10.34], Art 3 [e]).

10.2.5 Altfahrzeug-Recycling

Im Oktober 2000 trat die EU-Richtlinie 2000/53/EG über Altfahrzeuge in Kraft; sie wird mit dem Gesetz über die Entsorgung von Altfahrzeugen (Altfahrzeug-Gesetz – AltfahrzeugG) und mit der Bekanntmachung der Neufassung der Altfahrzeug-Verordnung vom 21. Juni 2002 umgesetzt [10.40]. Wesentliche Eckpunkte der AltfahrzeugV sind:

- erfasst werden alle Pkw (M 1) und leichte Nutzfahrzeuge (N 1);
- Aufbau einer flächendeckenden Infrastruktur zur Altauto-Rücknahme und konkrete Umweltstandards zur umweltgerechten Behandlung und Entsorgung;
- Letztbesitzer können ab 2002 alle ab diesem Zeitpunkt zugelassenen Autos und ab 2007 sämtliche Altautos kostenlos zurückgeben;
- Hersteller/Importeure müssen die Entsorgungskosten für Fahrzeuge, die ab 2002 erstmals zugelassen werden und für alle Altautos ab 2007 voll oder zu wesentlichen Teilen übernehmen;
- bis 2006 sind mindestens 85 % des durchschnittlichen Gewichts eines Altfahrzeugs zu verwerten und mindestens 80 % wiederzuverwenden oder zu recyceln. Bis 2015 sind diese Verwertungsziele auf 95 % (Verwertung) bzw. 85 % (Recycling) zu steigern,
- bei der Produktion von Fahrzeugen und Bauteilen ist ab 2003 auf die Verwendung der Schwermetalle Cadmium, Quecksilber, Blei und sechswertiges Chrom grundsätzlich zu verzichten (Ausnahmen wie z. B. Pb in Loten im Anh. II).

Für das Jahr 2004 liegen erstmals Daten aus der flächendeckenden statistischen Erhebung der Altfahrzeugverwertung vor, die auf der Basis des Umweltstatistikgesetzes von nun an jährlich bei den Demontagebetrieben und Schredderanlagen durchgeführt werden [10.41]. Danach ist die Anzahl der Altfahrzeuge, die in Demontagebetrieben behandelt wurden, in den letzten Jahren stark gesunken. In 2004 wurden in Deutschland ca. 500.000 t Altfahrzeuge behandelt, weniger als 20 % der abgemeldeten Pkws (3,183 Mio. Pkw im Jahr 2004). Die Altfahrzeugverwertungsquoten sind 77,2 % für die Wiederverwendung und das Recycling und 79,7 % für die Wiederverwendung und die Verwertung (inkl. energetischer Verwertung). Die Montagebetriebe entfernen mehr als 15 % zur Wiederverwendung und zur Verwertung. In den Schredderanlagen fielen im Jahr 2004 neben den Sekundärrohstoffen Eisen- und Nichteisen-Schrott ca. 460.000 t Schredderleichtfraktion an; 90 % der Gesamtmenge wurden deponiert, 4 % recycelt, 6 % energetisch verwertet.

Tabelle 10.8 Altfahrzeug-Verwertung Deutschland 2004 in % (NM Nichtmetalle) [10.41]

	Wiederverwendung und Recycling	Energetische Verwertung	Wiederverwendung und Verwertung
Metallgehalt (Schätzung)	70,0		70,0
NM Demontagebetriebe	5,5	0,3	5,8
NM Schredderanlagen	0,9	1,3	2,2
NM Restkarossen Ausland	0,8	0,8	1,7
Verwertungsquoten gesamt	*77,2*	*2,4*	*79,7*

Die Rückgewinnung und Verwertung der metallischen Anteile von Altfahrzeugen gelingt durch die sehr effektive Auftrennung im Schredder und bei den nachfolgenden Sortierschritten (Magnetscheider, Wirbelstromscheider, Schwimm-Sink-Anlagen) zu ca. 98 %. Hauptprobleme bei der Altfahrzeugverwertung sind hingegen derzeit die Verwertung von Kunststoffen, Glas und der bei Schredderprozess anfallenden Schredderleichtfraktion (SLF), die etwa 25 % des ursprünglichen Fahrzeuggewichtes ausmacht. Kunststoffe und Glas können, wenn sie demontiert werden, grundsätzlich recycelt werden; problematisch ist hier der notwendige Aufwand für Demontage und Sortierung. Kapazitäten für die Verwertung von Glas aus Altfahrzeugen stehen zur Verfügung, auch für ausgebaute Kunststoffteile sind in Deutschland hinreichende Verwertungskapazitäten vorhanden [10.41].

Wünschenswert ist die Steigerung des *Produktrecycling* vor allem in Form der sogen. „Austauscherzeugnisfertigung" im Vergleich zu einer bloßen Verwertung der Materialien. In der Praxis kann jedoch die Verwendung und Verwertung nicht unabhängig voneinander gesehen werden. In Abb. 10.8 ist die Abfolge der Schritte des Recyclingablaufs in einer solchen Mischform aufgezeigt, wie sie in der Praxis am Ende einer Produktnutzung typischerweise auftreten. Die Wieder- und Weiterverwendung stellt momentan den einzigen profitablen Recyclingschritt dar. Der Erlös kann die Kosten aus den anderen Schritten eventuell ausgleichen oder zumindest reduzieren. Mit tiefer gehender Demontage steigen die Verwendungsmöglichkeiten und damit die Erlöse für die Produkte und deren Teile. Ein Demontage-/Wiederverwendung gerecht gestaltetes Produkt ist hier von Vorteil [10.42].

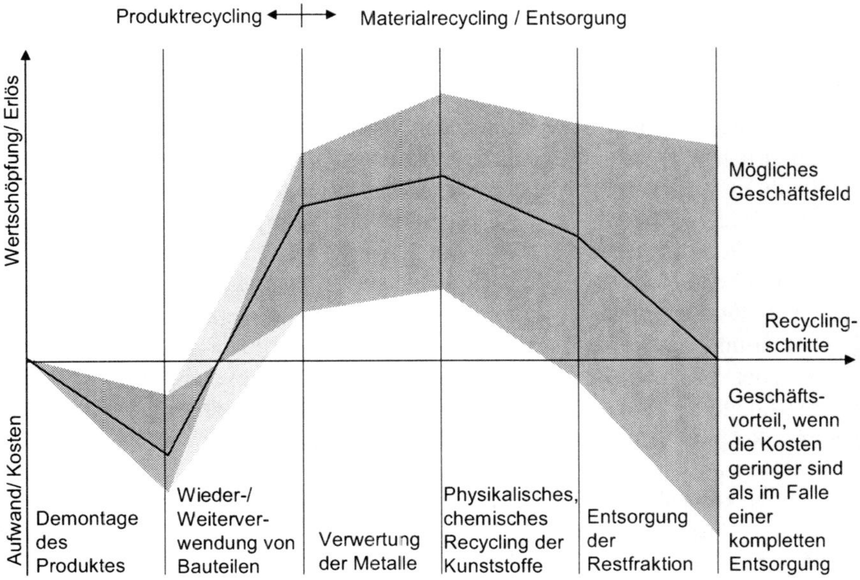

Abb. 10.8 Recyclingpotenziale – Erlöse und Kosten in den einzelnen Schritten [10.42]

10.3 Integrierte Stoffwirtschaft

Das deutsche Kreislaufwirtschaftsgesetz (KrW-/AbfG) erfüllt im Grundsatz vollständig die Zielsetzungen einer nachhaltigen Stoffwirtschaft, die im Wesentlichen von zwei Sorgen bestimmt wird [10.43]:

- Die Sorge, dass die Produktionsressourcen nicht reichen (Versorgungsangst).
- Die Sorge, dass durch Produktion und Konsum das natürliche System, in dem und von dem wir leben (Umweltressource), nachhaltig geschädigt wird (Entsorgungsangst).

Eine wettbewerbskonforme, verursachergerechte, deregulierte produktverantwortliche und nachhaltige Abfallwirtschaft mit vollständiger Abfallverwertung ist heute zu vertretbaren Kosten realisierbar, wenn die stark verrechtlichte Abfalldiskussion auf vereinheitlichte Anforderungen zurückgeführt wird, die aus den Schutzgütern Wasser, Boden, Luft und Klima vorsorgend abgeleitet worden sind [10.43].

Auch in der Europäischen Union sind die natürlichen Ressourcen und Abfälle einer der vier Handlungsschwerpunkte im 6. Umweltaktionsprogramm; als Ziele und vorrangige Aktionsbereiche wurden definiert [10.44]:

- Nichtüberschreitung der Belastbarkeit der Umwelt durch den Verbrauch von Ressourcen und die damit verbundenen Auswirkungen sowie Entkopplung von Wirtschaftswachstum und Ressourcenverbrauch;
- deutliche Verringerung des Gesamtabfallvolumens durch Initiativen zur Abfallvermeidung, höhere Ressourceneffizienz und Übergang zu nachhaltigeren Produktions- und Konsummustern;
- deutliche Verringerung der Menge an Abfällen, die beseitigt werden, sowie der Mengen gefährlicher Abfälle unter Vermeidung einer Zunahme von Emissionen in die Luft, die Gewässer und den Boden;
- Förderung der Wiederverwendung; für die dann noch erzeugten Abfälle gilt: ihr Gefährlichkeitsgrad sollte reduziert werden, und sie sollten möglichst geringe Gefahren verursachen; Verwertung und insbesondere Recycling sollten Vorrang genießen; die Menge sollte auf ein Minimum begrenzt werden und die Abfälle sollten so nah wie möglich am Erzeugungsort behandelt werden

Die Hervorhebung der zukünftigen stofflichen und energetischen Verwertung von Abfällen und Abfallinhaltsstoffen bereits im Artikelgesetz zur Umsetzung der IVU-Richtlinie [10.45] trägt nach *Hahn* [10.43] „die Hoffnung, dass inzwischen neben einer Vielzahl von getrennt gehaltenen und verwerteten Abfallteilströmen (Verpackungen, Altauto, Bleiglas, Bioabfall, Altholz, Gewerbeabfälle usw.) der gesamte Restabfall als Produktionsressource wahrgenommen wird".

In Bezug auf die Qualität der Stoffe ergeben sich nach *Friege* folgende Fragen und Entwicklungslinien ([10.46] Kasten): Wie kann eine stärker an Stoffströmen orientierte Normierung die Abfallwirtschaft beeinflussen? Wird die Abfallwirtschaft einmal zu einem integralen Teil des Managements von Stoffströmen im Sinne einer Steuerung von Weichen im Stoffstrom hin zu ökologisch sicheren Senken? Welche Ressourcen können bzw. müssen ordnungsrechtlich gesteuert werden? Kann die Marktwirtschaft diese Entwicklung selbst leisten oder bedarf es ordnungsrechtlicher oder fiskalischer Steuerungsinstrumente?

Abfallwirtschaft, Stoffstrommanagement und zukünftige Entwicklungslinien für die Qualität der Stoffe – Dr. H. Friege in Müll-Handbuch 6/07 [10.46]

Aus den Outputs der Rohstoffgewinnung, Produktionsprozessen von Industrie, und Landwirtschaft und aus Konsumabfällen kann die Abfallwirtschaft einzelne Produkte, Stoffe und/oder Energie (rück-)gewinnen, um sie als neuen Input in das System der Stoffströme zu importieren. Einzelne Stoffströme außerhalb gut definierter industrieller Prozesse durch kluge Weichenstellungen zu isolieren, ist allerdings nicht einfach. Wichtige Stoffströme können aus den Bereichen Metalle, Papier, Glas, Kunststoffe, mineralische und organische Stoffe gewonnen werden. Allerdings setzen Vermischung und Verteilung Grenzen. In den letzten fünfzehn Jahren sind aber auch erste Produktströme einem „cradle to grave"-Ansatz unterworfen worden. Ausgehend vom Prinzip der Herstellerverantwortung wurde über produktspezifische Regelungen zum einen der Entstehung gefährlicher Abfälle vorgebeugt bzw. diese Abfälle in die Verantwortung der Produzenten zurückgeleitet, und dabei auch Schritte zur Ressourcenschonung unternommen. Diese produktspezifischen Regelungen zeigten unterschiedlichen Erfolg. So blieb die Batterie-Rücknahme auf Kosten der Hersteller bis heute ein Torso; sie funktioniert gut nur dort, wo die Batterien zu schwer zum Wegwerfen sind. Erfolgreich eingeführt wurden aber Beschränkungen und Verbote von bestimmten Schadstoffen in Batterien. Cd und Hg in Batterien bzw. Akkumulatoren stellen heute die absolute Ausnahme dar. Die Rücknahme von Altfahrzeugen dagegen erwies sich als ein Ansporn für den Bau zerlegefreundlicher Fahrzeuge, auch wenn die erwarteten Millionen von schrottreifen Fahrzeugen wegen des Exports von Gebrauchtfahrzeugen jetzt nur noch zum Teil bei den deutschen Entsorgern ankommen.

Ohne es so recht zu merken, haben sich die Recycling- und Entsorgungsunternehmen mit ihrem Wunsch, das „Abfallregime" in Richtung „Produkte" zu verlassen, aufs Glatteis begeben: Denn Produkte sind vielfach schärferen Regelungen unterworfen. Mit der Reform der europäischen Chemiepolitik (Registration, Evaluation, and Authorisation of Chemicals = REACH) gibt es andere Ansprüche an die Charakterisierung von Stoffen, Produkten und Erzeugnissen in ihren Einsatzgebieten als bisher. Dies trifft – ohne dass dies zuvor intensiv diskutiert worden wäre – auch die „Sekundärrohstoffe". Diese entsprechen im chemikalienrechtlichen Sinne meist nicht den entsprechenden Primärrohstoffen. Während Fe- bzw. NE-Schrotte in der Metallurgie den ihren Verunreinigungen entsprechenden Verwendungszweck finden, können Lösemittelreste aus Abfällen auf Grund ihrer unterschiedlichen produktionsspezifischen Beimengungen, die kaum charakterisiert, geschweige denn abgetrennt werden können, nicht ohne weitere Prüfung wieder als die ursprünglichen Lösemittel vermarktet werden. Das stoffliche Problem der Sekundärrohstoffe ist schon aus der „Degradation" von gemischten Kunststoffen bzw. Kunststoffe mit bspw. unterschiedlichen Stabilisatoren bekannt.

Zukünftige Entwicklungslinien: Wie werden die Schnittstellen zwischen Chemikalien- und Abfallrecht im einzelnen definiert werden? Was kann die Abfallwirtschaft für die Charakterisierung der Sekundärrohstoffe dabei lernen?

10.3.1 Entwicklung einer Integrierten Abfallbehandlung

Ein frühes integriertes Entsorgungskonzept wurde von *J. Hahn* entwickelt (Abb. 10.9 [10.47]); es nutzt – nach Vermeidungsmaßnahmen – die Müllverbrennung als Behandlungsschritt für die nicht kompostierbaren organischen Abfallanteile und eine nachgeschaltete Abfallfabrik für die Aufarbeitung der anorganischen Restabfälle. „Sind die Eluate des trockenen Restabfalls ‚immissionsneutral', so können diese Abfälle als Baustoff verwendet oder ohne bauliche Maßnahmen (Endlager) abgelagert werden; ist dies nicht der Fall, sind sie in einer Mineralkaverne oder in einem Langzeitlager (Zwischenlager) zu deponieren" [10.47].

Das langfristige Ziel der optimalen Nutzung nichterneuerbarer Rohstoffe wird erstmals in dem Sondergutachten „Abfallwirtschaft" des Rates von Sachverständigen für Umweltfragen [10.48] genannt; der Rat fordert einen mit Nachdruck betriebenen Ausbau der Vermeidung und Verwertung von Reststoffen und Abfällen.

Seit Anfang der 80er Jahre werden Verpackungen aus Haushalten in großem Umfang getrennt gesammelt und verwertet. Während die getrennte Erfassung und Verwertung von Altpapier und Altglas unumstritten ist und in ganz Europa weiter ausgebaut wird, ist die für Kunststoffabfälle und Verbunde gefundene Lösung mit der „gelben Tonne" in Deutschland streitig. Zum einen wird die ökologische Sinnhaftigkeit angesichts der Fehlwurfquoten in Großstädten um 50 % und der aufwendigen Sortierung bei Einsatz der Recyclate in niederwertigen Anwendungen (z. B. Mischkunststoff als Ersatzbrennstoff) bezweifelt. Zum anderen ist das in Deutschland eingeführte System im europäischen Vergleich nachweislich am teuersten.

Den Wandel der europäischen „Recycling-Landschaft" während der vergangenen 20 Jahre charakterisiert *H. Friege* [10.49] wie folgt:

90er Jahre des 20. Jahrhunderts

- Entsorgungsunternehmen werden zu Spezialisten für Sammlung und Sortierung von Wertstoffen aus äußerst heterogenen Abfallströmen,
- der Staat schafft aus Sorge
  - um fehlende Senkenkapazität Strukturen für die Wiedergewinnung von Ressourcen (VerpackVO),
  - vor Freisetzung von Schadstoffen neue Weichenstellungen zur Rückführung komplexer Produkte (AltautoVO, RoHS, BatterieVO).

21. Jahrhundert

- Produzenten übernehmen verstärkt auch die Rolle des Retroproduzenten (Hersteller von Konsumgütern),
- der Staat schafft neue Regelungen aus der Sorge um mangelnde Ressourcen (im Energiebereich bereits absehbar), bspw.
  - Verringerung des spezifischen Materialeinsatzes – weniger Abfälle, aber u. U. komplexere Produktzusammensetzung,
  - Rückbau energieintensiver Infrastruktur – mehr Abfälle,
- den Entsorgungsunternehmen wachsen zahlreiche Wettbewerber um die Sammlung bzw. Rückgewinnung von Werkstoffen („Lumpensammler")

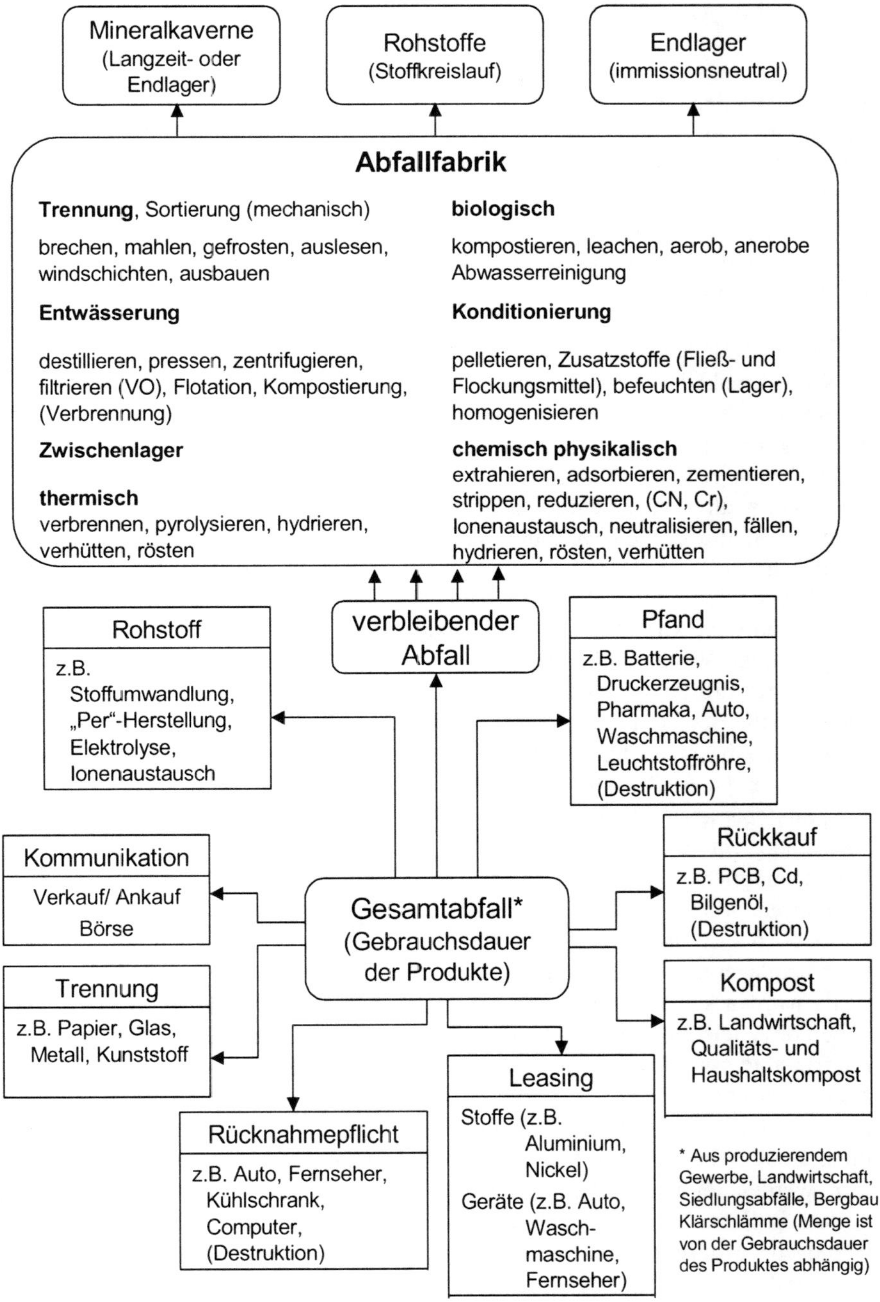

Abb. 10.9 Konzeptskizze für eine integrierte Behandlung von Abfällen (Hahn [10.47])

10.3.2 Integrierter Ansatz für Recycling und Energieverbrauch

An der Jahrtausendwende legte das Bundesministerium für Umwelt, Naturschutz und Reaktorsicherheit seine Eckpunkte für die Zukunft der kommunalen Abfallentsorgung „vollständige Verwertung aller Siedlungsabfälle bis 2020" vor [10.25]. Waren die Ziele zunächst eine größere Planungssicherheit für die Kommunen und die private Entsorgungswirtschaft sowie auch die Beendigung der bisherigen Konflikte zwischen den Befürwortern und Gegnern von Verbrennungstechniken, so ist inzwischen klar, dass diese Strategie auch einen wesentlichen Beitrag zum Klimaschutz leistet („Vierte abfallwirtschaftliche Leitperspektive", Abschn. 9.1.1).

Neben der Beendigung der oberirdischen Deponierung des Siedlungsabfalls enthält die Strategie „Eckpunkte 2020" noch folgende Zielaspekte:

- Schwerpunkt auf einer *hochwertigen* stofflichen bzw. energetischen Verwertung um das Leitbild der Nachhaltigkeit auf die Abfallwirtschaft zu übertragen
- Reststoffe, die dieser hochwertigen Verwertung nicht mehr zugänglich sind, müssen so aufbereitet werden, dass sie unabhängig von baulichen Maßnahmen umweltneutral weggelegt werden können.

In einer Studie des Umweltbundesamtes wurden Entsorgungswege (Szenarien) untersucht, die eine möglichst hochwertige und vollständige Verwertung der Restabfallfraktion der Haushaltsabfälle gewährleisten sollen. Hierzu wurden verschiedene technische Abfallbehandlungsverfahren miteinander kombiniert [10.50]. Die ausgewählten Verfahren können bereits großtechnisch verwirklicht sein oder sich noch in der Erprobungsphase befinden; in jedem Fall sollte damit eine möglichst realitätsnahe Bewertung der Umsetzung des Ziels 2020 erreicht werden.

Ausgangsbasis der Szenarienanalyse ist ein Abfallinput in das Untersuchungssystem von 1 t Restabfall (Primärabfall aus Haushalten, bei der Vorstellung des Eckpunktepapiers 1999 noch zu 60 % unbehandelt deponiert) welcher im Szenario vollständig verwertet werden soll. Um bei der Analyse der technischen Umsetzbarkeit möglichst nah an die derzeitigen Gegebenheiten der Abfallwirtschaft anzuknüpfen, wurde „realer" Restabfall als Ausgangsmaterial genutzt. Somit wird bei der Analyse immer von dem Abfallinput ausgegangen, der in der jeweiligen ersten Anlage des Szenarios tatsächlich behandelt wird [10.50].

Es wurden sieben Szenarien identifiziert, die das Potenzial besitzen, die Vorgaben des Ziels 2020 einzuhalten. In Tabelle 10.9 werden die wichtigsten Bewertungspunkte zusammengefasst. Die Kriterien Geeignetheit, Erforderlichkeit und Angemessenheit wurden in allen Szenarien als erfüllt gewertet. In den Szenarien letztlich übrig bleibende Reststoffe können derart aufbereitet werden, dass sie ohne Gefahr für die Biosphäre weggelegt oder dauerhaft aus der Biosphäre entfernt werden können (hier kommt insbesondere der Versatz von Abfällen im Salzgestein in Betracht). Im Einzelfall müssen innerhalb der verschiedenen Szenarien technische Modifikationen an den Verfahren vorgenommen werden, damit das Ziel 2020 vollständig erreicht werden kann. Die Behandlungskosten der verschiedenen Szenarien liegen zwischen geschätzten 100 bis 170 €/t; die Umsetzung des Ziels 2020 wird nicht mit unzumutbar hohen Abfallgebühren einhergehen. Die Hochwertigkeit der Verwertung wird im Prinzip in allen Szenarien erreicht, doch ist die Verwertung der Sekundärabfälle und Rückstände noch optimierungsfähig.

Tabelle 10.9 Auswahl von Bewertungsergebnissen der Szenarien 1–7 „Ziel 2020" [10.50]

Produkt-qualität	Sekundär-Abfälle	Energie-gewinn	Behandl.-Kosten	Rechtliche Anforderungen	Technische Realisierbarkeit
1. Müllverbrennungsanlage (MVA Rugenberger Damm, HH) + Schlackenaufbereitung					
hohe Produkt-vielfalt, Baustoffe gut Filterkuchen belastet	keine	nur MVA Strom: 0,13 Wärme: 1,3 [MWh/t]	125–140 € pro t Primär-abfall	Grenzwerte werden weit unterschritten	uneingeschränkt gegeben
2. Optimierte Müllverbrennungsanlage (modifizierte Verbrennung, Schmelzschlackeabzug)					
Baustoff-qualität sehr gut	keine	nur Strom ohne Wärme-auskopplung: 0,5 MWh/t	100–135 € pro t Primär-abfall	Nach den Angaben werden Grenzwerte unterschritten viel Cl^-, SO_4^{2-}	noch nicht uneingeschränkt, noch nicht im Großmaßstab umgesetzt
3. Vergasung (Sekundärrohstoffverwertungszentrum Schwarze Pumpe) + MVA + Schlacke					
Vergasungs-schlacke zur Verwertung, Methanol hohe Qualität	33 kg pro t Primär-abfall	GuD + MVA Strom: 0,17 Wärme: 0,04 Methanol: 276 kg	125–140 € pro t Primär-abfall	Vergasungs-anlage hält alle Genehmi-gungswerte n. BImSchG[c] ein	uneingeschränkt gegeben
4. Mechanisch-biologische Anlage (Stabilisierung) + Kohlekraftwerk + MVA + Schlacke					
Zwischenpro-dukte (EBS[a]) von guter Qualität (v. a. energetisch)	132 kg pro t Primär-abfall	Braunkohle-Kraftwerk und MVA Strom: 0,91 Wärme: 0,18	100–120 € pro t Primär-abfall	Zudosierung von größeren EBS-Mengen problematisch F+E-Bedarf	uneingeschränkt weitere Über-prüfungen der Mitverbrennung sinnvoll
5. MBA (Rotte, Neuss) + Pyrolyse (Hamm-Uentrop) + Kohlekraftwerk + MVA + Schlacke					
Zwischenpro-dukte EBS, Pyrolysegas und -koks von guter Qualität	592 kg pro t Primär-abfall	Steinkohle-Kraftwerk und MVA Strom: 0,38 Wärme: 0,75	145–170 € pro t Primär-abfall	Zudosierung von größeren EBS-Mengen problematisch F+E-Bedarf	uneingeschränkt Überprüfung d. Mitverbrennung v. Pyrolysepro-dukten sinnvoll
6. MBA (Vergärung: Kapiteltal) + Zementwerk + MVA + Schlackenaufbereitung					
zwei Sorten von EBS, der überwiegende Anteil ist aufzubereiten	353 kg pro t Primär-abfall	Zementwerk und MVA Strom: 0,04 Wärme: 0,46	115–155 € pro t Primär-abfall	Mitverbren-nung EBS im Zementwerk erprobt und bewährt	uneingeschränkt gegeben
7. Mechanische Aufbereitung (Sortieranlage Essen) + Kohlekraftwerk + MVA + Schlacke					
verwertbare Qualität der aussortierten Kunststoffe und PPK[b]	668 kg pro t Primär-abfall	Braunkohle-Kraftwerk und MVA Strom: 0,3 Wärme: 0,87	120–155 € pro t Primär-abfall	Sortierungs-anlage weiter technisch er-probt, noch Unsicherheit	noch nicht uneingeschränkt: noch nicht im Großmaßstab umgesetzt

[a] Ersatzbrennstoff [b] Papier, Pappe, Kartonagen [c] Bundes-Immissionsschutz-Gesetz

Recycling und Energieverbrauch im Verkehrsbereich

Eine Sachbilanz im Zuge von Ökobilanzen hat vorrangig die Frage zu klären, wie sich Produkte – auch unter Verwendung von Recyclingkomponenten – über den gesamten Gebrauchszyklus bezüglich des Energieeinsatzes unterscheiden. Damit können typische Schwachpunkte innerhalb von Produktlinien aufgezeigt werden. Dies wird hier am Beispiel der Herstellung und Verwendung einer PKW-Stoßstange untersucht (Tabelle 10.10 nach Daten von *Escher* und *Skrotzki* [10.51]):

1. Der Energiebedarf für ein Produkt setzt sich zusammen aus der Energie für die Rohmaterialherstellung und der Energie für die Fertigung der entsprechenden Bauteile. Im Falle der hier untersuchten Stoßstange ist der Energiebedarf für die Herstellung des Rohmaterials und der Bauteile ist am höchsten für Aluminium, gefolgt von einem Verbundwerkstoff aus Polyurethan plus Glasfasern und von Stahl. Die Bauteilherstellung aus Stahl ist hier energetisch etwa gleich aufwändig wie die Rohmaterialbereitstellung (Abb. 10.10)
2. Der Einsatz von Recyclingrohstoffen spart viel Energie (Tabelle 10.10). Dabei ist der Einspareffekt bei Verwendung von Sekundäraluminium mit Abstand am stärksten. Durch Wegfall der Tonerdefabrikation und Schmelzelektrolyse können 90 % des Energiebedarfs eingespart werden. Der spezifische Energiebedarf für Sekundäraluminium beträgt noch 14 MJ/kg gegenüber 140 MJ/kg für primäres Aluminium. Zur Herstellung kommen, wie bei Primär-Aluminium, noch 60 MJ/kg hinzu. Der Verbundwerkstoff ist dagegen kaum recycelbar und verbraucht zusätzlich Deponievolumen.

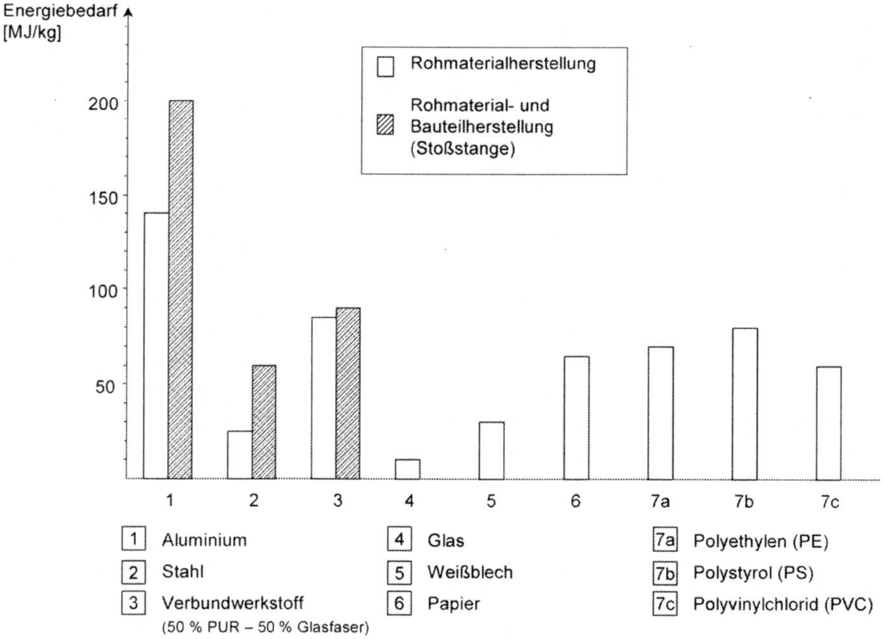

Abb. 10.10 Energieverbrauch bei der Herstellung einer Stoßstange [10.51]

Tabelle 10.10 Energieverbrauch bei der Erzeugung und beim Einsatz einer Stoßstange (für verschiedene Materialien, Recycling etc.) [10.51]. a) berechnet auf eine Gesamtfahrleistung von 150.000 km; mit dem ΔG einer Stoßstange aus Aluminium bzw. Verbundwerkstoffen gegenüber Stahl von 2,4 kg (= 21,6 l Kraftstoff) bzw. 2,9 kg (= 25,6 l Kraftstoff).

	Gewicht	spezifische Energie		Energie pro Stück		*Kraftstoff-*
		primär	sekundär	primär	sekundär	*Ersparnis*[a]
Aluminium	2,9 kg	200 MJ/kg	74 MJ/kg	580 MJ	214 MJ	*700 MJ*
Stahl	5,3 kg	54 MJ/kg	38 MJ/kg	286 MJ	201 MJ	–
Verbundstoff	2,4 kg	88 MJ/kg	88 MJ/kg	220 MJ	220 MJ	*812 MJ*

3. Wegen des geringeren Gewichts der Aluminium- und Verbundwerkstoff-Stoßstangen im Vergleich zur Stahlstoßstange ergibt sich eine Kraftstoffeinsparung, die sich mit der Zahl der gefahrenen km immer deutlicher zu Buche schlägt: Die Energieeinsparung bei einer Gewichtsreduktion von 2,4 kg bzw. 2,9 kg beträgt bei einer Gesamtfahrleistung von 150.000 km ca. 700 MJ bei Aluminium und 812 MJ beim Verbundwerkstoff (Tabelle 10.10, *letzte Spalte*).

Die übergeordnete Frage lautet, wie viel Energie bzw. Material aufgewendet, wie viel Energie zum Betrieb eingesetzt und wie viel Emissionen in Kauf genommen werden müssen, um einen bestimmten Zweck zu erreichen. Ein Beispiel, das diese Gesamt-Abwägung von Aufwand (Material und Energie) und Nutzung (Transport einer Person) weiterführt, ist der Vergleich der Materialintensität von Fahrzeugen (Tabelle 10.11). Hier zeigt sich, dass die Materialintensität von PKW etwa um den Faktor 10 bis 25 höher ist als die der entsprechenden Schienenfahrzeuge (wobei auf jeden zehnten bis fünfundzwanzigsten Schienenwagen noch zusätzlich ein Antriebswagen kommt). Ebenso ist die Materialintensität von LKW im Güterverkehr etwa um den Faktor 4 bis 9 höher als die der entsprechenden Schienenfahrzeuge. Es ist zu erwarten, dass auch der Energieaufwand zur Werkstoffproduktion bezogen auf die Verkehrsleistung bei Schienenfahrzeugen sowohl im Personen- als auch im Güterverkehr geringer ist als bei Kraftfahrzeugen [10.52].

Tabelle 10.11 Spezifischer Materialverbrauch bei der Nutzung verschiedener Transportmittel (PKW, Eisenbahn etc.) [10.52]

	Pkw (g/Personen-km)			Reisezugwagen (g/Personen-km)		
	Kleinwagen	Mittelklasse	Oberklasse	ICE	IR	Doppelstockwagen
Eisen/Stahl	2,7–3,2	3,1–3,4	3,4–3,7	0,1–0,2	0,3–0,4	0,1–0,3
NE-Metalle	0,3	0,3–0,5	0,3–0,6	0,05–0,1	0,02	0,04
Kunststoffe	0,4–0,6	0,5–0,8	0,6–0,8	<0,1	<0,03	<0,05
Glas	0,1	0,1	0,1	<0,03	<0,02	<0,02
Sonstiges	0,5–0,6	0,5–0,8	0,3–0,5	<0,05	<0,04	0,03–0,06
Gesamt	*4,2*	*4,7*	*5,3*	*0,2–0,5*	*0,35–0,5*	*0,2–0,4*

10.3.3 Vermeidung: Ansatzpunkte, Instrumente, Maßnahmen

Die ökologische Rangfolge der Vermeidungs- und Verwertungsverfahren für eine Abfallart ergibt sich aus der Differenz der Umwelt*ent*lastungseffekte, die durch die Substitution erzielt werden, und der Umwelt*be*lastungseffekte, die mit dem Verfahren zur Vermeidung/Verwertung verbunden sind [10.53]. Ansatzpunkte zur Vermeidung bzw. Verminderung von industriellen Abfällen und damit für eine abfallarme Produktion sind [10.54]: (a) abfallorientierte Prozessoptimierung, (b) Substitution von Einsatzstoffen, (c) Schließung anlagentechnischer Stoffkreisläufe und (d) Entwicklung neuer Produktionsverfahren (Abb. 10.11 zeigt die Position der Abfallvermeidung im Gesamtsystem der Abfallwirtschaft).

Vermeidung ist zunächst und in erster Linie eine Aufgabe der Industrie. Abfallintensive Produktionen sind oft gleichbedeutend mit einer schlechten Materialausnutzung [10.54]; so resultiert der überwiegende Anteil der Sonderabfälle aus dem Einsatz von Hilfsstoffen – bspw. Säuren, Lösemittel – und der Prozessführung (Abschn. 2.3.3). Maßnahmen zur anlageninternen Kreislaufführung und die abfallarme Produktionsgestaltung haben wesentlich dazu beigetragen, dass die Abfallintensität, das Gesamtabfallaufkommen gemessen an der Entwicklung des Bruttoinlandsprodukts, zwischen 1999 und 2005 in Deutschland um 23 Prozentpunkte von rund 203 kg/Tsd. € auf rund 156 kg/Tsd. € sank [10.55].

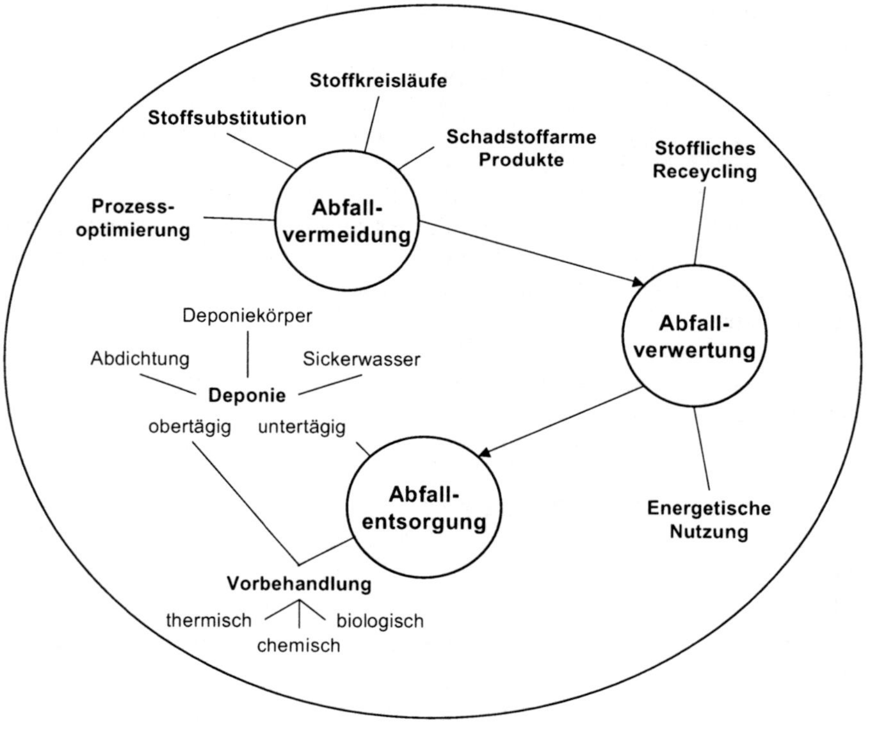

Abb. 10.11 Struktur der Forschungsgebiete in der Abfallwirtschaft [10.54]

Beispiel Cadmium: Instrumente für Vermeidungsstrategien
Am Beispiel von Cadmium hat u. a. *Friege* [10.56, 10.49] aufgezeigt, wie sich bei einem sehr gefährlichen Stoff eine generelle Tendenz hin zu kontrollierten Anwendungen entwickeln kann (Tabelle 10.12). Der Einsatz von Cadmium in den Problembereichen Pigmente, Stabilisatoren und Galvanotechnik ist in den 80er und 90er Jahren stark zurückgegangen, während er bspw. bei der Verwendung in Batterien, durch die ein Kreislauf für Cadmium aufgebaut werden kann, in den 80er Jahren zugenommen hat. Die Enquete-Kommission „Schutz des Menschen und der Umwelt" schlug hierzu eine Bepfandung der Akkus vor [10.52]. Der Eintrag von Cadmium über Phosphatdünger sollte außer durch den Grenzwert für Cadmium in der Düngemittel-Verordnung auch durch Aufbringungsvorschriften verringert werden. Durch die starken und vielfältigen Einträge, u. a. durch Klärschlämme (Abschn. 6.5.6) hat sich während der vergangenen fünfzig Jahre ein hohes Gefahrenpotenzial in vielen Böden angesammelt, das über einen langen Zeitraum wirksam bleiben wird und in einigen Gebieten zu Beschränkungen beim Anbau von Nutzpflanzen führen kann. Inzwischen ist ein Teil der umweltoffenen Anwendungen durch Verbote geregelt worden.

Ein nur teilweise gelöstes Problem ist das Cadmium als Begleiter anderer Nichteisenmetalle, insbesondere die nahe geochemische Verwandschaft mit Zink. Seit einigen Jahren ist der Cadmiumrestgehalt im Zink, das z. B. für Leitungsrohre, Dachrinnen usw. eingesetzt wird, durch entsprechende Normen geregelt. Eine hinreichende Kontrolle des Stoffstroms Cadmium lässt sich insgesamt nur über eine enge Zusammenarbeit zwischen dem Staat, der Zinkindustrie, den Herstellern Cd-haltiger Produkte und dem Handel erreichen [10.56]. Unter anderem empfiehlt die Enquetekommission, dass das für die Zinkindustrie unverkäufliche Cadmiummetall durch die öffentliche Hand in nicht bioverfügbarer Form kostenfrei deponiert wird.

Auch für weitergehende Vermeidungsmaßnahmen im EU-Rahmen (Kasten umseitig) können die Empfehlungen der o. g. Enquete-Kommission [10.52] genutzt werden. Der Aufwand für die wirtschaftlichen Akteure würde sich dabei im Großen und Ganzen auf eine vernünftige Dokumentation der Cd-haltigen Stoffströme und die Organisation der Kreislaufführung der verbleibenden Anwendungsbereiche beschränken.

Tabelle 10.12 Cadmium in Produkten und dadurch verursachte Umweltbelastung bei Gebrauch (G) oder Entsorgung (E). (Friege, unveröffentlicht, nach Daten der „Enquete-Kommission Schutz des Menschen und der Umwelt" [10.52]. [a] Friege (2007 [10.46], auch 1999)

	Inland t Cd pro Jahr			Umwelt-	Kreislauf	notw. Maßnahmen	
	1980	1989	1999	Belastung	schließbar?	1994	2001ff[a]
Pigmente	548	282	70	G/E	nein	Verzicht	Verbot
Stabilisatoren	490	94	47	E	schwierig	Verzicht	Verbot
Galvanotechnik	266	35	kA	G/E	nein	Verzicht	~0
Batterien/Akkus	238	427	415	E	ja	Pfand	(Rückg)
Legierungen	44	21	~0	E	nein	Verzicht	Verbot
Cd in Dünger	35	28	kA	G	nein	Grenzw.	Grenzw.

Maßnahmen zur Abfallvermeidung: EU-Richtlinienvorschlag ([10.57] Ausz.)

In ihrem Vorschlag für eine Richtlinie des Europäischen Parlaments und des Rates über Abfälle hat die Kommission der Europäischen Gemeinschaften im Anhang IV eine Reihe von Maßnahmen für die drei Phasen des Nutzungszyklus genannt:

A. *Maßnahmen, die sich auf die Rahmenbedingungen im Zusammenhang mit der Erzeugung von Abfällen auswirken können*

- Die Förderung einschlägiger Forschung und Entwicklung mit dem Ziel, umweltfreundlichere und weniger abfallintensive Produkte und Technologien hervorzubringen sowie Verbreitung und Einsatz dieser Ergebnisse aus Forschung und Entwicklung.
- Entwicklung wirksamer und aussagekräftiger Indikatoren für die abfallbedingten Umweltbelastungen unter Berücksichtigung sämtlicher Ebenen, vom Produktvergleich, durch Aktivitäten kommunaler Behörden bis zu nationalen Maßnahmen.

B. *Maßnahmen, die sich auf die Konzeptions- und Produktionsphase auswirken*

- Förderung von Ökodesign (die systematische Einbeziehung von Umweltaspekten in das Produktdesign mit dem Ziel, die Umweltbilanz des Produkts über den gesamten Lebenszyklus hinweg zu verbessern).
- Vermeidung von Abfallerzeugnissen in Anlagen, die nicht unter die Richtlinie 96/61/EG [10.45] fallen.
- Sensibilisierungsmaßnahmen bzw. Unterstützung von Unternehmen bei der Finanzierung, Entscheidungsfindung o. ä. Besonders wirksam dürften derartige Maßnahmen sein, wenn sie sich gezielt an kleine und mittlere Unternehmen richten und auf bewährte Netze zurückgreifen.
- Einsatz freiwilliger Vereinbarungen, von Verbraucher- und Produzenten-Gremien oder branchenbezogener Verhandlungen, damit die jeweiligen Unternehmen oder Branchen eigene Abfallvermeidungspläne bzw. Ziele festlegen oder abfallintensive Produkte oder Verpackungen verändern.
- Förderung glaubwürdiger Umweltmanagementsysteme, auch nach ISO-14001

C. *Maßnahmen, die sich auf die Verbrauchs- und Nutzungsphase auswirken*

- Ökonomische Instrumente wie zum Beispiel Anreize für den umweltfreundlichen Einkauf oder die Einführung eines vom Verbraucher zu zahlenden Aufpreises für einen Verpackungsartikel oder Verpackungsteil.
- Förderung glaubwürdiger Ökozeichen
- Vereinbarungen mit der Industrie, wie der Rückgriff auf Produktgremien, etwa solcher wie sie im Rahmen der integrierten Produktstrategien eingesetzt werden, oder mit dem Einzelhandel über die Bereitstellung von Informationen über die Abfallvermeidung und umweltfreundliche Produkte.
- Die Einbeziehung von Kriterien des Umweltschutzes und der Abfallvermeidung in Ausschreibungen des öffentlichen Beschaffungswesens im Sinne des Handbuchs für eine umweltgerechte öffentliche Beschaffung, das von der Kommission veröffentlicht wurde [10.58].

Anhang zu Kapitel 4

A 1 Energetische Umrechnungsfaktoren

	kJ	kWh	kg SKE	kg RÖE	m³ Erdgas
1 Kilojoule (kJ)		0,000278	0,000034	0,000024	0,000032
1 Kilowattstunde (kWh)	3 600		0,123	0,086	0,113
1 kg Steinkohleneinheit (SKE)	29 308	8,14		0,7	0,923
1 kg Rohöleinheit (RÖE)	41 868	11,63	1,486		1,319
1 m³ Ergas	31 736	8,816	1,083	0,758	

Die Zahlenangaben beziehen sich grundsätzlich auf den Heizwert (H_u)

Aus: Kaltschmitt/Streicher/Wiese „Erneuerbare Energien", 4. Aufl., Springer 2006

A 2 Aufteilung des Energieverbrauchs in Deutschland 2004

	Raum-wärme	Warm-wasser	Prozess-wärme[a]	*Wärme Gesamt*	mechan. Energie	Beleuch-tung	*Endener-gieverbr.*
				In TWh			
Industrie	61,1	4,9	435,5	*501,5*	149,0	11,4	*661,9*
GHD	197,0	41,5	65,1	*303,6*	96,0	26,9	*426,5*
Haushalte	587,7	87,9	32,6	*708,2*	56,2	11,4	*775,8*
Verkehr	3,3	0,0	0,0	*3,3*	720,4	3,3	*727,0*
GESAMT	849,1	134,3	533,2	*1.516,6*	1.021,6	53,0	*2.591,2*
			In Prozent bezogen auf Anwendungsbereich				
Industrie	9,2 %	0,7 %	65,8 %	*75,8 %*	22,5 %	1,7 %	*100,0 %*
GHD	46,2 %	9,7 %	15,3 %	*71,2 %*	22,5 %	6,3 %	*100,0 %*
Haushalte	75,7 %	11,4 %	4,2 %	*91,3 %*	7,2 %	1,5 %	*100,0 %*
Verkehr	0,5 %	0,0 %	0,0 %	*0,5 %*	99,1 %	0,5 %	*100,0 %*
GESAMT	32,8 %	5,2 %	20,6 %	*58,5 %*	39,4 %	2,0 %	*100,0 %*
			In Prozent bezogen auf Sektor				
Industrie	7,2 %	3,6 %	81,7 %	*33,1 %*	14,6 %	21,5 %	*25,5 %*
GHD	23,2 %	30,9 %	12,2 %	*20,0 %*	8,4 %	50,6 %	*16,5 %*
Haushalte	69,2 %	65,5 %	6,1 %	*46,7 %*	5,5 %	21,5 %	*30,0 %*
Verkehr	0,4 %	0,0 %	0,0 %	*0,2 %*	70,5 %	6,2 %	*28,1 %*
GESAMT	100,0 %	100,0 %	100,0 %	*100,0 %*	100,0 %	100,0 %	*100,0 %*

[a] „Sonstige Prozesswärme": im Industrie- und Gewerbebereich die Wärme für Fertigungsprozesse; im Sektor „private Haushalte" Wärmeprozesse für die Lebensmittelzubereitung.

Quelle: VDEW (2006): Endenergieverbrauch in Deutschland 2004. Aus: Umweltbundesamt (2007) Nachhaltige Wärmeversorgung. Climate Change 03/07, Dessau

A 3 Vergütungen nach dem Erneuerbare-Energie-Gesetz (EEG) für Strom aus Anlagen, die 2005, 2010 und 2020 in Betrieb gehen [a]

	2005 neu [Cent/kWh]	2010 neu [Cent/kWh]	2020 neu [Cent/kWh]
Biogas (400 kW, NawaRo, 70 % KWK)	17,74	16,99	15,64
Biogas (4 MW, Bioabfall, nur Strom)	8,95	8,30	7,13
Biogas (bis 4,5 MW, mit A III u. A IV)	8,93	3,56	3,06
Wind Land			
– Anfangsvergütung (z.Zt. ~16 Jahre)	8,53	7,71	6,30
– Endvergütung	5,39	4,87	3,98
Wind Offshore			
– Anfangsvergütung (mind. 12 Jahre)	9,10	8,57	4,77
– Endvergütung	6,19	5,83	4,77
Sonne (Fassaden bis 30 kW)	59,53	47,19	30,27
Sonne (Dach ab 30 kW)	51,87	40,15	24,05
Sonne (Freifläche)	43,42	31,02	15,84
Geothermie (1 MW)	15,00	14,85	13,43
Geothermie (25 MW)	7,16	7,09	6,41
Kleine Wasserkraft (400 kW)	9,67	9,67	9,67
Große Wasserkraft (Erhöhung um 40 MW)	4,51	4,30	3,89

[a] Die Bandbreite ergibt sich aus der Differenzierung nach Sparten, Leistungsgrößen, jährlicher Degression und weiterer Vorschriften. Angaben ohne Gewähr.

Quelle: „Energieversorgung für Deutschland". Statusbericht für den Energiegipfel am 3. April 2006. Bundesministerium für Wirtschaft und Technologie, Bundesministerium für Umwelt, Naturschutz und Reaktorsicherheit. Berlin, März 2006

A 4 Zentrale Handlungsempfehlungen zur Fortschreibung des EEG

Spartenübergreifendes

- Einheitlicher Vergütungszeitraum für alle EE-Sparten von 20 Jahren
- Konkretisierung des Ausschließlichkeits-Prinzips, die die Vergütung von Strom aus verschiedenen Erneuerbaren Energien problemlos möglich macht.
- Klarstellung des Doppelvermarktungsverbots
- Bindung des Einsatzes des Einspeisemanagements an die Ausschöpfung aller wirtschaftlich zumutbaren Netzoptimierungsmöglichkeiten nach SdT
- Verpflichtender Einsatz des technisch optimierten Einspeisungsmanagements mit dem Ziel der Sicherstellung der Netzsicherheit bei geringsten Kosten von größtmöglicher Einspeisung aus EE-Anlagen
- Verpflichtung der EE-Anlagenbetreiber, sicher zu stellen, dass ihre Anlagen im Netzengpassfalle vom Netzbetreiber ferngesteuert geregelt werden
- Prüfung der Einführung einer entspr. Härtefallregelung für EE-Anlagenbetreiber
- Verbesserungen der Administration bei der besonderen Ausgleichsregelung für stromintensive Unternehmen.

Deponiegas, Klärgas, Grubengas

- Erhöhung des Vergütungssatzes für Deponiegasanlagen im Leistungsber. bis 500 kW_{el}
- Absenkung der Vergütungen für Grubengasanlagen für den Leistungsber. über 1 MW_{el}
- Änderung der Leistungsklassen bei Grubengasanlagen auf 0–1 MW_{el}, 1–5 MW_{el} und >5 MW_{el}. Anpassung der Vergütungssätze wie folgt: Leistungsanteil bis 1 MW_{el} 7,16 ct/kWh (bislang 7,16 bzw. 6,16 ct/kWh)

Biomasse

- Anhebung der Grundvergütung für Neu- und Altanlagen für den Leistungsbereich bis 150 kW_{el} um 1 ct/kWh
- Anhebung des NawaRo-Bonus für Strom aus Biomasse (Alt- und Neuanlagen) bis 500 kW_{el} von 6 auf 7 ct/kWh
- Zusätzlich Erhöhung des NawaRo-Bonus für Strom aus Biogas (Alt- und Neuanlagen) bis 150 kW_{el} um 1 ct/kWh, wenn mind. 30 % Wirtschaftsdünger eingesetzt werden
- Erhöhung des NawaRo-Bonus für Holz aus Kurzumtriebsplantagen und Landschaftspflegematerial für 0,5–5 MW_{el} von 2,5 auf 4 ct/kWh
- Anhebung des KWK-Bonus von 2 auf 3 ct/kWh
- Absenkung des Degressionssatzes für die Vergütung von Neuanlagen von 1,5 % auf 1 % p. a.: Einführung einer Degression von 1 % p. a. für alle Biomasse-Boni ab 2010.
- Ausschluss von Palm- und Sojaöl vom Anspruch auf den NawaRo-Bonus, solange kein wirksames Zertifizierungssystem zur Sicherung eines nachteiligen Anbaus besteht.
- Konkretisierung und Flexibilisierung des Ausschließlichkeitsprinzips: Einsatz bestimmter pflanzlicher Nebenprodukte in NawaRo-Anlagen; Vergütung anteilig (Grundlage Positivliste)

Geothermie

- Reduzierung der Leistungsklassen von vier auf zwei und Erhöhung der Grundvergütungen; Erhöhungen der Grundvergütungen
- Einführung eines Wärmenutzungsbonus von 2ct/kWh
- Einführung eines Technologiebonus für nicht hydrothermale Techniken von 2 ct/kWh

Windenergie

- Festlegung des Degressionssatzes für die Vergütung von neuen Windenergieanlagen (WEA) an Land auf 1–2 % p. a.
- Verbesserung des Repowering-Anreizes in § 10 Abs. 2
- Erhöhung der Netzstabilität durch Verbesserung der technischen Eigenschaften von WEA auf Land. Prüfung einer daran gebundenen entsprechenden Vergütung.
- Verbesserung der Vergütung für WEA auf See (Offshore) nach § 10 Abs. 3 durch Erhöhung der Anfangsvergütung von 8,74 auf 11–15 ct/kWh, dafür Absenkung des niedrigeren Vergütungssatz von 5,95 ct/kWh auf 3,5 ct/kWh

Solare Strahlung

- Stufenweise Erhöhung der Degressionssätze auf einheitlich 7 % ab 2009 und auf 8 % ab 2011
- Einmalige Absenkung der Grundvergütung um 1 ct/kWh zum 1.1.2009
- Einführung einer neuen Leistungsklasse für Dachanlagen ab 1.000 kW_p [Peakleistung] unter Absenkung des Vergütungssatzes auf 34,48 ct/kWh

Aus: Erfahrungsbericht 2007 zum Erneuerbare-Energien-Gesetz des Bundesministeriums für Umwelt, Naturschutz und Reaktorsicherheit (BMU, im Einvernehmen mit BMELV und BMWi) beschlossen vom Bundeskabinett am 7. November 2007

A 5 Bioenergiepotenziale in Deutschland

	nutzbare Menge [Mio. t_{TG}/a]	Biogas [Mio. m³/a]	Energie-potential [PJ/a]	C-Äqui-valente [Mio. t/a]
	TECHNISCHES POTENZIAL			
Wald				
Waldrestholz	09,6		179	03,6
Schwachholz	07,0		130	02,6
Zuwachs Stamm	06,6		123	02,5
Industrieholz	03,1		058	01,2
Gebrauchtholz	04,3–6,0		080–112	01,6–2,4
Landschaftspflege	00,2		004	00,1
Summe Energieholz	*30,8–32,5*		*573–605*	*11,5–12,1*
Landwirtschaft				
Wiesen	00,9–1,4	0.750–1.100	016–24	00,3–0,5
Getreide, Mais, Raps	07,6		130	02,5
anderes Ackerland	00.8–1,5			
Summe Landwirtschaft	*09,3–10,5*	*0.750–1.100*	*146–154*	*02,8–3,0*
Siedlungen und sonstige				
Landschaftspflege	00,4–0,9	0.280–560	006–12	00,2
Exkremente	15,5	4.500	097	01,8
Siedlungsabfälle	01,5	0.580	013	00,2
Industrieabfälle	00,5–1,0	0.300–375	006–12	00,2
Klär-/Deponiegas	02,0	2.450–3.050	035–41	00,7
Summe Abfälle	*20–21*	*8.110–9.065*	*156–174*	*03,1*
Stilllegungsfläche [a)]				
Kurzumtriebswälder	18		333	>6,4
Energiegräser	24		422	07,5–8,1
Getreideganzpflanzen	20		340	03,3–6,5
Rapsöl			102	01,8
Summe Energiepflanzen	*18–24*		*102–422*	*01,8–8,1*
Gesamtsumme	*77–88*	*8.860–10.165*	*977–1.355*	*18,9–25,8*
	WIRTSCHAFTLICHES POTENZIAL			
Wald	*18,2*		*339*	*06,8*
Landwirtschaft u. Abfälle	*29–35*		*315*	*06,0*
Grünland	01,1		020	00,4
Stroh	07,6		130	02,5
Biogas	20,5	8.588	165	03.1
Energiepflanzen	*18–24*		*102–422*	*01,8–8,1*
Gesamtsumme	*65–77*	*8.588*	*756–1076*	*14,6–20,9*

[a)] alternative Nutzungen

Quellen: (1) Kaltschmitt/Merten/Fröhlich/Nill (2003): Externe Expertise für das WBGU-Hauptgutachten. (2) Wiss. Beirat der Bundesregierung Globale Umweltveränderungen (WBGU, 2003): Energiewende zur Nachhaltigkeit, 260 S. Springer

Literatur

Kapitel 1

1.1 Kaiser H (1995) Chancen und Risiken im Markt für Umwelttechnik. Hamburger Wirtschaftsdialog 5/1995. Helmut Kaiser Unternehmensberatung Tübingen

1.2 Anonym (1986) Netherlands Indicative Multi-Year Programme for the Environment 1987–1991. December 1986. Ministry of Housing, Physical Planning and Environment, Department of Information and International Relations. The Hague

1.3 Sieferle RP (1988) Chemie und Umwelt – Versuch einer historischen Standortbestimmung. In: Held, M. (Hrsg.): Chemiepolitik: Gespräch über eine neue Kontroverse, S. 13–24, VCH Weinheim. Zu Abschn. 1.1.1 siehe auch: Sieferle RP (1984) Fortschrittsfeinde? Opposition gegen Technik und Industrie von der Romantik bis zur Gegenwart. 301 S. Verlag C.H. Beck München

1.4 Meyer-Abich KM (1979) Toward a Practical Philosophy of Nature. Environmental Ethics 1, 293–308

1.5 Spaemann R (1980) Technische Eingriffe in die Natur als Problem der politischen Ethik. In: Birnbacher D (Hrsg.) Ökologie und Ethik, S. 180–206. Reclam Verlag Stuttgart

1.6 Gethmann CF, Mittelstraß J (1992) Maße für die Umwelt. Gaia 1 (1), 16–25

1.7 Luhmann N (1986) Ökologische Kommunikation. 275 S. Westdeutscher Verlag Opladen

1.8 Weizsäcker EU v (1992) Erdpolitik – Ökologische Realpolitik an der Schwelle zum Jahrhundert der Umwelt. 3. Auflage, 298 S. Wissenschaftliche Buchgesellschaft Darmstadt

1.9 Huber J (1989) Technikbilder – weltanschauliche Weichenstellungen der Technologie- und Umweltpolitik. 182 S. Westdeutscher Verlag Opladen

1.10 Huber J (1995) Nachhaltige Entwicklung durch Suffizienz, Effizienz und Konsistenz. In: Fritz P, Huber J, Levi HW (Hrsg.) Nachhaltigkeit in naturwissenschaftlicher und sozialwissenschaftlicher Perspektive, S. 31–46. S. Hirzel Verlag Stuttgart

1.11 Anonym (1987): Our Common Future – The World Commission on Environment and Development. 400 S. Oxford University Press, Oxford/New York

1.12 Anonym (1992) Agenda 21. Konferenz der Vereinigten Nationen für Umwelt und Entwicklung im Juni 1992 in Rio de Janeiro. http://www.nachhaltigkeit.info/artikel/agenda_21_744.htm

1.13 Abgeordnetenhaus von Berlin, Präsident (Hrsg.): Lokale Agenda 21 – Berlin zukunftsfähig gestalten. Broschüre über den Abgeordnetenhausbeschluss vom 8. Juni 2006,, Drucksache 15/5221 http://www.agenda21berlin.de/ Die Definition erfolgte auf der Grundlage von Rogall H (2002): Neue Umweltökonomie – Ökologische Ökonomie, 352 S. Opladen, Seite 43

1.14 Rogall, H. (2008) Stellungnahme zum Konsultationspapier zum Forschungsbericht 2008 „Nationale Nachhaltigkeitsstrategie". Im Namen der Gesellschaft für Nachhaltigkeit (GfN-online.de). 4 S.

1.15 Anonym (1997) Konzept Nachhaltigkeit – Fundamente für die Gesellschaft von morgen. Zwischenbericht der Enquetekommission „Schutz des Menschen und der Umwelt" des Deutschen Bundestags. Referat Öffentlichkeitsarbeit. Zur Sache 1/97. 192 S. Bonn

1.16 Anonym (1994) Die Industriegesellschaft gestalten – Perspektiven für einen nachhaltigen Umgang mit Stoff- und Materialströmen. Enquete-Kommission „Schutz des Menschen und der Umwelt" des Deutschen Bundestags. 756 S. Economica Verlag Bonn

1.17 Rogall H (2006) Volkswirtschaftlehre für Sozialwissenschaftler – Eine Einführung. 455 S. Verlag für Sozialwissenschaften, Wiesbaden

1.18 Rogall H, Treschau (2007): Abbildungen für Lehrbuch Rogall, H. (2008): Ökologische Ökonomie – eine Einführung, 2., überarbeitete und erweiterte Auflage, 372 S., Wiesbaden, Verlag für Sozialwissenschaften

1.19 Knoepfel P (2007) Institutionelle Ressourcenregime (IRR). In: Knoepfel P, Schenkel W, Savary J (Hrsg.) Nutzung der natürlichen Ressourcen steuern. Institut de Hautes Études en Administration Publique (IDHEAP), S. 1–30. Chavannes-près-Renens/Schweiz. ISBN 978-2-940390-06-9

1.20 Knoepfel P (2007) Environmental Policy Analyses – Learning from the Past for the Future. 506 S. Springer Heidelberg

1.21 Knoepfel P, Kissling-Näf I, Varone F (Hrsg. 2001) Institutionelle Regime für natürliche Ressourcen: Boden, Wasser und Wald im Vergleich. Ökologie und Gesellschaft Band 17. Helbing & Lichtenhahn Basel

1.22 Faulstich M, Weber G (1999) Ressourcenschonung in Bayern. Forschungs- und Entwicklungsbedarf im BayFORREST-Bereich 1. Schlußbericht für das Bayerische Staatsministerium für Wissenschaft, Forschung und Kunst, München

1.23 Moser F (1996) Kreislaufwirtschaft und nachhaltige Entwicklung. In: Brauer, H. (Hrsg.) Handbuch des Umweltschutzes und der Umweltschutztechnik. Band 2: Produktions- und produktintegrierter Umweltschutz. S. 1059–1153. Springer Berlin

1.24 Weber-Blaschke G, Frieß H, Peichl L, Fauchstich M (2002) Aktuelle Entwicklungen bei Umweltindikatorsystemen. UWSF-Z Umweltchem. Ökotox. 14: 187–193

1.25 Anonym (2007) Nachhaltige Entwicklung in Deutschland. Indikatorenbericht 2006 des Statistischen Bundesamtes. Wiesbaden, April 2007. http://www.destatis.de/download/d/ugr/Internet_Nachhaltigkeit.pdf

1.26 Anonym (2007) Fünf Jahre Nationale Nachhaltigkeitsstrategie – Indikatorenbericht 2006 erschienen – Bilanz der Umweltverbände (DNR, BUND, NABU). Berlin, Mai 2007. http://www.nachhaltigkeits-check.de/cms/upload/pdf/StellungnahmeIndikatorenbericht070520.pdf

1.27 Anonym (2007) Das Umwelt-Kernindikatorensystem des Umweltbundesamts (KIS). http://www.env-it.de/umweltdaten/public/theme.do?nodeIdent=2702

1.28 Anonym (2007) Wirtschaftfaktor Umweltschutz – vertiefende Analyse zu Umweltschutz und Innovation. Forschungsprojekt im Auftrag des Umweltbundesamtes (FKZ 204 14 107, durchgeführt von Deutsches Institut für Wirtschaftsforschung (Berlin), Fraunhofer Institut für System- und Innovationsforschung (Karlsruhe) und Roland Berger Strategy Consultants (München). UBA/BMU-Reihe Umwelt, Innovation, Beschäftigung 1/07. 268 S., Anhänge. http://www.umweltdaten.de/publikationen/fpdf-l/3253.pdf

1.29 Kunz U, Ulbrich-Zürni S, Bleuel S (2007) Umweltforschung in der Schweiz als Grundlage für die Umweltpolitik. Gaia 16 (2): 155–157. http://saguf.scnatweb.ch/Publikationen/documents/GAIA2_07.pdf

1.30 Anonym (2007) GreenTech made in Germany – Umwelttechnologie-Atlas für Deutschland. Bundesministerium für Umwelt, Nasturschutz und Reaktorsicherheit

(Hrsg.). 522 S. Vahlen, München. Zusammenfassung: http://www.bmu.de/files/pdfs/allgemein/application/pdf/umwelttechnikatlas_zsf.pdf
1.31 Anonym (2006) Greenhouse Gas Emissions Trends and Projections in Europe 2006. EEA Report No 9/2006. 63 S. European Environment Agency, Copenhagen.
1.32 Anonym (2007) Treibhausgase und globale Auswirkungen mit Unterthemen, bspw. Zielsetzungen der Klimarahmenkonvention zur Minderung der weltweiten Treibhausgas-Emissionen. Umweltbundesamt, Umweltdaten Deutschland Online.
1.33 Anonym (2008) Sicherheitsrisiko Klimawandel. Wissenschaftlicher Beirat der Bundesregierung Globale Umweltveränderung (WBGU). 268 S. Springer Berlin. Kurzfassung (14 S.): http://www.wbgu.de/wbgu_jg2007_kurz.pdf
1.34 Anonym (2007) Klimaänderung 2007: Zusammenfassung für politische Entscheidungsträger. Vierter Sachstandsbericht des Zwischenstaatlichen Ausschusses für Klimaänderungen (Intergovernmental Panel on Climate Change (IPCC, WMO/UNEP). 89 S. Bern/Wien/Berlin, Sept. 2007. http://www.de-ipcc.de/download/IPCC2007-FullDocument.pdf
1.35 Anonym (2007) Summary for policymakers of the synthesis report of the IPCC 4th assessment report. http://www.de-ipcc.de/download/IPCC_SYR_spm-071117.pdf
1.36 Staiß F (2002) Jahrbuch Erneuerbare Energien. 432 S. Bieberstein Fachbuchverlag Radebeul
1.37 Fischedick M (2001) Vom Würfel zum Energiemodell. In: Langniß O, Pehnt M (Hrsg.) Energie im Wandel – Politik, Technik und Szenarien einer nachhaltigen Energiewirtschaft. S. 233–240. Springer-Verlag Berlin Heidelberg
1.38 Schlesinger M et al. (1999) Die längerfristige Entwicklung der Energiemärkte im Zeichen von Wettbewerb und Umwelt. Prognos AG Basel (cit. [1.36])
1.39 Nitsch J, Rösch C. et al. (2001): Schlüsseltechnologien Erneuerbare Energien. Teilbericht im Rahmen des HGF-Verbundprojekts Globale zukunftsfähige Entwicklung – Perspektiven für Deutschland. Deutsches Zentrum für Luft- und Raumfahrt, Stuttgart, Forschungszentrum Karlsruhe, Juli 2001 (cit. [1.36])
1.40 Steger U, Achterberg W, Blok K, Bode H, Frenz W, Gather C, Hanekamp G, Imboden D, Jahnke M, Kost M, Kurz R, Nutzinger HG, Ziesemer Th (2002) Nachhaltige Entwicklung und Innovation im Energiebereich. 273 S. Springer Berlin
1.41 Anonym (2004) World Energy Assessment: Overview 2004 Update. 85 p. United Nations Development Programme, United Nations Department of Economic and Social Affairs, The World Energy Council. http://www.undp.org/pei/pdfs/WEAOverview.pdf
1.42 Anonym (2007) Rahmenprogramm – Forschung für die Nachhaltigkeit. Bundesministerium für Bildung und Forschung, Bonn. http://www.bmbf.de/de/2559.php
1.43 Anonym (2007) Das Integrierte Energie- und Klimaprogramm der Bundesregierung, 05.12.07. http://www.bmu.de/klimaschutz/downloads/doc/40514.php
1.44 Nitsch J (1998) Probleme der Langfristkostenschätzung – Beispiel Regenerative Energien. In: Ostertag K, Jochem E, Ziesing H-J (Hrsg.) Energiesparen – Klimaschutz, der sich rechnet. S. 72–89. Workshop am 8. und 9. Oktober 1998 in Rotenburg/Fulda. http://www.isi.fhg.de/publ/downloads/isi98b91/energiesparen.pdf
1.45 Madlener R (2006) Diffusion innovativer Energietechnologien aus der Sicht der Ökonomie. Die Volkswirtschaft 3/2006, S. 30–35.
1.46 Schott T (2006) Lernen am Markt – Die Bedeutung anwendungsnaher Forschung in gemeinsamer Verantwortung mit der Industrie. In: Nachhaltigkeit in der Energieversorgung. Jahrestagung des ForschungsVerbundsSonnenenergie (FVS) 2006.

S. 130–138. http://www.fv-sonnenenergie.de/fileadmin/publikationen/Themenhefte/th2006/th2006_05_03.pdf

1.47 Haas R, Biermayr P, Kranzl L (2006) Technologien zur Nutzung erneuerbarer Energieträger – wirtschaftliche Bedeutung für Österreich. Endbericht zum Forschungsprojekt für Wirtschaftskammer Österreich, Dachverband Energie-Klima, Jan. 2006. http://www.energieklima.at/fileadmin/user_upload/pdf/Zahlen_Daten/Endbericht-WKO-Ern-2006-02-13.pdf

1.48 Anonym (2004) Deutscher Bundestag, 15. Wahlperiode. Bericht des Ausschusses für Umwelt, Naturschutz und Reaktorsicherheit zu dem Gesetzentwurf der Fraktion SPD und Bündnis 90/Die Grünen bzw. der Bundesregierung zur Neuregelung des Rechts der Erneuerbaren Energien im Strombereich. Drucksache 15/2864 v. 01.04. 2004. http://dip.bundestag.de/btd/15/028/1502864.pdf

1.49 Anonym (2007) Entwurf eines Gesetzes zur Neuregelung des Rechts der Erneuerbaren Energien im Strombereich und zur Änderung damit zusammenhängender Vorschriften. http://www.erneuerbare-energien.de/files/pdfs/allgemein/application/pdf/entwurf_ee_recht.pdf

1.50 Anonym (2004) Zur Förderung erneuerbarer Energien. Stellungnahme des Wissenschaftlichen Beirats beim Bundesministerium für Wirtschaft und Arbeit vom 16.01. 2004, 21 S. http://www.bmwi.de/BMWi/Redaktion/PDF/Publikationen/Dokumentationen/gutachten-des-wissenschaftlichen-beirats-zur-foerderung-erneuerbarer-energien-dokumentation-534.pdf

1.51 Anonym (2007) Klimaschutz durch Biomasse. Sondergutachten des Sachverständigenrats für Umweltfragen, Juli 2007. http://www.umweltrat.de/02gutach/downlo02/sonderg/SG_Biomasse_2007_Hausdruck.pdf

1.52 Anonym (2008) Package of implementation measures for the EU's objectives on climate change and renewable energy for 2020. Commission of the European Communities, Brussels, January 23, 2008. http://ec.europa.eu/energy/climate_actions/doc/2008_res_ia_en.pdf

1.53 Anonym (2008) Deutsche Bundesregierung. Europäisches Klimaschutzpaket vorgelegt. 23. Januar 2008. RegierungOnline http://www.bundesregierung.de/

1.54 Anonym (2008) Vorschlag für eine Entscheidung des Europäischen Parlaments und des Rates ‚on the efforts of Member States to reduce their greenhouse gas emissions to meet the Community's greenhouse gas emission reduction commitments up to 2020' http://ec.europa.eu/environment/climat/pdf/draft_proposal_effort_sharing.pdf

1.55 Anonym (2008) Vorschlag für eine Richtlinie des Europäischen Parlaments und des Rates zur Förderung der Nutzung von Energie aus erneuerbaren Quellen. Brüssel, 23.01.08.
http://ec.europa.eu/energy/climate_actions/doc/2008_res_directive_de.pdf

1.56 Anonym (2008) Vorschlag für eine Richtlinie des Europäischen Parlaments und des Rates ‚amending Directive 2003/87/EC so as to improve and extend the greenhouse gas emission allowance trading system of the Community. 2008/0013 (COD) Brussels, 23.01.2008
http://ec.europa.eu/environment/climat/emission/pdf/ets_revision_proposal.pdf

1.57 Dörner D (1979) Ut desint vires. Über den Umgang mit komplexen Systemen. Scheideweg 9, 167–186

1.58 Capra F (1984) Wendezeit. Bausteine für ein neues Weltbild. 512 S. Scherz Verlag Bern

1.59 Leser H (1984) Zum Ökologie-, Ökosystem- und Ökotopbegriff. Natur Landschaft 59: 351–357
1.60 Leser H (1991) Ökologie wozu? Der graue Regenbogen oder Ökologie ohne Natur. 362 S. Springer-Verlag Berlin
1.61 Busch K-F, Uhlmann D, Weise G (1989) Ingenieurökologie. 2. Auflage, 488 S. Gustav Fischer Verlag Jena
1.62 Weigmann G (1985) Ökologie und Umweltforschung. In: Jänicke M, Simonis UE, Weigmann G (Hrsg.) Wissen für die Umwelt, S. 5–18. Walter de Gruyter Verlag Berlin
1.63 Vester F (1980) Neuland des Denkens. Vom technokratischen zum kybernetischen Zeitalter. 544 S. Deutsche Verlags-Anstalt Stuttgart
1.64 Kummert R, Stumm W (1988) Gewässer als Ökosysteme. 242 S. Verlag der Fachvereine Zürich
1.65 Beckmann J (1789) Anleitung zur Technologie oder zur Kenntnis der Handwerke, Fabriken und Manufakturen (1777), zitiert aus dem Nachdruck, Wien [1.67]
1.66 Weingart P (1982) Strukturen technologischen Wandels. In: Jokisch R (Hrsg.) Techniksoziologie. Suhrkamp Taschenbuch Wissenschaft No. 379, S. 112–141. Suhrkamp Verlag Frankfurt
1.67 Ropohl G (1991) Technologische Aufklärung – Beiträge zur Technikphilosophie. 250 S. Suhrkamp Verlag Frankfurt/M.
1.68 De Rosnay J (1977) Das Makroskop. 257 S. Deutsche Verlagsanstalt Stuttgart
1.69 Vester F (1990) Ballungsgebiete in der Krise. dtv-Sachbuch 11332, 171 S. Deutscher Taschenbuch-Verlag München
1.70 Ausubel JE, Sladovich HE (1989) (Eds.) Technology and Enviroment, 221 p. National Academy of Engineering, Washington D.C.
1.71 Herman R, Ardekani SA, Ausubel J (1989) Dematerialization. In: [1.70], S. 50–69. National Academy of Engineering, Washington D.C.
1.72 Ayres RU (1989) Industrial Metabolism. In: [1.70] S. 23–49. National Academy of Engineering, Washington D.C.
1.73 Fritsch B (1990) Mensch – Umwelt – Wissen. Evolutionsgeschichtliche Aspekte des Umweltproblems. 369 S. Verlag der Fachvereine Zürich und B.G. Teubner Verlag Stuttgart
1.74 Häfele W, Renn O, Erdmann G (1990) Risiko, Unsicherheit und Undeutlichkeit. In: Häfele W (Hrsg.) Energiesysteme im Übergang – unter den Bedingungen der Zukunft, S. 373–423. Poller im Verlag Moderne Industrie, Landsberg/Lech
1.75 Anonym (1998) Strategien zur Bewältigung globaler Umweltrisiken. Jahresgutachten 1998. Wissenschaftlicher Beirat der Bundesregierung Globale Umweltveränderungen. 383 S. Springer Verlag Berlin
1.76 Page B (1990) Informatik im Umweltschutz. 225 S. Oldenbourg-Verlag München
1.77 Jaeschke A, Geiger W, Page B (1989) (Hrsg.) Informatik im Umweltschutz. Informatik-Fachberichte Band 228. Springer-Verlag Berlin
1.78 Günther O (1998) Environmental Information Systems. 244 S. Springer-Verlag Berlin
1.79 Gómez JM, Sonnenschein M, Müller M, Welsch H, Rautenstrauch C (Hrsg, 2007) Information Technologies in Environmental Engineering. Proc. Third International ICSC Symposium ITEE 2007, 595 S. Springer Heidelberg
1.80 Tochtermann K, Scharl A (Eds., 2006) EnviroInfo 2006 – Managing Environmental Knowledge. International Symposium on Environmental Software Systems

(ISESS) 2006. 646 p. ISBN 978-3-8322-5321-9. Shaker Verlag Aachen/Herzogenrath

1.81 Dompke M, v Geibler J, Göhring W, Herget M, Hilty LM, Isenmann R. Kuhndt M, Naumann St, Quack D, Seifert EK (2004) Memorandum „Nachhaltige Informationsgesellschaft". Fachausschuss „Umweltinformatik" der Gesellschaft für Informatik. 58 S. Fraunhofer IRB Verlag Stuttgart. http://publica.fraunhofer.de/eprints/N-20549

1.82 Türk V, Ritthoff M, v Geibler J, Kuhndt M (2002) Internet: virtuell=umweltfreundlich? In: Altner G, Mettler-von Meibom B, Simonis U, v Weizsäcker EU (Hrsg) Jahrbuch Ökologie 2003. S. 110–123. Beck Verlag München

1.83 Erdmann L, Köhler A (2003) Auswirkungen auf die Umwelt. In: Hilty L, Behrendt S, Binswanger M, Bruinink A, Erdmann L, Fröhlich J, Köhler A, Kuster N, Som C, Würtenberger F (Hrsg) Das Vorsorgeprinzip in der Informationsgesellschaft – Auswirkungen des Pervasive Computing auf Gesundheit und Umwelt. S. 181–234. TA Swiss (http://www.ta-swiss.ch/a/info_perv/2003_46_pervasivecomputing_d.pdf)

1.84 Olsson G, Piani G (1993) Steuern, Regeln, Automatisieren – Theorie und Praxis der Prozeßleittechnik. 577 p. Carl Hanser Verlag München, Prentice-Hall London

1.85 Rembold U, Levi P (1994) Realzeitsysteme zur Prozeßautomatisierung. 750 S. Carl Hanser Verlag München

1.86 Hemming W (1993) Verfahrenstechnik. 7. Auflage, 211 S. Vogel Fachbuch Verlag Würzburg

1.87 Hulpke H, Koch HA, Wagner R (Hrsg.) (1993) Römpp Lexikon Umwelt. Stichwort Chemische Abwasserbehandlung. Georg Thieme Verlag Stuttgart

1.88 Hahn HH (1987) Wassertechnologie – Fällung, Flockung, Separation. 304 S. Springer-Verlag Berlin

1.89 Osteroth D (Hrsg., 1979): Chemisch-Technisches Lexikon. 305 S. Springer-Verlag Berlin

1.90 Kunz P (1992) Umweltbioverfahrenstechnik. 230 S. Vieweg Verlag Braunschweig

1.91 Lippold B (2006) Der Regenbogen der Biotechnologie. Chemie.DE Information Service. http://www.chemie.de/articles/d/44283

1.92 Anonym (o.J.) „Biotechnologie" aus Wikipedia, der freien Enzyklopädie.

1.93 Hartmann L (1992) Biologische Abwasserreinigung. 3. Aufl., 258 S. Springer-Verlag Berlin Heidelberg

1.94 Obst U, Alexander I, Mevius W (1990) Biotechnologie in der Wasseraufbereitung. 179 S. Oldenbourg Verlag, München

1.95 Winkler F, Worch E (1986) Verfahrenschemie und Umweltschutz – Eine Einführung. 195 S. VEB Deutscher Verlag der Wissenschaften Berlin

1.96 O'Toole G, Kaplan HB, Kolter R (2000) Biofilm formation as microbial development, Ann Rev Microbiol 54: 49–79.

1.97 Flemming H-C, Wingender J (2001) Biofilme – die bevorzugte Lebensform der Mikroorganismen. Biologie in unserer Zeit 31: 2–13

1.98 Flemming H-C, Wingender J (2002) Was Biofilme zusammenhält. Chemie in unserer Zeit 36: 30–42

1.99 Beech IB (2002) Biocorrosion: role of sulfate reducing bacteria. In: Enzyclopedia of Environmental Microbiology, vol 2. pp 465–474 John Wiley, New York

1.100 Grunwald A, Fleischer T (2007) Nanotechnologie – wissenschaftliche Basis und gesellschaftliche Folgen. In: Gazsó A, Greßler S, Schiemer F (Hrsg.) Nano – Chancen und Risiken aktueller Technologien. S. 1–20. Springer-Verlag Wien

1.101 Gleich A v, Petschow U, Steinfeldt M (2007) Nachhaltigkeitspotenziale und Risiken von Nanotechnologien – Erkenntnisse aus der prospektiven Technikbewertung und Ansätze zur Gestaltung. In: [1106]. S. 61–82. Springer-Verlag Wien

1.102 Kammer, F. v.d., Hofmann T (2007) Beispiele für Nutzen und Risiko der Nanotechnologie aus der Sicht der Umweltgeowissenschaften – was wir wissen und was wir lernen müssen. In: [1.106]. S. 83–100. Springer-Verlag Wien

1.103 McCarthy JF, Zachara JM (1989) Subsurface transport of contaminants – mobile colloids in the subsurface environment may alter the transport of contaminants. Environ Sci Technol 23: 496–502

1.104 Madden AS, Hochella MF (2003) A test of geochemical reactivity as a function of mineral size: manganese oxidation promoted by hematite nanoparticles. Geochim Cosmochim Acta 69: 389–398

1.105 Anonym (2004) Nanoscience and Nanotechnologies: Opportunities and Uncertainties. 113 S. The Royal Society & The Royal Academy of Engineering, London

1.106 Zhang W (2003) Nanoscale iron particles for environmental remediation : an overview. J Nanoparticle Res 5: 323–332

1.107 Klapper H, Bahr K, Rönicke H (1992) Ökotechnologien zur Standgewässer-Sanierung. Acta Academiae Scientiarum, Abh. Akad. gemeinnütziger Wissenschaften zu Erfurt 1, 64–65

1.108 Klapper H (1992) Eutrophierung und Gewässerschutz. 277 S. Gustav Fischer Verlag Jena, Stuttgart

1.109 Förstner U, Grathwohl P (2007) Ingenieurgeochemie. 2. Auflage, 471 S. Springer-Verlag Berlin Heidelberg

1.110 Anonym (1990) Altlasten. Sondergutachten Dezember 1989. 297 S. Der Rat von Sachverständigen für Umweltfragen. Metzler-Poeschel Stuttgart

1.111 Anonym (1972) Wasserbau. Lexikon Technik und exakte Naturwissenschaften. Fischer Taschenbuch Verlag Frankfurt

1.112 Grambow M (2008) Wassermanagement – Integriertes Wasser-Ressourcenmanagement von der Theorie zur Umsetzung. 291 S. Vieweg Verlag Wiesbaden

1.113 Hillemeier B (2003) Energie, Wachstum, Nachhaltigkeit – ein lösbarer Konflikt. Vortragsmanuskript anlässlich akatech-Symposium am 8. Mai 2003, Berlin-Brandenburgische Akademie der Wissenschaften. Berlin

1.114 Erhorn H, Gertis KA (1990) Neubau und Erweiterungssbau von Wohngebäuden. In: Energie und Klima. Herausgegeben von der Enquête-Kommission „Vorsorge zum Schutz der Erdatmosphäre des Deutschen Bundestages“. Band 2: Energieeinsparung sowie rationelle Energienutzung und -umwandlung. Studie A.1.2.a., S. 87–110. Economica Verlag Bonn und Verlag C.F. Müller Karlsruhe

1.115 Anonym (2007) Bekanntmachung des Bundesministeriums für Bildung und Forschung (BMBF) von Richtlinien zur Förderung von Forschungs- und Entwicklungsvorhaben zum Thema „Nanotechnologie im Bauwesen – NanoTecture: Erschließung höherer Ressourcen-/Energieeinspar- und Leistungspotenziale sowie neuer Funktionalitäten“ innerhalb des Rahmenprogramms „Werkstoffinnovationen für Industrie und Wirtschaft – WING“; http://www.bmbf.de/foerderungen/10471.php

1.116 De Haan G (2007) Studium und Forschung zur Nachhaltigkeit. 528 S. W. Bertelsmann Verlag Bielefeld

Kapitel 2

2.1 (1) Kreikebaum H (1996) Grundlagen der Unternehmensethik. Schäffer/Poeschel Verlag Stuttgart; (2) Steinmann H, Wagner GR (Hrsg.) (1998) Umwelt und Wirtschaftsethik. Schäffer/Poeschel Verlag Stuttgart; (3) Ulrich P (1998) Integrative Wirtschaftsethik. Grundlagen einer lebensdienlichen Ökonomie. Haupt Verlag Bern

2.2 Seidel E (Hrsg.) (1999) Betriebliches Umweltmanagement im 21. Jahrhundert – Aspekte, Aufgaben, Perspektiven. 325 S. Springer-Verlag Berlin

2.3 Burschel C (1999) Nachhaltiges Wirtschaften in KMU – Förderziele und -politik der Deutschen Stiftung Umwelt. In: [2.2] S. 27–38. Springer-Verlag Berlin

2.4 Storm P-C (Hrsg.) (2006) Umweltrecht – wichtige Gesetze und Verordnungen zum Schutz der Umwelt. 18. Auflage 2006. 1127 S. Deutscher Taschenbuch Verlag München

2.5 Anonym (2007) Referentenentwurf zum Umweltgesetzbuch (UGB 2009). 6 Bücher, Beispiel UGB I – Allgemeine Vorschriften und vorhabenbezogenes Umweltrecht, Entwurf http://www.bmu.de/files/pdfs/allgemein/application/pdf/ugb1_allgem_vorschriften.pdf Begründung http://www.bmu.de/files/pdfs/allgemein/application/pdf/ugb1_allgem_vorschriften_begruendung.pdf

2.6 Kahl W (2007) Umweltrechtliche Instrumente im Umweltgesetzbuch. Forum Umweltgesetzbuch, Schriftenreihe des BMU/UBA Heft 4, 19 S. Berlin. http://www.umweltdaten.de/publikationen/fpdf-l/3341.pdf

2.7 Wirtz A (2007) Zulassung und Überwachung von Industrieanlagen im Umweltgesetzbuch – die integrierte Umweltbehörde. Forum Umweltgesetzbuch, Schriftenreihe des BMU/UBA Heft 3, 31 S. Berlin. http://www.bmu.de/files/pdfs/allgemein/application/pdf/schriftenreihe_ugb3_wirtz.pdf, Siehe auch: Anonym (2007) Verordnung über Vorhaben nach dem Umweltgesetzbuch (Referentenentwurf) ugb_vorhabenverordnung.pdf

2.8 Hansmeyer K-H (1980) Ökonomische Aspekte der Umweltpolitik. In: Buchwald K, Engelhardt W (Hrsg.) Handbuch für Planung, Gestaltung und Schutz der Umwelt, Band 4 „Umweltpolitik", Kapitel 7.3.3., S. 79–91, BLV München

2.9 Faber M, Stephan G, Michaelis P (1988) Umdenken in der Abfallwirtschaft. 198 S. Springer-Verlag Berlin

2.10 Endres A (1985) Umwelt- und Ressourcenökonomie. Wissenschaftliche Buchgesellschaft Darmstadt

2.11 Dyckhoff H, Souren R (2008) Nachhaltige Unternehmensführung. 255 S. Springer Berlin

2.12 Dyckhoff H (2000) Umweltmanagement – 10 Lektionen in umweltorientierter Unternehmensführung. 178 S. Springer Verlag Berlin

2.13 Steger U (1990) Unternehmensführung und ökologische Herausforderung. In: Wagner GD (Hrsg.) Unternehmung und ökologische Umwelt, S. 48–57. Verlag Vahlen München

2.14 Meffert H (1988) Ökologisches Marketing als Antwort der Unternehmen auf aktuelle Problemlagen der Umwelt. In: Brandt A, Hansen U, Schoenheit I, Werner K (Hrsg.): Ökologisches Marketing, S. 131–158. Campus Verlag Frankfurt

2.15 Schaltegger St, Herzig Chr, Kleiber O, Klinke T, Müller J (2007) Nachhaltigkeitsmanagement in Unternehmen. Von der Idee zur Praxis: Managementansätze zur Umsetzung von Corporate Social Responsibility and Corporate Sustainability. Bundesministerium für Umwelt, Naturschutz und Reaktorsicherheit (BMU, Hrsg.), ecosense – Forum Nachhaltige Entwicklung der Deutschen Wirtschaft e.V. und Centre for Sustainability Management (CSM), Leuphania Universität Lüneburg. 188 S. http://www.econsense.de/_PUBLIKATIONEN/_ECONSENSE_PUBLIK/ images/econsense_BMU_CSM_Nachhaltigkeitsmanagement_in_Unternehmen.pdf

2.16 Anonym (2006) Corporate Social Responsibility – eine Orientierung aus Umweltsicht. Broschüre des BMU, 15 S. http://www.bmu.de/files/wirtschaft_und_umwelt/ downloads/application/pdf/brochuere_csr.pdf

2.17 Anonym (2007) Nachhaltigkeitsberichterstattung: Empfehlungen für eine gute Unternehmenspraxis. Broschüre des BMU, 15 S. http://www.bmu.de/files/pdfs/ allgemein/application/pdf/broschuere_nachhaltigkeitsbericht.pdf

2.18 Anonym (2006) Zukunftsfaktor Nachhaltiges Wirtschaften – Ergebnisse einer Studie zur Umsetzung nachaltgen Wirtschaftens in international tätigen deutschen Unternehmen. 44 S. Deutsche Gesellschaft für Technische Zusammenarbeit, Agentur für marktorientierte Konzepte. http://www2.gtz.de/dokumente/bib/06-0182.pdf

2.19 Legler H, Krawczyk O, Walz R, Eichhammer W, Frietsch R. (2006) Wirtschaftsfaktor Umweltschutz: Leistungsfähigkeit der deutschen Umwelt- und Klimaschutzwirtschaft im internationalen Vergleich. Forschungsbericht 204 14 107 UBA-FB 000905. Niedersächsisches Institut für Wirtschaftsforschung (NIW) und Fraunhofer Institut für System- und Innovationsforschung (ISI) im Auftrag des Umweltbundesamtes. UBA-Texte 16/06, 139 S. Mai 2006. http://www.umweltdaten.de/publikationen/fpdf-l/3031.pdf

2.20 Anonym (2007) Wirtschaftfaktor Umweltschutz – vertiefende Analyse zu Umweltschutz und Innovation. Forschungsprojekt im Auftrag des Umweltbundesamtes (FKZ 204 14 107), durchgeführt von Deutsches Institut für Wirtschaftsforschung (Berlin), Fraunhofer Institut für System- und Innovationsforschung (Karlsruhe) und Roland Berger Strategy Consultants (München). UBA/BMU-Reihe Umwelt, Innovation, Beschäftigung 1/07. 268 S., Anhänge. http://www.umweltdaten.de/publikationen/fpdf-l/3253.pdf

2.21 Anonym (2007) Nachhaltigkeitsberichtserstattung in Deutschland; Ergebnisse und Trends im Ranking 2007. Institut für ökologische Wirtschaftsforschung (IÖW) und future e.V. (Hrsg.), mit Unterstützung durch RNE Rat für nachhaltige Entwicklung, 168 S. http://www.ranking-nachhaltigkeitsberichte.de/pdf/2007/ Ergebnisbericht_Ranking_2007_final.pdf

2.22 Anonym (2006) BASF Unternehmensbericht „Zukunft gestalten". 168 S. http://www.berichte.basf.de - 13983_BASF_Unternehmensbericht_2006.pdf

2.23 Saling P (2007) Die Ökoeffizienz-Analyse und SEEbalance als industrielle Bewertungsmethoden und in der Projektarbeit im Unterricht. 98. MNU Bundeskongress Berlin. 1.–5. April 2007, 33 Folien. http://corporate.basf.com/basfcorp/img/ sustainability/oekoeffizienz/vortraege/BASF_MNU_Berlin_040407_2.pdf

2.24 Winter G (Hrsg.) (1987) Das umweltbewußte Unternehmen. Ein Handbuch der Betriebsökologie mit 22 Check-Listen für die Praxis. 216 S. Verlag C.H. Beck München

2.25 Steger U (1988) Umweltmanagement. Erfahrungen und Fundamente einer umweltorientierten Unternehmensstrategie. 350 S. Frankfurter Allgemeine und Verlag Gabler Frankfurt-Wiesbaden

2.26 Sietz M (1991) Methoden des Umwelt-Auditing. In: Steger U (Hrsg.): Umwelt-Auditing. Ein neues Instrument der Risikovorsorge, S. 45–51. Frankfurter Allgemeine Zeitung Wirtschaftsbücher Frankfurt/M.

2.27 Rubik F, Harmsen A (1989) Die Produktlinienanalyse. In: Schmidt E (Hrsg.) Ökologische Produktionskonzepte – Kriterien, Instrumente, Akteure. Schriftenreihe des Instituts für Ökologische Wirtschaftsforschung (IÖW) 23/89: 40–56

2.28 Müller-Witt H (1991) Betriebliche Umweltinformationssysteme. In: Organisationsforum Wirtschaftskongreß OFW (Hrsg.): Umweltmanagement im Spannungsfeld zwischen Ökologie und Ökonomie, S. 191–219. Verlag Gabler Wiesbaden

2.29 Dyllick T (1999) Wirkungen und Weiterentwicklungen von Umweltmanagementsystemen. In: [2.2] S. 117–130. Springer-Verlag Berlin

2.30 Anonym (1997) Öko-Audit in der mittelständischen Praxis – Evaluierung und Ansätze für eine Effizienzsteigerung von Umweltmanagementsystemen in der Praxis. Unternehmerinstitut e.V., Arbeitsgemeinschaft Selbständiger Unternehmer (UNI/ASU), Bonn

2.31 Warnecke H-J (1992) Die Fraktale Fabrik – Revolution der Unternehmenskultur. 238 S. Springer-Verlag Berlin

2.32 Strebel H (1991) Integrierter Umweltschutz – Merkmale, Voraussetzungen, Chancen. In: Kreikebaum H. (Hrsg.) Integrierter Umweltschutz – eine Herausforderung an das Innovationsmanagement. S. 3–16. Gabler Verlag Wiesbaden

2.33 Ahsen A v (2001) Integriertes Qualitäts- und Umweltschutzmanagement. In: Haasis H-D, Kriwald T (Hrsg.) Wissensmanagement in Produktion und Umweltschutz. S. 89–107. Springer-Verlag Berlin

2.34 Seidel E (1999) Das Umweltmanagement an der Jahrhundertschwelle – Zeit für einen zweiten Blick. In: [2.2] S. 303–322. Springer-Verlag Berlin

2.35 Kugeler K, Phlippen P-W (1990) Energietechnik. Technische, ökonomische und ökologische Grundlagen. 411 S. Springer-Verlag Berlin

2.36 Stahlmann V (1991) Entfaltung von Umweltaktivitäten durch eine Integrierte Materialwirtschaft. In: Organisationsforum Wirtschaftskongreß OFW (Hrsg.): Umweltmanagement im Spannungsfeld zwischen Ökologie und Ökonomie, S. 253–284. Verlag Gabler Wiesbaden

2.37 Stahlmann V (1988) Umweltorientierte Materialwirtschaft. Das Optimierungskonzept für Ressorucen, Recycling, Rendite. 206 S. Verlag Gabler Wiesbaden

2.38 Sutter H (1989) Technische, wirtschaftliche und rechtliche Aspekte der industriellen Abfallvermeidung und Abfallverwertung. Abfallwirtsch.Journal 1 (11): 17–22

2.39 Schenkel W (1989) Perspektiven der Abfallwirtschaft. In: Schenkel W, Thomé-Kozmiensky KJ (Hrsg.) (1989) Konzepte in der Abfallwirtschaft, S. 1–25. EF-Verlag für Energie- und Umwelttechnik Berlin

2.40 Kreibich R (1989) Entsorgungsfreundliche Gestaltung komplexer Produkte. In: Schenkel W, Thomé-Kozmiensky KJ (Hrsg.) Konzepte in der Abfallwirtschaft, pp. 355–366. EF-Verlag für Energie- und Umwelttechnik Berlin

2.41 Seidel E, Menn H (1988) Ökologisch orientierte Betriebswirtschaft. 198 S. Verlag W. Kohlhammer Stuttgart-Mainz

2.42 Anonym (1989) Umweltforschung und Umwelttechnologie. Programm 1989 bis 1994. Der Bundesminister für Forschung und Technologie. 110 S. Bonn

2.43 Beitz W (1991) Die Weiterentwicklung der VDI-Richtlinie „Recyclinggerechtes Konstruieren" zu umweltfreundlicher Produktgestaltung. In: Kreibich R, Rogall H, Boës H (Hrsg.) Ökologisch Produzieren. Zukunft der Wirtschaft durch umweltfreundliche Produkte und Produktionsverfahren, S. 159–173. Beltz Verlag Weinheim

2.44 Anonym (1990) Produktionsintegrierter Umweltschutz in der chemischen Industrie – Verpflichtung und Praxisbeispiele. Hrsg. Deutsche Gesellschaft für Chemisches Apparatewesen, Chemische Technik und Biotechnologie e.V. (DECHEMA), VDI-

Gesellschaft Verfahrenstechnik und Chemieingenieurwesen (VDI-GVC) u. Schweizerische Akademie der Technischen Wissenschaften (SATW). Frankfurt am Main

2.45 Faber M, Jöst F, Müller-Fürstenberger G (1994) Umweltschutz und Effizienz in der chemischen Industrie – eine empirische Untersuchung mit 33 Fallstudien. Bericht Nr. 217, 66 S. Alfred Weber-Institut der Universität Heidelberg

2.46 Jugel W et al. (1978) Umweltschutztechnik. 146 S. VEB Deutscher Verlag für Grundstoffindustrie Leipzig

2.47 Anonym (2007) Fördermaßnahme „KMU-innovativ: Ressourcen und Energieeffizienz". Bundesministerium für Bildung und Forschung (BMBF) http://www.bmbf.de/foerderungen/10760.php

2.48 Anonym (2008) Bekanntmachung zur Fördermaßnahme „Innovative Technologien für Ressourceneffizienz – Rohstoffintensive Produktionsprozesse" im Rahmen der Hightech-Strategie der Bundesregierung (BMBF). http://www.bmbf.de/foerderungen/11910.php

2.49 Anonym (2001) Grünbuch zur Integrierten Produktpolitik. 37 S. Kommission der Europäischen Gemeinschaften. 07.02.2001 KOM (2001) 68 endgültig. Brüssel

2.50 Rubik F (2002) Integrierte Produktpolitik. Ökologie und Wirtschaftsforschung Band 44. 396 S. Metropolis Verlag Marburg

2.51 Anonym (2003) Green Chemistry – Nachhaltigkeit in der Chemie. Hrsg. American Chemical Society (ACS), Gesellschaft Deutscher Chemiker (GDCh) und Royal Society of Chemistry (RSC). Bearbeitet von M. Bahadir, Braunschweig. www.tu-bs.de/institute/oekochem/ak-umweltchemie/greenchem.htm.
Anonym (2003) Green Chemistry – Nachhaltigkeit in der Chemie. Hrsg. Gesellschaft Deutscher Chemiker. 146 S. Wiley-VCH Weinheim

2.52 Anatas PT, Warner JC (1998) Green Chemistry: Theory and Practice. University Press, Oxford

2.53 Friege H (2003) Vorsorgende Chemiepolitik: Mit Vernunft gemeinsam gegen gefährliche Stoffe. UWSF Z Umweltchem Ökotox 15 (2): 124

2.54 Anonym (2002) Evaluation of Environmental Product Declaration Schemes. Environmental Resources Management (ERM) for the European Commission DG Environment. epdstudy.pdf. 129 S.

2.55 Ertel J (2002) Umweltgerechte Produktgestaltung. 18. Münchner Gefahrstoff-Tage, 27.–29. November 2002 (Vortragsmanuskript). Ertel J (2001) The greening of industry – a term of the past or for the future? EcoDesign 2001: Second Intern Symp on Environmentally Conscious Design and Inverse Manufacturing, Tokyo, Japan, 11–15 December 2001, pp. 916–920

2.56 Anonym (o.D.) Umberto www.umberto.de – der schnelle Überblick http://www.umberto.de/de/home/introduction/index.htm

2.57 Anonym (2001) IPP – Integrierte Produktpolitik. Instrumente aus der Praxis am Beispiel Automobil. Ein Projekt von Staat und Wirtschaft im Rahmen des Umweltpakts Bayern. 82 S. Industrie- und Handelkammer für München und Oberbayern, München und Bayerisches Staatsministerium für Landesentwicklung und Umweltfragen, München. http://www.ipp-bayern.de/archiv/IPPLeitfaden_kfz.pdf

2.58 Frosch RA (1991) Industrial ecology: A philosophical introduction. Proc. U.S. National Academy of Sciences 89 (3): 800–803; Ayres RU, Ayres LW (1996) Industrial Ecology: Closing the Materials Cycle. Edward Elgar, Aldershot UK

2.59 Cote R, Hall J (1995) Industrial parks as ecosystems. J Cleaner Production 3 (1–2) 41–46; Lowe EA, Moran S, Holmes D (1996) Fieldbook for the Development of Eco-Industrial Parks. Prepared by Indigo Development for U.S. Environmental Protection Agency; Chertow, M (1999) The eco-industrial park model reconsidered.

J Indust Ecol 2 (3): 8–10; Anonym (2000) Eco-Industrial Parks – A Strategy towards Industrial Ecology in Developing and Newly Industrialized Countries. Thai German Eco-Efficiency Programme, Industrial Estate Authority of Thailand and Deutsche Gesellschaft für Technische Zusammenarbeit (GTZ), 59 p. Eschborn

2.60 Ayres RU (1978) Resources, Environment and Economics: Applications of the Materials/Energy Balance Principle. Wiley New York

2.61 McGaillard T, Clemens B, Gresalfi M, Fabens B, Cohen-Rosenthal E (1996) Eco-industrial development and re-industrialization in Oak Ridge. http://www.cfe.cornell.edu/wei/EIDP/design.html

2.62 Anonym (1997) Eco-industrial parks – economic advantage through environmental performance. In: Green Base Conversion Strategies. Techniques for Creating Environmentally Sustainable Development on Closing Military Bases. Technical Brief # 3, September 1997. 8 S. Mountain View California

2.63 McGalliard T, Bell M (1996) Designing eco-industrial parks – the North American experience. http://www.cfe.cornell.edu/wei/EIDP/design.html

2.64 Leimkühler H-J, Zoumis T (2003) Material flow simulation for an integrated production site in the chemical industry. Abstr. ACHEMA 2003, 19–24 May. Frankfurt am Main

2.65 Legler H, Krawczyk O, Leidmann M, Rammer C., Löhlein H, Frietsch R. (2006) Zur technologischen Leistungsfähigkeit der deutschen Umweltschutzwirtschaft im internationalen Vergleich. Niedersächsisches Institut für Wirtschaftsforschung (NIW), Zentrum für Europäische Wirtschaftsforschung (ZEW) und Fraunhofer Institut für System- und Innovationsforschung (ISI) Studien zum deutschen Innovationssystem Nr. 20-2007. 139 S., Anhänge. Hannover/Mannheim/Karlsruhe. November 2006 http://www.technologische-leistungsfaehigkeit.de/pub/sdi-20-07.pdf

2.66 Anonym (2007) Technologische Leistungsfähigkeit der Umweltwirtschaft. Kap. 9 in: Bericht zur Technologischen Leistungsfähigkeit Deutschlands 2007, S. 139–152. Bundesministerium für Bildung und Forschung (BMBF, Hrsg.). http://www.bmbf.de/pub/tlf_2007.pdf

2.67 Anonym (2007) GreenTech made in Germany – Umwelttechnologie-Atlas für Deutschland. Bundesministerium für Umwelt, Nasturschutz und Reaktorsicherheit (Hrsg.). 522 S. Vahlen, München. Zusammenfassung: http://www.bmu.de/files/pdfs/-allgemein/application/pdf/umwelttechnikatlas_zsf.pdf

2.68 Anonym (1996) Richtlinie 96/61/EG des Rates vom 24. September 1996 über die integrierte Vermeidung und Verminderung der Umweltverschmutzung. Amtsblatt Nr. L 257 vom 10.10.1996, S. 0026–0040. Enthält im Anhang II eine Liste der in Artikel 18 Abs. 2 („Gemeinschaftliche Emissionsgrenzwerte in den dort aufgeführten Richtlinien und den anderen gemeinschaftlichen Vorschriften") und im Artikel 20 („Übergangsbestimmungen") genannten 15 Richtlinien

2.69 Anonym (2006) Wegweiser Beste Verfügbare Techniken „Made in Germany". 22 S. Umweltbundesamt und Bundesministerium für Bildung und Forschung, Berlin, Februar 2006. http://www.umweltdaten.de/publikationen/fpdf-l/3036.pdf

2.70 Anonym (2005) Bericht der Kommission an den Rat und das Europäische Parlament – Bericht der Kommission über die Umsetzung der Richtlinie 96/61/EG über die integrierte Vermeidung und Verminderung der Umweltverschmutzung (IVU), Brüssel, den 03.11.2005, KOM(2005) 540 endgültig. http://eur-lex.europa.eu/LexUriServ/site/de/com/2005/com2005_0540de01.pdf

2.71 Anonym (2007) Vorschlag für eine Richtlinie des Europäischen Parlaments und des Rates über Industrieemissionen (integrierte Vermeidung und Verminderung der

Umweltverschmutzung (Neufassung). Brüssel, den 21.12.2007. KOM(2007) 844 endgültig. http://ec.europa.eu/environment/ippc/pdf/recast/dir_2007_844_de.pdf
2.72 Anonym (2008) Package of implementation measures for the EU's objectives on climate change and renewable energy for 2020. Commission of the European Communities, Brüssel, 23. Januar 2008. http://ec.europa.eu/energy/climate_actions/doc/2008_res_ia_en.pdf
2.73 Nitsch J, Krewitt W, Nast M, Viebahn P, Gärtner S, Pehnt M, Reinhardt G, Schmidt R, Uihlein A, Barthel C, Fischedick M, Merten F (2004) Ökologisch optimierter Ausbau der Nutzung erneuerbarer Energien in Deutschland. Forschungsvorhaben im Auftrag des Bundesministerium für Umwelt, Naturschutz und Reaktorsicherheit. FKZ 90141803. Zusammenfassung, 50 S. http://www.bmu.de/files/pdfs/allgemein/application/pdf/nutzung_ee.pdf
2.74 Nitsch J (2007) Leitstudie 2007 „Ausbaustrategie Erneuerbare Energien" Aktualisierung und Neubewertung bis zu den Jahren 2020 und 2030 mit Ausblick bis 2050. Im Auftrag des Bundesministerium für Umwelt, Naturschutz und Reaktorsicherheit. 99 S. http://www.bmu.de/files/pdfs/allgemein/application/pdf/leitstudie2007.pdf
2.75 Hennicke P, Fischedick M (2007) Erneuerbare Energien – mit Energieeffizienz zur Energiewende. 144 S. Verlag C.H. Beck, München
2.76 Anonym (2007) Entwicklung der erneuerbaren Energien im Jahr 2006 in Deutschland. Bundesministerium für Umwelt, Naturschutz und Reaktorsicherheit. 21.02.07. http://www.erneuerbare-energien.de/files/pdfs/allgemein/application/pdf/hintergrund_zahlen2006.pdf
2.77 Krewitt W, Schlomann B (2006/2007) Externe Kosten der Stromerzeugung aus erneuerbaren Energien im Vergleich zur Stromerzeugung aus fossilen Energieträgern. Gutachten des DLR Instituts für Technische Thermodynamik und des Fraunhofer Instituts für System- und Innovationsforschung (ISI) im Rahmen von Beratungsleistungen für das Bundesministerium für Umwelt, Naturschutz und Reaktorsicherheit. 59 S., Stuttgart/Karlsruhe, 6. April 2006, im Mai 2007 ergänzt um Zahlenangaben für das Jahr 2006. http://www.erneuerbare-energien.de/files/erneuerbare_energien/downloads/application/pdf/ee_kosten_stromerzeugung.pdf
2.78 Anonym (2008) Accenture Executive Survey on Climate Change 2008. Internet-Bericht vom 06. Mai 2008. www.accenture.de.
2.79 Anonym (2008) Achieving High Performance in an Era of Climate Change. 48 S. (Accenture, Climate_Change_8117.pdf, 2,4MB).
2.80 Holst A (2008) Vortrag anl. 1. European Sustainability Summit am 06. Mai 2008 in Berlin. Siehe auch: Anonym (2008) Accenture-Umfrage zum Klimawandel. Teil I: Endkunden. Fokus Deutschland. 6 S. Herr Holst ist Senior Manager im Berliner Büro des Geschäftsbereiches Strategie von Accenture; er hat European Business Studies in Osnabrück studiert und ein MBA Programm an der IESE in Barcelona absolviert; er ist u. a. Mitautor der beiden Studien „Value Creator III – Eine empirische Untersuchung von Versorgungsunternehmen in Deutschland, Österreich und der Schweiz" (Accenture & International University Bremen 2007) und „Zukunftserwartungen über die Entwicklung der deutschen Energiewirtschaft mit Themenschwerpunkt Netze" (Accenture 2008).

Kapitel 3

3.1 Korte F (1992) Lehrbuch der ökologischen Chemie. 3. Auflage, 373 S. Georg Thieme Verlag Stuttgart

3.2 Alloway BJ, Ayres DC (1996) Schadstoffe in der Umwelt – Chemische Grundlagen zur Beurteilung von Luft-, Wasser- und Bodenverschmutzungen. 382 S. Spektrum Verlag Heidelberg

3.3 Anonym (2006) Gesetz zum Schutz vor gefährlichen Stoffen (Chemikaliengesetz – ChemG) in der Fassung der Bekanntmachung vom 20. Juni 2002, BGBl. I, S. 2090, FNA 8053-6. [3.1a] Verordnung über Verbote und Beschränkungen des Inverkehrbringens gefährlicher Stoffe, Zubereitungen und Erzeugnisse nach dem Chemikaliengesetz (Chemikalienverbotsverordnung – ChemVerbotsV) in der Fassung der Bekanntmachung vom 13. Juni 2003, BGBl. I, S. 867, FNA 8053-6-20. [3.1b] Verordnung zum Schutz vor gefährlichen Stoffen (Gefahrstoffverordnung – GefStoffV) in der Fassung der Bekannmachung vom 23. Dezember 2004, BGBl. I. S. 3758. FNA 8053-6-29. Aus: Storm P-Chr (Hrsg.) Umweltrecht – wichtige Gesetze und Verordnungen zum Schutz der Umwelt. 18. Auflage. 1127 S. Deutscher Taschenbuch Verlag München

3.4 Anonym (2006) Richtlinie 2006/121/EG des Europäischen Parlaments und des Rates vom 18. Dezember 2006 zur Änderung der Richtlinie 67/548/EWG des Rates zur Angleichung der Rechts- und Verwaltungsvorschriften für die Einstufung, Verpackung und Kennzeichnung gefährlicher Stoffe im Hinblick auf ihre Anpassung an die Verordnung (EG) Nr. 1907/2006 zur Registrierung, Bewertung, Zulassung und Beschränkung chemischer Stoffe (REACH) und zur Schaffung eines Europäischen Amtes für chemische Stoffe, ABl. EU Nr. L 396 S. 852

3.5 Anonym (2007) Gesetz zur Anpassung des Chemikalienrechts an die Verordnung (EG) Nr. 1907/2006 des Europäischen Parlaments und des Rates vom 18. Dezember 2006 zur Registrierung, Bewertung, Zulassung und Beschränkung chemischer Stoffe (REACH), zur Schaffung einer Europäischen Chemikalienagentur, usw. (REACH-Anpassungsgesetz). Entwurf vom 4. Oktober 2007

3.6 Bliefert C (1997) Umweltchemie. 2. Auflage. 510 S. Wiley-VCH Weinheim

3.7 Anonym (2005) Die Registrierung von Chemikalien unteer dem REACH-Regime – Prioritätensetzung und Untersuchungstiefe. Stellungnahme des Sachverständigenrates für Umweltfragen, Nr. 8, Oktober 2005. ISSN 1612-2968.

3.8 Kopp-Assenmacher S (2007) REACH – Das neue EU-Chemikalienrecht. Foliensatz IHK Potsdam, 22. Juni 2007. http://www.potsdam.ihk24.de/produktmarken/innovation_und_umwelt/anhaengsel/REACH/Kopp-Assenmacher.pdf

3.9 Anonym (2007) REACH: Die neue Chemikalienpolitik in Europa, Bundesinstitut für Risikobewertung, 2007, 40 S. http://www.bfr.bund.de/cm/238/reach_die_neuechemikalienpolitik_in_europa.pdf

3.10 Anonym (1986) Beratergremium für umweltrelevante Altstoffe (BUA): Umweltrelevante Alte Stoffe. Auswahlkriterien und Stoffliste. VCH Weinheim

3.11 Anonym (1985) Bodenschutzkonzeption der Bundesregierung vom 06.02.1985, 122 S. Bundesministerium des Innern, Bonn

3.12 Anonym (2006) POPs-Konvention (Stockholmer Übereinkommen). BMU-Seite „Chemikalien“, Stand 24. Oktober 2006. Bundesministerium für Umwelt, Naturschutz und Reaktorsicherheit. http://www.bmu.de/chemkalien/pop-konvention/doc/print/2176.php

3.13 Anonym (2004) Stockholmer Übereinkommen über Persistente Organische Schadstoffe. http://www.bmu.de/files/pdfs/allgemein/application/pdf/pop_konvention.pdf

3.14 Wassermann O (1988) Risiken durch chemische Stoffe – Umdenken und Handeln. In: Held, M. (Hrsg.) Chemiepolitik: Gespräche über eine neue Kontroverse. S. 142–150. VCH Weinheim

3.15 Dieter HH, Grohmann A (1995) Grenzwerte für Stoffe in der Umwelt als Instrument der Umwelthygiene. Bundesgesundheitsblatt 38, S. 179–186

3.16 Benecke P (1987) Die Versauerung bewaldeter Wassereinzugsgebiete. Geowissenschaften in unserer Zeit 5: 19–26

3.17 Stumm W, Schwarzenbach R, Sigg L (1983) Von der Umweltanalytik zur Ökotoxikologie – ein Plädoyer für mehr Konzept und weniger Routinemessungen. Angewandte Chemie 95: 345–355

3.18 Pavlou SP, Dexter RN (1980) Thermodynamic aspects of equilibrium sorption of persistent organic molecules at the sediment-seawater interface: A Framework for Predicting Distribution in the Aquatic Environment. In: Baker RA (Hrsg.) Contaminants and Sediments, S. 323–329. Ann Arbor Sci. Publ., Ann Arbor/Michigan

3.19 Förstner U (1986) Chemical forms and environmental effects of critical elements in solid-waste materials – combustion residues. In: Bernhard M, Brinckman FE, Sadler PJ (Eds.) The Importance of Chemical „Speciation" in Environmental Processes. Dahlem Konferenzen. Dahlem Workshop Reports, Life Sciences Research Report 33, pp. 465–491. Springer Berlin

3.20 Klein LA, Lang M, Nash N, Kirschner SL (1974) Sources of metals in New York City wastewater. J. Water Pollut. Control. Fed. 46: 2653–2662

3.21 Förstner U (1987) Demobilisierung von Schwermetallen in Schlämmen und festen Abfallstoffen. In: Straub H, Hösel G, Schenkel W (Hrsg.) Handbuch Müll- und Abfallbeseitigung Nr. 4515, 20 S. Erich Schmidt Verlag Berlin

3.22 Schöpel M, Thein J (1991) Stoffaustrag aus Bergehalden. In: Wiggering H, Kerth M (Hrsg.) Bergehalden des Steinkohlebergbaus. S. 115–128. Vieweg Braunschweig

3.23 Förstner U, Müller G (1973) Heavy metal accumulation in river sediments: a response to environmental pollution. Geoforum 14: 53–61

3.24 Nriagu JO, Pacyna JM (1988) Quantitative assessment of worldwide contamination of air, water and soils with trace metals. Nature 333: 134–139

3.25 Andreae MO, Asami T, Bertine KK, Buat-Ménard PE, Duce RA, Filip Z, Förstner U, Goldberg ED, Heinrichs H, Jernelöv AB, Pacyna JM, Thornton I, Tobschall HJ, Zoller WH (1984) Changing biogeochemical cycles. In: Nriagu JO (Hrsg.) Changing Metal Cycles and Human Health. Dahlem Konferenzen, Life Sciences Research Report 28: 359–373. Springer Berlin Heidelberg New York

3.26 Boeckx RL (1986) Lead poisoning in children. Anal. Chem. 58: 274A–286A

3.27 Gjessing ET, Alexander J, Rosseland BO (1989) Acidification and aluminium – contamination of drinking water. In: Wheeler D, Richardson ML, Bridges J (Hrsg.) Watershed 89 – The Future for Water Quality in Europe. Band 1, S. 15–21. Pergamon Press Oxford

3.28 Kaiser G, Tölg, G (1980) Mercury. In: Hutzinger, O. (Ed.) The Handbook of Environmental Chemistry. Vol. 3 Part A, pp. 1–58. Springer-Verlag Berlin-Heidelberg-New York

3.29 Geldmacher-von Mallinckrodt M (1984) Akute Toxizität von Metallen beim Menschen. In: Merian E (Hrsg.) Metalle in der Umwelt – Verteilung, Analytik und biologische Relevanz. S. 223–228. Verlag Chemie Weinheim

3.30 Anonym (1982) Chlorierte Kohlenwasserstoffe – Daten der Elbe – von Schnackenburg bis zur See. Bericht der Arbeitsgemeinschaft für die Reinhaltung der Elbe. Hamburg

3.31 Anonym (1987) Luftverunreinigungen in Innenräumen. Sondergutachten des Rats von Sachverständigen für Umweltfragen. 110 S. Kohlhammer Verlag Stuttgart

3.32 Zellner R (1991) Zum atmosphärisch-chemischen Verhalten alternativer FCKW. Chemie Ingenieur Technik 63: 610–613

3.33 Anonym (2000) Bundesweite Übersicht zur Altlastenerfassung – Zusammenstellung des UBA vom Dezember 2000 auf der Grundlage von Angaben aus den Bundesländern. Umweltbundesamt Berlin. http://www.umweltbundesamt.de/altlast/web1/deutsch/1_6.htm

3.34 Anonym (1996) Häufigkeit von Schadstoffen bei Grundwasserschadensfällen. Landesanstalt für Umweltschutz Baden-Württemberg Karlsruhe

3.35 Koch R (1991) Umweltchemikalien. Physikalisch-chemische Daten, Toxizitäten, Grenz- und Richtwerte, Umweltverhalten. 3. Auflage, 421 S. VCH Weinheim 1991

3.36 Drechsler W (1992) Produktionsintegrierte Abfallwirtschaft in der Chlorchemie. AbfallwirtschaftsJournal 4 (11): 882–891

3.37 Rauhut A (1987) Polychlorierte Biphenyle. In: Straub H, Hösel G, Schenkel W (Hrsg.) Handbuch Müll- und Abfallbeseitigung. Nr. 8596, 14 S. Erich Schmidt Verlag Berlin

3.38 Kruse H (1989) Bewertung der Altlasten aus toxikologischer Sicht – Grundlagen toxikologischer Bewertung. In: Franzius V, Stegmann R, Wolf K (Hrsg.) Handbuch der Altlasten-Sanierung. Abschn. 4.1.1. R.v.Decker's Verlag G. Schenck, Heidelberg

3.39 Anonym (1989) Umweltforschung und Umwelttechnologie. Programm 1989 bis 1994. Der Bundesminister für Forschung und Technologie. 110 S. Bonn

3.40 Förstner U, de Haar U, Jüttner F, Müller H, SonnebornM, Winkler HA (Hrsg. 1982) Schadstoffe im Wasser: Metalle – Phenole – Algenbürtige Schadstoffe. Kurzfassung des Schwerpunktprogramms „Schadstoffe im Wasser" (1970–1977) der Deutschen Forschungsgemeinschaft, Mitteilung IV, Kommission für Wasserforschung, Bonn

3.41 Moltmann JF, Liebig M, Knacker Th, Keller M, Scheurer M, Ternes Th (2007) Gewässerrelevanz endokriner Stoffe und Arzneimittel – Neubewertung des Vorkommens, Erarbeitung eines Monitoringkonzepts sowie Ausarbeitung von Maßnahmen zur Reduzierung des Eintrags in Gewässer. F+E-Vorhaben – FKZ 20524205 – im Auftrag des Umweltbundesamtes Dessau, Abschlussbericht März 2007, 129 S. http://www.umweltdaten.de/publikationen/fpdf-l/3324.pdf

3.42 Joss A, Klaschka U, Knacker Th, Liebig M, Lienert J, Ternes TA, Wennalm A (2006) Source control, source separation. In: Ternes TA, Joss A (Hrsg.) Human Pharmaceuticals, Hormones and Fragrances: The Challenge of Micropollutants in Urban Water Management. S. 353–384. IWA Publ. London

3.43 Philipsborn H v (1987) Radiometrie im Felde und im Labor – Teil II. Meßgrößen, Geräte und Stoffe. Geowissenschaften in unserer Zeit 5: 81–91

3.44 Kiefer H, Koelzer W (1992) Strahlen und Strahlenschutz. 3. Auflage, 177 S. Springer Berlin

3.45 Philipsborn H v (1990) Radon und Radonmessung – Teil I. Eigenschaften, Messgrößen und Methoden. Die Geowissenschaften 8: 220–228 (1990); Teil II. Geräte und Verfahren, Vorkommen und Verbreitung, Strahlenbiologie und Strahlenschutz. Die Geowissenschaften 8: 324–338

3.46 Masters GM (1991) Introduction to Environmental Engineering and Science. Prentice Hall, Englewood Cliffs NJ

3.47 Philipsborn H v (1998) Strahlenschutz – Radioaktivität und Strahlungsmessung. 6. Auflage, 218 S. Hrsg. Bayerisches Staatsministerium für Landesentwicklung und Umweltfragen, München

3.48 Anonym: Richtlinien zum Strahlenschutz für Arbeitsfelder mit erhöhter Radon-222-Exposition (Teil A) und erhöhter Exposition durch Uran und Thorium (Teil B). 20. Juli 2001. EURATOM Brüssel

3.49 Leitgeb N (2000) Machen elektromagnetische Felder krank? 330 S. Springer Wien

3.50 Nimtz G, Mäcker S (1994) Elektrosmog. 128 S. B.I.-Taschenbuchverlag Mannheim

3.51 Weiß H (1991) Umwelt und Magnetismus – im Lichte der Wissenschaft / Im Dunkel des Aberglaubens. 130 S. Deutscher Verlag der Wissenschaften Berlin

3.52 Brinkmann K, Kärner H, Schaefer H (Hrsg.)(1995) Elektromagnetische Verträglichkeit biologischer Systeme in schwachen 50-Hz-Feldern. 277 S. VDE-Verlag Berlin Offenbach

3.53 Anonym (2001): Stichwort „Elektrosmog" in Katalyse-Umweltlexikon. Katalyse-Institut für Angewandte Umweltforschung Köln

3.54 Stamm E (1993) Untersuchungen zur Magnetfeldexposition der Bevölkerung im Niederfrequenzbereich. 140 S. VDE-Verlag Berlin-Offenbach

3.55 Anonym (1996) Sechsundzwanzigste Verordnung zur Durchführung des Bundes-Immissionsschutzgesetzes (26. BimSchV – Verordnung über elektromagnetische Felder) vom 16. Dezember 1996. BGBl. III/FNA 2129-8-26

Kapitel 4

4.1 Anonym (1999) „Global Warming: Early Warning Signs“ (http://www.climatehotmap.org), herausgegeben von Environmental Defense Fund, Natural Resources Defense Council, Sierra Club, Union of Concerned Scientists (UCS), U.S. Public Interest Research Group, Worls Resources Institute (http://www.wri.org) und World Wildlife Fund. © UCS und WRI (wird fortlaufend ergänzt)

4.2 Anonym (2007) Klimaänderung 2007: Zusammenfassung für politische Entscheidungsträger. Vierter Sachstandsbericht des Zwischenstaatlichen Ausschusses für Klimaänderungen (Intergovernmental Panel on Climate Change (IPCC, WMO/UNEP). 89 S. Bern/Wien/Berlin, Sept. 2007. http://www.de-ipcc.de/download/IPCC2007-FullDocument.pdf

4.3 Anonym (2001) Klimaänderung 2001: Zusammenfassung für politische Entscheidungsträger. Synthesebericht, Dritter Sachstandsbericht des Zwischenstaatlichen Ausschusses für Klimaänderungen (Intergovernmental Panel on Climate Change (IPCC, WMO/UNEP). http://www.proclim.ch/Press/IPCC02/IPCC02_Synthese_D.pdf

4.4 Anonym (2003) Global Warming: The History of an International Scientific Consensus. Environmental Defense. http://www.environmentaldefense.org/documents/381_FactSheet_globalwarming_timeline.pdf

4.5 Schönwiese C-D (2000) Treibhauseffekt und Klimaänderungen. In: Guderian R (Hrsg.) Atmosphäre. Bd 1 B Handbuch der Umweltveränderungen und Ökotoxikologie, S. 331–393. Springer-Verlag Berlin

4.6 Houghton JT, Meira Filho LG, Callander BA, Harris N, Kattenberg A, Maskell K (Hrsg.) (1996) Climate Change 1995. The Science of Climate Change (IPCC/WMO/UNEP). Cambridge University Press, Cambridge, UK

4.7 Imboden DM (2001) Nachhaltigkeit globaler Energiesysteme. In: Nachhaltige Entwicklung und Innovaton im Energiebereich. Europäische Akademie, Graue Reihe Nr. 28, S. 68–80. http://www.up.ethz.ch/research/energy_climate/closed/europaeische_akademie/Imboden_2001_GraueReihe28.pdf

4.8 Anonym (2000) Emissions Scenarios. Summary for Policymakers. A Special Report of IPCC Working Group III. Intergovernmental Panel on Climate Change (IPCC, WMO/UNEP. http://www.ipcc.ch/pdf/special-reports/spm/sres-en.pdf

4.9 Steger U, Achterberg W, Blok K, Bode H, Frenz W, Gather C, Hanekamp G, Imboden D, Jahnke M, Kost M, Kurz R, Nutzinger HG, Ziesemer Th (2002) Nachhaltige Entwicklung und Innovation im Energiebereich. 273 S. Springer Berlin. Kap. 4 Auf dem Weg zu einem nachhaltigen Energiesystem (S. 55–98) und Kap. 5 Potenziale für eine nachhaltige Entwicklung von Energiesystemen (S. 99–123)

4.10 Imboden DM, Roggo C (2000) Die 2000 Watt-Gesellschaft – Der Mondflug des 21. Jahrhunderts. ETH Bulletin 276, S. 24–27

4.11 Rogall H (2008) Ökologische Ökonomie – eine Einführung. 2. Auflage, VS Verlag für Sozialwissenschaften, Wiesbaden.

4.12 Huber J (1995) Nachhaltige Entwicklung durch Suffizienz, Effizienz und Konsistenz. In: Fritz P, Huber J, Levi HW (Hrsg.) Nachhaltigkeit in naturwissenschaftlicher und sozialwissenschaftlicher Perspektive, S. 31–46. S. Hirzel Verlag Stuttgart

4.13 Rogall H (2000) Bausteine einer zukunftsfähigen Umwelt- und Wirtschaftspolitik. Duncker & Humblot, Berlin.

4.14 Rogall H (2004) Volkswirtschaftslehre für Sozialwissenschaftler. 455 S. VS Verlag für Sozialwissenschaften Berlin

4.15 Hennicke P, Fischedick M (2007) Erneuerbare Energien – mit Energieeffizienz zur Energiewende. 144 S. Verlag C.H. Beck, München

4.16 Anonym (2007) Eckpunkte für ein integriertes Energie- und Klimaprogramm. 47 S. http://www.bmu.de/files/pdfs/allgemein/application/pdf/klimapaket_aug2007.pdf

4.17 Anonym (2007) Wirtschaftliche Bewertung von Maßnahmen des Integrierten Energie- und Klimaprogramms (IEKP). Fraunhofer Institut für System- und Innovationsforschung (Karlsruhe), Öko-Institut e.V. und Institut für Energieforschung, Systemforschung und Technologische Entwicklung (IEF-STE) Forschungszentrum Jülich. Zusammenfassung des Zwischenberichts, 35 S. http://www.umweltbundesamt.de/uba-info-presse/hintergrund/zusammenfassung-bewertung-ikepv3.pdf

4.18 Anonym (2007) Änderung des Gesetzes für die Erhaltung, Modernisierung und den Ausbau der Kraft-Wärme-Kopplung (Kraft-Wärme-Kopplungsgesetz) http://www.bmwi.de/BMWi/Redaktion/PDF/Gesetz/entwurf-gesetz-kraft-waerme-kopplung-12-2007.pdf

4.19 Anonym (2002) Gesetz für die Erhaltung, die Modernisierung und den Ausbau der der Kraft-Wärme-Kopplung (Kraft-Wärme-Kopplungsgesetz) vom 19. März 2002.

4.20 Anonym (2007) Verordnung über energiesparenden Wärmeschutz und energiesparende Anlagentechnik bei Gebäuden (Energieeinsparverordnung – EnEV), 24.07.2007. http://bundesrecht.juris.de/bundesrecht/enev_2007/gesamt.pdf

4.21 Friedrich M, Becker D, Grondey A, Laskowski F, Erhorn H, Erhorn-Kluttig H, Hauser G, Sager C, Weber H (2007) CO_2-Gebäudereport 2007 im Auftrag des Bundesministeriums für Verkehr, Bau und Stadtentwicklung (BMVBS). Kurzfassung, 13 S. http://www.bmvbs.de/Anlage/original_1020257/CO2-Gebaeudereport-Kurzfassung-barrierefrei.pdf

4.22 Anonym (2004) Gesetz für den Vorrang Erneuerbarer Energien (Erneuerbare-Energien-Gesetze – EEG) vom 21. Juli 2004. Anonym (2007) Entwurf eines Gesetzes zur Neuregelung des Rechts der Erneuerbaren Energien im Strombereich und zur Änderung damit zusammenhängender Vorschriften. http://www.erneuerbare-energien.de/files/pdfs/allgemein/application/pdf/entwurf_ee_recht.pdf

4.23 Anonym (2007) Erfahrungsbericht 2007 zum Erneuerbare-Energien-Gesetz (EGG-Erfahrungsbericht) gemäß § 20 EGG vorzulegen dem Deutschen Bundestag. Kurzfassung, 23 S. http://www.bmu.de/files/pdfs/allgemein/application/pdf/erfahrungsbericht_eeg_2007_zf.pdf

4.24 Anonym (2007) Gesetz zur Förderung Erneuerbarer Energien im Wärmebereich (Erneuerbare-Energien-Wärmegesetz – EEWärmeG) Entwurf http://www.bmu.de/files/pdfs/allgemein/application/pdfentwurf_ee_waerme.pdf. Begründung http://www.bmu.de/files/pdfs/allgemein/application/pdf/begr_ee_waerme.pdf

4.25 Anonym (2007 Im Namen des Klimaschutzes. Kfz-Steuer für PKW wird an CO_2-Ausstoß gekoppelt – was sich ändert. Eckpunkte Umstellung Kfz-Steuer. Bundesministerium der Finanzen, 05.12.2007. http://www.bundesfinanzministerium.de/cln_01/nn_54/DE/Aktuelles/072.html

4.26 Anonym (2007) Ergebnisse der Überprüfung der Strategie der Gemeinschaft zur Minderung der CO_2-Emission von Personenkraftwagen und leichten Nutzfahrzeugen. Mitteilung der Kommission an den Rat und das Europäische Parlament vom

07.02.2007. Zusammenfassung der Folgenabschätzung. http://ec.europa.eu/environment/co2/pdf/sec_2007_60_exsum_de.pdf. Vorschlag der Kommission vom 19.12. 2007: http://ec.europa.eu/environment/co2/co2_home.htm

4.27 Anonym (2006) Reduzierung der CO_2-Emissionen von PKWs – auf dem Weg zu einem integrierten Ansatz. European Automobile Manufacturers Association ACEA, Broschüre, 9 S. http://www.acea.be/images/uploads/pub/CO2_Leaflet_.pdf

4.28 Anonym (2006) Auswirkungen höherer Ölpreise auf Energieangebot und -nachfrage. Energiewirtschaftliches Institut der Universität Köln und Prognos AG Basel im Auftrag des Bundesministeriums für Wirtschaft und Technologie. 118 S.

4.29 Anonym (2007) Lighting the Way. Toward a Sustainable Energy Future. Inter Academy Council, 22. Oktober 2007. Executive Summary http://www.interacademycouncil.net/Object.File/Master/12/053/Executive%20Summary.pdf

4.30 Anonym (2007) Environment and Sustainable Growth. A Statement by the International Council of Academies of Engineering and Technological Sciences. Tokyo, 23. October 2007, 3 p. (CAETS 2007 Statement Final.doc in: http:www.caets.org/)

4.31 Anonym (2006) Road Map Erneuerbare Energie Schweiz – eine Analyse zur Erschliessung der Potenziale bis 2050. Schweizerische Akademie der Technischen Wissenschaften. SATW-Schrift Nr. 39, 24 S. http://www.satw.ch/publikationen/schriften/39_roadmap_d.pdf

4.32 Hillemeier B (Hrsg., 2006) Die Zukunft der Energieversorgung in Deutschland. Deutsche Akademie der Technikwissenschaften. Reihe acatech diskutiert, 21. Nov. 2006. 113 S. ISBN 13: 978-38167-7220-0. Fraunhofer Informationszentrum Raum und Bau.

4.33 Anonym (2005) Perspektiven der Energiewirtschaft – technisch, politisch, gesellschaftlich. Symposium am 28. April.2005. Bayerische Akademie der Wissenschaften, München, 48 S. http://www.acatech.de/de/pdf/Tagungsband_BAdW_Energiewirtschaft.pdf

4.34 Anonym (2005) Klimaschutz und Energieversorgung in Deutschland 1990–2020. Eine Studie der Deutschen Physikalischen Gesellschaft, Bad Honnef, Sept. 2005. 111 S. http://www.dpg-physik.de/static/info/klimastudie_2005.pdf

4.35 Bitsch R (2007) Integration von erneuerbaren Energiequellen und dezentralen Erzeugungen in bestehende Elektro-Energiesysteme. Sitzungsber Leibniz-Sozietät der Wissenschaften zu Berlin 90: 85–101. http://www.leibniz-institut.de/cms/pdf_pub/bitsch_25_11_06.pdf

4.36 Arndt U, v Roon S, Wagner U (2006) Virtuelle Kraftwerke: Theorie oder Realität? BWK 58 (6): 52–57. http://www.eus.de/upload/VKBWK62006.pdf

4.37 Anonym (2007) Forschungsschwerpunkt „Entwicklung einer ‚intelligenten' Infrastruktur zur Stromversorgung mit hoher Anpassungsfähigkeit an sich schnell verändernde Anforderungen (Smart Grid)". Zentralverband Elektrotechnik- und Elektronikindustrie e.V. (ZVEI). 6 S. http://www.bdi-online.de/Dokumente/Energie-Telekommunikation/Microsoft_Word_-_Anlage5_07-03-27-ZVEI-Entwurf_WP_Smart_Grids_RHA.pdf

4.38 Rademacher FJ (2005) Energie – Schicksalsfrage für den Globus. In [4.34] S. 32–39

4.39 Luther J, Pfaffenberger W, Wagner U, Brinker W (2006) 10 Bullensee-Thesen und abgeleitete Handlungsempfehlungen zur künftigen Energieversorgung. 32 S. Febr. 2006. http://www.ewe.de/download/pdf/BULLENSEE-THESEN.pdf

4.40 Anonym (2002) Dialog Nachhaltigkeit – der rote Faden für das 21. Jahrhundert. Deutsche Bundesregierung Berlin. http://dialog-nachhaltigkeit.de/html/strategie

4.41 Kaltschmitt M, Streicher W, Wiese A (Hrsg. 2006) Erneuerbare Energien. Systemtechnik, Wirtschaftlichkeit, Umweltaspekte. 4. Auflage, 702 S. Springer Berlin
4.42 Anonym (2001) Effizienz bei der Energienutzung. S. 87–89. Daten zur Umwelt. Umweltbundesamt Berlin
4.43 Anonym (2005) Handbuch Energiestatistik. 224 S. Organisation für Wirtschaftliche Entwicklung und Zusammenarbeit (OECD), Internationale Energieagentur (IEA), Eurostat/Luxemburg. http://www.iea.org/Textbase/stats/docs/NRJstatAlld.pdf
4.44 Geiger B, Nickel M, Wittke F (2005) Energieverbrauch in Deutschland – Daten, Fakten, Kommentare. BWK 57 (1/2), 48–56
4.45 Strohschein J et al. (2007) Nachhaltige Wärmeversorgung – Sachstandsbericht des Umweltbundesamtes, Climate Change 03/07. 61 S. http://www.umweltdaten.de/publikationen/fpdf-l/3196.pdf
4.46 Winter C-J (2001) Nachhaltige Energieversorgung: Der Weg ist das Ziel! Thesen und Begründungen. In: Langniß O, Pehnt M (Hrsg) Energie im Wandel – Politik, Technik und Szenarien einer nachhaltigen Energiewirtschaft. S. 17–29. Springer-Verlag Berlin
4.47 Nakicenovic N, Grübler A, McDonald A (1998) Global Energy Perspectives. Cambridge University Press, Cambridge UK
4.48 Anonym (2002) Richtlinie 2002/91/EG des Europäischen Parlaments und des Rates vom 16. Dezember über die Gesamteffizienz von Gebäuden. http://europa.eu/scadplus/leg/de/lvb/l27042.htm
4.49 Anonym (2004) Richtlinie 2004/8/EG des Europäischen Parlaments und des Rates vom 11. Februar 2004 über die Förderung einer am Nutzwärmebedarf orientierten Kraft-Wärme-Kopplung im Energiebinnenmarkt und zur Änderung der Richtlinie 92/42/EWG. http://www.umweltbundesamt.de/energie/archiv/RL_2004_8.pdf
4.50 Börner A-R (2007) Der Rechtsrahmen für die Kraft-Wärme-Kopplung im Wandel: Vom Schutz der Investition über den Schutz des Klimas zur Erhöhung der Versorgungssicherheit. ZögU 30 (1) 3–30. http://www.zoegu.de/zoegu/hefteAufsatz_07_01.pdf
4.51 Blesl M, Fahl U, Voß A (2005) Untersuchung der Wirksamkeit des Kraft-Wärme-Kopplungsgesetzes. Gutachten des Instituts für Energiewirtschaft und Rationelle Energieanwendung, Universität Stuttgart, 50 S. http://www.bkwk.de/aktuelles/politik/Gutachten%20KWKG%20IER.pdf
4.52 Anonym (2006) Gesetz zur Neuregelung der Besteuerung von Energieerzeugnissen und zur Änderung des Stromsteuergesetzes vom 15.07.2006. http://217.160.60.235//bgbl1f/bgbl106s1534.pdf
4.53 Anonym (2003) Richtlinie 2003/96/EG des Rates vom 27. Oktober 2003 zur Restrukturierung der gemeinschaftlichen Rahmenvorschriften zur Besteuerung von Energieerzeugnissen und elektrischem Strom. http://www.iwr.de/recht/eu_energiesteuerrichtlinie.pdf
4.54 Anonym (2007) Revidierter Nationaler Allokationsplan 2008–2012 für die Bundesrepublik Deutschland. Bundesministerium für Umwelt, Naturschutz und Reaktorsicherheit, Berlin 13.02.2007. http://www.bkwk.de/aktuelles/politik/ EmiHNAPII%20revidiert%2013%202%2007%20_4_.pdf
4.55 Schmitz KW, Schaumann G (Hrsg. 2005) Kraft-Wärme-Kopplung, 362 S. VDI-Buch. Springer-Verlag Berlin
4.56 Anonym (o.J.) Kraft-Wärme-Kopplung – Chance für Wirtschaft und Umwelt. Broschüre, 16 S. http://www.bkwk.de/aktuelles/Broschur/Broschur_Internet.pdf

4.57 Anonym (2005) Kleine Kraft-Wärme-Kopplung für den Klimaschutz. Bundesministerium für Umwelt, Naturschutz und Reaktorsicherheit. 39 S. http://www.bmu.de/files/pdfs/allgemein/application/pdf/broschuere_krafwaermekopplung_060214.pdf

4.58 Schulz E (2005) Welche Bedeutung hat die Kraft-Wärme-Kopplung? www.energie-fakten.de vom 21. Juli 2005, 5 Seiten http://www.energie-fakten.de/pdf/kwk-bedeutung.pdf

4.59 Bard J, Blum L, Brinner A (2001) Dezentrale Kraftwärmekopplung – Konversionstechnologien und Einsatzmöglichkeiten. In: Integration Erneuerbarer Energien in die Wärmeverorgung. ForschungsVerbund-Sonnenergie- (FVS-) Themen 2001, S. 73–81. http://www.fv-sonnenenergie.de/fileadmin/publikationen/Themenhefte/th2001/th2001_03_01.pdf

4.60 Schulz W (2007) Hemmnisse eines weiteren Ausbaus der Kraft-Wärme-Kopplung. Euro Heat & Power 36 (4) 30–38. http://www.bkwk.de/aktuelles/technik/EHPde_4_2007_Hemmnisse.pdf

4.61 Pehnt M, Traube K (2004) Zwischen Euphorie und Ernüchterung – Stand und mittelfristige Perspektiven stationärer Brennstoffzellen. Bundesverband Kraft-Wärme-Kopplung e.V. (B.KWK) und Bund Umwelt und Naturschutz Deutschland (BUND), 21 S. http://www.ifeu.org/energie/pdf/BZP_Internet.pdf

4.62 Bradke H, Brinker W, Luther J, Pfaffenberger W, Wagner U (2006) Thesen zur Dezentralen Mikro-Kraft-Wärme-Kopplung (Ableitungen Bullensee-These 8). 16 S. http://www.ewe.de/download/pdf/BULLENSEE-THESEN_Ausarbeitung_8.pdf

4.63 Anonym (2004) Hausenergiesysteme mit Brennstoffzellen. BINE-Informationsdienst, Projektinfo 06/04, 4 S. http://www.bine.info/pdf/publikation/bi0604internetx.pdf

4.64 Geitmann S (2004) Wasserstoff und Brennstoffzellen – die Technik von morgen. 2. Auflage, Hydrogeit Verlag, Kremmen

4.65 Anonym (2007) Mikrobrennstoffzellenzukunft.de. Portal zum Thema Mikrobrennstoffzelle, Bundesministerium für Bildung und Forschung. http://www.mikrobrennstoffzellenzukunft.de

4.66 Geitmann S (2007) Mit Wasserstoff in die Zukunft. FAZ Beilage Energie vom 24. April 2007. Siehe auch: Geitmann S (2006) Wasserstoff-Autos – Was uns in Zukunft bewegt. 168 S. Hydrogeit Verlag, Kremmen

4.67 Anonym (2006) Zukunftstechnologie – VW verkündet Durchbruch bei Brennstoffzellen. Süddeutsche Zeitung vom 31.10.2006. http://www.sueddeutsche.de/automobil/artikel/302/90212/

4.68 Anonym (2007) Daimler und Ford: Kooperation bei Brennstoffzellen-Anwendungen. Autosieger.de vom 8. Nov. 2007. http://www.autosieger.de/article13731.html

4.69 Anonym (2006) Wasserstoff- und Brennstoffzellentechnologien in Deutschland – quo vadis? Vortrag anl. Parlamentarischer Abend am 8. Mai 2006. BZ Bündnis, Strategierat Wasserstoff Brennstoffzellen. 18 Folien. http://www.brennstoffzelle-ulm.de/home/05%2008%20PA-Praes.pdf

4.70 Anonym (2007) Europäische Technologieplattform Wasserstoff und Brennstoffzellen – Strategischer Überblick. http://www.dwv-info.de/publikationen/OverviewDE.pdf

4.71 Anonym (2007) Nationaler Entwicklungsplan (Version 2.1) zum „Innovationsprogramm Wasserstoff- und Brennstoffzellentechnologie“. Strategierat Wasserstoff Brennzellen, 21. März 2007. 65 S. http://www.now-gmbh.de/uploads/media/Entwicklungsplan.pdf

4.72 Krewitt W, Pehnt M, Fischedick M, Temming H (Hrsg. 2004) Brennstoffzellen in der Kraft-Wärme-Kopplung. Ökobilanzen, Szenarien, Marktpotenziale. 355 S. Erich Schmidt Verlag Berlin

4.73 Krewitt W, Steinborn F, Staiß F, Bühring A, Hebling C, Feck T (2004) Umweltauswirkungen und Märkte des dezentralen Einsatzes stationärer Brennstoffzellen. ForschungsVerbund-Sonnenergie- (FVS-) Themen 2004, S. 167–171. http://www.fv-sonnenenergie.de/fileadmin/publikationen/Themenhefte/th2004/th2004_07_04.pdf

4.74 Strauß K (2006) Kraftwerkstechnik. 5. Auflage. 518 S. Springer-Verlag Berlin

4.75 Roth E (2004) Warum haben Wärmekraftwerke einen relativ niedrigen Wirkungsgrad? Energie-Fakten, 12. September 2004, 6 S. http://www.energie-fakten.de/pdf/kraftwerke-wirkungsgrad.pdf

4.76 Schilling H-D (2004) Wie haben sich die Wirkungsgrade der Kohlekraftwerke entwickelt und was ist künftig zu erwarten? Energie-Fakten, 20. Februar 2004, 7 S. http://www.energie-fakten.de/pdf/wirkungsgrade.pdf

4.77 Anonym (2003) Konzeptstudie Referenzkraftwerk Nordrhein-Westfalen v. 19. Nov. 2003. Kurzbericht, 12 S. VGB Power Tech e.V. http://www.steinkohle-portal.de/medien/other/20040206093524.pdf

4.78 Anonym (2007) Kraftwerke mit Kohleverbrennung. BINE Informationsdienst ProjektInfo 06/07, 4 S. http://www.bine.info/pdf/publikation/projekt0607internetx.pdf

4.79 Anonym (2004) Kraftwerk Niederaußem – ein Standort voller Energie. Broschüre RWE Power AG, 12 Seiten. Link http://www.braunkohle.de

4.80 Kallmeyer D (2000) Braunkohlekraftwerke mit optimierter Anlagentechnik. Surface Mining 52(4), 387–394

4.81 Anonym (2006) Die WTA-Technik zur Trocknung von Braunkohle. RWE-Broschüre, 6 S. http://www.rwe.com/generator.aspx/rwe-power-icw/standorte/braunkohle/kraftwerke/niederaussem/wta-anlage.pdf

4.82 Anonym (2002) Effiziente Kraftwerke. basisEnergie. BINE Informationsdienst, 6 S. http://www.bine.info/pdf/publikation/ba1704internetx.pdf

4.83 Anonym (o.J.) Fraunhofer Institut für Systemtechnik und Innovationsforschung. Cit. [4.82]

4.84 Kugeler K, Phlippen P-W (1990) Energietechnik – technische, ökonomische und ökologische Grundlagen. Springer-Verlag Berlin

4.85 Bormann H, Buxmann J (1981) Kombinierte Kraftwerksprozesse mit geschlossener Gas- und Dampfturbine. BWK 33, 215–221

4.86 Lezuo A, Riedle K, Wittchow E (1989) Entwicklungstendenzen steinkohlegefeuerter Kraftwerke. BWK 41, 13–22 (1989)

4.87 Anonym (2004) Aktueller Status des Verbundprojektes Druckkohlenstaubfeuerung. http://www.steag.com/steagde/pdf/DrNeumannStatus102004.pdf

4.88 Hassmann K, Müller R (1990) Emissionsarme Stromerzeugung mit Kohlevergasungs-Kraftwerken. In: Fleischer G (Hrsg.) Vermeidung und Verwertung von Abfällen 2, S. 189–211. EF-Verlag für Energie- und Umwelttechnik, Berlin

4.89 Zschernig J, Sander T, Pfeifer T, Schmid C, Klobasa M, Radgen P, Beier C, Bartels M (2004) Strategien und Technologien einer pluralistischen Fern- und Nahwärmeversorgung in eiinem liberalisierten Energiemarkt unter besonderer Berücksichtigung der Kraft-Wärme-Kopplung und Regenerativer Energien. Arbeitsgemeinschaft Wärme und Heizkraftwirtschaft (AGFW). Band 2: Technikentwicklung und -bewertung, Teil 1 Analyse und Beschreibung der Techniklinien und ihrer Entwick-

lung bis 2020. 322 S. Frankfurt, März 2004.
http://www.isi.fraunhofer.de/e/publikation/waerme/PW-Band-2-311120.pdf

4.90 Kaakinen M (1999) HAT cycle in combined heat and power production. 7th Intern Symposium on District Heating and Cooling. Nordic District Heating Programme, May 18–20, Lund/Sweden. Cit. [4.89].

4.91 Wittig S, Brandauer M, Kim S, Sieger K, Tremmel A (1995) Fossile Kraftwerke. Gutachten für die Akademie für Technikfolgenabschätzung „Klimaverträgliche Energieversorgung in Baden-Württemberg“, Arbeitsbericht 11. In: Schade D (Hrsg.) Energiebedarf, Energiebereitstellung, Energienutzung – Möglichkeiten und Maßnahmen zur Verringerung der CO_2-Emission. S. 99–114. Springer-Verlag

4.92 Fischedick M, Pastowski A, Schüwer D, Supersberger N, Nitsch J, Viebahn P, Bandi A, Zuberbühler U, Edenhofer O (2007) RECCS Strukturell-ökonomisch-ökologischer Vergleich regenerativer Energietechnologien (RE) mit Carbon Capture and Storage (CCS). Wuppertal Institut, DLR, Zentrum für Sonnenenergie und Wasserstoff-Forschung, Potsdam-Institut für Klimafolgenforschung im Auftrag des BMU. Dezember 2007. 249 S.
http://www.bmu.de/files/pdfs/allgemein/application/pdf/reccs_endbericht_lang.pdf

4.93 Anonym (2007) Leuchtturm COORETEC – der Weg zum zukunftsfähigen Kraftwerk mit fossilen Brennstoffen. Bundesminissterium für Wirtschaft und Technologie, Forschungsbericht Nr. 566. http://www.bmwi.de/BMWi/Redaktion/PDF/Publikationen/leuchtturm-cooretec,property=pdf,bereich=bmwi,sprache=de,rwb=true.pdf

4.94 Anonym (o.J.) Innovate.on – die Technologie-Initiative von E.ON Energy. 16 S. EEA_Innovate_on_Flyer-ger.pdf

4.95 Anonym (2008) Siemens und E.ON kooperieren bei der Entwicklung klimafreundlicher Kraftwerkstechnik – Neues Verfahren zur CO_2-Abscheidung. Gemeinsame Presseinformation vom 16. Januar 2008.
http://w1.siemens.com/press/pool/de/pr_cc/2008/01_jan/efp200801002d.pdf

4.96 Griebe S, Krautz HJ, Altmann H, Kluger F (2005) Erste Verbrennungsversuche zum Oxyfuel-Prozess in einer 0,5 MW_{th}-Tangentialfeuerung. 8 Seiten.
http://www.kwt.tu-cottbus.de/pages/texte/
2005_erste_verbrennungsversuche_zum_oxyfuel_prozess.pdf

4.97 Anonym (2007) Emissionsberichterstattung der Bundesrepublik Deutschland 2007, CRF-Tabellen 1990–2005. Berichtstabellen nach dem Common Reporting Format für die Emissionsberichterstattung unter der Klimakonvention der Vereinten Nationen 2007; http:www.umweltbundesamt.de/emissionen/publikationen.htm

4.98 Erdmenger C et al. (2007) Klimaschutz in Deutschland: 40 %-Senkung der CO_2-Emissionen bis 2020 gegenüber 1990. Umweltbundesamt, Climate Change 05/07, 74 S. http://www.umweltdaten.de/publikationen/fpdf-l/3235.pdf

4.99 Rebhan E (2002) Energiehandbuch. Formen, Wandlung und Nutzung. 750 S. Springer Verlag Berlin Heidelberg

4.100 Kuhn H, Götschel U, Hellriegel E, Brunner CU, Brandes C, Meyer-Hunziker B, Müller EA (1990) Emissionsminderung durch rationelle Energienutzung im Kleinverbrauch. Studie A.1.5.a and A.1.5.b, S. 547–598. In: Energie und Klima. Herausgegeben von der Enquête-Kommission „Vorsorge zum Schutz der Erdatmosphäre“ des Deutschen Bundestages. Economica Verlag Bonn and Verlag C.F. Müller Karlsruhe

4.101 Schmid C, Layer G, Brakhage A, Radgen P, Arndt U, Carter J, Duschl A, Lilleike J, Nebelung O (2003) Möglichkeiten, Potenziale, Hemmnisse und Instrumente zur

Senkung des Energieverbrauchs branchenüblicher Techniken in den Bereichen Industrie und Kleinverbrauch. Endbericht an das Umweltbundesamt. Fraunhofer-Institut für Systemtechnik und Innovationsforschung (Karlsruhe), Forschungsstelle für Energiewirtschaft (München), UFOPLAN-Nr. 201 41 136, 31.O5.2003, 278 S. http://www.isi.fhg.de/e/projekte/berichte-pdfs/ISI_REN-Querschnitt.pdf

4.102 Bonhoff U, Fahl A, Voß A (1995) Bedarfsszenario „Die Nachfrage nach Energiedienstleistungen im Sektor Verkehr". Gutachten für die Akademie für Technikfolgenabschätzung „Klimaverträgliche Energieversorgung in Baden-Württemberg", Arbeitsbericht 6. In: Schade D (Hrsg.) Energiebedarf, Energiebereitstellung, Energienutzung – Möglichkeiten und Maßnahmen zur Verringerung der CO_2-Emission. S. 43–47. Springer-Verlag Berlin Heidelberg

4.103 Fiedler R-G, Helfer M, Essers U (1995) Energieeinsparung und CO_2-Minderung im Verkehr – Fahrzeugtechnik. Gutachten für die Akademie für Technikfolgenabschätzung „Klimaverträgliche Energieversorgung in Baden-Württemberg", Arbeitsbericht 22. In: ibid [4.102] S. 87–97

4.104 Gierga M, Erhorn H (1995) Energieeinsparung im Gebäudebereich. Gutachten für die Akademie für Technikfolgenabschätzung „Klimaverträgliche Energieversorgung in Baden-Württemberg", Arbeitsbericht 8. In: ibid [4.102] S. 99–114.

4.105 Baur J, Bonhoff, C., Fahl U, Voß A (1995) Rationelle Stromanwendung in den Haushalten. Gutachten für die Akademie für Technikfolgenabschätzung „Klimaverträgliche Energieversorgung in Baden-Württemberg", Arbeitsbericht 10. In: ibid [4.102] S. 54–66.

4.106 Cremer C, Kleemann M, Behnke L, Birnbaum U, Böde U, Bradke H, Heckler R, Kolb G, Leubner K, Markewitz P, Walz R (2001) Systematisierung der Potenziale und Optionen. Studie für die Enquête-Kommission des Deutschen Bundestages „Nachhaltige Energieversorgung unter den Bedingungen der Globalisierung und der Liberalisierung". Endbericht, 89 S. Fraunhofer-Institut für Systemtechnik und Innovationsforschung (FhG-ISI) und Forschungszentrum Jülich, Programmgruppe Systemforschung und Technologische Entwicklung (STE). Karlsruhe und Jülich, Dezember 2001

4.107 Pehnt M (2007) Erneuerbare Energien kompakt – Ergebnisse systemanalytischer Studien. IFEU Heidelberg. Im Auftrag des Bundesumweltministeriums. 2. Auflage, Mai 2007, 55 S. http://www.erneuerbare-energien.de/files/pdfs/allgemein/application/pdf/ee_factsheets.pdf

4.108 Anonym (2007) Erneuerbare Energien in Zahlen – nationale und internationale Entwicklung. Stand: November 2007 (Internet-Update). 58 S. Bundesministerium für Umwelt, Naturschutz und Reaktorsicherheit. http://www.erneuerbare-energien.de/files/erneuerbare_energien/downloads/application/pdf/broschuere_ee_zahlen.pdf

4.109 Anonym (2007) Erfahrungsbericht 2007 zum Erneuerbare-Energien-Gesetz (EEG-Erfahrungsbericht) gemäß § 20 EEG vorzulegen dem Deutschen Bundestag. BMU, BMELV und BMWA. Zusammenfassung, 186 S. http://www.bmu.de/files/pdfs/allgemein/application/pdf/erfahrungsbericht_eeg_2007.pdf

4.110 Anonym (2006) Erneuerbare Energien – Innovationen für die Zukunft. 6. Auflage, April 2006, 131 S. Bundesministerium für Umwelt, Naturschutz und Reaktorsicherheit. http://www.bmu.de/files/erneuerbare_energien/downloads/application/pdf/broschuere_ee_innovation.pdf

4.111 Kleemann M., Meliß M (1993) Regenerative Energiequellen. 2. Auflage, 315 S. Springer-Verlag Berlin Heidelberg New York

4.112 Grawe J (1992) Wirkungen verschiedener Energieträger und -quellen auf die menschliche Gesundheit und die Umwelt. Geographie und Schule 14, Energie und Umwelt, Sonderband August 1992, S. 2–14

4.113 Schäfer H (1990) Energetischer Vergleich zentraler und dezentraler Erzeugungs- und Anwendungstechniken. In: Energiesysteme im Übergang. VDI-Berichte 807. Verein Deutscher Ingenieure, Düsseldorf

4.114 Anonym (2006) Umweltbewusstsein in Deutschland 2006 – Ergebnisse einer repräsentativen Bevölkerungsumfrage. Bundesministerium für Umwelt, Naturschutz und Reaktorsicherheit, Reihe Umweltpolitik, 80 S., Dez. 2006. http://www.bmu.de/files/pdfs/allgemein/application/pdf/broschuere_umweltbewusstsein.pdf

4.115 Häfele W (1990) Energiesysteme: Eine einführende Problematisierung. In: Häfele W (Hrsg.) Energiesysteme im Übergang unter den Bedingungen der Zukunft, S. 1–48. Poller im Verlag Moderne Industrie, Landsberg/Lech

4.116 Ehrlich H, Erbas K, Huenges E (Hrsg, 1998): Angebotspotenzial der Erdwärme sowie rechtliche und wirtschaftliche Aspekte der Nutzung hydrothermaler Ressourcen. Geothermie Report 98/1. Geoforschungszentrum Potsdam

4.117 Staiß F (2002) Jahrbuch Erneuerbare Energien. 432 S. Bieberstein Fachbuchverlag Radebeul

4.118 Staiß F (2007) Jahrbuch Erneuerbare Energien 2007. 452 S. Bieberstein Fachbuchverlag Radebeul

4.119 Fritsche U et al. (2004) Stoffstromanalyse zur nachhaltigen energetischen Nutzung von Biomasse. Endbericht, 1. Auflage, 263 S. Öko-Institut (Freiburg u. a.), FhI-UMSICHT (Fraunhofer Institut für Umwelt-, Sicherheits- und Energietechnik, Oberhausen), IE (Institut für Energetik und Umwelt, Leipzig), IFEU (Institut für Energie- und Umweltforschung Heidelberg), IZES (Institut für ZukunftsEnergieSysteme, Saarbrücken), TU Braunschweig (Institut für Geoökologie/Abt. Umweltsystemanalyse), TU München (Lehrstuhl für Wirtschaftslehre des Landbaues); gefördert durch das Bundesministerium für Umwelt, Naturschutz und Reaktorsicherheit. Endbericht 1. Auflage, Dezember 2004. http://www.bmu.de/files/pdfs/allgemein/application/pdf/biomasse_vorhaben_endbericht.pdf

4.120 Kaltschmitt M. Merten D, Fröhlich N, Nill M (2003) Energiegewinnung aus Biomasse. Externe Expertise für das WBGU-Hauptgutachten 2003 „Welt im Wandel: Energiewende zur Nachhaltigkeit". Materialien, 148 S. Wisenschaftlicher Beirat der Bundesregierung Globale Umweltveränderungen, Berlin, Heidelberg. http://www.wbgu.de/wbgu_jg2003_ex04.pdf

4.121 Anonym (2003) Welt im Wandel: Energiewende zur Nachhaltigkeit. Wissenschaftlicher Beirat der Bundesregierung Globale Umweltveränderungen. 260 S. Springer Berlin-Heidelberg

4.122 Anonym (2007) Klimaschutz durch Biomasse. Sondergutachten des Sachverständigenrats für Umweltfragen, Juli 2007. http://www.umweltrat.de/02gutach/downlo02/sonderg/SG_Biomasse_2007_Hausdruck.pdf

4.123 Anonym (2006) Vergleich der Umweltbilanzen der Biokraftstoffe der 1. und 2. Generation. Bundesverband Erneuerbare Energie e.V. 5 S. http://www.bee-ev.de/uploads/Umweltbilanzen_Biokraftstoffe_Vergleich_BEE.pdf

4.124 Anonym (2007) Roadmap Biokraftstoffe. Gemeinsame Strategie von BMU/BMELV, VDA, MWV, IG, VDB und DBV. Stand 14.11.2007, 4 S. http://www.bmu.de/files/pdfs/allgemein/application/pdf/roadmap_biokraftstoffe.pdf

4.125 Anonym (2008) Kann Biosprit das Klima retten? ADAC Motorwelt Heft 3, März 2008, S. 52–58
4.126 Kalies M, Schröder G (2007) Schlüsseldaten Klimagasemissionen. Welchen Beitrag kann die Biomasse zum Klimaschutz leistsen? Endbericht des Instituts für Energetik und Umwelt Leipzig im Auftrag der Union zur Förderung von Öl- und Proteinplanzen e.V. Berlin, April 2007, 141 S. http://www.ufop.de/downloads/Bericht_Klimagas.pdf
4.127 Zah R, Böni H, Gauch M, Hischier R, Lehmann M, Wäger P (2007) Ökobilanz von Energieprodukten: Ökologische Bewertung von Biotreibstoffen. EMPA im Auftrag des Bundesamtes für Energie, der Bundesamtes für Umwelt und des Bundesamtes für Landwirtschaft, Bern 22. Mai 2007. 161 S. http://www.news-service.admin.ch/NSBSubscriber/message/attachments/8514.pdf
4.128 Searchinger T, Heimlich R, Houghton RA, Dong F, Elobeid A, Fabiosa J, Tokgoz S, Hayes D, Yu T-S (2008) Use of U.S. croplands for biofuels increases greenhouse gases through emissions from land-use change. Science 319, no. 5867, 1238–1240
4.129 Fargione J, Hill J, Tilman D, Polasky S, Hawthorne P (2008) Land clearing and the biofuel carbon debt. Science 319, no. 5867, 1235–1238
4.130 Visseren-Hamakers IJ, Glasbergen P (2007) Partnership in forest governance. Global Environmental Change 17 (3–4) 408–419
4.131 Anonym (o.J.) Brennstoffzellenfahrzeuge (letzte Änderung 01.09.2006). Umweltbundesamt. http://www.umweltbundesamt.de/verkehr/alternantrieb/brennstoffzelle/brennstzel.htm
4.132 Anonym (2005) Strategiepapier zum Forschungsbedarf in der Wasserstoff-Energietechnologie. Strategiekreis Wasserstoff des Bundesministeriums für Wirtschaft und Arbeit. Januar 2005, 78 S. http://www.bmwi.de/BMWi/Redaktion/PDF/Publikationen.pdf
4.133 Treusch J (2005) Beitrag der Energieforschung zur nachhaltigen Energieversorgung. Energieeffizienz und -einsparungen. In: Bohnenschäfer W, v Hirschhausen C, Ströbele W, Treusch J, Wagner U (Hrsg.) Nachhaltige Energiepolitik für den Standort Deutschland – Anforderungen an die zukünftige Energiepolitik. S. 84–104. Auftraggeber: Bundesverband der Deutschen Industrie e.V. (BDI), Oktober 2005. http://www.bdi-online.de/Dokumente/Energie-Telekommunikation/Studie_Energiepolitik_Endfassung.pdf
4.134 Winter C-J, Nitsch J (1989) Wasserstoff als Energieträger – Technik, Systeme, Wirtschaft. 2. Auflage. 384 S. Springer-Verlag Berlin Heidelberg. Mit Beiträgen von W Schnurnberger „Wasserstoff als Rohstoff", S. 65–87; C Carpetis „Speicherung, Transport und Verteilung von Wasserstoff", S. 256–296; M Fischer, H Eichert „Sicherheitsaspekte von Wasserstoff als Energieträger und Energiespeicher", S. 88–101
4.135 Anonym (2008) Innovation durch Forschung – Jahresbericht 2007 zur Forschungsförderung im Bereich der erneuerbaren Energien. Bundesministerium für Umwelt, Naturschutz und Reaktorsicherheit, Februar 2008, 72 S. http://www.erneuerbare-energien.de/files/pdfs/allgemein/application/pdf/jahresbericht_forschung_ee_2007.pdf
4.136 Anonym (2005) Bundesländer sind Keimzellen für Wasserstoff- und Brennstoffzellen-Technik. Hamburg Messe GmbH, Mai 2005. Energieportal 24 http://www.energieportal24.de/fachberichte_artikel_165.htm

Kapitel 5

5.1 Anonym (2007) Emissionen von Luftschadstoffen. Umweltbundesamt, August 2007. http://www.env-it.de/umweltdaten/public/theme.do?nodeIdent=2359

5.2 Anonym (2008) Umweltökonomische Gesamtrechnungen. Nachhaltige Entwicklung in Deutschland – Umweltbezogene Nachhaltigkeitsindikatoren. Statistisches Bundesamt, Wiesbaden, 15.02.2008, 14 S. (13 Schadstoffbelastung der Luft). http://www.destatis.de/jetspeed/portal/cms/Sites/destatis/Internet/DE/Content/Publikationen/Fachveroeffentlichungen/UmweltoekonomischeGesamtrechnungen/NachhaltigeEntwicklungDeutschland,property=file.pdf

5.3 Anonym (1996) Richtlinie 96/62/EG des Rates vom 27. September 1996 über die Beurteilung und die Kontrolle der Luftqualität Amtsblatt Nr. L 296 v. 21.11.1996, S. 55–63. (a) Anonym (1999) Richtlinie 1999/30/EG des Rates vom 22. April 1999 über Grenzwerte für Schwefeldioxid, Stickstoffdioxid und Stickstoffoxide, Partikel und Blei in der Luft. Amtsblatt Nr. L 163 vom 29/06/1999 S. 41–60. (b) Anonym (2001) Richtlinie 2001/81/EG des Europäischen Parlaments und des Rates vom 23. Oktober 2001 über nationale Emissionshöchstmengen für bestimmte Luftschadstoffe. Amtsblatt Nr. L 309 v. 27/11/2001 S. 22–30 (c) Anonym (2002) Richtlinie 2002/3/EG des Europäischen Parlaments und Rates v. 12.02.2002 über den Ozongehalt der Luft. Amtsblatt Nr. L 67 vom 09.03.2002, S. 14–60. (d) Anonym (2007) Gemeinsamer Standpunkt des Rats im Hinblick auf die Annahme der Richtlinie über Luftqualität und sauberere Luft in Europa. Entwurf v. 05.06.07.

5.4 Anonym (2002) Gesetz zum Schutz vor schädlichen Umwelteinwirkungen durch Luftverunreinigungen, Geräusche, Erschütterungen und ähnliche Vorgänge (Bundesimmissionsschutzgesetz – BImSchG). Fassung v. 26.09.2002, BGBl. I, S. 3830. (a) Anonym (2002) Zweiundzwanzigste Verordnung zur Durchführung des Bundesimmissionsschutzgesetzes (Verordnung über Immissionswerte für Schadstoffe in der Luft – 22. BImSchV) vom 11.09.2002, BGBl. I, S. 3626. (b) Anonym (2004) Dreiunddreißigste Verordnung zur Durchführung des Bundes-Immissionsschutzgesetzes (Verordnung zur Verminderung von Sommersmog, Versauerung und Nährstoffeinträgen – 33. BImSchV) v. 13.07.2004, BGBl. I, S. 1612

5.5 Anonym (2007) Nationales Programm zur Verminderung der Ozonkonzentrationen und zur Einhaltung der Emissionshöchstmengen. Programm gemäß § 8 der 33. BImSchV und der Richtlinie 2001/81/EG (NEC RL). UBA-Texte 37/07, 79 S. Umweltbundesamt, Dessau-Rosslau, August 2007. http://www.umweltdaten.de/publikationen/fpdf-l/3306.pdf

5.6 Anonym (2008) Luftreinhaltung. Leitfaden zur Emissionsüberwachung. TÜV Süd Industrie Service GmbH, München. Im Auftrag des Umweltbundesamtes. UBA Texte 05/08. Februar 2008, 464 S. http://www.umweltdaten.de/publikationen/fpdf-l/3416.pdf

5.7 Heintz A, Reinhardt G (1996) Chemie und Umwelt. 4. Auflage, 366 S. Verlag Friedr. Vieweg & Sohn, Braunschweig

5.8 Keppler E (1988) Die Luft in der wir leben. Piper Verlag, München

5.9 Allhorn H, Birnbaum U, Huber W (1984) Kohleverwendung und Umweltschutz. 215 S. Springer-Verlag Berlin

5.10 Anonym (1990) Luftverschmutzung durch Stickoxide – Ursachen, Wirkungen, Minderung. Hrsg. v. Umweltbundesamt Berlin. UBA Berichte 3/90. Erich Schmidt Verlag Berlin
5.11 Kolar J (1990) Stickstoffoxide und Luftreinhaltung. 293 S. Springer-Verlag Berlin
5.12 Fritz W, Kern H (1990) Reinigung von Abgasen. 241 S. Vogel Buchverlag Würzburg
5.13 Schrod M, Semel J, Steiner R (1985) Chem. Ing. Tech. 57: 717–727. Cit. [5.12]
5.14 Anonym (1977) VDI-Richtlinie 2450 Blatt 1: Messen von Emission, Transmission und Immission luftverunreinigender Stoffe. Begriffe, Definitionen, Erläuterungen. Hrsg. vom Verein Deutscher Ingenieure, Düsseldorf
5.15 Pankrath J (1983) Großräumiger Transport von Luftverunreinigungen in Europa: Anforderungen an Modelle zur Simulation der Ausbreitung und Deposition von säurebildenden Luftverunreinigungen. VDI-Bericht Nr. 500, S. 43–54. Düsseldorf
5.16 Bruckmann P (1983) Bildung von Säuren und Oxidantien durch Gasphasenreaktionen. VDI-Bericht Nr. 500, S. 21–33. Düsseldorf
5.17 Baumbach G (1994) Luftreinhaltung. 2. Auflage, 461 S. Springer-Verlag Berlin Heidelberg. Englische Version: Air Quality Control, 490 p. Springer Verlag Berlin New York 1996
5.18 Finlayson-Pitts BJ, Pitts JN jr (1986) Atmospheric Chemistry, Fundamentals and Experimental Techniques. John Wiley & Sons New York
5.19 Anonym (1999) Jahresbericht 1998 aus dem Messnetz des Umweltbundesamtes. Zusammenfassung der Entwicklung 1982 bis 1998. 13 S. UBA Texte 66/99. Erich Schmidt Verlag Berlin
5.20 Schlipköter H-W, Goettert L (1978) Einflüsse von Luftverunreinigungen auf die Gesundheit des Menschen. In: Buchwald K, Engelhardt W (Hrsg.) Handbuch für Planung, Gestaltung und Schutz der Umwelt. Band 2: Die Belastung der Umwelt, S. 175–188. BLV-Verlagsgesellschaft München
5.21 Lehmann R, Hamm A (1988) Pufferschwache Räume in der Bundesrepublik Deutschland. Die Geowissenschaften 6: 242–245
5.22 Porcella DB et al. (1990) Mitigation of acidic conditions in lakes and streams. In: Norton SA, Lindberg SE, Page AL (Eds) Acidic Precipitation. Vol. 4: Soils, Aquatic Processes, and Lake Acidification, pp. 159–186. Springer-Verlag New York
5.23 Wright RF, Lotse E, Semb A (1988) Reversibility of acidification shown by whole-catchment experiments. Nature 334: 670–675
5.24 Linkendörfer S, Benecke P (1987) Auswirkungen von sauren Depositionen auf die Grundwasserqualität in bewaldeten Gebieten – eine Literaturstudie im Auftrag des Umweltbundesamtes. UBA-Materialien 4/87. Erich Schmidt Verlag Berlin
5.25 Ulrich B (1983) Soil acidity and its relation to acid deposition. In: Ulrich, B., Pankrath, J. (Eds.) Effect of Accumulation of Air Pollutants in Forest Ecosystems, pp. 127–146. Reidel Publ. Co. Dordrecht
5.26 Stern AC et al. (1984) Fundamentals of Air Pollution. Academic Press New York
5.27 Benecke P (1987) Die Versauerung bewaldeter Wassereinzugsgebiete. Geowissenschaften in unserer Zeit 5: 19–26
5.28 Lipfert FW (1989) Air pollution and materials damage. In: Hutzinger, O. (Ed.) The Handbook of Environmental Chemistry, Vol. 4B, pp. 114–186. Springer-Verlag, Berlin-Heidelberg-New York
5.29 Winkler F, Worch E (1986) Verfahrenschemie und Umweltschutz – eine Einführung. 195 S. VEB Deutscher Verlag der Wissenschaften, Berlin

5.30 Schmölling J, Kalmbach B (Koordinatoren) (1989) Luftreinhaltung '88, Tendenzen – Probleme – Lösungen. Materialien z. 4. Immissionsschutzbericht der Bundesregierung an den Deutschen Bundestag (Drucksache 11/2714) nach § 61 Bundes-Immissionsschutzgesetz. Hrsg. v. Umweltbundesamt. Erich Schmidt Verlag Berlin

5.31 Ellis JB, Revitt DM, Harrop DO, Beckwith PR (1987) The contribution of highway surfaces to urban stormwater sediments and metal loadings. Sci Total Environ 59: 339–349

5.32 UN ECE (1992): Critical Levels of Air Pollutants for Europe. Background Papers Prepared for the UN ECE Workshop on Critical Levels in Egham, U.K. 23.–26. march 1992. Air Quality Division, Department of the Environment, London, 209 p.

5.33 Mayerhofer P, Droste-Franke B, Friedrich R (1998) Ökonomische Abschätzung der Materialschäden in Deutschland. In: Anshelm F, Gauger Th., Köble R (Hrsg): Endbericht zum Forschungsvorhaben „Kartierung von Toleranzgrenzwerten der Wirkung von Luftverunreinigungen auf Materialien in Deutschland". Stuttgart, 140 S.

5.34 Krewitt W (2007) Die externen Kosten der Stromerzeugung aus erneuerbaren Energien im Vergleich zur fossilen Stromerzeugung. Z. Umweltchem Ökotox 19 (3), 144–151

5.35 Rabl A et al. (Hrsg 2005) ExternE-Pol: Externalities of Energy: Extension of accounting framework and policy application. Final Technical report prepared for the European Commission, Contract ENG1-CT2002-00609

5.36 Anonym (2006) EcoSensLE – A simplified online version of the Ecosense model. http://ecoweb.ier.uni-stuttgart.de/ecosense_web/ecosensele_web/frame.php

5.37 Krewitt W, Schlomann B (2006) Externe Kosten der Stromerzeugung aus erneuerbaren Energien im Vergleich zur Stromerzeugung aus fossilen Energieträgern. Gutachten für das Bundesministerium für Umwelt, Naturschutz und Reaktorsicherheit. http://www.wind-energie.de/fileadmin/dokumente/Themen_A-Z/Externe%20Kosten/BMU_ee_und_externe_kosten_2006.pdf

5.38 Anonym (o.J.) Immissionsschutzrecht in Deutschland. http://www.bmu.de/files/luftreinhaltung/downloads/application/pdf/hintergrund_bimschg.pdf

5.39 Anonym (1996) Richtlinie 96/61/EG des Rates vom 24. September 1996 über die integrierte Vermeidung und Verminderung der Umweltverschmutzung. Amtsblatt Nr. L 257 vom 10.10.1996, S. 26–40. Enthält im Anhang II eine Liste der in Artikel 18 Abs.2 („Gemeinschaftliche Emissionsgrenzwerte in den dort aufgeführten Richtlinien und den anderen gemeinschaftlichen Vorschriften" und im Artikel 20 (Übergangsbestimmungen) genannten Richtlinien

5.40 (a) Anonym (1999) Richtlinie 1999/13/EG des Rates vom 11. März 1999 über die Begrenzung von Emissionen flüchtiger organischer Verbindungen, die bei bestimmten Tätigkeiten und in bestimmten Anlagen bei der Verwendung organischer Lösemittel entstehen. Amtsblatt L 85 v. 29.3.1999; (b) Anonym (2001) Richtlinie 2001/80/EG des Europäischen Parlaments und des Rates vom 23. Oktober 2001 zur Begrenzung von Schadstoffemissionen von Großfeuerungsanlagen in die Luft (ABl. Nr. L 309 vom 27.11.2001 S. 1, ber. 2002 L 319 S. 30; (c) Anonym (2000) Richtlinie 2000/76/EG des europäischen Parlaments und des Rates über die Verbrennung von Abfällen v. 4. Dezember 2000, Amtsblatt EG L 332, S. 91–111

5.41 Anonym (1997) Vierte Verordnung zur Durchführung des Bundesimmissionsschutzgesetzes (Verordnung über genehmigungsbedürftige Anlagen – 4. BImSchV) vom 14. März 1997, BGBl. I S. 504, zuletzt geändert am 15. Juli 2006 (BGBl. I, S. 1619

5.42 Anonym (2002) Erste Verwaltungsvorschrift zum Bundes-Immissionsschutzgesetz. Technische Anleitung zur Reinhaltung der Luft (TA Luft) vom 30.07.2002, GMBl. 2002, Heft 25–29, S. 511–605

5.43 Anonym (1990) Zweite Verordnung zur Durchführung des Bundesimmissionsschutzgesetzes (Verordnung zur Emissionsbegrenzung von leichtflüchtigen Halogenkohlenwasserstoffen – 2. BImSchV) vom 10. Dezember 1990, BGBl. I S. 2694, zuletzt geändert am 23. Dezember 2004, BGBl. 1 S. 3758

5.44 Anonym (2004) Dreizehnte Verordnung zur Durchführung des Bundesimmissionsschutzgesetzes (Verordnung über Großfeuerungsanlagen und Gasturbinenanlagen – 13. BImSchV) vom 20. Juli 2004, BGBl.I S 1717 (2847)

5.45 Anonym (2003) Siebzehnte Verordnung zur Durchführung des Bundesimmissionsschutzgesetzes (Verordnung über die Verbrennung und die Mitverbrennung von Abfällen – 17. BImSchV) in der Fassung der Bekanntmachung vom 14. August 2003, BGBl. I S. 1633

5.46 Anonym (2001) Einunddreißigste Verordnung zur Durchführung des Bundes-Immissionsschutzgesetzes (Verordnung zur Begrenzung der Emissionen flüchtiger organischer Verbindungen bei der Verwendung organischer Lösemittel in bestimmten Anlagen – 31. BImSchV) vom 21. August 2001, BGBl. I, S 2180

5.47 Anonym (o.J.) Bundesimmissionsschutzgesetz (BImSchG) Herunterladen/Änderungsverlauf. Umweltbundesamt http://www.umweltbundesamt.de/luft/infos/gesetze/gesetze_pdf/uebersicht_bimschg.pdf

5.48 Antweiler H (1974) MIK-Werte – Definition und Begründung. In: Lufthygiene und Silikoseforschung 1973, S. 76–86. Girardet Verlag Essen

5.49 Anonym (1986) Maximale Arbeitsplatzkonzentrationen und Biologische Arbeitsstofftoleranzwerte 1986. Mitt. XXII der Senatskommission zur Prüfung gesundheitsschädlicher Arbeitsstoffe. VCH Verlagsgesellschaft Weinheim

5.50 Anonym (2005) Hintergrundpapier zum Thema Staub/Feinstaub (PM) Umweltbundesamt Berlin. 23 S.
http://www.umweltbundesamt.de/uba-info-presse/hintergrund/feinstaub.pdf

5.51 Diegmann V, Pfäfflin F, Wiegand G, Wursthorn H, Dünnebeil F, Helms H, Lambrecht U (2007) Maßnahmen zur Reduzierung von Feinstaub und Stickstoffdioxid. Forschungsbericht 20442222 UBA-FB 000981. UBA-Texte 22/07. 193 S. Umweltbundesamt, Dessau, Juni 2007.
http://www.umweltdaten.de/publikationen/fpdf-l/3240.pdf

5.52 Diegmann V, Pfäfflin F, Wiegand G, Wursthorn H, Dünnebeil F, Helms H, Lambrecht U (2006) Verkehrliche Maßnahmen zur Reduzierung von Feinstaub – Möglichkeiten und Minderungspotenziale. Studie des IVU Umwelt (Freiburg) und IFEU (Heidelberg) für das Umweltbundesamt Dessau, Juli 2006. 16 S.
http://www.umweltdaten.de/publikationen/fpdf-l/3259.pdf

5.53 Jörß W, Handke V, Lambrecht U, Dünnebeil F (2007) Emissionen und Maßnahmenanalyse Feinstaub 2000–2020. Forschungsbericht 20442202/2 UBA-FB000965. UBA-Texte 38/07. 67 S. Umweltbundesamt, Dessau, August 2007.
http://www.umweltdaten.de/publikationen/fpdf-l/3309.pdf

5.54 Moll, WLH (1978) Taschenbuch für Umweltschutz. I. Chemische und technologische Informationen. 2. Auflage. UTB 197, Steinkopff Verlag Darmstadt

5.55 Fischer KM, Hübner K, Schulz R (1999). Schadgasabscheidung. In: Görner K, Hübner K (Hrsg.) HÜTTE-Umweltschutztechnik. Kapitel F-41-77. Springer Verlag Berlin Heidelberg

5.56 Fischer K et al. (1990) Biologische Abluftreinigung. Kontakt & Studium, Band 212. Expert Verlag, Ehningen
5.57 Seidel J (1986) Rauchgasreinigung in Kohlekraftwerken – 12 Transparente mit Erläuterungen. Hrsg. Hamburgische Electricitäts-Werke AG, Information Schulen, Hamburg
5.58 Weitkamp J et al. (1986) Formselektive Katalyse in Zeolithen. Chem-Ing Tech 58: 623–632
5.59 Walter G, Gallenkemper B (1996) Verwertung von Steinkohlen- und Braunkohlenaschen. In: Brauer H (Hrsg.) Handbuch des Umweltschutzes und der Umweltschutztechnik. Band 2: Produktions- und produktintegrierter Umweltschutz. Kap. 17, S. 1037–1058. Springer Verlag Berlin Heidelberg
5.60 Borsch P (2001) Welche Emissionen von Schwefeldioxid, Stickoxiden und Staub entstehen bei der Stromerzeugung? www.energie-fakten.de
5.61 Boysen B, Friedrich R, Müller T, Scheirle N, Voß A (1988) Feinmaschiges Kataster der SO_2- und NO_x-Emissionen in Baden-Württemberg und im Oberrheintal – Emissionsuntersuchungen im Rahmen des TULLA-Projektes. Bericht über das 2. Status-Kolloquium des PEF, Band 2, S. 481–492. Forschungszentrum Karlsruhe (cit. [5.17])
5.62 Salmeen IT et al. (1984) Ames assay chromatograms and the identification of mutagens in Diesel particle extracts. Environ Sci Technol 18, 375–382
5.63 Hubmann G (2002) Mit einfacher Technik gegen Dieselruß. www.greenpeace.de/auto. Rehwald F (2003) Schluss mit dem Dieselruß. Ein Filtersystem kündigt jetzt auch der VW-Konzern an – allerdings nur gegen Aufpreis. www.abendblatt.de/daten/2003/04/09/143107.htlm
5.64 Anonym (2002) AvD-Nachrichten. Sauberer Lkw mit „AdBlue“: Luft profitiert, Betriebskosten sinken. http://www.avd.de/news/2003/januar/2003_n_kw03_2_02.htm
5.65 Seifried D (1990) Gute Argumente: Verkehr. Beck'sche Reihe 411. Verlag C.H. Beck München
5.66 Anonym (1968/1998) Technische Anleitung zum Schutz gegen Lärm (Sechste Allgemeine Verwaltungsvorschrift zum Bundesimmissionsschutzgesetz nach § 48 BImSchG) vom 16. Juli 1968. Fassung vom 26. August 1998, BMBl. 1998 S. 503
5.67 Anonym (1988) Lärmbekämpfung '88 – Tendenzen, Probleme, Lösungen. Materialien zum Vierten Immissionsschutzbericht der Bundesregierung an den Deutschen Bundestag (Drucksache 11/2714) nach § 61 Bundesimmissionsschutzgesetz. Erich Schmidt Verlag Berlin
5.68 Jansen G, Jansen P, Pütz M, Scherer-Leydecker C (2002) Immissionsschutzrecht – Lärmschutz. In: Görner K, Hübner K (Hrsg) Gasreinigung und Luftreinhaltung, Abschn. B.2.3. Springer Verlag Berlin
5.69 Jansen G (2002) Lärmwirkungen. In: Görner K, Hübner K (Hrsg) Gasreinigung und Luftreinhaltung. Abschn. D.6. Springer Verlag Berlin
5.70 Anonym (2000): Lärm. Aus: Daten zur Umwelt 2000. S. 321–329. Umweltbundesamt. Erich Schmidt Verlag Berlin
5.71 Anonym:(1990) Sechzehnte Verordnung zur Durchführung des Bundes-Immissionsschutzgesetzes (Verkehrslärmschutzverordnung – 16. BImSchV) vom 12. Juni 1990. BGBl. III/FNA 2129-8-16
5.72 Anonym (2002) Richtlinie 2002/49/EG des Europäischen Parlaments und des Rates vom 25. Juni 2002 über die Bewertung und Bekämpfung von Umgebungslärm. Amtsblatt Nr. L 189, S. 12–25 v. 18.07.2002.

5.73 Anonym (2006) Vierunddreißigste Verordnung zur Durchführung des Bundes-Immissionsschutzgesetzes (Verordnung über die Lärmkartierung, 34. BImSchV) vom 6. März 2006. BGBl. I, S. 516.
5.74 Lahl, U (2007) Vorhandene Spielräume nutzen. Lärmbekämpfung 2 (1), S. 1
5.75 Anonym (1997) Vierundzwanzigste Verordnung zur Durchführung des Bundes-Immissionsschutzgesetzes (Verkehrswege-Schallschutzmaßnahmenvereordnung, 24. BImSchV) vom 4. Februar 1997. BGBl. I, S. 172, ber. S. 1253

Kapitel 6

6.1 Anonym (2002) Siebtes Gesetz zur Änderung des Wasserhaushaltsgesetzes, Bundesgesetzblatt I, Nr. 37, 24. Juni 2002, S. 1914

6.2 Anonym (2002) Dialog Nachhaltigkeit – der rote Faden für das 21. Jahrhundert. Deutsche Bundesregierung Berlin. http://dialog-nachhaltigkeit.de/html/strategie

6.3 Krebs P (2003) Leitthema 2 „Wasser im urbanen Raum". In: Benndorf J, Kobus H, Roth K, Schmitz G (Hrsg.) Wasserforschung im Spannungsfeld zwischen Gegenwartsbewältigung und Zukunftssicherung. Denkschrift der Senatskommission für Wasserforschung. S. 37–52. Deutsche Forschungsgemeinschaft. Wiley-VCH Weinheim

6.4 Hösel G (1964) Beseitigung von Abfallstoffen aus der Sicht der öffentlichen Gesundheitspflege. In: Kumpf W, Maas K, Straub H (Hrsg.) Handbuch „Müll- und Abfallbeseitigung". Kap. 0120. Erich Schmidt Verlag Berlin

6.5 Dunbar W (1954) Leitfaden für die Abwasserreinigungsfrage. 3. Aufl. Oldenbourg Verlag München 1954

6.6 Evans RJ (1990) Tod in Hamburg – Stadt, Gesellschaft und Politik in den Cholera-Jahren 1830–1910. Rowohlt Verlag Reinbek

6.7 Meybeck M, Chapman D, Helmer R (Hrsg.)(1989) Global Freshwater Quality – A First Assessment. World Health Organization/United Nations Environment Program, Genf. Blackwell Reference Oxford-Cambridge/Mass

6.8 Gujer W (2006) Siedlungswasserwirtschaft. 3. Aufl., 431 S. Springer Verlag Berlin

6.9 Benndorf J (2003) Einführung: Warum Wasserforschung? In: Benndorf J, Kobus H, Roth K, Schmitz G (Hrsg.) Wasserforschung im Spannungsfeld zwischen Gegenwartsbewältigung und Zukunftssicherung. Denkschrift der Senatskommission für Wasserforschung. S. 5–13. Deutsche Forschungsgemeinschaft. Wiley-VCH Weinheim

6.10 Anonym (1990) Umweltforschung und Umwelttechnologie – Programm 1989 bis 1994. Bundesministerium für Forschung und Technologie. Bonn

6.11 Anonym (2000) Richtlinie 2000/60/EG des Europäischen Parlaments und des Rates vom 23. Oktober 2000 zur Schaffung eines Ordnungsrahmens für Maßnahmen der Gemeinschaft im Bereich der Wasserpolitik („EG-Wasserrahmenrichtlinie"). ABl. L 327, 22. Dezember 2000, 1.

6.12 Hamm A (1999) Gewässergüte von Fließgewässern. In: Frimmel FH (Hrsg.) Wasser und Gewässer – ein Handbuch. S. 187–208. Spektrum Akademischer Verlag Heidelberg Berlin

6.13 Rott U, Haug P (1999) Gewässergüte und Selbstreinigung der Gewässer. In: Görner K, Hübner K (Hrsg.) HÜTTE – Umweltschutztechnik. G1–G36. Springer Verlag Berlin Heidelberg

6.14 Pöppinghaus K, Filla W, Sensen S, Schneider W (1994) Abwassertechnologie – Entstehung, Ableitung, Behandlung, Analytik der Abwässer. 2. Aufl. 1098 S. Springer-Verlag Berlin Heidelberg

6.15 Hosang W, Bischof W (1998) Abwassertechnik. Teubner Verlag Stuttgart Leipzig

6.16 Imhoff K, Imhoff KR (1999) Taschenbuch der Stadtentwässerung. Oldenbourg Verlag München

6.17 Moll WLH (1978) Taschenbuch für Umweltschutz. I. Chemische und technologische Informationen. 2. Aufl. UTB/Steinkopff, Darmstadt 1978

6.18 Klein LA, Lang M, Nash N, Kirschner SL (1974) Sources of metals in New York City wastewater. J Water Pollut Control Fed 46: 2653–2662
6.19 Bischofsberger H in: Pöppinghaus K, Köhlhoff D, Blitz E (1979) Behandlung industrieller Abwässer in Entwicklungsländern. Forschungsvorhaben im Auftrag des Bundesministeriums für wirtschaftliche Zusammenarbeit. Institut für Siedlungswirtschaft der Technischen Universität Aachen
6.20 Klopp R (1999) Kommunales Abwasser und seine Behandlung. In: Frimmel FH (Hrsg.) Wasser und Gewässer – ein Handbuch. S. 369–444. Spektrum Akademischer Verlag Heidelberg
6.21 Anonym (2002) Musterverordnung zur Umsetzung der Anhänge II und V der EG-Wasserrahmenrichtlinie [6.11]. Entwurf nach der länderoffenen Sitzung des UA „Musterordnung" am 05.12.2002
6.22 Heintz A, Reinhardt GA (1996) Chemie und Umwelt. 4. Aufl., 366 S. Vieweg-Verlag Braunschweig Wiesbaden
6.23 Flemming H-C, Wingender J (2001) Biofilme – die bevorzugte Lebensform der Bakterien. Biologie in unserer Zeit 31 (3): 169–180
6.24 Flemming H-C, Wingender J (2002) Was Biofilme zusammenhält. Chemie in unserer Zeit 36: 30–42
6.25 Gehrke T, Telegdi J, Thierry D, Sand W (1998) Importance of extracellular polymeric substances from Thiobacillus ferrooxidans for bioleaching. Appl Environ Microbiol 64: 2743–2747
6.26 Flemming H-C (2002) Biofouling in water systems – cases, causes, countermeasures. Appl Environ Biotechnol 59: 629–640
6.27 Beech IB (2002) Biocorrosion: role of sulfate reducing bacteria. In: Enzyclopedia of Environmental Microbiology, Vol 2, pp 465–474. John Wiley New York
6.28 Flemming H-C (1996) Biofouling and microbially influenced corrosion (MIC) – an economical and technical overview. In: Heitz E, Sand W, Flemming H-C (Eds): Microbially influenced corrosion of materials – scientific and technological aspects. pp 5–14. Springer Verlag Berlin
6.29 Volkland H-P, Harms H, Knopf K, Wanner O, Zehnder JB (2000) Corrosion inhibition of mild steel by bacteria. Biofouling 15: 287–297
6.30 Hartmann L (1992) Biologische Abwasserreinigung. 3. Aufl., 258 S. Springer-Verlag Berlin Heidelberg
6.31 Kunz P (1990) Behandlung von Abwasser. 254 S. Vogel Buchverlag Würzburg
6.32 Winkler F, Worch E (1986) Verfahrenschemie und Umweltschutz. 195 S. VEB Deutscher Verlag der Wissenschaften Berlin
6.33 Kummert R, Stumm W (1988) Gewässer als Ökosysteme – Grundlagen des Gewässerschutzes. 242 S. Verlag der Fachvereine Zürich
6.34 Osborn DW, Nicholls HA (1978) Optimization of the activated sludge process for biological removal of phosphorus. Progr Wat Technol 10: 261–277
6.35 Böhnke B, Pinnekamp J (1989) Denitrifikation – Erfahrungen aus Betriebsanlagen. In: Anonym: Neue Technologien der Abwasser- und Schlammbehandlung. Statusseminar 1988 des BMFT-Förderschwerpunkt „Abwassertechnologien". Hrsg. vom Forschungszentrum Karlsruhe, Projektträger Wassertechnologie und Schlammbehandlung im Auftrag des Bundesministers für Forschung und Technologie. S. 163–186. Karlsruhe
6.36 Kayser R (1989) Gesichtspunkte für die Umgestaltung von Anlagen für die zukünftigen Anforderungen. In: Kayser R, Wolffson C (Hrsg.) Kläranlagen zur

Stickstoff- und Phosphorelimination. Veröff. Institut für Siedlungswasserwirtschaft Technische Universität Braunschweig. Heft 47, S. 289–305. Braunschweig

6.37 Hahn HH (1987) Wassertechnologie. Fällung, Flockung, Separation. 304 S. Springer-Verlag Berlin Heidelberg

6.38 Hartinger L (1991) Handbuch der Abwasser- und Recyclingtechnik für die metallverarbeitende Industrie. 2. Aufl., 700 S. Carl Hanser Verlag München

6.39 Förstner U, Wittmann G (1979) Metal Pollution in the Aquatic Environment. Kap. G: Trace Metals in Water Purification Processes. Springer-Verlag Berlin

6.40 Fischwasser K, Schilling H (1992) Schwermetalleliminierung aus Abwässern. Wasser, Luft und Boden 4/92: 34–36

6.41 Patterson JW (1985) Industrial Wastewater Treatment Technology. 2. Aufl. Butterworth Publ. Boston

6.42 Mertsch V (1986) Sedimentation, Eindickung und Entwässerung von Fällungs-/Flockungsschlämmen. ISWW-Reihe Universität Karlsruhe, Band 46, Karlsruhe

6.43 Ives KJ (1984) The Scientific Basis of Flotation. Martinus Nijhoff Publ Den Haag

6.44 Jedele K (1985) Anwendung der Entspannungsflotation zur Trennung des belebten Schlamms vom Wasser. Kommissionsverlag Oldenbourg München

6.45 Ives KJ (Hrsg.)(1975) The Scientific Basis of Filtration. Martinus Nijhoff Publ, Den Haag

6.46 Sontheimer H (Hrsg.)(1971) Filtration – spezielle Fragen der Wassertechnologie. Veröff. Wasserchemie Engler-Bunte-Institut der Universität Karlsruhe

6.47 Schmidtke NW, Black SA (1983) Technology for the removal of synthetic organic compounds. Effluent Water Treat J, Febr. 1983, S. 47–54

6.48 Bradke HJ (1985) Neuere Methoden zur Vorbehandlung von schwerabbaubaren Stoffen am Anfallort. Gewässerschutz, Wasser, Abwasser (GWA) 75: 743–780

6.49 Anonym (1994) ATV-Handbuch für Ver- und Entsorger. Band 3, 4. Hirthammer München

6.50 Austermann-Haun U, Barjenbruch M, Hartwig P, Kunst S, Malz F, Melsa A, Mennerich A, Meyer H, Rosenwinkel K-H, Saake M (1999) Techniken der Abwasserreinigung. In: Görner K, Hübner K (Hrsg.) HÜTTE – Umweltschutztechnik. Kapitel G.3, G-54 bis G-224. Springer Verlag Berlin Heidelberg

6.51 Möller U (1986) Grundsätzliche verfahrenstechnische Möglichkeiten der Klärschlammstabilisierung. Gewässerschutz Wasser Abwasser 85: 209–231

6.52 Mudrack K (1966) Die aerobe Schlammstabilisierung. Münchener Beiträge zur Abwasser-, Fischerei- und Flußbiologie. Band 13. Oldenbourg Verlag München

6.53 Koglin B (1989) Klärschlamm-Teiltrocknung. In: Loll U (Hrsg) Recycling von Klärschlamm 2. S. 299–306. EF-Verlag für Energie- und Umwelttechnik Berlin

6.54 Schmid F (2006) Ökonomische Klärschlamm-Trocknung – Nutzung von erneuerbarer Energie. Gas Wasser Abwasser (GWA) 86 (3) 195–201

6.55 Teufel H, Müller G, Berse C (1989) Verbrennung von Klärschlamm in der Wirbelschicht – Minimierung der NOx-Emission. In: Loll, U. (Hrsg) Recycling von Klärschlamm 2, S. 369–380. EF-Verlag für Energie- und Umwelttechnik Berlin

6.56 Melsa AK (2003) Die Klärschlammsituation in Deutschland in den Jahren 2000–2002. Klärschlamm aktuell – ausgewählte Beiträge der 3. ATV-DVWK-Klärschlammtage, 5.–7. Mai 2003, Würzburg, S. 9–35

6.57 Melsa AK (2000) Beispiele ausgeführter Klärschlamm-Trocknungsanlagen. Wasser/Abwasser-Praxis 9 (3) 34–39

6.58 Anonym (2005) Perspektiven der solaren Klärschlammtrocknung im Land Bremen. Machbarkeitsstudie für Bremer Energie-Konsens GmbH. Institut für Kreislaufwirtschaft, Bremen. http://www.energiekonsens.de/Downloads/Projekte/Solare_Klaerschlammtrocknung-Machbarkeitsstudie.pdf

6.59 Kassner W (2003) Solare Klärschlammtrocknung – spezifische Einsatzbereiche und Betriebsweisen. Klärschlamm aktuell – ausgewählte Beiträge der 3. ATV-DVWK-Klärschlammtage, 5.–7. Mai 2003, Würzburg, S. 375–389

6.60 Hruschka H, Atzenbeck K (2003) Solare Klärschlammtrocknung: Leistungs- und Kostenanalyse anhand eines praktischen Beispiels. Klärschlamm aktuell – ausgewählte Beiträge der 3. ATV-DVWK-Klärschlammtage, 5.–7. Mai 2003, Würzburg, S. 391–406

6.61 Zweifel H-R, Fischli O, Brauchli H, Herrmann P (2001) Solare Klärschlammtrocknung in der Praxis. GWA 81 (7) 459–463

6.62 Werther J (2003) Welche Techniken stehen uns heute für die thermische Behandlung/Verwertung von Klärschlämmen zur Verfügung? Klärschlamm aktuell – ausgewählte Beiträge der 3. ATV-DVWK-Klärschlammtage, 5.–7. Mai 2003, Würzburg, S. 431–447

6.63 Reimann DO (Hrsg.)(1989) Klärschlammentsorgung. Beihefte zu Müll und Abfall No. 28. Erich Schmidt Verlag Berlin

6.64 Reimann DO (1989) Der Weg zu einer gesicherten thermischen Klärschlammentsorgung. In: Reimann DO (Hrsg.) Klärschlammentsorgung. Beihefte zu Müll und Abfall 28: 123–128. Erich Schmidt Verlag Berlin

6.65 Mineur M (2004) Umgang mit Klärschlamm und den bei der Verbrennung entstehenden Reststoffen. VGB Power Tech 84 (6) S. 75–79

6.66 Fraser JL, Lum KR (1983) Availability of elements of environmental importance in incinerated sludge ash. Environ Sci Technol 17: 52–54

6.67 Augustin T, Kaminsky W, Krüger-Betz M (1984) Verwertung von Klärschlamm durch Pyrolyse in der Wirbelschicht. Chem-Ing-Techn 56: 47–48

6.68 Kistler RC, Widmer F, Brunner PH (1987) Behavior of chromium, nickel, copper, zinc, cadmium, mercury, and lead during the pyrolysis of sewage sludge. Environ Sci Technol 21: 704–708

6.69 Werther J (2008) Perspektiven der Klärschlamm-Mitverbrennung. Originalbeitrag von Prof. Dr.-Ing. Joachim Werther, Institut für Feststoffverfahrenstechnik und Partikeltechnologie der Technischen Universität Hamburg-Harburg für dieses Buch, 31. März 2008.

6.70 Anonym (2003) Entwurf einer Verordnung zur Änderung der Verordnung über Verbrennungsanlagen für Abfälle und ähnliche brennbare Stoffe (17. BImSchV) und weiterer Verordnungen zur Durchführung des Bundes-Immissionsschutzgesetzes (die Verordnung dient der Umsetzung der Richtlinie 2000/76/EG des Europäischen Parlaments und des Rates vom 4. Dezember 2000 über die Verbrennung von Abfällen [Abl. EG Nr. L 332 S. 91] in das deutsche Recht). Stand 07.05.2003

6.71 Anonym (2005) Anlagen zur thermischen Abfallbehandlung – Thermische Behandlungsanlagen. Verbrennungskapazitäten für kommunale Klärschlämme. Umweltbundesamt, eigene Erhebung, 29.07.2004. http://www.env-it.de/umweltdaten/public/document/downloadImage.do?ident=8314

6.72 Anonym (2007) Neufassung der Klärschlammverordnung – Ressourcen nutzen, Böden schützen. Bundesumweltministerium http://www.bmu.de/files/pdfs/allgemein/application/pdf/klaerschlammvo_eckpunkte.pdf

6.73 Pinnekamp J (2003) Bewertung der Phosphorrückgewinnung aus Klärschlamm unter ökologischen, ökonomischen und technischen Kriterien. Klärschlamm aktuell – ausgewählte Beiträge der 3. ATV-DVWK-Klärschlammtage, 5.–7. Mai 2003, Würzburg, S. 119–138

6.74 Anonym (2007) Ressourcen nutzen – Böden schonen. Eckpunktepapier des BMU zur Novellierung der Klärschlammverordnung (AbfKlärV). Vortrag Dr. H. Bergs, BMU WA II 4.
http://www.bmu.de/files/pdfs/allgemein/application/pdf/vortrag_15.pdf

6.75 Anonym (2008) Stellungnahme der Deutschen Vereinigung des Gas- und Wasserfachs vom 27. Februar 2008.

6.76 Anonym (2001) Risikoanalyse zur Abfalldüngerverwertung in der Landwirtschaft. Teil 1: Grobbeurteilung. Eidgenössische Forschungsanstalt für Agrarökologie und Landbau FAL, Reckenholz, Zürich, im Auftrag des Bundesamtes für Landwirtschaft. Bericht v. Juli 2001, 273 S.
http://www.blw.admin.ch/themen/hstoffe/pbm/d/texte.htm

6.77 Anonym (2003) Verordnung über umweltgefährdende Stoffe (Stoffverordnung, StoV). Zu Art. 21 Anmeldung von Düngern und Art. 72 Anmeldung von Klärschlamm. Der Schweizerische Bundesrat, 16. März 2003

6.78 Anonym (2003) Bericht zum Ergebnis der Vernehmlassung für ein Verbot der Verwendung von Klärschlamm als Dünger (Änderung der StoV, GSchV, DüV und SöBV). Bundesamt für Umwelt, Wald und Landschaft (Buwal). 11 S. Bern, 6. Februar 2003.
http://www.news-service.admin.ch/NSBSubscriber/message/attachments/1229.pdf

6.79 Anonym (2007) Bekanntmachung „Integriertes Wasserressourcenmanagement". Bundesministerium für Bildung und Forschung.
http://www.bmbf.de/foerderungen/11883.php

6.80 Ernst M, Förstner U (2001) Manuskriptentwurf zum Thema „Wasser im urbanen Raum" für die Kommission für Wasserforschung (unveröffentlicht)

6.81 Krebs P (2003) Leitthema 2 „Wasser im urbanen Raum". In: Benndorf J, Kobus H, Roth K, Schmitz G (Hrsg.) Wasserforschung im Spannungsfeld zwischen Gegenwartsbewältigung und Zukunftssicherung. Denkschrift der Senatskommission für Wasserforschung. S. 37–52. Deutsche Forschungsgemeinschaft. Wiley-VCH Weinheim

6.82 Schütze MR (1998) Integrated Simulation and Optimum Control of the Urban Wastewater System. PhD Dissertation, Dept. of Civil Engineering, Imperial College of Science, Technology and Medicine, London (zitiert in [6.81])

6.83 Fuchs S, Hahn HH (1999) Schadstoffabfluss IV, Abschlusspräsentation des BMBF-Verbundprojektes Niederschlag. Schriftenreihe des Instituts für Siedlungswasserwirtschaft, Band 96, Universität Karlsruhe

6.84 Larsen TA, Gujer W (1997) The concept of sustainable urban water management. Water Science and Technology 35 (9) 3–10

6.85 Larsen TA, Boller M (2001) Perspectives of nutrient recovery in DESAR concepts. In: Lens P, Zeeman G, Lettinga G (Eds) Decentralised Sanititation and Reuse. Concepts, Systems and Implementation. Integrated Environmental Technology Series. IWA Publ., p 387–410

6.86 Wilderer PA. Paris St (2001) Integrierte Ver- und Entsorgungssysteme für urbane Gebiete. Abschlussbericht BMBF-Projekt 02WA0067. September 2001. 107 S.
http://www.gtz.de/ecosan/download/Integr-Ver-Entsorg-de.pdf

6.87 Fischedick M, Ellenbeck Th, Schüwer D (2004) Innovative Technologien für Entwicklungsländer: Aktuelle Ansätze zur Energie-, Trinkwasser- und Nahrungsbereitstellung. Abschlussbericht, Wuppertal Institut, Dezember 2004, 130 S. http://www.wupperinst.org/uploads/tx_wiprojekt/2102-report-de.pdf

6.88 Al Baz I, Otterpohl R, Wendland C (2008) Efficient Management of Wastewater – Its Treatment and Reuse in Water-Scarce Countries. 304 p. Springer Berlin

6.89 Rudolph K-U, Schäfer D (2001) Untersuchung zum internationalen Stand und der Entwicklung Alternativer Wassersysteme. BMBF-Forschungsvorhaben Nr. 02 WA 0074, Institut für Umwelttechnik und Management an der Universität Witten/ Herdecke gGmbH. Juli 2001, 137 S. http://www.gtz.de/ecosan/download/altwatersys-de.pdf

6.90 Anonym (o.J.) Darstellung des integrierten Abwasserkonzeptes Ökologische Wohnsiedlung Lübeck-Flintenbreite. Fa. Otterwasser, Lübeck. http://www.gtz.de/ecosan/download/altwatersys-de.pdf

6.91 Förstner U (2002) Sediments and the European Water Framework Directive. J Soils Sediments 2 (2): 54

6.92 Anonym (2003) SedNet Strategy Paper – The Opinion of SedNet on Environmentally, Socially and Economically Viable Sediment Management. http://www.sednet.org/ materiale/SedNet SP.pdf. SedNet ist ein European Sediment Research Network, EC Contract No. EVK1-CT-2001-20002, Key Action 1.41 Abatements of Water Pollution from Contaminated Land, Landfills and Sediments

6.93 Förstner U, Calmano W, Ahlf (1999) Sedimente als Schadstoffsenken und -quellen: Gedächtnis, Schutzgut, Zeitbombe, Endlager. In: Frimmel FH (Hrsg) Wasser und Gewässer – ein Handbuch. S. 249–279. Sprektrum Akademischer Verlag Heidelberg. Graphik nach Shea D (1988) Developing national sediment quality criteria. Environ Sci Technol 22: 1256–1260

6.94 Förstner U (2003) Geochemical techniques on contaminated sediments – river basin view. Environ Sci Pollut Res 10 (1) : 58–68

6.95 Zoumis T, Calmano W, Förstner U (2000) Demobilization of heavy metals from mine waters. Acta hydrochim hydrobiol 28: 212–218

6.96 Jacobs PH, Förstner U (2003) Gewässersedimente und Baggergut. In: Grathwohl P, Förstner U (Hrsg) Ingenieurgeochemie. S. 330–360. Springer-Verlag Berlin

Kapitel 7

7.1 Lehn H, Steiner M, Mohr H (1996) Wasser – elementare Ressource. Leitlinien einer nachhaltigen Nutzung. 361 S. Springer-Verlag Berlin Heidelberg New York

7.2 Anonym (2003) Wasserversorgung als globale Herausforderung. Literaturliste der Deutschen Stiftung für internationale Entwicklung (DSE) im Zusammenhang mit dem dritten Welt-Wasser-Forum, das im März 2003 in Kyoto, Japan stattfand (http://www.dse.de/zd/biblio/wasser.htm).
Mit Hinweisen auf folgende Links: Global Water Partnership (Stockholm; gwp@gwpforum.org); World Water Council (http://www.worldwatercouncil.org/), International Water Management Institute (http://cgiar.org/iwmi/), Water Supply & Sanitation Collaborative Council (http://www.wsscc.org/), IRC International Water and Sanitation Centre (http://www.irc.nl/), International Water Resources Association (http://www.iwra.siu.edu/), GTZ mit Informationen zu ökologischen Sanitärsystemen (http://www.gtz.de/ecosan/), sowie Wasserportal der Unesco (http://www.unesco.org/water/)

7.3 Anonym (2003) Wasser für Menschen, Wasser für Leben. Weltwasserentwicklungsbericht der Vereinten Nationen. Zusammenfassung. 24 S. UNO-Verlag Bonn (Water for People, Water for Life – UN World Water Development Report [WWDR] ISBN 92-3-103881-8).

7.4 Falkenmark M (1995) Further momentum to water issues: comprehensive water problem assessment in the being. Ambio 24 (6): 380–382

7.5 Maurer C, Wu Ch, Wang Y, Xue S (2001) Water pollution and human health in China. World Resources Institute (http://www.wri.org/health/prcwater.htm)

7.6 Thiel RE (2001) Editorial – Konflikte um Wasser. Entwicklung und Zusammenarbeit (E+Z) Nr. 6, Juni 2001. S. 175; Barandat J (2001) Sie graben uns das Wasser ab … Grenzüberschreitende Gewässersysteme und internationales Recht. E+Z Nr. 6, Juni 2001, S. 181–184

7.7 Anonym (2001) Wasserwirtschaft in Deutschland. Teil 1 Grundlagen. 69 S. Bundesministerium für Umwelt, Naturschutz und Reaktorsicherheit (BMU) und Umweltbundesamt. Berlin (wawi-d-1.pdf unter http://www.umweltbundesamt.de/wasser/)

7.8 Anonym (2001) Gemeindetag verabschiedet Thesen zur nachhaltigen Wasserwirtschaft in Deutschland. Wasserversorgung darf nicht liberalisiert werden. BWGZ – Zeitschrift für die Städte und Gemeinden für Stadträte, Gemeinderäte und Ortschaftsräte, Organ des Gemeindetags Baden-Württemberg, 124. Jahrgang, Ausgabe 18/2001, 30. Sept. 2001

7.9 Lehmann M (1994) Volkswirtschaftliche Bedeutung der Siedlungswasserwirtschaft. Gas Wasser Abwasser 6/74. S. 442 (zit. Gujer [7.11])

7.10 Anonym (2000) Der Wassersektor in Deutschland – Methoden und Erfahrungen. Dokumentation. 150 S. (Zusammengestellt von K.-U. Rudolph, Universität Witten/Herdecke; doku.pdf unter http://www.umweltbundesamt.de/wasser/)

7.11 Gujer W (2006) Siedlungswasserwirtschaft. 3. Auflage, 431 S. Springer Verlag Berlin

7.12 Krüger H-W (1982) Trinkwasser – ein Lebensmittel in Gefahr. Ullstein Sachbuch 34107, 318 S. Ullstein Verlag Frankfurt/M. Berlin

7.13 Anonym (1994): BGW-Wasserstatistik für 1992 und 1993. BGW Bonn

7.14 Anonym (2007) Umweltrelevante Kenngrößen der Wasserwirtschaft. Stand: Januar 2007. Umweltbundesamt. http://www.env-it.de/umweltdaten/public/theme.do?nodeIdent=2255
7.15 Möhle KA (1980) Theorie und Praxis doppelter Wasserversorgungsnetze. Studie im Auftrag des Bundesministers des Innern. Umweltbundesamt Berlin
7.16 Anonym (1983) Fachplan Wasserversorgung Hamburg: Baubehörde Freie und Hansestadt Hamburg, Amt für Wasserwirtschaft und Stadtentsorgung, Hauptabteilung Wasserwirtschaft, S. 96–97. Hamburg
7.17 Anonym (1986) Handlungskonzept zur dauerhaften Sicherung der Trinkwasserversorgung. Hamburger Wasserwerke GmbH, 24. April 1986. Hamburg
7.18 Anonym (1982) Wasserversorgungsbericht – Teil A: Bericht über die Wasserversorgung in der Bundesrepublik Deutschland. Hrsg. vom Bundesminister des Innern. Erich Schmidt Verlag Berlin
7.19 Heinzmann C (1990) Korrosion in der Trinkwasserinstallation. In: Jäger W (Hrsg.) Trinkwasserpraxis. S. 39–49. Selbstverlag Institut Dr. Jäger Tübingen
7.20 Wagner I (1993) Werkstoffe und Trinkwasserqualität. In: Deutscher Verein des Gas- und Wasserfaches (Hrsg.) Wasserchemie für Ingenieure. S. 247–291. R. Oldenbourg Verlag München
7.21 Frimmel FH (1999) Trinkwasserversorgung. In: Frimmel FH (Hrsg.) Wasser und Gewässer – ein Handbuch. S. 325–366. Spektrum Akademischer Verlag Heidelberg
7.22 Anonym (1997) DIN 2000 – Zentrale Trinkwasserversorgung: Leitsätze für Anforderungen an Trinkwasser, Planung, Bau und Betrieb der Anlage. Technische Regel des DVGW. Entwurf (Stand 15. Dez. 1997; zit. [7.21])
7.23 Anonym (2001): Verordnung über die Qualität von Wasser für den menschlichen Gebrauch (Trinkwasserverordnung – TrinkwV) erschienen im Bundesgesetzblatt Jg. 2001 Teil I Nr. 24 vom 28. Mai 2001. Umsetzung der Richtlinie 98/83/EG des Rates der Europäischen Kommission vom 3. November 1998 (EG-Trinkwasserrichtlinie), ABl. EG Nr. L 330 S. 32
7.24 Jäger W (2001) Wasser ist nicht gleich Wasser. In: Jäger W (Hrsg.) Umweltrecht in der Praxis. S. 7–12. Attempto Verlag Tübingen
7.25 Zur Trinkwasserverordnung siehe Informationen der Deutschen Vereinigung des Gas- und Wasserfaches e.V., Technisch Wissenschaftlicher Verein (DVGW): http://www.dvgw.de/wasser/rechtsvorschriften/trinkwasserverordnung/index.html. „Trinkwasserverordnung im Überblick" sowie Artikelreihe zur Trinkwasserverordnung, z. B. Ließfeld R (2003) Die neue Trinkwasserverordnung – wichtige Pflichten der Wasserversorger. Energie Wasser Praxis 01/2003, S. 10–15
7.26 Gerlach K (1999) Bessere Trinkwasserqualität durch neue Beurteilungskriterien? In: Jäger W (Hrsg.) Wasserzeichen. S. 89–95. Attempto Verlag Tübingen
7.27 Haberer K (1972) Trinkwasser im Umweltschutz – II. Abwendung der Gefahren. GWF/Wasser-Abwasser 113: 556–561
7.28 Voigt H-J (1990) Hydrogeochemie – eine Einführung in die Beschaffenheitsentwicklung des Grundwassers. 310 S. Springer-Verlag Berlin Heidelberg New York
7.29 Anonym (1984) Künstliche Grundwasseranreicherung. Stand der Technik und des Wissens in der Bundesrepublik Deutschland. BMI-Fachausschuss „Wasserversorgung und Uferfiltrat". Hrsg. vom Bundesminister des Innern, Bonn
7.30 Wuhrmann K (1977) Chemische und biologische Beeinflussung der Grundwasserqualität. Gas Wasser Abwasser 57: 633–639

7.31 Heath R (1988) Einführung in die Grundwasserhydrologie. Oldenbourg Verlag München

7.32 Anonym (1988) Bedeutung biologischer Vorgänge für die Beschaffenheit des Grundwassers. Schriftenreihe des Deutschen Verbandes für Wasserwirtschaft und Kulturbau e.V. Nr. 80. Verlag Paul Parey Hamburg Berlin

7.33 Golwer A, Knoll K-H, Mattheß G, Schneider W, Wallhäuser K-H (1972) Mikroorganismen im Unterstrom eines Abfallplatzes. Gesundheitsingenieur 5/72: 142–152

7.34 Dott W (1989) Mikrobiologische Verfahren zur Altlastensanierung – Grenzen und Möglichkeiten. In: Thomé-Kozmiensky KJ (Hrsg.) Altlasten 3, S. 403–422. EF-Verlag für Energie- und Umwelttechnik Berlin

7.35 Anonym (2003) Wasserforschung im Spannungsfeld zwischen Gegenwartsbewältigung und Zukunftssicherung. Denkschrift der Deutschen Forschungsgemeinschaft. Leitthema 1 „Wasser in der Landschaft" (U. Grünewald). S. 14–36. DFG/Wiley-VCH Weinheim

7.36 Anonym (1990) Pflanzenschutzmittel im Trinkwasser – Analytik, toxikologische Beurteilung und Strategien zur Minimierung des Eintrags. Erarbeitet durch die Arbeitsgruppen Analytik, Phytomedizin und Toxikologie. Deutsche Forschungsgemeinschaft. Mitteilung XVI der Kommission für Pflanzenschutz-, Pflanzenbehandlungs- und Vorratsschutzmittel. VCH Verlag Weinheim

7.37 Peterwitz U, Rodeck O (2002) Ökonomisch und ökologisch nachhaltige Wasserversorgung am Beispiel der Halterner Seen. http://www.umweltbundesamt.org/wsektor/wasserdoku/german/s12.html

7.38 Anonym (1993) Trinkwasser. In: Römpp Lexikon Umwelt. Hulpke H, Koch HA, Wagner R (Hrsg.). S. 22–727. Georg Thieme Verlag Stuttgart

7.39 Anonym (1975) Uferfiltration. Bericht des BMI-Fachausschusses „Wasserversorgung und Uferfiltration". Hrsg. vom Bundesministerium des Innern, Bonn

7.40 Anonym (1984) Verbesserung der Trinkwasserqualität durch Integration neuer Technologien in ein bestehendes Wasserwerk. Hrsg. von Gelsenwasser AG. DVGW Schriftenreihe Wasser No. 40, Eschborn

7.41 Schöttler U (1985) Eliminierung von Schwermetallen bei der künstlichen Grundwasseranreicherung und Untergrundpassage. DVGW-Schriftenreihe Wasser Nr. 45, S. 131–162

7.42 Haberer K (1976) Neue Technologien in der Wasseraufbereitung. In: Forschung und Entwicklung in der Wasserwerkspraxis. Wiss. Ber. über Untersuchungen und Planungen der Stadtwerke Wiesbaden, Band 3, S. 7–12

7.43 Spindler P (1983) Grundlagen der Stoffübertragung bei der Wasserbelüftung. In: Verfahrenstechnische Grundlagen für Anlagen zur Entfernung von Halogenkohlenwasserstoffen aus Grundwässern. Veröffentlichungen des Lehrstuhls für Wasserchemie und der DVGW-Forschungsstelle am Engler-Bunte-Institut der Universität Karlsruhe 21, S. 21–60, Karlsruhe

7.44 Normann S, Haberer K, Oehmichen U (1987) Verhalten von stickstoffhaltigen Pflanzenschutzmitteln bei der Trinkwasseraufbereitung. Vom Wasser 69: 233–249

7.45 Baldauf G (1988) Selektive Entfernung organischer Mikroverunreinigungen bei der Trinkwasseraufbereitung. Vom Wasser 71: 1–14

7.46 Cartwright P.S. (1988) Membrane processes for industrial effluent treatment. Hahn HH, Klute R (Hrsg.) Pretreatment in Chemical Water and Wastewater Treatment. Proc. 3rd Gothenburg Symp., S. 189–200. Springer Verlag Berlin Heidelberg New York

7.47 Bäuerle U, Marquardt K (1992) Aufbereitung organisch/anorganisch hoch belasteter Abwässer mit Reststoffminierung. Gas Wasser Abwasser 136: 135–194

7.48 Austermann-Haun U, Barjenbruch M, Hartwig P, Kunst S, Malz F, Melsa A, Mennerich A, Meyer H, Rosenwinkel K-H, Saake M (1999) Techniken der Abwasserreinigung. In: Görner K, Hübner K (Hrsg.) HÜTTE Umweltschutztechnik. S. G54.–G224. Springer-Verlag Berlin Heidelberg New York

7.49 Roustan M, Cabassud C (1997) Drinking water production: Processes and emerging technologies. In: Environmental Technologies and Trends. In: Jain RK, Aurelle Y, Cassabus C, Roustan M., Shelton SP (1997) Environmental Technologies and Trends – International and Policy Perspectives. S. 11–34. Springer Verlag Berlin Heidelberg New York

7.50 Uhlmann D (1988) Hydrobiologie. Gustav Firscher Verlag, Stuttgart

7.51 Schweisfurt R (1986) Biofiltration in Drinking Water Treatment. In: Rehm H-J, Reed G (Eds.) Biotechnology. Band 8, S. 399–423. VCH, Weinheim

7.52 Anonym (1979): Verfahren zur Enteisenung von Wasser aus einem Grundwasserbrunnen – Patentschrift 1945605 vom 2.3.1979, Firma Vyrmetoder AB, Täby (Schweden). Deutsches Patentamt, München

7.53 Overath H (1986) Biologische Verrfahren zur Trinkwasseraufbereitung: Stand der Technik und Zukunftsperspektiven. S. 50–58. GIT Supplement 5/86 Umwelt

7.54 Roennefahrt K (1985) Biotechnologische Nitratentfernung in Festbettreaktoren. Vom Wasser 65: 271–285

7.55 Anonym (1997) Sicherung der Trinkwassergüte bei der Wasserverteilung und Wasserverwendung. Deutscher Verein des Gas- und Wasserfaches (DVGW). Technologiezentrum Wasser (TZW), Band 2. Karlsruhe

Kapitel 8

8.1 Scheffer F, Schachtschabel P (2002) Lehrbuch der Bodenkunde; Schachtschabel P, Blume H-P, Brümmer G, Hartge K-H, Schwertmann U (Hrsg.). 15. Auflage, 593 S. Spektrum Akademischer Verlag Heidelberg

8.2 Anonym (1999) Bundes-Bodenschutz- und Altlastenverordnung (BBodSchV) vom 12. Juli 1999, BGBl. I, S. 1554. FNA 2129-32-1; Anonym (1998) Gesetz zum Schutz vor schädlichen Bodenveränderungen und zur Sanierung von Altlasten (Bundes-Bodenschutzgesetz – BBodSchG) vom 17. März 1998, BGBl. I, G 5702, Nr. 16, S. 502–510, FNA 2129-32

8.3 Anonym (2006) Vorschlag für eine Richtlinie des Europäischen Parlaments und des Rates zur Schaffung eines Ordnungsrahmens für den Bodenschutz und zur Änderung der Richtlinie 2004/35/EG v. 22.09.2006. Anonym (2002) Hin zu einer spezifischen Bodenschutzstrategie. Mitteilung der Kommission an den Rat, das Europäische Parlament, den Wirtschafts- und Sozialausschuss sowie an den Ausschuss der Regionen. Brüssel, 16.4.2002. 41 S.

8.4 Conference Series „Contaminated Soil“: (1) Assink JW, van den Brink WJ (Eds.): Contaminated Soil. Proc. 1st TNO Conference on Contaminated Soil, November 11–15, 1985, Utrecht/The Netherlands. Martinus Njihoff Publ. Dordrecht 1986. (2) Wolf K, van den Brink WJ, Colon FJ (Eds.): Contaminated Soil ‘88. Proc. 2nd TNO/BMFT Conference, April 11–15, 1988, Hamburg. (3) Arendt F, Hinsenveld M, van den Brink WJ (Eds.): Contaminated Soil ‘90. Proc. 3rd KfK/TNO Conference, December 10–14 1990, Karlsruhe. (4) Arendt F, Annokkee G, Bosman R (Eds.): Contaminated Soil ‘93. Proc. 4th KfK/TNO Conference, Berlin. (5) Van den Brink WJ, Bosman R, Arendt F (Eds.) Contaminated Soil ‘95, 5th International FZK/TNO Conference, October 30 – Nov. 3, 1995. Kluwer Academic Publ., Dordrecht 1988, 1990, 1993 and 1995. (6) Contaminated Soil ‘98, Proc. 6th FZK/TNO Conference, 17–21 May 1998, Edinburgh. (7) ConSoil 2000, 7th FZK/TNO Conference, 18–22 September 2000, Leipzig; Thomas Telford London 1998 and 2000. (8) ConSoil 2003, 8th FZK/TNO Conference, 12–16 May 2003, Gent. CD-ROM 3955 p.; (9) ConSoil 2005, 9th FZK/TNO Conference on Soil-Water Systems, 3–7 October 2005, Bordeaux, CD-ROM 3074 p.; (10) ConSoil 2008, 10th FZK/TNO Conference on Soil-Water Systems, 3–6 June 2008, Milan/Italy

8.5 Berrow ML (1986) An overview of soil contamination problems. In: Lester JN, Perry R, Sterritt RM (Eds.) Proc. Int. Conf. Chemicals in the Environment, pp. 543–552. Selper Ltd. London

8.6 Sauerbeck D (1984) The environmental significance of the cadmium content in phosphorous fertilizers. Plant Res Developments 19: 24–34

8.7 Lester JN (1983) Occurrence, behaviour and fate of organic micropollutants during waste water and sludge treatment. In: Davis RD, Hucker G (Eds.) Environmental Effects of Organic and Inorganic Contaminants in Sewage Sludge, pp. 3–18. D. Reidel Co. Dordrecht

8.8 McIntyre AE, Lester JN (1984) Analysis and incidence of persistent organochlorine micropollutants in sewage sludge. Proc. 1st Intern Conf Environmental Contamination, London, July 1984, pp. 600–605

8.9 Sillanpää M (1982) Micronutrients and the Nutrient Status of Soils: A Global Study. FAO Soils Bull. 48. Rome 1982

8.10 Haque MA, Subramanian V (1982) Copper, lead and zinc pollution of soil environment. CRC Crit Rev Environ Controll, March 1982, pp. 13–67

8.11 Strek HJ, Weber JB (1982). Behaviour of polychlorinated biphenyls (PCBs) in soils and plants. Environ. Pollut. 28: 291–312

8.12 Herms U, Brümmer G (1980): Einfluss der Bodenreaktion auf Löslichkeit und tolerierbare Gesamtgehalte an Nickel, Kupfer, Zink, Cadmium und Blei in Böden und kompostierbaren Siedlungsabfällen. Landwirtschaftl. Forschung 33: 408–423

8.13 Van Breemen N (1987) Effects of redox processes on soil acidity. Neth J Agric Sci 35: 271–279

8.14 Sauerbeck D (1985) Funktionen, Güte und Belastbarkeit des Bodens aus agrikulturchemischer Sicht. In: Materialien zur Umweltforschung, hrsg. vom Rat von Sachverständigen für Umweltfragen. Band 10, 259 S. Kohlhammer Verlag Stuttgart Mainz

8.15 Benecke P (1987) Die Versauerung bewaldeter Wassereinzugsgebiete. Geowiss in unserer Zeit 5: 19–26

8.16 Schöpel M, Thein J (1991) Stoffaustrag aus Bergehalden. In: Wiggering H, Kerth M (Hrsg) Bergehalden des Steinkohlebergbaus. S. 115–128. Vieweg Braunschweig

8.17 Salomons W (1995) Long-term strategies for handling contaminated sites and large-scale areas. In: Salomons W, Stigliani WM (eds) Biogeodynamics of Pollutants in Soils and Sediments. Risk Assessment of Delayed and Non-Linear Resposes, pp. 1–30. Springer Berlin Heidelberg New York

8.18 Stigliani WM (1991) Chemical Time Bombs: Definition, Concepts, and Examples. Executive Report 16 (CTB Baqsi Document). IIASA, Laxemburg/Österreich

8.19 Förstner U (2007) Maßnahmen. S. 237–331. In: Heise S. et al. „Bewertung von Risiken durch feststoffgebundene Schadsstoffe im Elbeeinzugsgebiet“. Im Auftrag der Flussgebietsgemeinschaft Elbe und Hamburg Port Authority, erstellt vom Beratungszentrum für Integriertes Sedimentmanagement (BIS/TuTech) an der TU Hamburg-Harburg

8.20 Anonym (1990, 1995) Sondergutachten Altlasten. Rat von Sachverständigen für Umweltfragen. Metzler-Poeschel Verlag Stuttgart

8.21 Kerndorff H, Brill V, Schleyer R, Friesel P, Milde G (1985) Erfassung grundwassergefährdender Altablagerungen – Ergebnisse hydrogeochemischer Untersuchungen. Institut für Wasser-, Boden- und Lufthygiene des Bundesgesundheitsamtes. WaBoLu-Hefte 5/1985. Berlin

8.22 Kerndorff H, Milde G, Schleyer R, Arneth J-D, Dieter H, Kaiser U (1988) Grundwasserkontaminationen durch Altlasten: Erfassung und Möglichkeiten der standardisierten Bewertung. In: Wolf K et al. (Hrsg.) Altlastensanierung ‘88. 2nd TNO/BMFT-Congress on Contaminated Soil. Band 1, S. 129–145. Kluwer Academic Publ., Dordrecht

8.23 Schwarzenbach RP, Westall J (1983) Transport of non-polar organic compounds from surface water to groundwater. Laboratory sorption studies. Environ Sci Technol 15: 1360–1367

8.24 Neumaier H, Weber HH (Hrsg.) (1996) Altlasten – Erkennen, Bewerten, Sanieren. 3. Aufl. 519 S. Springer-Verlag Berlin Heidelberg New York (1. Auflage 1990; 2. Auflage 1993)

8.25 Thomé-Kozmiensky KJ (Hrsg.) (1987, 1988, 1989) Altlasten 1, 2 und 3. EF-Verlag für Energie- und Umwelttechnik Berlin

8.26 Simons K, Bartels-Langweide J, Hirschberger H (1989) Auskofferung kontaminierte Feststoffe – Überblick. In: Franzius V, Stegmann R, Wolf K (Hrsg.) Handbuch der Altlastensanierung. Kap. 5.1.1.0. R.v.Decker's Verlag G. Schenck Heidelberg

8.27 Thomé-Kozmiensky KJ (1989) Techniken zur Sanierung von Altlasten. In: Thomé-Kozmiensky KJ (Hrsg.) Altlasten 3. S. 1–30. EF-Verlag für Energie- und Umwelttechnik Berlin

8.28 Jessberger HL, Geil M (1989) Grundlegende Eigenschaften der mineralischen Baustoffe. In: Franzius V, Stegmann R, Wolf K (Hrsg.) Handbuch der Altlastensanierung. Kap. 5.3.1.1. R.v. Decker's Verlag G. Schenck, Heidelberg

8.29 Klenner P, Sokollek V, Zickermann H (1989) Oberflächenabdichtung der Deponie Georgswerder. Wasser und Boden 41: 515–521

8.30 Meseck H (1989) Bauverfahren zur Einkapselung von Altlasten. Entsorgungspraxis 1/5: 234–243

8.31 Müller-Kirchenbauer H, Friedrich W, Günther K, Nußbaumer M Stroh D (1990) Einkapselung. In: Weber HH (Hrsg.): Altlasten – Erkennen, Bewerten, Sanieren. Kap. 4.2.1, S. 168–198. Springer-Verlag Berlin 1990

8.32 Anonym (1986) Handbook for Stabilisation/Solidification of Hazardous Waste. U.S. Environmental Protection Agency, EPA/540/2-86/001. Cincinnati

8.33 Wienberg R, Khorasani R, Schweer C, Förstner U (1989) Verfestigung, Stabilisierung und Einbindung organischer Schadstoffe aus Deponien. In: Thomé-Kozmiensky KJ (Hrsg.) Altlasten 3. S. 227–259. EF-Verlag für Energie- und Umwelttechnik Berlin

8.34 Wiles CC (1987) A review of solidification/stabilization technology. J Hazardous Mater 14: 5–21

8.35 Means JL, Smith LA, Nehrung KW, Brauning SE, Gavaskar AR, Sass BM, Wiles CC and Mashni C.I. (1995) The application of solidification/stabilization to waste materials. 334 p. Lewis Publ. Boca Raton

8.36 Conner JR, Hoeffner SL (1998a) The history of stabilization/solidification technology. Crit Rev Environ Sci Technol 28: 325–396; (1998b) A critical review of stabilization/solidification technology. Crit Rev Environ Sci Technol 28: 397–462

8.37 Ehresmann J (1988) Neues Konzept für flächendeckende Entsorgung von kontaminierten Böden aus Unfällen und Altlasten. Müll und Abfall 20: 155–163

8.38 Rittmann K, Heijmans MJJ (1989) Anorganische und organische Dekontamination von Altlasten mittels optimierter Bodenwaschung. In: Thomé-Kozmiensky KJ (Hrsg.) Altlasten 3, S. 553–559. EF-Verlag für Energie- und Umwelttechnik Berlin

8.39 Wilichowski M (2001) Remediation of soils by washing processes – an historical overview. In: Stegmann R, Brunner G, Calmano W, Matz G (Eds.) Treatment of Contaminated Soil – Fundamentals, Analysis, Applications. S. 417–434. Springer-Verlag Berlin Heidelberg New York

8.40 Neeße T, Grohs H (1990/1991) Verfahrenstechnische Grundlagen des Bodenwaschens. Aufbereitungs-Technik (Mineral Processing), 31(10) 563–569 (1990); 31 (12) 656–662 (1990); 32 (2) 72–74 (1991); 32 (6) 294–302 (1991)

8.41 Rulkens WH, Assink JW, Van Gemert WJTh (1985) On-site processing of contaminated soil. In: Smith MA (Ed.) Contaminated Land – Reclamation and Treatment. pp. 37–90. Plenum Press New York London

8.42 Hüster F(1986) Schadstoffseparation aus kontaminierten Böden mit Hochdruck-Wasserstrahlen. Wasser und Boden, Bd 10/86: 156–165

8.43 Lageman R (1990) In-Situ Bodensanierung durch elektrokinetischen Schadstofftransport. In: Franzius V (Hrsg.) Sanierung kontaminierter Standorte 1989. Abfallwirtschaft in Forschung und Praxis, Band 33, S. 255–282. Erich Schmidt Verlag Berlin

8.44 Ottosen L, Jensen JB, Villumsen A, Laursen S, Hansen HK, Sloth P (1995) Electrokinetic remediation of soil polluted with heavy metals – experiences with different kinds of soils and different mixtures of metals. In: Van den Brink, WJ, Bosman R, Arendt F (Eds.) Contaminated Soil '95, pp. 1029–1038. Kluwer Academic Publ. Dordrecht

8.45 Hansen HK, Ottosen LM, Laursen S, Villumsen A (1997) Electrochemical analysis of ion-exchange memberanes with respect to a possible use in electodialytic decontamination of soil polluted with heavy metals. Separation Sci Technol 32: 2425–2444

8.46 Haus R, Czurda K (2000) Field scale study on in-situ electro-remediation. In: Contaminated Soil 2000, pp. 1052–1059. Thomas Telford Publ. London

8.47 Dott W (1989) Mikrobiologische Verfahren zur Altlastensanierung – Grenzen und Möglichkeiten. In: Thomé-Kozmiensky KJ (Hrsg.) Altlasten 3, S. 403–422 EF-Verlag für Energie- und Umwelttechnik Berlin

8.48 Stegmann R, Brunner G, Calmano W, Matz G (Eds.) Treatment of Contaminated Soil – Fundamentals, Analysis, Applications. 658 S. Springer-Verlag Berlin Heidelberg New York

8.49 Behrendt J, Wiesmann U (1989) Biologischer Abbau von Schadstoffen aus dem Grundwasser vom Standort einer ehemaligen Altölaufbereitungsanlage. In: Thomé-Kozmiensky KJ (Hrsg.) Altlasten 3, S. 447–461. EF-Verlag für Energie- und Umwelttechnik Berlin

8.50 Rissing P-J (1989) Biologische Altlastensanierung. Entsorgungspraxis 1–2/89: 14–17

8.51 Battermann G, Werner P (1984) Beseitigung einer Untergrundkontamination mit Kohlenwasserstoffen durch mikrobiellen Abbau. gwf-Wasser/Abwasser 125 (8): 366–373

8.52 Soczo ER, Staps JJM (1988) Biologische Boden-Behandlungsverfahren in den Niederlanden. In: Wolf K, Brink WJ van den, Colon FJ (Hrsg.) Altlastensanierung '88. S. 681–688. Kluwer Academic Publ. Dordrecht

8.53 Fortmann J, Jahns P (1996) Thermische Bodenreinigung. In: Neumaier H, Weber HH (Hrsg.) Altlasten – Erkennen, Bewerten, Sanieren. Kap. 4.2.1, pp. 272–303. Springer-Verlag Berlin

8.54 Bruns D, Reimann C, Jochimsen M (1990) Rekultivierung thermisch gereinigter Böden nach dem Muster der natürlichen Sukzession. In: Strmfz F, Hinsenfeld M, Van den Brink W (Hrsg.) Altlastensanierung ,90. S. 351–360. Kluwever Acad Publ Dordrecht

8.55 Anonym (Gefahrenbeurteilung von Bodenverunreinigungen/Altlasten als Gefahrenquelle für Grundwasser. Länderarbeitsgemeinschaften Wasser, Abfall, Boden (LAWA/LAGA/ LABO. Arbeitspapier (zitiert aus einer Version von 1997)

8.56 Salzwedel J (1999) Rechtsgrundlagen des Umweltschutzes. B5.3.4 Bodenschutz und Grundwasser. In: Görner K, Hübner K (Hrsg.) Hütte-Umweltschutztechnik. S. B60. Springer-Verlag, Berlin Heidelberg New York

8.57 Anonym (1999) Grundsätze des Grundwasserschutzes bei Abfallverwertung und Produkteinsatz. Entwurfvorlage des LAWA-Arbeitskreises, Stand 27.01.1999, 17 S.

8.58 Gerth J (2003) Sickerwasserprognose für anorganische Schadstoffe. In: Förstner U, Grathwohl P (Hrsg.) Ingenieurgeochemie – Natürlicher Abbau und Rückhalt, Stabilisierung von Massenabfällen. S. 255–272. Springer-Verlag Berlin Heidelberg New York

8.59 Ruf J (1999) Stand der Regelungen im Rahmen des Bundes-Bodenschutzgesetzes zum Wirkungspfad Boden/Altlasten/Grundwasser. In: Beudt J (Hrsg.) Präventiver Grundwasser- und Bodenschutz – Europäische und nationale Vorgaben. S. 29–40. Springer-Verlag Berlin

8.60 Oberacker FE, Eberle SH (2002) BMBF-Research-Focus „Percolation Water Prognosis" – concept and current activities. J Soils Sediments 2 (1), 24–28

8.61 Anonym (2007) Verordnung über den Einbau von mineralischen Ersatzbaustoffen in technischen Bauwerken und zur Änderung der Bundes-Bodenschutz- und Altlastenverordnung. Arbeitsentwurf, Stand 13.11.07. 27 S. http://www.proenvi.de/recht/Begr%FCndungArtikelverordnung_13-11-07.pdf

8.62 Susset B, Leuchs W (2008) Ableitung von Materialwerten im Eluat und Einbaumöglichkeiten mineralischer Ersatzstoffe. Abschlussbericht FKZ 205 74 251, im Auftrag des Umweltbundesamtes in Dessau, Februar 2008, 125 S. http://www.umweltdaten.de/publikationen/fpdf-l/3421.pdf.
Eine Übersicht „Ausgewählte Ergebnisse aus dem BMBF-Verbundprojekt SiWaP" mit einer Folienserie gibt P. Susset in Förstner/Grathwohl „Ingenieurgeochemie" Kap. 4.1, S. 437–451, Springer Verlag 2007

8.63 Anonym (2007) Stellungnahme des Ingenieurtechnischen Verbandes Altlasten (ITVA) zum Arbeitsentwurf für eine Verordnung über den Einbau von mineralischen Ersatzbaustoffen in technischen Bauwerken und zur Änderung der Bundes-Bodenbodenschutz- und Altlastenverordnung, Stand: 13.11.2007, 7 S. http://www.itv-altlasten.de/uploads/media/ITVA-Stellungnahme_Arbeitsentwurf_Ersatzbaustoffverordnung-BBodSchV_20.12.07.pdf

8.64 Anonym (2007) Stellungnahme zum Arbeitsentwurf vom 13.11.2007 der „Verordnung zur Regelung des Einbaus von mineralischen Ersatzbaustoffen in technischen Bauwerken und zur Änderung der Bundes-Bodenschutz-Verordnung". Deutscher Verband Unabhängiger Prüflaboratorien (VUP), 11 S. http://www.vup.de/docu/071231_ErsBaustV_VUP.pdf

8.65 Schiedek T, Grathwohl P, Teutsch G (1997) Literaturstudie zum natürlichen Rückhalt/Abbau von Schadstoffen im Grundwasser. Report LAG 01/0460. Tübingen

8.66 Wiedemeier TH, Rifai HS, Newell CJ, Wilson HT (1999) Natural Attenuation of Fuels and Chlorinated Solvents in the Subsurface. John Wiley and Sons, New York

8.67 Teutsch G, Rügner H, Kohler W (2001) Entwicklung von Bewertungskriterien zum natürlichen Schadstoffabbau in Grundwasserleitern als Grundlage für Sanierungsentscheidungen bei Altstandorten. In: DECHEMA (Hrsg.) Beiträge zum 2. Symp. Natural Attenuation – Neue Erkenntnisse, Konflikte, Anwendungen. S. 173–182. Frankfurt am Main

8.68 Förstner U (1999) Neues Bodenschutzrecht – Herausforderung an die Wasserchemie. Nachr. Chem. Tech. Lab. 47: 1220–1223

8.69 Anonym (1999) Use of Monitored Natural Attenuation at a Superfund RCRA Corrective Action, and Underground Storage Tank Sites. OSWER-Directive 9200.4-17, 32 p. U.S. Environmental Protection Agency

8.70 Track T, Michels J (2000) Resümee des 1. Symposiums „Natural Attenuation – Möglichkeiten und Grenzen naturnaher Sanierungsstrategien", S. 3–15. DECHEMA Frankfurt am Main. [8.70a] Püttmann W, Martus P, Schmitt R (2000) Natural Attenuation von MKW im Grundwasser. Ibid. S. 79–94. [8.70b] Held T (2000) Natural Attenuation bei CKW-Kontaminationen. Ibid. 149–166. [8.70c] Kästner M (2000) „Humifizierung" oder die Bildung refraktärer organischer Substanzen. Ibid. S. 111–118. [8.70d] Teutsch G, Rügner H (2000) Quantifizierung von Natural Attenuation im Feldmaßstab – Möglichkeiten und Grenzen. Ibid. S. 43–58

8.71 Track T, Michels J (2001) Resümee des 2. Symposiums „Natural Attenuation – Neue Erkenntnisse, Konflikte, Anwendungen" S. 3–7. DECHEMA Frankfurt am Main. [8.71a] Held T (2001) Prognose des kontrollierten natürlichen Abbaus von leichtflüchtigen chlorierten Kohlenwasserstoffen: Identifizierung von Kenntnislücken. Ibid. 11–34. [8.71b] Grupe S, Rößner U (2001) Quantifizierung des in-situ Transformationspotentials sprengstofftypischer Verbindungen im Grundwasserleiter. Ibid. 35–46. [8.71c] Schirmer M, Effenberger M, Popp P, Weiß H (2001) Methyltertiärbutylether (MTBE) als Benzininhaltstoff – Probleme mit dem „Natural-Attenuation"-Ansatz bei Benzinschadensfällen. Ibid. 57–66. [8.71d] Bockelmann A, Ptak T, Teutsch G (2001) Quantifizierung des natürlichen Rückhalte- und Abbaupotentials im Feldmaßstab am Beispiel des Testfelds Süd. Ibid. S. 121–128. [8.71e] Richnow HH, Kästner M, Meckenstock RU (2001) Analyse von „natural attenuation"-Prozessen mittels stabiler Isotope. Ibid. 91–96. [8.71f] Wisotzky F, Kracht O, Eckert P, Strauss H (2001) Nachweismöglichkeiten von Natural Bioattenuation durch Untersuchung stabiler Isotope an einem BTEX-belasteten Grundwasserleiter. Ibid. S. 97–110

8.72 Grathwohl P (2007) Natürlicher Abbau und Rückhalt von Schadstoffen. In: Förstner U, Grathwohl P (Hrsg.) Ingenieurgeochemie. 2. Aufl. S. 151–242. Springer-Verlag Berlin

8.73 Birke V (2007) Durchströmte Reinigungswände – Verbund „RUBIN" mit Folienserie auf CD-ROM. In: Förstner U, Grathwohl P (Hrsg.) Ingenieurgeochemie. 2. Aufl. S. 451–458. Springer Verlag Berlin

8.74 Burmeier H, Birke V, Eb ert M, Finkel M, Rosenau D, Schad H (2007) Handbuch: Anwendung von durchströmten Reinigungswänden zur Sanierung von Altlasten. Teil I. Leitfaden, Handlungsempfehlungen: Planung, Errichtung, Betrieb, Nachsorge. Teil II. Entwicklungs- und Erfahrungsstand. Wissenschaftlich-technische Grundlagen. Ausblick. Literatur, Patente, Verzeichnis, Anhänge. 471 S. BMBF-Vorhaben Nr. 0271241.
http://www.rubin-online.de/deutsch/bibliothek/downloads/index.html

8.75 Anonym (o.J.) Flächenrecycling: Nachhaltig und ökonomisch – neue Siedlungsflächen durch Aktivierung brachliegender Areale. Nabu Nachbar Natur Newsletter Living 2010. http://www.nabu.de/m01/m01_01/000983.html

8.76 Anonym (2001) Beitrag der Altlastensanierung zum aktiven Flächenmanagement. Umweltbundesamt. http://www.umweltbundesamt.de/altlast/web1/deutsch/2_1.htm

8.77 Lowe J, Millar K, Nathanail P, Grimski D, Ferber U (2003) Workshop to be managed and directed by the CABERBET Coordination Team. In: ConSoil 2003, 8th Intern FZK/TNO Conf on Contaminated Soil, Gent/Belgium. Special Session 14: Sustainable brownfield regeneration: A multi-stakeholder debate. CD ROM pp. 3784–3790

8.78 Calster G v (2003) Will the EC get a finger in each pie? EC law and policy developments in soil protection and brownfields redevelopment. In: ConSoil 2003, 8th Intern FZK/TNO Conf on Contaminated Soil, Gent/Belgium. Lecture Session A.1 : EU & International Dimension. CD ROM pp. 4–17

8.79 Anonym (2001) Road Map to Understanding Innovative Technology Options for Brownfields Investigation and Cleanup. 3rd dedition. United States Environmental Protection Agency, Office of Solid Waste and Emergency Response (5102G). EPA

542-B-01-001. Washington D.C. Es ist weiterhin auf die CD-ROM der USEPA „Innovative Remediation and Site Characterization Technologies Resources" hinzuweisen, die einen umfassenden Überblick über neuere Verfahren in der Altlastentechnologie und die entsprechenden Publikationen, Organisationen und Kooperationspartner gibt: EPA 542-C-02-002. May 2002. Washington D.C.

8.80 Anonym (2002) Brownfields and Redevelopment of Urban Areas – A Report from the Contaminated Land Rehabilitation Network for Environmental Technologies (CLARINET). Umweltbundesamt(D)/Umweltbundesamt(A), August 2002. Berlin/ Wien. Brownfields.pdf über http://www.clarinet.at

8.81 Schrenk V, Hiester U, Kirchholtes HJ, Bärlin M (2007) The use of innovative remediation technologies in brownfield redevelopment projects. In: Proc 2nd Intern Conf Managing Urban Land – Towards More Effective and Sustainable Brownfield Revitalisation Policies. Hrsg. von Umweltbundesamt, Dessau, und Projektträger Jülich, S. 67–76.

8.82 Wollin K (2006) Das BMBF-Förderprogramm REFINA: Stand und weiteres Vorgehen. In: Flächenrecycling in Stadtumbauregionen – Strategien, innovative Instrumente und Perspektiven für das Flächenrecycling und die städtebauliche Erneuerung. Hrsg. Bundesamt für Bauwesen und Raumordnung in Kooperation mit dem Umweltbundesamt und dem Projektträger Jülich, Kap. 1.2, S. 17–20.

8.83 Wittmann U, Enders R (2006) Künftige Forschungsschwerpunkte. In: Flächenrecycling in Stadtumbauregionen – Strategien, innovative Instrumente und Perspektiven für das Flächenrecycling und die städtebauliche Erneuerung. Hrsg. Bundesamt für Bauwesen und Raumordnung in Kooperation mit dem Umweltbundesamt und dem Projektträger Jülich, Kap. 4.1.7, S. 176–180.

8.84 Anonym (o.J.) BMBF-Schwerpunktprogramm „Kontrollierter natürlicher Rückhalt und Abbau von Schadstoffen bei der Sanierung kontaminierter Böden und Grundwässer" (KORA). http://www.natural-attenuation.de/.
Anonym (2006) KORA-Broschüre.
http://www.natural-attenuation.de/media/document/15_4841kora-broschuere.pdf

Kapitel 9

9.1 Moser F (1996) Kreislaufwirtschaft und nachhaltige Entwicklung. In: Brauer H (Hrsg) Handbuch des Umweltschutzes und der Umweltschutztechnik. Band 2: Produktions- und produktintegrierter Umweltschutz. S. 1059–1153. Springer-Verlag Berlin Heidelberg New York

9.2 Anonym (1994) Gesetz zur Förderung der Kreislaufwirtschaft und Sicherung der umweltverträglichen Beseitigung von Abfällen (Kreislaufwirtschafts- und Abfallgesetz – KrW-/AbfG) vom 27. September 1994. BGBl. III/FNA 2129-27-2. Berlin

9.3 Hahn J (2003) Abfallwirtschaft als Schadstoffsenke und Rohstoffressource. 17 S. www.muf.rip.de/inhalt/107/download/1071_hahn.pdf

9.4 Anonym (1999) „BMU legt Eckpunkte für die zukünftige Entsorgung von Siedlungsabfällen vor". Presseerklärung des Bundesministeriums für Umwelt, Naturschutz und Reaktorsicherheit zur Siedlungsabfallwirtschaft 2020 vom 20. August 1999. Berlin

9.5 Anonym (2002) „Ziele und vorrangige Aktionsbereiche für die nachhaltige Nutzung und Bewirtschaftung der natürlichen Ressourcen und des Abfalls". Artikel 8 im 6. Umweltaktionsprogramm der Europäischen Gemeinschaft, Beschluss Nr. 1600/2002/EG des Europäischen Parlaments und des Rates vom 22. Juli 2002. Brüssel

9.6 Sutter H, Mahrwald B, Grosse-Ophoff M (1994) Die Bedeutung der ökologischen Rangfolge im neuen Kreislaufwirtschafts- und Abfallgesetz. Umwelttechnologie aktuell 6/94: 427–436

9.7 Anonym (1983) Umwelt – Weltweit. Bericht des Umweltprogramms der Vereinigten Nationen (UNEP) 1972. 1982. Erich Schmidt Verlag Berlin

9.8 Schenkel W, Reiche J (1993) Abfallwirtschaft als Teil der Stoffflusswirtschaft. In: Schenkel W (Hrsg) Recht auf Abfall? S. 59–110. Erich Schmidt Verlag Berlin

9.9 Schmidt-Bleek F (1994) Wieviel Umwelt braucht der Mensch? MIPS – das Maß für ökologisches Wirtschaften. Birkhäuser, Berlin Basel Boston

9.10 Baccini P, Brunner PH (1991) Metabolism of the Anthroposphere. Springer-Verlag Berlin Heidelberg New York

9.11 Baccini P, Bader H-P (1996) Regionaler Stoffhaushalt – Erfassung, Bewertung und Steuerung. Spektrum Heidelberg

9.12 Meier W, Bader H-P, Henseler G, Krebs P, Reichert P, Scheidegger R (1997) Regionale Stoffbewirtschaftung im Spannungsfeld von Nachhaltigkeit und Gesellschaft. EAWAG Jahresbericht 1997, S. 22–23. Dübendorf/Schweiz

9.13 Anonym (1986) Leitbild für die schweizerische Abfallwirtschaft. Schriftenreihe Umwelschutz Nr. 51. Eidgenössische Kommission für Abfallwirtschaft. Bundesamt für Umweltschutz, Bern

9.14 Förstner U (2003) Endlagerqualität, Verwertung und Nachhaltigkeit. In: Förstner U, Grathwohl P (Hrsg) Ingenieurgeochemie. S. 35–42. Springer-Verlag Berlin Heidelberg New York

9.15 Stief K (1986) Das Multibarrierenkonzept als Grundlage von Planung, Bau, Betrieb und Nachsorge von Deponien. Müll und Abfall 18 (1): 15–20

9.16 Ringwood AE, Kesson SE (1988) Synroc. In: Lutze W (Ed) Radioactive Waste Forms for the Future, pp. 233–239. North Holland, Amsterdam

9.17 Dehoust G, Wiegmann K, Fritsche U, Stahl H, Jenseit W, Herold AQ, Carnes M, Gebhardt P, Vogt R, Giegrich J (2005) Statusbericht zum Beitrag der Abfallwirtschaft zum Klimaschutz und mögliche Potentiale. Forschungsbericht 205 33 314. Umweltforschungsplan des Bundesministeriums für Umwelt, Naturschutz und Reaktorsicherhieit, im Auftrag des Umweltbundesamtes, August 2005, 86 S. http://www.bmu.de/files/pdfs/allgemein/application/pdf/klima_abfall050907.pdf

9.18 Bilitewski B, Härdtle G, Marek K (2000) Abfallwirtschaft – Handbuch für Praxis und Lehre. 3. Aufl. 729 S. Springer-Verlag Berlin Heidelberg New York

9.19 Anonym (2007) Umweltrelevante Kenngrößen der Abfallwirtschaft. In: Umweltdaten Deutschland On-Line. Stand Mai 2007. Umweltbundesamt. http://www.umweltbundesamt-umwelt-deutschland.de/umweltdaten/public/theme.do?nodeIdent=2700

9.20 Anonym (2007) Statistische Bundesamt Daten zum Abfallaufkommen 1996–2005. zitiert nach [9.19]. www.destatis.de/themen/d/thm_umwelt1.php (Stand August 2007). Anonym (2006) Erhebung über Haushaltsabfälle. Ergebnisbericht 2005. Dezember 2006. Statistische Bundesamt, Zweigstelle Bonn. http://www.umweltbundesamt.de/abfallwirtschaft/abfallstatistik/dokumente/Ergebnisbericht_Haushaltsabfaelle_2005.pdf

9.21 Anonym (2001) Verordnung über das Europäische Abfallverzeichnis (Abfallverzeichnis-Verordnung – AVV) vom 10.12.2001. BGBl. I S. 3379. Anonym (o.J.) Hinweise zur Anwendung der Abfallverzeichnis-Verordnung. Bundesministerium für Umwelt, Naturschutz und Reaktorsicherheit. 75 S. http://www.bmu.de/files/abfallwirtschaft/downloads/application/pdf/avv_erlaeuterungen.pdf

9.22 Anonym (2007) Abfallwirtschaft: Hohe Wiederverwertung, kaum noch Deponierung von Abfällen. 4 S. Statistisches Bundesamt Deutschland, Wiesbaden. http://www.destatis.de/jetspeed/portal/cms/Sites/destatis/Internet/DE/Content/Publikationen/STATmagazin/Umwelt/2007__11/PDF2007__11,property=file.pdf

9.23 Anonym (2007) Bundesabfallwirtschaftsplan BAWP – Restmüll, Abfallqualitäten. Daten 2004. Lebensministerium Österreich. http://www.bundesabfallwirtschaftsplan.at/article/archive/12611/

9.24 Gewiese A, Bilitewski B, Okeke M (1989) Möglichkeiten und Grenzen der Abfallvermeidung von Haushaltsabfällen durch den Bürger – Ergebnisse des Modellversuchs in Hamburg-Harburg im Jahre 1987. AbfallwirtschaftsJournal 1 (3): 30–36

9.25 Barghoorn M, Gössele S, Kaworski W (1986) Bundesweite Haushaltsanalyse 1983 bis 1985. Im Auftrag des Umweltbundesamtes. UBA Forschungsbericht 10303508. Berlin

9.26 Bilitewski B, Härdtle G, Marek K (1990) Abfallwirtschaft – eine Einführung. 1. Aufl. Springer-Verlag Berlin Heidelberg New York

9.27 Van Gemert WJTh, Quakernaat J, Van Veen HJ (1988) Methods for the treatment of contaminated dredged sediments. In: Salomons W, Förstner U (Eds) Environmental Management of Solid Waste – Dredged Material and Mine Tailings. pp. 44–64. Springer-Verlag Berlin Heidelberg New York

9.28 Werther J, Hilligardt R, Kalck U, Weber J (1988) Untersuchung zur mechanischen Aufbereitung kontaminierter Baggerschlämme. In: Wolf K, Van den Brink WJ, Colon FJ (Hrsg) Altlastensanierung '88. S. 1319–1329. Kluwer Academic Publ. Dordrecht

9.29 Anonym (1991) Abfallwirtschaft. Sondergutachten September 1990. Der Rat von Sachverständigen für Umweltfragen. 718 S. Metzler-Poeschel Verlag Stuttgart
9.30 Dehoust G, Ewen C, Gensicke R (1991) Abfallfabrik, dargestellt am Beispiel der Beseitigung halogenorganischer Abfälle. Müll und Abfall 5/91: 283–294
9.31 Anonym (1988) Superfund Innovative Technology Evaluation Program. Peer Consultants im Auftrag der amerikanischen Umweltbehörde. EPA-540/5-88/003. November 1988
9.32 Koch TC, Seeberger J, Petrik H (1986) Ökologische Müllverwertung – Handbuch für optimale Abfallkonzepte. Kap. 1: Bestehende Abfallwirtschaft. Verlag C.F. Müller Karlsruhe
9.33 Wiemer K (1989) Stand der Kompostierung. In: Thomé-Kozmiensky, K.J.(Hrsg) Recycling von Abfällen 1. S. 157–161. EF-Verlag für Energie- und Umwelttechnik Berlin
9.34 Thomé-Kozmiensky KJ (1985) Kompostierung von Abfällen 1. EF-Verlag für Energie- und Umwelttechnik Berlin
9.35 Biddlestone AJ, Gray KR (1985) Composting. In: Moo-Young M, Robinson C-W, Howell JA (Hrsg.) Comprehensive Biotechnology. Vol. 4, 1059–1070. Pergamon Press Oxford
9.36 Scherer PA (1993) Abfallrecycling mittels Kompostierung. Abfallwirtschafts-Journal 5: 909–916
9.37 Anonym (1994) Die Industriegesellschaft gestalten – Perspektiven für einen nachhaltigen Umgang mit Stoff- und Materialströmen. Enquete-Kommission „Schutz des Menschen und der Umwelt" des Deutschen Bundestags. 756 S. Economica Verlag Bonn
9.38 Ludwig A (1989) Behandlungstechnik und Anlagenkonzepte für getrennt gesammelte organische Haushalts- und Gartenabfälle (Bioabfall). In: Thomé-Kozmiensky KJ (Hrsg): Recycling von Abfällen. S. 65–710. EF-Verlag für Energie- und Umwelttechnik Berlin
9.39 Hirschmann G (2003) Langzeitverhalten von Deponien. In: Förstner U, Grathwohl P (Hrsg) Ingenieurgeochemie. Kap. 3.2, S. 273–298. Springer-Verlag Berlin Heidelberg New York
9.40 Anonym (2001) Verordnung über die umweltverträgliche Ablagerung von Siedlungsabfällen (Abfallablagerungsverordnung – AbfAblV) vom 20. Februar 2001. BGBl. III/FNA 2129-27-2-13. Berlin
9.41 Anonym (1992) VDI-Richtlinie 2114. Emissionsminderung. Thermische Abfallbehandlung, Verbrennung von Hausmüll und hausmüllähnlichen Abfällen. Juni 1992. Düsseldorf; Anonym (1991) VDI-Richtlinie 3460. Emissionsminderung. Thermische Abfallbehandlung, Verbrennung von Sonderabfällen. Dezember 1991. Düsseldorf
9.42 Anonym (2003) Siebzehnte Verordnung zur Durchführung des Bundes-Immissionsschutzgesetzes (Verordnung über die Verbrennung und die Mitverbrennung von Abfällen – 17. BImSchV) vom 14.08.2003. BGBl. I, S. 1633. Die novellierte Verordnung dient der Umsetzung der Richtlinie 2000/76/EG des Europäischen Parlaments und des Rates vom 4. Dezember 2000 über die Verbrennung von Abfällen [Abl. EG Nr. L 332 S. 91] in das deutsche Recht).
9.43 Bilitewski B, Gillmann P (1999) Abfallbehandlung. Kap. H-2 in: Görner K, Hübner K (Hrsg) HÜTTE – Umweltschutztechnik. Springer-Verlag Berlin

9.44 Anonym (2000) Umweltrelevante Kenngrößen der Abfallwirtschaft – Abfallbehandlungs- und -beseitigungsanlagen. Aus: Daten zur Umwelt 2000. S. 78–82. Umweltbundesamt. Erich Schmidt Verlag Berlin
9.45 Sattler K, Emberger J (1990) Behandlung fester Abfälle. Vogel Buchverlag Würzburg
9.46 Jugel W et al. (1977) Umweltschutztechnik. VEB Deutscher Verlag für Grundstoffindustrie. Leipzig
9.47 Thomé-Kozmiensky KJ (Hrsg, 1994) Thermische Abfallbehandlung. 1081 S. EF-Verlag für Energie- und Umwelttechnik Berlin
9.48 Reimann DO, Hämmerli-Wirth H (1992) Verbrennungstechniken: Bedarf – Entwicklung – Berechnung – Optimierung. AbfallwirtschaftsJournal 4 (8): 605–679
9.49 Erbach G, Schöner P (1989) Erfahrungen mit der Sonderabfallverbrennungsanlage in Biebesheim nach 7 Jahren Betrieb. AbfallwirtschaftsJournal 1 (12): 25–33
9.50 Vogg H, Hunsinger H, Stieglitz L (1989) Beitrag zur Lösung des Dioxin-Problems bei der Abfallverbrennung. In: Thomé-Kozmiensky KJ (Hrsg) Müllverbrennung und Umwelt 3. S. 15–32. EF-Verlag für Energie- und Umwelttechnik Berlin
9.51 Martin JJE, Zahlten M (1989) Betriebs- und Inputvariationsversuche an einer Müllverbrennungsanlage – Ergebnisse und Ausblick. In: Thomé-Kozmiensky KJ (Hrsg) Müllverbrennung und Umwelt 3. S. 179–213. EF-Verlag für Energie- und Umwelttechnik Berlin
9.52 Vogg H, Stieglitz L (1986) Thermal behavior of PCDD/PCDF in fly ash from municipal waste incinerators. Chemosphere 15: 1373–1378
9.53 Anonym (2005) Müllverbrennung – ein Gefahrenherd? Abschied von der Dioxinschleuder. Bundesministerium für Umwelt, Naturschutz und Reaktorsicherheit. 8 S. Juli 2005. http://www.bmu.de/files/pdfs/allgemein/application/pdf/muellverbrennung_dioxin.pdf
9.54 Thomé-Kozmiensky KJ (1989) Maßnahmen zur Emissionsminderung bei Müllverbrennungsanlagen. In: Thomé-Kozmiensky KJ (Hrsg) Müllverbrennung und Umwelt 3. S. 1–13. EF-Verlag für Energie- und Umwelttechnik Berlin
9.55 Borchers H-W, Faulstich M, Thomé-Kozmiensky KJ (1987) Maßnahmen zur Schadstoffreduzierung bei der Abfallverbrennung. In: Thomé-Kozmiensky KJ (Hrsg) Müllverbrennung und Umwelt 2. S. 1–150. EF-Verlag für Energie- und Umwelttechnik Berlin
9.56 Baccini P, Brunner PH (1985) Behandlung und Endlagerung von Reststoffen aus Kehrichtverbrennungsanlagen. Gas-Wasser-Abwasser 65: 403–409
9.57 Faulstich M, Zachäus D (1992) Verfahren zur Behandlung von Rückständen aus der Müllverbrennung. In: Faulstich M (Hrsg) Rückstände aus der Müllverbrennung. S. 1–159. EF-Verlag für Energie- und Umwelttechnik. Berlin
9.58 Faulstich M, Freudenberg A, Köcher P, Kley G (1992) RedMelt-Verfahren zur Wertstoffgewinnung aus Rückständen der Abfallverbrennung. In: Faulstich M (Hrsg) Rückstände aus der Müllverbrennung. S. 703–727. EF-Verlag für Energie- und Umwelttechnik Berlin
9.59 Kanczarek A, Schneider T (1996) Das Siemens-KWU-Schwel-Brenn-Verfahren. VDI-Seminar BW 43-76-04 Schlackenaufbereitung, -verwertung und -entsorgung, 13./14. Juni, Bamberg, 34 S.
9.60 Lichtensteiger T (1996) Müllschlacken aus petrologischer Sicht. Die Geowissenschaften 14: 173–179

9.61 Stahlberg R (1994) Thermoselect – Abfallverglasung und -einschmelzung unter Einsatz von Sauerstoff im geschlossenen System. In: Reimann DO (Hrsg.) Entsorgung von Schlacken und sonstigen Reststoffen. Beihefte zu Müll und Abfall, Heft 31: 77–81

9.62 Hirschmann G (1999) Langzeitverhalten von Schlacken aus der thermischen Behandlung von Siedlungsabfällen. Fortschritt-Berichte VDI, Reihe 15, Nr. 220. VDI-Verlag Düsseldorf, 176 S.

9.63 Anonym (2003) Anforderungen an die stoffliche Verwertung von mineralischen Reststoffen/Abfällen. Technische Regeln. Mitteilungen der Länderarbeitsgemeinschaft Abfall (LAGA) Nr. 20, Überarbeitung, Endfassung vom 06.11.2003, Teil 1: Allgemeiner Teil (von LAGA veröffentlicht. Die Anwendung der Teile – Teil II: Technische Regeln für die Verwertung, 1. Bodenmaterial und sonstige mineralische Abfälle (31.08.2004) und Teil III: Probenahme und Analytik (31.08. 2004) wird in den Ländern unterschiedlich gehandhabt. Zit. [9.87]. http://www.laga-online.de/mitteilungen/docs/AllgTeil%20Endfassung%20031106.pdf

9.64 Anonym (1994) Merkblatt über die Entsorgung von Abfällen aus Verbrennungsanlagen für Siedlungsabfälle. Mitteilung der Länderarbeitsgemeinschaft Abfall (LAGA) Nr. 19. Erich Schmidt Verlag Berlin, 30 S.

9.65 Anonym (2000) Technische Lieferbedingungen für Mineralstoffe im Straßenbau, TLMinStB, Bundesministerium für Verkehr, Ausgabe 2000. Berlin

9.66 Anonym (1996) Merkblatt über die Verwendung von Hausmüllverbrennungsasche im Straßenbau. Forschungsgesellschaft für Straßen- und Verkehrswesen (FGSV), Köln

9.67 Anonym (1994) Umweltverträglichkeit von Mineralstoffen. Teil: Wasserwirtschaftliche Verträglichkeit. Forschungsgesellschaft für Straßen- und Verkehrswesen (FGSV) Arbeitspapier Nr. 28/1

9.68 Anonym (1995) Technische Lieferbedingungen für Hausmüllverbrennungsasche im Straßenbau. TL HMVA-StB95, Köln

9.69 Bergs C-G, Dreyer S, Neuenhahn P, Radde C-A (1993) TA Siedlungsabfall – Technische Anleitung zur Verwertung, Behandlung und sonstigen Entsorgung von Siedlungsabfällen mit Erläuterungen. 199 S. Erich Schmidt Verlag, Berlin

9.70 Anonym (1993) TA Siedlungsabfall. Dritte Allgemeine Verwaltungsvorschrift zum Abfallgesetz vom 14. Mai 1993. Bundesanzeiger, Jahrgang 45, Nr. 99a

9.71 (a) Anonym (2002) Verordnung vom 24. Juli 2002 über Deponien und Langzeitlager – Deponieverordnung (DepV), BGBl I 2002, 2807. Erste Änderung zur Änderung der Deponieverordnung und Neubekanntmachung der Nachweisverordnung vom 26. November 2002, BGBl I 2002, 4417. (b) Anonym (1999) Richtlinie 1999/31/EG des Rates vom 26. April 1999 über Abfalldeponien (EU-Deponierichtlinie), Abl. EG Nr. L 182, S. 1

9.72 Anonym (1996) Verordnung des Bundesministers für Umwelt über die Ablagerung von Abfällen (Deponieverordnung). Österreichisches Bundesministerium für Umwelt (ÖBMU) 9. Februar 1996, Wien

9.73 Anonym (1990) Technische Verordnung über Abfälle. Schweizerischer Bundesrat, 10. Dezember 1990. Bundesamt für Umwelt, Wald und Landschaft (BUWAL), Bern

9.74 Bilitewski B (2000) EU-Deponierichtlinie und deren Umsetzung in Europa. In Stegmann R, Rettenberger G, Bidlingmaier W, Ehrig H-J (Hrsg.), Deponietechnik

2000, Hamburger Berichte Abfallwirtschaft TUHH 16: 13–19, Verlag Abfall aktuell, Stuttgart

9.75 Anonym (2005) Über die einzelstaatlichen Strategien zur Verringerung der zur Deponierung bestimmten biologisch abbaubaren Abfälle gemäß Artikel 5 Absatz 1 der Richtlinie 1999/31/EG über Abfalldeponien. Bericht der Kommission an den Rat und das Europäische Parlament. Brüssel, den 30.03.2005. Commission Working Document: http://ec.europa.eu/environment/waste/pdf/sec_2005_404.pdf

9.76 Anonym (2005) Umsetzung der EU-Deponierichtlinie. Bericht über die deutsche Strategie zur Verringerung der Deponierung biologisch abbaubarer Abfälle. Bundesministerium für Umwelt, Naturschutz und Reaktorsicherheit, 25.10.2005. http://www.bmu.de/abfallwirtschaft/doc/4988.php

9.77 Christensen TH, Kjeldsen P (1989) Basic Biochemical processes in landfills. In: Christensen TH, Cossu R, Stegmann R (Eds.) Sanitary Landfilling: Process, Technology and Environmental Impact. pp. 29–49. Academic Press London

9.78 Stegmann R, Dammann B, Heerenklage J, Mersiowsky J, Reimers C (2000) Neue Forschungsergebnisse für die Konzeptionierung einer nachsorgearmen Deponie – ausgewählte Beispiele des Symposiums Sardinia. In Stegmann R, Rettenberger G, Bidlingmaier W, Ehrig H-J (Hrsg.), Deponietechnik 2000, Hamburger Berichte Abfallwirtschaft TUHH 16: 21–46, Verlag Abfall aktuell, Stuttgart

9.79 Stegmann R (1989) Landfill gas extraction. In: Christensen TH, Cossu R, Stegmann R (Eds.) Sanitary Landfilling: Process, Technology and Environmental Impact. pp. 167–174. Academic Press London

9.80 Doedens H, Theilen U (1990) Sickerwasserentsorgung und -reinigung. In: Integrale Deponie-Entsorgung. Entsorgungspraxis Spezial 4/90: 2–10

9.81 Seyfried CF, Theilen U (1990) Biologische Vorbehandlung vor Membranverfahren bei der Sickerwasserbehandlung. In: Integrale Deponie-Entsorgung. Entsorgungspraxis Spezial 4/90: 11–16

9.82 Marquardt K (1987) Mülldeponie – Sickerwasseraufbereitung unter Verwendung der Membrantechnik. Stuttgarter Berichte zur Abfallwirtschaft. Band 24. Zeitgemäße Deponietechnik, S. 187–234. Erich Schmidt Verlag Bielefeld

9.83 Ryser W (1989) Reaktordeponie und Endlager – Ergebnisse für die Praxis. Schweizer Ingenieur und Architekt 107 (4): 81–85

9.84 Weber B (1999) Abfallablagerung. Kap. H-5. In: Görner K, Hübner K (Hrsg) HÜTTE – Umweltschutztechnik. Springer-Verlag Berlin Heidelberg New York

9.85 Anonym (1990) Zweite allgemeine Verwaltungsvorschrift zum Abfallgesetz (TA Abfall). Teil 1: Technische Anleitung zur Lagerung, chemisch/physikalischen und biologischen Behandlung und Verbrennung von besonders überwachungsbedürftigen Abfällen (TA Sonderabfall) vom 23.04.1990. GMBl. Nr. 11, S. 169. Bonn

9.86 Baccini P, Belevi H, Lichtensteiger T (1992) Die Deponie in einer ökologisch orientierten Volkswirtschaft. Gaia 1 (1) S. 34–49

9.87 Susset B, Leuchs W (2008) Ableitung von Materialwerten im Eluat und Einbaumöglichkeiten mineralischer Ersatzstoffe. Abschlussbericht FKZ 205 74 251, im Auftrag des Umweltbundesamtes in Dessau, Februar 2008, 125 S. http://www.umweltdaten.de/publikationen/fpdf-l/3421.pdf.

9.88 Van der Sloot HA, Heasman L, Quevauviller Ph (Hrsg., 1997) Harmonization of Leaching/Extraction Tests. Studies in Environ Science 70, Elsevier, Amsterdam, 292 S.

9.89 Anonym (1994) An international perspective on characterization and management of residues from municipal solid waste incineration. International Ash Working Group (IAWAG) Summary Report, 77 p.

9.90 Baccini P, Bader H-P, Belevi H, Ferrari S, Gamper B, Johnson A, Kersten M, Lichtensteiger T, Zeltner C (1993) Deponierung fester Rückstände aus der Abfallwirtschaft – Endlager-Qualität am Beispiel Müllschlacke. vdf Hochschulverlag, Zürich, 100 S.

9.91 Kersten M, Moor CH, Johnson CA (1995) Emissionspotental einer Müllverbrennungsschlacken-Monodeponie für Schwermetalle. Müll und Abfall 11/1995: 748–758

9.92 Johnson CA, Kaeppeli M, Brandenberger S, Ulrich A, Baumann W (1999) Hydrological and geochemical factors affecting leachate composition in municipal solid waste incinerator bottom ash, Part II: The geochemistry of leachate from landfill Lostorf, Switzerland. J Contam Hydrol 40: 239–259

9.93 Wienberg R, Förstner U, Hirschmann G (1990) Zur Verfestigung von Abfällen und den Prüfverfahren für verfestigte Abfälle. In: Thomé-Kozmiensky KJ (Hrsg) Behandlung von Sonderabfällen 3. EF-Verlag für Energie- und Umwelttechnik Berlin

9.94 Francis CW, Maskarinec MP, Lee DW (1988) Physical and chemical methods for the characterization of hazardous waste. In: Baccini P (Hrsg): The Landfill – Reactor and Final Storage. S. 371–398. Springer Verlag Berlin

9.95 van der Sloot HA, Piepers O, Kok A (1984) A Standard Leaching Test for Combustion Residues. Studiegroup Ontwikkeling Standaard Uitlogtesten Verbrandingsresiduen, Petten, Niederlande, BEOP-25. Englische Übersetzung durch Shell Laboratorien, Amsterdam

9.96 Tobler HP (1990) Gesetzliche Regelungen und Verordnungen Situation in der Schweiz. Beiheft zu Müll und Abfall 29: 23–27 (1990)

9.97 Cote PL, Isabel D (1984) Application of a dynamic leaching test to solidified hazardous wastes. In: Jackson/Rohlik/Conway (Hrsg): Hazardous and Industrial Waste Management and Testing, ASTM STP 851, S. 48–60. Washington DC

9.98 van der Sloot HA, de Groot GJ, Eggenkamp HGM, Tielen JALW, Wijkstra J (1987) Versatile Method for the Measurement of the Trace Element Mobilities in Waste Materials, Soils and Bottom-Sediments. Stichting Energie Onderzoek Centrum, Petten, Niederlande, ECN-87-085

9.99 Schoer J, Förstner U (1987) Abschätzung der Langzeitbelastung von Grundwasser durch die Ablagerung metallhaltiger Feststoffe. Vom Wasser 69: 23–32

9.100 Obermann P, Cremer S (1992) Mobilisierung von Schwermetallen in Porenwässern von belasteten Böden und Deponien: Entwicklung eines aussagekräftigen Elutionsverfahrens. Materialien zur Ermittlung und Sanierung von Altlasten. Band 6. Landesamt für Wasser und Abfall Nordrhein-Westfalen, 127 S. Düsseldorf

9.101 Anonym (2007) DIN E 19529 (2007): Elution von Feststoffen – Perkolationsverfahren zur gemeinsamen Untersuchung des Elutionsverhaltens von organischen und anorganischen Stoffen für Materialien mit einer Korngröße bis 32 mm – Grundlegende Charakterisierung mit einem ausführlichen Säulenversuch und Übereinstimmungsuntersuchung mit einem Säulenschnelltest. Ausgabe Juli 2007. Beuth Verlag, Berlin

Kapitel 10

10.1 Faulstich M, Weber G (1999) Ressourcenschonung in Bayern. Forschungs- und Entwicklungsbedarf im BayFORREST-Bereich 1. Schlußbericht für das Bayerische Staatsministerium für Wissenschaft, Forschung und Kunst. 96 S. München. März 1999

10.2 Esser R (1992) Thermodynamische Aspekte der Abfallverwertung. AbfallwirtschaftsJournal 4: 227–238

10.3 Moser F (1996) Kreislaufwirtschaft und nachhaltige Entwicklung. In: Brauer H (Hrsg) Handbuch des Umweltschutzes und der Umweltschutztechnik. Band 2: Produktions- und produktintegrierter Umweltschutz. S. 1059–1153. Springer-Verlag Berlin

10.4 Schenkel W, Knauer P (1978) Feste Abfälle. In: Buchwald K, Engelhardt W (Hrsg) Handbuch für Planung, Gestaltung und Schutz der Umwelt. Band 2: Die Belastung der Umwelt. S. 270–301. BLV Verlagsgesellschaft München

10.5 Koch TC, Seeberger J, Petrik H (1986) Ökologische Müllverwertung. Alternative Konzepte Nr. 44. Verlag CF Müller Karlsruhe

10.6 Bode R (1993) Kreislauf der Kunststoffe und Verbundwerkstoffe mit Polymermatrix. In: Hornbogen E, Bode R, Donner P (Hrsg) Recycling – materialwissenschaftliche Aspekte. S. 46–60. Springer-Verlag Berlin Heidelberg New York

10.7 Eyerer P (1996) Die Ganzheitliche Bilanzierung – Definition, Geschichte, Hintergründe. In: Eyerer P. (Hrsg) Ganzheitliche Bilanzierung – Werkzeug zum Planen und Wirtschaften in Kreisläufen. S. 1–26. Springer Verlag Berlin Heidelberg

10.8 Mauch W, Schaefer H (1996) Kumulierter Energieaufwand von Entsorgungspfaden. In: Eyerer P (Hrsg) Ganzheitliche Bilanzierung – Werkzeug zum Planen und Wirtschaften in Kreisläufen. S. 628–635. Springer Verlag Berlin Heidelberg

10.9 Bank M (1993) Basiswissen Umwelttechnik – Wasser, Luft, Abfall, Lärm, Umweltrecht. 1143 S. Vogel Buchverlag Würzburg

10.10 Gock E, Kähler J, Vogt V (1996) Produktionsintegrierter Umweltschutz bei der Aufbereitung und Aufarbeitung von Rohstoffen. In: Brauer H (Hrsg) Handbuch des Umweltschutzes und der Umweltschutztechnik. Band 2: Produktions- und produktintegrierter Umweltschutz. S. 79–237. Springer Verlag Berlin Heidelberg New York

10.11 Sutter H (1987) Vermeidung und Verwertung von Sonderabfällen – Grundlagen, Verfahren, Entwicklungstendenzen. Erich Schmidt Verlag Berlin

10.12 Röpenack A v (1982) Hämatit – die Lösung eines Deponieproblems – am Beispiel aus der Zinkindustrie. Erzmetall 35: 534

10.13 Okon G (1989) Rückgewinnung von Schwefelsäure aus der Titandioxid-Produktion. In: Sutter H (Hrsg) Vermeidung und Verwertung von Abfällen 1. S. 189–201. EF-Verlag für Energie- und Umwelttechnik Berlin

10.14 Baccini P (1992) Vom Abfall zum Stein der Weisen. Einführungsvorlesung 20. Mai 1992. 18 S. Eidgenössische Technische Hochschule Zürich

10.15 Lichtensteiger T (Hrsg, 1998) Ressourcen im Bau – Aspekte einer nachhaltigen Ressourcenbewirtschaftung im Bauwesen. 129 S. Vdf Hochschulverlag AG an der ETH Zürich

10.16 De Quervain B (1998) Neupositionierung von Baustoffen im Umfeld der Abfallwirtschaft. In: Lichtensteiger T (Hrsg) Ressourcen im Bau – Aspekte einer nachhaltigen Ressourcenbewirtschaftung im Bauwesen. S. 51–67. Vdf Hochschulverlag AG an der ETH Zürich

10.17 Lichtensteiger T, Kruspan P, Zeltner C (1998) Design von Sekundärressourcen – Konzepte und Methoden. In: Lichtensteiger T (Hrsg) Ressourcen im Bau – Aspekte einer nachhaltigen Ressourcenbewirtschaftung im Bauwesen. S. 31–50. Vdf Hochschulverlag AG an der ETH Zürich

10.18 Lichtensteiger T (2001) Die petrologische Evaluation als Ansatz zu erhöhter Effizienz im Umgang mit Rohstoffen. In: Huch M, Matschullat J, Wycisk P (Hrsg) Im Einklang mit der Erde – Geowissenschaften für die Zukunft. S. 193–208. Springer Berlin

10.19 Anonym (1998) Entsorgung in Zementwerken – Richtlinie. Vollzug Umwelt. Dokumentationsdienst Bundesamt für Umwelt, Wald und Landschaaft (BUWAL), 3003 CH-Bern

10.20 Anonym (1997) Abfallentsorgung in Zementwerken – Thesenpapier. Umwelt-Materialien Nr. 70, Abfälle. Bundesamt für Umwelt, Wald und Landschaft. Bern.

10.21 Bilitewski B, Härdtle G, Marek K (2000) Abfallwirtschaft – Handbuch für Praxis und Lehre. 3. Aufl. 729 S. Springer-Verlag Berlin

10.22 Anonym (1997) Vierte Verordnung zur Durchführung des Bundes-Immissionsschutzgesetzes (Verordnung über genehmigungsbedürftige Anlage – 4. BImSchV). BGBl. I S. 504. Zuletzt geändert durch Art. 6 G zur Vereinfachung der abfallrechtlichen Überwachung v. 15.07.2006 (BGBl. I S. 1619)

10.23 Anonym (2000) Umweltrelevante Kenngrößen der Abfallwirtschaft – Verwertung von Bauabfällen. Aus: Daten zur Umwelt 2000. S. 71–72. Umweltbundesamt. Erich Schmidt Verlag Berlin

10.24 Anonym (1985) Merkblatt über die Verwendung von industriellen Nebenprodukten im Straßenbau – Teil: Wiederverwendung von Baustoffen. Forschungsgesellschaft für Straßen- und Verkehrswesen. Köln

10.25 Anonym (1999) „BMU legt Eckpunkte für die zukünftigie Entsorgung von Siedlungsabfällen vor“. Presseerklärung des Bundesministeriums für Umwelt, Naturschutz und Reaktorsicherheit zur Siedlungsabfallwirtschaft 2020 vom 20. August 1999 in Berlin.

10.26 Anonym (2002) Grundsätze des vorsorgenden Grundwasserschutzes bei Abfallverwertung und Produkteinsatz (GAP-Papier). 16 S. Ländergemeinschaft Wasser (LAWA), Hannover (www.L.AWA.de)

10.27 Bertram H-U, Bannick CG, Koch D, Leuchs W (2003) Die Fortschreibung der LAGA-Mitteilung 20. Bodenschutz 8 (1) 10–15

10.28 Lichtensteiger T (1997) Produkte der thermischen Abfallbehandlung als mineralische Zusatzstoffe in Zement und Beton – ein Beispiel für Produktdesign in der Abfallwirtschaft. Müll u. Abfall 29 (2) 80–84

10.29 Rauser G (1992) Verfahren zur hydrierenden Verflüssigung von Kunststoffabfällen. In: Menges G, Michaeli W, Bittner M (Hrsg) Recycling von Kunststoffen. S. 253–264. Carl Hanser Verlag München

10.30 Anonym (2007) Umweltrelevante Kenngrößen der Abfallwirtschaft. Aufkommen und Entsorgung von Kunststoffabfällen. In: Umweltdaten Deutschland On-Line. Stand Mai 2007. Umweltbundesamt.

10.31 Hoffmann F, Rombach T (1993) Die Recyclinglüge. Georg Thieme Verlag Stuttgart

10.32 Kaminsky W, Sinn H (1992) Pyrolyse. In: Menges G, Michaeli W, Bittner M (Hrsg) Recycling von Kunststoffen. S. 243–252. Carl Hanser Verlag München

10.33 Anonym (2000): Umweltrelevante Kenngrößen der Abfallwirtschaft – Elektronikaltgeräte. Aus: Daten zur Umwelt 2000. S. 69–70. Umweltbundesamt. Erich Schmidt Verlag Berlin

10.34 Anonym (2003) EG-Richtlinien 2002/96/EG über Elektro- und Elektronik-Altgeräte (WEEE – Waste of Electric and Electronic Equipment) und EG-Richtlinie 2002/95/EG zur Beschränkung der Verwendung bestimmter gefährlicher Stoffe in Elektro- und Elektronikgeräten (RoHS – Restriction on the Use of Certain Hazardous Substances in Electrical and Electronic Equipment) vom 13. Februar 2003.

10.35 Anonym (2005) Gesetz über das Inverkehrbringen, die Rücknahme und die umweltverträgliche Entsorgung von Elektro- und Elektronikgeräten (Elektro- und Elektronikgerätegesetz – ElektroG) vom 16. März 2005, BGBl. I S. 762

10.36 Anonym (2007) Zweite Verordnung zur Änderung der Elektro- und Elektronikgerätegesetz-Kostenverordnung (ElektroGKostV) vom 12.12.2007. BGBl. I, S. 2825f

10.37 Anonym (o.J.) Bundesverband Sekundärrohstoffe und Entsorgung e.V. (bvse) sowie Bundesvereinigung mittelständischer Elektro- und Elektronikgeräte-Entsorgungs- und Verwertungsunternehmen (BEVU). Cit. [10.35]

10.38 Welslau G, Kraus HH (1998) Elektronikschrott (WEEE). Themenpapier Nr. 3, Europäisches Parlament, Generaldirektion Wissenschaft, Abteilung für Umwelt, Energie und Forschung, STOA. PE 167.543 vom 05.05.1998. 15 S. Brüssel

10.39 Anonym (2007) Umweltrelevante Kenngrößen der Abfallwirtschaft. Auswertung der Abfallbilanzen der Bundesländer nach getrennt erfassten Elektro- und Elektronikaltgeräten aus privaten Haushalten. In: Umweltdaten Deutschland On-Line. Stand Mai 2007. Umweltbundesamt.

10.40 (a) Anonym (2002) Gesetz über die Entsorgung von Altfahrzeugen (Altfahrzeug-Gesetz – AltfahrzeugG) vom 28. Juni 2002, BGBl. I 2002, 2199–2211, (b) Anonym (2002) Bekanntmachung der Neufassung der Altfahrzeug-Verordnung (Verordnung über die Überlassung, Rücknahme und umweltverträgliche Entsorgung von Altfahrzeugen – AltfahrzeugV) vom 21. Juni 2002, BGBl. I 2002, Nr. 41, S. 2214–2225, Bonn 28. Juni 2002. (c) Anonym (2000) Richtlinie 2000/53/EG des Europäischen Parlamentes und des Rates vom 18. September 2000 über Altfahrzeuge. Abl. EG Nr. L 269, S. 34

10.41 Anonym (2007) Umweltrelevante Kenngrößen der Abfallwirtschaft. Altfahrzeugaufkommen und -verwertung. In: Umweltdaten Deutschland On-Line. Stand Mai 2007. Umweltbundesamt.

10.42 Steinhilper R, Schneider A (1996) Produktions- und produktintegrierter Umweltschutz in der Fertigungsindustrie. In: Brauer H (Hrsg) Handbuch des Umweltschutzes und der Umweltschutztechnik. Band 2: Produktions- und produktintegrierter Umweltschutz. S. 689–781. Springer Verlag Berlin

10.43 Hahn J (2002) Abfallwirtschaft als Schadstoffsenke und Rohstoffressource. Beitrag zur Zukunftswerkstatt Ökologische Abfall-Marktwirtschaft, Symposium des Ministeriums für Umwelt und Forsten Rheinland-Pfalz am 14. November 2002. 17 S. http://www.mufv.rlp.de/fileadmin/img/inhalte/abfall/Produktverantwortung/Veranstaltungen/beitrag_hahn.pdf

10.44 Anonym (2002) Beschluss Nr. 1600/2002/EG des Europäischen Parlaments und des Rates vom 22. Juli 2002 über das sechste Umweltaktionsprogramm der Europäischen Gemeinschaften. Amtsblatt der Europäischen Gemeinschaften vom 10.09.2002, S. L 242/1–L242/15. Brüssel

10.45 Anonym (1996) Richtlinie 96/61/EG des Rates vom 24. September 1996 über die integrierte Vermeidung und Verminderung der Umweltverschmutzung. Amtsblatt Nr. L 257 vom 10.10.1996, S. 0026–0040. Enthält im Anhang II eine Liste der in Artikel 18 Abs. 2 („Gemeinschaftliche Emissionsgrenzwerte in den dort aufgeführten Richtlinien und den anderen gemeinschaftlichen Vorschriften") und im Artikel 20 („Übergangsbestimmungen") genannten 15 Richtlinien

10.46 Friege H (2007) Umweltschutz und Abfallwirtschaft: Zukünftige Entwicklungslinien. Kz. 0041. In: Bilitewski B, Schnurer H, Zeschmar-Lahl (Hrsg.) Müll-Handbuch – Sammlung und Transport, Behandlung und Ablagerung sowie Vermeidung und Verwertung von Abfällen. 2. Auf., Lfg. 6/07, Dezember 2007

10.47 Hahn J (1987) Anforderungen an zukünftige Abfallbehandlung und Lagerung. In: Die Deponie – ein Bauwerk. Hrsg. Vom Institut für wassergefährdende Stoffe. IWS-Schriftenreihe 1/19087. S. 9–55. Berlin

10.48 Anonym (1991) Abfallwirtschaft. Sondergutachten September 1990. Der Rat von Sachverständigen für Umweltfragen. 718 S. Metzler-Poeschel Verlag Stuttgart

10.49 Friege H (2007) Abfall als Ressource. Vorhersehbare und notwendige Entwicklungen. 14. Euroforum-Jahrestagung „Abfallwirtschaft 2007", 27./28.11.2007, Köln.

10.50 Verbücheln M, Hansen W, Neubauer A, Kraemer RA, Leipprand A (2005) Strategie für die Zukunft der Siedlungsabfallentsorgung (Ziel 2020). Ecologic, Institut für Internationale und Europäische Umweltpolitik. FuE-Vorhaben 201 32 324 für das Umweltbundesamt. Kurzfassung des Abschlussberichts. 33 S. http://www.umweltdaten.de/publikationen/fpdf-k/k2912.pdf

10.51 Escher C, Skrotzki B (1993) Werkstoffe und Energie. In: Hornbogen E, Bode R, Donner P (Hrsg) Recycling – materialwissenschaftliche Aspekte. S. 16–29. Springer-Verlag Berlin

10.52 Anonym (1994) Enquete-Kommission „Schutz des Menschen und der Umwelt" des Deutschen Bundestages (Hrsg.): Die Industriegesellschaft gestalten. Perspektiven für einen nachhaltigen Umgang mit Stoff- und Materialströmen. 765 S. Economica Verlag Bonn

10.53 Sutter H, Mahrwald B, Grosse-Ophoff M (1994) Die Bedeutung der ökologischen Rangfolge im neuen Kreislaufwirtschafts- und Abfallgesetz. Umwelttechnologie Aktuell 6/94: 427–436

10.54 Anonym (1990) Umweltforschung und Umwelttechnologie – Programm 1989 bis 1994. Bundesministerium für Forschung und Technologie, Bonn

10.55 Anonym (2007) Umweltrelevante Kenngrößen der Abfallwirtschaft. Abfallaufkommen. In: Umweltdaten Deutschland On-Line. Stand Mai 2007. Umweltbundesamt.

10.56 Friege H (1998) Stoffstrommanagement für Cadmium. In: Friege H, Engelhardt C, Henseling KO (Hrsg.) Das Management von Stoffströmen. S. 82–85. Springer Verlag Berlin

10.57 Anonym (2005) Vorschlag für eine Richtlinie des Europäischen Parlaments und des Rates über Abfälle. 41 S. Brüssel, den 21.12.2005

10.58 Anonym (2005) Umweltorientierte Beschaffung! Ein Handbuch für ein umweltorientiertes öffentliches Beschaffungswesen. 42 S. Europäische Kommission.

Literaturdatenbanken „Umweltschutztechnik“

Komplexität und Vielfalt der modernen Informations- und Datenbankangebote verlangen vom Lernenden und Forschenden Kreativität, Reflexion und Bewusstsein im Umgang mit dem Informationsdschungel. Entscheidender als das Finden von Informationen ist das Auswählen zuverlässiger Information aus einer Vielzahl ähnlicher Angebote. Spezifische Informationsmedien und Recherchestrategien sind nötig, um die Informationsbedürfnisse einzelner Fachgebiete zu befriedigen.

Die folgenden ersten Einstiege in die Umweltinformation umfassen auch das sog. „unsichtbare Netz“ (deep web), das über die normalen Suchmaschinen oft nicht zugängliche Quellen enthält. Bei vielen der erwähnten Datenbanken ist der Zugriff abhängig von lokalen Lizenzen. Das deutsche Datenbank-Infosystem (DBIS)[1] enthält eine Liste zu Energie und Umwelttechnik.

- Wichtige fachspezifische Aufsatz-Datenbanken zur Recherche zum Stand von Forschung und Technik sind diejenigen vom Fachinformationszentrum (FIZ-) Technik, das Web of Science mit dem Science Citation Index, Compendex (Computerized Engineering Index), Environmental Engineering Abstracts sowie die frei zugänglichen Datenbanken des Umweltbundesamtes.[2] Wichtig sind auch Datenbanken zu Randgebieten wie Chemical Abstracts (SciFinder), oder RSWB/ICONDA (Raumordnung/Städtebau/Wohnungs-/Bauwesen).
- Frei verfügbare Patent-Datenbanken[3] bieten Zugang zu Information, die oft woanders nie veröffentlicht wurde.
- Stoff-Datenbanken mit Fakten zu Eigenschaften und Sicherheitsdaten sind z. B. ChemFinder, GESTIS und Toxnet.[4]

Weitere Tipps zum Überleben in der Welt der Information in den Ingenieurwissenschaften – online unter http://www.tub.tu-harburg.de/2552.html – bietet die Nutzung von Tutorials,[5] Fachportalen[6] und Literaturführern,[7] aber auch der lokalen wissenschaftlichen Bibliothek mit ihren fachlichen Informationsspezialisten!

Thomas Hapke

---

[1] http://www.bibliothek.uni-regensburg.de/dbinfo/

[2] http://doku.uba.de/

[3] z. B. DEPATISnet http://depatisnet.dpma.de/ und esp@cenet http://ep.espacenet.com/

[4] Siehe http://chemfinder.cambridgesoft.com/, http://www.dguv.de/bgia/de/gestis/stoffdb/ und http://toxnet.nlm.nih.gov/

[5] z. B. DISCUS (Developing Information Skills & Competence for University Students) und VISION (VIrtual Services for Information ONline), letzteres ein Online-Tutorial zum wissenschaftlichen Arbeiten, auch mit Themen Zeitschriftenkrise und Open Access sowie Geistiges Eigentum und Urheberrecht, beide zugänglich unter http://www.tub.tu-harburg.de/4133.html

[6] z. B. die Virtuelle Fachbibliothek Technik http://vifatec.tib.uni-hannover.de/, siehe auch http://www.tib.uni-hannover.de/fachinformation/umwelttechnik/

[7] MacLeod, R. A.; Corlett, J. (Hrsg.): Information Sources in Engineering. 4. Aufl. München: Saur 2004

Sachverzeichnis

C

D

F

G

Lightning Source UK Ltd.
Milton Keynes UK
07 January 2010

148292UK00001B/17/P